해기사 자격시험 6급
항해사

이론정리 + 기출예상문제

서울고시각

**Stand by
Strategy
Satisfaction**

새로운 출제경향에 맞춘 수험서의 완벽서

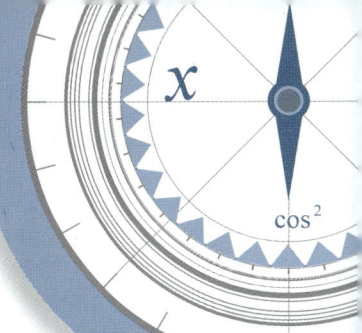

Preface

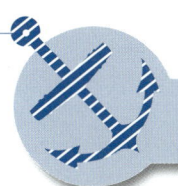

6급 항해사
책을 내면서

　육지자원의 고갈로 생존의 위협에 직면한 인류에게 바다는 풍부한 자원의 보고이자 희망입니다. 우리나라가 오늘날 조선·해운·수산 등 해양산업분야에서 세계적으로 두각을 나타내게 된 것도 해양의 중요성을 일찍이 인식하고 매진해온 때문일 것입니다.

　우리나라가 해양강국으로 우뚝 선 근간에는 우수한 선원인력이 그 바탕이 되었습니다. 그러나 갑판부에서 항해당직을 수행하는 선박직원인 항해사는 고되고 엄격한 선상 생활을 해야 하고, 장기간 가족과 떨어져 지내야 하므로 강인함과 인내심, 협동심이 있어야 합니다. 그동안 우리나라가 해운강국으로 도약하게 된 이면에는 수많은 항해사들의 피와 땀이 바탕이 되었습니다.

　항해사는 면허의 등급에 따라 원양어선, 외항상선, 내항상선, 연근해 어선에 승선하여 각종 선박의 운항 업무를 담당합니다. 일정기간 승선 후에는 해운회사, 해운·항만 관련 업체, 해양수산부·해양경찰청 등의 공무원, 해운조합, 해운·수산 관련 연구소나 교육기관, 조선소 등에 진출할 수 있습니다.

　6급 항해사는 최하위 등급의 항해사이지만 항해사 직무의 기초를 닦아 장차 유능한 항해사가 되기 위한 첫 출발점에 위치한다고 할 수 있습니다. 국가적으로 중요한 역할을 담당하고 있는 해양산업을 유지·발전시키기 위해서는 전문 해기인력의 지속적 배양은 중요한 일입니다. 그러나 전문서적의 부족과 해기사시험에 대한 정보의 빈약함으로 말미암아 많은 젊은이들이 어려움을 겪는 것을 해양과학고등학교에 재직하고 있는 편저자는 자주 보아 왔습니다. 이에 부족한 능력이나마 꿈과 열정으로 충만한 예비 해기사들에게 다소나마 도움이 되고자 이 책을 세상에 내어 놓습니다. 완벽한 책을 위하여 심혈을 기울였지만 미흡한 부분은 발견되기 마련입니다. 추후에도 부족한 부분은 보완하고 오류는 개선해 나갈 것을 약속드리고, 장차 필요하게 될 다른 항해사 교재도 개발해 나갈 것을 말씀드립니다.

　장차 세계로 진출할 예비 해기사분들이 꿈을 이루는데 미력이나마 도움이 되었으면 하는 마음 간절합니다. 끝으로 어려운 출판환경 속에서도 양서의 출판과 보급에 동분서주하시고 물심양면의 지원을 아끼지 않으시는 도서출판 서울고시각의 김용관 회장님과 김용성 사장님께 사의를 표하고, 복잡하고 어려운 교정과 편집작업에 열과 성을 다해주신 편집부 직원분들께도 감사의 말씀을 전합니다.

편저자 씀

Information

6급 항해사
시험안내

 해기사란?

해기사는 선박의 운항, 선박엔진의 운항, 선박통신에 관한 전문지식을 습득하고 국가자격 시험에 합격하여 소정의 면허를 취득한 자로서, 해기사에는 항해사, 기관사, 전자기관사, 통신사, 운항사, 수면비행선박조종사, 소형선박조종사로 구분됩니다(선박직원법 제4조). 해기사는 한국해양수산연수원에서 시행하는 해기사 시험에 합격하고 해양수산부장관의 면허를 취득한 자를 말합니다.

 6급 항해사란?

해기사 중 항해사는 갑판부에서 항해당직을 수행하는 선박직원입니다. 항해사는 등급별로 1급 항해사부터 6급 항해사까지 있으며, 6급 항해사는 항해사 중 최하위 등급에 해당하는 해기사입니다.

 해기사의 결격사유는?

다음의 어느 하나에 해당하는 사람은 해기사가 될 수 없습니다.
- 18세 미만인 사람
- 면허가 취소된 날부터 2년(「수산업법」 제71조 제1항에 따라 면허가 취소된 경우에는 1년)이 지나지 아니한 사람

 6급 항해사 시험 과목·방법·시간 및 합격기준은?

(1) 시험과목과 시험방법
  - 항해, 운용, 법규, 전문 4과목입니다.
  - 객관식 4지선다형으로 과목당 25문항입니다.

(2) 시험시간
  - 과목당 25분씩 총 100분입니다.

(3) 합격기준
  - 과목당 100점을 만점으로 매 과목 40점(법규 과목은 60점) 이상, 평균 60점 이상이어야 합격합니다.

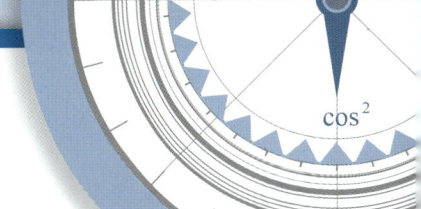

6급 항해사

  선박직원법시행령 제10조에 의거 해양수산부장관이 해양수산부령이 정하는 바에 의하여 정기시험, 임시시험, 상시시험으로 구분하여 시행하고 있습니다.

정기시험
Regular Examination

직종별 등급·시험장소 그 밖에 필요한 사항을 매년 1월 10일까지 관보 및 주요 일간지에 이를 공고 시행합니다.

상시시험
Normal Examination

상시시험을 시행하고자 하는 경우 그 직종별 등급·시험일시·시험장소 그 밖에 필요한 사항은 시험시행 15일전까지 한국해양수산연수원의 게시판에 이를 공고합니다.

임시시험
Special Examination

한국해양수산연수원장이 필요하다고 인정하는 때에 수시로 시행되며 그 직종별 등급·시험일시·시험장소 그 밖에 필요한 사항은 시험시행 7일전까지 한국해양수산연수원의 게시판에 이를 공고합니다. 접수인원에 따라 시행 결정합니다.

정기시험

(1) 부산 외 지역에서도 응시할 수 있습니다.
(2) 시험방식
   - 필기 : PBT(Paper Based Test)
   - 면접 : 구술시험(부산 및 인천지역에 한함)
(3) 시행대상 : 항해사(상선), 항해사(어선), 기관사, 소형선박조종사, 통신사, 운항사(지역별 시행 직종 및 등급확인)
※ 회별 시행지역, 지역별 시행 직종 및 등급을 공고문에서 꼭 확인하시기 바랍니다(시험일 기준 1개월전 게시).
(4) 2024년 해기사 정기시험 일정

회	필기시험			면접시험	
	접수기간	필기시험	합격발표	면접시험	합격발표
1	2.6(화)~2.8(목)	2.24(토)	2.29(목)	3.2(토)	3.4(월)
2	5.8(수)~5.10(금)	5.25(토)	5.30(목)	6.1(토)	6.3(월)
3	8.7(수)~8.9(금)	8.24(토)	8.29(목)	8.31(토)	9.2(월)
4	10.23(수)~10.25(금)	11.9(토)	11.14(목)	11.16(토)	11.18(월)

Information

 상시시험(필기)

(1) 승선 및 어로활동 등으로 정기시험 응시가 어려운 분들의 응시편의를 위한 시험으로 회차별 시행직종을 달리합니다.
(2) 시험방식 : CBT(Computer Based Test)
　 - 지정된 시험실에서 컴퓨터 모니터를 통해 문제를 푸는 방식
　 - 컴퓨터로 통제되어 자동 채점되며, 시험 당일 합격자를 발표합니다.
(3) 시행대상 : 항해사(상선), 항해사(어선), 기관사, 소형선박조종사
(4) 회당 수용가능 인원에 제한이 있으므로 접수기간 중 인터넷 선착순 마감
※ 회별 시행지역, 직종 및 등급 등 세부사항은 월별 상시시험 공고문을 반드시 확인하시기 바랍니다 (시험일 기준 15일전 게시).

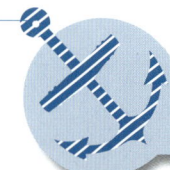

6급 항해사 시험응시절차

 응시원서 교부 및 접수장소

교부 및 접수장소		주 소	전화번호
부산	한국해양수산연수원 종합민원실	49111 부산광역시 영도구 해양로 367 (동삼동)	콜센터 1899-3600
	한국해기사협회	48822 부산광역시 동구 중앙대로 180번길 12-14 해기사회관	051) 463-5030
인천	한국해양수산연수원 인천사무소	22133 인천광역시 남구 주안로 115(주안동) 전시문화빌딩 5층	032) 765-2335~6
인터넷	한국해양수산연수원 (홈페이지)	http://lems.seaman.or.kr 민원서류다운로드(원서교부) 인터넷 접수	051) 620-5831~4
	비 고	응시원서는 각 교부 및 접수처 또는 홈페이지에서 출력하여 작성	

 원서접수

(1) **인터넷 접수**
- 한국해양수산연수원 시험정보사이트(http://lems.seaman.or.kr)에 접속 후 "해기사 시험 접수"에서 인터넷 접수
- 준비물 : 사진 및 수수료 결제시 필요한 공인인증서 또는 신용카드

(2) **방문접수**
- 위의 접수장소로 직접 방문하여 접수
- 사진 1매, 응시수수료

(3) **우편접수**
- 접수마감일 접수시간 내 도착분에 한하여 유효
- 사진이 부착된 응시원서, 응시수수료, 응시표를 받을 사람은 반드시 수신처 주소가 기재된 반신용 봉투를 동봉하여야 함.

 응시수수료

구분		금액
자동화선박의 종류별 인정(변경인정)의 신청		5천원
필기시험 또는 면접시험의 응시	1급(항해사·기관사·운항사·통신사) 2급(항해사·기관사·운항사·통신사)	1만 5천원
	3급(항해사·기관사·운항사·통신사) 4급(항해사·기관사·운항사·통신사)	1만 4천원
	5급(항해사·기관사) 6급(항해사·기관사)	1만 3천원
	전자기관사	1만 4천원
	소형선박 조종사	1만원
	소형 수면비행선박 조종사	1만 4천원
	중형 수면비행선박 조종사	1만 4천원
시험합격증명서의 신청		무료
면허증의 발급(재발급) 및 갱신 신청		무료
면허증의 기재사항변경(정정) 신청		무료
승무자격증의 발급(재발급) 및 갱신 신청		무료
승무자격증의 기재사항 변경(정정) 신청		무료
비고	1. 1급이나 2급 항해사·기관사·운항사 또는 통신사 시험에 응시하는 경우에는 필기시험과 면접시험의 수수료를 각각 납부하여야 한다. 2. 소형선박 조종사의 시험 등 실기시험을 시행하는 경우에는 그 시행에 필요한 실비를 징수할 수 있다.	

Information

 구비서류(대상자에 한함)

(1) 응시원서 1부
(2) 사진 1매(최근 6개월 이내 촬영한 가로 3㎝ × 4㎝ 규격의 탈모 정면 상반신 사진)
(3) 증빙서류제출 : 시험 접수할 때는 제출하지 않음.
   - 선박직원법 시행규칙 개정으로 면제사유 증빙서류를 시험접수시에는 제출하지 않고, 면허발급 신청할 때 한번만 제출함.
   - 단, 면제요건으로 시험에 응시할 때는 원서접수 이전에 면제자격을 갖추어야 하며, 그 사실을 응시원서에 기재하고 응시자 본인이 사실임을 확인해야 함.

 응시생 유의사항

(1) 시험을 응시하는 데는 자격제한이 없으나(일부과목 및 면접응시자 제외), 최종 시험합격 후 면허교부 신청시 모든 자격이 갖추어져야 면허를 받을 수 있으므로 응시원서 제출 전에 시험합격 후 면허를 받을 수 있는 자격이 되는지 여부를 반드시 확인한 후 응시하여야 합니다.
(2) 서류가 미비된 경우에는 접수하지 아니하며, 응시원서 기재내용이 사실과 다르거나 기재사항의 착오 또는 누락으로 인한 불이익은 응시자의 책임으로 합니다.
(3) 응시자는 국가시험 시행계획공고에서 정한 응시자 입실시간까지 지정된 좌석에 착석하여 시험감시관의 시험안내에 따라야 합니다. 신분증을 지참하지 않을 경우 응시가 제한될 수 있습니다.
(4) 부정한 방법으로 국가시험에 응시하거나 동 시험에서 부정한 행위를 한 자에 대하여는 법령의 규정에 따라 그 시험을 정지시키거나 향후 2년간 국가시험 응시를 제한할 수 있습니다.
(5) 합격자 발표 후에도 제출된 서류 등의 기재사항이 사실과 다르거나 응시 결격사유가 발견된 때에는 그 합격을 취소합니다.

 면허발급 신청 기관 및 기간

(1) 해기사 면허발급 - 각 지방해양수산청
(2) 면허발급 희망청 기재 - 시험접수시 응시원서 상단에 합격 후 면허발급을 신청하실 지역을 표시하면 시험합격서류가 해당 지방청으로 이송됩니다.
(3) 해기사시험 최종합격일로부터 3년 이내에 각 지방해양수산청에 면허발급 신청을 하여 면허를 받으셔야 합니다.
(4) 신청기간 - 합격자 발표일 다음날부터 신청 가능
(5) 발급 소요기간 - 신청일로부터 2 ~ 3일 이후 발급

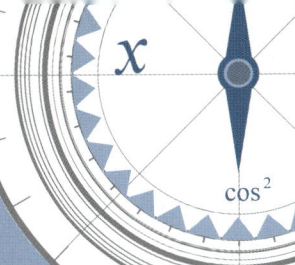

 항해사 등급별 시험과목

시험과목		과목내용	시험응시대상 면허등급
1. 항 해		1. 항해계기 2. 항로표지 3. 해도(수로도지) 4. 조석 및 해류 5. 지문항법 6. 천문항법 7. 전파 및 레이더항법 8. 항해계획 9. 국제해사기구의 표준해사 통신영어	6급 항해사 이상 3급 항해사 이하 3급 항해사 이하 3급 항해사 이하 6급 항해사 이상 5급 항해사 이상 6급 항해사 이상 4급 항해사 이상 5급 항해사(국내항 한정)
2. 운 용		1. 선박의 구조 및 설비 2. 선박의 이동 및 조종 3. 선박의 복원성 4. 당직근무 5. 기상 및 해상 6. 선박의 동력장치 7. 비상조치 및 손상제어 8. 선내의료 9. 수색 및 구조, 해상통신 10. 승무원의 관리 및 훈련 11. 선내의 의료제공에 관한 조직과 관리	2급 항해사 이하 6급 항해사 이상 6급 항해사 이상 3급 항해사 이하 6급 항해사 이상 6급 항해사 이상 6급 항해사 이상 3급 항해사 이하 6급 항해사 이상 3급 항해사 이상 2급 항해사 이상
3. 법 규		1. 선박의 입항 및 출항 등에 관한 법률 2. 선원법 및 선박직원법 3. 선박안전법 4. 해양사고의 조사 및 심판에 관한 법률 5. 해양환경관리법 6. 상법(해상편) 7. 해사안전기본법 및 해상교통안전법 8. 국제해상충돌예방규칙	6급 항해사 이상 5급 항해사 이상 6급 항해사 이상 4급 항해사 이상 6급 항해사 이상 3급 항해사 이상 6급 항해사 이상 6급 항해사 이상
4. 영 어		1. 국제해사기구의 표준 해사 통신영어 2. 해사영어	5급 항해사 이상 [5급 항해사(국내항 한정)를 제외한다] 3급 항해사 이상
5. 전 문	상 선	1. 화물의 취급 및 적하 2. 선박법 3. 해운실무(보험편 포함) 4. 해사관련 국제협약(상선)	6급 항해사 이상 3급 항해사 이하 3급 항해사 이상 4급 항해사 이상
	어 선	1. 어획물의 취급 및 적하 2. 어선법 3. 수산실무 4. 해사관련 국제협약(어선)	6급 항해사 이상 3급 항해사 이하 3급 항해사 이상 4급 항해사 이상

Information

항해사 내용별 출제비율 [단위는 백분율(%), × 는 출제되지 않는 과목임]

시험 과목	과목내용	1급	2급	3급	4급	5급	5급 (국내항 한정)	6급
항해	1. 항해계기	20	20	16	12	12	x	12
	2. 항로표지	x	x	12	12	12	12	16
	3. 해도(수로도지)	x	x	8	16	16	16	16
	4. 조석 및 해류	x	x	8	8	12	16	12
	5. 지문항법	12	16	20	20	24	20	32
	6. 천문항법	8	16	12	8	4	x	x
	7. 전파 및 레이더항법	36	32	20	20	20	20	12
	8. 항해계획	24	16	4	4	x	x	x
	9. 국제해사기구의 표준해사 항해영어	x	x	x	x	x	16	x
	합계(%)	100	100	100	100	100	100	100
운용	1. 선박의 구조 및 설비	x	12	12	16	20	x	24
	2. 선박의 이동 및 조종	24	16	16	16	20	28	28
	3. 선박의 복원성	12	16	12	12	8	12	8
	4. 당직근무	x	x	8	12	12	16	12
	5. 기상 및 해상	16	12	12	12	12	16	8
	6. 선박의 동력장치	8	8	8	8	8	x	4
	7. 비상조치 및 손상제어	12	12	8	8	8	12	4
	8. 선내의료	x	x	8	8	4	x	4
	9. 수색 및 구조·해상통신	12	8	8	8	8	16	8
	10. 승무원의 관리 및 훈련	12	8	8	x	x	x	x
	11. 선내의 의료제공에 관한 조직과 관리	4	8	x	x	x	x	x
	합계(%)	100	100	100	100	100	100	100
법규	1. 선박의 입항 및 출항 등에 관한 법률	4	4	4	4	8	16	8
	2. 선원법 및 선박직원법	8	8	8	8	8	x	x
	3. 선박안전법	8	8	8	8	8	8	8
	4. 해양사고의 조사 및 심판에 관한 법률	4	4	4	4	x	x	x
	5. 해양환경관리법	8	8	8	8	8	8	8
	6. 상법(해상편)	8	8	8	x	x	x	x
	7. 해사안전기본법 및 해상교통안전법	8	8	8	8	8	8	8
	8. 국제해상충돌예방규칙	52	52	52	60	60	60	68
	합계(%)	100	100	100	100	100	100	100
영어	1. 국제해사기구의 표준해사 항해영어	40	40	40	100	100	x	x
	2. 해사영어	60	60	60	x	x	x	x
	합계(%)	100	100	100	100	100	x	x
전문 상선	1. 화물의 취급 및 적하	28	52	28	60	72	72	72
	2. 선박법	x	x	24	24	28	28	28
	3. 해운실무(보험편 포함)	36	28	24	x	x	x	x

	4. 해사관련 국제협약(상선)	36	20	24	16	x	x	x
	합계(%)	100	100	100	100	100	100	100
어선	1. 어획물의 취급 및 적하	36	40	36	48	72	72	72
	2. 어선법	x	x	12	28	28	28	28
	3. 수산실무	36	32	28	x	x	x	x
	4. 해사관련 국제협약(어선)	28	28	24	24	x	x	x
	합계(%)	100	100	100	100	100	100	100

 항해사 면허를 위한 승무경력

받으려는 면허	면허를 위한 승무경력			
	자 격	선 박	직 무	기 간
1급 항해사	2급 항해사 또는 2급 운항사	연안수역 또는 원양수역을 항행구역으로 하는 총톤수 1천600톤 이상의 상선(자동화선박을 포함한다) 또는 무제한수역을 항행구역으로 하는 길이 24미터 이상의 어선	선장·1등 항해사 또는 1등 운항사	2년
			선장·1등 항해사 및 1등 운항사를 제외한 선박직원	4년
		연안수역 또는 원양수역을 항행구역으로 하는 총톤수 500톤 이상 1천600톤 미만의 상선	선장 또는 1등 항해사	3년
			선장 및 1등 항해사를 제외한 선박직원	5년
		배수톤수 1천600톤 이상의 함정	함장 또는 부장	2년
2급 항해사	3급 항해사 또는 3급 운항사	연안수역 또는 원양수역을 항행구역으로 하는 총톤수 1천600톤 이상의 상선(자동화선박을 포함한다) 또는 무제한수역을 항행구역으로 하는 길이 24미터 이상의 어선	선박직원	2년
		연안수역 또는 원양수역을 항행구역으로 하는 총톤수 500톤 이상 1천600톤 미만의 상선	선장 또는 1등 항해사	3년
			선장 및 1등 항해사를 제외한 선박직원	4년
		배수톤수 1천600톤 이상의 함정	함장 또는 부장	2년
			함정의 운항	3년
3급 항해사	4급 항해사 또는 4급 운항사	연안수역 또는 원양수역을 항행구역으로 하는 총톤수 500톤 이상의 상선, 총톤수 50톤 이상의 여객선 또는 제한수역 또는 무제한수역을 항행구역으로 하는 길이 15미터 이상의 어선	선박직원	2년
		연안수역 또는 원양수역을 항행구역으로 하는 총톤수 100톤 이상 500톤 미만의 상선	선장 또는 1등 항해사	3년
			선장 및 1등 항해사를 제외한 선박직원	4년
		연안수역 또는 원양수역을 항행구역으로 하는 총톤수 500톤 이상의 상선, 총톤수 200톤 이상의 여객선 또는 제한수역 또는 무제한수역을 항행구역으로 하는 길이 20미터 이상의 어선	선박의 운항	5년
	4급 항해사	배수톤수 500톤 이상의 함정	함장 또는 부장	2년
			함정의 운항	3년
		배수톤수 500톤 이상의 함정	함정의 운항	5년

	5급 항해사	총톤수 100톤 이상의 상선, 총톤수 30톤 이상의 여객선 또는 길이 12미터 이상의 어선	선박직원	1년
4급 항해사		총톤수 100톤 미만의 상선, 총톤수 5톤 이상 30톤 미만의 여객선 또는 길이 9미터 이상 12미터 미만의 어선	선박직원	2년
		총톤수 100톤 이상의 상선, 총톤수 30톤 이상의 여객선 또는 길이 12미터 이상의 어선	선박의 운항	4년
	5급 항해사	배수톤수 100톤 이상의 함정	함정의 운항	1년
		배수톤수 100톤 이상의 함정	함정의 운항	4년
5급 항해사	6급 항해사	길이 12미터 이상의 어선	선박직원	1년
		총톤수 30톤 이상의 상선	선박직원	1년
		길이 9미터 이상 12미터 미만의 어선	선박직원	2년
		총톤수 5톤 이상 30톤 미만의 상선	선박직원	2년
		길이 12미터 이상의 어선	선박의 운항	3년
		총톤수 30톤 이상의 상선	선박의 운항	3년
	6급 항해사	배수톤수 30톤 이상의 함정	함정의 운항	1년
		배수톤수 30톤 이상의 함정	함정의 운항	3년
6급 항해사		길이 20미터 이상의 어선	선박의 운항	1년
		총톤수 100톤 이상의 상선	선박의 운항	2년
		배수톤수 100톤 이상의 함정	함정의 운항	2년
		길이 9미터 이상 20미터 미만의 어선	선박의 운항	2년
		총톤수 5톤 이상 100톤 미만의 상선	선박의 운항	3년
		배수톤수 5톤 이상 100톤 미만의 함정	함정의 운항	3년

- 비고
1. 5급 항해사부터 3급 항해사까지의 면허(어선면허는 제외한다)를 위한 승무경력에는 6개월 이상의 항해당직근무(실습을 포함한다)경력을 포함하여야 한다.
2. 4급 항해사부터 1급 항해사까지의 면허(어선면허는 제외한다)를 위한 승무경력에는 해당 선박 중 최상급 총톤수 이상의 선박에서의 6개월 이상 승무경력(실습을 포함한다)을 포함하여야 하며, 5급 항해사 이하의 면허(어선면허는 제외한다)를 위한 승무경력에는 해당 선박 중 최상급 총톤수 이상의 선박에서의 3개월 이상 승무경력(실습을 포함한다)을 포함하여야 한다.
3. 받으려는 면허가 3급 항해사 이상의 면허 중 상선면허인 경우의 승무경력은 상선에 승무한 경력만 해당하고, 어선면허인 경우의 승무경력은 어선에 승무한 경력만 해당한다. 다만, 함정에 승무한 경력은 상선면허 또는 어선면허를 위한 승무경력 산정에서 모두 인정한다.
4. 비고 제3호에도 불구하고 항해선인 상선에서 당직항해사로 승무한 경력은 6개월에 한정하여 어선면허를 위한 승무경력으로 인정한다.
5. 5급 이상의 면허를 가지고 있는 사람은 6급 이하의 면허를 취득하기 위한 승무경력이 있는 것으로 본다(이하 이 표에서 같다).
6. 시운전 선박에 승무한 경력은 2007년 11월 23일 이후 시운전 선박에 승무한 경력부터 인정한다(이하 이 표에서 같다).
7. 자격란 중 운항사는 항해전문의 운항사를 말한다.
8. 어선의 길이란 선박안전법 제27조 제1항 제2호에 따라 해양수산부령으로 정하는 방법으로 측정한 어선의 길이를 말한다(이하 이 표에서 같다).
9. 여객선이란 여객정원이 13명 이상인 선박을 말한다(이하 이 표에서 같다).
10. 함정의 운항이란 함정에 승선하여 기관의 운전과 조리업무를 제외한 직무를 수행하는 것을 말한다(이하 이 표에서 같다).
11. 선박의 운항이란 선박직원이 아닌 자로서 선박에 승선하여 선박직원의 기관업무 보조 및 조리 업무를 제외한 나머지 직무를 수행하는 것을 말한다(이하 이 표에서 같다).

Contents

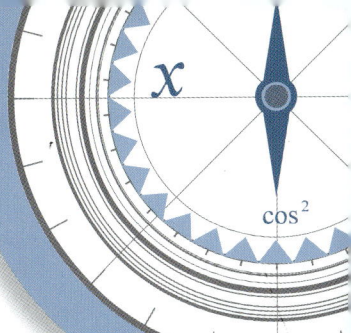

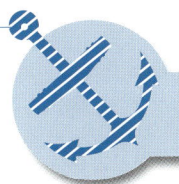

6급 항해사
이 책의 차례

제 1 편 ▸ 항 해

- 제1장 항해계기 ·· 2
  - ◆ 적중예상문제 ·· 12
- 제2장 항로표지 ·· 27
  - ◆ 적중예상문제 ·· 37
- 제3장 수로도지(해도) ·· 54
  - ◆ 적중예상문제 ·· 63
- 제4장 조석 및 해류 ·· 79
  - ◆ 적중예상문제 ·· 86
- 제5장 지문항법 ·· 96
  - ◆ 적중예상문제 ·· 106
- 제6장 전파 및 레이더항법 ·· 131
  - ◆ 적중예상문제 ·· 147

제 2 편 ▸ 운 용

- 제1장 선박의 구조 및 설비 ·· 168
  - ◆ 적중예상문제 ·· 193
- 제2장 선박의 이동 및 조종 ·· 220
  - ◆ 적중예상문제 ·· 237

Contents

제3장 선박의 복원성 ··· 265
    ◆ 적중예상문제 ··· 269

제4장 당직근무 ··· 278
    ◆ 적중예상문제 ··· 283

제5장 기상 및 해상 ··· 290
    ◆ 적중예상문제 ··· 303

제6장 선박의 동력장치 ····································· 314
    ◆ 적중예상문제 ··· 317

제7장 비상조치 및 손상제어 ································· 324
    ◆ 적중예상문제 ··· 331

제8장 선내의료 ··· 337
    ◆ 적중예상문제 ··· 343

제9장 수색 및 구조, 해상통신 ······························· 348
    ◆ 적중예상문제 ··· 355

제 3 편 해사 법규

제1장 선박의 입항 및 출항 등에 관한 법률 ················· 366
    ◆ 적중예상문제 ··· 382

제2장 선박안전법 ··· 390
    ◆ 적중예상문제 ··· 396

제3장 해양환경관리법 ······································· 405
    ◆ 적중예상문제 ··· 417

제4장	해상교통안전법	428
	◆ 적중예상문제	434
제5장	국제해상충돌예방규칙	442
	◆ 적중예상문제	471

제 4 편 전 문

제1장	상선전문	502
	제1절 화물의 취급 및 적화	502
	◆ 적중예상문제	523
	제2절 선박법	589
	◆ 적중예상문제	595
제2장	어선전문	610
	제1절 어획물의 취급과 적화	610
	◆ 적중예상문제	621
	제2절 어선법	653
	◆ 적중예상문제	660

부 록 최근 기출문제

6급 항해사 정기시험 제4회(2023.11.11 시행) ·················· 686

6급 항해사 참고 문헌

  참고 문헌

1. 교육부, 고등학교 『항해』

2. 교육부, 고등학교 『해사법규』

3. 교육부, 고등학교 『선박운용』

4. 도서출판 명우, 고등학교 『항해』

5. 도서출판 서울고시각, 『항해술』(김성곤 저)

6. 부산광역시교육청, 고등학교 『해사법규』

7. 도서출판 서울고시각, 『소형선박조종사』(여운일 · 이종호 공저)

8. 해문출판사, 『6급항해사』(김선곤 저)

항 해

- ☀ 제1장 항해계기
- ☀ 제2장 항로표지
- ☀ 제3장 수로도지(해도)
- ☀ 제4장 조석 및 해류
- ☀ 제5장 지문항법
- ☀ 제6장 전파 및 레이더 항법

Chapter 01 항해계기

Part 1 | 항해

1 컴퍼스

선박의 침로를 결정하고 물표의 방위를 측정하는 선박의 기본적인 항해계기로, 마그네틱 컴퍼스와 자이로 컴퍼스의 두 종류가 있다.

1 마그네틱 컴퍼스(자기 컴퍼스)

자기 컴퍼스(마그네틱 컴퍼스)는 지구 자장의 방향을 측정하여 방위를 구하는 침로계기이다. 원리는 방위 눈금판에 자석을 붙인 것을 피벗(축침)으로 수평되게 떠 받쳐서 자유롭게 회전할 수 있도록 하면 항상 지구 자기의 방향을 가르키게 된다.

(1) 마그네틱 컴퍼스의 분류

과거에는 건식 마그네틱 컴퍼스가 사용되었으나, 지금은 액체가 들어 있는 액체식 마그네틱 컴퍼스가 선박에서 많이 사용되고 있다.

> **tip**
>
> **용도에 따른 분류**
> ① **기준 컴퍼스(스탠다드 컴퍼스)** : 가장 정확한 것으로 다른 컴퍼스의 기준이 되며, 물표의 방위를 측정할 때나 침로를 결정할 때 사용되는 컴퍼스
> ② **조타용 컴퍼스(스티어링 컴퍼스)** : 조타수 앞에 있는 조타용 컴퍼스
> ③ **단정 컴퍼스(보트 컴퍼스)** : 선박이 적재하고 있는 보트에 장치하는 것으로 휴대하기 편리하도록 작은 컴퍼스
> ④ **선실 컴퍼스(캐빈 컴퍼스)** : 선실에 장치하는 컴퍼스

(2) 컴퍼스 카드의 방위 눈금 분할과 읽는 법

① **도수식 분할법** : 카드 둘레를 360 등분하여 1°간격으로 눈금을 표시한 것으로 다음의 두 종류가 있다.
  ㉠ 360°식 : 카드의 북(N)을 0°로 하여 시계방향으로 360°까지 분할한 것인데, 동(E)은 90°, 남(S)은 180°, 서(W)는 270°가 된다.

ⓒ 90°식 또는 180°식 : 북(N) 또는 남(S)을 0°로 하여 동(E)과 서(W) 방향으로 90° 또는 180°까지 잰 것으로 방위각이라 한다. 이것은 360°식과 달리 도수의 앞뒤로 부호가 붙는다. N30°W는 북을 기준으로 서쪽으로 30° 잰 것이고, S30°E는 남을 기준으로 동쪽으로 30°만큼 잰 것이다.

② 포인트식 분할법

360° 원주를 32등분하여 그 한 등분을 1포인트 또는 1점이라 하며 11°15′이다.

예 N, N/E, NNE, NE/N, NE, NE/E, ENE, E/N, E

이와 같이 도수로 표시하지 않고 N, E, SE 등으로 표시하는 것을 포인트식이라 한다.

| NE = 4점 = 45° | E = 8점 = 90° | N/E = 1점 = 11°15′ |

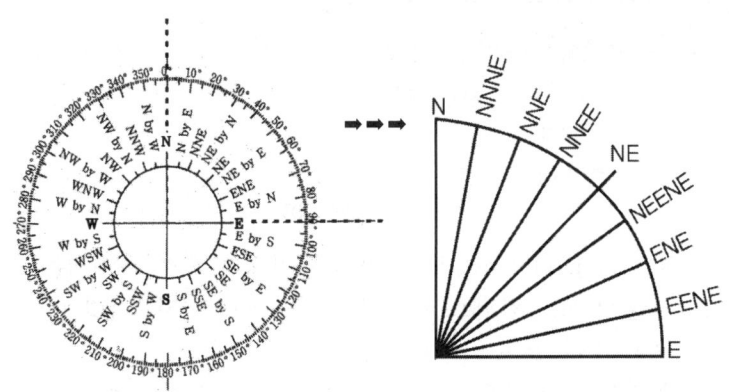

[포인트 명칭]

(3) 마그네틱 컴퍼스(자기 컴퍼스)의 구조 및 취급

① 구조 : 컴퍼스는 볼(카드가 들어있는 그릇)과 비너클(볼을 거는 장치)의 두 부분으로 되어 있다.

㉠ 볼(Bowl) : 볼은 컴퍼스 카드, 자침, 캡 등으로 구성된 지북 장치를 피벗(축침)에 의하여 지지하고, 이들의 중량을 가볍게 하기 위하여 필요한 컴퍼스액을 담는 용기이다.

ⓐ 컴퍼스액(Compass liquid) : 주로 알콜 40%에 증류수를 60% 혼합한 것으로 -30°C와 60°C 사이에서 기포가 생기지 않아야 된다. 기포발생 방지를 위한 자동조절장치인 팽창실이 설치되어 있다.

ⓑ 컴퍼스 카드(Compass card) : 알루미늄, 운모 또는 황동판으로 되어 있고, 상면에는 부실이 있고, 하면에는 오목하게 되어 있어 피벗에 지지된다.

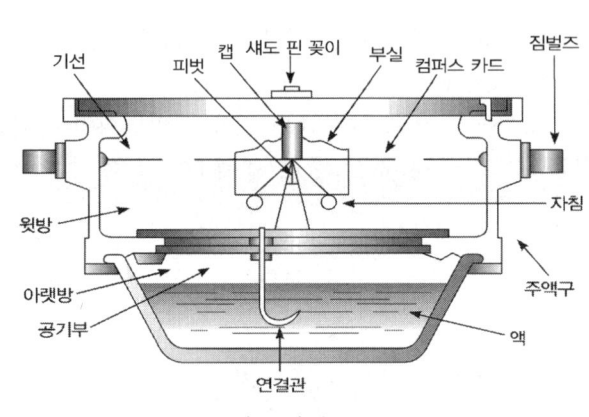

볼(Bowl)의 구조   　　　　　　　비너클(Binnacle)의 구조

[마그네틱 컴퍼스의 구조]

ⓒ 자침(Magnetic needle) : 자침은 자력이 오래 유지되는 인공자석이 사용된다.
ⓓ 부실(Float) : 컴퍼스 카드의 중량을 경감시켜, 피벗 마찰 오차를 방지하기 위한 속이 비어 있는 금속체이다.
ⓔ 캡(축모)(Cap) : 알루미늄으로 만든 것으로 중앙에는 사파이어가 끼워져 있다. 카드의 중심축에 있으며, 피벗(축침)이 중심에 받쳐 있다.
ⓕ 피벗(축침)(Pivot) : 캡에 끼워져 카드를 떠받치고 있으며 카드가 15°경사져도 자유로이 될 수 있도록 되어 있다. 피벗은 놋쇠로 되어 있는데 끝에는 백금 10%, 이리듐 약 90%의 합금이 달려 있어서 캡과의 마찰을 방지한다.
ⓖ 짐벌링(Gimbal Ring) = 짐벌즈(Gimbals) : 선박의 동요로 비너클이 기울어져도 볼을 항상 수평으로 유지하기 위한 장치이다.
ⓗ 기선(Lubber's Line) : 볼 내벽의 카드와 동일한 면 안에 4개의 기선이 각각 선수, 선미, 좌우의 정횡방향을 표시한다.

ⓛ 비너클(Binnacle) : 비너클은 놋쇠, 목재 등의 비자성 재료로 구성되어 있으며, 볼을 지지하고 이를 적당한 높이에 두는 것으로 자차 수정 용구를 넣을 수 있는 장치이다. 조명등, 광도조절기, 경사계 등이 부착되어 있다.
ⓐ 경사계(Clinometer) : 비너클에 부착되어 있으며, 선체의 경사 상태를 표시하는 계기이다.
ⓑ 상한차 수정구 : 컴퍼스 주변에 있는 일시 자기의 수평력을 조정하기 위하여 부착한 연철구 또는 연철판이다.
ⓒ 조명장치 : 조명등으로 가변 저항기로 내부의 조명용 전구의 밝기를 조절한다.

ⓓ B, C 자석 삽입구
⑦ 선체 영구자기 중 선수미 분력을 조정하기 위한 영구자석(선수미 B자석)삽입구
⑭ 선체 영구자기 중 정횡 분력을 조정하기 위한 영구자석(정횡 C자석)삽입구
ⓔ 플린더즈 바 : 선체 일시 자기 중 수직 분력을 조정하기 위한 일시 자석
ⓕ 경선차 수정 자석 : 선체 자기 중 컴퍼스의 중심을 기준으로 한 수직 분력을 조정하기 위한 자석

② 마그네틱 컴퍼스 구비요건
㉠ 자침은 카드의 남북선과 평행해야 한다.
㉡ 자침은 시일이 경과하여도 감퇴되지 않아야 한다.
㉢ 축침(피벗)이 받는 압력과 마찰이 적어야 한다.
㉣ 주위의 온도가 변해도 액체가 스며 나오거나, 기포(공기)가 생기지 않아야 한다.
㉤ 글라스 커버는 완전히 밀폐되어야 한다.

③ 취급상의 주의
㉠ 볼은 주의 깊게 취급해야 하며, 충격을 주어서는 안된다.
㉡ 유리 덮개는 특별한 경우 외에는 열어서는 안된다.
㉢ 피벗(축침)과 캡(축모)의 손상 및 마멸도를 수시로 검사하여 교환하여야 한다.
㉣ 카드의 취급에는 특히 주의해야 한다.
㉤ 컴퍼스에 다른 철물이나 날이 있는 도구 등을 가까이 해서는 안된다.
㉥ 볼 안에 기포가 생겼을 때에는 주액구를 위로 향하게 해서 기포가 위로 왔을 때 주액구 마개를 열고 증류수를 보충하여 기포를 없애고 마개를 닫아 원래의 위치로 한다.
㉦ 더운 여름 또는 적도 지방과 같이 매우 더운 곳에서는 볼을 장시간 노출시키지 않도록 한다.
㉧ 겨울이나 추운 한대 지방에서는 전등을 켜서 보온 또는 방한장치를 해야 한다.
㉨ 볼에 큰 경사를 주어서는 안된다.
㉩ 자차 수정장치에 충격을 주어서는 안된다. 또 같은 극끼리 접촉시키거나 연철구에 접촉시켜서도 안된다.
㉪ 자차 수정시 이외에는 수정 장치에 손대지 말아야 한다.

④ 설치상 주의점
㉠ 선체의 중앙부분 선수미선 상에 설치해야 한다.
㉡ 선교(브리지)에 가깝고 시야가 넓어서 방위 측정이 쉬운 곳에 설치해야 한다.
㉢ 가까이에 전선이 없는 곳을 선택한다.
㉣ 선체의 동요와 기관, 진동의 영향이 덜한 곳에 설치한다.
㉤ 자성체와 철물은 적어도 다음의 거리를 띄워야 한다.
ⓐ 자차 수정구 이외의 고정 철재로부터 2.5cm 이상
ⓑ 철문, 데릭 등의 이동 철재로부터 4m 이상
ⓒ 연통, 통풍통, 마스트 등의 수직 철재로부터 9m 이상
ⓓ 발전기는 전력에 따라 10~30m 이상

(4) 자기 컴퍼스의 오차

① 편차(Variation) : 진자오선(진북)과 자기자오선이 이루는 각, 즉 진북과 자북이 일치하지 않기 때문에 생기는 교각이다.
  ㉠ 자북은 시간이 지남에 따라 이동하기 때문에 편차는 지구상의 위치에 따라 똑같은 장소라도 시간이 지남에 따라 변화한다.
  ㉡ 자북이 진북의 오른쪽에 있으면 편동편차(E), 진북의 왼쪽에 있으면 편서편차(W)라 하고 그 값은 해도의 나침도에서 구할 수 있다.

② 자차(Deviation) : 선내의 자기 나침의의 남북선이 자북을 가리키지 못하여 생기는 교각이다. 이는 선내 철기의 영향 및 자기영향 때문이며 나북이 자북의 오른쪽이면 편동자차(E), 자북의 왼쪽에 있으며 편서자차(W)라 한다.

※ 자차가 변하는 원인
  ⓐ 선수방향이 바뀌었을 경우 → 가장 크다.
  ⓑ 선박이 지리적 위치를 옮겼을 경우
  ⓒ 선박이 경사하였을 때 → 경선차
  ⓓ 선적된 화물을 이동시켰을 때
  ⓔ 동일한 침로로 장시간 항해하다가 변침하였을 때 → 가우신 오차
  ⓕ 선체가 심한 충격을 받았을 때
  ⓖ 선체에 화재가 났을 때
  ⓗ 선체가 벼락을 맞았을 때
  ⓘ 지방자기의 영향을 받을 때 → 우리나라에서 지방 자기영향이 큰 곳은 청산도 부근

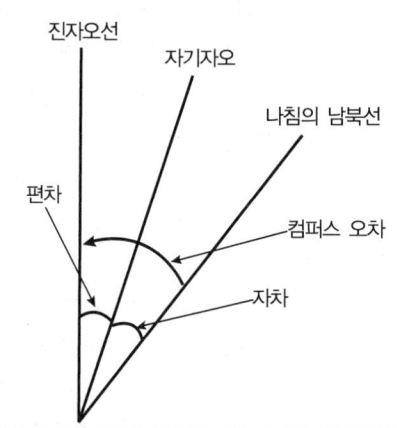

- 진자오선 : 지구의 양극을 지나는 대권인 자오선을 자기자오선에 상대하여 진자오선이라고 한다.
- 자기자오선 : 지구를 거대한 자석이라 할 때, 자석의 N극과 S극을 지나는 대권을 자기자오선이라 한다.
- 나침의 남북선 : 선박에 설치된 나침의(마그네틱 컴퍼스)의 북(N, 0°)과 남(S, 180°)을 지나는 선

[컴퍼스 오차]

③ 나침의 오차(컴퍼스 에러) : 진자오선과 자기나침의 남북선이 이루는 교각, 즉 진북과 나북과의 교각이며 이는 편차와 자차의 합 또는 차이다. 같은 부호일 때는 자차, 편차의 합만큼 오차가 있고 다른 부호일 때는 큰 쪽에서 작은 쪽을 뺀 것만큼 오차가 있게 되는 것이다.

2 자이로 컴퍼스(전륜 나침의)

자이로 컴퍼스는 자석 대신에 고속으로 회전하는 자이로를 이용하여 역학적 방법으로 진북을 지시하는 것으로 자이로 스코프라는 3축의 자유로운 고속도 회전체를 이용한 컴퍼스이다.

(1) 자이로 컴퍼스의 장점
① 전기에 의해 진북을 가리킨다.
② 철기류 영향을 받지 않으므로 자차와 같은 부정 오차가 없다.

③ 지구 자장의 영향을 받지 않으므로 선내 어떠한 곳에 설치하여도 영향이 없다.
④ 고위도 지방에서도 사용할 수 있다.
⑤ 지북력이 강하다.
⑥ 무선 방위 측정기나 레이더 등에 연결하여 사용할 수 있다.
  ※ 출항 예정 시간 4시간 전에 반드시 가동해야 한다.

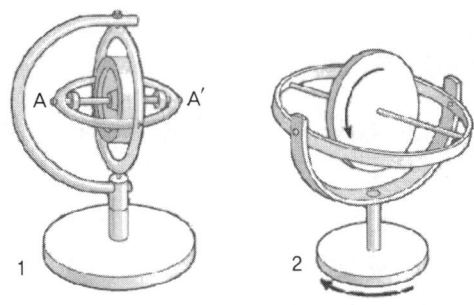

[프리자이로 스코프의 방향 보존성과 세차 운동]

(2) 자이로 컴퍼스 오차
① 위도 오차(제진오차) : 적도지방에서는 오차가 생기지 않으나 그 밖의 지방에서는 오차가 생긴다.
② 속도 오차 : 선박의 속도가 빠르고 침로가 남북 방향에 가까울수록, 또 위도가 높을수록 오차가 크다.
③ 가속도 오차 : 항해 중 선박의 속도나 침로가 변경되어 그 가속력이 컴퍼스에 작용하여 생기는 오차이다.
④ 동요 오차 : 선체가 요동할 때 생기는 오차이다.
⑤ 기타 오차
  ㉠ 자이로에 공급되는 전원의 전압 변동이 심할 경우
  ㉡ 보정추에 나사가 풀렸을 때
  ㉢ 추종 전동기, 발신기의 톱니바퀴의 맞물림이 뻑뻑할 때
  ㉣ 주동부의 수직축에 불필요한 마찰이나 비틀림이 주어질 때
  ㉤ NS통 간의 수은(기름)의 유통 상태가 불량한 경우

2 방위측정기구

목표물이나 천체의 방위를 측정할 때 컴퍼스 볼 위에 올려 놓고 측정하는 기구로, 새도 핀·방위환·방위경·방위반 등의 종류가 있다.

1 새도 핀(Shadow pin)

(1) 놋쇠로 만든 가는 막대로 컴퍼스 볼의 글라스 커버 중앙에 핀을 세울 수 있는 새도 핀 꽂이가 있다.
(2) 사용시에는 한쪽 눈을 감고 목표물의 핀을 통하여 보고, 관측선의 아래쪽 카드의 눈금을 읽는다.
(3) 가장 간단하게 방위를 측정할 수 있으나 오차가 생기기 쉬우므로 주의한다.

② 방위환

(1) 컴퍼스 볼 위에 장치하여 물표의 방위와 고도가 높은 천체나 태양의 방위를 측정하는 기구이다.
(2) 구 조
    ① 피프 베인
    ② 파 베인
    ③ 핑거 러그
    ④ 프리즘과 거울로 된 장치
    ⑤ 기포 수준기

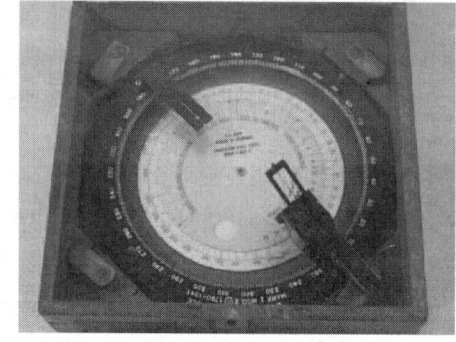

[방위환]

③ 방위경

컴퍼스 볼 위에 장치하여 천체 또는 물표의 방위를 정확히 측정할 때 사용하는 기구이다.

(1) 고도가 높은 천체나 저고도의 천체를 정밀하게 방위 측정하는데 사용한다.
(2) 고도가 높은 천체는 화살표를 위쪽으로 하여 측정한다.
(3) 고도가 낮은 천체는 화살표를 아래쪽으로 하여 측정한다.
(4) 실용 고도는 27° 전후이다.

④ 방위반

자침이 없는 카드에 방위편을 단 것으로, 물표가 굴뚝, 마스트 등에 가려져서 컴퍼스(방위환)의 측정이 곤란할 때에 물표가 잘 보이는 장소에서 방위를 측정할 수 있는 기구이다.

3 선속계(측정의, Log)

선박의 속력과 항주거리를 측정하는 계기로 측정의 또는 로그(log)라 하며, 핸드 로그·패턴트 로그·전자 로그·도플러 로그가 있다.

(1) **핸드 로그(H. log)** : 단위 시간당 풀려나가는 줄(로그 라인)의 길이로 선속을 측정하는 선속계
(2) **패턴트 로그(P. log)** : 선미에서 회전체를 끌면서 그 회전체의 회전수로 선속을 측정하는 선속계
(3) **전자식 로그(EM. log)** : 전자 유도의 법칙을 이용한 선속계

(4) 도플러 로그(Doppeler. log) : 도플러 효과를 이용한 선속계

4 측심의

수심을 측정하고 해저의 저질, 어군의 존재를 파악하기 위한 장치로 출입항시, 연안 항해를 할 때, 또는 수로 측량이 부정확한 곳을 항해할 때 안전 항해를 위하여 사용하는 계기로, 핸드 레드·음향 측심기가 있다.

(1) 핸드 레드
수심이 얕은 곳에서 사용되는 측심의로, 레드(납)가 해저에 닿았을 때 그 줄의 길이로 수심을 측정한다(레드의 밑에는 해저의 저질을 판별하기 위한 구멍이 있는데, 이를 아밍 홀(arming hole)이라 한다).

(2) 음향 측심기
선저에서 해저로 발사한 초음파가 해저에서 반사되어 되돌아오는 시간을 측정하여 수심을 측정하는 계기이다(수중에서 음파의 속도는 매초 1500m이다).

> v : 해수속에서의 음파의 속도(1500m/s)
> t : 음파의 진행 시간
> d : 선저에서 해저까지의 거리일 때 d는 다음과 같이 계산할 수 있다.
> $2d = vt$이므로 $d = 1/2vt$

음향측심기는 항행 중 연속하여 수심을 측정할 수 있다.

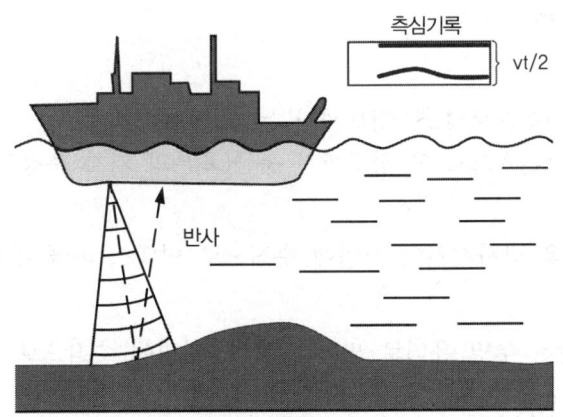

[음향 측심기의 원리]

5 육분의(Sextant)

천체(태양, 달, 별)의 고도를 측정하거나 두 물표의 수평 협각을 측정하여 선위를 결정하는데 사용되는 계기이다.

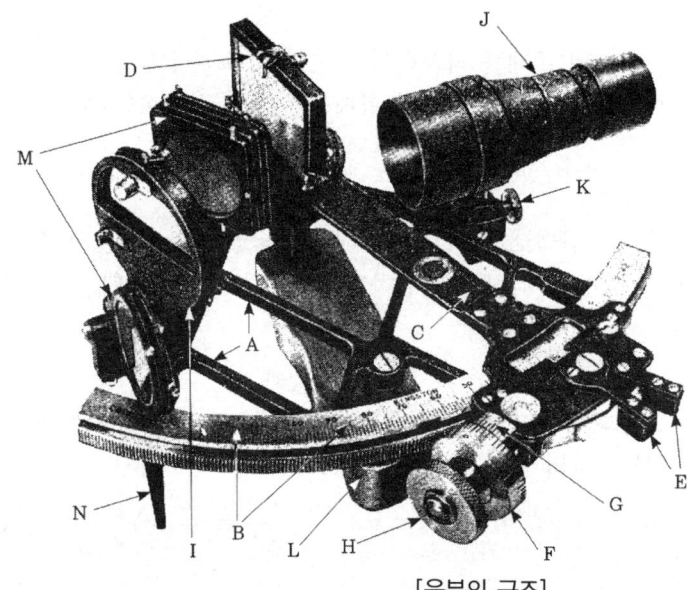

A Frame
B (arc)
C 시표간
D 동경
　(Index glass)
E 고정기
　(Release clutch)
F Micrometer
G Venier
H Tagent Screw
I 수평경
　(Horizon glass)
J 성경
　(Star telescope)
K 승강나사
　(Up and down screw)
L 손잡이(Handle)
M Shade glass
N 다리(leg)

[육분의 구조]

(1) 기면(Frame)
부채꼴 모양으로 놋쇠로 되어 있으며 운반, 취급할 때는 이 부분을 잡으며, 여기에 각 부품이 부착, 결합되어 있다.

(2) 호(Arc)
① 본호 : 0°에서 왼쪽으로 125° 정도까지 눈금
② 여호 : 0°에서 오른쪽으로 5° 정도까지 눈금(육분의 기차 측정시 사용)

(3) 동경
천체나 물표의 상을 반사시키며 기면에 수직으로 인덱스 바에 부착되어 있다.

(4) 수평경
절반은 거울, 절반은 투명 유리로 되어 있으며, 기면에 수직으로 부착되어 있다.

(5) 인덱스 바(인덱스 암)
아크의 중심을 회전축으로 하여 아크를 따라 움직이며 동경과 마이크로 드럼과 릴리스가 부착되어 있다.

(6) 마이크로미터 드럼

눈금은 60등분 되어 있고 1등분이 1해리에 해당되며, 1회전 시키면 인덱스 바는 아크 상을 따라서 1° 움직인다.

(7) 릴리스 클러치

인덱스 바를 적당한 눈금위에 놓을 수 있는 고정기

(8) 차광 유리

투명도가 다른 몇 개의 유색 유리로 되어 있으며, 동경과 수평경의 앞쪽을 가리게 되어 있다.

Chapter 01 항해계기

Part 1 | 항해 적중예상문제

01 컴퍼스의 용도로 옳은 것은?
　가. 물표의 방위 및 선박의 침로 결정　　나. 선박의 속력 측정
　사. 부근의 타선박의 동태 파악　　　　　아. 수심 측정

　🔹 컴퍼스는 물표의 방위와 침로를 결정하는 계기로서, 선박에서 가장 중요한 항해 계기이다.

02 선박용 자기 컴퍼스의 설명으로 옳지 않은 것은?
　가. 선체 자기의 영향은 없애야 한다.
　나. 수정구는 수시로 페인트를 칠하여 녹이 나지 않도록 하여야 한다.
　사. 선체 자기의 영향을 없애기 위하여 수정구를 컴퍼스 주변에 부착해 둔다.
　아. 쇠로 만들어져 있는 선박에 비치되어 있는 자기 컴퍼스는 그 선체가 가지는 자기의 영향을 받으므로 정확한 방향을 지시하지 못한다.

03 컴퍼스의 크기를 나타내는 것으로 옳은 것은?
　가. 자침의 크기　　　　　나. 볼의 직경
　사. 비너클의 크기　　　　아. 카드의 직경

　 컴퍼스 카드의 직경은 mm 또는 inch로 표시한다.

04 지구의 자장과 자석의 성질을 이용한 항해계기로 옳은 것은?
　가. 자이로 컴퍼스　　　　나. 방위 측정 기구
　사. 측심의　　　　　　　 아. 마그네틱 컴퍼스

　🔹 컴퍼스의 종류
　　① 마그네틱 컴퍼스 : 자석의 성질을 이용한 컴퍼스
　　② 자이로 컴퍼스 : 자이로 스코프를 이용한 컴퍼스

정답　01 가　02 나　03 아　04 아

05 자기 컴퍼스의 볼(Bowl)을 주로 청동이나 놋쇠로 만드는 이유로 옳은 것은?

가. 녹이 슬지 않아서 나. 무겁기 때문에
사. 자성이 없기 때문에 아. 전기가 잘 통해서

06 자기 컴퍼스에서 선체의 동요로 비너클이 경사하여도 볼이 항상 수평을 유지하게 하는 장치로 옳은 것은?

가. 피벗 나. 짐벌링
사. 캡 아. 수정구

> 가. **피벗** : 캡과의 사이에 마찰이 작아 카드가 자유롭게 회전하게 하는 장치로 끝은 이리듐과 백금이 9:1 비율의 합금으로 되어 있다.
> 사. **캡** : 컴퍼스 카드의 중심에 위치하고 있으며 중앙에 사파이어를 장치하여 마모를 방지하도록 되어 있고, 부실의 하부에 달려 있다.

07 마그네틱 컴퍼스에서 부실(Float)의 역할에 대한 설명으로 옳은 것은?

가. 지북력을 갖게 한다.
나. 기포의 발생을 억제시킨다.
사. 볼을 항상 수평으로 유지시킨다.
아. 부력을 갖고 카드의 무게를 가볍게 한다.

> 액체 중에서 부력을 가지고 축모와 축침의 마찰을 방지한다.

08 자기 컴퍼스 내에 기포가 생기는 원인과 가장 밀접한 관련이 있는 것으로 옳은 것은?

가. 피벗에 녹이 생겨서 나. 자석의 자력이 약화되어서
사. 패킹의 불량 및 노후 아. 컴퍼스 카드가 파손되어서

> 패킹의 불량 및 노후로 볼 내의 컴퍼스액이 부족하여 기포가 발생한다.

09 액체 자기 컴퍼스에 기포가 생겼을 때의 조치로 옳은 것은?

가. 주입구로 액체를 보충한다. 나. 주위의 온도를 높인다.
사. 주위의 철물을 이동시킨다. 아. 축침이 받는 압력을 작게 한다.

> 주위의 온도가 15°C 정도일 때 주사기로 액을 천천히 보충하여 기포를 제거한다.

정답 05 사 06 나 07 아 08 사 09 가

10 볼 내의 액체가 온도 변화에 의해 수축 및 팽창하여도 기포가 생기지 않도록 조절하는 장치로 옳은 것은?

가. 짐벌링 나. 팽창실
사. 볼 아. 비너클

 컴퍼스 볼은 위 아래 2개의 방으로 나누어져 있다. 윗방은 액체가 가득차 있으며, 아랫방은 액의 윗부분이 비어 있다. 이들 방은 연결관으로 통하고, 온도 변화에 따라 윗방의 액이 수축 및 팽창하여도 아랫방에서 자동 조절하여 액이 흘러 나오거나 공기가 들어가는 것을 방지한다.

11 비너클(Binnacle)에 관한 설명으로 옳지 않은 것은?

가. 놋쇠나 나무 등 비자성 재료
나. 볼을 일정한 높이에 두는 장치
사. 자차 수정 용구를 넣을 수 있는 곳
아. 컴퍼스 카드를 넣는 용기

 비너클(Binnacle) : 비너클은 놋쇠, 목재 등의 비자성 재료로 구성되어 있으며, 볼을 지지하고 이를 적당한 높이에 두는 것으로 자차 수정 용구를 넣을 수 있는 장치이다. 조명등, 광도조절기, 경사계 등이 부착되어 있다.

12 자기 컴퍼스의 자차 측정과 수정 작업은 선체가 어떤 상태에 있을 때 실시하는 것이 좋은가?

가. 공선상태 나. 만선상태
사. 경사상태 아. 수평상태

13 선수 방위가 변할 때마다 자차 측정을 즉시 할 수 없으므로 미리 모든 방위의 자차를 구해놓은 도표를 무엇이라 하는가?

가. 점장도 나. 자차곡선도
사. 나침도 아. 자장도

14 자차에 대한 설명으로 옳은 것은?

가. 진 자오선과 배의 항적과의 교각
나. 자기 자오선과 선수미선과의 교각

정답 10 나 11 아 12 아 13 나 14 사

사. 자기 자오선과 자기 컴퍼스의 남북선과의 교각
아. 자기 컴퍼스의 남북선과 선수미선과의 교각

 자차 : 자기자오선과 선내 나침의 남북선(나북)이 이루는 교각을 말한다.
편차 : 진 자오선과 자기 자오선(자북)이 일치하지 않아 생기는 교각을 말한다.

15 자차에 변화가 생길 수 있는 경우에 해당되지 않는 것은?

가. 선수 방향이 변하였을 때
나. 선내의 철재를 이동하였을 때
사. 선체가 충격을 받았을 때
아. 갑판상에 목재 화물을 적재하였을 때

 ※ 자차가 변하는 원인
① 선수방향이 바뀌었을 경우 → 가장 크다.
② 선박이 지리적 위치를 옮겼을 경우
③ 선박이 경사하였을 때 → 경선차
④ 선적된 화물을 이동시켰을 때
⑤ 동일한 침로로 장시간 항해하다가 변침하였을 때 → 가우신 오차
⑥ 선체가 심한 충격을 받았을 때
⑦ 선체에 화재가 났을 때
⑧ 선체가 벼락을 맞았을 때
⑨ 지방자기의 영향을 받을 때 → 우리나라에서 지방자기 영향이 큰 곳은 청산도 부근

16 자차의 수정이 필요한 이유로 옳은 것은?

가. 수심을 측정하기 위하여
나. 정확한 선속을 알기 위하여
사. 선박의 속력을 높이기 위하여
아. 정확한 침로 유지와 방위측정을 위하여

자차의 수정은 자차의 양을 줄이는 것을 말한다.

17 자차의 변화에 대한 설명으로 옳지 않은 것은?

가. 선박마다 같은 값이다.
나. 선수방위에 따라 값이 다르다.
사. 시일의 경과에 따라 값이 다르다.
아. 철재구조물을 설치하면 값이 다르다.

정답 15 아 16 아 17 가

18 자차 측정 시 가장 중요한 준비 사항으로 옳은 것은?

가. 자차 분석표 준비
나. 선회권이 충분한 해역인가 조사
사. 천측력, 항해표 준비
아. 선내의 모든 철물류는 항해 상태로 할 것

해설 통상의 항해 시에 사용하는 자성체는 그대로 둔다. 자차는 선박의 컴퍼스 자체의 오차로서 철기류의 영향을 많이 받는다.

19 자차수정용구 중 선수미 방향의 수정용 자석으로 옳은 것은?

가. B자석
나. C자석
사. 연철구
아. 플린더즈바

해설 B, C 자석
① 선체 영구자기 중 선수미 분력을 조정하기 위한 영구자석(선수미 B자석)
② 선체 영구자기 중 정횡 분력을 조정하기 위한 영구자석(정횡 C자석)

20 자차 변화의 가장 큰 요인으로 옳은 것은?

가. 선체 도장
나. 선체 개조
사. 기관 수리
아. 레이더 수리

21 선체 자기에 대한 설명으로 옳지 않은 것은?

가. 철물로 구성된 선체에 발생한다.
나. 선박의 위치에 따라 변한다.
사. 선수 방위에 따라 변한다.
아. 자차와는 상관이 없다.

해설 선체의 자기 영향으로 자차가 발생한다.

22 자기 컴퍼스가 남북을 가리킬 수 있는 원인으로 옳은 것은?

가. 지자기 때문에
나. 철기 때문에
사. 편차 때문에
아. 전기력 때문에

정답 18 아 19 가 20 나 21 아 22 가

23 자기 컴퍼스의 구조에서 지북력을 주는 것은 무엇인가?

가. 자 침   나. 축 모
사. 축 침   아. 부 자

24 우리나라에서 지방자기가 가장 큰 곳은 어디인가?

가. 마라도 부근   나. 청산도 부근
사. 울릉도 부근   아. 가덕도 부근

> 해설 세계적으로 지방자기가 유명한 곳 : 엘바 섬, 세인트 헬레나 섬, 포클랜드 섬

25 액체식 자기 컴퍼스에 사용되는 액체의 혼합 비율로 옳은 것은?

가. 알코올 15%, 증류수 85%   나. 알코올 35%, 증류수 65%
사. 알코올 50%, 증류수 50%   아. 알코올 75%, 증류수 25%

26 액체식 마그네틱 컴퍼스의 액체는 무엇인가?

가. 소금물   나. 증류수와 알코올 혼합물
사. 윤활유   아. 암모니아수

> 해설 액체는 알코올 35%, 증류수 65% 혼합물로 되어 있으며, 부식되거나 얼지 않아야 한다.

27 액체식 자기 컴퍼스의 사용상 주의 사항으로 옳지 않은 것은?

가. 컴퍼스 카드를 조심하여 취급할 것
나. 기포가 발생하더라도 손을 대지 말 것
사. 예비 카드를 수납할 때는 같은 극을 상접하지 말 것
아. 열대지방 항해시 뜨거운 기온에 노출시키지 말 것

28 자이로 컴퍼스로 측정한 방위로 옳은 것은?

가. 자침방위   나. 나침방위
사. 진방위   아. 상대방위

> 해설 자이로 컴퍼스
> ① 전기에 의해 진북을 가리킨다(진방위).
> ② 철기류 영향을 받지 않으므로 자차와 같은 부정 오차가 없다.

정답 23 가   24 나   25 나   26 나   27 나   28 사

29 기준 컴퍼스는 선체의 어느 곳에 설치하여야 하는가?

가. 톱 브리지　　　　　　　　나. 조타실
사. 선장실　　　　　　　　　　아. 해도실

> 기준 컴퍼스는 가장 정확한 것으로 다른 컴퍼스의 기준이 되며, 선체에서도 철기류 등의 영향이 가장 적게 받는 톱 브리지에 설치한다.

30 컴퍼스 카드의 방위 표시 방법 중 90°식(상한식)으로 표시된 것으로 옳은 것은?

가. 210°　　　　　　　　　　나. S30°W
사. N50°W　　　　　　　　　아. NE

> 90°식 또는 180°식 : 북(N) 또는 남(S)을 0°로 하여 동(E)과 서(W) 방향으로 90° 또는 180°까지 잰 것으로 방위각이라 한다. 이것은 360°식과 달리 도수의 앞뒤로 부호가 붙는다. N30°W는 북을 기준으로 서쪽으로 30°잰 것이고 S30°E는 남을 기준으로 동쪽으로 30°만큼 잰 것이다.

31 컴퍼스에서 서쪽을 표시하는 것으로 옳은 것은?

가. N　　　　　　　　　　　　나. S
사. W　　　　　　　　　　　　아. E

> E(동), W(서), S(남), N(북)

32 다음 중 자기 컴퍼스 주위에 가까이 해서는 안되는 것은?

가. 커피류　　　　　　　　　　나. 목재류
사. 유리제품　　　　　　　　　아. 철재류

33 편차 5°E, 자차 7°W일 때 컴퍼스 오차를 구하면?

가. 12°W　　　　　　　　　　나. 2°W
사. 12°E　　　　　　　　　　아. 2°E

> 자차와 편차가 다른 부호이므로 차(-)를 구하면 2°이며, 큰 쪽의 부호는 W이다.

34 편차 12°E, 자차 6°E일 때 컴퍼스의 오차는 몇 도인가?

가. 18°W　　　　　　　　　　나. 18°E
사. 6°E　　　　　　　　　　　아. 6°W

정답　29 가　30 나　31 사　32 아　33 나　34 나

> 나침의 오차(compass error : C.E) = 컴퍼스 오차 : 선내의 나침의 남북선(나북)과 진자오선(진북)이 이루는 각
> ※ 편차와 자차의 부호가 같으면(합), 부호가 다르면 차(-)를 구하여 큰 쪽의 부호를 붙인다.

35 선박의 침로나 물표의 방위를 측정하는 항해계기는?

가. 자기 컴퍼스 나. 선속계
사. 육분의 아. 측심의

36 자기 컴퍼스의 카드와 자침의 무게는 컴퍼스 액과 (   )에 의하여 실제보다 97%정도 감소한다. (   ) 안에 알맞은 내용은?

가. 볼 나. 부실
사. 피벗 아. 캡

37 선내 나침의가 자북을 가리키는 것을 방해하여 자차를 발생하는 것은 무엇인가?

가. 지자기 나. 선체자기
사. 지방자기 아. 전자파

38 자석의 성질을 이용하여 선박의 침로를 구하는 항해계기로 옳은 것은?

가. 자이로 컴퍼스 나. 자기 컴퍼스
사. 광자이로 컴퍼스 아. 지피에스(GPS)

39 액체식 자기 컴퍼스에서 액체로 채워진 용기를 무엇이라 하는가?

가. 볼(Bowl) 나. 자침(Magnetic needle)
사. 부실(Float) 아. 기선(Lubber line)

> 컴퍼스 볼은 위 아래 2개의 방으로 나누어져 있다. 윗방은 액체가 가득차 있으며, 아랫방은 액의 윗부분이 비어 있다.

40 다음 중 편차의 설명으로 옳지 않은 것은?

가. 지구표면상에서 그 값은 일정하다.
나. 진 자오선과 자기 자오선과의 교각이다.
사. 같은 장소라도 시일의 경과에 따라 다르다.
아. 자북이 진북의 왼편에 있으면 편서 편차이다.

정답 35 가 36 나 37 나 38 나 39 가 40 가

제1장 항해계기

41 자기 컴퍼스의 연철구의 용도로 옳은 것은?
　가. 침로 개정　　　　　　　나. 방위 측정
　사. 자차 수정　　　　　　　아. 타각 조정

42 다음 중 자기 컴퍼스가 가장 강한 지북력을 나타내는 곳은?
　가. 북극 부근　　　　　　　나. 적도 부근
　사. 남극 부근　　　　　　　아. 위도 45도 부근

43 리피더 컴퍼스의 중앙 홈에 끼워 간단하게 방위를 측정하는 기구는?
　가. 섀도 핀　　　　　　　　나. 방위경
　사. 방위환　　　　　　　　아. 방위판

44 자차가 변하는 원인으로 옳지 않은 것은?
　가. 선수방위가 변할 때　　　나. 태양광선에 노출시
　사. 철재화물의 이동시　　　아. 선체 경사시

45 자차가 생기는 원인에 대한 설명으로 옳은 것은?
　가. 지구의 자기장 내에서 선박이 자화되어 발생한다.
　나. 지구의 자기장과는 무관하다.
　사. 선박의 노후화에 의해 발생한다.
　아. 선박 흘수의 변화에 의해 발생한다.

46 자차 중 경선차란 무엇을 말하는가?
　가. 선수방위가 변할 때 일어나는 자차
　나. 선체가 경사하였을 때 나타나는 오차
　사. 선체가 충격을 받았을 때 나타나는 오차
　아. 동일한 침로로 장시간 항해 후 나타나는 자차

정답 41 사　42 나　43 가　44 나　45 가　46 나

47 경선차에 대한 설명으로 옳은 것은?

가. 선수방위가 변하여 발생하는 차
나. 수직 자력으로 인하여 발생하는 차
사. 선박의 지리적 위도가 변하여 발생하는 차
아. 선박이 수평일 때의 자차와 기울었을 때의 자차와의 차

> 경선차는 힐링 마그네틱이나 경침의로 수정한다.

48 자차 측정 준비시 가장 중요한 것은?

가. 자차 분석표 준비
나. 천측력, 항해표 준비
사. 선회권이 충분한 해역인가 조사
아. 선내의 모든 철물류는 항해 상태로 할 것

49 항해사가 항해 중 해도에서 편차를 구하려면 해도의 어디를 보아야 하는가?

가. 표제 기사
나. 위도와 경도
사. 해도도식
아. 나침도

50 다음 중 자기 컴퍼스에 대한 설명으로 맞지 않는 것은?

가. 배가 경사한 때에도 자차가 변화한다.
나. 같은 항구에 있는 선박의 자차는 같다.
사. 자차 측정은 기회 있을 때마다 실시한다.
아. 자차란 나침방위와 자침방위의 차이이다.

51 다음 중 방위측정기구로 볼 수 없는 것은?

가. 육분의
나. 방위경
사. 방위환
아. 방위반

> 육분의 : 천체의 고도나 물표의 협각을 측정하는 계기

정답 47 아 48 아 49 아 50 나 51 가

온라인 강의 에듀마켓

52 다음 방위측정기구에서 여러 개의 물표의 방위를 가장 신속하게 측정하는 계기는?

가. 방위경
사. 방위반
나. 새도 핀
아. 방위환

> 새도 핀(shadow pin) : 놋쇠로 된 가는 막대이며, 볼의 유리커버 중심에 세워 물표의 방위를 측정한다. 측정이 신속하고 간단하나, 볼이 경사된 채로 방위를 측정하면 오차가 생긴다.

53 핸드 레드의 아밍 홀(Arming hole)의 용도로 옳은 것은?

가. 저질을 알기 위하여
나. 해류의 방향을 알기 위하여
사. 선속을 알기 위하여
아. 선박의 침로를 알기 위하여

> 레드의 밑에 있는 해저의 저질을 판별하기 위한 구멍을 말한다.

54 해수 중에서 음파의 속도는 초속 몇 m(미터)인가?

가. 340m
사. 3000m
나. 1500m
아. 30만km

> ① 공기 중의 음파의 속도는 초속 340m이다.
> ② 전파의 속도는 초속 30만km이다.

55 자이로 컴퍼스는 출항 예정 몇 시간 전에 가동해야 하나?

가. 1시간 전
사. 4시간 전
나. 2시간 전
아. 6시간 전

> 자이로 컴퍼스를 사용할 때에는 적어도 출항 전 4시간 전에 준비하여야 한다.

56 자이로 컴퍼스의 장점으로 옳지 않은 것은?

가. 진북을 가리킨다.
나. 자기 및 철기류 등의 영향을 받지 않는다.
사. 지북력이 마그네틱 컴퍼스에 비하여 약하다.
아. 비교적 위도가 높은 고위도에서도 사용이 가능하다.

> 지북력이 강하다는 장점이 있다.

정답 52 나 53 가 54 나 55 사 56 사

57 수심을 측정하는 계기로 옳은 것은?

　　가. 측심의　　　　　　　　　나. 측정의
　　사. 방위경　　　　　　　　　아. 육분의

　　　가. **측심의** : 수심을 측정하는 계기로, 핸드 레드와 음향 측심기가 있다.
　　　나. **측정의**(Log) : 선박의 속력과 항정을 측정하는 계기이다.
　　　사. **방위경** : 컴퍼스 볼 위에 장치하여 천체 또는 물표의 방위를 정확히 측정할 때 사용하는 기구이다.
　　　아. **육분의** : 천체의 고도와 양 물표의 협각을 측정하는 계기이다.

58 음향 측심기는 어떤 계기로도 이용할 수 있는가?

　　가. 측정의　　　　　　　　　나. 컴퍼스
　　사. 방위측정기구　　　　　　아. 어군 탐지기

　　　음향 측심기의 원리와 어군 탐지기의 원리는 같다.

59 속력을 나타내는 계기로 옳은 것은?

　　가. EM 로그　　　　　　　　나. 코스레코더
　　사. 에코사운더　　　　　　　아. 조타기

　　　① **측심의** : 수심을 측정하는 계기로 핸드 레드와 음향 측심기가 있다.
　　　② **측정의**(log) : 선박의 속력과 항정을 측정하는 계기

60 천체의 고도를 측정하거나 두 물표의 수평 협각을 측정하는 기구로 옳은 것은?

　　가. 방위경　　　　　　　　　나. 방위환
　　사. 육분의　　　　　　　　　아. 시진의

61 다음 중 수중 초음파를 이용하지 않는 기기로 옳은 것은?

　　가. 로 란　　　　　　　　　나. 음향 측심기
　　사. 어군 탐지기　　　　　　아. 소 나

정답 57 가　58 아　59 가　60 사　61 가

62 Hand Lead(수용 측심의)의 용도로 옳지 않은 것은?

가. 배의 타력을 알 수 있다.
나. 닻줄이 얽혔을 때 사용한다.
사. 수심을 알기 위하여 사용한다.
아. 풍조에 의한 압류 방향을 탐지한다.

63 자차 측정시 주의사항으로 옳지 않은 것은?

가. 컴퍼스 볼(bowl) 내에 기포가 있으면 기포를 제거한 뒤 컴퍼스 액을 보충한다.
나. 볼의 중심이 비너클(binnacle)의 중심선과 일치하는지 확인한다.
사. 컴퍼스 기선이 선수미선과 일치하는지 점검한다.
아. 통상의 항해 시에 사용하는 컴퍼스 주변의 자성체를 모두 치우고 자차를 측정한다.

> 통상의 항해 시에 사용하는 자성체는 그대로 둔다. 자차는 선박의 컴퍼스 자체의 오차로서 철기류의 영향을 많이 받는다.

64 자차가 변화하지 않는 경우에 해당하는 것은?

가. 선수 방위가 바뀔 때
나. 선체가 경사할 때
사. 선체가 심한 충격을 받았을 때
아. 어창에 고기상자를 적재했을 때

65 자기 컴퍼스의 설치 시 유의 사항으로 옳지 않은 것은?

가. 선체의 중앙부분 선수, 선미선상에 위치할 것
나. 선체 및 기관의 진동이 비교적 적은 곳
사. 컴퍼스 주위에 전류 도체가 있는 곳
아. 시야가 넓어서 방위측정이 쉬운 곳

> 자기 컴퍼스 설치 시 유의사항
> - 선체의 중앙부분 선수, 선미선상에 위치할 것
> - 시야가 넓어서 방위측정이 쉬운 곳
> - 주위에 전류 도체가 없는 곳
> - 선체 및 기관의 진동이 적은 곳

정답 62 나 63 아 64 아 65 사

66 자기 컴퍼스가 선체나 선내 철기류 등의 영향을 받아 생기는 오차는?

가. 자 차 나. 편 차
사. 기 차 아. 수직차

> 자기 나침의는 자석의 성질을 이용하므로 컴퍼스 내에 있는 자침(자석)이 선체나 선내에 있는 철기류의 영향을 받아 자북을 가리키지 못하고 약간의 교각을 이루는 것을 자차(Deviation. Dev.)라 한다.

67 방위측정기구에 해당되지 않는 것은?

가. 방위도 나. 새도 핀
사. 방위경 아. 방위환

> 방위측정기구
> ① 새도우 핀 : 볼의 유리 커버 중앙에 세워 물표의 방위를 측정.
> ② 방위경 ③ 방위환 ④ 방위반

68 항주하는 선박에서 그 속력과 (   )를 측정하는 계기를 선속계라 하는데 (   ) 안에 알맞은 것은?

가. 수 심 나. 높 이
사. 방 위 아. 거 리

> 선속계 : 선박의 속력과 항주거리를 측정하는 계기로 측정의 또는 로그라 한다.

69 선박에서 기압을 측정할 때 필요한 계기는?

가. 시진의 나. 나침의
사. 육분의 아. 기압계

70 다음 계기 중 전원이 있어야 사용할 수 있는 것으로 옳은 것은?

가. 선속계 나. 자기컴퍼스
사. 기압계 아. 쌍안경

> 자기 컴퍼스, 기압계, 쌍안경 등은 전원이 필요 없으나, 선속계, 레이더, 자이로컴퍼스, 음향측심기 등은 전원이 필요하다.

정답 66 가 67 가 68 아 69 아 70 가

제1장 항해계기

71 다음 중 레이더의 장점으로 옳지 않은 것은?

가. 육상 송신국이 필요 없다.
나. 컴퍼스 방위보다 정확하다.
사. 한 물표로 선위측정이 가능하다.
아. 날씨에 관계없이 이용이 가능하다.

> **해설** 레이더의 특징
> – 날씨에 영향을 받지 않는다.
> – 자선 주위의 지형 및 물표가 영상으로 나타난다.
> – 물표의 방위와 거리를 동시에 측정할 수 있다.
> – 자선 이외의 육지에 특별한 시설이 필요 없다.
> – 충돌 방지에 큰 도움이 된다.

72 물표의 거리와 방위를 동시에 측정할 수 있는 계기로 옳은 것은?

가. 무선방위측정기　　　　나. 로 란
사. 오메가　　　　　　　　아. 레이더

> **해설** 레이더는 전파의 특징인 직진성, 반사성, 등속성을 이용한 계기로, 물표의 방위와 거리를 동시에 측정하여 선위를 구한다.

73 다음 중 물표까지의 거리를 측정할 수 있는 계기로 옳은 것은?

가. 자기 컴퍼스　　　　　나. 육분의
사. GPS　　　　　　　　　아. 레이더

> **해설** 레이더는 물표의 방위와 거리를 동시에 측정하여 선위를 구한다.

74 레이더의 특징으로 옳지 않은 것은?

가. 주·야간 및 기상에 관계 없이 이용할 수 있다.
나. 탐지거리에 제한을 받지 않는다.
사. 주위의 물표 및 지형이 영상으로 나타난다.
아. 안개 낀 날씨에 충돌 예방에 도움을 준다.

> **해설** 레이더는 성능이 아무리 좋아도 최대탐지거리와 최소탐지거리가 있어 측정거리에 제한을 받는다. 물표를 탐지할 수 있는 최대거리를 최대탐지거리, 자선에서 아주 가까운 거리를 탐지할 수 있는 최소거리를 최소탐지거리라 한다.

정답 71 나　72 아　73 아　74 나

Chapter 02 항로표지

Part 1 | 항 해

선박의 통항량이 많은 항로, 항구, 항만, 협수도 또는 암초가 많은 곳에서는 선박에서 확인할 수 있는 등광, 형상, 색채, 음향, 전파 등의 수단에 의하여 선박의 항해안전을 돕기 위하여 인위적인 시설이 필요한데 이것을 항로표지라 한다. 종류에는 야간표지, 주간표지, 음향표지, 무선표지(전파표지), 특수신호표지, 국제해상부표방식이 있다.

1 야간표지(야표)

야간표지(간단하게 야표 혹은 광파표지라고도 부른다)는 등광에 의해서 그 위치를 나타내며 주로 야간의 물표가 되는 항로표지를 말하나, 야간뿐 아니라 주간에도 물표로 이용된다.

1 야간 항로표지의 종류

(1) 구조에 따른 분류
① 등대 : 항로표지 중에서 가장 대표적이며, 광력이 큰 육지초인표지 등대와 연안표지 등대가 있고, 등질, 등고, 광달거리 등으로 등대의 특징을 나타낸다.
② 등주 : 쇠, 나무, 콘크리트 등으로 된 기둥 끝에 등을 달아놓은 것. 항구 또는 항내에 설치하며 광달거리는 크지 않다.
③ 등선 : 등대 설치가 곤란한 곳에 정박하여 야간에는 등화, 주간에는 형상물, 색채 등으로 식별할 수 있는 시설을 갖춘 특수 구조의 선박이다.
④ 등표(등입표) : 항로, 암초 항행금지구역 등에 설치하여 좌초, 좌주를 방지하고 항로의 지도를 위한 등이다.
⑤ 등부표 : 해저 일정한 지점에 체인으로 연결되어 해면상에 떠있는 구조물로서 등광을 발하는 것으로 선박의 변침점이나 항로를 안내한다.

(2) 사용 목적에 따른 분류
① 도등 : 통항이 곤란한 좁은 협수로나 좁은 항만의 입구 등의 항로 연장선상에 높고 낮은 2개 또는 2개 이상의 등화를 앞뒤로 설치한 구조물로 중시선에 의하여 선박을 인도하는 등이다.
② 부등(조사등) : 본 등대에 부설되어 설치되어 있는 등화(등대광원과 별도광원), 등대 부근에 특별히 위험물이 있는 구역만 비춘다(위험구역을 유색등으로 표시하는 등화).

③ **지향등** : 선박의 통항이 곤란한 좁은 수로, 항구, 만 입구 등에서 선박에 안전한 항로를 알려주기 위하여 항로연장선상의 육지에 설치한 분호등이다.
④ **가등** : 등대를 수리할 때 긴급조치로 가설되는 간단한 등화이다.
⑤ **임시등** : 선박출입이 빈번치 않는 항만, 하구 등에 출입항선이 있을 때 또는 선박출입이 빈번해지는 계절에만 임시로 점등되는 등화이다.

② 등 질

부근에 있는 다른 야간표지와 식별하기 위하여 등광의 발사상태를 달리하는 등광의 특징을 말한다. ⇒ 주로 주기나 등색으로 구분한다.

(1) 기본 등질
① **부동등(F)** : 등색이나 등력이 바뀌지 않고 일정한 방향으로 계속하여 빛을 내는 등 (부동백광, 부동홍광, 부동녹광이 있으며 일정한 방향에 강력한 빛을 발하여 도등 역할을 하는 방향등이 있다.)
② **섬광등(Fl)** : 일정 간격으로 1회의 섬광을 내며 등광의 꺼진 시간이 빛을 내는 시간보다 긴 등(암간 > 명간)
③ **명암등(Oc)** : 명간이 암간보다 길거나 같은 등화(암간 ≤ 명간)
④ **호광등(Alt)** : 지속적으로 등색이 교체되는 등화(홍백, 녹백, 홍록).

(2) 기본 등질을 조합하여 변형된 등질
① **군섬광등(Gp,Fl)** : 섬광등으로서 1주기 동안 2회 이상의 섬광을 발하는 등화
② **급섬광등(Qk,Fl)** : 1분에 60회 이상의 섬광을 발하는 것
③ **단속 급섬광등(I,Qk,Fl)** : 급섬광등의 일종으로 중간에 끊어지고, 다시 이어지는 급섬광등
④ **군명암등(Gp,Oc)** : 명암등의 일종으로 1주기 동안 2회 이상 꺼지며 명간 총합이 암간 총합보다 길거나 같다.
⑤ **섬호광등(Alt,Fl)** : 섬광등으로서 등색이 교체되는 등화
⑥ **군섬호광등(Alt,Gp,Fl)** : 군섬광등으로서 등색이 변하는 등화
⑦ **명암호광등(Alt,Oc)** : 명암등으로 색광이 바뀜.
⑧ **군명암호광등(Alt,Gp,Oc)** : 군명암등이면서 색광이 바뀜.
⑨ **연성부동 섬광등(F,Fl)** : 약한 부동등 중에 보다 강한 섬광을 발함.
⑩ **연성부동 군섬광등(F,Gp,Fl)** : 약한 부동등 중에 보다 강한 군섬광을 발함.
⑪ **연성부동 군섬호광등(Alt,F,Gp,Fl)** : 연성부동 군섬광등으로서 등색이 바뀜.

구 분	등 질	명 칭	기 호
부동등 (Fixed)		부동 백광등	F
섬광등 (Flashing)	←10sec→	섬홍광등 매 10초에 1섬광	Fl R 10S
군섬광등 (Group flashing)	←15sec→	군섬녹광등 매 15초에 3섬광	Fl(3)G 15S
급섬과등 (Quick flashing)		급섬백광등	Q
군급섬광등 (Group Quick flashing)	←10sec→	군급섬홍광등 매 10초에 5섬광	Q(5) R 10S
등명암등 (Isophase)	←10sec→	등명암녹광등 매 10초에 1광	Iso G 10S
명암등 (Occulting)	←10sec→	명암녹광등 매 10초에 1광	Oc G 10s
군명암등 (Group Occulting)	←15sec→	군명암백광등 매 15초에 2광	Oc(2) W 15s
호광등 (Alternating)	←10sec→	녹홍호광등 매 10초에 2광	Al GR 10S
모스 부호등 (Morse code)	←10sec→	모스 부호 홍광등 매 10에 A부호등	Mo(A) R 10s

[등질해설도]

광원과 등의 등급

① **광원** : 주로 전등 사용, 등기 고장에 대비하여 석유 백열등 준비
② **렌즈** : 등광을 일정한 방향에 집중시켜 광도를 높이기 위한 수단
  • 부동렌즈 : 전 방향으로 발사
  • 섬광렌즈 : 회전장치의 부착
③ **등의 등급**
  • 제1등급~제6등급, 등외~7등급
  • 육지초인표지 등대 : 1~3등급 사용, 안개가 많은 지역 : 1~2등급 사용

 온라인 강의 에듀마켓

 주기, 등색, 등고, 점등시간
① **주기** : 등질이 반복되는 시간, 초(sec)로 표시
② **등색** : 백, 홍, 녹이 주로 쓰임(W,R,G).
③ **등대높이** : 평균 수면상에서 등화 중심까지 높이를 m 또는 f't로 표시
④ **점등시간**
 • 유인등대 : 일몰시 → 일출시
 • 무인등대 : 항시 켜져 있음.

3 광달거리

야표의 광원에서 나오는 빛을 처음 볼 수 있는 거리(Mile)를 말하며, 기상 상태에 따라서 다르다.

(1) 종 류
① 지리적 광달거리 : 지구의 만곡(둥근 형태) 때문에 결정되는 광달거리
② 광학적 광달거리 : 등광의 광력에 의하여 결정되는 광달거리

(2) 광달거리에 대한 주의 사항
① 등화의 높이가 높다고 반드시 광달거리가 큰 것은 아니다.
② 광력이 약한 등광일수록 광달거리가 불규칙하다.
③ 시계가 나쁘면 광달거리가 현저히 감소한다.
④ 대기의 상태에 따라 해도나 등대표에 기재되어 있는 광달거리보다 커지는 경우가 있다.

 tip
명호와 암호 및 분호
① **명호** : 등광이 해면에 비쳐주는 부분
② **암호** : 등광이 비치지 못하는 부분
③ **분호** : 명호내의 암초, 암암 등이 있는 경우, 그 위험구역을 유색등(주로 홍색등)으로 비쳐주는 부분

2 주간 항로표지(주표)

점등 장치가 없는 표지로 그 형상과 색깔로 주간에 선위를 결정할 때에 이용되며, 암초, 침선 등을 표시하여 항로를 유도하는 역할을 한다.

(1) **입표** : 암초, 초, 노출암 등의 위치를 표시하는 경계표, 암초 등의 위험물을 피하기 위해 사용될 때 피험표라 한다(등광을 함께 설치하면 등표가 된다).

(2) **부표** : 통항이 곤란한 장소나 항만의 유도표지로서 항로를 따라 설치한다.

(3) **육표** : 암초나 얕은 사주 등에 입표설치가 곤란할 경우, 육상에 마련한 간단한 항로표지를 말한다(야간에 이용하면 등주가 된다).

(4) **도표** : 야간표지의 도등과 같은 역할을 하는 것으로 육표로 된 것과 방향표로 된 것이 있다(등광을 함께 설치하면 도등이 된다).

3 음향표지(무신호)

안개 등이 끼어 시계가 나빠 육지나 등화를 발견하기 어려울 때에 부근을 항해하는 선박에게 항로표지의 위치를 알리거나 경고할 목적으로 설치된 표지로, 무중신호(안개신호)라고도 한다.

(1) 음향표지의 종류

① **무적(Fog siren)** : 전기, 압축 공기, 증기 등을 사용하여 발성
　　예 에어 사이렌, 다이어폰, 호각 등

② **무종(Fog bell)** : 기계장치로 종을 쳐서 소리를 내는 장치를 말하며, 또 부표의 꼭대기에 종을 달아 파랑에 의한 흔들림을 이용하여 종이 울리게 한 것을 타종부표라 한다.
　　예 취명부표, 타종부표

③ **무포(Fog gun) 또는 폭발음 신호**

[에어사이렌]

[다이어프램 폰]

[무종]

(2) 음향표지에 관한 주의사항

① 무신호는 시계가 나쁠 때만 행한다.
② 음향 전달 상태는 기상, 지형 등에 따라 차이가 많다.
③ 해상에는 안개가 끼어도 육상에서는 그렇지 않은 경우가 있다.
④ 선내 정숙, 견시원 배치(입체적으로), 측심, 레이더 활용에 노력해야 한다.

온라인 강의 에듀마켓

4 전파표지(무선표지)

전파의 특성인 직진성, 등속성, 반사성을 이용하여 전천후, 광범위한 해역에서 사용 가능하며 반드시 송신이나 수신장비를 갖추어야 하며, 2개 이상의 무선방위로 선위를 결정할 수 있다.

1 무선방위 신호소

육상이나 등선과 같이 일정한 장소에 설치된 고정국에서 표지 전파를 발사하면 관측자가 무선방위측정기(R.D.F)로 방위를 측정하는 무선 표지국과, 선박에서 발사한 전파를 육상에 장치한 무선방향탐지기로 방위를 측정하여 이를 선박에 통보하는 무선방향 탐지국이 있다. 오늘날은 대부분 무선 표지국으로 대체되었다.

(1) 중파 표지국
   ① 무지향식 무선표지국(R.C) : 전방향으로 전파를 발사한다.
   ② 지향식 무선표지국(R.D) : 일정방향으로 전파를 보내며 항로를 지시한다.
   ③ 회전식 무선표지국(R.W) : 일정간격으로 강한 전파를 발사하기 때문에 방향탐지가 쉽다.

(2) 마이크로파 표지국
   ① 유도 비컨
   ② 레이마크
   ③ 레이더 트랜스폰더
   ④ 토킹 비컨

2 쌍곡선 항법용 표지국

(1) 로란 – C국

(2) 데카(Decca)

(3) 오메가(Omega)

5 특수신호표지

(1) 조류신호소
   강한 조류 등으로 선박의 항행여건이 열악한 항만출입구 및 주요 항로에 조류의 방향과 속력을 측정하여 현재의 유속, 유향을 전광판 등을 이용하여 실시간 알려주는 곳이다.

(2) 선박통항신호소
선박교통관리제도(VTS)의 일부를 이루는 것으로 항내의 특정 항로나 방파제 등에 설치하여 부근 수역을 항해하는 선박에 항행관련정보를 제공하는 장치이다.

6 국제해상부표방식(IALA SYSTEM)

국제항로표지협회에서는 각국의 부표식의 형식과 적용방법을 통일하여 적용하도록 하였으며, 전 세계를 A와 B의 두 지역으로 구분하여 측방표지를 다르게 표시하는데, 우리나라는 B방식을 따르고 있다.

입표식과 부표식

하구, 또는 해구에서 수원을 향해 어느 편을 항행할 것인가를 형상, 색, 번호 등으로 구별할 수 있게 한 것
① 좌현, 우현의 정의 : 수원(물의 근원)을 향하는 선박을 기준한다.
② 수원(물이 흘러오는 곳)
　• 항구 : 내항쪽(부두쪽)
　• 하천 : 상류쪽
　• 해협 : 특별히 정함
③ 좌현 또는 우현항로 우선표지 : 하나의 목적지에 이르는 항로가 둘로 나누어져 있을 경우 충돌을 방지하기 위하여 일반적인 항로가 좌측일 경우 좌현항로 우선표지, 우측일 경우 우현항로 우선표지를 설치한다.
④ 북(동, 남, 서)방위표지의 뜻
　• 북쪽임을 나타낸다.
　• 북쪽으로 항로나 분기점이 있음을 나타낸다.
　• 북쪽의 반대쪽(남쪽)으로 가면 위험하다.

(1) 측방표지(B지역)
① 선박이 항행하는 수로의 좌·우측 한계를 표시한다.
② 입항 때를 기준
　• 왼쪽(좌현)부표 : 녹색, 홀수번호, 머리표지(두표)는 원통형
　• 오른쪽(우현)부표 : 적색, 짝수번호, 머리표지(두표)는 원추형

(2) 방위표지
① 장애물을 중심으로 하여 주위를 4개 상한으로 나누어 설치한다.
② 색상은 흑색과 황색으로 두표는 원추형 2개를 사용한다.

③ 각 방위에 따라 서로 연관이 있는 모양으로 부착한다.

(3) 고립장애표지
① 암초나 침선 등 고립된 장애물 위에 설치한다.
② 표지의 색상 : 흑색 바탕에 적색 띠
③ 두표 : 2개의 흑구 수직 부착

(4) 안전수역표지
① 표지 주위가 가항 수역임을 알려주는 표지이다.
② 중앙선이나 항로의 중앙을 나타낸다.
③ 표지의 색상 : 적색과 백색의 세로방향 줄무늬
④ 두표 : 1개의 적(홍)색구 부착

(5) 특수표지
공사 구역, 토사 채취장 등 특별구역표지, 색상은 황색이고 두표는 1개의 황색 X자 부착

IALA 해상 부표식(B지역)

종별		표체	두표		등질		
					등색	등질	등질
측방표지	좌현표지	녹	원통형 (녹색)	■	녹	Fl G Fl(3) G	섬광등 군섬광등
	우현표지	홍	원추형 (홍색)	▲	홍	Fl R Fl(3)R	군섬광등
	분기점표지 좌현항로 우선	홍색바탕 녹색띠 1개	원추형 (홍색)	▲	홍	Fl(2+1)R	복합군섬광등
	분기점표지 우현항로 우선	녹색바탕 홍색띠 1개	원통형 (녹색)	■	녹	Fl(2+1)G	복합군섬광등
방위표지	북방위 표지	상부흑 하부황	정점상향 (흑색)	▲▲	백	VQ	급섬광등 초급섬광등
	동방위 표지	흑색바탕 황색띠 1개	저면대향 (흑색)	▲▼	백	VQ(3)	군초급섬광등
	남방위 표지	상부황 하부흑	정점하향 (흑색)	▼▼	백	VQ(6)+ LFl	군초급섬광등 +장섬광등
	서방위 표지	황색바탕 흑색띠 1개	정점대향 (흑색)	▼▲	백	VQ(9)	군초급섬광등
고립장해표지		흑색바탕 홍색띠 1개	구형 2개 (흑색)	●●	백	Fl(2)	군섬광등

안전수역표지	홍백종선	구형 1개 (홍색)	●	백	Iso	등명암등
특수표지	황색	×형 (황색)	×	황	Fl Y Fl(3)Y	섬광등

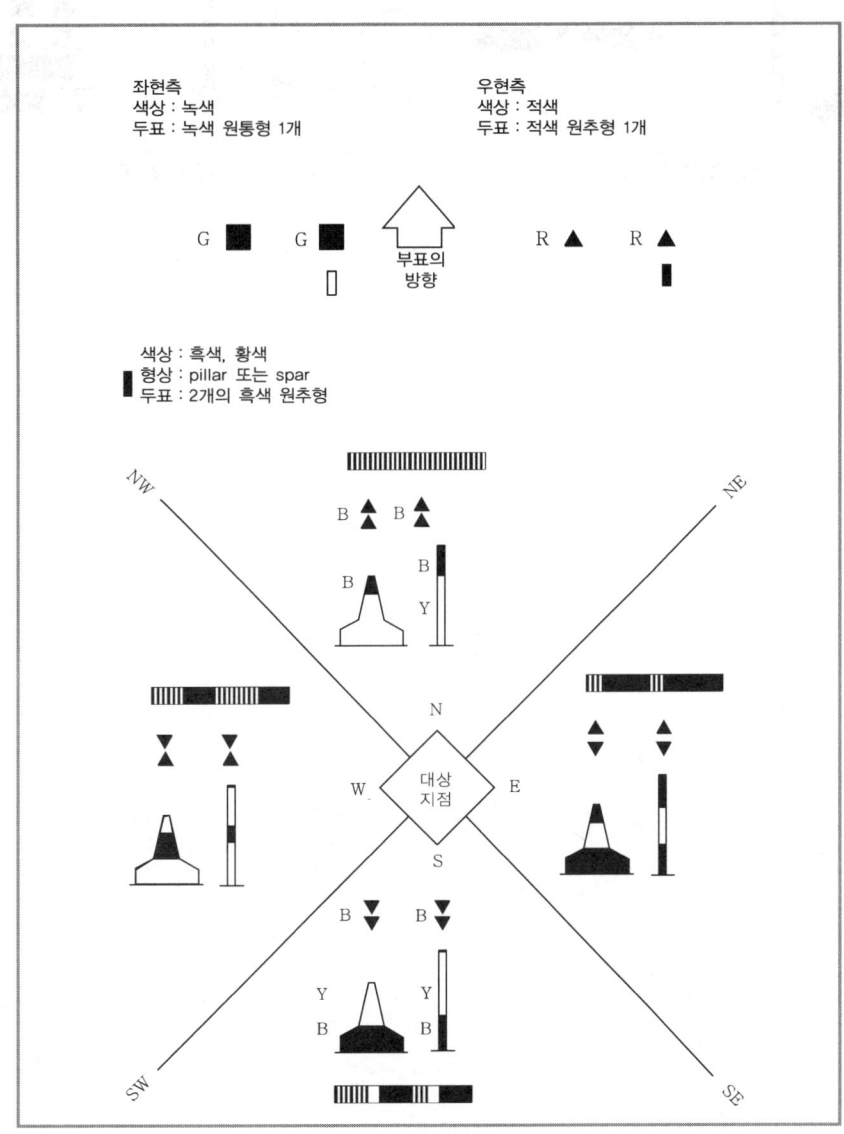

[방위 표지]

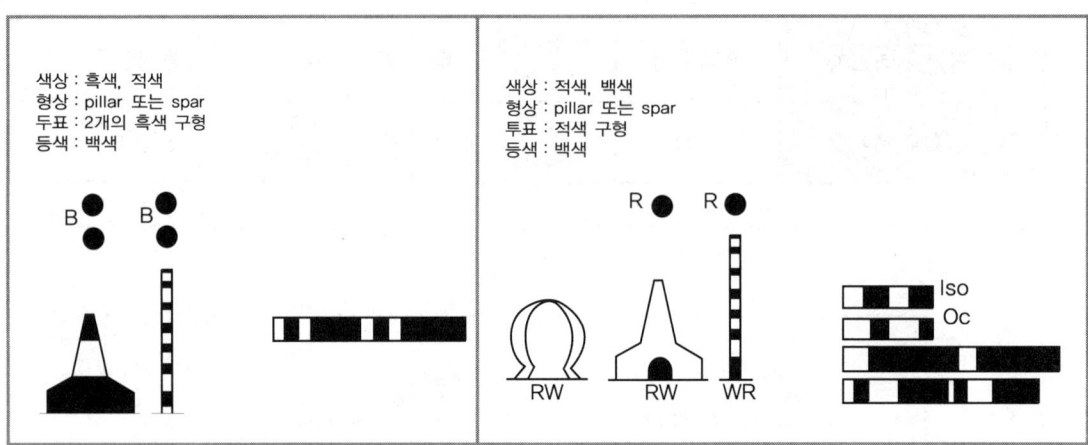

Chapter 02 항로표지

Part 1 | 항해 적중예상문제

01 항해의 안전을 위하여 설치한 인공적인 시설물로 암초, 암암, 침선 등의 위험물을 표시하여 항로를 인도하는 것을 전부 무엇이라 하는가?

가. 항로표지
나. 수로도지
사. 수로서지
아. 야간표지

02 출입항 시 선박을 안전하게 유도하고 선위측정을 쉽게 하기 위해 인위적으로 설치한 모든 시설물을 무엇이라 하는가?

가. 항행통보
나. 항로표지
사. 수로도지
아. 수로서지

> 해설 항로표지란 선박통항량이 많은 항로, 항만, 항구, 협수도 및 암초가 많은 곳에서 등광, 형상, 색깔, 음향, 전파 등의 수단에 의하여 선박의 항해 안전을 돕기 위하여 인위적으로 설치한 모든 시설을 말한다.

03 다음의 항로표지 중에서 가장 대표적인 것으로 옳은 것은?

가. 입 표
나. 육 표
사. 등 주
아. 등 대

> 해설 등대는 해양으로 돌출한 곳(갑), 섬 등 물표가 되기 알맞은 육상의 특정한 장소에 설치한다. 육표와 입표는 주간표지이다.

04 야간표지의 대표적인 것으로 선박의 물표가 되기에 알맞은 장소에 설치된 탑과 같이 생긴 구조물은?

가. 등 선
나. 등 표
사. 등 대
아. 등 주

> 해설 등대 : 항로표지 중에 가장 대표적이며, 선박의 물표가 되기 쉬운 알맞은 육상의 특정한 장소에 설치한 탑과 같이 생긴 구조물이다.

정답 01 가 02 나 03 아 04 사

05 다음 항로표지 중 빛을 이용하는 것으로 옳은 것은?

가. 부 표 　　　　　　　　　나. 입 표
사. 등 대 　　　　　　　　　아. 육 표

　해설　육표, 입표, 부표는 주간표지이다.

06 항로표지를 식별하는 방법으로 옳지 않은 것은?

가. 형 상 　　　　　　　　　나. 음 향
사. 항로표지의 재질 　　　　아. 등 광

　해설　
- **식별요소** : 등광, 형상, 색깔, 음향, 전파 등
- 항로표지의 식별은 주간에는 모양과 색깔, 야간에는 등광으로 식별한다.

07 등대의 등화 주기의 단위는?

가. 초(sec) 　　　　　　　　나. 분(min)
사. 시간(hour) 　　　　　　 아. 일(day)

　해설　주기, 등색, 등고, 점등시간
① **주기** : 등질이 반복되는 시간, 초(sec)로 표시
② **등색** : 백, 홍, 녹이 주로 쓰임(W,R,G)
③ **등대높이** : 평균 수면상에서 등화 중심까지 높이를 m 또는 f't로 표시
④ **점등시간**
　• 유인등대 : 일몰시 → 일출시
　• 무인등대 : 항시 켜져 있음.

08 우리나라의 연안 항로표지 전반에 대하여 수록된 수로지는?

가. 등대표 　　　　　　　　　나. 조석표
사. 항로지 　　　　　　　　　아. 항해표

　해설　
① **항로지** : 해도의 내용을 설명하면서 해도에서는 표현할 수 없는 사항에 대하여 상세하게 설명하는 안내서
② **등대표** : 선박을 안전하게 유도하고 선위측정에 도움을 주는 주간, 야간, 음향, 무선표지가 상세하게 수록된 등대표는 항로표지의 이력표와 같다.

정답　05 사　06 사　07 가　08 가

09 사용하는 해도의 등대에 "Fl"이란 등화의 등질이 표시되어 있다. 어떤 뜻인가?

가. 등대불이 계속 켜져 있는 등화이다.
나. 빨간 등불만 계속 켜져 있는 등화이다.
사. 여러 색깔의 등불이 계속 번갈아 켜져 있는 등화이다.
아. 등대불이 켜져 있는 시간보다 꺼져 있는 시간이 긴 등화이다.

> 해설 섬광등(Fl)은 일정 간격으로 1회의 섬광을 내며 등광의 꺼진 시간이 빛을 내는 시간보다 긴 등 (암간 > 명간) 〈부동등(F), 명암등(Occ), 군섬광등(Gp.Fl)〉

10 암초 등의 위험을 알리거나 항행금지 지점을 표시하며 해저에 체인으로 연결되어 있는 야간표지로 옳은 것은?

가. 등 대
나. 등 주
사. 등 표
아. 등부표

> 해설 등부표 : 해저 일정한 지점에 체인으로 연결되어 해면상에 떠있는 구조물로서 등광을 발하는 것으로 선박의 변침점이나 항로를 안내한다.

11 등대와 함께 가장 널리 쓰이고 있는 야간표지로 암초 등의 위험을 알리거나 항행을 금지하는 지점을 표시하기 위하여 또는 항구입구, 폭 및 변침점 등을 표시하기 위하여 설치하는 표지로 옳은 것은?

가. 등 표
나. 등 주
사. 등부표
아. 등 선

12 선박의 항로표지 중 야간표지만을 나열한 것은?

가. 등대, 부표
나. 등대, 도등
사. 등선, 입표
아. 등선, 레이더 반사기

> 해설 야간표지는 등광이 설치되어야 한다. 부표, 입표는 주간표지이다.

13 항로표지에서 주간표지와 야간표지를 식별하는 것은 무엇인가?

가. 등화의 유무
나. 음향의 유무
사. 레이더 반사기의 유무
아. 무종(fog bell)의 유무

정답 09 아 10 아 11 사 12 나 13 가

온라인 강의 에듀마켓

14 등대나 입표 등 항로표지의 설치 목적과 관계가 적은 것은?

가. 육지의 초인 나. 항로 지시
사. 선박의 유도 아. 해난 구조

> [해설] 항해의 안전을 위하여 설치한 인공적인 시설물로 암초, 암암, 침선 등의 위험물을 표시하여 항로를 인도하는 것을 항로표지라 한다(육지 초인, 항로 지시, 선박 유도).

15 항의 입구나 위험물이 있는 곳에 정박하고 있는 선박으로 등화, 안개신호장치 및 무선표지가 설치된 항로표지로 옳은 것은?

가. 등 선 나. 등 주
사. 등부표 아. 등 표

> [해설] 등선 : 등대 설치가 곤란한 곳에 정박하여 야간에는 등화, 주간에는 형상물, 색채 등으로 식별할 수 있는 시설을 갖춘 특수 구조의 선박이다.

16 선박의 출입이 빈번하지 않은 항만이나 하구 등에 출·입항선의 교통량이 일시적으로 많아질 때 임시로 점등되는 등화로 옳은 것은?

가. 임시등 나. 가 등
사. 도 등 아. 부 등

17 색깔이 다른 종류의 빛을 교대로 내며 그 사이 등광이 꺼지는 일이 없는 등을 무엇이라 하는가?

가. 호광등 나. 부동등
사. 섬광등 아. 명암등

> [해설] 부동등 : 꺼지지 않고 일정한 광력으로 계속하여 빛을 내는 등
> 섬광등 : 일정한 시간마다 1회의 섬광을 내는 등
> 명암등 : 일정한 광력으로 비추다가 일정한 간격으로 한번씩 꺼지는 등
> 호광등 : 색깔이 다른 종류의 빛을 교대로 내는 등

18 등대의 부근에서 위험 구역을 비추어 위험을 표시하는 등화로 옳은 것은?

가. 조사등 나. 명암등
사. 도 등 아. 지향등

> **정답** 14 아 15 가 16 가 17 가 18 가

19 서로 다른 지역을 다른 색깔로 비추는 등화로 옳은 것은?

가. 호광등
나. 분호등
사. 섬광등
아. 부동등

 분호등은 호광등처럼 등광의 색깔이 바뀌는 것이 아니고 서로 다른 지역을 다른 색깔로 비추는 등으로 주로 홍색등으로 위험구역을 비춘다.

20 우리나라 야간표지에 제일 많이 사용되는 등질은?

가. 섬광등
나. 부동등
사. 명암등
아. 호광등

21 우리나라 등대에 표시되어 있는 기호의 순서가 옳게 나열된 것은?

가. 등질, 등색, 주기, 광달거리, 등고
나. 등질, 등색, 주기, 등고, 광달거리
사. 등색, 등질, 주기, 등고, 광달거리
아. 등색, 등질, 등고, 주기, 광달거리

Al. F. Fl. (3)	W.R	40s	50m	15M
등질	등색	주기	등고	광달거리
연성부동군섬홍백호광등		주기-40초	등고-50m	광달거리-15마일

22 등대의 백색광이 20초마다 연속 3번씩 섬광이 비치는 약식 표기로 옳은 것은?

가. Fl(20) 3s
나. Oc(3) 3s
사. Fl(3) 20s
아. Oc(3) 20s

섬광등(Fl), 주기-20초

23 해도에 "Fl R4s"라고 기재되어 있는 등화가 의미하는 것으로 옳은 것은?

가. 2초 간격으로 황색의 섬광을 발하는 등화
나. 4초 간격으로 적색의 섬광을 발하는 등화
사. 4초 간격으로 백색의 섬광을 발하는 등화
아. 2초 간격으로 백색의 섬광을 발하는 등화

"Fl R4s" – Fl(섬광등)–R(적색등)–4s(주기 4초)

24 해도에 Al W R 20s 18M라고 표기되어 있는 등대로 접근하고 있는 선박의 항해사의 눈높이가 약 5미터라면, 정상적인 기상상태에서 먼 바다에서 접근할 때 이 등대가 처음 보일 수 있는 거리는 얼마인가?

가. 2해리   나. 20해리
사. 8해리   아. 18해리

> Al(등질) W R(등색) 20s(주기) 18M(광달거리 : 18해리)

25 해도상에 표시되는 등화의 특성으로 옳지 않은 것은?

가. 주 기   나. 등 색
사. 등 질   아. 점등시간

26 다음 중 등색이 2가지인 등으로 옳은 것은?

가. 부동등   나. 명암등
사. 섬광등   아. 호광등

> 호광등은 등광의 색깔이 바뀌는 등

27 다음 중 호광등의 설명으로 옳은 것은?

가. 한 색깔로 꺼지지 않고 계속 일정한 광력으로 비추는 등이다.
나. 서로 다른 색의 빛을 교대로 비추는 등이다.
사. 명간이 암간보다 긴 등이다.
아. 암간이 명간보다 긴 등이다.

> 호광등(Alt) : 지속적으로 등색이 교체되는 등화(홍백, 녹백, 홍녹)

28 섬광등에 관한 설명으로 옳은 것은?

가. 빛을 비추는 시간이 꺼져있는 시간보다 길다.
나. 꺼지지 않고 일정한 광력으로 비추는 등이다.
사. 빛을 비추는 시간이 꺼져있는 시간보다 짧다.
아. 2가지 색을 교대로 비추는 등이다.

> 섬광등(Fl) : 일정간격으로 1회의 섬광을 내며 암간이 명간보다 긴 등화(암간 〉 명간)

정답 24 아 25 아 26 아 27 나 28 사

29 통항이 곤란한 좁은 수로나 항만의 입구 등에 2~3개의 등화를 앞뒤로 설치하여 그 중 시선에 의해 선박을 인도하도록 하는 야간표지로 옳은 것은?

가. 부 등
나. 도 등
사. 임시등
아. 가 등

> 도등 : 통항이 곤란한 좁은 협수로나 좁은 항만의 입구 등의 항로 연장선상에 높고 낮은 2개 또는 2개 이상의 등화를 앞뒤로 설치한 구조물.

30 다음 항로표지 중 일정한 선회반지름을 가지고 이동되는 것으로 옳은 것은?

가. 등 대
나. 등부표
사. 등 주
아. 등 표

> 등부표 : 해저 일정한 지점에 체인으로 연결되어 해면상에 떠있는 구조물로서 등광을 발하는 것으로 선박의 변침점이나 항로를 안내한다.

31 등질에 있어서 빛을 비추는 시간이 꺼진 시간보다 짧은 것은?

가. 부동등
나. 명암등
사. 섬광등
아. 호광등

32 서로 짝지은 것 중 틀린 것은?

가. 급섬광등 - Qk.Fl
나. 명암등 - Oc
사. 군섬광등 - F.Fl
아. 호광등 - Alt

> 군섬광등 : Gp.Fl

33 야간 항해중 발견한 등화가 약 3초의 간격으로 한번씩 깜박이는 백색이었다면 이 등화의 등질은 해도에 어떻게 표기되어 있는가?

가. FlR2s
나. Fl3s
사. FlG20s
아. FlY30s

34 등대의 광달거리에 영향을 미치는 요소로 옳지 않은 것은?

가. 등 고
나. 등 질
사. 안 고
아. 광 력

정답 29 나 30 나 31 사 32 사 33 나 34 나

제2장 항로표지

35 일반적으로 등대에 등불을 켜 놓는 시간을 바르게 나타낸 것은?

가. 해가 뜰 때부터 해가 질 때까지
나. 해가 질 때부터 해가 뜰 때까지
사. 달이 없는 야간에만
아. 항상

> **해설** 점등시간
> • 유인등대 : 일몰시 → 일출시
> • 무인등대 : 항시 켜져 있음.

36 야간 항해중 발견한 등화가 적색이며, 광력에 변화가 없었다. 이를 해도에서 찾으려 할 때 적합한 해도 도식은?

가. OcY 나. FlG
사. AlWR 아. FR

> **해설** 부동등 : F, 적색 : R

37 암초 위에 고정적으로 설치하여 위험구역을 표시하는 항로표지는?

가. 육표 나. 입표
사. 등부표 아. 부표

> **해설** 입표 : 암초, 초, 노출암 등의 위치를 표시하는 경계표, 암초 등의 위험물을 피하기 위해 사용될 때 피험표라 한다.

38 일정한 광력으로 계속 빛을 비추며 꺼지지 않는 등은?

가. 명암등 나. 부동등
사. 섬광등 아. 호광등

39 다음 중 야간표지라고 볼 수 없는 것은?

가. 등 대 나. 등 주
사. 등 표 아. 레이더 반사기

정답 35 나 36 아 37 나 38 나 39 아

40 등질에서 "F"로 표시되는 것은?

가. 섬광등 나. 부동등
사. 호광등 아. 명암등

41 등대의 등색으로 사용되지 않는 색은 무엇인가?

가. 보라색 나. 백 색
사. 홍 색 아. 녹 색

42 항행이 곤란한 장소 또는 항만의 항로를 따라 설치하며 주로 유도표지로 이용되는 주간 표지는?

가. 육 표 나. 도 표
사. 등 표 아. 부 표

> 해설 육표 : 암초나 얕은 사주 등에 입표설치가 곤란할 경우, 육상에 마련한 간단한 항로표지
> 도표 : 야간표지의 도등과 같은 역할을 하는 것으로 육표로 된 것과 방향표로 된 것이 있다.

43 주간표지에 대한 설명으로 가장 적합한 것은?

가. 등화의 색깔로서 식별한다.
나. 등불을 켜서 항로를 알린다.
사. 암초, 침선 등을 표시하여 항로를 유도한다.
아. 주로 야간에 항로상 위험물이 있을 때 불을 켠다.

> 해설 주간표지 : 점등 장치가 없는 표지로 그 모양과 색깔로써 식별하는 표지이다.

44 모양과 색깔만으로 식별할 수 있는 항로표지는?

가. 전파표지 나. 형상표지
사. 광파표지 아. 음파표지

45 낮에 항로를 인도해 주는 항로표지는 보통 무엇을 보고 그 특성과 기능을 판단하는가?

가. 높 이 나. 모양과 색깔
사. 등 화 아. 음 향

정답 40 나 41 가 42 아 43 사 44 나 45 나

제 2 장 항로표지

46 암초, 노출암 등의 위험물을 피하기 위하여 경계표로 활용되는 주간표지는?

가. 입 표   나. 부 표
사. 등 표   아. 등 대

> 입표 : 암초, 초, 노출암 등의 위치를 표시하는 경계표, 암초 등의 위험물을 피하기 위해 사용될 때 피험표라 한다.

47 다음 중 부호의 색으로 많이 쓰이는 것은?

가. 백 색   나. 홍 색
사. 녹 색   아. 청 색

48 다음의 야표 중에서 광력이 가장 큰 것으로 옳은 것은?

가. 등 주   나. 등 표
사. 등부표   아. 등 대

49 음향표지 또는 무중신호에 관한 설명으로 옳지 않은 것은?

가. 밤에만 작동한다.
나. 보통 등대나 다른 항로표지에 부설되어 있다.
사. 공중음신호와 수중음신호가 있다.
아. 사이렌이 많이 쓰인다.

> 안개 등이 끼어 시계가 나빠 육지나 등화를 발견하기 어려울 때에 부근을 항해하는 선박에게 항로 표지의 위치를 알리거나 경고할 목적으로 설치된 표지로, 무중신호(안개신호)라고도 한다.

50 무신호(fog signal) 청취시 주의사항으로 옳은 것은?

가. 무신호에만 의존하지 않고 측심이나 레이더 등을 활용하여 항행한다.
나. 무신호의 음향전달거리는 대기상태에 관계없이 일정하여 신호소의 거리를 쉽게 파악할 수 있다.
사. 무신호의 방향은 항상 일정하므로 정확한 방위를 알 수 있다.
아. 무신호의 전달거리는 정해져 있으므로 정확한 거리를 알 수 있다.

> 음향신호에 관한 주의사항
> ① 무신호는 시계가 나쁠 때만 행한다.
> ② 음향 전달 상태는 기상, 지형 등에 따라 차이가 많다.
> ③ 해상에는 안개가 끼어도 육상에서는 그렇지 않은 경우가 있다.
> ④ 선내 정숙, 견시원 배치(입체적으로), 측심, 레이더 활용 요망

| 정답 | 46 가 | 47 나 | 48 아 | 49 가 | 50 가 |

51 등화에서 붉은 색의 약자는?

가. R
나. G
사. Y
아. W

 R : 홍색, G : 녹색, W : 흰색

52 가스의 압력 또는 기계 장치로 종을 쳐서 소리를 내는 장치는 어느 것인가?

가. 에어 사이렌
나. 모터 사이렌
사. 다이어프램 폰
아. 무 종

 ① 무적(Fog siren) : 전기, 압축 공기, 증기 등을 사용하여 발성
  → 에어 사이렌, 다이어폰, 호각 등
② 무종(Fog bell) : 기계장치로 종을 쳐서 소리를 내는 장치를 말하며, 또 부표의 꼭대기에 종을 달아 파랑에 의한 흔들림을 이용하여 종이 울리게 한 것을 타종부표라 한다(취명부표, 타종부표).

53 우리나라에서 사용하는 부표의 측방표지 중 우현표지의 표체 도색은?

가. 적 색
나. 녹 색
사. 백 색
아. 흑 색

측방표지(B지역)
① 선박이 항행하는 수로의 좌·우측 한계를 표시한다.
② 입항 때를 기준 **왼쪽(좌현)부표** : 녹색, 홀수번호, 머리표지(두표)는 원통형
   오른쪽(우현)부표 : 적색, 짝수번호, 머리표지(두표)는 원추형

54 안전수역표지에 대한 설명으로 바르지 못한 것은 어느 것인가?

가. 모든 주위가 가항 수역이다.
나. 중앙선이나 수로의 중앙을 나타낸다.
사. 두표는 하나의 적색구이다.
아. 등화는 3회 이상의 황색 섬광등이다.

안전수역표지
① 표지 주위가 가항 수역임을 알려주는 표지이다.
② 중앙선이나 항로의 중앙을 나타낸다.
③ **표지의 색상** : 적색과 백색의 세로방향 줄무늬
④ **두표** : 1개의 적(홍)색구 부착

정답 51 가 52 아 53 가 54 아

55 다음 중 위치를 확인할 때 사용하는 물표로서 부적절한 물표는?

가. 등 대　　　　　　　　　나. 입 표
사. 부 표　　　　　　　　　아. 등 주

　해설　부표는 선회권이 있으므로 위치확인 물표로는 부적절하다.

56 형상표지는 언제 이용하는가?

가. 주간 항해시　　　　　　나. 야간 항해시
사. 무중 항해시　　　　　　아. 협시계 항해시

57 형상표지라고도 하며 점등장치가 없는 표지이며 모양과 색깔로서 식별하는 것은?

가. 야간표지　　　　　　　　나. 음향표지
사. 주간표지　　　　　　　　아. 전파표지

58 안개가 끼거나 시계가 나쁠 경우 부근을 항해하는 선박에 경고할 목적으로 설치된 것은?

가. 육 표　　　　　　　　　나. 야 표
사. 주 표　　　　　　　　　아. 음향표지

59 음향표지 이용 시 주의사항으로 옳은 것은?

가. 신호음의 강약으로 거리 측정이 정확하다.
나. 신호음의 방향으로 방위측정이 정확하다.
사. 신호음의 강약 및 방향으로 위치측정은 부정확하다.
아. 신호음은 날씨의 영향을 받지 않는다.

　해설　무신호의 음향전달거리는 대기의 상태나 지형에 따라 변할 수 있으므로, 신호음의 방향 및 강약만으로 신호소의 방위나 거리를 판단해서는 안된다.

60 음향표지 중 무신호는 주로 어떤 때에 사용하는가?

가. 안개, 눈 등에 의하여 시계가 나빠 항행에 지장이 있을 때
나. 날씨가 맑을 때
사. 야간에 달이 없을 때
아. 주간에 구름이 끼었을 때

　정답　55 사　56 가　57 사　58 아　59 사　60 가

61 압축공기에 의하여 사이렌을 울리는 장치는 어느 것인가?

가. 에어 사이렌 나. 모터 사이렌
사. 다이어프램 폰 아. 무 종

> 해설 무적(Fog siren) : 전기, 압축 공기, 증기 등을 사용하여 발성
> → 에어 사이렌, 다이어폰, 호각 등

62 다음 중 음향표지의 효과로 맞는 것은?

가. 제한시계시 항로표지의 위치를 알리고 경고한다.
나. 주간에 암초, 사주 등의 위치를 알리고 경고한다.
사. 야간에 위험한 암초, 항행금지 구역 등을 알리고 경고한다.
아. 모양과 색깔로 구분하며 선위결정에 이용된다.

63 등대의 부근에서 위험구역을 비추어 위험을 표시하는 등화를 무엇이라 하는가?

가. 조사등 나. 명암등
사. 도 등 아. 지향등

64 암초나 침선과 같이 고립된 장해물 위에 설치된 고립장해표지 주위에서 항행하는 방법으로 가장 옳은 것은 어느 것인가?

가. 표지의 동쪽 방향만이 가항수역이다.
나. 표지의 남쪽 방향만이 가항수역이다.
사. 표지의 서쪽 방향만이 가항수역이다.
아. 표지로부터 충분한 안전거리만 확보한다면 통과하는 방향은 관계가 없다.

> 해설 고립장해표지
> ① 암초나 침선 등 고립된 장애물 위에 설치한다.
> ② 표지의 색상 : 흑색 바탕에 적색 띠
> ③ 두표 : 2개의 흑구 수직 부착

65 다음 중 음향표지가 아닌 것은?

가. 에어 사이렌 나. 무 종
사. 섬광등 아. 모터 사이렌

정답 61 가 62 가 63 가 64 아 65 사

66 음향표지를 사용하는 경우의 설명으로 옳은 것은?

가. 주간에만 사용한다.
나. 야간에만 사용한다.
사. 짙은 안개가 끼었을 때
아. 겨울철 기온이 급강하할 때

67 다음 중 밝은 낮에 항로를 알려주는 항로표지는?

가. 등 선
나. 도 등
사. 도 표
아. 전 등

해설) 도표는 주간표지이고, 등선, 도등, 전등은 야간표지이다.

68 국제해상부표방식에서 우리나라는 어느 지역에 속하는가?

가. A지역
나. B지역
사. C지역
아. D지역

69 무신호에 대한 주의사항으로 옳지 않은 것은?

가. 신호음의 강약이나 방향 만에 의한 선위를 확정하여도 무방하다.
나. 신호음의 강약이나 방향만으로 거리나 방위를 판단하여서는 안된다.
사. 무신호의 음향전달거리는 대기의 상태나 지형에 따라 변하는 수가 있다.
아. 소리를 듣는 사람의 위치에 따라 강약이나 방향이 다르게 들리기도 한다.

해설) 음향표지에 관한 주의사항
① 무신호의 음향전달거리는 대기의 상태나 지형에 따라 변할 수 있으므로, 신호음의 방향 및 강약만으로 신호소의 방위나 거리를 판단해서는 안된다.
② 무중항해시는 선내를 정숙하게 하고 경계원을 배치하는 등 특별한 주의가 필요하다.
③ 어떠한 경우라도 소리의 강약은 반드시 신호소와의 거리에 비례하지 않는다.

70 국내항으로 입항 도중에 발견한 적색의 등부표에 대한 설명으로 옳지 않은 것은?

가. 좌현부표이다.
나. 우현부표이다.
사. 등부표의 위치는 항로의 우측 가장자리에 있다.
아. 등부표의 우측에는 수심이 얕거나 침선이 있어서 항행에 위험이 있다.

해설) 좌현부표는 녹색의 등부표이다.

정답 66 사 67 사 68 나 69 가 70 가

71 IALA 해상부표방식 중 우리나라 측방표지에서 우현표지의 도색으로 옳은 것은?

가. 녹 색 나. 홍 색
사. 백 색 아. 흑 색

72 IALA 해상 부표식의 종류로 볼 수 없는 것은?

가. 전파표지 나. 측방표지
사. 안전수역표지 아. 특수표지

73 우리나라의 등부표 중 등색이 녹색인 것으로 옳은 것은?

가. 좌현표지 나. 우현표지
사. 동방위표지 아. 특수표지

> **해설** 측방표지(B지역)
> ① 선박이 항행하는 수로의 좌·우측 한계를 표시한다.
> ② 입항 때를 기준 **왼쪽(좌현)부표** : 녹색, 홀수번호, 머리표지(두표)는 원통형
> **오른쪽(우현)부표** : 적색, 짝수번호, 머리표지(두표)는 원추형

74 부산항에 입항하면서 전방에 홍색부표가 보였다. 이 때 선박의 항행으로 옳은 것은?

가. 홍색부표 왼쪽으로 항행하여야 한다.
나. 홍색부표 오른쪽으로 항행하여야 한다.
사. 홍색부표를 한 바퀴 돌아서 가야 한다.
아. 상관없이 그냥 그 위로 지나가면 된다.

> **해설** 홍색부표는 측방표지의 우현부표로서 부표의 왼쪽으로 항행하여야 안전하다.

75 다음 중 하천이나 항구에 있어서 우현이라는 기준은 어느 것인가?

가. 항구를 벗어나는 선박을 기준으로 한다.
나. 강의 상류에서 하류로 항행하는 선박을 기준으로 한다.
사. 선박의 진행 방향에 무관하여 그 당시 선박의 선수미선을 기준으로 한다.
아. 강의 하류에서 상류로, 항만 입구에서 항구를 향하여 항행하는 선박을 기준으로 한다.

정답 71 나 72 가 73 가 74 가 75 아

76 광달거리에 관한 주의사항으로 옳지 않은 것은?

가. 비온 뒤 암야에는 해도에 기재된 광달거리보다 길어진다.
나. 수온이 기온보다 높으면 광달거리가 증가될 수 있다.
사. 광달거리는 등고에 반드시 비례하는 것은 아니다.
아. 일출 직전에는 광달거리가 길어질 수 있다.

> **[해설]** 광달거리에 관한 주의사항
> ① 등화의 높이가 높다고 반드시 광달거리가 긴 것은 아니다.
> ② 일출 때나 비가 온 후 광달거리가 커지는 경우가 있다.
> ③ 수온이 기온보다 높으면 광달거리가 감소한다.
> ④ 시계가 나쁘면 광달거리는 현저히 감소한다.

77 다음 중 광달거리에 영향을 주지 않는 것은?

가. 등화의 밝기
나. 등광의 주기
사. 광원의 높이
아. 기온과 수온

78 안개로 인하여 부근의 항행하는 선박이 보이지 않을 때 울리는 신호를 무엇이라 하는가?

가. 침로신호
나. 만곡부신호
사. 의문표시신호
아. 무중신호

> **[해설]** 안개 등이 끼어 시계가 나빠 육지나 등화를 발견하기 어려울 때에 부근을 항해하는 선박에게 항로표지의 위치를 알리거나 경고할 목적으로 설치된 표지로, 무중신호(안개신호)라고도 한다.

79 다음은 안개가 끼었을 때 행하는 신호이다. 틀린 것은?

가. 기류신호
나. 타종신호
사. 사이렌
아. 기적신호

> **[해설]** 음향표지의 종류
> **에어 사이렌**: 압축공기에 의해 사이렌을 울리는 장치(에어 사이렌, 모터 사이렌, 다이어폰)
> **무종**: 기계장치로 종을 쳐서 소리를 내는 장치를 말하며, 부표의 꼭대기에 종을 달아 파랑에 의해 흔들림을 이용하여 종이 울리게 한 것을 타종부표라 한다.

정답 76 나 77 나 78 아 79 가

80 우리나라 측방표지 중 수로의 우측한계를 나타내는 부표의 색깔은?

가. 녹 색
사. 흑 색
나. 적 색
아. 황 색

 국제해상부표방식에서 전세계를 A와 B의 두 지역으로 구분하여 측방표지를 다르게 표시하는데 우리나라는 B방식을 따르고 있다. 좌현부표의 색깔과 등화의 색상은 녹색이고, 우현부표의 색깔과 등화의 색상은 적색이다(B지역).

81 선위를 구하는데 도움을 줄 목적으로 설치된 표지가 아닌 것은 어느 것인가?

가. 방위표지
사. 전파표지
나. 특수표지
아. 측방표지

특수표지 : 수로도지에 기재되어 있는 공사 구역 등 특별한 시설이 있음을 나타내는 표지이다.

정답 80 나 81 나

Chapter 03 수로도지(해도)

Part 1 | 항해

수로도지	해도	항해용 해도	출판후 현상태에 맞도록 정정
		수로 특수도	항해참고용, 자원개발, 정정안함
	수로서지	수로지	
		수로특수서지	항로지, 등대표, 조석표, 천측력 등

1 해도의 종류

1 해도 도법상의 분류

(1) 평면도법

지구표면의 한정된 일부분(항구, 협수도 등)을 평면으로 간주하고 그린 도법으로 작도가 간단하며 축척비가 가장 큰 도법으로 항박도, 분도 등이다.

(2) 점장도법

항정선이 직선으로 표시되도록 고안된 도법으로 모든 자오선 사이의 거등권은 적도상 호의 길이로 늘어나며 고위도로 갈수록 늘어난 비율이 점점 커진다.

※ 특징
① 항정선이 직선으로 표시됨. ⇒ 침로를 구하기 쉽다.
② 자오선과 거등권이 직교한다. ⇒ 경위도에 의한 위치 표시가 용이하다.
③ 짧은 거리일 때는 거리의 측정, 방위선 기입이 용이하고 정확하다.
④ 고위도 지방에서는 면적이 확대되고 대권거리를 구할 수 없으므로 위도 70° 이하에서 사용된다.

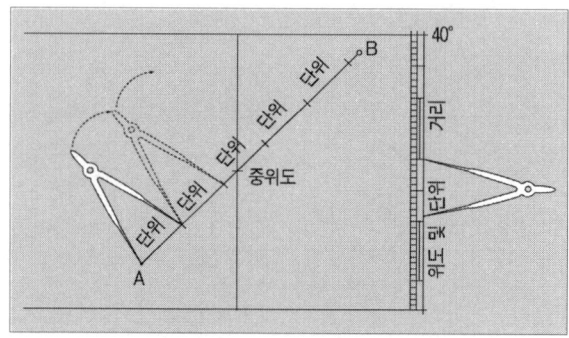

[점장도에서의 거리 측정]

(3) 대권도법

투영도법이라고도 하며 작도 원리는 지구 중심에서 지표면에 빛을 투영했다고 가정하여 만든 도법으로 적도 이외의 모든 거등권은 곡선으로, 자오선은 부채살 모양으로 나타난다. 장거리 대권항해 시 대권거리를 구할 때 사용된다.

(1) 다원추도법
지표면에 접하는 많은 원추를 만들어 지표면을 이들 원추에 투영하여 전개하는 도법으로 제작이 간단하고 남북방향의 긴 구역을 표현하는데 편리하나 해도로는 잘 사용하지 않는다.

(2) 방위등거극도법
지구의 극 상공에서 항공 촬영을 한 것과 같은 방식으로 제작된 도법, 거등권은 동심원, 자오선은 방사상으로 나타난다. 극지방 총도로 사용하기 좋다.

2 사용목적에 따른 분류

(1) 총 도
세계전도와 같이 극히 넓은 구역을 그린 것으로, 장거리 항해 및 항해계획 수립에 사용할 수 있는 해도이다(축척비 : 1/4,000,000 이하).

(2) 항양도
1°마다 점장된 해도로 장거리 항해에 사용되며 원양의 수심, 주요 외양 등대, 육표 등이 그려져 있다(축척비 : 1/1,000,000이하).

(3) 항해도
30′마다 점장된 해도로서 육지를 멀리 바라보면서 항해할 때 육상의 물표 등을 측정함으로써 선위를 직접 해도상에서 구할 수 있도록 그려진 가장 많이 사용되는 해도이다(축척비 : 1/300,000 이하).

(4) 해안도
30′, 20′, 10′마다 점장된 해도로서 연안 세부까지 상세히 도시되어 있어 연안 항해시 사용된다(축척비 : 1/50,000 이하)

(5) 항박도
항박, 협수도, 묘지 등 좁은 구역을 상세히 그린 평면도이다(축척비 : 1/50,000 이상).

※ 분도 : 해도 중 일부분을 별도로 그린 것.

2 해도도식

해도에 사용되는 양식, 기호 및 약자 등을 총칭하여 해도도식이라 한다.
이 해도도식은 특히 연안 항해를 할 때 안전 항해를 기하기 위하여 매우 중요한 것이므로 반드시 익혀 두어야 한다.

(1) 저질을 나타내는 약어

G : 자갈,   Sh : 조개껍데기,   S : 모래,   Rk, rky : 바위,
Cl : 점토,   M : 펄,   Co : 산호,   St : 돌

(2) 위치 표시

PA : 개략적인 위치
PD : 의심되는 위치
ED : 존재가 의심되는
SD : 의심스러운 수심(계측이 부정확한 수심)

약어	의미	약어	의미	약어	의미
(1) 해안지형(Coast Features)					
G.	해만	Thoro.	협수로	I.	섬, 제도
Pass.	항로, 수로	In.	강어귀, 포	Str.	해협
Anch.	묘지	B.	만	Entr.	입구
Rk.	암석	Chan.	수로, 수도	P.	항
Rd, Rds.	박지	Hbr.	항	Hd	(head) 갑, 곶, 기, 각
Est.	하구	Pl.	(point) 갑, 곶, 기, 각	Mt	산악
(2) 단 위					
m.	미터	ft.	피트	fm.	패덤(1fm = 1.83m)
M.	마일	kn.	노트	yd.	야드
(3) 형용사 및 기타 약어					
gt.	큰	Lit.	작은	Mid.	중앙의
conspic.	현저한, 뚜렷한	Destr.	파괴된	abt.	약
Aero.	항공	Prohib.	금지된	explos.	폭발성
Approx.	개략의	Sub.	수중의, 해저의		
(4) 저 질					
Grd	해저	S	모래	M	개펄
G	자갈	Rk, rky	바위, 바위가 많은	Co	산호
Sh	조개껍데기	Cl	점토	St	돌
Oz	연한 진흙	Wd	해조(바닷말)	Sp	해변
fne	가는	C	거친	sft	부드러운
hrd	단단한	w	백색(의)	bl	흑색(의)
yl	황색의	gy	회색(의)		

(5) 항 만

Anchorage Prohibited	투묘금지	Dumping Ground	오물 투하장	Under construction	공사 중
Oys	굴 양식장	Pipe Line	송유관		
⊙TR	탑	⊙CHY	굴뚝	⊙TANK	탱크
Sta.	장소	⊙PIL. STA.	도선사 조합	Sig. Stn.	신호소
Pag	탑	⊙We. Sig.	기상 신호소	S. Sig. Stn.	폭풍, 신호소

(6) 등

Lt.	등	Bn.	등입표	Ldg Lts	도등
bu.	청색	g.	녹색	r.	홍색
w.	백색	obsc	잘 안 보이는 등	Irreg.	불규칙등

(7) 무선국 및 레이더국

R. Stn.	무선 전신국	⊙R Bn.	무선 표지국	⊙RD	지향성 무선표지국
⊙RG	무선 방향 탐지국	Ra.	레이더국	⊙R Mast	무선주(無線柱)
Ra Ref.	레이더 반사기			⊙R Tr	

(8) 위험물 및 기타 주요 양어

	(25) 노출암(평균 수면으로부터의 높이)	세암	항해에 위험한 세암
	간출암(기본 수준으로부터의 높이) uncovers 2m / uncovers 2m	2 Rk	고립암 위의 얕은 수심
	선체 또는 상부 구조의 일부가 기본 수준면 위에 나타나는 침선		항해에 위험하지 않은 침선
	항해에 위험한 침선 수심 18m보다 얕은 위험한 침선	5₂ Wk	수심이 알려진 침선
asts.	기본 수준면 위에 마스트만 보이는 침선	Tide rips	급류
21 Obstr. obstruction	장해물	Wks	다수의 침선 또는 난·물

[주요 해도 도식]

shl	Shoal	여울	3 Rep(1984)	보고(인도)
Rf	reef	초		
+	암암, 수심 불명		PA	개략적인 위치
⊕	항해에 위험한 암암		PD	의심되는 위치
- - - - - - -	2m 등심선		ED	존재가 의심되는
— — — — —	5m 등심선		SD	의심되는 수심
——·——	10m 등심선	2kn →	유속을 표시한 해류
——··——	20m 등심선	2kn →	유속을 표시한 창조류
∘⁄20	20m를 넘는 수심	2kn →	유속을 표시한 낙조류

[중요 해도도식 설명]

3 해도사용법

1 해도 작업에 필요한 도구

해도작업에 필요한 기본적인 도구로는 삼각자, 디바이더(divider), 컴퍼스(compass), 지우개 및 연필(2B, 4B)등이 있다.

(1) 삼각자 : 해도상의 방위를 재는 도구로 이용하는데, 우리나라 선박에서는 거의 대부분 이노우에식 삼각자를 사용하고 있으나, 유럽에서는 평행자(parallel ruler)를 많이 사용하고 있다.

(2) 디바이더 : 해도상에서 거리를 재는 도구인데, 일반적으로 많이 사용하는 것은 직선형(straight type)과 활 모양이다.

(3) 컴퍼스 : 레이더 등을 이용하여 물표까지의 거리를 파악하고, 이를 해도 위에 작도할 때 사용한다.

2 해도의 이용

해도 상에 있는 어느 지점의 경도를 구하려면 삼각자 또는 평행자(parallel rule)로써 그 지점을 지나는 자오선을 긋고, 해도의 위쪽이나 아래쪽에 기입된 경도 눈금을 읽으면 되고, 위도는 같은 방법으로 좌우에 기입된 위도의 눈금을 읽는다. 이밖에 디바이더를 가지고 그 지점과 경·위도선까지의 간격을 재어 경·위도를 구해도 된다.

(1) 두 지점간의 방위(또는 침로)를 구하는 방법

두 지점간의 방위는 해도에 그려져 있는 나침도를 사용하여 구한다. 즉, 삼각자의 한 변을 그들 두 지점 위에 똑바로 맞춘 다음, 또 하나의 삼각자를 같이 사용하여 그 변을 나침도의 중심까지 평행 이동시켜 방위를 읽는다. 이 방법은 침로선을 긋는 경우에도 사용되며, 나침도의 가장 바깥쪽의 눈금은 진방위 또는 진침로이고, 안쪽의 눈금은 자침 방위 또는 자침로가 된다. 그런데 주의할 점은, 삼각자를 나침도 전체에 맞춘 다음 반대 방위의 도수를 읽어야 한다. 이것이 맞지 않으면 삼각자가 중심에 정확히 맞추어져 있지 않은 것이다.

(2) 두 지점간의 거리를 구하는 방법

두 지점에 디바이더의 발을 각각 정확히 맞추어 두 지점간의 간격을 재고, 이것을 그들 두 지점의 위도와 가장 가까운 위도의 눈금에 대어 거리를 구한다. 두 지점과 너무 떨어진 위도의 위도척에 의하여 거리를 구하면 정확하지 않게 된다.

3 해도 사용할 때의 주의할 점

(1) 해도의 보관
① 해도를 해도대의 서랍에 넣을 때에는 반드시 펴서 넣어야 하며, 부득이 접어야 할 때에는 구겨지지 않도록 주의해야 한다.
② 서랍에 넣는 매수는 20매 이내로 하여 너무 많이 넣지 않도록 한다.
③ 해도는 항상 번호 순서 또는 사용 순서로 넣되, 꺼낼 때 찾기 쉽도록 오른쪽 아래 난 밖에도 해도 번호를 기입하여 가지런히 넣어 두어야 한다.
④ 서랍의 앞면에는 그 속에 들어 있는 해도 번호나 구역을 표시해 두어야 한다.

(2) 해도의 운반 및 취급
① 선내에서 해도를 운반할 때에는 반드시 말아 가지고 다니고, 바람이나 비에 맞지 않도록 해야 한다.
② 해도를 사용할 때에는 삼각자, 끝이 뾰족한 디바이더, 누르개, 질이 좋은 지우개와 연필을 준비해야 한다. 연필은 4B를 사용하되, 끝은 납작하게 깎아야 한다.
③ 해도에는 필요한 선만을 긋도록 하며, 여백에 계산하는 등의 일이 있어서는 안된다.

(3) 해도의 정확도
① 해도는 현재의 상태와 맞아야 하므로, 최신의 해도를 선택하거나 항행 통보에 의하여 완전히 개정된 것을 선택해야 한다.
② 연안항해시는 가능한 한 축척이 큰 해도를 사용해야 한다.
③ 수심이 조밀하게 기재된 것을 사용해야 한다.
④ 오래된 해도는 편차변화에 주의해야 한다.

4 해도의 기준면

현재 우리나라에서 사용하고 있는 해도에서 높이와 수심을 나타내는 단위는 미터이며, 그 기준면은 다음과 같다.

(1) 수심 : 연중 해면이 그 이상으로 낮아지는 일이 거의 없다고 생각되는 수면을 기본 수준면(detum level for sounding) 또는 약최저저조면이라 한다. 해도의 수심은 이 수면을 기준으로 하여 20.9m까지는 소수 1위를 붙이고, 31m 이상은 정수값을 표시한다.

해도의 수심은 수면이 대체로 가장 낮은 때를 기준으로 측정한 것이므로, 평상시의 수심은 이것보다 약간 깊다. 수심 숫자 아래에 '―'로 표시된 수심은 기본 수준면보다 아래로 내려간 것을 뜻한다.

(2) 물표의 높이 : 장기간 관측한 해면의 평균 높이에 있는 수면을 평균수면이라 한다. 육상 물표의 높이는 이 수면으로부터의 높이로 표시한다.

(3) 조고와 간출암 : 조석에 의하여 변동하는 수면의 높이를 조고라 하고, 조석의 간만에 따라 수면 위에 나타났다 수중에 감추어졌다 하는 바위를 간출암이라 한다. 그런데 이들의 높이는

기본 수준면을 기준으로 하여 측정된다.

(4) 안선 : 일반적으로 해안선이라고도 하며, 약최고고조면에서의 수륙의 경계선으로 표시한다.

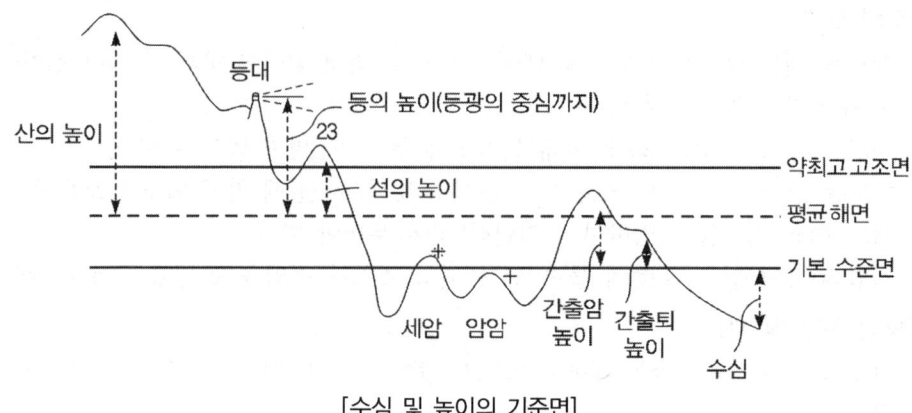

[수심 및 높이의 기준면]

4 수로도지의 개정

수로도지는 언제나 현재의 상태와 일치되어 있어야 하므로, 그 내용에 변경이 있었거나 도지 간행 이후에 새로운 자료를 얻었을 때에는 항행통보에 의하여 개정해야 한다.

1 항행통보

암초나 침선 등 위험물의 발견, 수심의 변화, 항로표지의 신설, 폐지 등과 같이 직접 항해 및 정박에 영향을 주는 사항들을 항해자에게 통보하여 주의를 환기시키고, 아울러 수로도지를 정정하게 할 목적으로 국립해양조사원이 발행하는 소책자를 항행통보(NM : notice to mariners)라 한다.

국립해양조사원에서 측량한 결과, 선박으로부터의 보고, 관청으로부터의 통지, 또는 외국 항행통보에서 수집한 자료를 종합하여 다음과 같은 방법으로 발표한다.

(1) 영문판 및 국문판 항행통보 인쇄물을 매주 1회 간행하여 관계 기관과 선박에 배부하는 것으로 보통 항행통보라 하면 이것을 뜻한다.

(2) 연안을 항해 중인 소형선이나 어선 등에 급히 알릴 사항이 있을 때에는 방송국에서 방송으로 알린다.

(3) 긴급한 사항은 각 무선국을 통하여 통보한다.

항행통보는 선박의 운항에 중요한 자료이므로, 항해자는 항상 이것을 빠짐없이 입수하도록 노력함은 물론, 외국 항로에 취항하는 경우에는 그 나라의 항행통보를 참조하여 수로도지를 정청하지 않으면 안 된다. 아울러 항행통보는 일정기간 동안 보존해 둘 필요가 있다.

2 해도의 개정 및 소개정

해도는 항상 최근의 상태와 일치해야 하므로, 이를 간행한 후에도 새로운 자료를 입수할 때마다 개정해야 하는데, 이 방법을 크게 나누면 국립해양조사원에서 직접 행하는 개판(new edition), 재판(reprint) 등의 방법과, 항해자 자신이 항행통보에 의하여 행하는 소개정(small correction)이 있다. 이 가운데 항해자가 직접 개정하는 것을 소개정이라 한다.

해도의 소개정 방법에는 다음과 같다.

(1) 수기로 하는 개보 : 통보 내용을 써서 개정하는 것을 말하며, 손으로 직접 개정하며 불필요한 부분은 두 줄을 그어 지운다.
  ① 개보할 때에는 붉은색 잉크를 사용해야 한다.
  ② 기사는 해도의 여백(보통 좌측 하단)에 간결하고 알기 쉽게 가로로 쓴다.
  ③ 해도 도식에 기호가 정해지지 않는 지물의 위치는 ◉ 또는 ○로 표시하고, 그 옆에 명칭을 기입한다.
  ④ 수심은 수심을 나타내는 숫자의 정수 부분의 중앙이 되도록 기재해야 한다.
  ⑤ 침선, 암초 등의 바로 위에 표지로서 설치된 부표를 기입할 때에는 침선, 암초 등을 삭제하지 말고, 거기서 가장 가까운 항로 쪽이나 외해 쪽에 기입한다.

(2) 부도에 의한 개보 : 통보 내용이 복잡한 것, 또는 그것을 지시하기가 곤란한 것은 부도를 붙여 통보하고 있으므로, 부도를 해도의 해당되는 곳에 바르게 포개어 놓고 개정 부분에 표를 한 다음 연필로 개보한다.

(3) 보정도에 의한 개보 : 지형, 해안선 또는 광범위하게 수심이 변화된 경우, 또는 개보 사항이 좁은 구역에 밀집된 경우 등 손(수기)으로 개보하기 곤란한 경우에는 항행통보에 첨부된 보정도를 항행통보에서 오려서 해도의 개정 위치에 붙인다. 보정도를 사용할 때에 주의할 사항은 다음과 같다.
  ① 보정도를 붙이기 전에 해도와 겹쳐서 대조하고, 개보 내용을 확인한 다음 정확하게 붙인다.
  ② 개보할 부분만 정확하게 자르고, 불필요한 부분은 절단하여도 좋다.
  ③ 붙인 부분으로 인하여 해도가 울거나 주름이 잡히는 등의 문제가 생기지 않도록 확실하게 붙인다.

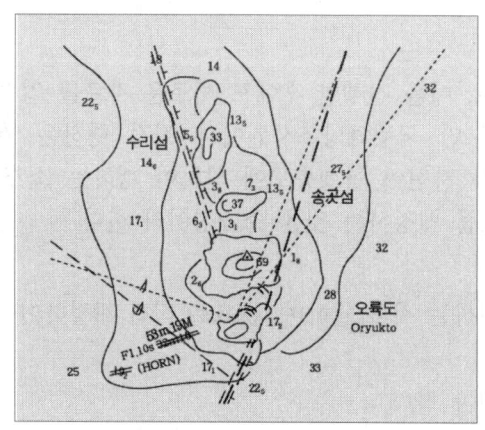
[수기에 의한 개보]

[보정도에 의한 개보]

Chapter 03 수로도지(해도)

Part 1 | 항해 적중예상문제

01 축척이 5만분의 1 이상인 해도로 옳은 것은?

가. 해안도 나. 항박도
사. 항양도 아. 항해도

 해도의 종류
① **총도**(축척비 1/4,000,000 이하) : 세계전도와 같이 넓은 구역을 그린 것. 항해계획 수립시 또는 긴 항해시 사용
② **항양도**(축척비 1/1,000,000 이하) : 긴 항해에 사용, 주요 등대 및 먼거리에서 보이는 육표 등을 표시한 해도
③ **항해도**(축척비 1/300,000 이하) : 육지를 바라보면서 항해할 때 사용, 육상의 물표 등을 측정함으로서 선위를 직접 해도상에 구할 수 있음.
④ **해안도**(축척비 1/50,000 이하) : 연안항해에 사용, 연안의 세부사항이 표시되어 있음.
⑤ **항박도**(축척비 1/50,000 이상) : 항만, 협수도 묘지 등을 세부까지 상세하게 그린 평면도

02 특수한 기호와 약어를 사용하여 해도상에 여러 가지 사항을 표시하는 것을 무엇이라 하는가?

가. 해도표제 나. 해도제목
사. 수로표지 아. 해도도식

 해도에 기재된 기호와 약어를 세부적으로 규정한 것을 해도도식이라 한다.

03 해도 제작법(도법)에 의한 분류에 해당하지 않는 것은?

가. 지표면도법 나. 평면도법
사. 점장도법   아. 대권도법

해도도법 : 평면도법, 점장도법, 대권도법, 방위등거극도법, 다원추도법

04 해도상 1해리의 거리로 옳은 것은?

가. 위도 1′의 길이 나. 위도 1°의 길이
사. 경도 1′의 길이 아. 경도 1°의 길이

위도 1분의 길이는 1마일 또는 1해리라 하며 1,852m이다.

정답 01 나 02 아 03 가 04 가

제3장 수로도지(해도) 63

온라인 강의 에듀마켓

05 현재 우리나라 해도에서 높이와 수심을 나타내는 단위는?

가. 피트   나. 미터
사. 센티미터   아. 패덤

> 수심의 단위로 우리나라는 m를 사용하고 있으나, 패덤(fathom, 1 fathom = 6ft = 1.83m)이나, 피트(ft)를 사용하는 해도도 발간되고 있으므로 해도 사용 시에는 수심의 단위를 잘 확인하여야 한다.

06 항해용 해도상에 표시된 정보의 내용으로 옳지 않은 것은?

가. 수 심   나. 축 척
사. 파 고   아. 조 류

> 해도의 정보 : 해도의 축척, 수심, 물표의 높이, 저질, 조석, 편차, 기타 주의사항 등

07 해도에 기재된 수심의 기준면으로 옳은 것은?

가. 평균저조면   나. 약최고고조면
사. 약최저저조면   아. 약최고고조면

> 해도 수심의 기준면(단위는 미터)
> ① **수심, 조고 및 간출암의 높이** : 약최저저조면을 기본수준면으로 사용
> ② **물표의 높이** : 장기간 관측한 해면의 평균 높이를 평균수면이라 하며 해도상에 표시되는 물표의 높이는 평균수면을 기준
> ③ **해안선** : 약최고고조면에서의 육지와 바다의 경계선을 표시

08 해수면 중 기본수준면에 대한 설명으로 옳은 것은?

가. 저조의 평균을 말한다.
나. 고조와 저조의 평균을 말한다.
사. 1년 중 그 이상 해면이 높아지는 일이 거의 없는 높은 해면을 말한다.
아. 1년 중 그 이상 해면이 낮아지는 일이 거의 없는 낮은 해면을 말한다.

> 기본수준면 : 이 수심은 항해의 안전성을 고려하여 해면이 이보다 아래로 내려가는 일이 거의 없는 면

09 해도에 사용하는 저질 표시로서 조개 껍질로 옳은 것은?

가. M   나. Oz
사. Sh   아. St

> 모래 – S, 자갈 – G, 개펄 – M, 바위 – Rk, St – 돌

정답 05 나 06 사 07 사 08 아 09 사

제1편 항해

10 해도에 표시된 등대의 높이는 무엇을 기준으로 한 것인가?

가. 평균수면　　　　　　　　나. 기본수준면
사. 약최고고조면　　　　　　아. 약최저저조면

> 등대, 산의 높이나 노출암의 높이 : 장기간 관측한 해면의 평균 높이를 평균수면이라 하며 해도상에 표시되는 물표의 높이는 평균수면을 기준

11 해도에서 수심의 기준이 되며 해면이 이보다 아래로 내려가는 일이 거의 없는 면을 무엇이라 하는가?

가. 평균해면　　　　　　　　나. 약최고고조면
사. 기본수준면　　　　　　　아. 고조면

> 기본수준면(약최저저조면) : 이 수심은 항해의 안전성을 고려하여 해면이 이보다 아래로 내려가는 일이 거의 없는 면

12 다음 중 항해용 해도의 종류가 아닌 것은?

가. 항해도　　　　　　　　　나. 항박도
사. 해저지형도　　　　　　　아. 해안도

> 특수도의 종류 : 해저지형도, 어업용해도, 해류도, 조류도, 해도도식, 기타 특수도

13 해도도식 의 의미로 옳은 것은?

가. 항해에 위험한 암암　　　나. 항해에 위험한 세암
사. 항해에 관계없는 암암　　아. 항해에 관계없는 세암

14 항해자 자신이 수기로 해도를 개보하는 것을 무엇이라 하는가?

가. 소개정　　　　　　　　　나. 보 각
사. 보 도　　　　　　　　　아. 부 도

> 해도의 개보 : 해도 간행 후 기재 변경 사항을 정정하는 것
> ① 개판 : 국립해양조사원에서 원판을 새로 만드는 것
> ② 재판 : 국립해양조사원에서 원판을 다시 만드는 것
> ③ 소개정 : 해도의 신판 또는 개판 후에 항로고시에 의해서 항해자가 직접 해도를 개보하는 것

> 정답 10 가 11 사 12 사 13 가 14 가

15 소개정에 대한 설명으로 옳지 않은 것은?

가. 2항사 책임하에 있다.
나. 해도 개정시는 청색이나 검은색으로 한다.
사. 월3회 발행하는 항행통보를 보고 개정한다.
아. 항해자 자신이 수기로 해도에 개보하는 것을 소개정이라 한다.

> 해설 **소개정** : 매주 간행되는 항행통보에 의해 직접 해도상에 수정, 보완하거나 또는 보정도로서 개보하여 고치는 것. 개보시에는 붉은색 잉크를 사용해야 한다.

16 연안 세부사항이 상세히 기재되어 연안항해 시 이용되는 해도로 옳은 것은?

가. 항박도   나. 평면도
사. 항해도   아. 해안도

> 해설 **해안도**(축척비 1/50,000 이하) : 연안항해에 사용, 연안의 세부사항이 표시되어 있음.

17 수로의 안내서로서 항해에 필요한 여러 가지 정보가 상세히 설명되어 있어 처음으로 항해하는 해역에 대해 상세한 예비지식을 항해자에게 제공해 주는 수로서지는?

가. 항로지   나. 수로지
사. 등대표   아. 거리표

18 해도도식에서 ──3kn→ 가 의미하는 것은?

가. 유속이 3노트인 창조류이다.   나. 유속이 3노트인 낙조류이다.
사. 유속이 3노트인 해류이다.   아. 유속이 3km/h인 해류이다.

19 해도에서 경도를 구하려면 그 지점을 지나는 자오선을 긋고 해도의 (　　)에 있는 경도 눈금을 읽는다. (　　) 속에 들어갈 말은?

가. 좌, 우   나. 상, 하
사. 근 처   아. 전 후

정답　15 나　16 아　17 나　18 나　19 나

20 항정선을 평면 위에 직선으로 표시하는 해도도법이며 가장 많이 쓰이는 것은?

가. 평면도법
나. 점장도법
사. 대권도법
아. 다원추도법

21 한국 해도를 발간하는 곳은 어디인가?

가. 국립수산과학원
나. 부산지방해양수산청
사. 선박검사기술공단
아. 국립해양조사원

22 항해에 가장 많이 이용하는 해도의 도법으로 옳은 것은?

가. 평면도법
나. 점장도법
사. 대권도법
아. 방위등거극도법

> 해설: 점장도상에서의 항정선은 모든 자오선과 같은 각도를 이루게 되므로, 항해자가 어느 자오선을 이용하여도 손쉽게 침로와 방위를 측정할 수 있어 항해에 편리하다.

23 좁은 구역이나 섬 또는 항박도 등에 이용되는 해도의 도법은?

가. 평면도
나. 점장도
사. 대권도
아. 다원추도

> 해설: 항박도(축척비 1/50,000 이상) : 항만, 협수도, 묘지 등을 세부까지 상세하게 그린 평면도

24 다음 중 해도의 축척비가 큰 것에서 작은 순으로 옳게 나열된 것은?

가. 총도 → 항해도 → 해안도 → 항박도
나. 총도 → 해안도 → 항박도 → 항해도
사. 항박도 → 항해도 → 해안도 → 총도
아. 항박도 → 해안도 → 항해도 → 총도

정답 20 나 21 아 22 나 23 가 24 아

25 시일이 경과된 해도를 현 상황과 같도록 개정할 때 근거가 되는 것은?

가. 항행통보 나. 기상통보
사. 신판해도 아. 색인도

 암초나 침선 등 위험물의 발견, 수심의 변화, 항로표지의 신설, 폐지 등과 같이 직접 항해 및 정박에 영향을 주는 사항들을 항해자에게 통보하여 주의를 환기시키고, 아울러, 수로도지를 정정할 목적으로 발행하는 소책자를 항행통보(NM ; notice to mariners)라고 한다.

26 해도상에 "S"자가 표시되어 있는 곳의 저질은 무엇인가?

가. 모 래 나. 펄
사. 자 갈 아. 점 토

 저질을 나타내는 약어
G : 자갈, Sh : 조개껍데기, S : 모래, Rk,rky : 바위, Cl : 점토, M : 개펄, Co : 산호, St : 돌

27 해도를 구입할 때 유의사항으로 옳지 않은 것은?

가. 최신판 또는 개판된 해도를 고른다.
나. 가급적 소축척의 해도가 연안 항해에 유효하다.
사. 해도 번호나 색인도를 참고하여 사용목적에 따라 선택한다.
아. 연안 항해용은 수심과 저질이 정밀하게 나타난 해도를 선택한다.

 ① 해도는 현재 상태와 맞아야 하므로, 완전히 개정된 최신의 해도를 선택해야 한다.
② 연안항해에서는 될 수 있는 대로 축척이 큰 해도를 사용한다.
③ 수심이 조밀하게 기재된 해도를 선택해야 한다.
④ 오래된 해도를 사용할 때에는 편차의 변화에 주의해야 하며, 침선 등도 살펴야 한다.
⑤ 서랍에 넣을 때에는 20매 이내로 한다.

28 해도 선택 시 유의사항으로 옳은 것은?

가. 해도는 오래된 것일수록 안전하다.
나. 수심이 드문드문 기재된 해도가 좋다.
사. 등심선이 표시되지 않은 해도가 편리하다.
아. 연안 항해에는 가급적 축척이 큰 해도가 유리하다.

정답 25 가 26 가 27 나 28 아

29 전자해도의 장점으로 옳지 않은 것은?

가. 영구적으로 해도를 개정할 필요가 없다.
나. 레이더 영상을 해도 화면상에 중점시킬 수 있다.
사. 축척을 변경하여 화상의 표시범위를 임의로 바꿀 수 있다.
아. 각종 항법장치를 접속하여 정확한 자선 위치를 화면상에 자동 표시한다.

> **전자해도의 장점**
> ① GPS, Loran C, Gyro compass, Log 등 각종 항법장치를 접속하여 본선의 위치를 정확하게 해도 상에 나타낼 수 있다.
> ② 레이더 영상을 해도 화면상에 중첩시킬 수 있다.
> ③ 선박의 움직임에 따라 화상의 표시 범위를 자동적으로 변경하여 표시할 수 있다.
> ④ 축척을 변경하여 화상의 표시 범위를 임의로 바꿀 수 있다.
> ⑤ 항해 계획을 설정하여 침로를 기억시키면 예정 침로에 따른 본선의 항행이 가능하다.
> ⑥ 얕은 수심 등의 위험 해역에 가까웠을 때 경보를 보낼 수 있다.
> ⑦ 항행통보 등에 의한 소개정 대신 데이터 통신을 통해서 실시간으로 데이터의 바꾸어 쓰기가 가능하므로 항상 최신 자료를 확보할 수 있다.
> ⑧ 측지계의 변환이 가능하다.

30 해도에서 해저의 기복 상태를 알기 위해 같은 수심인 장소를 연속된 가는 실선으로 통상 2m, 5m, 10m, 20m 및 200m의 선으로 표시한다. 이것은 무엇인가?

가. 해안선
나. 등심선
사. 등고선
아. 저 질

> **등심선** : 해저의 기복 상태를 알기 위해 같은 수심인 장소를 연결한 선이다(통상 2m, 5m, 10m, 20m, 200m 선이 그려져 있다).

31 현재 사용 중인 해도의 부족 수량을 충족시킬 목적으로 원판을 수정하여 다시 발행하는 것은?

가. 소개정
나. 재 판
사. 개 보
아. 증 판

> **해도의 개보** : 해도 간행 후 기재 변경 사항을 정정하는 것
> ① **개판** : 국립해양조사원에서 원판을 새로 만드는 것
> ② **재판** : 국립해양조사원에서 원판을 약간 수정하여 다시 발행하는 것
> ③ **소개정** : 해도의 신판 또는 개판 후에 항로고시에 의해서 항해자가 직접 해도를 개보하는 것

정답 29 가 30 나 31 나

32 해도의 나침도에서 직접 알 수 있는 사항은?

가. 자차 및 편차
나. 해도의 종류
사. 해도의 간행 연월일
아. 편차 및 연차

> 해설) 외곽은 진북을 가리키는 진방위권과 안쪽은 자기컴퍼스가 가리키는 나침방위권을 표시한 것으로, 지자기에 따른 자침 편차와 1년간의 년변화량인 연차가 기재되어 있다.

33 매주 간행되는 항행통보에 의해 직접 해도 상에 수정, 보완하거나 또는 보정도로 개보하여 고치는 것을 뜻하는 용어는?

가. 개 보
나. 재 판
사. 소개정
아. 증 판

> 해설) 소개정 : 매주 간행되는 항행통보에 의해 직접 해도상에 수정, 보완하거나 또는 보정도로서 개보하여 고치는 것. 개보시에는 붉은색 잉크를 사용해야 한다.

34 일반 항해에 편리하여, 가장 널리 사용되고 있는 해도는?

가. 점장도
나. 대권도
사. 평면도
아. 다원추도

35 선박을 안전하게 유도하고 선위측정에 도움을 주는 주간, 야간, 음향, 무선표지가 상세하게 수록되어 있는 것은?

가. 조석표
나. 등대표
사. 수로지
아. 항로지

> 해설) 국립해양조사원에서 간행하는 해도 이외의 모든 간행물 : 항로지, 등대표, 천측력, 거리표, 천측계산표

36 국립해양조사원에서 행하는 해도의 개보 중에 해도번호나 표제가 바뀌는 경우는 다음 중 어느 것인가?

가. 개판(New edition)
나. 재판(Reprint)
사. 신간(New chart)
아. 보각(Supplement)

정답 32 아 33 사 34 가 35 나 36 사

37. 항해소요 시간 및 기름 소모량 등을 계산하는데 유용하게 사용되는 것으로 항구 사이의 항로거리를 해리로 나타낸 표는?

가. 국제신호서
나. 거리표
사. 수로지
아. 항행통보

① **거리표** : 항구 사이의 항로거리를 해리(nautical mile)로 나타낸 표로서 빠른 시간 안에 항구 간의 대략적인 거리를 구할 수 있어서 항해 소요시간 및 기름 소모량 등을 계산하는데 유용하게 사용된다.
② **국제신호서** : 선박의 항해와 인명의 안전에 위급한 상황이 생겼을 경우 특히 언어를 통한 의사소통에 문제가 있을 경우에 신호기, 발광음향 확성기에 의한 음성무선 수신호 등을 이용하여 상대방에게 도움을 요청할 수 있도록 국제적으로 약속한 부호와 그 부호의 의미를 상세하게 설명한 책이다.

38. 해도의 수기에 의한 개보 내용으로 옳지 않은 것은?

가. 불필요한 부분은 두 줄을 그어 지운다.
나. 개보할 때에는 붉은색 잉크를 사용해야 한다.
사. 기사는 해도의 여백에 간결하고 알기 쉽게 가로로 써야 한다.
아. 수심은 수심을 나타내는 숫자의 정수 부분의 바깥이 되도록 기재해야 한다.

수기로 하는 개보 : 통보 내용을 써서 개정하는 것을 말하며, 손으로 직접 개정하며 불필요한 부분은 두 줄을 그어 지운다.
① 개보할 때에는 붉은색 잉크를 사용해야 한다.
② 기사는 해도의 여백(보통 좌측 하단)에 간결하고 알기 쉽게 가로로 쓴다.
③ 해도 도식에 기호가 정해지지 않은 지물의 위치는 ● 또는 ○로 표시하고, 그 옆에 명칭을 기입한다.
④ 수심은 수심을 나타내는 숫자의 정수 부분의 중앙이 되도록 기재해야 한다.
⑤ 침선, 암초 등의 바로 위에 표지로서 설치된 부표를 기입할 때에는 침선, 암초 등을 삭제하지 말고, 거기서 가장 가까운 항로 쪽이나 외해 쪽에 기입한다.

39. 해도 도식의 기호 중 " "가 뜻하는 것은?

가. 침몰선
나. 간출암
사. 노출암
아. 정박위치

40. 인쇄물에 의한 항행통보의 발행 주기를 표시한 것은?

가. 연 1회
나. 월 2회
사. 월 1회
아. 주 1회

항행통보는 매주 1회 발간한다.

정답 37 나 38 아 39 나 40 아

41 다음 해도의 종류 중 주로 평면도로 되어 있는 것은?

가. 총 도
나. 항해도
사. 해안도
아. 항박도

42 해도의 도법상 분류에 속하지 않는 것은?

가. 평면도법
나. 항박도법
사. 점장도법
아. 다원추도법

43 해도상 저질표시 중 "M"은 무엇을 나타내는가?

가. 모 래
나. 펄
사. 자 갈
아. 암 반

> 저질을 나타내는 약어
> G : 자갈, Sh : 조개껍데기, S : 모래, Rk, rky ; 바위, Cl : 점토, M : 개펄, Co : 산호, St : 돌

44 대개 육지를 바라보면서 항해할 때 사용하는 해도로서, 선위를 직접 해도상에서 구할 수 있도록 되어 있는 것은?

가. 총 도
나. 항양도
사. 항박도
아. 항해도

45 해도 중에서 그 일부 구역을 확대하여 도면의 일부를 별도로 그려 넣은 것은?

가. 항박도
나. 분 도
사. 총 도
아. 해안도

46 해도의 개보 중 항행통보에 의해서 사용자가 직접 개보하는 것은?

가. 개 판
나. 재 판
사. 보 도
아. 소개정

> 소개정 : 매주 간행되는 항행통보에 의해 직접 해도상에 수정, 보완하거나 또는 보정도로서 개보하여 고치는 것. 개보시에는 붉은색 잉크를 사용해야 한다.

정답 41 아 42 나 43 나 44 아 45 나 46 아

47 해도상 묘박지의 약자는?

가. Anch.
사. Pag.
나. Ref.
아. Mon.

48 저조시에도 수면위에 나타나지 않아서 항행에 위험한 바위인 암암의 기호는 어느 것인가?

가. ※
사. ⊙
나. #
아. +

49 " ( )(마스트)"로 표시된 해도도식의 의미는?

가. 마스트만 노출된 침선
나. 마스트를 내리는 구역
사. 마스트에서 감시하는 구역
아. 마스트에 점등 표시

50 해도에 표시된 수심 "15_4"은 무엇을 나타내는가?

가. 15.4cm
사. 15.4m
나. 154cm
아. 154m

51 해도에서 두 지점 간의 간격(거리)을 구할 때 이용되는 도구는?

가. 삼각자
사. 연필
나. 평행자
아. 디바이더

> **해설** 해도 작업에 필요한 도구
> – 삼각자 : 해도상 방위 재는 도구
> – 디바이더 : 해도상 거리를 재는 도구
> – 기타 : 컴퍼스, 지우개 및 연필(2B, 4B)

정답 47 가 48 아 49 가 50 사 51 아

52 해도상에서 두 점간의 거리를 구하려고 하면 디바이더의 발을 두 지점에서 재어 해도의 좌우에 있는 (   )에서 구하게 된다.

가. 경도측 눈금　　　　　　　나. 위도측 눈금
사. 방위측　　　　　　　　　　아. 거리측

> 두 지점간의 거리를 구하는 방법 : 두 지점에 디바이더 발을 정확히 맞추어 두 지점 간의 간격을 재고, 이것을 그들 두 지점의 위도와 가장 가까운 위도의 눈금에 대어 거리를 구한다.

53 정규 해도가 간행되기 전에 임시로 간행되는 해도는?

가. 잡용 해도　　　　　　　　나. 잠정판 해도
사. 수로 특수도　　　　　　　아. 항해용 해도

54 항구나 좁은 지역을 축척을 크게 하여 나타낼 때 사용되는 도법은?

가. 점장도법　　　　　　　　나. 평면도법
사. 원추도법　　　　　　　　아. 대권도법

55 어느 지역의 수심이 12.49m일 때 해도상에 알맞게 표시된 것은?

가. 12.49　　　　　　　　　나. 12.5
사. 12　　　　　　　　　　　아. 12$_4$

56 긴 항해에 사용하며, 해안에서 떨어진 바다의 수심, 주요 등대, 연안에서 눈에 잘 띄는 부표, 멀리에서 보이는 육상의 물표 등이 표시되어 있는 해도는?

가. 해안도　　　　　　　　　나. 항해도
사. 항박도　　　　　　　　　아. 항양도

57 항로지의 내용이 아닌 것은?

가. 총 기　　　　　　　　　　나. 연안기
사. 항만기　　　　　　　　　아. 해도 도식기

> 항로지 : 수로의 지도 및 안내서, 해류, 도선사, 검역, 항로표지 등의 일반 기사 및 항로의 상황, 연안의 지형, 항만 시설 등이 상세히 기재되어 있다. 처음 항해하는 항해자에게 그 지역에 대한 상세한 예비 지식을 제공한다. 한국 연안 수로지 제1권(동해안 : 서지번호 1), 제2권(남해안 : 서지번호 2), 제3권(서해안 : 서지번호 3)을 간행한다.

정답 52 나　53 나　54 나　55 아　56 아　57 아

58 해도에 기호로 나타나 있지 않아서 알 수 없는 것은?
  가. 해저지형　　　　　　　나. 조류방향
  사. 수 심　　　　　　　　아. 저 질

59 해도상에서 어느 지점의 위도를 구하려면 직각삼각자 1조나 평행자 등으로 그 지점을 지나는 (　　)을 그어 해도의 왼쪽이나 오른쪽에 있는 위도의 눈금을 읽는다. (　　)안에 알맞은 말은?
  가. 자오선　　　　　　　　나. 거등권
  사. 항정선　　　　　　　　아. 방위선

60 간출암을 표시하는 약기호는 다음 어느 것인가?

61 해도의 표제 기사에 적혀 있지 않는 것은?
  가. 축 척　　　　　　　　나. 해도의 명칭
  사. 자료의 출처　　　　　아. 등 질

62 해도를 분류하고 정리할 때 참조번호로 해도 상부 왼쪽 및 하부 오른쪽에 표시하는 것은 무엇인가?
  가. 해도명　　　　　　　　나. 간행번호
  사. 소개정　　　　　　　　아. 해도번호

63 해도도식의 저질 "G"의 표시는?
  가. 모 래　　　　　　　　나. 조개껍질
  사. 자 갈　　　　　　　　아. 산 호

  해설 저질을 나타내는 약어
  G : 자갈, Sh : 조개껍데기, S : 모래, Rk,rky : 바위, Cl : 점토, M : 개펄, Co : 산호, St : 돌

  정답　58 가　59 나　60 가　61 아　62 아　63 사

64 해도 보관이 적합하다고 생각되는 것은?

가. 선장실에 보관한다.
사. 항해사가 보관한다.
나. 기관실에 보관한다.
아. 해도실에 보관한다.

65 진북을 가리키는 진방위권 안쪽은 자기컴퍼스가 가리키는 나침방위권을 표시한 것으로 지자기에 따른 자침편차와 1년간의 변화량인 연차가 함께 기재되어 있는 것을 무엇이라 하는가?

가. 나침도
사. 조류도
나. 방위도
아. 풍향도

66 해안선의 기준이 되는 수면은?

가. 기본수준면
사. 고조면
나. 평균수면
아. 약최고고조면

67 해도의 사용목적에 의한 분류 중 특수도가 아닌 것은?

가. 해저지형도
사. 항양도
나. 어업용해도
아. 조류도

> 특수도의 종류 : 해저지형도, 어업용해도, 해류도, 조류도, 해도도식, 기타 특수도

68 다음 점장도의 특성으로 옳지 않은 것은?

가. 침로를 구하기에 편리하다.
나. 항정선이 직선으로 표시된다.
사. 자오선과 거등권과 직선으로 나타낸다.
아. 두 지점간의 최단거리를 구하기에 편리하다.

> 점장도의 특성
> ① 항정선이 직선으로 표시된다.
> ② 자오선은 남북으로, 거등권은 동서의 평행선으로 서로 직교한다.
> ③ 두 지점간의 방위는 두 지점의 직선과 자오선과의 교각이다.
> ④ 거리를 측정할 때에는 위도 눈금으로 알 수 있다.
> ⑤ 위도가 높은 지역의 해도로는 부적합하다.

정답 64 아 65 가 66 아 67 사 68 아

69 해도 사용상의 주의사항으로 옳지 않은 것은?

가. 육지나 해안에 접근할 때는 가능한 한 소축척 해도를 사용할 것
나. 해도를 서랍에 보관할 때는 가능한 한 접지 말고 펴서 넣을 것
사. 운반시는 가능한 한 말아서 가지고 다닐 것
아. 해도는 가능한 한 최신의 것을 사용할 것

- 해도대 서랍에 넣을 때에는 반드시 펴서 넣는다.
- 서랍의 앞면에는 그 속에 들어 있는 해도 번호나 구역을 표시해 두어야 한다.
- 육지나 해안에 접근할 때는 가능한 한 대축척 해도를 사용할 것.

70 다음 중 해도를 취급할 때 주의사항으로 알맞은 것은?

가. 연필끝은 둥글게 깍아서 사용한다.
나. 필요하면 여백에 낙서를 해도 무방하다.
사. 반드시 해도의 소개정을 할 필요가 없다.
아. 연안항해에는 될 수 있는대로 축척이 큰 해도를 사용한다.

- 해도는 현재 상태와 맞아야 하므로, 완전히 개정된 최신의 해도를 선택해야 한다.
- 연안항해에서는 될 수 있는대로 축척이 큰 해도를 사용한다.
- 수심이 조밀하게 기재된 해도를 선택해야 한다.
- 오래된 해도를 사용할 때에는 편차의 변화에 주의해야 하며, 침선 등도 살펴야 한다.

71 해도상에서 두 지점간의 거리를 구할 때, 디바이더로 잰 두 지점간의 간격을 해도의 어느 부분에 대어 측정하는가?

가. 두 지점의 위도와 가장 먼 위도의 눈금 부분
나. 두 지점의 경도와 가장 먼 경도의 눈금 부분
사. 두 지점의 위도와 가장 가까운 위도의 눈금 부분
아. 두 지점의 경도와 가장 가까운 경도의 눈금 부분

두 지점간의 거리를 구하는 방법 : 두 지점에 디바이더 발을 정확히 맞추어 두 지점 간의 간격을 재고, 이것을 그들 두 지점의 위도와 가장 가까운 위도의 눈금에 대어 거리를 구한다.

72 평상시의 수심은 해도의 표시 수심과 어떻게 다른가?

가. 약간 깊다.　　　　　　　　나. 약간 얕다.
사. 같다.　　　　　　　　　　　아. 조석에 따라 얕아진다.

정답　69 가　70 아　71 사　72 가

73 해도 번호에 "F"라는 기호가 붙여진 해도는?
   가. 자침 편차도
   나. 해저 지형도
   사. 점장도 해도
   아. 어업용 해도

정답 73 아

조석 및 해류

Part 1 | 항 해

◎ **조석** : 달과 태양의 인력 및 지구의 자전에 의한 원심력의 상호작용으로 주기적으로 해면이 높아지고 낮아지는 승강운동을 하게 되는데 이러한 수직방향의 운동을 조석이라 한다(조석을 일으키는 힘을 기조력이라 함).
◎ **조류** : 조석으로 인하여 일어나는 해수의 수평방향의 운동을 말함 → 왕복운동
◎ **해류** : 일정한 방향을 가지고 한 곳에서 다른 곳으로 계속 흘러가는 해수의 흐름 ⇒ 조석과 관계없다.

1 조석·조류에 관한 용어

1 조석에 관한 용어

조석은 달과 태양의 인력 때문에 생기는 것으로, 태양이 달에 비하여 월등히 크나, 거리가 달보다 멀리 떨어져 있어서 그 영향은 달의 46% 밖에 되지 않으므로 조석을 일으키는 힘은 주로 달에 의하여 생긴다.

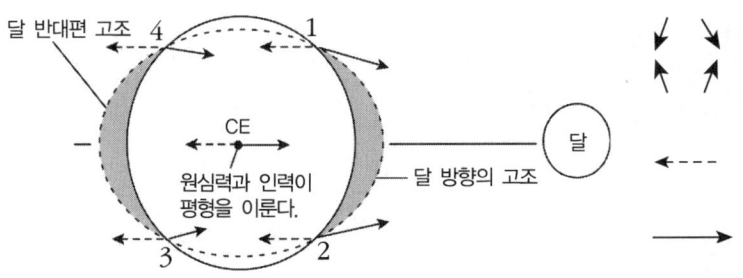

[지구상의 다섯 개 지점에 표시된 인력과 관성의 작용]

(1) **고조(만조, 밀물, H.W)** : 조석으로 인하여 해면이 가장 높아진 상태
   저조(간조, 썰물, L.W) : 조석으로 인하여 해면이 가장 낮아진 상태

(2) **조 시**
   ① 고조시 : 고조가 되는 시각

② **저조시** : 저조가 되는 시각
(3) **창조** : 저조(시)에서 고조(시) 사이 → 해면이 높아지고 있는 상태(점차 상승하는 사이)
  낙조 : 고조(시)에서 저조(시) 사이 → 해면이 낮아지고 있는 상태(점차 하강하는 사이)
(4) **정조** : 고조(시) 또는 저조(시) 전후에 해면이 극히 느려, 마치 해면의 승강이 멈추고 있는 것과 같은 상태
(5) **조차** : 연이어 일어나는 고조와 저조 때의 해면 높이차(장기적으로 평균한 것을 평균조차라 한다)
(6) **월조간격** : 달이 어느 지점의 자오선을 통과하고 난 후 그 지점에서의 조위가 고조가 될 때까지 걸리는 시간을 말한다.
  ① **고조간격** : 달의 정중시로부터 실제 고조가 될 때까지 시간 간격
  ② **저조간격** : 달의 정중시로부터 실제 저조가 될 때까지 시간 간격
  이것들을 장기간 평균한 것을 평균고조간격(M.H.W.I), 평균저조간격(M.L.W.I)이라 한다.
  * 월조간격의 원인 : 해수의 점성 및 탄성, 해수의 마찰 등으로 인하여 일어난다.
(7) **월 령** : 합삭(그믐)으로부터 경과한 시간을 1일 단위로 나타낸 수 ⇒ 29.6일을 넘지 않으며 대개 음력 날짜와 같다.
(8) **대조(사리)**
  삭(그믐) 또는 망(보름)이 지난 1~2일 만에 조석 간만의 차가 크게 되는 때의 조석 ⇒ 달과 태양이 일직선상에 있는 때로 이 때는 대조차가 일어난다.
  소조(조금) : 상현 또는 하현 후 1~2일 만에 조차가 가장 작아지는 때의 조석 ⇒ 달과 태양이 직각의 방향에 있을 때, 이 때는 소조차가 된다.

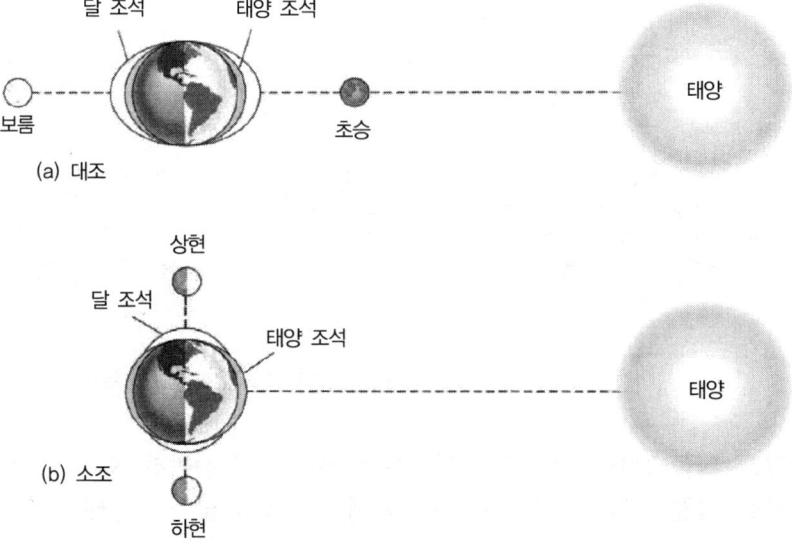

[대조 및 소조시의 태양과 달, 지구의 상대적 위치]

(9) **대조승** : 대조시 기본수준면에서 평균고조면까지의 높이
소조승 : 소조시 기본수준면에서 평균고조면까지의 높이

(10) **조령** : 삭 또는 망으로부터 실제 대조가 될 때까지의 시간을 일수로 표시한 것. 한국 근해는 1~2일 정도

(11) **일조부등** : 하루 2회 일어나는 고조 또는 저조는 같은 날이라도 그 높이 및 월조간격이 높지 않은 현상. 일조부등이 커지면 1일 1회 조석만 생김.

(12) **분점조** : 태양이 적도부근(춘분점, 추분점)에 있을 때의 조석
일조부등 현상이 작다. → 규칙적인 2회의 조석이 나타난다.

(13) **회귀조** : 태양이 남 또는 북회귀선(지권)부근에 있을 때의 조석 일조부등이 크다.

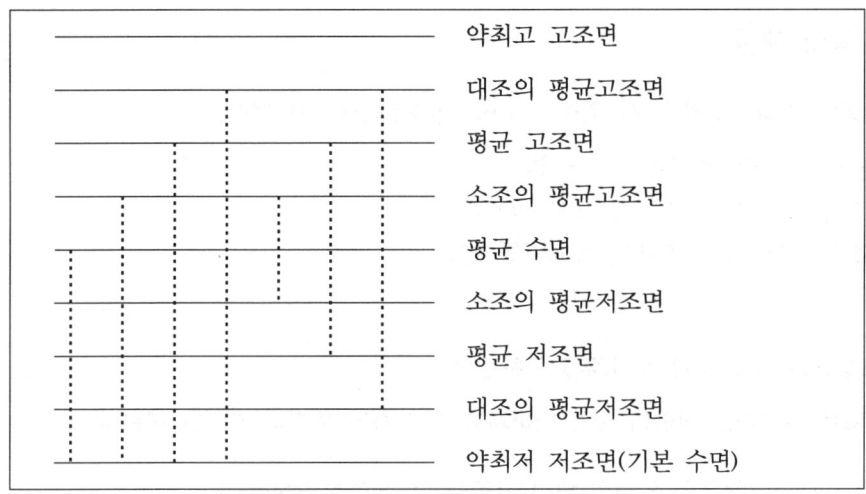

[여러 가지 수면]

2 조류에 관한 용어

(1) **창조류** : 창조 때 유속이 최대로 되는 방향으로 흐르는 조류
낙조류 : 낙조 때 유속이 최대로 되는 방향으로 흐르는 조류

(2) **게류(쉰물)** : 조류의 방향이 바뀌기 직전 수평방향의 운동이 거의 정지된 상태

(3) **와류** : 조류가 강한 협수도 등에서 물이 빙빙 돌며 흘러가는 흐름 ⇒ 강하면 소용돌이

(4) **급조** : 해저의 굴곡에 의해 해면이 파상을 일으키는 것 ⇒ 강하면 격조

(5) **반류** : 전반적인 조류의 흐름과 반대되는 흐름 ⇒ 가장자리 등에서 일시적으로 나타난다.

(6) **조신** : 어느 지역의 조석 조류의 특징 ⇒ 조석표에 기재됨.

2 조석표 사용법 및 조석의 추산

1 조석표의 구성

우리나라 조석표는 두 권으로 되어 있다. 제1권에는 한국 연안의 표준항과 주요 항만의 조석 및 협수로의 조류 예보치와 그 밖에 개정수, 비조화 상수 등 조석, 조류에 관한 해설을 수록하고 있다. 제2권에는 태평양 및 인도양 연안의 주요 항만에 대한 조석 및 조류 예보자료가 수록되어 있다.

[국립 해양조사원(Korea Hydrographic and Oceanographic Administration)에서 한국 연안 조석표와 태평양 및 인도양 연안의 조석표(tide table)를 매년 간행하고 있다.]

2 조석의 계산

(1) **표준항의 조석** : 조석표 제1권에서 해당 일수를 찾으면 된다.

(2) **종속항의 조시와 조고를 구하는 법**
  ① 조시 : 표준항의 조시에 조시차를 가감.
  ② 조고 : 표준항의 조고에 조고비를 곱함.

예제 **주요 항만의 조고, 조시 및 조류를 구하는 법**

조석표에서 구하는 항만의 관련 페이지를 찾아 해당 일자의 조석을 구한다.

문제 □□년 7월 5일 인천의 오전 고조시 및 조고를 구하라.

풀이 오전 고조시는 09h 50m, 이 때 조고는 685cm이다.

문제 □□년 7월 20일 인천 남항에서 12h에 가까운 전류시와 최강시 유속을 구하라.

풀이 전류시는 10h 57m, 최강시는 13h 49m, 이 때의 유속(남향류)은 1.0노트(아래 표는 인천의 □□년 7월 5일과 7월 20일의 조석표 및 조류 예보표임.)

인천 INCHEON 7월						
	시각 time		높이 ht		시각 time		높이 ht
	h	m	cm		h	m	cm
5	03	50	290	20	05	12	300
	09	50	685		11	05	676
	16	26	246		17	37	210
	22	55	675				

※ 조고의 기준면 : 평균 해면하 464cm

인천 INCHEON 7월							
	전류시 slack		최강시 maximum			전류시 slack		최강시 maximum	
	h	m	h	m	kn	h	m	h	m	kn
			00	40	-1.0			01	32	-1.0
5	03	37	06	47	+1.0	20	04	41	07	56	+1.0
	09	56	12	55	-1.0		10	57	13	49	-1.0
	16	02	19	16	+0.9		17	01	20	39	+1.1
	22	33									

※ + : 북향류, - : 남향류

[일자에 따른 조석]

3 해 류

조류는 주기적으로 흐름의 방향이 달라지나, 해류는 항상 일정한 방향으로만 흐른다.

1 해류의 분류

(1) 해류의 발생 원인에 따른 구분
 ① **취송류** : 바람과 해면의 마찰로 인하여 일정방향으로 물이 떠밀려 생기는 해류(남, 북적도 해류 ⇒ 무역풍)
 ② **밀도류** : 해수의 밀도차로 인하여 압력차가 생기고 압력이 큰쪽에서 작은쪽으로 흐르는 해류
 ③ **경사류** : 해수가 바람 등의 원인으로 한쪽으로 모이게 되고 해면의 경사로 인한 압력차 때문에 생기는 해류

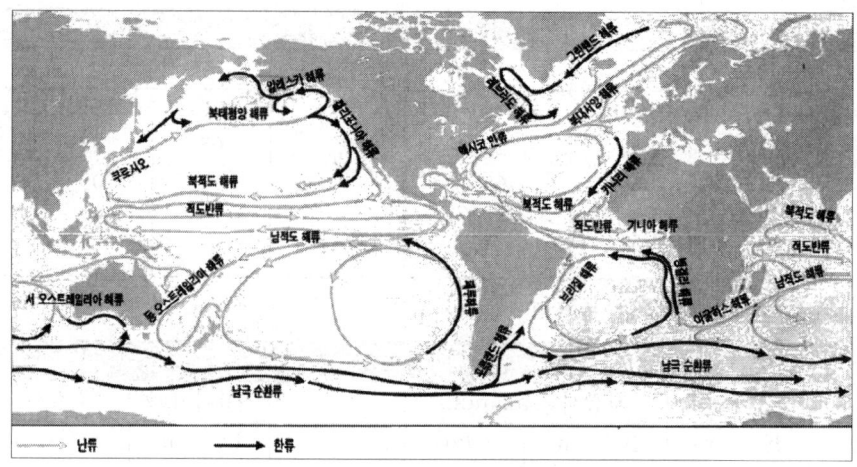

[세계의 주요 해류]

(2) 해수의 성질에 따른 분류

난류와 한류의 구분은 주위의 해수 온도에 비교한 것으로, 난류는 저위도의 따뜻한 해수가 고위도로 흐르는 것이며, 한류는 고위도의 찬 해수가 저위도로 흐르는 것이다.

① **난류** : 열대나 아열대에 근원을 둔 해류로서 부근보다 수온이 높으며, 염분이 높고 수색이 투명하다.

② **한류** : 한대지방(고위도해역)에 근원을 두고 부근 해수보다 수온이 낮으며, 염분농도가 낮아서 플랑크톤이 많아 수색이 불투명하다.

2 한국 근해의 해류

우리나라가 접해 있는 태평양에는 북적도 해류, 남적도 해류, 적도 반류 등 3개의 큰 해류가 있고 이들이 우리나라 근해에 영향을 미친다.

(1) **난류계** : 쿠로시오(흑조) ⇒ 이는 북적도 해류에서 북상한 것으로 그 지류의 하나가 우리나라 동해로 흘러드는 데 이를 대한해류(쓰시마해류)라 하고 북상하여 쓰가루 난류와 소야 난류를 이룬다.

(2) **한류계** : 리만해류 ⇒ 연해주 외해에서 시작하여 연해주 북한 연안을 남하하는 해류. 연해주 해류, 북한 한류

(3) **황해의 해류** : 쿠로시오 지류의 황해 난류와 중국 대륙의 연안을 따라 남하하는 중국대륙 연안류 등이 있다.

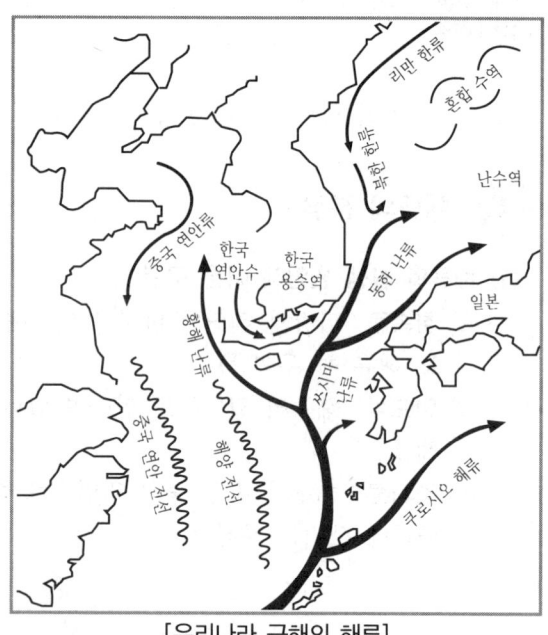

[우리나라 근해의 해류]

(1) 대양의 해류
① **북적도 해류** : 북동무역풍에 의하여 동에서 서로 흐름, 쿠로시오의 근원
② **남적도 해류** : 남동무역풍에 의한 취송류
③ **적도반류** : 남북적도 해류의 사이에서 서에서 동으로 흐르는 해류
- 태평양의 해류 : 북적도 해류, 쿠로시오, 북태평양 해류, 캘리포니아 해류, 남적도 해류
- 인도양의 해류 : 계절풍 해류, 모잠비크 해류, 아굴라스 해류, 적도 반류, 남적도 해류
- 대서양의 해류 : 멕시코 만류, 플로리다 해류, 북대서양 해류, 그린랜드 해류, 아일랜드 해류, 포클랜드 해류, 기니아 해류, 카나리아 해류, 브라질 해류

(2) 우리나라 근해의 해류
① **난류** : 북적도 해류 ⇒ 쿠로시오 해류 ⇒ 대한난류(대한해협해류) ⇒ 동한난류
② **한류** : 오야시오 ⇒ 리만해류 ⇒ 연해주해류 ⇒ 북한해류

Chapter 04 조석 및 해류

Part 1 | 항해 적중예상문제

01 달과 태양의 인력 때문에 생기는 해면의 주기적인 수직운동을 무엇이라 하는가?

가. 해 류
나. 조 류
사. 조 석
아. 급 류

02 조석이 생기는 원인으로 알맞은 것은?

가. 달과 태양의 인력
나. 달의 원심력
사. 태 풍
아. 바 람

해설 조석 : 달과 태양의 인력작용으로 인해 주기적으로 해면이 높아지고 낮아지는 승강운동을 하게 되는데, 이러한 수직방향의 운동을 말한다.

03 선박의 진행 방향과 같은 방향으로 흐르는 조류를 무엇이라 하는가?

가. 순 조
나. 역 조
사. 와 류
아. 창조류

해설 순조 : 선박의 진행 방향과 같은 방향으로 흐르는 조류
역조 : 선박의 진행 방향과 반대 방향으로 흐르는 조류
와류 : 조류가 강한 협수도 등에서 나타나는 소용돌이 현상
창조류 : 해면이 점차 높아지는 창조 때 유속이 최대로 되는 방향으로 흐르는 조류(↔ 낙조류)

04 낙조류에 대한 설명으로 옳은 것은?

가. 저조시에서 저조시까지 흐르는 조류
나. 저조시에서 고조시까지 흐르는 조류
사. 고조시에서 저조시까지 흐르는 조류
아. 고조시에서 고조시까지 흐르는 조류

해설 창조 : 저조에서 고조가 되기까지 해면이 점차 높아지는 상태
낙조 : 고조에서 저조로 되기까지 해면이 점차 낮아지는 상태

정답 01 사 02 가 03 가 04 사

05 고조와 저조 때의 해면의 높이에 대한 차를 평균한 것은?

가. 조고
나. 평균조차
사. 조차간격
아. 월조간격

06 다음 중 난류(Warm Current)인 것은?

가. 리만해류
나. 오야시오해류
사. 연해주해류
아. 쿠로시오해류

> 해설 우리나라 근해의 해류
> • 난류 : 북적도해류 → 쿠로시오해류 → 대한난류(대한해협 해류) → 동한난류
> • 한류 : 오야시오해류 → 리만해류 → 연해주해류 → 북한해류

07 조석이란 해수의 (　　)방향의 운동이다. (　　)안에 적합한 것은?

가. 수 직
나. 수 평
사. 직 각
아. 대각선

> 해설 해수의 수직방향의 운동을 조석, 수평방향의 운동을 조류라 한다.

08 조석표에 기재된 조고의 기준면으로 옳은 것은?

가. 약최저저조면
나. 평균수면
사. 약최고고조면
아. 해저면

09 다음 중 음력 15일 경의 달의 위상(모양)을 호칭한 것은?

가. 삭
나. 상현
사. 망
아. 하현

10 다음 중 해류를 일으키는 가장 큰 원인은 무엇인가?

가. 온 도
나. 밀 도
사. 바 람
아. 기 압

> 해설 해류의 발생원인은 여러 가지가 있지만 그 중에서 바람이 해수에 미치는 힘과 해수밀도의 차이가 주된 원인이 된다.

| 정답 | 05 나 | 06 아 | 07 가 | 08 가 | 09 사 | 10 사 |

온라인 강의 에듀마켓

11 다음 중에서 가장 강한 조류가 흐르는 곳은 어디인가?
가. 진도수도　　　　　　　　나. 장죽수도
사. 맹골수도　　　　　　　　아. 인천 동·서 수도

> 해설　서해안은 조석간만의 차가 심하며 명량수도(진도수도)는 우리나라에서 유속이 가장 빠른 곳이다.

12 조석 때문에 해면이 가장 높아진 상태를 무엇이라고 하는가?
가. 고 조　　　　　　　　　나. 저 조
사. 창 조　　　　　　　　　아. 낙 조

> 해설　**고조** : 조석으로 인하여 해면이 가장 높아진 상태
> **저조** : 조석으로 인하여 해면이 가장 낮아진 상태

13 우리나라 서해의 해류에 대한 설명으로 옳은 것은?
가. 서해의 해류는 모두 한류이다.
나. 리만해류의 한 줄기가 서해의 주요 해류이다.
사. 서해의 해류 세력은 동해에 비해 무척 강하다.
아. 서해의 해류 세력은 약하고 오히려 조류가 강하다.

14 창조와 낙조 사이에 해수 흐름이 잠시 정지하는 것을 무엇이라고 하는가?
가. 조 신　　　　　　　　　나. 게 류
사. 와 류　　　　　　　　　아. 반 류

> 해설　**와류** : 조류가 강한 협수도 등에서 나타나는 소용돌이 현상
> **게류(쉰물)** : 조류의 방향이 바뀌기 직전 수평방향의 운동이 거의 정지된 상태
> **반류** : 전반적인 조류의 흐름과 반대되는 흐름 → 가장자리 등에서 일시적으로 나타난다.
> **조신** : 어느 지역의 조석 조류의 특징 → 조석표에 기재 됨.

15 해면의 주기적 승강 운동인 조석을 일으키는 인력의 가장 큰 원인으로 올바른 것은?
가. 태 양　　　　　　　　　나. 달
사. 수 성　　　　　　　　　아. 금 성

> 해설　조석은 달과 태양의 인력 때문에 생기는 것으로, 태양이 달에 비하여 월등이 크나, 거리가 달보다 멀리 떨어져 있어서 그 영향은 달의 46% 밖에 되지 않으므로 조석을 일으키는 힘은 주로 달에 의하여 생긴다.

정답　11 가　12 가　13 아　14 나　15 나

제1편 항 해

16 우리나라 주변을 흐르는 해류의 근간은 시계방향으로 돌고 있는 거대한 북태평양 해류 순환체계의 한 부분인 (   ) 해류이다. (   )에 맞는 것은?

　　가. 쿠로시오　　　　　　　　　나. 황 해
　　사. 동 한　　　　　　　　　　아. 리 만

　　　쿠로시오(흑조) : 북적도 해류에서 북상한 것으로 그 지류의 하나이다.

17 해수면에서 조고의 정확한 설명은?

　　가. 조석에 의해 변동하는 수면의 높이
　　나. 평균수면상의 해면의 높이
　　사. 대조의 평균저조면상의 해면의 높이
　　아. 소조의 평균저조면상의 해면의 높이

18 흘수가 큰 선박이 수심이 얕은 지역을 통과할 때 우선적으로 고려해야 할 수로서지는?

　　가. 항해표　　　　　　　　　　나. 등대표
　　사. 조석표　　　　　　　　　　아. 천측력

19 다음 중에서 조석 간만의 차가 가장 큰 항구는?

　　가. 인천항　　　　　　　　　　나. 묵호항
　　사. 광양항　　　　　　　　　　아. 부산항

20 조류가 해안과 평행으로 흐를 때, 해안선의 돌출부 뒷부분에서 조류와 반대방향의 흐름이 생기는 것은?

　　가. 반 류　　　　　　　　　　나. 급 조
　　사. 격 조　　　　　　　　　　아. 조 신

　　　반류 : 전반적인 조류의 흐름과 반대되는 흐름 → 가장자리 등에서 일시적으로 나타난다.

21 다음 중 조석표에 수록되어 있지 않은 것은?

　　가. 한국 주요 항만의 장해물 위치　　나. 한국 주요 항만의 조시
　　사. 한국 주요 항만의 전류시　　　　아. 한국 주요 항만의 조고

　　　조석표에는 매일의 고조와 저조의 시각, 조고, 전류시, 최강유시, 유속의 예보값 등이 수록되어 있다.

　　　정답　16 가　17 가　18 사　19 가　20 가　21 가

22 기조력(조석을 일으키는 힘)으로 가장 큰 영향을 미치는 것은?

가. 태양의 인력　　　　　　나. 달의 인력
사. 행성의 인력　　　　　　아. 지자기력

 조석은 달과 태양의 인력 때문에 생기는 것으로, 태양이 달에 비하여 월등이 크나, 거리가 달보다 멀리 떨어져 있어서 그 영향은 달의 46% 밖에 되지 않으므로 조석을 일으키는 힘은 주로 달에 의하여 생긴다.

23 바람과 해면의 마찰로 인하여 생기는 해류는?

가. 밀도류　　　　　　　　나. 경사류
사. 보 류　　　　　　　　　아. 취송류

 취송류 : 바람과 해면의 마찰로 인하여 일정방향으로 물이 떠밀려 생기는 해류(남, 북적도 해류 → 무역풍)
밀도류 : 해수의 밀도차로 인하여 압력차가 생기고 압력이 큰쪽에서 작은쪽으로 흐르는 해류
경사류 : 해수가 바람 등의 원인으로 한쪽으로 모이게 되고 해면의 경사로 인한 압력차 때문에 생기는 해류

24 다음 중 조석표를 이용하여 구할 수 없는 것은?

가. 임의 항만의 조석　　　　나. 임의 시의 조고
사. 임의 시의 유속　　　　　아. 임의 항만의 풍속

 조석표에는 매일의 고조와 저조의 시각, 조고, 전류시, 최강유시, 유속의 예보값 등이 수록되어 있다.

25 임의항의 조고를 구하기 위한 개정수는?

가. 조시비　　　　　　　　나. 조시차
사. 조고비　　　　　　　　아. 조고차

임의 항만(지역)의 조석을 구하는 법
① 임의 항만의 조시를 구할 때에는 표준항의 조시에 구하려고 하는 임의 항만의 개정수인 조시차를 그 부호대로 가감하여 구한다.
② 조고는 표준항의 조고에서 표준항의 평균 해면을 빼고, 그 값에 구하려고 하는 임의항의 개정수인 조고비를 곱해서 임의 항만의 평균 해면을 더하면 된다.

26 조차가 최대로 되는 시기로 옳은 것은?

가. 삭 및 망의 1 ~ 2일 전　　나. 삭 및 망의 1 ~ 2일 후
사. 상현 및 하현의 1 ~ 2일 전　아. 상현 및 하현의 1 ~ 2일 후

정답　22 나　23 아　24 아　25 사　26 나

> 삭망이 지난 뒤 1~2일 만에 조차가 극대가 되었을 때를 대조(사리)라 하고, 상현과 하현이 지난 뒤 1~2일 만에 조차가 극소가 되었을 때를 소조(조금)라 한다.

27 해수의 주기적인 수평방향의 운동을 무엇이라 하는가?

가. 조 석
나. 조 류
사. 고 조
아. 저 조

> 해수의 수직방향의 운동을 조석, 수평방향 운동을 조류라 한다.

28 공기와 해면의 마찰로 인하여 해수가 일정한 속력과 방향으로 이동하는 대규모의 흐름을 일으키는 가장 큰 원인으로 옳은 것은?

가. 밀 도
나. 기 압
사. 온 도
아. 바 람

> 해류의 발생원인은 여러 가지가 있지만 그 중에서 바람이 해수에 미치는 힘과 해수밀도의 차이가 주된 원인이 된다.

29 조석으로 인하여 고조에서 저조까지의 해면이 점차 낮아지는 때를 무엇이라 하는가?

가. 창조(flood tide)
나. 낙조(ebb tide)
사. 조차(tidal range)
아. 고조간격(H.W.I)

> **창조** : 저조에서 고조가 되기까지 해면이 점차 높아지는 상태
> **낙조** : 고조에서 저조로 되기까지 해면이 점차 낮아지는 상태
> **조차** : 조석이 연이어 일어나는 고조와 저조 때의 해면의 높이 차

30 조석표를 이용하여 임의 항만의 조시를 구하는 방법으로 옳은 것은?

가. 표준항의 조시에 조시차를 부호와 반대로 가감하여 구한다.
나. 표준항의 조시에 조시차를 부호대로 가감하여 구한다.
사. 표준항의 조시에 조시차를 곱하여 구한다.
아. 표준항의 조시에 조시차를 나누어 구한다.

> 임의의 항만 조석을 구하는 방법
> • **조시** = 표준항 조시 + 임의의 항의 조시차
> • **조고** = (표준항의 조고 − 표준항의 평균해면) × 임의의 항의 조고비 + 임의의 항의 평균해면

정답 27 나 28 아 29 나 30 나

31 조석의 주기는 약 12시간 (   )분이다. (   )에 맞는 것은?

　가. 10분　　　　　　　　　나. 15분
　사. 20분　　　　　　　　　아. 25분

> 해설　고조(저조)로부터 다음 고조(저조)까지 걸리는 시간을 조석의 주기라고 한다. 조석의 주기는 약 12시간 25분이다.

32 연이어 일어나는 저조면과 고조면의 높이 차는?

　가. 조 승　　　　　　　　　나. 조 차
　사. 조 고　　　　　　　　　아. 파 고

> 해설　조차 : 조석이 연이어 일어나는 고조와 저조 때의 해면의 높이 차
> 　　　조승 : 기본수준면에서 고조면까지의 높이

33 하루 2회씩 일어나는 고조와 저조는 같은 날이라도 높이와 간격이 다소 차이를 나타내고 있는데 이러한 현상은?

　가. 기조력　　　　　　　　　나. 월조부등
　사. 조 차　　　　　　　　　아. 일조부등

> 해설　일조부등 : 하루 2회 일어나는 고조 또는 저조는 같은 날이라도 그 높이 및 월조간격이 같지 않은 현상. 일조부등이 커지면 1일 1회 조석만 생김

34 오늘의 오전 고조시가 10시일 때 내일의 오전 고조시는 대략 몇 시 몇 분인가?

　가. 약 10시 25분　　　　　　나. 약 10시 50분
　사. 약 09시 10분　　　　　　아. 약 09시 35분

> 해설　고조(저조)로부터 다음 고조(저조)까지 걸리는 시간을 조석의 주기라 한다. 조석의 주기는 약 12시간 25분이다.

35 고조와 저조 때 해면의 승강운동이 순간적으로 거의 정지한 것과 같이 보이는 상태를 무엇이라고 하는가?

　가. 창 조　　　　　　　　　나. 낙 조
　사. 급 조　　　　　　　　　아. 정 조

> 해설　정조 : 고조와 저조 때 해수면의 승강운동이 순간적으로 정지한 상태
> 　　　급조 : 조류가 해저의 장애물이나 반대 방향의 수류에 부딪혀 생기는 파도

정답　31 아　32 나　33 아　34 나　35 아

36 조석표를 이용하여 임의 항만의 조시를 구할 때 필요한 요소로 옳은 것은?

가. 조고비
나. 표준항의 평균해면
사. 임의항의 평균해면
아. 조시차

> 임의의 항만 조석을 구하는 방법
> • 조시 = 표준항 조시 + 임의의 항의 조시차
> • 조고 = (표준항의 조고 − 표준항의 평균해면) × 임의의 항 조고비 + 임의의 항 평균해면

37 다음 해류 중 우리나라에 영향을 미치는 난류는?

가. 남적도 해류
나. 북태평양 해류
사. 적도 반류
아. 쿠로시오 해류

> 우리나라 주변을 흐르는 해류의 근간은 시계 방향으로 돌고 있는 거대한 북태평양 해류 순환 체계의 한 부분인 쿠로시오 해류이다.

38 어떤 해류가 지금 북동쪽에서 흘러온다면 이 해류의 유향은?

가. 남동류
나. 남서류
사. 북서류
아. 북동류

> 바람은 불어오는 쪽을 방향으로 나타내고, 해류는 흘러가는 쪽을 유향으로 나타낸다. 따라서 북동쪽에서 흘러오므로 유향은 남서류가 된다.

39 조류가 흐르는 방향이 바뀌는 것을 무엇이라고 하는가?

가. 전 류
나. 낙조류
사. 창조류
아. 정 조

> 창조류(낙조류)에서 낙조류(창조류)로 변할 때 흐름이 잠시 정지하는 현상을 게류(쉰물)라 하고, 이때, 조류의 흐름이 방향을 바꾸는 것을 전류라 한다.

40 우리나라에서는 하루에 저조가 대개 몇 번씩 일어나는가?

가. 1회
나. 2회
사. 3회
아. 4회

> 조석(tide)이란 해면의 주기적 승강운동을 말하며, 보통 1일에 2회이나 곳에 따라서는 1일 1회 일어나는 곳도 있다.

정답 36 아 37 아 38 나 39 가 40 나

41 우리나라에서 조석 간만의 차가 가장 큰 해역은?

가. 동 해
나. 동해 남부
사. 남 해
아. 서 해

해설 서해안은 일조부등은 일반적으로 적으나, 조차가 크므로 약간 큰 조고의 부등을 볼 수 있다.

42 해류의 종류 중 증발, 강수, 빙산의 융해와 수온의 고, 저 등의 원인으로 밀도가 불균일하게 되고, 그 사이에 수압 경도력이 생겨 해수의 흐름이 생기는데 이것을 무엇이라 하는가?

가. 취송류
나. 밀도류
사. 경사류
아. 보 류

해설 **취송류** : 바람의 원인으로 생기는 해류
경사류 : 해면이 바람, 기압, 비 또는 강물의 유입 등에 의해 경사를 일으키면 이를 평형으로 회복하는 흐름

43 동한 난류에 대한 설명으로 옳지 않은 것은?

가. 쿠로시오 해류의 한줄기이다.
나. 우리나라 동해안을 따라 북쪽으로 흐른다.
사. 우리나라 남해안을 따라 서쪽으로 흐른다.
아. 죽변 부근에서 한류와 세력을 만난다.

해설 사.는 황해 난류이다.

44 임의의 항만의 조시는 ( )의 조시에 조시차를 그 부호대로 가감하여 구한다. ( )에 적합한 말은?

가. 표준항
나. 입항항
사. 선적항
아. 양하항

해설 임의의 항만 조시 = 표준항 조시 + 임의의 항의 조시차

45 조석표에서 구한 조시는 몇 분 이내로 실제와 일치하는가?

가. 10분
나. 20~30분
사. 60분
아. 90분

해설 조석표에서 구한 조시는 보통 상태에서는 약 20~30분 이내, 조고는 약 0.3m 이내로 실제와 일치한다.

정답 41. 아 42. 나 43. 사 44. 가 45. 나

46 기본수준면에서 고조면까지의 높이를 무엇이라 하는가?

가. 조 시
나. 조 승
사. 조 령
아. 고조면

> 조승 : 기본수준면에서 고조면까지의 높이
> 대조승 : 기본수준면에서 대조의 평균고조면까지의 높이(조석표와 해도의 표제에 기재되어 있다.)
> 소조승 : 기본수준면에서 소조의 평균고조면까지 높이
> 평균조승 : 기본수준면에서 평균고조면까지 높이

47 표준항의 고조시가 11월 24일 12시 20분이었다. 임의 항만의 고조시를 구하면?(단, 임의 항만의 조시차는 +15분)

가. 11월 23일 12시 5분
나. 11월 24일 12시 35분
사. 11월 24일 12시 5분
아. 11월 25일 12시 35분

> 임의의 항만의 조시를 구할 때에는 표준항의 조시에 구하려고 하는 임의 항만의 개정수인 조시차를 그 부호대로 가감하여 구한다.

정답 46 나 47 나

Chapter 05 지문항법

1 항해에 관한 기초 용어 해설

1 지구상 위치에 관한 용어

(1) **대권** : 지구의 중심을 지나도록 지구를 자른다고 가정할 때 지표면에 생기는 가장 큰 원

(2) **소권** : 지구의 중심을 지나지 않도록 지구를 자른다고 가정할 때 지표면에 생기는 작은 원

(3) **지축과 극** : 지구의 자전축을 지축이라 하고, 그 끝을 극이라 하며 지구는 지축을 중심으로 서에서 동으로 1일 1회전한다.

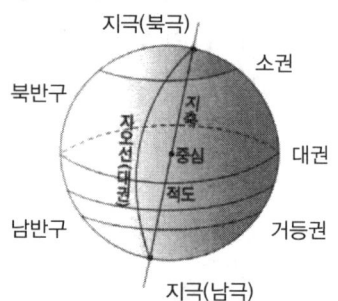

[지구상의 위치]

(4) **적도** : 지축에 직교(직각으로 만나는)하는 대권 ⇒ 적도를 중심으로 북반구, 남반구 ⇒ 위도의 기준(위도 0°)

(5) **거등권** : 적도에 평행한 소권 또는 지축에 직교하는 소권으로 평행권 또는 위도권이라 한다.

(6) **자오선** : 양극을 통과하고 적도에 직교하는 대권

　● **본초자오선** : 영국 그리니치 천문대를 통과하는 자오선(경도 측정의 기선이 된다.) ⇒ 본초자오선의 경도를 0°로 하여 동서로 각각 180°씩 측도

(7) **지권(회귀선)** : 적도에서 남, 북위 23°27′상의 거등권 → 태양의 시운동과 관계있으며 북위 23°27′의 거등권은 하지권, 남위는 동지권이라 함.

(8) **극권** : 위도 66°33′(극에서 23°27′만큼 떨어진 거등권)인 거등권
　→ 북쪽 : 북극권, 남쪽 : 남극권

(9) **오대** : 2개의 지권과 2개의 극권으로 지구를 나누면 지구는 2개의 한대와 2개의 온대와 하나의 열대로 구분된다.

(10) **위도(기호 : L)** : 지구상 어떤 점을 지나는 거등권과 적도 사이의 자오선상의 호의 크기 → 적도를 0°로 하여 남, 북으로 각각 90°씩 측정하고 북쪽은 북위라하여 N부호, 남위는 S부호를 붙인다.

(11) **경도(기호 : λ)** : 지구상 한 점을 통과하는 자오선과 본초자오선 사이의 적도상의 호 → 본초자오선을 0°로 동서로 각각 180°씩 재며 동쪽으로 잰 것을 동경이라 하며 E부호, 서쪽으로

잰 것을 서경이라 하고 W부호를 붙인다. 경도 180°는 동쪽이나 서쪽에서나 같은 지점이며 날짜 변경선이라 한다. 위도가 변한 양은 변위, 경도가 변한 양을 변경이라 한다.

② 속력 및 거리에 관한 용어

(1) **해리(Sea mile)** : 1,852m
위도 45°에서의 1′(1분)에 대한 자오선의 길이 ⇒ 해상에서 거리의 단위로 사용되며 흔히 몇 마일이라 함은 해리를 뜻한다.

(2) **노트(Knot)** : 선박의 속력 단위 ⇒ 1시간에 1해리를 항주하면 그 선박의 속력은 1노트이다.

(3) **대수속력** : 선박이 항주중 수면과 이루는 속력 ⇒ 상대속력이라 함.
대지속력 : 선박이 항주중 지면과 이루는 속력 ⇒ 절대속력이라 함.
  ✪ 대수속력과 대지속력이 일치하지 않는 원인은 바람, 조류 등의 영향

(4) **항정** : 출발지에서 도착지까지의 거리를 마일(mile)로 표시한 것

(5) **항정선** : 각 자오선과 동일한 각으로 교차하는 선 ⇒ 컴퍼스를 보고 항해하는 것은 바로 항정선을 따라가는 것이며 대권과는 다르다.

(6) **동서거** : 출발지와 도착지 간의 동서 방향의 거리 ⇒ 남북 방향의 이동거리를 변위라 한다.

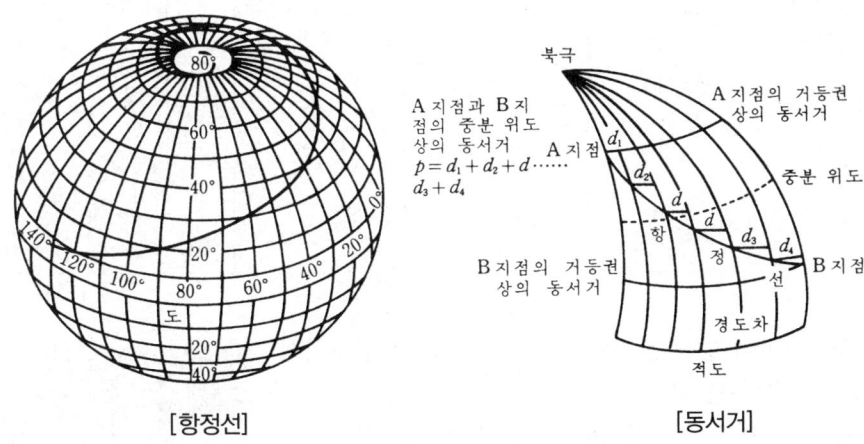

[항정선] [동서거]

③ 방위 및 침로에 관한 용어

(1) **지자기** : 지구는 그 자체로 자력의 성질을 띤 하나의 거대한 자석의 덩어리이다.

지자기를 이용하여 방위를 측정할 수 있는 계기를 만든 것이 자기 컴퍼스이다. 그러나 오늘날 많이 사용되는 자이로 컴퍼스는 지자기와 아무런 관계가 없다.

① **자극** : 지자기의 극 → 진, 남북극에서 약 17° 떨어진 곳에 위치하고 960년을 주기로 서에서 동으로 이동한다.
② **자기자오선** : 지자기의 남, 북극을 통과하는 대권
③ **지자기의 변화** : 영년변화, 년변화, 일변화, 자기폭풍, 지방자기

(2) **편차** : 자기자오선과 진자오선과의 교각

> **tip**
>
> | 북(North) | 진자오선의 방향(진북극방향) : 진북 |
> |---|---|
> | | 자기자오선방향(자북극방향) : 자북 |
> | | 나침의 남북선(나북방향) : 나북 |

(3) **자차** : 자기 나침의의 남북선과 자기자오선과의 교각
(4) **나침의 오차** : 진자오선과 나침의 남북선과의 교각

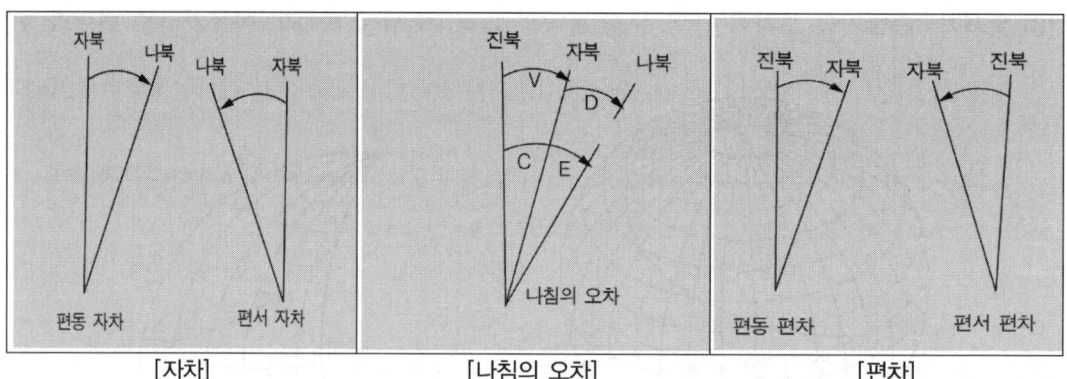

[자차]   [나침의 오차]   [편차]

(5) **풍압차** : 선박이 항행중 바람에 떠밀려 생기는 선수미선과 항적이 이루는 각
   유압차 : 선박이 항행중 조류에 떠밀려 생기는 선수미선과 항적이 이루는 각

(6) **방위와 방위각**
   ① 방위(Bearing) : 북을 0°로 하여 시계방향으로 360°까지 측정
      ㉠ **진방위** : 진자오선(진북)과 측자 및 물표를 잇는 선과의 교각
      ㉡ **자침방위** : 자기자오선(진북)과 측자 및 물표를 잇는 선과의 교각

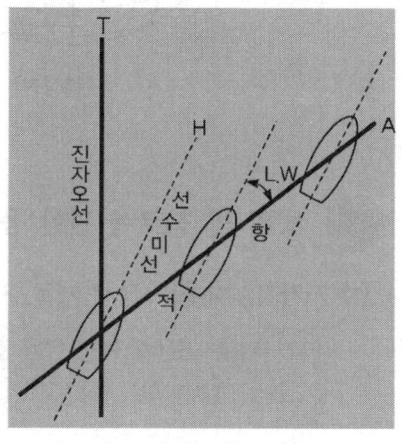

[풍압차]

ⓒ **나침방위** : 나침의 남북선(나북)과 측자 및 물표를 잇는 선과의 교각
ⓔ **상대방위** : 자선의 선수를 0°로 하여 시계방향으로 360°까지 재든가 또는 좌현, 우현
으로 180°까지 측정하는 것으로 항해 중 견시 보고나 양묘 작업 시 닻줄의 방향을
보고할 때 사용된다.
② **방위각(Bearing Angle)** : 북 또는 남을 0°로 해서 동 또는 서로 90° 혹은 180°까지 표시
하는 방법인데, 주로 90°식이 사용된다.

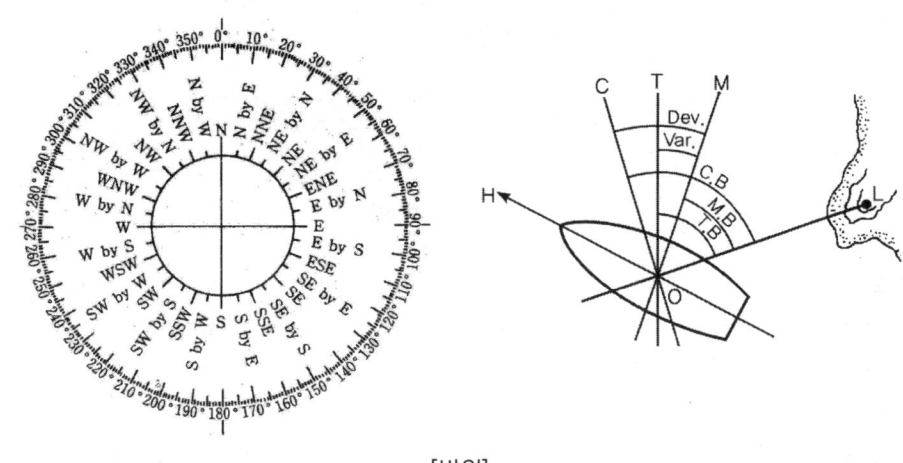

[방위]

③ **포인트(Point)식**
360°를 32등분하여 그 등분마다 고유의 명칭을 붙인 것. 1Point = 11°15′(360÷32)

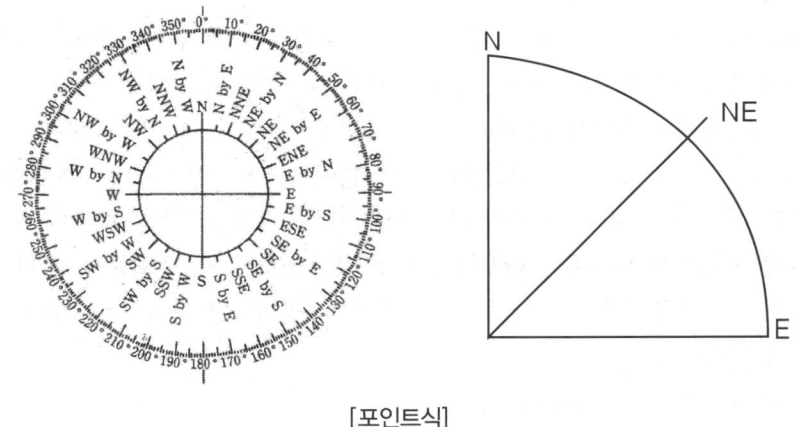

[포인트식]

(7) **침로(코스, Co)** : 선수미선 또는 항적이 각 자오선과 이루는 각
① **진침로** : 진자오선과 항적이 이루는 각
풍·유압차가 없을 때는 항적과 선수미선이 일치하므로 진자오선과 선수미선이 이루는
각이 진침로이다.

② 시침로 : 풍·유압차가 있을 때 선수미선과 진자오선이 이루는 각
③ 자침로 : 자기자오선과 선수미선이 이루는 각
④ 나침로 : 나침의의 남북선과 선수미선이 이루는 각

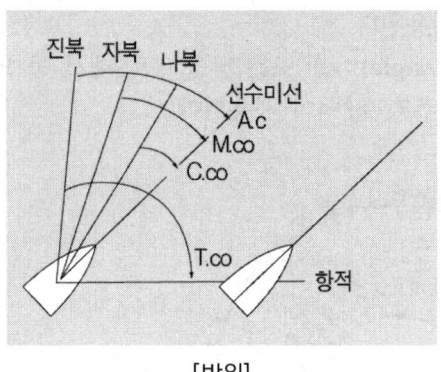

[방위]

(8) 항 로
① 실항로 : 출발지에서 도착지까지 선박이 실제로 지나온 육지에 대한 자취
② 예정항로
③ 추측항로

(9) 선수방향(Heading) : 선수미선과 자오선이 이루는 각 ⇒ 조타불량, 장해물을 피하는 등 수시로 변화한다(침로와 다르다).

4 방위 측정 및 침로의 개정

소형 선박에서 많이 사용되는 자기 컴퍼스는 나침의 오차(편차, 자차)가 크므로, 해도에서 위치를 구하거나 침로를 결정할 때 상호간(진침로, 나침로) 개정할 필요가 생긴다.

(1) 개정(나침로를 진침로로 바꾸는 것) : E 부호는 +, W 부호는 − 한다.
　나침로(C) → 자차(D) → 자침로(M) → 편차(V) → 시침로(A) → 풍유압차(L) → 진침로(T)
　❋ 방위 개정시나 풍유압차가 없는 침로 개정은 위에서 시침로가 바로 진방위 또는 진침로가 된다.

(2) 반개정(진침로를 나침로로 바꾸는 것) : E 부호는 −, W 부호는 + 한다.
　진침로 → 풍유압차 → 시침로 → 편차 → 자침로 → 자차 → 나침로 : 개정과 정반대

(3) 풍·유압차의 부호
① 선박이 우현으로 밀리면 : E
② 선박이 좌현으로 밀리면 : W
③ 풍향 : 불어오는 방향(북풍 → 북쪽에서 남쪽으로 분다)
④ 유향 : 흘러가는 방향(북향 → 남쪽에서 북쪽으로 흘러간다)

2 선박의 위치

항해술의 기본은 선박의 위치를 측정하는 일이다. 항해 중에는 선박이 예정된 항로상을 항행하고 있는가를 확인하기 위하여 기회가 있을 때마다 가능한 모든 방법을 이용하여 선위를 측정하여야 한다. 정확한 선위를 모르면 자기 선박이 위험 수역을 항행하고 있는지 현재의 침로로 가면 될 것인지를 알 수 없으므로, 막연히 항행을 하는 것과 같아 매우 위험한 일이다.

> 선위에는 다음 3가지가 있으나 연안 항해시는 이들 중 실측위치를 사용해야 한다.
> - **실측 위치** : 지상의 물표나 천체의 물표를 이용하여 실제로 선박의 위치를 구한 것
> - **추측 위치** : 최근의 실측위치를 기준으로 하여 그 후에 조타한 침로나 항정에 의하여 구한 위치를 말한다. → (영어 약기호 DRP 또는 D.R)
> - **추정 위치** : 항해 중에 받은 바람, 해조류 등 외력의 영향을 추정하여 이를 추측위치에서 수정하여 얻은 위치 → (영어 약기호 E.P)

1 위치선(LOP)

위치선이란, 어떤 물표를 관측하여 얻은 방위, 거리, 협각, 고도 등을 만족시키는 점의 자취로서 관측을 실시한 시점에 선박이 그 자취 위에 있다고 생각되는 특정한 선을 말한다(선위가 존재하는 직선 또는 원주를 말하며, 이들 위치선을 2개 이상 교차시키면 선위를 구할 수 있다).

(1) **방위에 의한 위치선** : 선박에 설치되어 있는 컴퍼스로 물표의 방위를 측정하고 그 방위에 대한 오차를 개정한 후 해도에서 그 물표로부터 방위선을 그으면 위치선이 된다.

(2) **수평거리에 의한 위치선** : 물표까지의 거리를 알면 해도상 그 물표를 중심으로 하여 거리를 반지름으로 하는 원을 그리면 선박은 반드시 이 원주상에 있게 된다. ⇒ 레이더로 위치 결정 시 이용하는 한 방법

(3) **수평 협각에 의한 위치선** : 육분의(Sextant)를 사용하여 두 물표 사이의 수평 협각을 측정하여 위치선을 구할 수 있으나 잘 사용되지 않는다.

(4) **중시선에 의한 위치선** : 두 물표가 일직선상에 서로 겹쳐 보일 때 관측자는 중시선상에 있게 되므로 위치선이 되며 측정기구가 필요 없는 가장 정확한 위치선이다. 중시선은 위치 외에도 자차의 측정시, 조타목표, 피험선 등에 사용된다.

(5) **무선방위에 의한 위치선** : 육상이나 위성에서 보내는 전파의 방위를 측정하여도 위치선이 된다. ⇒ 전파계기를 이용할 때 사용된다.

(6) **수심에 의한 위치선** : 수심의 변화가 규칙적이고 뚜렷한 곳에서는 직접 측정하여 얻은 수심과 해도와 비교하여 개략적인 위치선을 구할 수 있다.

(7) **전위선에 의한 위치선** : 위치선을 침로방향으로 그동안의 항정만큼 평행 이동한 선을 전위선이라 하며 격시 관측으로 선위를 결정할 때 이용한다.

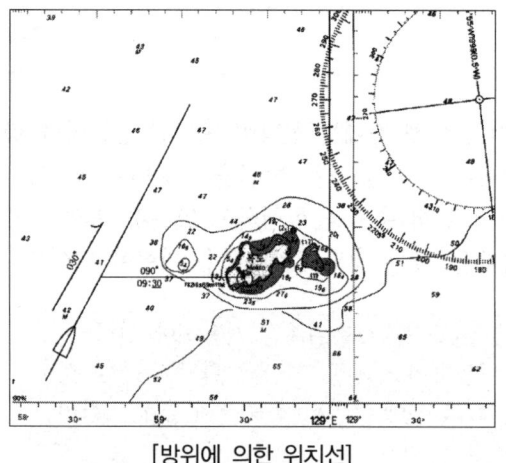

[방위에 의한 위치선]

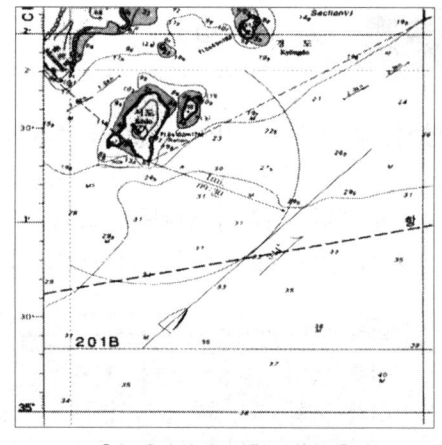

[수평거리에 의한 위치선]

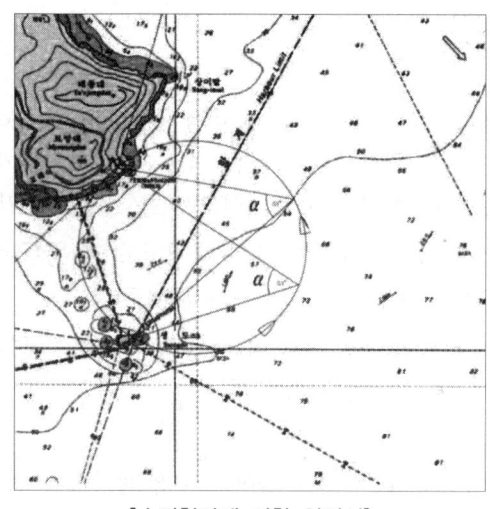

[수평협각에 의한 위치선]

[전위선에 의한 위치선]

2 선위측정법

(1) 동시 관측법

선박에서 2개 이상의 물표를 동시에 관측할 수 있을 때 사용되는 방법으로 격시 관측법에 비해 시간이 적게 들고, 비교적 정확한 위치를 얻을 수 있으며, 구하는 방법이 간소하다.

① 교차 방위법 : 연안 항해 중 해도에 기재된 명확한 물표 2~3개를 선정하여 나침 방위를 측정한 후 해도상의 나침도에 맞추어 각 물표를 지나는 방위선을 긋고 이들의 교점을 선위로 한다. 연안 항해 중 물표가 많고 방위측정이 쉬우므로 가장 많이 사용되는 방법이다.

◎ 물표 선정에 관한 주의사항
① 해도상 위치가 명확하고 뚜렷한 물표를 선정한다. 부표와 같이 떠다니는 물표를 선정해서는 안 된다.
② 본선을 기준으로 물표 사이의 각도는 30°~150°인 것을 선정하고 두 물표일 때는 90°, 세 물표일 때는 60° 정도가 가장 좋다.
③ 먼 물표보다는 적당히 가까운 물표를 선정한다.
④ 물표가 많을 때에는 2개, 2개보다 3개 이상의 물표를 선정하는 것이 좋다.

(1) 오차 삼각형
방위선을 작도할 때 3개의 방위선이 1점에서 만나지 않고 작은 삼각형을 이룰 때는 삼각형의 중심을 선위로 하는데 이 삼각형을 오차 삼각형(cocked hat)이라 한다. 이러한 오차 삼각형이 너무 크면 처음부터 방위를 다시 측정해야 한다.

(2) 오차 삼각형이 생기는 원인
① 자차나 편차에 오차가 있을 때
② 해도상의 물표의 위치가 실제와 다를 때
③ 방위측정이 부정확할 때
④ 방위측정 사이에 시간차가 많을 때
⑤ 해도상에 위치선을 작도할 때 오차가 개입 되었을 때

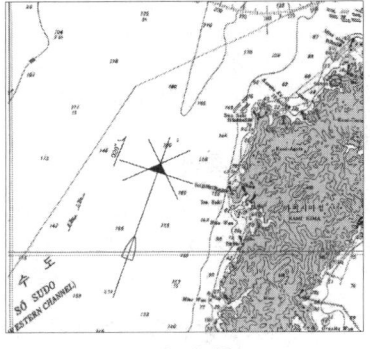

오차 삼각형

◎ 방위측정에 관한 주의사항
① 선수미 방향이나 먼 물표를 먼저 측정하고 정횡 방향이나 가까운 물표를 나중에 측정한다.
② 물표가 선수미선의 어느 한쪽에만 있을 경우 앞에서부터 뒤로 또는 뒤에서부터 앞으로 차례로 측정하는 경우가 많은데 이 때 선위가 오른쪽 또는 왼쪽으로 편위 될 수 있으니 주의하여야 한다.
③ 방위측정과 해도상의 작도과정이 빠르고 정확하게 이루어져야 한다.
④ 위치선을 기입할 때는 전위할 때를 고려하여 관측시간과 방위를 기입해 두도록 하며 선 위에도 그 관측시간을 항상 기입한다.

② **방위 거리법**: 1물표의 방위와 그 물표의 수평거리를 동시에 측정하여 방위에 의한 위치선과 거리를 반경으로 하는 원과의 교점을 구하면 선위가 된다.

③ **수평 협각법**: 뚜렷한 3개의 물표를 선정하고 육분의를 사용하여 중앙의 물표와 좌우 각 물표 사이의 수평 협각을 측정하고 삼간분도기를 이용하여 이 두 각을 품는 원둘레가 만난 점을 선위로 정하는 방법이다.

④ 두 물표의 중시선과 다른 물표의 방위선에 의한 법 : 연안 항해 중 2 물표가 겹쳐 보이는 순간 다른 물표의 방위나 협각을 측정하여 선위를 결정하는 방법이다.
⑤ 2개 이상의 물표 거리에 의한 방법 : 레이더로 위치를 결정할 때 많이 사용된다.

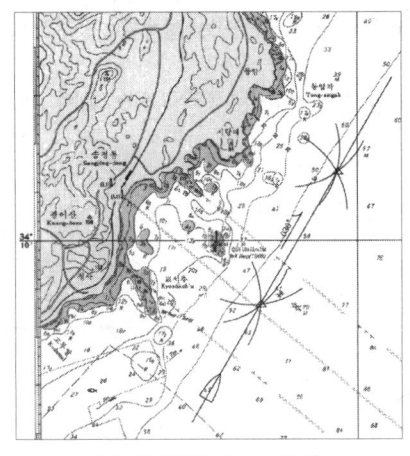

[수평거리에 의한 방법]

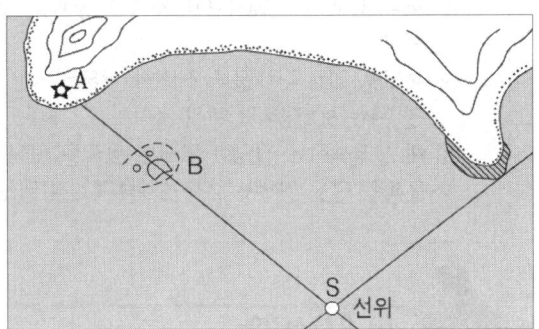

[중시선과 방위선의 이용법]

(2) 격시 관측법

선박에서 관측 가능한 물표가 1개 뿐이거나 방위와 거리 중 한가지 밖에 구할 수 없을 경우에 개략적인 선위를 구하는 방법으로 시간차를 두어 두 번 이상 같은 물표 또는 다른 물표를 관측하여 그들의 위치선과 전위선을 이용하여 선위를 구하는 방법이다.

① 양측 방위법 : 선박이 야간에 연안을 항행할 때 관측이 가능한 등광이 1개 뿐인 경우와 같이 1 물표만 볼 수 있을 때 그 물표의 방위를 측정하고 얼마동안 항주한 후 다시 그 물표의 방위를 측정하여 2개의 위치선을 구한다. 제1위치선을 제 2위치선의 측정시 항정만큼 전위시켜 그 전위선과 제2위치선과의 교점을 제 2위치선 측정시의 선위로 한다.

양측 방위법

본선의 침로가 090°, 속도가 10노트일 때 다음과 같이 구한다.
① 물표 L을 기준으로 본선의 침로로 가상의 선 EF를 그린다.
② 6 : 00에 물표 L의 방위를 관측하여 해도상에 방위선 LA를 긋는다.
③ 08 : 30에 물표 L의 방위를 관측하여 해도상에 방위선 LB를 긋는다.
④ 선박의 속도가 10노트이므로 30분간 항해한 거리는 5해리가 되므로 선 EF상 E에서 A로부터 5해리 떨어진 점 C를 정해준다.
⑤ 선 LA를 수평 이동하여 전위선 CP2를 그려준다.
⑥ 선 EF를 수평 이동하여 선 P1P2를 그려준다. 이 때 점 P1은 08 : 00의 본선의 위치가 되고 점 P2는 08 : 30의 본선의 위치가 되며 선 P1P2는 실제 본선의 항정이 된다.

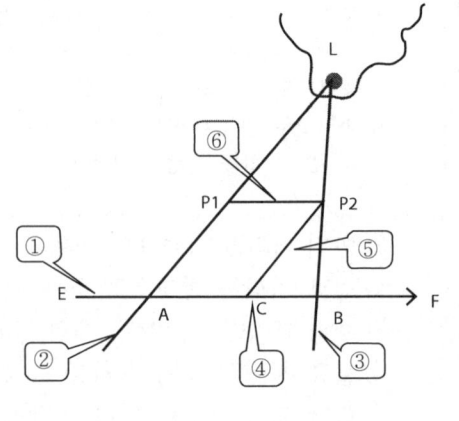

② **선수 배각법** : 양측 방위법의 일종으로 일정한 침로로 항행 중 물표와 선수와의 교각을 측정하고 그때의 시각을 기록한 다음 선수각이 2배가 될 때까지 항해하면 양 관측시간의 항주거리는 자선과 물표간의 거리와 같아지므로 선위를 구할 수 있다.

선수배각법

본선의 침로가 090°, 속도가 10노트일 때 다음과 같이 구한다.
① 물표 L을 기준으로 본선의 침로로 가상의 선 EF를 긋는다.
② 08 : 00에 물표 L의 방위를 측정하여 해도상에 방위선 LA를 긋는다. 이 때 ∠α를 측정하여 해도상에 ∠LBF가 2α가 되도록 표시한다.
③ ∠LBF가 2α가 될 때까지 항행하면 △LAB는 이등변삼각형이 되어 양 변의 길이가 같다.
④ ∠LBF가 2α가 될 시간이 09 : 30이라면 선박의 속도가 10노트이므로 1시간 항해한 거리는 15해리가 된다. 이 때 방위선 LB상 L에서 물표 L을 기점으로 15해리 만큼의 거리를 구해준 점D가 09 : 30에 측정한 본선의 선위가 되고 가상의 선인 EF를 평행 이동한 선 CD가 실제 본선의 항정이 된다.

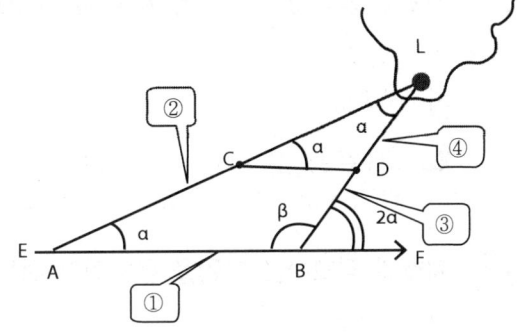

③ **4점 방위법** : 선수 배각법의 특수한 경우로서 연안 항해 중 자주 이용되는 방법이며 전측의 선수각을 4점(45°)으로 후측(제2위치선)의 선수각을 8점(90°)으로 하여, 즉 정횡으로 볼 때 자선은 물표로부터 그 동안의 항정만큼 떨어져 있게 된다.

4점 방위법

물표 L의 상대 선수각이 045°가 될 때의 방위선을 해도상에 작도하고, 침로를 계속 유지하여 항행한 후 그 물표를 정횡으로 바라보는 점을 B라고 할 때, △LAB는 이등변삼각형이 되어 AB = LB가 된다. 이 방법은 선수배각법과 거의 매우 유사하지만 물표와 본선과의 정횡거리를 구하기가 보다 편리하여 연안 항해에서 많이 이용된다.

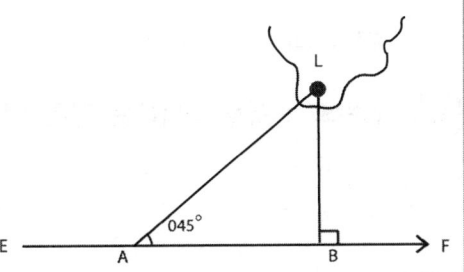

Chapter 05 지문항법

Part 1 | 항해 적중예상문제

01 지구를 중심을 지나도록 자를 때 지구표면에 생기는 원을 무엇이라 하는가?

가. 소 권 나. 대 권
사. 자오선 아. 거등권

> 지구를 중심을 지나도록 자른다면 지구의 원둘레만큼의 큰 원이 생기고, 중심에서 벗어나 자른다면 멀리 떨어질수록 작은 원이 생긴다. 큰 원을 대권, 작은 원을 거등권이라 한다.

02 지축과 직교하는 대권을 무엇이라 하는가?

가. 자오선 나. 거등권
사. 적 도 아. 경 도

> 지축에 직교하는 대권, 즉 자오선에 직교하는 대권이 적도로서, 위도를 측정할 때 기준이 된다.

03 해상에서 거리 단위인 해리(mile)에 대한 설명으로 옳지 않은 것은?

가. 위도 45°에서 지리위도 1분의 길이이다.
나. 해리의 표준 약어는 m으로 표시한다.
사. 통상위도 1′의 길이를 1해리라 한다.
아. 1마일은 1,852m이다.

> 1해리 = 1마일 = 1,852m = 위도 1′의 길이이다.

04 선박의 속력을 나타내는 단위는?

가. 마 일 나. 해 리
사. 노 트 아. 리

05 선박의 속력 단위에 대한 설명으로 옳지 않은 것은?

가. 노트(knot)로 나타낸다.
나. 약어로 kn 또는 k't로 표시한다.
사. 속력이 빠른 여객선은 Km로 나타낸다.
아. 1노트는 1시간 동안에 1해리 항주하는 속력이다.

정답 01 나 02 사 03 나 04 사 05 사

> **해설** 단위는 노트(knot), 1시간에 1해리 항주한 거리를 1노트라 한다.

06 어느 선박이 14노트의 속력으로 2시간 30분 동안 항해했다면 이 선박의 항주거리는 얼마인가?

가. 14 마일
나. 21 마일
사. 28 마일
아. 35 마일

> **해설** 선박의 속력(knots)
> = 거리(sea mile)/시간(hour) ⇒ 거리 = 속력 × 시간 = 14 × 2.5(2시간 30분) = 35mile

07 본선이 부산 앞 바다에 있다면 경도 부호를 어떻게 붙여야 하는지 옳은 것은?

가. N
나. S
사. W
아. E

> **해설** 경도 : 자오선과 본초자오선이 이루는 적도의 호. 자오선을 0°로 하여 동(E)과 서(W)로 각각 180°까지 잰다[예 125°E(동경 125도)] ⇒ 우리나라 위치가 동경이므로 E 부호를 붙인다.

08 선수미선과 선박을 지나는 자오선이 이루는 각을 무엇이라 하는가?

가. 방 위
나. 항 로
사. 침 로
아. 선수각

> **해설** 침로 : 선수미선과 선박을 지나는 자오선이 이루는 각
> 방위 : 북쪽을 기준으로 하여 시계 방향으로 360°까지 측정한 것

09 방위표시 방법 중 북동을 영문으로 표시한 것으로 옳은 것은?

가. 엔이(NE)
나. 에스이(SE)
사. 에스더블유(SW)
아. 엔더블유(NW)

> **해설** 동(E), 서(W), 남(S), 북(N) ⇒ NE(북동), NW(북서), SE(남동), SW(남서)

10 물표와 관측자를 지나는 대권이 진자오선과 이루는 교각을 무엇이라 하는가?

가. 진방위
나. 자침방위
사. 나침방위
아. 상대방위

> **해설** 방위 : 북을 기준으로 관측자로부터 어느 목표물의 방향
> - **진방위** : 물표와 관측자를 지나는 대권이 진자오선과 이루는 교각
> - **나침방위** : 물표와 관측자를 지나는 대권이 컴퍼스의 남북선과 이루는 교각
> - **자침방위** : 물표와 관측자를 지나는 대권이 자기자오선과 이루는 교각
> - **상대방위** : 선수방향을 기준으로 한 방위

정답 06 아 07 아 08 사 09 가 10 가

제 5 장 지문항법

온라인 강의 에듀마켓

11 나침로를 진침로로 고치는 것을 무엇이라 하는가?

가. 침로개정 나. 침로유지
사. 침로이탈 아. 침로변경

 나침방위를 자침방위(자침로)나 진방위(진침로)로 고치는 것을 방위개정(침로개정)이라 하며, 반대로 고치는 것을 반개정이라 한다.

12 20노트로 항행하는 선박이 3시간 30분에 갈 수 있는 총 항정을 구하면?

가. 60해리 나. 65해리
사. 70해리 아. 75해리

 선박의 속력(knots)
= 거리(sea mile)/시간(hour) ⇒ 거리 = 속력 × 시간 = 20 × 3.5(3시간 30분) = 70mile

13 풍·유압차에 의해서 선박이 우현으로 밀리면 풍·유압차에 (E)부호를 붙여 주고 ( )에 더한다. ( ) 안에 알맞은 것은?

가. 진침로 나. 나침로
사. 자침로 아. 시침로

 방위 및 침로개정
① 방위의 개정시에는 자차나 편차가 편동(E)이면 더(+)하여 주고, 편서(W)이면 빼(-)준다.
② 외력의 영향으로 선박이 오른쪽(R)으로 밀리면 더하여 주고 왼쪽(L)으로 밀리면 빼준다(개정시).
③ 진방위를 나침방위나 자침방위로 고치는 것을 반개정이라 하며, 부호가 반대가 된다.

14 방위표시 엔이(NE)를 포인트식으로 표시하면 몇 포인트인가?

가. 2 포인트 나. 4 포인트
사. 6 포인트 아. 8 포인트

포인트식 : 360°를 32등분하여 그 한 등분을 1포인트 또는 1점이라 하며 11°15′이다.
(NE = 4점 = 45°, E = 8점 = 90°, N/E = 1점 = 11°15′)

15 선박이 항주 중 선수미선이 이루는 각도로 컴퍼스에서 알 수 있는 것은?

가. 편 차 나. 자 차
사. 항 정 아. 침 로

침로 : 선수미선과 선박을 지나는 자오선이 이루는 각

정답 11 가 12 사 13 아 14 나 15 아

16 다음 중에서 선위를 해도에 작도할 때 기재해야 할 것은?

  가. 관측시각   나. 바다 수심
  사. 풍향, 풍속   아. 조류와 해류

  해설) 선박의 위치(선위) 측정 시 관측시각과 방위를 항상 기입하여야 한다.

17 위치선을 그 동안 항주한 거리만큼 동일한 침로의 방향으로 평행 이동한 것을 무엇이라고 하는가?

  가. 평행선   나. 전위선
  사. 중시선   아. 위치권

  해설) 전위선 : 위치선을 그 동안 항주한 거리만큼 침로방향으로 평행이동시킨 것이다.

18 선박의 위치를 구하는 데 도움이 되지 않는 것은?

  가. 등 대   나. 수 온
  사. 섬   아. 수 심

19 다음 설명 중 옳은 것은?

  가. 편서 자차의 부호는 E이다.
  나. 자차는 철기물의 영향으로 생길 수 있다.
  사. 자차는 선박 안팎의 여러 가지 원인으로 변화하지 않는다.
  아. 편동 자차의 부호는 W이다.

  해설) 컴퍼스 내에 있는 자침(자석)이 선체나 선내에 있는 철기류의 영향을 받아 자북을 가리키지 못하고 약간의 교각을 이루는 것을 자차(Deviation, Dev.)라 한다.

20 중시선이 이용되는 경우로 옳지 않은 것은?

  가. 선위측정
  나. 조시의 계산
  사. 컴퍼스 오차의 측정
  아. 좁은 수로 통과시의 피험선

  해설) 중시선은 선위, 피험선, 컴퍼스 오차의 측정, 변침점, 선속 측정 등에 이용된다.

정답 16 가 17 나 18 나 19 나 20 나

제 5 장 지문항법

21 자침로와 나침로간의 차이는 무엇과 같은가?

가. 자 차
나. 편 차
사. 컴퍼스 오차
아. 자이로 오차

해설 자침로 : 자기 자오선과 선수미선이 이루는 교각
나침로 : 컴퍼스 남북선과 선수미선이 이루는 교각

22 연안 항해 중에 가장 많이 이용되는 선위결정법으로 측정방법이 쉽고, 또 위치의 정확도가 비교적 높은 것은?

가. 교차 방위법
나. 양측 방위법
사. 수평 협각법
아. 정횡 거리법

해설 교차 방위법 : 연안 항해 때에 가장 많이 이용되는 것으로 측정이 쉽고, 위치의 정밀도가 높음.

23 양측 방위법을 이용한 선위측정 중 알아야 할 정보는?

가. 본선의 흘수
나. 본선의 침로와 항정
사. 본선 주위의 중시선
아. 본선 주위 물표의 수평협각

해설 양측 방위법 : 선박이 야간에 연안을 항행할 때 관측이 가능한 등광이 1개 뿐인 경우와 같이 1 물표만 볼 수 있을 때 그 물표의 방위를 측정하고 얼마동안 항주한 후 다시 그 물표의 방위를 측정하여 2개의 위치선을 구한다. 제1위치선을 제2위치선의 측정시 항정만큼 전위시켜 그 전위선과 제2위치선과의 교점을 제 2위치선 측정시의 선위로 한다.

24 중시선이 매우 정확한 위치선이 되기 위해서는 관측자와 가까운 물표 사이의 거리가 두 물표 사이의 거리의 (   )배 이내이어야 한다. 괄호 안에 적당한 말은?

가. 3
나. 5
사. 7
아. 10

해설 중시선에 의한 위치선 : 두 물표가 일직선상에 서로 겹쳐 보일 때 관측자는 중시선상에 있게 되므로 위치선이 되며 측정기구가 필요 없는 가장 정확한 위치선이다. 중시선은 위치 외에도 자차의 측정시, 조타목표, 피험선 등에 사용된다(관측자와 가까운 물표 사이의 거리가 두 물표 사이의 거리의 3배 이내이면 매우 정확한 위치선이 된다).

정답 21 가 22 가 23 나 24 가

25 다음 선박의 위치 결정법 중에서 추정위치를 맞게 설명한 것은?

가. 현재 물체의 방위를 측정하여 구한 위치
나. 현재 물체의 거리를 측정하여 구한 위치
사. 가장 최근의 실측위치를 기준하여 침로와 속력을 계산하여 구한 위치
아. 가장 최근의 실측위치를 기준하여 침로와 속력 및 해·조류, 바람 등을 고려하여 구한 위치

> **실측위치**(AP. Fix) : 지상의 물표나 천체의 물표를 이용하여 실제로 선박의 위치를 구한 것
> **추측위치**(D.R) : 최근의 실측위치를 기준으로 하여 그 후에 조타한 침로나 항정에 의하여 구한 위치를 말한다.
> **추정위치**(E.P) : 항해 중에 받은 바람, 해조류 등 외력의 영향을 추정하여 이를 추측위치에서 수정하여 얻은 위치

26 프로펠러 회전으로 인한 본선 전진속력이 10노트이고, 본선에 대하여 역조상태의 해류가 2노트인 상황이라면 본선의 대수속력은 얼마인가?

가. 8노트　　　　　　　　　나. 10노트
사. 12노트　　　　　　　　　아. 20노트

> • **대수속력** : 선박이 수면과 이루는 속력으로 상대속력이다.
> • **대지속력** : 선박이 지면과 이루는 속력으로 절대속력이다(바람과 조류의 영향을 가감하여야 한다).
> ※ 대수속력과 대지속력이 차이가 나는 것은 바람과 조류의 영향 때문이다.

27 두 지점의 경도 차이가 10도일 때 다음 설명 중 옳은 것은?

가. 적도상에서 두 지점간의 거리는 600마일이다.
나. 위도 45도에서 두 지점간의 거리는 600마일이다.
사. 위도 60도에서 두 지점간의 거리는 600마일이다.
아. 위도에 관계없이 두 지점간의 거리는 600마일이다.

> **경도** : 자오선과 본초자오선이 이루는 적도의 호. 자오선을 0°로 하여 동(E)과 서(W)로 각각 180°까지 잰다.

28 다음 중 위도에 대한 설명으로 가장 옳은 것은?

가. 동해에서 일본으로 090도 항해 시 위도가 높아진다.
나. 속초에서 부산으로 항해 시 위도가 높아진다.
사. 부산보다 인천의 위도가 더 높다.
아. 제주도의 위도가 부산보다 높다.

> **위도** : 거등권과 적도사이의 자오선상의 호의 길이 또는 적도를 0°로 남북으로 각각 90°로 나타낸다.

정답 25 아 26 나 27 가 28 사

제5장 지문항법

29 다음 중 대권이 아닌 것은?

가. 적도
사. 거등권
나. 본초자오선
아. 자오선

 지구를 중심을 지나도록 자른다면 지구의 원둘레만큼의 큰 원이 생기고, 중심에서 벗어나 자른다면 멀리 떨어질수록 작은 원이 생긴다. 큰 원을 대권, 작은 원을 소권이라 한다(거등권은 소권이다).

30 선내 마그네틱 컴퍼스가 선내 철기류의 영향을 받아 생기는 오차는?

가. 편차
사. 컴퍼스 오차
나. 자차
아. 자이로 오차

 컴퍼스 내에 있는 자침(자석)이 선체나 선내에 있는 철기류의 영향을 받아 자북을 가리키지 못하고 약간의 교각을 이루는 것을 자차(Deviation. Dev.)라 한다.

31 경계 보고나 닻줄의 방향을 보고할 때 편리하게 사용되는 방위는?

가. 상대방위
사. 자침방위
나. 진방위
아. 나침방위

 방위 : 북(N)를 0°로 하여 시계방향(오른쪽 방향)으로 360°까지 측정한다.
① 진방위 : 관측자를 잇는 대권과 진자오선(진북)과의 교각
② 자침방위 : 관측자를 잇는 대권과 자기자오선(자북)과의 교각
③ 나침방위 : 관측자를 잇는 대권과 나침의 남북선(나북)과의 교각
④ 상대방위 : 견시보고, 닻줄 방향 보고

32 연안항법에서 선위를 구할 때 가장 많이 사용하는 항해계기는?

가. 육분의
사. 레이더
나. VHF
아. 측심기

33 항해 당직 중 선박이 계획된 침로상에 있도록 하기 위한 조치로 옳지 않은 것은?

가. 선박 위치를 수시 확인한다.
나. 선박 속력을 수시로 확인한다.
사. 당직자의 수시교대로 당직시간을 단축시킨다.
아. 조타 침로의 정밀도를 높이기 위한 보침을 정확하게 한다.

정답 29 사 30 나 31 가 32 사 33 사

34 다음 설명 중 옳은 것은?

가. 영국 그리니치 천문대의 지구상 반대편 자오선은 날짜 변경선이다.
나. 영국 그리니치 천문대를 지나는 자오선은 적도이다.
사. 경도 시작의 기준은 적도이다.
아. 자오선은 소권이다.

35 적도에 관한 설명으로서 옳은 것은?

가. 지극을 통과하는 대권
나. 북극을 통과하는 소권
사. 남극을 통과하는 대권
아. 지축과 직교하는 대권

> 적도 : 지축에 직교하는 대권, 즉 자오선에 직교하는 대권

36 적도와 적도 남쪽 방향 거등권 사이 자오선의 호를 무엇이라 하는가?

가. 남 위
나. 북 위
사. 동 경
아. 서 경

37 위도의 설명으로 옳지 않은 것은?

가. 출발위도와 도착위도가 모두 북위일 수 있다.
나. 부산의 위도는 자오선 상에서 적도와 부산까지의 호의 길이이다.
사. 적도를 기준으로 남북으로 각각 90도까지 재는데 북쪽은 이(E), 남쪽은 더블유(W)부호를 붙인다.
아. 위도를 항해일지에 기입할 때 기호는 엘(L)로 쓴다.

> 위도 : 거등권과 적도사이의 자오선상의 호의 길이, 적도를 0°로 남북으로 각각 90°로 나타낸다[북쪽은 N(북위), 남쪽은 S(남위)이다].

38 다음 중 마일의 설명으로 틀린 것은?

가. 1마일은 1,852미터로 사용한다.
나. 1마일 거리는 위도 1분과 같다.
사. 해상에서 사용하는 거리의 단위이다.
아. 해상에서 1마일의 거리는 1,609미터이다.

> 1해리 = 1마일 = 1,852m = 위도 1'의 길이이다.

정답 34 가 35 아 36 가 37 사 38 아

제 5 장 지문항법

39 방위를 표시하는 방법으로 관계가 없는 것은?

가. 360°식
나. 180°식
사. 포인트식
아. 전자식

40 같은 물표의 방위를 시간차를 두고 두 번 이상 관측하거나 또는 서로 다른 물표를 시간차를 두고 각각의 방위를 측정하여 선위를 구하는 방법을 무엇이라 하는가?

가. 교차 방위법
나. 수평 협각법
사. 양측 방위법
아. 중시선을 이용한 선위측정법

 양측 방위법 : 선박이 야간에 연안을 항행할 때 관측이 가능한 등광이 1개 뿐인 경우와 같이 1 물표만 볼 수 있을 때 그 물표의 방위를 측정하고 얼마동안 항주한 후 다시 그 물표의 방위를 측정하여 2개의 위치선을 구한다. 제1위치선을 제2위치선의 측정시 항정만큼 전위시켜 그 전위선과 제2위치선과의 교점을 제2위치선 측정시의 선위로 한다.

41 어느 지점의 거등권과 적도 사이의 자오선상의 호의 길이는?

가. 위 도
나. 경 도
사. 변 위
아. 변 경

위도 : 거등권과 적도사이의 자오선상의 호의 길이, 적도를 0°로 남북으로 각각 90°로 나타낸다.

42 방위는 북을 000도로 하여 시계방향으로 ( )도까지 표시한 것이다. ( )안에 알맞은 말은?

가. 90
나. 180
사. 270
아. 360

44 부산항 근처를 항해할 때 본선 나침의 남북선과 오륙도 등대 및 관측자를 지나는 대권이 이루는 교각을 무엇이라 하는가?

가. 진방위
나. 나침방위
사. 자침방위
아. 상대방위

진방위 : 관측자를 잇는 대권과 진자오선(진북)과의 교각
자침방위 : 관측자를 잇는 대권과 자기자오선(자북)과의 교각
나침방위 : 관측자를 잇는 대권과 나침의 남북선(나북)과의 교각

정답 39 아 40 사 41 가 42 아 44 나

44 침로의 개정에서 나침로에서 진침로로 개정시 자차의 부호가 무엇일 때 더해 주는가?

가. 더블유(W)
나. 엔(N)
사. 이(E)
아. 에스(S)

 방위 및 침로개정
① 방위의 개정시에는 자차나 편차가 편동(E)이면 더(+)하여 주고, 편서(W)이면 빼(−)준다.
② 외력의 영향으로 선박이 오른쪽(R)으로 밀리면 더하여 주고 왼쪽(L)으로 밀리면 빼준다(개정시).
③ 진방위를 나침방위나 자침방위로 고치는 것을 반개정이라 하며, 부호가 반대가 된다.

45 편차(var.) 7°E, 자차(dec.) 5°W이다. 컴퍼스 오차(C·E)는 얼마인가?

가. 2°E
나. 2°W
사. 12°E
아. 12°W

 큰 값에서 작은 값을 빼주고 큰 값의 부호를 붙인다(7°E − 5°W = 2°E).

46 자침방위가 003°이고 그 지점의 편차가 8°W일 때, 진방위는 얼마인가?

가. 355°
나. 359°
사. 003°
아. 011°

 자침방위(003°) − 편차(8°W) = 진방위(355°)

47 선위측정시에 오차 삼각형이 생기는 원인이 아닌 것은?

가. 관측이 부정확했을 때
나. 자차에 오차가 있을 때
사. 물표가 선미 부근에 있을 때
아. 방위를 동시에 관측하지 않을 때

 오차 삼각형이 생기는 원인
① 자차나 편차에 오차가 있을 때
② 해도상의 물표의 위치가 실제와 다를 때
③ 방위 측정이 부정확할 때
④ 방위 측정 사이에 시간차가 많을 때
⑤ 해도상에 위치선을 작도할 때 오차가 개입되었을 때

정답 44 사 45 가 46 가 47 사

48 연안항해시 사용하는 위치선으로 다른 방법에 비하여 부정확한 것은?

가. 방위에 의한 위치선
나. 수심에 의한 위치선
사. 중시선에 의한 위치선
아. 수평거리에 의한 위치선

> 수심에 의한 위치선 : 수심의 변화가 규칙적이고 뚜렷한 곳에서는 직접 측정하여 얻은 수심과 해도와 비교하여 개략적인 위치선을 구할 수 있다(다른 방법에 비하여 부정확하다).

49 20분에 4마일 항주하는 선박의 속력은 몇 노트인가?

가. 4노트
나. 8노트
사. 12노트
아. 20노트

> 선박의 속력(knots) = 거리(sea mile)/시간(hour) = 4/0.3 = 12노트(*20분 = 0.33시간)

50 위도 1°는 몇 분인가?

가. 1'(분)
나. 10'(분)
사. 60'(분)
아. 100'(분)

51 항해 중 선내 자기컴퍼스로 물표의 방위를 측정했더니 032°이었다. 자차가 3°E라면 물표의 자침방위는?

가. 029°
나. 035°
사. 032°
아. 030°

> 자침방위(032°) + 자차(3°E) = 자침방위(035°)

52 본선의 침로가 090도로 항해 중 상대선박을 180도로 관측하였다. 상대선이 본선과 일직선상에 있다면 상대선박이 본선을 볼 때 방위는 몇 도인가?

가. 000도
나. 090도
사. 180도
아. 270도

> 본선이 90도의 침로에서 상대선박을 180도로 관측하였다면, 상대선박의 침로는 000도일 것이다. 따라서 본선과 일직선상이 되려면 상대선박의 방위가 000도이어야 한다.

정답 48 나 49 사 50 사 51 나 52 가

53 물표와 관측자를 지나는 대권이 선내 자기컴퍼스의 남북선과 이루는 교각은?

가. 진방위   나. 자침방위
사. 나침방위   아. 상대방위

> 해설) 진방위 : 관측자를 잇는 대권과 진자오선(진북)과의 교각
> 자침방위 : 관측자를 잇는 대권과 자기자오선(자북)과의 교각
> 나침방위 : 관측자를 잇는 대권과 나침의 남북선(나북)과의 교각

54 자침방위로의 방위 개정시에 편서오차이면 나침방위에 어떻게 하는가?

가. 빼준다.   나. 더해준다.
사. 편차의 부호에 따른다.   아. 위도에 따른다.

> 해설) 방위 개정시 자차나 편차의 부호가 편동(E)이면 나침방위에 더하고, 편서(W)이면 뺀다.

55 연안 항해 중 지피에스(GPS)가 고장나 등대나 섬 그리고 산봉우리를 이용하여 선위를 구하면서 항해하는 항법은?

가. 지문 항법   나. 전파 항법
사. 천문 항법   아. 대권 항법

56 정 남동(SE)의 180도 반대 방향의 방위는 어느 것인가?

가. 272도   나. 278도
사. 315도   아. 360도

57 다음 중 두 물표의 중시선 이용과 가장 관계 없는 사항은?

가. 자차 측정   나. 선위측정
사. 편차 측정   아. 피험선 설정

> 해설) 편차는 해도의 나침도에 연차와 함께 기재되어 있다.

58 나침로에서 자차 3도 더하여 자침로 275도가 되었다. 그 지역의 편차가 3도 더블유(W)라면 진침로는 몇 도인가?

가. 272도   나. 278도
사. 275도   아. 281도

정답 53 사   54 가   55 가   56 사   57 사   58 가

> **해설** 침로개정 : C(나침로) ± D(자차) → M(자침로) ± V(편차) → A(시침로) ± L(풍압차) → T(진침로)
> (E는 +, W는 −, 우현압류 : E, 좌현압류 : W)
> **풀이** 나침로(272°) + 자차(3°) → 자침로(275°) − 편차(3°W) = 진침로(272°)

59 침로 270도로 항해 중 상대방위로 표시할 때 우현 정횡방향은 진방위 몇 도인가?

　가. 000도　　　　　　　　　　나. 270도
　사. 090도　　　　　　　　　　아. 180도

60 항해 중 오차가 없는 자이로 컴퍼스로 물표의 방위를 측정했다면 어떤 방위인가?

　가. 진방위　　　　　　　　　　나. 자침방위
　사. 나침방위　　　　　　　　　아. 상대방위

61 육분의를 사용하여 선위를 측정하는 방법은?

　가. 교차 방위법　　　　　　　　나. 수평 협각법
　사. 양측 방위법　　　　　　　　아. 정횡 거리법

62 다음 선위측정법 중 오차 삼각형이 생기는 경우는?

　가. 수평 협각법　　　　　　　　나. 교차 방위법
　사. 선수 배각법　　　　　　　　아. 정횡 거리법

63 외력에 의한 선위의 변화와 관련이 가장 먼 것은?

　가. 선박의 크기　　　　　　　　나. 흘 수
　사. 트 림　　　　　　　　　　　아. 승무원 수

64 외력이 없는 상태에서 선속 12노트인 선박이 60분 동안 항해했을 때 항정은 몇 마일인가?

　가. 5마일　　　　　　　　　　　나. 10마일
　사. 12마일　　　　　　　　　　아. 20마일

> **해설** 선박의 속력(knots)
> = 거리(sea mile)/시간(hour) → 거리(mile) = 속력 × 시간 = 12노트 × 1시간(60분) = 12마일

정답 59 가　60 가　61 나　62 나　63 아　64 사

65 본초자오선의 동쪽 방향을 무엇이라 하는가?

가. 북 위 나. 남 위
사. 서 경 아. 동 경

66 선수를 기준으로 측정한 방위로 옳은 것은?

가. 진방위 나. 자침방위
사. 나침방위 아. 상대방위

> 해설 상대방위 : 선수방향을 기준으로 한 방위(견시보고, 닻줄 방향 보고)

67 나북이 자북의 오른쪽에 있으면?

가. 편동자차 나. 편서자차
사. 편동편차 아. 편서편차

68 진침로와 자침로간의 차이는 무엇과 같은가?

가. 자 차 나. 편 차
사. 컴퍼스 오차 아. 자이로 오차

69 다음 중 연안 항법에서 사용하는 선위결정법이 아닌 것은?

가. 선수 배각법 나. 교차 방위법
사. 수평 협각법 아. 자오선 고도위도법

70 방위각 N30°E를 방위로 고치면 몇 도인가?

가. 030° 나. 060°
사. 090° 아. 330°

71 적도에 평행한 소권을 무엇이라 하는가?

가. 위 도 나. 경 도
사. 적 도 아. 거등권

정답 65 아 66 아 67 가 68 나 69 아 70 가 71 아

72 지구 표면상의 모든 자오선과 같은 각으로 만나는 곡선은?

가. 항정선
사. 위치선
나. 침로선
아. 대 권

73 지구의 중심을 지나지 않는 평면으로 지구를 자른다고 가정할 때 지구표면에 생기는 원을 무엇이라 하는가?

가. 소 권
사. 변 위
나. 대 권
아. 변 경

74 선수 방향이 바뀌거나 위치가 변하는 등의 원인으로 발생하는 것으로 자기자오선과 선내 컴퍼스 남북선과의 교각은?

가. 자 차
사. 컴퍼스 오차
나. 편 차
아. 자이로 오차

75 현재의 나침로가 065°이고 자차는 6°E, 편차가 8°E일 때 진침로는 몇 도인가?

가. 051°
사. 067°
나. 063°
아. 079°

> 침로개정 : C(나침로) ± D(자차) → M(자침로) ± V(편차) → A(시침로) ± L(풍압차) → T(진침로)
> (E는 +, W는 −, 우현압류 : E, 좌현압류 : W)
> 풀이 나침로(065°) + 자차(6°E) → 자침로(71°) +편차(8°E) = 진침로(079°)

76 교차 방위법으로 선위를 구할 때 물표 선정으로 정밀성이 가장 낮은 것은?

가. 등 주
사. 등부표
나. 등 대
아. 등 표

> 등부표는 선회권 반지름을 가지고 움직이는 물체이므로 선위측정 시 정밀성이 낮다.

77 교차 방위법에 의한 선위결정시 선정 물표가 세 개일 때 물표 상호간 각도로 가장 적당한 것은?

가. 30°
사. 100°
나. 60°
아. 150°

> 교차 방위법에서 물표 상호간의 각도는 가능한 한 30~150°인 것을 선정해야 하며, 두 물표일 때에는 90°, 세 물표일 때에는 60° 정도가 가장 좋다.

정답 72 가 73 가 74 가 75 아 76 사 77 나

78 실측위치에 오차가 생기는 원인이 아닌 것은?

가. 관측기기에 의한 오차
나. 해도 기입상의 오차
사. 관측자의 습관에 의한 오차
아. 조류에 의한 오차

79 북극과 남극을 지나는 대권으로 적도와 직교하는 대권은?

가. 위 도
나. 동서거
사. 자오선
아. 거등권

　자오선 : 양극을 지나는 모든 대권이며, 적도와 직교한다. 그리니치 천문대를 지나는 자오선을 본초 자오선이라고 하며, 경도는 0°로 동서로 각각 180°씩 경도를 표시한다.

80 적도상에 존재하는 두 지점의 경도가 각각 동경 135도 20분과 동경 140도이다. 이들 두 지점 사이의 거리는 얼마나 되는가?

가. 140마일
나. 280마일
사. 300마일
아. 320마일

　140도 − 135도 20분 = 4도 40분[1도는 60분(60마일)이므로 4도(240마일) + 40분(40마일) = 280마일]

81 다음 중 편차에 관한 설명으로 틀린 것은?

가. 지구상의 장소에 따라 편차의 양이 다르다.
나. 같은 장소라도 시일이 경과하면 편차의 양이 달라진다.
사. 같은 시기에 같은 장소라도 선박의 종류에 따라 편차의 양이 다르다.
아. 1년 동안에 어느 지점에서 편차가 변화하는 양을 그 지점의 연차라 한다.

 편 차(Variation)
진자오선(진북)과 자기자오선이 이루는 각, 즉 진북과 자북이 일치하지 않기 때문에 생기는 교각이다.
① 자북은 시간이 지남에 따라 이동하기 때문에 편차는 지구상의 위치에 따라 또 같은 장소라도 시간이 지남에 따라 변화한다. (1년간의 변화량을 연차라 한다.)
② 자북이 진북의 오른쪽에 있으면 편동편차(E), 진북의 왼쪽에 있으면 편서편차(W)라 하고 그 값은 해도의 나침도에서 구할 수 있다.

82 자차가 3°E이고 편차가 8°E일 때 컴퍼스 오차는 얼마인가?

가. 5°W
나. 5°E
사. 11°W
아. 11°E

 (8°E + 3°E = 11°E)

정답 78 아　79 사　80 나　81 사　82 아

83 교차 방위법으로 두 물표를 관측하여 선위를 구할 때에 두 물표 상호간의 각도가 몇 도일 때 가장 정확한 선위를 구할 수 있는가?

가. 0°
나. 30°
사. 45°
아. 90°

> 교차 방위법에서 물표 상호간의 각도는 가능한 한 30~150°인 것을 선정해야 하며, 두 물표일 때에는 90°, 세 물표일 때에는 60° 정도가 가장 좋다.

84 육상의 두 물표가 겹쳐 보이는 선으로 선박의 위치를 낼 때 사용하는 것은?

가. 고도
나. 중시선
사. 투명도
아. 수평협각

> 중시선에 의한 위치선 : 두 물표가 일직선상에 서로 겹쳐 보일 때 관측자는 중시선상에 있게 되므로 위치선이 되며 측정기구가 필요 없는 가장 정확한 위치선이다. 중시선은 위치 외에도 자차의 측정시, 조타목표, 피험선 등에 사용된다.

85 출발 경도 129°E, 도착 경도 121°E일 경우 변경(DLo)은?

가. 8°E
나. 8°W
사. 8°N
아. 8°S

> 변경 구하기
> ① 두 지점의 경도가 같은 부호이면 차(−)를, 다른 부호이면 합(+)를 구한다.
> ② 합이 180°를 초과하면 360°에서 빼고 부호를 반대로 한다.
> ③ 부호는 출발지보다 도착지가 동쪽이면 E, 서쪽이면 W 부호를 붙인다.
> 풀이) 129°E − 121°E = 8°W(부호는 동쪽에서 서쪽으로 이동하므로 W이다.)

86 우리나라의 표준 자오선은 몇 도인가?

가. 동경 0°
나. 동경 45°
사. 동경 90°
아. 동경 135°

87 위치선을 구하기 위하여 방위 측정에 사용하는 계기는?

가. 측정의
나. 육분의
사. 컴퍼스
아. 시진의

정답 83 아 84 나 85 나 86 아 87 사

> 해도 작업에 필요한 기본적인 도구로는 삼각자, 디바이더(divider), 컴퍼스(compass), 지우개 및 연필 (2B, 4B)등이 있다.

88 해도의 어느 곳에 편차(variation)가 표시되어 있는가?
　　가. 해도 번호가 기재된 부근　　나. 표제 기사가 기재된 부근
　　사. 해도의 적당한 곳　　아. 나침도의 중앙 부근

89 선내 자기 컴퍼스로 목표물의 방위를 100°로 측정하였다면 이 100°는 무슨 방위인가?
　　가. 진 방위　　나. 자침 방위
　　사. 나침 방위　　아. 상대 방위

90 현재의 선위를 모를 때 가장 최근에 구한 실측위치를 기준으로 선박의 침로와 속력을 이용해 구하는 위치는?
　　가. 실측위치　　나. 추정위치
　　사. 추측위치　　아. 가정위치

> **추측위치** : 최근의 실측위치를 기준으로 하여 그 후에 조타한 침로나 항정에 의하여 구한 위치를 말한다. → (영어 약기호 DRP 또는 D.R)

91 해상에서 선박이 항해한 거리를 나타낼 때 국제적으로 사용하는 단위로 옳은 것은?
　　가. 해 리　　나. 노 트
　　사. 미 터　　아. 킬로미터

> 거리와 속력에 관한 용어
> ① **거리** : 위도 1′의 길이를 마일 또는 해리라고 한다(단위는 해리).
> 　1해리 = 1,852m(*위도 1°는 60마일이다)
> ② **속력** : 1시간에 1해리(마일) 항주한 속력을 1노트라 한다[단위 노트(knot)]. 속력 = 거리/시간

92 다음 중에서 위치선의 요소로 볼 수 없는 것은?
　　가. 물표의 방위　　나. 물표의 수평거리
　　사. 중시선　　아. 바다의 색깔

정답 88 아　89 사　90 사　91 가　92 아

지상물표에 의해 위치선을 얻는 방법
① 방위로 위치선을 얻는 방법　② 거리로 위치선을 얻는 방법
③ 중시선으로 위치선을 구하는 방법　④ 무선방위로 위치선을 구하는 방법
⑤ 수심으로 위치선을 구하는 방법　⑥ 전위선으로 위치선을 구하는 방법

93 선위결정 시 위치선의 요소가 될 수 없는 것은?

　가. 물표의 방위　　　　　　　　나. 중시선
　사. 물표까지의 수평거리　　　　아. 운항 중인 상대선박의 방위

94 2노트의 속력을 가진 해류를 뒤에서 받으며 대수속력 10노트로 항해중인 선박의 대지속력은 얼마인가?

　가. 4노트　　　　　　　　　　　나. 8노트
　사. 10노트　　　　　　　　　　아. 12노트

• 대수속력 : 선박이 수면과 이루는 속력으로 상대속력이다.
• 대지속력 : 선박이 지면과 이루는 속력으로 절대속력이다(바람과 조류의 영향을 가감하여야 한다).
※ 대수속력과 대지속력이 차이가 나는 것은 바람과 조류의 영향 때문이다.

95 거등권에 대한 설명으로 옳은 것은?

　가. 적도에 평행한 소권　　　　　나. 적도와 직교하는 대권
　사. 지축과 직교하는 대권　　　　아. 지극을 통과하는 대권

거등권 : 적도에 평행하고 자오선과 직교하는 소권을 말한다.

96 1해리에 대한 설명으로 옳은 것은?

　가. 위도 1분과 같다.　　　　　　나. 경도 1분과 같다.
　사. 1,000m와 같다.　　　　　　아. 1,609m와 같다.

1해리 = 1,852m(* 위도 1°는 60마일이다)

97 진북을 000°로 하여 시계방향으로 360°까지 측정하여 진방위나 진침로 표시에 많이 쓰이는 방위 표시방식으로 옳은 것은?

　가. 360°식　　　　　　　　　　나. 180°식
　사. 90°식　　　　　　　　　　　아. 포인트식

정답　93 아　94 아　95 가　96 가　97 가

해설 360°식 : 카드의 북(N)을 0°로하여 시계방향으로 360°까지 분할한 것인데, 동(E)은 90°, 남(S)은 180°, 서(W)는 270°가 된다.

98 선위결정시 방위측정에 관한 주의사항으로 옳은 것은?

가. 방위측정은 신중히 하고 천천히 측정한다.
나. 방위변화가 빠른 물표는 제일 먼저 측정한다.
사. 선위결정 후 관측자의 성명과 관측시각을 기입한다.
아. 선수미방향의 물표를 먼저, 정횡방향의 물표는 나중에 측정한다.

해설 방위측정시 주의사항
- 방위변화가 빠른 물표는 나중에 측정하고 선수미방향과 먼 물표를 먼저 측정한다.
- 정횡방향이나 가까운 물표는 나중에 측정한다.
- 방위측정은 정확하고 빠르고 신속하게 해야 한다.
- 관측시각과 방위를 기입해야 한다.

99 방위측정에 관한 주의사항으로 옳은 것은?

가. 방위변화가 빠른 물표를 먼저 측정한다.
나. 선수미방향의 물표를 먼저 측정한다.
사. 정횡방향의 물표에 먼저 측정한다.
아. 먼 물표는 뒤에 측정한다.

100 다음 선위결정법 중에 격시관측에 의한 방법이 아닌 것은?

가. 교차 방위법
나. 선수 배각법
사. 양측 방위법
아. 4점 방위법

해설 교차 방위법은 동시관측이다.

101 물표의 수평협각을 측정하는 용구는?

가. 레이더
나. 컴퍼스
사. 측심기
아. 육분의

해설 수평협각에 의한 위치선 : 분의(Sextant)를 사용하여 두 물표 사이의 수평협각을 측정하여 위치선을 구할 수 있으나 잘 사용되지 않는다.

정답 98 아 99 나 100 가 101 아

102 중시선이란 다음 중 어느 것인가?

　　가. 어떤 물표를 90°로 측정했을 때의 위치선
　　나. 어떤 물표가 자오선과 180°로 보이는 선
　　사. 두 물표가 일직선으로 겹쳐 보이는 선
　　아. 위험을 방지하기 위하여 선정한 선

103 지구상의 위치를 표시하는 좌표에서 경도가 변한 값을 무엇이라 하는가?

　　가. 위 도　　　　　　　　　　나. 변 위
　　사. 변 경　　　　　　　　　　아. 경 도

　　해설　변위 : 위도의 변화량
　　　　　변경 : 경도의 변화량

104 뚜렷한 물표 3개를 선정하여 육분의로 중앙 물표와 좌우 양 물표의 협각을 재고, 3간 분도기를 사용하여 선위를 구하는 방법은?

　　가. 교차 방위법　　　　　　　나. 수평 협각법
　　사. 양측 방위법　　　　　　　아. 4점 방위법

　　해설　수평 협각법 : 뚜렷한 3개의 물표를 선정하고 육분의를 사용하여 중앙의 물표와 좌우 각 물표 사이의 수평 협각을 측정하고 삼간분도기를 이용하여 이 두 각을 품는 원둘레가 만난 점을 선위로 정하는 방법이다.

105 최근에 구한 실측위치에서 진침로와 항정의 요소로 구한 선위는?

　　가. 추측위치　　　　　　　　나. 추정위치
　　사. 실측위치　　　　　　　　아. 가정위치

　　해설　추측위치 : 최근의 실측위치를 기준으로 하여 그 후에 조타한 침로나 항정에 의하여 구한 위치를 말한다.

106 다음 중 가장 정확한 선위는 어느 것인가?

　　가. 추정위치　　　　　　　　나. 추측위치
　　사. 실측위치　　　　　　　　아. 가정위치

정답　102 사　103 사　104 나　105 가　106 사

107 적도는 위도 몇 도(°)인가?

가. 0° 나. 45°
사. 60° 아. 90°

108 컴퍼스 침로가 12°이고, 컴퍼스 오차가 편동오차 2°이면 진침로는?

가. 10° 나. 12°
사. 14° 아. 16°

109 방위표시법에서 "포인트 식"의 "NE"를 "360°식"으로 맞게 표시한 것은?

가. 045° 나. 090°
사. 135° 아. 255°

110 방위표시법에서 어느 물표의 방위 310°를 90°식으로 표시하면 얼마가 되는가?

가. N50°W 나. N50°E
사. S130°W 아. S130°E

 90°식 : 북(N) 또는 남(S)을 0°로 하여 동(E)과 서(W) 방향으로 90°까지 잰 것으로 방위각이라 한다. 이것은 360°식과 달리 도수의 앞뒤로 부호가 붙는다. N30°W는 북을 기준으로 서쪽으로 30° 잰 것이고 S30°E는 남을 기준으로 동쪽으로 30°만큼 잰 것이다.

111 어떤 물표를 관측하여 얻은 방위, 협각, 고도, 거리 등을 만족시키는 점의 자취로서, 관측을 실시한 선박이 그 자취 위에 존재한다고 생각되는 특정한 선을 무엇이라 하는가?

가. 위치선 나. 방위선
사. 항정선 아. 피험선

112 선박의 위치를 표시하는 방법 중 가장 알맞은 것은?

가. 위도와 경도를 나타낸다.
나. 자오선과 거등권으로 나타낸다.
사. 가까이 있는 등대를 기준으로 방위와 거리를 나타낸다.
아. 가까이 암초를 기준으로 방위와 거리로 나타낸다.

위도와 경도로써 선박의 위치를 나타낸다.

정답 107 가 108 사 109 가 110 가 111 가 112 가

113 선위를 표시할 때 맞는 것은?

가. 경도를 먼저 표시하고 나중에 위도를 표시한다.
나. 위도를 먼저 표시하고 나중에 경도를 표시한다.
사. 주간은 위도를 먼저 표시하고 야간은 경도를 먼저 표시한다.
아. 동양에는 위도를 먼저 표시하고 서양에는 경도를 먼저 표시하는 것이 통례이다.

114 항해 중 배가 바람이나 조류에 떠밀려서 그 항적이 선수미선과 이루는 교각을 무엇이라 하는가?

가. 조 시   나. 조 류
사. 조 석   아. 풍압차

> 풍압차 : 바람에 떠밀려 선수미선과 항적이 이루는 교각
> 유압차 : 해조류나 조류에 떠밀려 선수미선과 항적이 이루는 교각

115 수심을 측정해서 대략적인 위치를 알 수 있는 항법은?

가. 등심선 항법   나. 교차 방위법
사. 수평 협각법   아. 수직위험각법

> 수심에 의한 위치선 : 수심의 변화가 규칙적이고 뚜렷한 곳에서는 직접 측정하여 얻은 수심과 해도와 비교하여 같은 수심을 연결한 등심선을 위치선으로 활용한다.

116 선위측정 목표로서 적합하지 못한 것은 다음 중 어느 것인가?

가. 등 대   나. 부 표
사. 산봉우리   아. 입 표

> 해도상에 위치가 정확하고 뚜렷한 목표를 선정하여야 한다. 나. 부표는 위치 이동의 우려가 있으므로 적합하지 않다.

117 4포인트(점)는 몇 도인가?

가. 90°   나. 22°30′
사. 11°15′   아. 45°

> NE = 4점 = 45°   E = 8점 = 90°   N/E = 1점 = 11°15′

정답 113 나 114 아 115 가 116 나 117 아

118 협수도를 통과할 때 부근의 암초를 피해 가기 위하여 해도상에 준비된 위험예방선을 무엇이라 하는가?

　가. 경계선　　　　　　　　　　나. 방위선
　사. 피험선　　　　　　　　　　아. 전위선

 피험선 : 협수로 통과시나 입·출항 통과시에 준비된 위험예방선을 말한다.

119 협수도 통과시 적절한 때는?

　가. 창조류일 때　　　　　　　나. 반류일 때
　사. 게류시일 때　　　　　　　아. 와류시일 때

 협수도를 통과하는 시기(일반원칙)
　① 낮에 조류가 약한 시기에 통과한다.
　② 조류가 있을 때 역조 말기나 게류시에 통항하는 것이 적당하다.
　③ 굴곡이 없는 곳은 순조시에, 굴곡이 심한 곳은 역조시에 통과한다.
　※ 준비사항
　　① STAND BY ENGINE(기관 준비)을 한다.
　　② 양현투묘준비를 한다.
　　③ 조타장치를 점검한다.

120 다음 중 가장 정확한 피험선은?

　가. 두 물표 중시선　　　　　　나. 선수 방향 방위선
　사. 두 물표 수평협각　　　　　아. 자차 측정 시

121 연안 항해에서 많이 사용하는 방법으로 뚜렷한 물표 2, 3개를 이용하여 선위를 구하는 방법을 무엇이라 하는가?

　가. 수심 연측법　　　　　　　나. 교차 방위법
　사. 3표 양각법　　　　　　　　아. 4점 방위법

수심 연측법 : 대략적인 선위를 알기 위해서 일정한 간격으로 연속적인 수심측정을 통한 선위측정
3표양각법(수평 협각법) : 뚜렷한 3개의 물표를 육분의로 수평협각을 측정하여 선위측정
4점 방위법 : 물표의 전측시 선수각을 45°(4점)로 측정하고, 후측시 선수각을 90°(8점)로 측정하여 선위측정

정답　118 사　119 사　120 가　121 나

122 선박의 위치를 구할 수 있는 방법이 아닌 것은?

가. 1개 물표의 방위를 측정하고 위치선을 긋는다.
나. 2개 이상의 물표의 방위를 측정하고 방위선을 긋는다.
사. 3개의 물표를 선정하고 중앙 물표와 좌우 물표 사이의 협각을 측정하고 이들 두 각을 품는 원둘레의 교점을 구한다.
아. 중시선과 다른 물표의 방위를 그어 교점을 구한다.

> 해설 선위를 측정하기 위해서는 2물표 이상의 방위를 측정하고 위치선을 그어 구한다.

정답 122 가

Chapter 06 전파 및 레이더 항법

Part 1 | 항 해

1 레이더의 원리 및 취급

레이더(Radar)는 그 어원(Radio Detecting And Ranging)에서 알 수 있듯이 전파의 특성(직진성, 반사성 및 등속성)을 이용하여 물체를 탐지하고 방향과 거리를 알아내는 계기이다.

1 레이더의 특징

(1) 밤·낮은 물론 눈, 비가 내릴 때나 안개가 낀 때에도 이용된다.
(2) 모든 물표(360° 전 주위의 물표) 및 지형이 지시기의 음극선관(C.R.T)에 영상으로 나타난다.
(3) 주위에 있는 물표의 방위와 거리가 동시에 측정된다.
(4) 자선 이외에 특별한 장치가 필요치 않으므로 어디서나 항상 이용할 수 있다.
(5) 레이더 영상에는 타선의 상대위치의 변화가 나타난다(충돌예방에 유리).
(6) 한 물표로 선위측정이 가능하다(방위 거리법).
(7) 육상의 송신국이 필요 없다(선박에서 송수신).
(8) 선박이 대형화, 고속화됨에 따라 레이더로써 신속 정확한 판단으로 운항의 능률을 높일 수 있다.
(9) 태풍의 중심·진로 파악(피항)

2 레이더의 원리

자선의 레이더에서 발사한 전파가 물표에 반사되어 되돌아오는 시간을 측정하여 물표까지의 거리와 그 때의 안테나 방향에 의하여 방위를 측정한다. 레이더 전파는 빛과 같이 회절하지 않고 직진함과 동시에 공중선(안테나)이 작아도 예리한 지향성을 얻을 수 있는 극초단파(마이크로파)를 사용하고 공중선이 향하는 쪽에서 그 물표의 방위가 측정된다.

> **tip**
> **레이더에서 사용되는 전파**
> 그 목적에 따라서 다소의 차이는 있으나 약 300MHz부터 50GHz까지의 마이크로파이다.
> 일반적으로 전파의 주파수가 높아지게 되면 송신기에서 높은 출력을 내기 어렵고, 수신기 내부에서 발생하는 잡음 등이 성능에 영향을 줄 뿐만 아니라, 비, 눈, 구름, 안개 등의 영향에 의한 감쇄도 커지게 된다. 그럼에도 불구하고 파장이 짧은 마이크로파가 레이더에 사용되는 이유는 다음과 같다.
> ① 회절 현상이 줄어서 직진성이 좋아진다.
> ② 지향성이 좋아지며 같은 크기일 경우 안테나 이득이 커진다.
> ③ 작은 물표로부터의 반사파가 강해진다.
> ④ 혼신이나 방해파의 영향이 줄어든다.

3 레이더의 구성

선박용 레이더의 구성은 송신기부, 수신기부, 스캐너부, 지시기부, 전원부, 도파관 및 동축 케이블로 구성되어 있다.

① 송·수신기
  ㉠ 송신기 : 강력한 펄스파를 발생시키는 마그네트론(Magnetron)이 있다.
    • X-Band : 주파수 9,375MHz, 파장 3.2cm
    • S-Band : 주파수 3,000MHz, 파장 10cm
  ㉡ 수신기 : 물표에 부딪혀 돌아오는 미약한 반사파를 증폭시켜 영상 신호로 바꾸어 지시기로 보내는 장치
  ㉢ 송·수신 전환 장치
    • TR 스위치 : 강력한 송신 펄스파가 수신기로 들어가는 것을 막는 장치
    • ART 스위치 : 미약한 반사 펄스파가 송신기로 들어가는 것을 막는 장치

② 안테나
  ㉠ 송신 장치에서 발생시키는 강력한 펄스 전파를 지향성 높은 빔(Beam)의 형태로 공중을 향하여 발사하며, 또 물표는 부딪혀 돌아오는 반사파를 수신하여 수신 장치로 전달한다.
  ㉡ 안테나의 구조 : 반사기, 전자나팔, 구동 전동기로 구분된다.
  ㉢ 도파관(Wave guide) : 송·수신 장치에서 안테나까지 펄스파를 전송하는 관

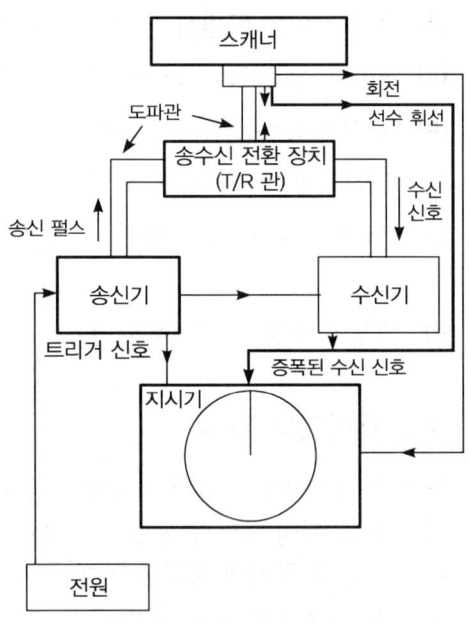

[레이더의 구성]

③ 지시기
  ㉠ 탐지되는 모든 물표의 위치와 거리를 나타내기 위해서 평면위치표시(PPI)방식을 채용하고 있으며, 레이더를 조정하기 위한 모든 조정장치가 부착되어 있다.
  ㉡ 스캐너가 1회전할 때마다 화면상의 소인선도 1회전한다.

> **레이더의 출력**
> ① **펄스폭** : 하나의 펄스가 발사되는 시간(0.1~0.3㎲ 정도)
> ② **펄스반복주파수**(PRF) : 1초에 발사되는 펄스의 수(500~2,000 정도) ⇒ 최대탐지거리 결정
> ③ **펄스반복률**(PRR) : 단위 시간당에 대한 펄스 송신의 반복 회수
> ④ **펄스반복주기**(PRI) : 하나의 펄스가 발사되고 나서 다음 펄스가 발사될 때까지의 시간

④ 레이더 화면의 표시 방식

레이더 스코프에 영상을 표시하는 방식으로는 방위선택스위치(bearing relative/true)를 이용하여 North up과 Head-up을 선택할 수 있다.

(1) 진방위 지시방식(North up)
① 자선의 선수쪽 방향은 항상 진북으로 0°이며, 선수휘선은 자선의 실제 침로를 가리키게 된다.
② 침로가 변하면 영상은 변하지 않고 선수휘선만 변한다.
③ 해도와 비교하기 쉽고, 변침이 많은 협수도, 연안 항해에 유리하다.
④ 화면이 안정적이며, 선체의 움직임에 의한 영상의 흔들림이 생기지 않는다.

(2) 상대방위 지시방식(Head-up)
① 선수휘선이 항상 화면의 위쪽을 향하게 된다.
② 선박 주위의 상황을 자선을 중심으로 관측하는데 편리하다.
③ 물체의 방위는 자선의 선수에 대한 상대방위로 표시된다.
④ 변침시 선수휘선은 변하지 않고 영상만 변침한 반대쪽으로 움직인다.
⑤ 자선이 움직임에 따라 영상이 흔들리게 되어 방위의 정확도가 떨어진다.
⑥ 변침시 영상의 판독이 어렵다.

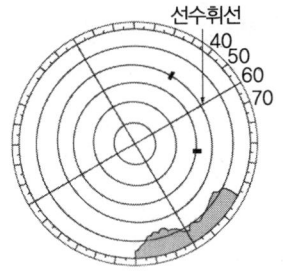

[진방위 표시]

[상대방위 표시]

5 레이더의 성능

레이더에서 좋은 영상을 얻기 위해서는 방위, 거리분해능 및 탐지능력이 좋고, 측정정도가 높아야 하며, 탐지거리가 넓고, 지시 방식이 이해하기 쉽고, 취급이 간편하며 보존이 용이하여야 한다.

성 능	영향을 미치는 요소
최대탐지거리	송신출력, 수신감도, 공중선이득, 파장, 안테나의 높이, 물표의 종류, 공중선의 RPM, 기상상태, 도파관의 길이
최소탐지거리	Pluse폭, 수직빔폭, CRT의 특성, 수신기의 특성, TR관의 회복시간, 기상상태, 공중선의 높이로 인한 사각
방위분해능	수평빔폭, CRT의 특성
거리분해능	Pluse폭, 수신기의 주파수 특성, 물표의 종류, CRT의 특성
영상의 선명도	Pluse폭, 수평빔폭, 공중선의 회전수, CRT의 특성, 기상상태

(1) 최대탐지거리

물표를 탐지할 수 있는 최대거리를 최대탐지거리라 하는데 이는 레이더 성능 외에도 여러 가지 환경조건이 작용한다.

탐지거리를 크게 하기 위하여는,

① 스캐너를 높인다.
② 송신전력을 크게 한다.
③ 스캐너의 이득을 증대시킨다.
④ 펄스폭을 넓히고 펄스반복 주파수를 줄인다.

기상 상태에 의한 굴절 현상

① **초굴절(super-refraction)현상** : 차갑고 습기가 많은 공기 표면층 위에 따뜻하고 건조한 상부 공기층이 있는 경우에는 레이더파가 아래쪽으로 휘게 되며, 그 결과 탐지거리가 증가하게 된다.

② **아굴절(sub-refraciton)현상** : 초굴절과는 반대되는 현상으로 따뜻하고 건조한 공기층 위에 차갑고 습한 공기층이 있을 경우에 레이더파는 위로 휘게 되며, 이로 인하여 탐지거리를 축소시키게 된다.

③ **도관(ductiong)현상** : 초굴절이 특히 큰 경우에 나타나는 현상으로 레이더파가 대기층과 해면 사이를 연속적으로 반복하여 굴절함으로써 100여 해리의 먼거리 물체까지도 나타나는 경우가 있다.

(2) 최소탐지거리

스캐너에 너무 가까이 있는 물표는 탐지될 수 없으며 이것은 레이더가 채택하고 있는 송·수신 전환 장치 때문이다. 또한 마스트가 너무 높으면 수직빔폭의 사각이 생긴다. (레이더에 의해 물표를 탐지할 수 있는 가장 짧은 거리 ⇒ 펄스 길이의 1/2에 해당하는 거리)

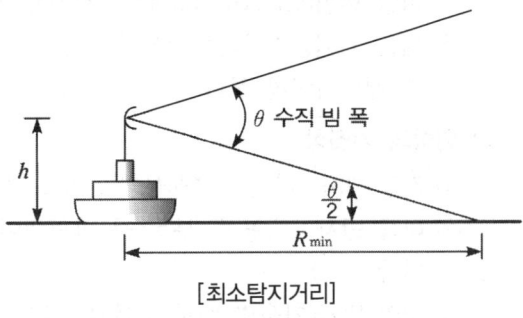
[최소탐지거리]

(3) 방위분해능

같은 거리에 방위각도가 조금 틀린 인접한 2개의 물표에 대하여 지시기상의 스코프에서 분리된 2개의 휘점으로 나타낼 수 있는 능력을 말한다. 스캐너의 지향성은 일반적으로 최대 전력의 1/2이 되는 방향선 각도로 표시하고 이것을 빔폭이라 하며 방위 분해능은 스캐너의 수평빔폭에 의하여 결정된다. 빔폭이 좁을수록 방위 분해능은 좋아진다.

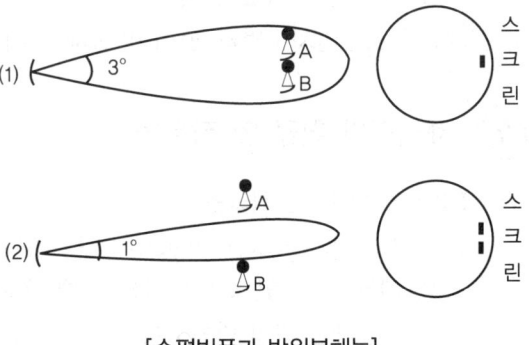
[수평빔폭과 방위분해능]

(4) 거리분해능

같은 방위상에 거리가 다른 2개의 물표가 있는 경우 2개의 물표를 구별할 수 있는 상호간의 최단거리를 거리분해능이라 한다.

거리 분해능을 좋게 하기 위해서는
① 펄스폭을 좁게 한다.
② 영상의 휘점크기를 작게 한다.
③ 측정거리 범위를 작게 해준다.

6 영상의 방해현상과 거짓상

(1) 영상의 방해현상

① 해면반사 : STC(해면반사억제기 : anti-clutter sea) 스위치로 조정하며, 0~8마일까지 영향을 미친다.
② 눈, 비 등에 의한 혼란 : FTC(우설반사억제기 : anti-clutter rain) 스위치로 조정한다.
③ 타 선박의 레이더 간섭 : CRT 화면상에 약간 넓은 나선형으로 밝게 눈이 내리는 것처럼 어느 방향이나 생긴다.
④ 맹목 구간(Blind sector) : 스캐너가 연돌, 마스터보다 낮아 전파가 차단되어 물표를 탐지할 수 없는 구간 ⇒ X밴드 레이더보다 S밴드 레이더를 사용하는 것이 좋다.

⑤ 차영 현상(Shadow Effect) : 전파가 차단되어 약해지는 현상
⑥ 데린저 현상 : 단파통신에서 수십초~수시간 통신이 두절되는 현상 ⇒ 전파의 소실현상을 페이딩이라 한다.

(2) 영상의 거짓상
① 간접 반사 : 자선 구조물(연돌, 마스트), 건물, 절벽 등의 반사 ⇒ 진상의 다른 방향에 위상
② 다중 반사 : 대형선, 부두 등 반사성이 좋은 물질에 반사 ⇒ 같은 방향에 같은 간격으로 위상
③ 경면 반사(거울면 반사) : 철교, 빌딩, 부두 등에 반사 ⇒ 반사 물체와 대칭 위치에 위상
④ 부복사(측엽효과, side lobe) : STC로 억제 ⇒ 7°, 90° 방향에 위상, 진영상과 같은 거리에 원호의 형태로 표시한다.
⑤ 2차 소인반사 : 멀리 떨어진 물체가 갑자기 가깝게 나타나는 현상

7 레이더의 취급 및 작동법

(1) 조정기의 역할 및 취급법
① 전원 스위치(power switch) : 대부분의 레이더 전원 스위치는 "Off", "stand-by", "On"의 3단계로 되어 있으므로 사용할 때 우선 stand-by에 돌려서 2~4분 있다가 On으로 돌려서 사용하는 것이 바람직하다. 잠시 사용을 중단할 때는 stand-by에 두면 필요할 때 바로 On으로 돌려 사용할 수 있다.
② 휘도 조정기(brilliance) : 소인선의 밝기를 조정하는 손잡이며 오른편으로 돌릴수록 소인선이 밝아진다. 너무 밝게 하면 소형물표를 놓치기 쉬울 뿐만 아니라 CRT의 수명도 짧아지므로 휘도 조정기는 물표가 없는 경우에 소인선의 회전이 겨우 보이도록 하는 것이 좋다.
③ 수심 감도 조정기(Gain) : 수신기부의 감도를 조정하는 스위치이며 시계방향으로 돌리면 감도가 증가한다. 따라서 물표를 관측할 수 있는 거리도 확대된다. 사용거리 범위에 따라서 적당한 영상이 얻어지도록 조정한다. 즉 근거리에서는 감도를 약간 줄이고 원거리에서는 감도를 약간 높이는 것이 좋다.
④ 동조 조정기(Tuning) : 반사파를 증폭하는 것으로 시계방향으로 돌리면 감도가 좋아진다. 너무 강하면 전자 빔이 스크린상에 강하게 부딪혀 영상이 선명하지 못하게 된다. 이 조정은 거리범위 6마일 이상에서 하면 쉽다.
⑤ 탐지거리 선택기(Range 또는 Scale) : 화면의 거리범위를 바꾸는 스위치이며 중앙에서 외주까지 크기를 1마일, 2마일, 6마일, 15마일, 40마일 등 거리범위를 바꿀 수 있고 거리지시용 램프에 불이 켜져 현재 사용 중인 거리범위를 바로 알 수 있다.
⑥ 고정거리 눈금 밝기조정기(Marker) : 고정거리 눈금의 밝기를 조정하는 것으로 작은 물표를 놓치지 않기 위해서 되도록 어둡게 사용하는 것이 좋다.
⑦ 가변 거리환 조정기(VRM) : 가변거리 눈금의 변경을 임의로 할 수 있고 그 거리가 옆의

문자판에 나타난다. 이 가변거리 눈금은 고정거리 눈금보다 정밀도가 떨어지므로 자주 양자를 비교해 보아야 한다.

⑧ 선수휘선 휘도 조정기(Heading) : 스크린 상에는 선수방위를 가리키기 위해서 밝은 직선이 나타나게 되어 있다. 스캐너가 1회전 할 때마다 선수방위 소인선이 빛난다.

⑨ 방위 선택 스위치(Bearing relative/true) : 자이로 컴퍼스와 동기 연결하여 스크린 화면의 상부가 진북이 되도록 표시하는 방법과 선부방향을 상부로 표시하는 방식, 2가지가 있다.

⑩ 해면 반사 억제기(STC) : 해면 반사가 강하게 나타나면 해변 반사를 겨우 지울 수 있는 정도까지 시계방향으로 돌리고 없을 때는 반시계방향으로 돌려준다.

⑪ 비·눈 반사 억제기(FTC) : 눈비가 심하게 내려 화면에 잡음이 나타날 때 사용한다. 우설이 없을 때에는 본래의 위치로 돌려 준다.

⑫ 초점 조정기(Focus) : CRT 중앙의 영상에 초첨을 맞추면 외조의 영상은 어느 정도 희미해지므로 고정거리 눈금의 중간원에 초점을 맞추는 것이 좋다.

⑬ 중심 확대 스위치(Center Expand) : 스크린 중심 부근의 물표는 밀착하여 보기란 곤란하고 방위도 측정하기 어렵다. 따라서 이 확대 스위치를 이용하면 소인선은 중심에서 시작하지 않고 약 1cm의 곳에서부터 시작한다.

⑭ 방위선(Cursor 또는 EBM) : 물표의 방위를 측정하기 위하여 플라스틱제 원반을 손잡이에 의해 자유로이 회전시킬 수 있다. 또 전자식 방위선이

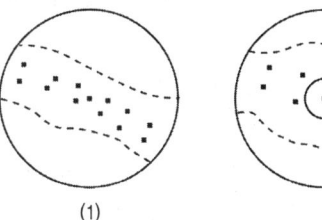

[중심확대시의 화면]

라는 것이 있어 CRT에 회전시킬 수 있는 방위선이 직접 그려지는 방식도 있다.

⑮ 조명등 조절기(Dimmer) : 방위 눈금환의 조명등, 거리눈금 표시계의 조명등, 거리범위 표시등의 밝기를 가감한다.

⑯ 공중선 회전스위치(Scanner on-off) : 스캐너를 회전시키고 정지시킬 수 있는 스위치이다.

⑰ 테스트 스위치(Test) : 고장 발견에 사용된다.

(2) 작동순서

① 전원 스위치를 "stand-by"에 놓는다. 2~4분 후에 불이 들어오면 "On"에 넣는다.
② 방위 전환 스위치를 "True"나 "Rel"에 넣어 화면을 진북 지시방식이나 상대방위 지시방식에 놓는다.
③ 거리범위 선택 스위치를 원하는 거리범위에 놓는다. 처음에는 근거리에 놓고 조정하는 것이 좋다.
④ 휘도 조정기의 조정은 수신기 이득의 감도를 가장 낮게 하였을 때 소인선이 겨우 보일 정도로 한다.
⑤ 초점이 맞지 않을 때는 초점 조정기를 사용하여 초점을 거리눈금 중간에 맞춘다.
⑥ 수신 감도 조정기를 점차로 돌려 잡음의 반점이 희미하게 시작하는 정도에서 그친다.
⑦ 동조 조절기는 반사파의 상이 물방울처럼 둥글고 강하게 빛나지 않을 정도로 조정한다.

⑧ 방해제거 스위치는 그 때의 파도 상태나 눈, 비의 방해정도에 따라 적절히 조절하여 사용하고 가끔식 원위치로 돌려보아야 한다.
⑨ 거리눈금, 선수휘선 밝기조정기, 조명등 조절기 등을 조절해서 거리 눈금원, 선수 지시선, 그 밖에 다른 조명등의 밝기를 조정한다.
⑩ 물체의 거리와 올바른 방위측정을 위하여 휘도 조정기와 거리범위에 따라 수신기 감도 등을 재조정한다.

(3) 레이더의 고장과 대책

① 전원스위치를 STAND BY 위치로 했을 때 전혀 동작하지 않는다. ⇒ 전원 및 퓨즈 점검
② STAND BY 상태에서 3분이 지나도 준비램프가 켜지지 않는다. ⇒ 타이머 회로나 준비램프의 고장 확인
③ 화면에 아무 것도 나타나지 않는다. ⇒ 음극선관(CRT) 결함, 전원관계, 퓨즈 및 relay 점검
④ 스코프 중앙에 점만 나타나고 소인선(sweep)이 표시되지 않는다. ⇒ 트리거 및 고압전압 이상, 소인선 계통에 결함 점검
⑤ 소인선이 표시되지만 회전하지 않는다. ⇒ 스캐너 점검
⑥ 소인선이 회전하지만 소인기점이 스코프 중심에 일치하지 않는다. ⇒ 오프센터 조정기 조정
⑦ 잡음 및 영상이 표시되지만 감도가 너무 낮다. ⇒ 송신출력 감소, 크리스탈 성능 저하, 안테나 발사 손실, 도파관의 누수, 수신 장치의 감도 저하
⑧ 화면에 영상은 나타나지만 어둡고 희미하다. ⇒ CRT의 표면 및 반사 플로터의 표면이 더러운 경우
⑨ 먼 물표는 나오나 가까운 물표가 안 나온다. ⇒ TR관의 성능 저하

2 레이더에 의한 위치와 오차

레이더는 물표를 눈으로 보는 대신에 그 영상을 CRT(음극선관, 스크린, 스코프)상에 표시하고 물표까지의 거리와 방위를 측정하는 것이다. 따라서 CRT상에 나타나는 영상은 완전한 물표를 나타내지 못하고 오차를 수반한다. 여기에는 레이더 자체의 고유 오차와 외계의 상태가 영향을 미쳐서 생기는 오차가 있다.

1 거리오차

(1) 거리 눈금에 의한 오차

영상의 거리를 스코프상에 측정할 때, 고정거리 눈금을 사용하는 경우와 가변거리 눈금을 사용하는 경우가 있다. 어느 경우에나 거리눈금 발생회로의 오차 측정기술 등이 측정오차에 관계된다. 고정거리 눈금의 경우 허용오차는 사용 최대 거리의 ±2% 정도이기 때문에 때때

로 고정거리 눈금에 맞추어서 그 정밀도를 확인할 필요가 있다.

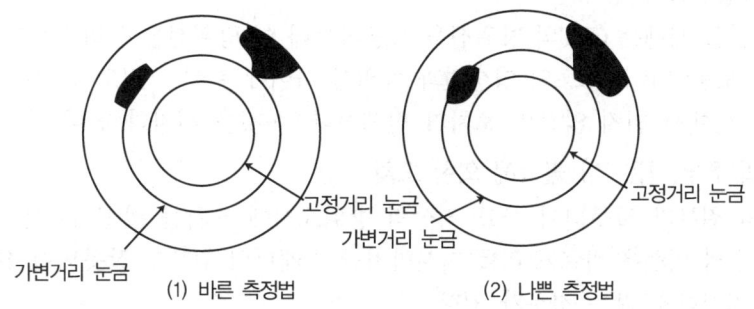

[거리의 측정법]

(2) 펄스폭과 CRT관의 휘점의 크기에 의한 오차

CRT관에 나타나는 물표의 영상을 펄스폭에 상응하는 거리와 CRT의 휘점에 상당하는 거리의 합만큼 길게 나타낸다. 휘점의 크기는 사용하는 거리범위에 의해서 그 비중이 달라지며 또 물표의 반사 능력도 달라진다.

2 방위 오차

(1) 방위 눈금에 의한 오차

영상은 CRT의 중심부근에서는 점모양으로 나타나지만 CRT의 끝단으로 가면 선상으로 비치게 된다. 방위를 바로 측정하기 위해서는 작은 물표의 중앙에 방위선(Cursor)을 맞출 필요가 있다.

(2) 방위 확대 효과에 의한 오차

레이더의 수평빔폭은 보통 1~2°이기 때문에, 물표가 이 빔폭 안에 들어온 동안은 반사파가 수신된다.

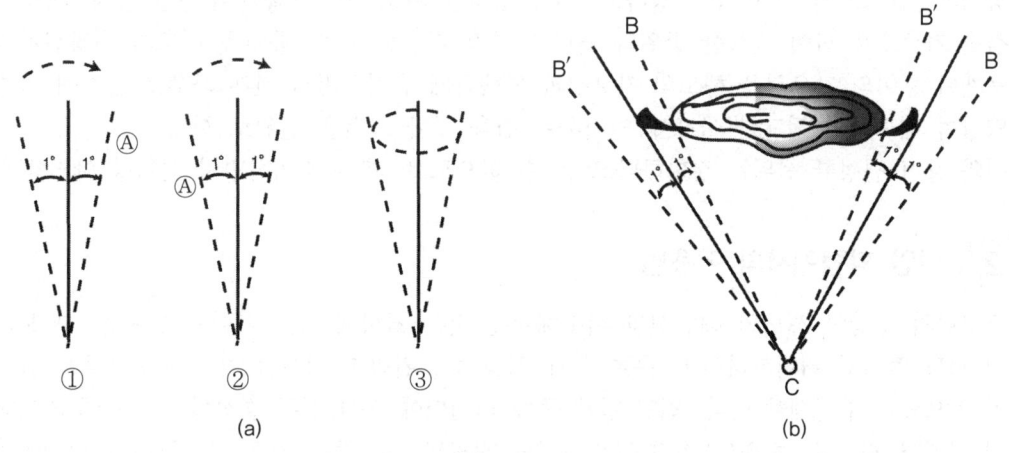

[영상 확대로 인한 방위 확대의 효과]

(3) 시차에 의한 오차

방위를 읽을 때에는 CRT의 방위선을 사용하는데 이 방위선은 플라스틱제의 투명한 판에 그린 것이 보통이고 스코프의 영상면과 방위선 사이에는 어느 정도 간격이 있기 때문에 물표를 바로 위에서 읽지 않으면 오차가 발생한다. 이것을 시차라 한다.

(4) 스캐너의 취부(다는 것) 불량에 의한 오차

스캐너의 취부가 잘못되어 물표 영상의 방위표시에 오차를 발생시키는 경우가 있다. 예를 들면 선수의 휘선은 바르게 0°를 지시하지만 스캐너의 취부가 잘못되어 선박의 올바른 진로 방향을 지시하지 않는 경우가 있다.

이상과 같은 이유로 스코프상 영상의 방위를 정확히 측정하고자 하여도 영상의 방위에는 ± 0.5°의 오차가 포함되는게 보통이고 또 영상의 방위를 읽는데 ± 0.5°정도의 오차가 생길 확률이 크다. 또 스캐너의 방향과 스코프의 소인방향 사이의 동기에도 ± 1°의 허용범위가 있기 때문에 크게는 2~3°정도의 방위 오차가 생길 수 있다는 점에 유의해야 한다.

3 레이더에 의한 좁은 수도 및 연안 항법

1 외양에서 연안으로 접근시 이용법

외양에서 처음으로 연안에 접근할 경우에 레이더로 육지를 초인하여 선위를 구하려면 추정위치를 기준으로 하여 영상을 판독하면 되지만, 미경험 지역에서 원거리의 영상을 판독하는 것은 매우 어려우므로 다음과 같은 방법으로 선위를 구한다.

우선 추정위치에서 육지까지의 거리를 해도에서 구하고, 그 거리에서 탐지될 수 있는 높이의 물표를 찾아서 해도 위에 표시해 둔다. 다음에 레이더 화면상에서 현저하게 나타나는 영상의 방위와 거리를 세 개 이상 측정하고, 이들 영상을 자오선이 기입된 투명한 용지 위에, 선위 0점을 기준으로 하여 관측한 방위와 거리에 각각 기입한다. 이 종이를 해도의 추정위치 부근에 포개어 종이의 자오선을 해도의 자오선과 평행하게 유지하면서 전후 좌우로 움직여 관측된 각 영상이 해도상의 적당한 물표에 일치하는 점을 찾아 그것을 선위로 한다.

이와 같이 결정한 선위는 정확하다고 볼 수 없으므로, 계속 주의하면서 선위를 확인해야 한다.

2 연안 항법에서의 이용법

스크린의 영상이 해도의 해안선과 비슷해지는 것은 지형에 따라 차이가 있지만, 대개 8~15마일 정도 떨어진 위치부터이며, 특히 모래 사장이나 완만한 경사를 가지는 물표들은 잘 탐지되지 않으므로 주의해야 한다. 연안 항해 중에 레이더에 의한 선위 결정법은 다음에 열거하는 여러 가지가 있으나, 방위의 정밀도는 거리의 정밀도보다 좋지 않으므로 특히 유의해야 한다.

(1) 레이더 거리와 실측 방위에 의한 방법

시계가 좋을 때 등선(Light house)이나 비콘 등의 고정 물표에 의해 선위를 구하는 방법으로, 눈으로 측정한 컴퍼스 방위와 레이더로 측정한 거리에 의해서 선위를 구하는 것이다. 이 방법이 레이더를 이용한 선위 결정법 중 가장 정확하다.

(2) 둘 이상 물표의 거리에 의한 방법

두 개 이상의 현저한 물표의 레이더 거리를 측정하여, 그것을 반지름으로 하는 원호 즉, 위치선을 해도상에 그리면 그 교점이 선위가 된다. 산과 같은 물표는 그것이 해도상의 어느 점에 해당하는가를

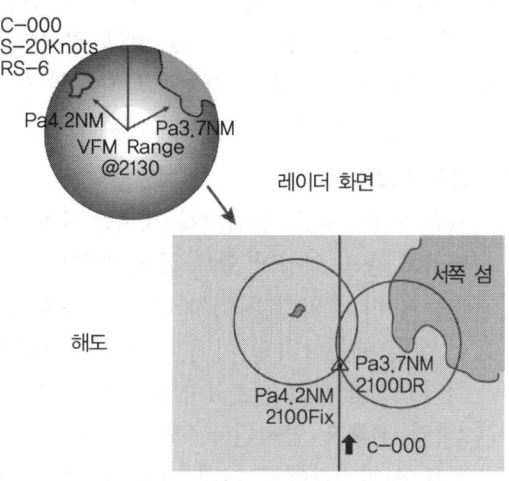

[레이더의 거리에 의한 위치 결정법]

결정하기 어려우므로, 오히려 해안선까지의 거리를 측정하는 편이 좋다. 단, 해안선의 만곡부는 영상 확대 현상 때문에 영상이 왜곡되어 나타나므로 될 수 있는 대로 선박의 침로에 직각으로 놓여있는 해안선의 부분을 선택하는 것이 바람직하다.

(3) 한 물표의 레이더 방위와 거리에 의한 방법

특별하게 현저한 물표 혹은 고정 물표의 경우에는 단일 물표의 레이더 방위와 레이더 거리에 의해서 선위를 구할 수 있다. 이 방법은 정확도는 떨어지나, 물표가 하나밖에 없는 경우나 신속한 측정이 필요한 경우에 이용할 수 있다.

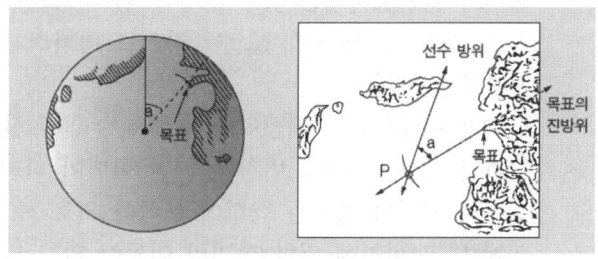

[레이더 방위와 거리에 의한 위치 결정법]

(4) 둘 이상 물표의 레이더 방위에 의한 방법

연안 항법에서의 교차 방위법처럼, 두 개 이상의 목표물에 대한 레이더 방위를 측정하여 선위를 구하는 방법이지만, 신뢰할 만한 방법이 아니다.

3 협수도 방법

연안의 항해에서 좁은 수로에 진입하면 주위 환경의 변화가 빨라지므로, 선위도 정확하고 신속하게 구해야 한다. 특히, 좁은 수로 안에서 항행하는 선박이 많은 경우에는 선위를 구하여 해도에 기입할 시간적인 여유가 없을 때도 있으며, 이러한 경우에는 영상 판독을 위하여 해도를 가끔 보는 정도로 하는 소위 직접 항법으로 항행해야 한다. 시계가 제한되기 때문에 좁은 해역에서 레이더 운용은 짧은 시각 내에 빨리 정보를 얻어야 하고 다른 배의 움직임 판별, 작은 뜸 등을 보는 방법이 익숙해야 한다.

이와 같은 협수로에서는 환경의 변화가 빠른 반면, 영상의 판독은 더욱 정확하게 해야 하므로 이론뿐만 아니라, 많은 경험을 쌓고 익숙해지는 것이 중요하다. 날씨가 좋을 때 영상과 실제 물표를 비교해 본다든지, 또는 그 수역의 항로표지의 종류, 탐지거리, 배치 등을 미리 알아 두는 것 등이 필요하다.

(1) 뜸의 식별

좁은 수로, 하천, 항역 부근에서는 수로의 중요한 곳에 일정 거리를 두고 뜸을 띄우고 있다. 따라서 뜸의 영상이 있는 좁은 수로의 항법은 매우 중요하다. 뜸은 그 크기, 구조, 레이더의 성능에 따라 약간 차이가 있으나, 보통 2~3마일 거리에서 영상으로 판별되고 해면 반사등이 심할 때는 1마일 이내가 되어도 판별이 어려울 때가 있다. 반사식 뜸은 5~6마일에서 탐지되고 1급 부표는 3~4마일, 2급 부표는 대략 2마일 전후도 탐지된다. 작은 배와 뜸을 영상으로 식별하기에는 어려우며, 그 배가 정박하고 있을 때는 더욱더 식별하기 곤란하다. 따라서 그 수로에 들어가기 전에 뜸의 설치 상황을 해도, 항로고시 등으로 확인하여 두는 것은 매우 중요한 일이다.

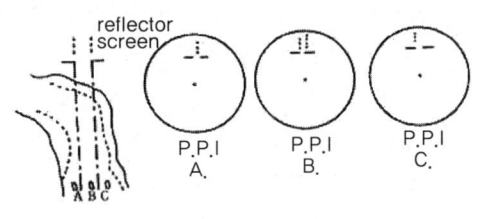

[반사식 뜸]

(2) 영상의 지시방식

화면의 지시방식에는 선수 방향을 위쪽으로 하는 상대방위 지시방식과 진북을 위쪽으로 하는 진방위 지시방식이 있으나 자이로 컴퍼스가 없는 소형선박은 상대방위 지시방식 하나만 사용하면 된다.

상대방위 지시는 진행방향에 대해서 주위의 상황을 관찰하게 되고 다른 배를 피항할 때 판단하기 쉽다. 그러나 변침을 하면 화면이 따라 움직이게 되고 영상이 불완전하게 된다.

진방위 지시의 경우는 화면이 북쪽을 위로 하고 있는 해도와 같은 표시로 물표의 진방위를 읽게 되고 변침에 의한 화면의 이동이 없고 다만 선수 지시선 방향만 바뀐다. 어느 쪽이나 장단점이 있으므로 사용자가 그 때의 필요성에 따라서 적절히 사용하면 될 것이다.

상대방위 지시방식	진방위 지시방식	상대방위 지시방식	진방위 지시방식
	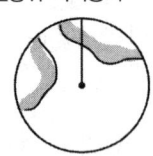		
왼쪽으로 40° 변침	왼쪽으로 40° 변침	뱃머리는 그대로이고 화면이 40° 오른쪽	화면은 그대로이고 선수 방향이 왼쪽으로 40° 돈다.

[영상의 지시방식 비교]

4 레이더 플로팅(Radar Plotting)

다른 선박과의 충돌 가능성을 확인하기 위하여 레이더에서 탐지된 영상의 위치를 체계적으로 연속 관측하여 이를 작도하고, 최근접점의 위치와 예상도달시간, 타선의 진침로와 속력 등을 해석하는 방법이다.

(1) 레이더와 충돌 예방
① 레이더 실습 훈련
② 레이더 판독
③ 레이더 조작 및 당직 유지

(2) 레이더 플로팅
① 플로팅 방법
　㉠ 머뉴버링 보드를 이용한다.
　㉡ 플로팅 시트를 이용한다.
　㉢ 반사플로트에 직접 작성한다.

② 일반적인 주의사항
　㉠ 10마일 내외의 충분히 여유가 있는 시기에 시작한다.
　㉡ 3분 또는 6분마다 플로팅한다.
　㉢ 방위변화가 없이 접근하는 목표물은 주의한다.
　㉣ 진방위 지시방식(North up)의 화면을 사용한다.
　㉤ 신속, 정확하게 작도한다.

③ 플로팅의 실제
　㉠ DRM : 상대운동방향
　㉡ SRM : 상대운동속력
　㉢ DCPA : 최근접점의 방위와 거리 (CPA : 최근접점)
　㉣ TCPA : 최근접점의 예상도달시간
　㉤ PPC : 계속 항해시 충돌점
　㉥ PAD : 충돌위험예상지역

온라인 강의 에듀마켓

5 국제해상충돌방지규칙에 기초한 레이더에 의한 피항법

 항해당직을 위한 IMO 권고사항
〈레이더의 활용〉
① 당직사관은 적절할 때, 시계가 제한될 때 또는 제한될 것이 예측될 때에는 언제나 레이더를 사용하여야 하고 선박이 폭주하는 해역에서는 항상 레이더를 사용하여야 하며 레이더의 성능 한계에 충분히 유의하여야 한다.
② 레이더를 사용할 때에는 언제나 당직사관은 적절한 거리눈금을 선택하여 조작하고 영상을 주의 깊게 관찰하여 효과적으로 기점하여야 한다.
③ 당직사관은 자주 레이더의 거리눈금을 바꾸고 영상이 가능한 한 빨리 발견되고 작거나 또는 가냘픈 영상도 놓치지 아니하도록 하여야 한다.
④ 당직사관은 필요하다면 감속을 함으로써 충분한 시간을 얻을 수 있다는 것을 상기하면서 충분한 시간적인 여유를 두고 영상을 풀로팅(작도)하거나 체계적인 분석을 하도록 하여야 한다.
⑤ 당직사관은 청명한 날씨에는 가능하다면 언제나 레이더 연습을 실시해야 한다.

(1) 레이더의 활용과 충돌예방

레이더를 제대로 사용하면 충돌예방에 크게 도움이 되는 것은 사실이지만 레이더의 성능과 제약을 이해하지 못하는 항해사가 사용하는 레이더는 없는 것만 못하다. 오판으로 인하여 차라리 레이더가 없었더라면 피할 수도 있을 충돌사고가 일어날 수 있기 때문이다.

① **시각 정보와 레이더 정보의 비교**

청명한 날, 경험이 많은 항해사가 당직 중에 멀리 수평선상에 항해중인 선박을 발견했다고 할 때, 그 항해사는 여러 가지 많은 정보를 얻게 된다. 즉 그는 순간적으로 본선에 대한 상대선의 위치관계를 알 수 있고 비록 정확하지는 못하지만 상대선의 방위와 거리를 짐작할 수 있다. 낮이면 마스트와 선체를 보고, 밤이면 항해등에 의하여 상대선의 침로를 짐작할 수 있고 상대선에서 본 본선의 상대방위를 알 수 있다. 선형이나 선수파를 식별할 수 있으면 상대선의 속력을 짐작할 수 있을 때도 있다.

수분동안 상대선의 방위 변화를 관찰하면 상대선이 본선의 어느 쪽을 통과할 것인지, 또는 충돌의 위험이 있을 것인지도 알 수 있다. 해상충돌예방규칙에 비추어 본선이 어떤 행동을 취해야 할 것인지, 또 상대선은 어떤 행동을 할 것인지를 판단할 수 있다. 상황을 판단하는 조건은 본선이나 상대선이 같기 때문이다. 상대선이 변침하면 변침한 양과 방향은 쉽게 눈에 띈다. 상대선 속력변화는 쉽게 탐지되지는 않지만 낮인 경우는 선수파의 변화로 알 수 있을 때가 있다. 이 경우에 레이더는 이들 측정을 정확히 하는 데 도움이 된다. 그러나 시계가 좋지 않을 때 레이더만으로 상대선을 탐지하였다면, 단지 그 물표의 방위와 거리를 알 수 있을 뿐이고 그것이 움직이는 것인지 아닌지 조차도 알 수가 없는 것이다. 하물며 그 선박의 형태나 침로, 속력 등은 알 길이 없고 또 그 선박이 본선을 발견했다는 보장도 없다. 왜냐하면 상대선은 레이더를 장비하고 있는지 또는 작동이 가능한 상태에 있는지 알 길이 없기 때문이다.

따라서 레이더에 의한 정보는 시각적으로 얻은 정보와 결코 대등할 수는 없는 것이다.

② 레이더의 이용법
　㉠ 레이더는 그것을 장비하고 있는 것만으로 충돌 방지에 아무런 도움이 되는 것은 아니며 항상 최상의 상태로 유지되어야 하고 자격 있는 항해사가 적절한 장비와 올바른 조정을 기하면서 사용하여야 한다.
　㉡ 믿을 수 있는 정보를 얻을 수 있는 상태가 되면 초기에 이것을 발견해야 하고, 믿을 수 없는 정보는 차라리 없는 것보다 훨씬 해로운 영향을 미친다. 쉽게 말해서 레이더 화면이 깨끗하다고 해서 근처에 다른 선박이나 위험물이 없다는 뜻은 아니며, 레이더의 성능이 저하되어 있을 수도 있고 작동상태가 적당치 못할 수도 있는 것이다.
　㉢ 주의깊게 자주 레이더를 작동시키면 레이더의 올바르지 못한 작동상태를 찾아내며, 어떤 것이 진상이고 어떤 것이 거짓상인지 식별할 수 있게 되며, 해면반사나 우설반사를 알맞게 지우는 방법도 배우게 된다.
　㉣ 레이더가 양호한 성능을 유지하고 있고 조정에 능숙한 항해사가 작동하여도 레이더는 물표의 순간적인 위치를 알려주는데 불과하다. 상대선의 침로, 속력, 충돌위험 유무 등의 구체적인 내용을 알기 위해서는 플로팅(작도)을 해보아야 한다.
　㉤ 레이더에 관한 자격있는 항해사라 함은 레이더의 원리를 이해하고 레이더의 성능과 제약사항을 잘 알고 있으며 레이더를 올바르게 조정할 줄 알며, 레이더에 나타난 정보를 바르게 읽을 줄 아는 사람을 말한다.

③ 레이더를 작동할 시기
　시계가 좋을 때는 레이더가 꼭 필요하지는 않을지 모르나 사용하면 큰 도움이 된다. 수분 동안의 레이더 관찰과 플로팅(작도)에 의하여 최근접점(CPA)과 상대선의 침로 및 속력을 정확하게 계산해 낼 수 있다.
　그러나 더욱 중요한 것은 시계가 양호할 때 레이더를 작동시킴으로써 얻을 수 있는 레이더 조정법의 숙달과 작도에 대한 자신감의 향상이다.
　한마디로 항해 중에는 시계가 좋을 때라도 레이더는 "Stand-by"상태에 두고 수평선에 선박의 그림자를 발견하면 즉시 레이더를 작동시켜 본선 레이더의 성능을 확인하고 작도에 의하여 피항 조치를 결정해야 한다. 시계가 나빠진 후에 레이더 작동을 시작하는 것은 때늦은 것이다.

(2) 레이더와 해상충돌예방규칙
　현행의 해상충돌예방규칙에는 레이더 정보를 적극적으로 활용할 것을 권장하고, 레이더를 장비한 선박의 의무를 명백히 하였으며, 레이더만으로 상대선을 탐지한 경우의 항법 규정을 별도로 정하고 있다. 여기서는 레이더의 이용과 직접 관계되는 조문만을 발췌하여 설명한다.
　① 견 시
　모든 선박은 시각 및 청각과 동시에 그 당시의 사정과 상태에 적절한 모든 유효한 수단에 의하여, 그 때의 상황 및 충돌의 위험을 충분히 평가할 수 있도록 항상 적절한 견시를 유지해야 한다. 여기에서 유효한 모든 수단에는 레이더가 포함되며 따라서 레이더가 장비되어 있고 작동이 가능한 선박은 의무적으로 레이더에 의한 견시를 해야 되는 것으로 해석된다.

② **안전한 속력**

　　모든 선박은 충돌을 피하고 그 당시의 사정과 상태에 알맞은 거리에서 정선할 수 있는 적절하고 유효한 동작을 취할 수 있도록 항상 안전한 속력으로 항행하여야 한다.

레이더 사용가능 선박에 대하여
① 레이더 장비의 특성, 능력 및 한계
② 활용되는 레이더 측정거리 범위에서 오는 제한
③ 레이더에 나타나는 해면상태, 기상 및 기타 장애원인의 영향
④ 소형선, 해빙, 기타의 부유물은 적당한 거리 내에서 레이더에 의하여 탐지되지 않을 수도 있다는 것
⑤ 레이더에 탐지된 선박의 수, 위치 및 이동상황
⑥ 부근의 선박이나 기타 목표물의 거리를 측정하기 위하여 레이더를 사용할 때 정확한 시정의 추정. 이상의 사항들을 고려하여 안전속력 결정에 참고하라는 것이다.

③ **충돌의 위험**
　　㉠ 모든 선박은 충돌, 위험의 유무를 판단하기 위하여 당시의 상황과 상태에 대해 적절한 모든 유용한 수단을 다해야 한다. 만일 의심스러우면 그와 같은 위험이 존재한다고 보아야 한다.
　　㉡ 레이더를 장비하고 작동 가능하면, 충돌의 위험에 대한 조기경보를 얻기 위한 장거리 탐지, 레이더 작도 또는 같은 효과를 얻을 수 있는 탐지된 물체의 체계적인 관측 등을 포함하여 레이더 장비를 적절하게 사용하여야 한다.

④ **제한 시계내에서의 선박의 운항**
　　레이더만으로 타선박의 존재를 탐지한 선박은 근접상태의 유발 또는 충돌의 위험유무 등을 결정하여야 한다. 그러한 위험이 있으면 충분한 시간을 두고 회피동작을 취해야 한다. 다만 그러한 동작이 변침만으로 이루어질 경우에는 다음과 같은 동작은 피하여야 한다.
　　㉠ 추월당하고 있는 선박의 경우를 제외하고 본선의 정횡보다 전방에 있는 선박을 위하여 좌현측으로 변침하는 일
　　㉡ 정횡에 있는 선박 또는 정횡보다 후방에 있는 선박쪽으로 변침하는 일

Chapter 06 전파 및 레이더 항법

Part 1 | 항해 적중예상문제

01 레이더 장치의 우수성에 대한 설명으로 옳지 않은 것은?

가. 밤낮은 물론, 눈비가 올 때도 사용이 가능하다.
나. 주위 물표의 거리와 방위가 동시에 측정된다.
사. 본선 이외에 외부의 특별한 도움을 받는다.
아. 상대선의 위치 변화를 알아낼 수 있다.

해설 레이더의 특징
① 밤·낮은 물론 눈, 비가 내릴 때나 안개가 낀 때에도 이용된다.
② 모든 물표 및 지형이 지시기의 음극선관(C.R.T)에 영상으로 나타난다.
③ 주위에 있는 물표의 방위와 거리가 동시에 측정된다.
④ 자선 이외에 특별한 장치가 필요치 않으므로 어디서나 항상 이용할 수 있다.
⑤ 레이더 영상에는 타선의 상대위치 변화가 나타나므로 이것을 이용하면 충돌방지에 많은 도움이 된다.
⑥ 선박이 대형화, 고속화됨에 따라 레이더로써 신속 정확한 판단으로 운항의 능률을 높일 수 있다.

02 레이더에서 마이크로파(극초단파)를 사용하는 이유로 옳지 않은 것은?

가. 파장이 짧을수록 작은 물표로부터 반사파가 강하다.
나. 파장이 짧을수록 먼거리를 측정할 수 있다.
사. 파장이 짧을수록 전파의 직진성이 강하다.
아. 파장이 짧을수록 수신감도가 양호하다.

해설 파장이 짧은 마이크로파가 레이더에 사용되는 이유
① 회절 현상이 줄어서 직진성이 좋아진다.
② 지향성이 좋아지며 같은 크기일 경우 안테나 이득이 커진다.
③ 작은 물표로부터의 반사파가 강해진다.
④ 혼신이나 방해파의 영향이 줄어든다.

03 레이더에 마이크로파를 사용하는 이유로 옳지 않은 것은?

가. 파장이 짧을수록 굴절성이 강하므로
나. 파장이 짧을수록 전파의 직진성이 강하므로
사. 파장이 짧을수록 예리한 빔을 갖기 쉬우므로
아. 파장이 짧을수록 혼신 및 공전의 방해가 적으므로

정답 01 사 02 나 03 가

04 레이더에서 발사되는 전파의 속도로서 맞는 것은?

가. 빛의 속도와 같다.
나. 빛 속도의 1/2이다.
사. 음파의 속도와 같다.
아. 음파 속도의 2배이다.

> 해설 전파의 전달속도는 3×10^8 m/s(빛의 속도)

05 다음 중 레이더를 활용하는 경우에 해당하지 않는 것은?

가. 방위를 측정할 때
나. 순간 속력을 측정할 때
사. 물표의 존재를 확인할 때
아. 거리를 측정할 때

> 해설 자선의 레이더에서 발사한 전파가 물표에 반사되어 되돌아 오는 시간을 측정하여 물표까지의 거리와 그 때의 안테나 방향에 의하여 방위를 측정한다.

06 레이더의 특징으로 옳지 않은 것은?

가. 야간이나 시계가 불량한 경우에는 주위의 상황을 알 수 없다.
나. 본선 주위의 물표에 대한 방위와 거리를 알 수 있다.
사. 송·수신을 위한 육상 송신국이 별도로 필요 없다.
아. 충돌 방지 등의 안전 항해에 유효하다.

07 레이더 장치의 우수성과 관계가 없는 것은?

가. 밤낮은 물론, 눈·비가 올 때도 사용이 가능하다.
나. 주위 물표의 거리와 방위가 동시에 측정된다.
사. 본선 이외에 외부의 특별한 도움을 받는다.
아. 상대선의 위치 변화를 알아낼 수 있다.

> 해설 레이더는 송·수신을 위한 육상 송신국이 별도로 필요 없다. ⇒ 선박에서 송수신

08 다음 중 레이더를 항해에 이용할 수 없는 경우는?

가. 선위의 결정
나. 충돌의 예방
사. 선박의 자차수정
아. 물표의 거리와 방위 측정

> 해설 자차수정 작업은 컴퍼스를 이용하여 수정한다.

정답 04 가 05 나 06 가 07 사 08 사

09 레이더를 처음 작동시켰을 때, 레이더 화면상에서 본선의 위치가 나타나는 곳은?

가. 화면의 중심　　　　　　　나. 화면의 왼쪽
사. 화면의 오른쪽　　　　　　아. 화면의 아래쪽

10 전파가 진행도중 밀도가 서로 다른 지역을 통과할 때 나타나는 현상으로 옳은 것은?

가. 굴절현상　　　　　　　　나. 직진현상
사. 속도가 빨라지는 현상　　　아. 진행거리가 길어지는 현상

> 전파는 직진성을 가지고 있으나, 광선과 같이 밀도가 서로 다른 지역을 통과할 때에는 굴절과 휨 등의 현상이 일어나게 된다(초굴절, 아굴절, 도관 현상).

11 무중 항해 중에 가장 유용하게 이용되는 항해계기는?

가. 로 란　　　　　　　　　　나. 레이더
사. 무선방향탐지기　　　　　　아. 자기 컴퍼스

> 레이더는 밤낮은 물론 눈, 비가 내릴 때나 안개가 낀 때에도 이용된다.

12 레이더의 수신기 이득 조정기(GAIN)에 대한 설명으로 옳지 않은 것은?

가. 조정기를 높일수록 잡음이 감소한다.
나. 조정기를 높일수록 화면이 밝아진다.
사. 근거리에서는 약간 줄인다.
아. 원거리에서는 약간 높여준다.

> **수신감도 조절기**(Gain) : 수신기부의 감도를 조정하는 스위치이며 시계방향으로 돌리면 감도가 증가한다. 따라서 물표를 관측할 수 있는 거리도 확대된다. 사용거리 범위에 따라서 적당한 영상이 얻어지도록 조정한다. 즉 근거리에서는 감도를 약간 줄이고 원거리에서는 감도를 약간 높이는 것이 좋다.

13 레이더에서 영상을 밝게 하고 탐지능력을 조정하는 것은?

가. 수신감도 조정기(GAIN)
나. 해면반사 억제기(STC)
사. 우설반사 억제기(FTC)
아. 가변거리환(VRM)

정답　09 가　10 가　11 나　12 가　13 가

14 레이더에 나타난 물체를 해독하는 데 어려움을 주는 요소가 아닌 것은?

가. 파 도
나. 눈
사. 비
아. 온 도

15 레이더로 타선을 발견하였을 때 충돌의 위험이 있는 경우로 옳은 것은?

가. 타선과의 거리변화가 없다.
나. 타선과의 침로가 평행하다.
사. 타선의 속력에 변화가 없다.
아. 타선과의 방위변화가 없고, 거리가 가까워진다.

> 레이더로 타선을 관측시 방위변화가 없고 거리가 가까워지면 타선과 충돌의 위험이 있다.

16 레이더로 타선을 관측하였을 때 충돌의 위험성이 있는 선박으로 옳은 것은?

가. 상대운동 속력이 적은 선박
나. 상대방위의 변화가 뚜렷한 선박
사. 상대방위가 변하지 않고 접근하는 선박
아. 본선으로부터의 거리가 변하지 않는 선박

17 제한된 시정에서 레이더를 장치한 선박이 충돌을 피하기 위한 바른 동작은?

가. 속력의 변경은 주로 증속을 한다.
나. 침로의 변경은 소각도로 자주 행한다.
사. 충분히 여유있는 시간에 조기에 피항한다.
아. 레이더 정보는 정확하므로 순간적으로 피항한다.

> 모든 선박은 충돌, 위험의 유무를 판단하기 위하여 당시의 상황과 상태에 대해 적절한 모든 유용한 수단을 다해야 한다. 만일 의심스러우면 그와 같은 위험이 존재한다고 보아야 한다.

18 안개 속을 항해할 때 레이더를 이용하여 물표를 탐지한 순간에 최초로 알 수 있는 것은?

가. 물표의 속력
나. 물표의 침로
사. 물표의 방위와 거리
아. 물표와의 충돌 위험성

> 레이더에서 발사한 전파가 물표에 반사되어 되돌아 오는 시간을 측정하여 물표까지의 거리와 그 때의 안테나 방향에 의하여 방위를 측정한다.

정답 14 아 15 아 16 사 17 사 18 사

19 본선으로부터 같은 거리에 있는 서로 가까운 2개의 물표를 레이더 지시부 상에 2개 영상으로 분리하여 나타낼 수 있는 능력을 (   )(이)라 한다. (   )속에 알맞은 단어는?

가. 최소탐지거리
사. 거리분해능
나. 최대탐지거리
아. 방위분해능

20 레이더에서 가까운 거리에 있는 물표를 탐지할 수 있는 최소의 거리를 (   )라 한다. (   )속에 알맞은 용어는?

가. 최소탐지거리
사. 거리분해능
나. 최대탐지거리
아. 방위분해능

21 물표에서 반사된 펄스파가 선체의 구조물에 한번 더 반사되어 스캐너에 수신되었을 때, 스크린에 진상과 다른 방향에 거짓상이 나타나는 현상은?

가. 다중반사
사. 간접반사
나. 거울면 반사
아. 측엽에 의한 반사

22 본선 옆에 대형선이 지나갈 때 레이더 영상에 그림처럼 같은 방향에 거짓상이 나타나는 현상은?

가. 측엽에 의한 거짓상
사. 간접반사에 의한 거짓상
나. 다중반사에 의한 거짓상
아. 거울면 반사에 의한 거짓상

> **해설** 영상의 거짓상
> **간접반사** : 자선 구조물(연돌, 마스트), 건물, 절벽 등의 반사(진상의 다른 방향에 위상)
> **다중반사** : 대형선, 부두, 등반사성이 좋은 물질에 반사(같은 방향에 같은 간격으로 위상)
> **경면반사**(거울면 반사) : 철교, 빌딩, 부두 등에 반사(반사물체와 대칭 위치에 위상)
> **부복사**(측엽효과) : STC로 억제 7° 또는 90° 방향에 위상(진영상과 같은 거리와 원호의 형태로 표시)
> **2차소인반사** : 멀리 떨어진 물체가 갑자기 가깝게 나타나는 현상

정답 19 아 20 가 21 사 22 나

23 레이더의 거짓상 중 반사효과가 좋은 방파제 또는 타선의 현측 등으로 생기는 것은?
  가. 경면반사
  나. 다중반사
  사. 간접반사
  아. Side lobe

24 마스트나 연돌 등 선체의 구조물에 반사되어 생기는 거짓상은?
  가. 해면반사
  나. 우설반사
  사. 간접반사
  아. 다중반사

25 다음 물표 중에서 레이더에 의한 탐지거리가 가장 긴 것은?
  가. 소형부표
  나. 구명정
  사. 중형부표
  아. 대형유조선

26 레이더 플로팅을 하는 이유가 아닌 것은?
  가. 상대선 속력의 판단
  나. 최근접점 계산
  사. 상대선 침로의 판단
  아. 본선의 속력과 침로의 판단

> 해설 레이더 플로팅 : 다른 선박과의 충돌 가능성을 확인하기 위하여 레이더에서 탐지된 영상의 위치를 체계적으로 연속 관측하여 이를 작도하고, 최근접점의 위치와 예상도달시간 타선의 진침로와 속력 등을 해석하는 방법이다.

27 레이더용 항로표지와 관련이 없는 것은?
  가. 레이더 리플렉터
  나. 레이콘
  사. 자이로 리피터
  아. 레이더 트랜스폰더

> 해설 마이크로파 표지국
> (1) 유도비컨 (2) 레이더 반사기(레이더 리플렉터) (3) 레이더 트랜스폰더 (4) 토킹 비컨
> (5) 레마크 (6) 레이콘 (7) 소다 비전

28 레이더 전파를 계속적으로 송신하는 것으로 레이더 등대로 불리는 것은?
  가. 레이더 리플렉터
  나. 레이마크
  사. 레이더 트랜스폰더
  아. 레이더 플레어

> 해설 레이마크(Ramark) : 레이더 등대라고 하며, 일정한 지점에서 레이더파를 계속 발사하는 표지국이다. 유효거리는 주·야간 20마일이다.

정답 23 나 24 사 25 아 26 아 27 사 28 나

29 선박용 레이더에서 사용되는 안테나로 옳은 것은?

가. 무지향성 안테나   나. 지향성 안테나
사. 지향성 회전안테나   아. 무지향성 수직안테나

 레이더 스캐너(안테나) : 지향성 회전 공중선으로 1분에 10~20회 회전한다.

30 레이더 펄스가 발사되고 난 후 다음의 펄스가 발사될 때까지의 시간은?

가. 펄스반복주기   나. 수직빔폭
사. 수평빔폭   아. 첨두출력

- 펄스폭 : 하나의 펄스가 발사되는 시간(0.1~0.3μs 정도)
- 펄스반복주파수(PRF) : 1초에 발사되는 펄스의 수(500~2,000 정도) ⇒ 최대탐지거리 결정
- 펄스반복률(PRR) : 단위 시간당에 대한 펄스 송신의 반복 회수
- 펄스반복주기(PRI) : 하나의 펄스가 발사되고 나서 다음 펄스가 발사될 때까지의 시간
- 첨두전력 : 마그네트론이 발진하는 순간의 출력

31 레이더에서 맹목구간은 어떠한 경우에 나타나는가?

가. 자선의 속력이 빠를 때
나. 부근에 대형선이 있을 때
사. 본선 부근의 파고가 높을 때
아. 스캐너가 굴뚝이나 마스트 등에 의해 가려져 있을 때

 영상의 방해현상
① 해면반사 : STC(해면반사억제기 : anti-clutter sea) 스위치로 조정하며, 0~8마일까지 영향을 미친다.
② 눈, 비 등에 의한 혼란 : FTC(우설반사억제기 : anti-clutter rain) 스위치로 조정한다.
③ 타 선박의 레이더 간섭 : CRT 화면상에 약간 넓은 나선형으로 밝게 눈이 내리는 것처럼 어느 방향이나 생긴다.
④ 맹목 구간(Blind sector) : 스캐너가 연돌, 마스트보다 낮아 전파가 차단되어 물표를 탐지할 수 없는 구간 ⇒ X밴드 레이더보다 S밴드 레이더를 사용하는 것이 좋다.
⑤ 차영 현상(Shadow Effect) : 전파가 차단되어 약해지는 현상
⑥ 데린저 현상 : 단파통신에서 수십초~수시간 통신이 두절되는 현상 ⇒ 전파의 소실현상을 페이딩이라 한다.

정답 29 사   30 가   31 아

32 레이더 안테나의 높이가 높아지면 탐지거리는 어떻게 되는가?

가. 변화가 없다.
나. 증가 또는 감소한다.
사. 증가한다.
아. 감소한다.

> **해설** 스캐너 높이
> • 주파수, 안테나 회전수, 수직빔폭 ⇒ 작을수록 탐지거리가 증가한다.
> • 안테나 높이, 펄스폭, 파장 ⇒ 클수록 탐지거리가 증가한다.

33 레이더 안테나가 1회전할 때 스코프의 소인선은 몇 회전하는가?

가. 1회전 나. 2회전
사. 3회전 아. 4회전

34 소인선이 1회전하면 스캐너는 몇 회전하는가?

가. 1회전 나. 2회전
사. 3회전 아. 4회전

35 레이더 안테나의 높이와 탐지거리와의 관계가 가장 적절한 것은?

가. 안테나 높이가 높으면 탐지거리는 증가한다.
나. 안테나 높이가 높으면 탐지거리는 감소한다.
사. 안테나 높이는 탐지거리를 변화시키지 않는다.
아. 안테나 높이가 높으면 탐지거리가 감소 또는 증가를 규칙적으로 반복한다.

36 레이더 플로팅 용어 중 시피에이(CPA)가 뜻하는 것은?

가. 최근접점 나. 상대운동 방위
사. 본선의 원래 위치 아. 최근접점까지의 도달 시간

> **해설** 플로팅의 실제
> ① DRM : 상대운동방향
> ② SRM : 상대운동속력
> ③ DCPA : 최근접점의 방위와 거리 (CPA : 최근접점)
> ④ TCPA : 최근접점의 예상도달시간
> ⑤ PPC : 계속 항해시 충돌점
> ⑥ PAD : 충돌위험예상지역

정답 32 사 33 가 34 가 35 가 36 가

37 레이더 플로팅으로 얻을 수 없는 정보는?

가. CPA
나. 상대선의 진침로
사. 상대선의 상대운동 속력
아. 상대선의 종류

 레이더 플로팅은 다른 선박과의 충돌 가능성을 확인하기 위하여 레이더에서 탐지된 영상의 위치를 체계적으로 연속 관측하여 이를 작도하고, 최근접점(CPA)의 위치와 예상도달시간, 타선의 진침로와 속력 등을 해석하는 방법이다.

38 레이더의 최소탐지거리에 영향을 주지 않는 것은?

가. 수평빔폭
나. 수직빔폭
사. 펄스 폭
아. 안테나 높이

 최소탐지거리에 영향을 미치는 요소
- 펄스 폭(펄스 길이) : 최소탐지거리를 결정한다. ⇒ 펄스 폭의 1/2에 해당하는 거리 내에 있는 물표의 측정은 불가능하다.
- 수직빔폭 : 크게 하면 ⇒ 짧아진다.
- 안테나 높이 : 낮게 하면 ⇒ 짧아진다.
- CRT 크기
- 스폿의 크기
- 해면반사 및 사이드로브 : STC의 사용

39 레이더의 최소탐지거리와 가장 관계 있는 것으로 옳은 것은?

가. 펄스 폭
나. 펄스 반복 주파수
사. 송신 출력
아. 수평빔폭

 펄스 폭(펄스 길이)은 최소탐지거리를 결정한다. ⇒ 펄스 폭의 1/2에 해당하는 거리 내에 물표의 측정은 불가능하다.

정답 37 아 38 가 39 가

40 레이더의 최대탐지거리에 영향을 주는 요소로 옳지 않은 것은?

가. 주파수
나. 선박의 색상
사. 스캐너의 높이
아. 물표의 반사 특성

> 해설 최대탐지거리에 영향을 미치는 요소
> 펄스 반복률 – 낮을수록 – 증가 ⇒ 결정적 요소
> 주파수 – 낮을수록 멀리
> 빔의 폭 – 좁을수록 커진다.
> 안테나의 회전율 – 낮을수록 커진다.
> 펄스의 길이, 파장 – 길수록 증가한다.
> 안테나의 높이 – 높을수록 커진다.
> 첨두출력 – 클수록 증가한다.
> 물표의 종류 – 큰 물표일수록 커진다.
> 기상상태 – 나쁠 때 감소한다.

41 레이더의 최대탐지거리를 결정하는 가장 기본적인 요소로 옳은 것은?

가. 기상 상태
나. 스캐너 높이
사. 스캐너 회전수
아. 펄스 반복률

> 해설 펄스 반복률이 낮을수록 최대탐지거리는 증가한다. ⇒ 결정적 요소

42 레이더의 최대탐지거리에 대한 설명으로 옳지 않은 것은?

가. 송신 출력의 4승근에 비례한다.
나. 빔 폭을 좁게 하면 탐지거리도 짧아진다.
사. 펄스반복 주파수가 낮은 쪽이 탐지거리가 길다.
아. 안테나 이득을 올리면 탐지거리가 다소 증대한다.

> 해설 빔 폭을 좁게 하면 탐지거리는 증가한다.

정답 40 나 41 아 42 나

43 레이더의 방위분해능에 대한 설명으로 옳은 것은?

가. 수평빔폭이 클수록 방위분해능이 좋다.
나. 수직빔폭이 클수록 방위분해능이 좋다.
사. 수평빔폭이 작을수록 방위분해능이 좋다.
아. 수직빔폭이 작을수록 방위분해능이 좋다.

수평빔폭(방위의 정확도를 높이는 방법)
- 목표물의 영상은 수평빔폭에 의하여 확대되어 나타난다. ⇒ 영상은 수평빔폭의 1/2만큼 확대
- 작은 목표물에 대해서는 영상의 중심에 방위를 측정한다.
- 섬 등의 목표물의 측정시는 수평빔폭의 절반만큼 안쪽으로 측정한다.
- 수신감도를 약간 줄인다.
- 가능하면 거리 선택 스위치를 근거리로 선택한다.
- 수평빔폭이 적은 X밴드 레이더를 선택한다.

44 방위분해능에 가장 큰 영향을 미치는 요소로 옳은 것은?

가. 펄스폭   나. 주파수
사. 수평빔폭   아. 수직빔폭

 수평빔폭을 좁게 하면 방위분해능이 좋다.

45 레이더 성능으로 등거리에 인접한 두 물표가 지시기 화면상에 두 개의 점으로 분리 표시되기 위한 최소한의 방위차를 무엇이라 하는가?

가. 최소탐지거리   나. 거리분해능
사. 최대탐지거리   아. 방위분해능

방위분해능 : 같은 거리에 방위각도가 조금 틀린 인접한 2개의 물표에 대하여 지시기상의 스코프에서 분리된 2개의 휘점으로 나타낼 수 있는 능력을 말한다.

46 레이더에서 같은 방향에 근접해 있는 두 개의 물표를 구별하여 영상으로 나타내는 능력을 무엇이라 하는가?

가. 방위분해능   나. 거리분해능
사. 최대탐지거리   아. 최소탐지거리

정답 43 사 44 사 45 아 46 나

47 레이더의 거리분해능에 대한 설명으로 옳지 않은 것은?

가. 펄스폭을 길게 하면 거리분해능이 좋아진다.
나. 수신기 이득을 적절히 낮게 조절하면 거리분해능이 좋아진다.
사. 지시기가 크고 거리 스케일을 근거리로 선택할수록 좋아진다.
아. 같은 방향에 있는 두 개의 가까운 물표를 분리해서 나타내는 능력이다.

> 거리분해능 : 같은 방위상에 거리가 다른 2개의 물표가 있는 경우 2개의 물표를 구별할 수 있는 상호 간의 최단거리를 거리분해능이라 한다.
> 거리분해능을 좋게 하기 위해서는
> ① 펄스폭을 좁게 한다.
> ② 영상의 휘점크기를 작게 한다.
> ③ 측정거리 범위를 작게 해준다.
> ④ Gain을 적절히 낮게 조절하면 물표가 서로 분리되어 표시될 수 있다.

48 레이더의 거리분해능과 가장 관련이 깊은 것은?

가. 펄스폭 나. 수평빔폭
사. 안테나의 크기 아. 송신출력

> 거리분해능을 좋게 하기 위해서는 펄스폭을 짧게 한다.

49 좁은 수로에서 레이더를 사용하는 방법으로서 적합하지 않은 것은?

가. 간접반사를 조심한다. 나. 거짓상을 조심한다.
사. 맹목구간을 조심한다. 아. 레이더 사용을 자제한다.

> 협수로를 항행시에는 주위 상황의 변화가 빠르므로 넓은 해역을 항행할 때보다 위치를 신속하고 정확하게 구해야 한다. 레이더를 직접항법에 사용하여 항행하여야 하며, 간접반사 등의 허상 및 맹목구간에 대하여 특히 조심하며, 다른 선박의 이동을 정확히 파악하는 동시에 소형선, 부표 등의 영상 판독에도 익숙해야 한다.

50 협수로에서 레이더를 사용하는 경우 진입하기 전에 미리 확인해 두어야 할 정보로 옳지 않은 것은?

가. 변침점 나. 침로
사. 연료량 아. 피험선

> 협수로에서는 영상의 이동이 빠르므로, 협수로에 진입하기 전에 미리 변침점, 침로, 선수 방향의 목표물, 피험선 등을 미리 확인해 두어야 한다.

정답 47 가 48 가 49 아 50 사

51 연안 항해에서 레이더 방위만으로 위치를 구하면 오차가 크다. 그 이유로 옳은 것은?

가. 수평빔폭의 영향
나. 최소탐지거리의 영향
사. 최대탐지거리의 영향
아. 두 물표의 간섭에 의한 영향

> 연안항해시 레이더로 위치를 구할 때에는 레이더의 방위는 수평빔폭의 영향으로 오차가 크게 나타나므로, 부득이한 경우가 아니면 레이더 방위를 이용하지 않는 것이 좋다.

52 좁은 수로에서의 레이더 이용 방법 중 적합하지 않은 것은?

가. 단시간에 영상을 판독하여 필요한 정보를 얻어야 한다.
나. 레이더의 맹목구간, 거짓상 등에 특히 주의한다.
사. 좁은 수로에 진입하기 전에 미리 물표 등을 조사해 둔다.
아. 넓은 수역을 항해할 때와 같은 거리 범위를 조절한다.

53 레이더의 조정기 중에서 FTC의 기능은?

가. 비, 눈 등의 반사파 억제
나. 전원 스위치
사. 해면 반사파 억제
아. 초점 조정

54 레이더에서 물체로부터 반사파의 탐지 및 세기에 영향을 주는 요소가 아닌 것은?

가. 물표의 높이
나. 물표의 구성물질
사. 물표의 유효 반사면적
아. 물표부근의 풍향

55 다음 중 레이더 조정기 중 과도하게 높이면 소형물표의 반사파가 억제되어 화면상에 나타나지 않게 될 수도 있는 것은?

가. 해면반사억제기
나. 수신기 감도조정기
사. 가변거리 눈금 조절기
아. 방위선

정답 51 가 52 아 53 가 54 아 55 가

제6장 전파 및 레이더 항법

56 항해 당직 중 레이더의 사용에 관한 설명으로 옳지 않은 것은?

가. 레이더의 탐지거리를 항상 고정하여 관찰한다.
나. 안전속도로 항해하면서 영상을 체계적으로 관찰한다.
사. 영상을 주의깊게 관찰하고 효과적으로 판단해야 한다.
아. 선박 통항이 빈번한 해역에서는 항상 레이더를 사용해야 한다.

> 해설 당직사관은 자주 레이더의 거리눈금을 바꾸고 영상이 가능한 한 빨리 발견되게 하고 작거나 또는 가냘픈 상도 놓치지 아니하도록 하여야 한다.

57 항해 당직 중 레이더의 사용에 관한 설명이다. 틀린 것은?

가. 선박 통항이 빈번한 해역에서는 항상 레이더를 사용해야 한다.
나. 영상을 주의깊게 관찰하고 효과적으로 판단해야 한다.
사. 안전속도로 항해하면서 영상을 체계적으로 관찰한다.
아. 레이더의 눈금을 자주 바꾸지 말고 관찰한다.

58 항해 중 레이더로 작은 물표의 방위를 측정할 때 영상의 어디를 측정하여야 하는가?

가. 물표의 좌측 끝
나. 물표의 우측 끝
사. 물표의 가장 가까운 점
아. 물표의 중앙

> 해설 방위의 정확도를 높이기 위하여 작은 목표물에 대해서는 영상의 중심에 방위를 측정한다.

59 연안 항해에서 선위를 측정할 때 가장 부정확한 방법은?

가. 한 목표물의 레이더 방위와 거리에 의한 방법
나. 둘 이상 목표물의 레이더 방위에 의한 방법
사. 둘 이상 목표물의 레이더 거리에 의한 방법
아. 레이더 거리와 실측 방위에 의한 방법

> 해설 연안 항해에서의 이용법
> ① 레이더 거리와 실측 방위에 의한 방법 : 컴퍼스로 방위를 측정하고 거리는 레이더로 측정한다(가장 정확한 방법이다).
> ② 둘 이상 물표의 거리에 의한 방법 : 두 개 이상의 현저한 물표의 레이더 거리를 측정한다.
> ③ 한 물표의 레이더 방위와 거리에 의한 방법 : 물표가 하나밖에 없는 경우 거리와 방위를 측정하며, 신속한 측정이 필요한 경우에 이용할 수 있다.
> ④ 둘 이상 물표의 레이더 방위에 의한 방법 : 연안 항법에서의 교차 방위법처럼, 두 개 이상의 목표물에 대한 레이더 방위를 측정하여 선위를 구하는 방법이지만, 신뢰할 만한 방법이 아니다.

정답 56 가 57 아 58 아 59 나

60 연안에서 레이더로 선위를 측정하는 방법이 아닌 것은?

가. 실측 방위에 의한 방법
나. 레이더 거리와 실측 방위에 의한 방법
사. 둘 이상 목표물의 레이더 거리에 의한 방법
아. 둘 이상 목표물의 레이더 방위에 의한 방법

61 본선으로부터 약 10마일 떨어진 선박의 동태를 감시하기 위한 가장 적절한 탐지거리는?

가. 12마일　　　　나. 6마일
사. 24마일　　　　아. 3마일

 거리선택스위치(Range scale)를 이용하여 10마일까지의 거리를 탐지할 수 있도록 12마일의 탐지거리를 선택하면 된다.

62 레이더에 나타난 물표의 방위는 무엇에 의하여 알 수 있는가?

가. 전파의 속도　　　　나. 안테나의 회전수
사. 안테나의 높이　　　　아. 안테나의 방향

63 다음 중 레이더의 거짓상이 아닌 것은?

가. 간접반사　　　　나. 거울면 반사
사. 다중반사　　　　아. 철선의 반사

 영상의 거짓상
간접반사 : 자선 구조물(연돌, 마스트), 건물, 절벽 등의 반사(진상의 다른 방향에 위상)
다중반사 : 대형선, 부두, 등반사성이 좋은 물질에 반사(같은 방향에 같은 간격으로 위상)
경면반사(거울면 반사) : 철교, 빌딩, 부두 등에 반사(반사물체와 대칭 위치에 위상)
부복사(측엽효과) : STC로 억제 7° 또는 90° 방향에 위상(진영상과 같은 거리와 원호의 형태로 표시)
2차소인반사 : 멀리 떨어진 물체가 갑자기 가깝게 나타나는 현상

64 3각형 또는 4각형의 금속판을 서로 직각으로 조합시켜 강한 반사파를 나오게 하여 레이더 탐지능력을 향상시키는 것은?

가. 레이마크　　　　나. 레이더 트랜스폰더
사. 레이더 리플렉터　　　　아. 레이콘

 레이더 반사기(Radar reflector)
① 부표, 등표 등에 설치되어 레이더 전파의 반사 능률을 높여주는 반사판이다.
② 최대탐지거리가 2배 가량 증가한다.

| 정답 | 60 가 | 61 가 | 62 아 | 63 아 | 64 사 |

65 레이더의 구성에서 미약한 반사파를 증폭시켜서 영상 신호로 바꾸는 곳은?

가. 지시기
나. 스캐너
사. 송신장치
아. 수신장치

목표물에 부딪혀 되돌아온 미약한 반사파가 송수신 전환 장치를 거쳐 들어오면, 이를 증폭시켜 영상 신호로 바꾸어 지시기에 보내는 장치이다.

66 레이더 플로팅에서 티시피에이(TCPA)란?

가. 최근접점까지 도달하는 시간
나. 최근접점까지의 거리
사. 물표의 속도
아. 물표의 방위

DCPA : 최근접점의 방위와 거리 (CPA : 최근접점)
TCPA : 최근접점의 예상도달시간
PPC : 계속 항해시 충돌점
PAD : 충돌위험예상지역

67 레이더 플로팅시의 일반적인 주의사항 중 틀린 것은?

가. 가까이 있는 선박보다 멀리 있는 것을 먼저 한다.
나. 방위변화 없이 접근하는 것부터 한다.
사. 충분히 여유 있는 시기부터 한다.
아. 상대운동 속력이 큰 것부터 한다.

레이더 플로팅시의 일반적인 주의사항
① 10마일 내외의 충분히 여유가 있는 시기에 시작한다.
② 3분 또는 6분마다 플로팅한다.
③ 방위변화가 없이 접근하는 목표물은 주의한다.
④ 진방위지시방식(North up)의 화면을 사용한다.
⑤ 신속, 정확하게 작도한다.

68 레이더의 해면반사억제기(STC) 조정은 어떠한 경우에 하는가?

가. 비·눈 등의 영향으로 화면이 선명하지 못할 때
나. 본선 주위의 파도에 의한 반사파를 억제시킬 때
사. 방위분해능이 좋지 않을 때
아. 원거리 물표를 탐지할 때

• 해면반사억제기(STC) : 해면반사가 강하게 나타나면 해면 반사를 겨우 지울 수 있는 정도까지 시계 방향으로 돌리고 없을 때는 반시계방향으로 돌려준다.

정답 65 아 66 가 67 가 68 나

- 비·눈 반사 억제기(FTC) : 눈비가 심하게 내려 화면에 잡음이 나타날 때 사용한다. 우설이 없을 때에는 본래의 위치로 돌려준다.

69 레이더로 물표까지 거리를 정확하게 측정할 때 사용하는 조정기는?

가. 고정거리원
사. 평행선 자
나. 가변거리원
아. 방위 선택 스위치

> 가변 거리환 조정기(VRM) : 가변거리 눈금의 변경을 임의로 할 수 있고 그 거리가 옆의 문자판에 나타난다. 이 가변거리 눈금은 고정거리 눈금보다 정밀도가 떨어지므로 자주 양자를 비교해 보아야 한다.

70 레이더 영상에 그림처럼 나타나는 경우는?

가. 해면반사
사. 조류의 물결
나. 거짓상 현상
아. 레이더의 간섭 작용

71 레이더의 작동 방법으로 옳지 않은 것은?

가. 전원 스위치를 최초의 "off" 위치에서 "Stand by"로 한다.
나. 최초의 거리 선택스위치는 6마일 이상의 원거리로 한다.
사. 사용 전 각종 조정기가 최소위치에 있도록 한다.
아. "Stand by" 위치에서 곧 바로 "on"으로 한다.

> Stand by에서 3분 정도 기다렸다가 진공관이 가열되면 on을 한다.

72 레이더 수신기의 감도조정기(Gain)의 사용에 대한 설명으로 옳지 않은 것은?

가. 감도를 높이면 잡음이 증가한다.
나. 원거리 물표를 측정할 때에는 감도를 높인다.
사. 방위측정 오차를 줄이기 위해서는 감도를 높여 측정한다.
아. 거리측정 오차를 줄이기 위해서는 감도를 낮추어 측정한다.

73 레이더 작동 순서에서 가장 나중에 하는 것으로 옳은 것은?

가. 전원 스위치를 Stand-by 위치
사. 가변거리조정기의 휘도조정
나. 동조 조정기
아. 거리 선택 스위치

정답 69 나 70 아 71 아 72 사 73 사

제6장 전파 및 레이더 항법

74 레이더 스코프 전체 화면의 밝기를 조절하는 것은?

가. 전원 스위치 나. 이득 조정기
사. 동조 조정기 아. 휘도 조정기

- 동조 조정기(Tuning) : 반사파를 증폭하는 것으로 시계 방향으로 돌리면 감도가 좋아진다.
- 휘도 조정기(brilliance) : 소인선의 밝기를 조정하는 손잡이이며 오른편으로 돌릴수록 소인선이 밝아진다.

75 레이더 커서(cursor)는 무엇을 하는 것인가?

가. 위치를 낸다. 나. 방위를 측정한다.
사. 거리를 측정한다. 아. 물표의 크기를 잰다.

- 방위선(Cursor 또는 EBM) : 물표의 방위를 측정하기 위하여 플라스틱제 원반을 손잡이에 의해 자유로이 회전시킬 수 있다.

76 항해 중 스콜이나 소나기를 만났을 때 사용하는 조정기로 옳은 것은?

가. FTC 나. STC
사. Gain 아. Tune

77 레이더의 진방위지시방식(North up)과 관계가 없는 것은?

가. 안정된 화면의 유지 나. 연속된 플로팅 가능
사. 협수로 항해에 유리 아. 물표의 상대방위 측정에 유리

진방위지시방식(North up)
① 자선의 선수쪽 방향은 항상 진북으로 0°이며, 선수휘선은 자선의 실제 침로를 가리키게 된다.
② 침로가 변하면 영상은 변하지 않고 선수휘선만 변한다.
③ 해도와 비교하기 쉽고, 변침이 많은 협수도, 연안항해에 유리하다.
④ 화면이 안정적이며, 선체의 움직임에 의한 영상의 흔들림이 생기지 않는다.

78 선박을 좌현으로 변침하면 레이더의 진방위지시방식(North up) 작동 상태에서 나타나는 사항으로 옳은 것은?

가. 선수휘선이 시계방향으로 돈다.
나. 선수휘선이 반시계방향으로 돈다.
사. 육지의 영상은 지시기 상에서 시계방향으로 돈다.
아. 육지의 영상은 지시기 상에서 반시계방향으로 돈다.

정답 74 아 75 나 76 가 77 아 78 나

79 선박을 좌현으로 변침하면 레이더의 상대방위지시방식(Head up) 표시에 어떤 영상의 변화가 일어나는가?

가. 육상의 영상이 시계방향으로 돈다.
나. 선수 지시선이 시계방향으로 돈다.
사. 육지의 영상이 반시계방향으로 돈다.
아. 선수 지시선이 반시계방향으로 돈다.

> 상대방위지시방식(Head-up)
> ① 선수휘선이 항상 화면의 위쪽을 향하게 된다.
> ② 선박 주위의 상황을 자선을 중심으로 관측하는데 편리하다.
> ③ 물체의 방위는 자선의 선수에 대한 상대방위로 표시된다.
> ④ 변침시 선수휘선은 변하지 않고 영상만 변침한 반대쪽으로 움직인다.
> ⑤ 자선이 움직임에 따라 영상이 흔들리게 되어 방위의 정확도가 떨어진다.
> ⑥ 변침시 영상의 판독이 어렵다.

80 레이더 영상 지시방식 중 상대방위지시방식에 관한 설명으로 옳지 않은 것은?

가. 변침시에는 선수 휘선은 이동하지 않는다.
나. 물표의 진방위 측정이 불편하다.
사. 충돌방지에 편리한 방법이다.
아. 해도와 비교하기 쉽다.

> 아. 진방위 지시방식이다.

81 레이더 플로팅을 하는 목적으로 옳지 않은 것은?

가. CPA 및 TCPA를 알기 위하여
나. 본선의 침로와 속력을 알기 위해
사. 타선의 침로와 속력을 알기 위하여
아. 충돌방지를 위해 본선이 취할 침로와 속력을 알기 위해

> 다른 선박과의 충돌 가능성을 확인하기 위하여 레이더에서 탐지된 영상의 위치를 체계적으로 연속 관측하여 이를 작도하고, 최근접점의 위치와 예상도달시간, 타선의 진침로와 속력 등을 해석하는 방법이다.

정답 79 가 80 아 81 나

82 레이더 플로팅을 할 때 충돌의 위험이 가장 큰 경우로 옳은 것은?

가. 본선과 타선 간 거리의 변화가 없다.
나. 본선과 타선 간 방위의 변화가 없다.
사. 본선과 타선 간 속력의 변화가 없다.
아. 본선과 타선 간 영상의 변화가 없다.

 방위의 변화가 없고 거리가 가까워지면 충돌위험이 있는 경우이다.

83 IMO 권고사항으로 레이더 실습 훈련은 어떤 상황에서 실시하는 것이 좋은가?

가. 안개가 많이 낀 날
나. 야간에 선박이 많은 날
사. 파도가 높고 너울이 많은 날
아. 맑은 날 육안으로 관측이 용이한 날

84 레이더 플로팅을 실시할 때 필요한 것으로 옳은 것은?

가. 삼간 분도기
나. 머뉴버링 보드
사. 로란 차트
아. 트레이싱 페이퍼

플로팅 방법
① 머뉴버링 보드를 이용한다.
② 플로팅 시트를 이용한다.
③ 반사플로트에 직접 작성한다.

정답 82 나 83 아 84 나

PART 2
운 용

★ 제1장　선박의 구조 및 설비
★ 제2장　선박의 이동 및 조종
★ 제3장　선박의 복원성
★ 제4장　당직근무
★ 제5장　기상 및 해상
★ 제6장　선박의 동력장치
★ 제7장　비상조치 및 손상제어
★ 제8장　선내의료
★ 제9장　수색 및 구조, 해상통신

Chapter 01 선박의 구조 및 설비

Part 2 | 운 용

선박은 사람이나 화물을 싣고 물에서 항행하는 구조물로서 부양성, 적재성, 이동성이 있어야 한다.
선박을 여러 가지 형태로 분류하지만 흔히 사용되는 선박의 사용목적에 따라
상선, 어선, 특수선, 군함으로 분류할 수 있다.
① 상선은 여객을 운송하는 여객선과 화물선으로 대별할 수 있고 화물선에는 일반화물선과 특별한 화물만을 전담하는 전용선이 있다.
② 어선에도 많은 종류가 있으나 대개 어로선(작업선), 운반선, 특수어선 등으로 구별된다.
③ 특수선이라 함은 실습선, 준설선, 병원선, 소방선 등을 말한다.

1 선박의 크기 및 흘수와 건현

1 선박의 치수

선박의 길이, 폭, 깊이를 선박의 주요 치수라고 부른다. 이러한 치수들은 선박의 조종, 선박의 크기 비교, 선체 정비 등에 필요하다.

(1) 선박의 길이

① 전장(Length Over All : Loa) : 선체에 고정되어 있는 돌출물을 포함하여 선수 최전단으로부터 선미 최후단까지의 수평거리이다(부두접안이나 입거 등과 같은 선박의 조종에 필요한 길이).

② 수선간장(Length Between Perpendiculars : Lbp) : 계획 만재 흘수선상의 선수재 전면에서 타주(Rudder post)의 후면까지 수평거리이다(일반적으로 사용되는 선박의 길이로 선체 길이의 중앙이란 수선간장의 중앙을 말한다).

③ 수선장(Length On Load WaterLine) : 선체가 물속에 잠겨있는 부분의 수평거리를 말하며 이는 배의 저항, 추진력 계산 등에 사용된다.

④ 등록장(Registered Length) : 선수재 전면에서 선미재 후면까지를 상갑판 보에서 잰 수평거리로 선박원부에 등록되는 길이이다.

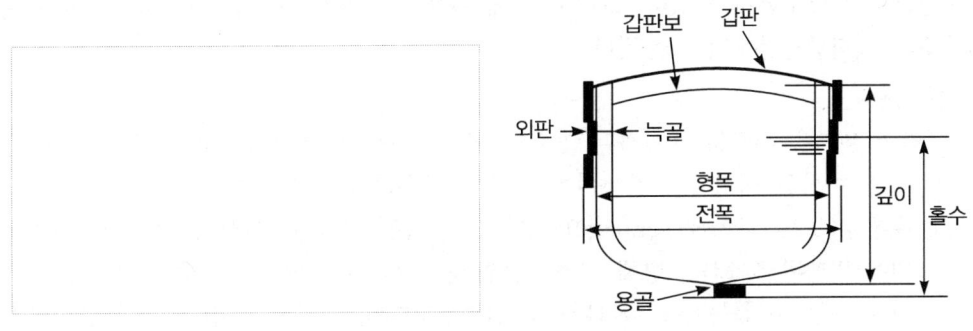

[선박의 주요 치수]

(2) 선박의 폭
① 전폭(Extreme Breadth : Bex) : 선체의 가장 넓은 중앙부에서 외판의 외면에서 맞은편 외판의 외면까지 수평거리이다(선박조종에 필요한 선체의 폭).
② 형폭(Moulded Breadth : B) : 늑골의 외면에서 맞은편 외면까지의 길이로서 전폭보다 외판의 두께만큼 짧은 길이이다(선박에 대한 법규 등에 사용).
③ 선박의 깊이 : 선체 길이의 중앙에서, 용골 상면으로부터 상갑판 보의 상면까지를 수직으로 잰 거리로서 형심이라고도 한다(만재 흘수선 규정이나 선박법 등에서 사용되는 깊이).

2 트림(Trim)

선체 전후의 균형을 트림(선각)이라 하며, 전후부의 흘수차로 표시한다(선박의 항해시 타효, 속력, 외력의 영향 등 중대한 상관관계가 있으므로 화물 적재 시에 자선의 구조 등 여러 가지 상황을 고려해서 결정해야 한다).

(1) 선미트림(Trim by The Stern)
선미흘수가 선수보다 깊은 경우이며, 항해 중에는 약간의 선미트림 상태가 보통이다(선수부가 높아서 파장의 침입이 적고 선미가 깊게 잠겨 타효가 좋으며, 속력의 증대에도 효과적이다).

(2) 선수트림(Trim by The Head)
선수흘수가 선미보다 깊은 것을 말한다(바람의 영향은 적게 받지만 파도의 영향을 많이 받고 속력이 저하되고, 황천시에는 추진기의 공전이 일어날 수 있다).

(3) 등흘수(Even Keel)
선수흘수와 선미흘수가 같을 때를 말한다(얕은 하천을 통과할 때 흘수가 낮아서 좋고, 또한 도크에 들어갈 때도 이 등흘수를 유지해야 한다).

3 톤 수

선박의 크기를 용적으로 나타내는 데는 총톤수와 순톤수가 있으며, 중량으로 나타내는 데는 재화중량톤수와 배수톤수가 있다. 그리고 실제 화물을 선적하는데 필요로 하는 톤수로는 재화용적톤수와 재화중량톤수가 사용된다.

(1) 용적톤수
선박의 용적을 톤으로 표시하는 것으로, 용적 $2.832m^3$ 또는 $100ft^3$를 1톤으로 환산한다. 용적 산출 대상을 어디까지 잡는가에 따라 총톤수와 순톤수로 나눈다.

① **총톤수**(G.T. : Gross Tonnage) : 총톤수는 측정 갑판의 아랫부분 용적에, 측정 갑판보다 위에 밀폐된 장소(단, 항해, 추진, 위생 등에 필요한 공간은 제외)의 용적을 합한 것이다. 이 톤수는 수익 능력을 나타내므로 관세, 등록세, 계선료, 도선료 등의 산정기준이 되며, 선박국적증서에 기재된다.

② **순톤수**(N.T. : Net Tonnage) : 순톤수는 화물이나 여객을 운송하는데 실제로 이용되는 용적을 구하여 얻는 것으로 입항세, 톤세, 항만시설 사용료 등의 산정기준이 된다.

(2) 중량톤수
① **배수톤수** : 선박이 물에 잠김으로서 배제된 물의 무게를 배수량이라고 하여 선박의 무게에 해당된다. 이 배수량에 톤수를 붙인 것을 배수톤수라 하는데, 화물, 연료, 청수 등을 적재하지 않은 경하배수톤수와 만재배수톤수가 있고 주로 군함의 크기를 나타내는데 사용된다.

② **재화중량 톤수** : 선박이 적재할 수 있는 최대 무게를 나타내는 톤수인데 이는 만재배수량과 경하배수량의 차가 된다. 화물선에서 보통 사용되는 톤수로서 상선의 매매와 용선료 산정의 기준이 된다.

(3) 재화용적톤수와 운하톤수
① **재화용적톤수** : 실제로 화물을 적재할 수 있는 선창의 용적을 $1.33m^3(40ft^3)$으로 나눈 것을 재화용적톤수라 한다. 이는 포장용적과 곡물용적 등으로 나타낸다.

② **운하톤수** : 운하 통항료의 산정을 위하여 운하를 관리하는 국가마다 특별한 방법을 써서 선박의 톤수를 정하는 것으로 파나마운하톤수와 수에즈운하톤수가 있다.

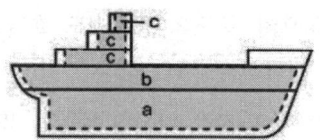
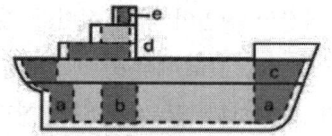

총톤수 = a + b + c
a = 측도 갑판하 톤수
b = 갑판간 톤수
c = 상갑판의 폐위 장소에서 다음의 톤수를 공제한 나머지의 톤수
화물창, 갑판장 창고, 조리실, 기관실, 조타실 등

순톤수 = 총톤수 − 공제톤수
공제톤수 = a + b + c + d = e(■부분)
a = 밸러스트 탱크의 톤수
b = 기관실의 톤수
c = 갑판장 창고의 톤수
d = 선원 상용실의 톤수
e = 항해용 장소의 톤수

[총톤수와 순톤수]

4 흘수 및 만재 흘수선

(1) 흘수(Draft)

① 흘수 : 물속에 잠긴 선체의 깊이를 흘수라 한다. 용골 하면에서부터 수면까지의 수직높이인 용골 흘수(Keel Draft)와 용골 상면에서부터 수면까지의 수직높이인 형흘수(Moulded Draft)가 있다. 일반적으로 흘수란 용골 흘수를 가리키며, 선박의 조종이나 재화 중량을 구하는 데 사용된다.

② 흘수표(Draft Mark) : 흘수는 선수와 선미 양쪽에 표시하며, 중·대형선에서는 선체의 중앙부 양쪽에도 표시한다. 미터 단위로 나타낼 때는 높이 10cm의 아라비아 숫자로서 20cm 간격, 즉 10cm 크기의 글자와 10cm의 공간을 비워두고 표시한다. 피터 단위에서는 6인치의 아라비아숫자나 로마숫자로서 1피트 간격으로 표시한다.

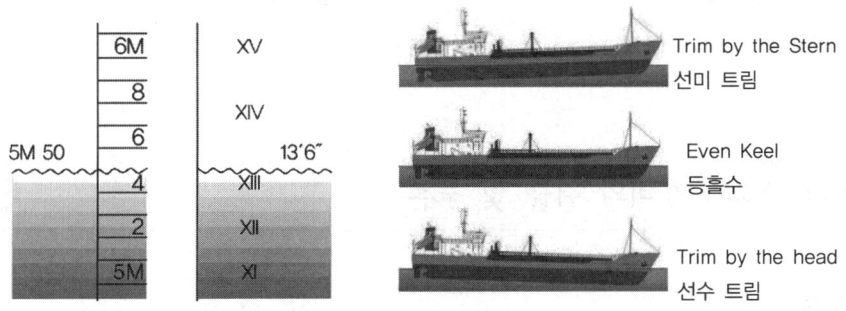

[흘수표와 트림]

(2) 만재 흘수선

선박의 안전항행이 허용되는 최대 흘수선을 만재 흘수선이라 하며, 선체의 중앙부 양면에 만재 흘수선표를 하여야 한다. 만재 흘수선은 계절, 해역 및 선박의 종류에 따라 구별하여 만재 흘수선표에 나타낸다.

건현은 만재 흘수선에서 법정 갑판선 상단(건현갑판의 선측 상단)까지의 수직거리를 나타낸다. 선체가 침수되지 않은 부분의 높이므로 예비부력을 담당하며, 만재 흘수선의 결정이 바로 건현의 결정이므로 만재 흘수선표를 일명 건현표라고도 부른다.

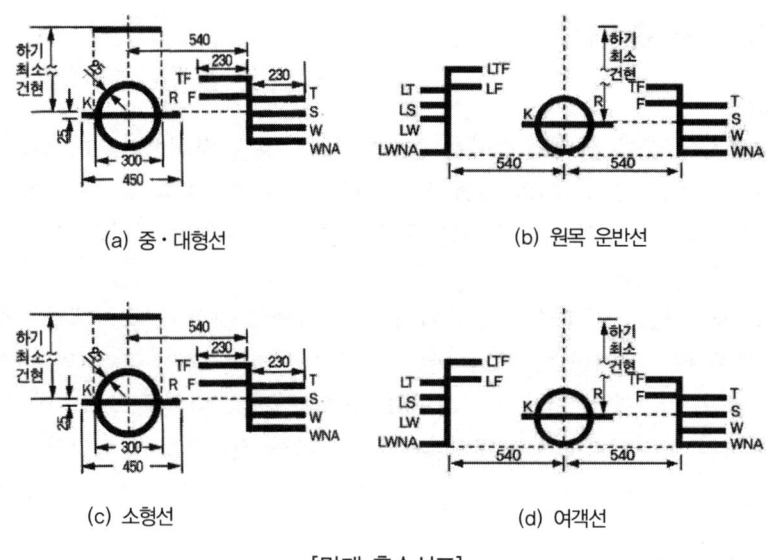

(a) 중·대형선 (b) 원목 운반선

(c) 소형선 (d) 여객선

[만재 흘수선표]

2 선박의 구조와 설비의 취급 및 보존

1 선박의 구조

(1) 선체의 형상과 명칭

① **선체(Hull)**: 연돌, 마스트, 키 등을 제외한 선박의 주된 부분이다.
② **선수(Bow)**: 선체의 앞쪽부분을 선수(Bow)라 하며, 정선수 방향을 어헤드(ahead)라고 한다.
③ **선미(Stern)**: 선체의 뒤쪽 끝부분을 선미(Stern)라 하며, 정선미 방향을 어스턴(astern)이라고 한다.
④ **현호(Sheer)**: 건현 갑판의 현측선이 휘어진 것을 말한다. 선체 중앙부에서 가장 낮고 선수와 선미를 높게 하여 파도를 막고 선체의 미관을 좋게 한다.
⑤ **캠버(Camber)**: 갑판이 중앙부가 높고 가장 자리쪽이 낮도록 원호를 이루는 높이의 차를 말하고 배수를 잘할 수 있게 한다.
⑥ **용골(Keel)**: 선체 최하부의 중심선에 있는 종강력 구성재로 선체의 기초이다. 목선은 방형용골, 강선은 평판형 용골을 쓴다.

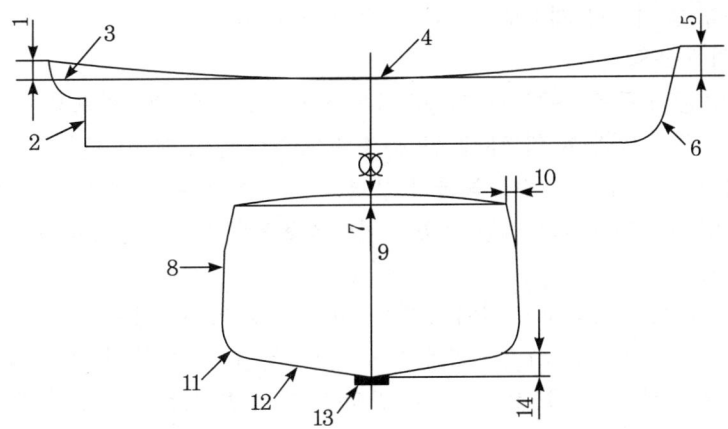

1. 선미 현호   2. 선미   3. 선미 돌출부   4. 상갑판   5. 선수현호   6. 선수   7. 캠버
8. 선측   9. 선체 중심선   10. 텀블홈   11. 빌지   12. 선저   13. 용골   14. 선저 경사

[선체의 명칭]

⑦ **외판(Sheel Plating)** : 선체의 외곽을 이루어 수밀을 유지하고 부력을 유지하는데, 선체의 강도, 특히 종강력을 구성하는 재료이다.

⑧ **늑골(Frame)** : 늑골은 선체의 좌우 선측을 구성하는 뼈대이며 횡강력 구성재이다.

⑨ **보(빔, Beam)** : 양현의 늑골을 연결해 주는 수평 기둥을 말하며, 보와 갑판 또는 내저판 사이를 떠받치는 수직 받침대를 기둥이라 한다.

⑩ **갑판(데크, Deck)** : 갑판보 위에 설치되어 있는 수평 외판으로 선체의 수밀을 유지해 주는 중요한 종강력 구성재이다.

⑪ **격벽(Bulkhead)** : 상갑판하의 공간을 선저에서 상갑판까지 종방향, 횡방향으로 나누는 벽을 격벽이라 하고, 물이 새지 않게 한 것을 수밀격벽이라 한다.

> **※ 수밀격벽의 이점으로는**
> ① 충돌 좌초 등으로 인한 침수를 한 구역에 한정시켜 침몰을 막을 수 있고
> ② 화재 발생시 확대를 방지하고
> ③ 화물을 성질에 따라 분산 격리시킬 수 있고
> ④ 선체의 종·횡강력을 좋게 한다.

⑫ **선창(Cargo Hold)** : 선저판, 외판, 갑판 등에 둘러싸인 공간으로 화물 적재에 이용되는 공간이다.

(2) 선체의 구조 양식
① 선체의 강력 구성재
  ㉠ 종강력 구성재 : 용골, 빌지용골, 종격벽, 내저판, 상갑판, 외판 등
  ㉡ 횡강력 구성재 : 늑골, 갑판보, 횡격벽, 갑판 등

ⓒ 국부 강력 구성재 : 보, 기둥, 선수재, 선미재 등
② 선체의 구조양식
  ㉠ 횡늑골식 구조 : 예부터 이용되어온 양식으로, 구조가 비교적 간단하고 강도가 크고 건조하기 쉬우며 창 내에 큰 돌출부가 없어서 넓게 사용할 수 있는 이점이 있으나, 강도를 유지하기 위해 늑골의 간격을 좁게 하거나 강재를 두텁게 해야 하므로 선체 중앙을 증가시키는 단점이 있다(일반 화물선에 많이 이용되어 왔으며 냉동선에도 적합한 구조양식).
  ㉡ 종늑골식 구조 : 배의 길이 방향에 형강을 평행으로 많이 배열하여 종골로 하고 배의 횡방향에 적당한 간격으로 횡격벽 외에, 특설 늑골, 특설 보를 설치하여 종골을 지지하는 형태이다. 종강도가 크고 강재를 다소 절약할 수 있으나 포장물의 적재시에 선창내에 공간이 생기기 쉽다(오일탱커나 광석 전용선에 적합한 구조).
  ㉢ 혼합식 구조 : 횡식구조와 종식구조의 장점을 취한 방식으로, 종강도를 필요로 하는 선저와 갑판 아래는 종식으로 하고, 횡강도를 요하는 선측 선수미부는 횡식으로 하는 합리적인 구조 양식이다(대형 화물선이나 산적 화물선에 널리 쓰이는 구조).

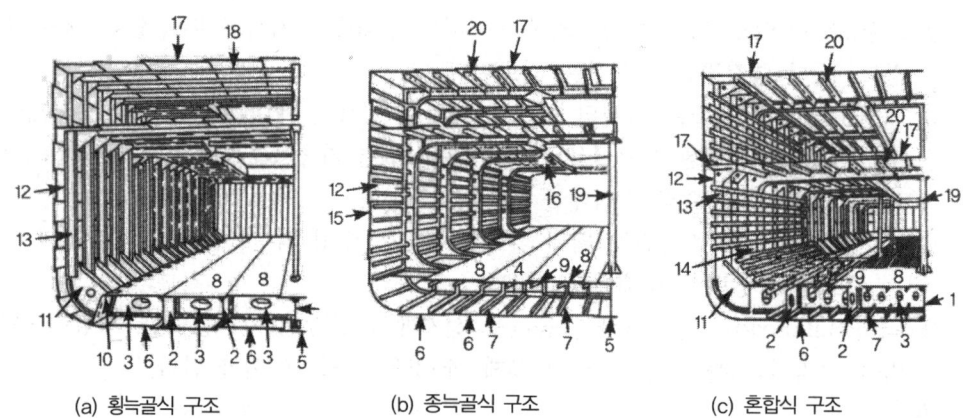

(a) 횡늑골식 구조   (b) 종늑골식 구조   (c) 혼합식 구조

1. 중심선 거더   2. 사이더 거더   3. 늑판   4. 선저횡재   5. 평판 용골   6. 선저 외판   7. 선저종재   8. 내저판
9. 이중저 상단 종재   10. 마진 플레이트   11. 이중저 외측 브래킷   12. 외판   13. 늑골   14. 특설 늑골
15. 선측 종재   16. 트랜스버 빔   17. 갑판   18. 갑판보   19. 기둥   20. 갑판하 종재

[선체의 구조 양식]

(3) 선체의 구조와 명칭
① 선저부의 구조 : 선저부는 단저구조와 이중저구조가 있다. 소형선은 대부분 단저로 되어 있으나, 대형선은 선저의 안쪽에 내저를 설치하여 선저를 이중으로 하고 있는데, 이것을 이중저라 한다.
② 외판 구조 : 외판은 그 위치에 따라 ㉠ 현측후판 ㉡ 현측외판 ㉢ 선측외판 ㉣ 선저외판 ㉤ 용골외판 등으로 나눈다.
③ 갑판 구조 : 갑판도 그 위치에 따라 선수루 갑판, 선미루 갑판, 상갑판, 제2갑판, 제3갑판, 선교루 갑판 등으로 나눈다.

> ※ 이중저의 이점으로는
> ① 선저가 파손시 내저판에 의하여 침수를 막을 수 있고, 선체의 강도가 증가된다.
> ② 이중저의 내부를 나누어 연료나 청수탱크로 이용할 수 있고, 밸러스트 탱크로 이용하여 선박의 중심, 경사 등을 조절할 수 있다.

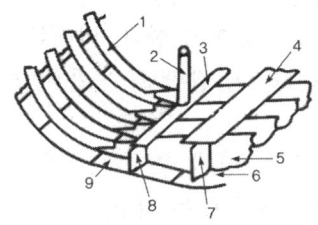

1. 늑골 2. 기둥 3. 라이더 4. 라이더 플레이트
5. 늑판 6. 용골 7. 중심선 킬슨 8. 사이드 킬슨
9. 선저 외판

[단저 구조]

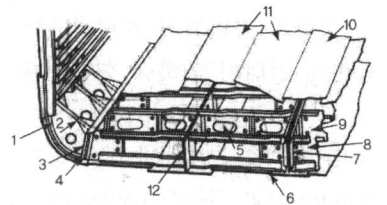

1. 이중저 외측 브래킷 2. 가셋 3. 마진 플레이트 4. 마진
5. 라이트닝 홀 6. 용골 7. 중심선 거더 8. 조립 늑판
9. 실체 늑판 10. 중심선 내저판 11. 내저판 12. 사이드 거더

[이중저 구조]

④ **선수미부 구조** : 선수는 파장의 충격이나 충돌 사고시에 잘 견디고 선체를 보호할 수 있는 강한 구조로 되어 있는데 이를 팬팅 구조라 한다. 선미부는 기관, 프로펠러의 진동 및 타압과 파장에 의하여 큰 힘을 받게 된다. 따라서 선체의 선수부를 제외한 다른 어떤 개소보다 견고하고 강한 팬팅 구조로 되어 있다.

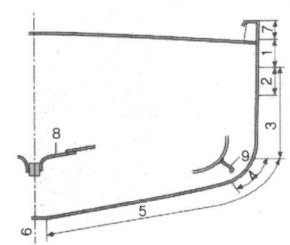

1. 현측후판 2. 현측외판 3. 선측외판
4. 빌지외판 5. 선저외판 6. 용골 7. 불워크
8. 용골익판 9. 빌지 용골

[외판의 구조]

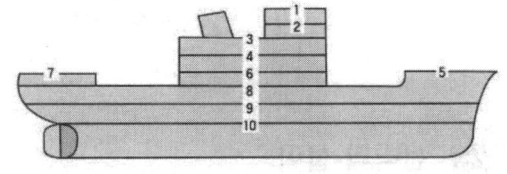

1. 컴퍼스갑판 2. 항해갑판 3. 보트 갑판 5. 유보 갑판
6. 선교루 갑판 7. 선미루 갑판 8. 상갑판 9. 제2갑판
10. 제3갑판

[갑판의 종류]

(4) 선체의 강도

① **종방향의 힘** : 선박은 항해할 때 중력과 부력의 차에 의하여 종방향으로 굽힘 모멘트를 받게 된다. 특히, 파도 속을 항행할 때에는 파의 위치에 따라 호깅(hogging) 및 새깅(sagging) 상태가 된다. 이 때 갑판과 선저외판은 압축력과 인장력을 받게 된다. 이러한

변형력에 견디기 위하여 선체는 종강력을 충분히 가져야 한다. 종강력을 형성하는 부재로는 용골, 중심선 거더, 종격벽, 선저외판, 선측외판, 내저판, 갑판하 거더 등이 있다.
- ⊙ **호깅(hogging)** : 파장의 크기가 배의 길이와 비슷할 때, 파의 파정이 선체의 중앙부에 오면, 선체의 전·후단에서 중력이 크고 중앙부에 부력이 크게 되는데 이러한 상태를 호깅(hogging)이라 한다.
- ⓒ **새깅(sagging)** : 파의 파곡이 선체 중앙부에 오면 선체의 전·후단에서 부력이, 중앙부는 중력이 크게 되는데 이러한 상태를 새깅(sagging)이라 한다.

② **횡방향의 힘** : 선체가 횡방향에서 파랑을 받거나 횡동요를 하게 되어 선체의 좌현과 우현의 흘수가 달라져서 변형이 일어나는 것을 래킹(racking)이라 한다. 이러한 횡방향의 변형력에 견디기 위하여 횡강력을 형성하는 부재로는 늑골, 갑판보, 늑판, 빔브래킷, 횡격벽, 외판, 갑판 등이 있다.

③ **국부적인 힘** : 선박에 국부적으로 발생하는 힘으로서, 항해 중에 황천을 만나 종동요(pitcking)와 횡동요(rolling)가 심해지면 선수부 및 선미부에는 파랑에 의한 충격으로 심한 진동이 발생한다. 이런 현상을 팬팅(panting)이라 한다. 파랑에 의한 충격에 대항하기 위한 선수재(stem), 프로펠러의 진동에 대항하기 위한 선미재(stern frame) 등은 국부 강력재가 된다. 그 외에 기둥, 횡격벽 등이 있다.

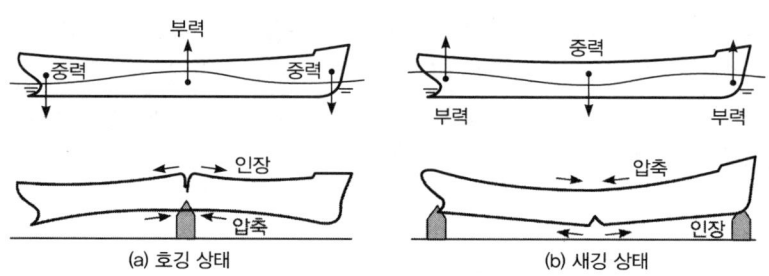

[호깅과 새깅 상태]

2 선박의 설비

(1) 선교(브리지)의 설비
① **엔진텔레그래프(전령기)** : 조타실에서 기관실 주기의 조작을 지령하는 장치(자동화 선박에서는 기관 원격제어장치와 연결하여 주기를 직접 조작하게 되어 있는 것도 있다).
② **방위측정 설비** : 자기 컴퍼스, 자이로 컴퍼스 등
③ **선위측정 설비** : 해도대, 시진의, 육분의, 로란, 위성항법 수신기 등
④ **안전 및 견시 설비** : 음향 측심의, 쌍안경, 레이더
⑤ **기타 설비** : 풍향풍속계, 탐조등, 전화기, 무선전화 등

(2) 주기관 및 보조기계(선박의 동력장치 참조)

(3) 조타설비

조타설비란 선박의 운동 방향을 제어하는 설비를 말하며 키(러더)와 이것을 조종하는 조타장치로 구성된다.

① 키 : 키는 한 장의 판으로 되어 있는 단판키(소형선에서 사용)와 2장의 판을 유선형으로 만든 복판키가 있다. 또 키를 회전시키는 축의 위치에 따라 비평형키, 평형키, 반평형키 등이 있다.

② 조타장치
  ㉠ 인력 조타장치 : 조타륜과 선미의 틸러 사이를 체인으로 연결하여 인력으로 키를 돌리는 것으로 소형선박에서 사용되고 있다.
  ㉡ 동력 조타장치 : 선박이 대형화되면 인력에 의한 조타가 곤란해지므로, 주로 액체의 비압축성을 이용한 전동 유압식 조타장치를 많이 사용한다.

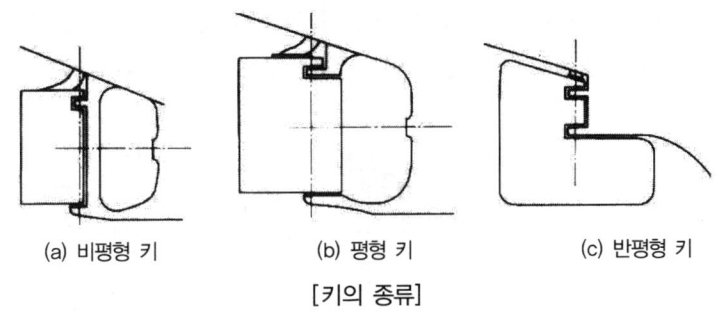

(a) 비평형 키   (b) 평형 키   (c) 반평형 키

[키의 종류]

③ 조타장치의 취급시 유의사항
  ㉠ 유압펌프의 작동시 이상한 소음이 없는가?
  ㉡ 유압계통의 적정유량의 확인 및 기름이 새는 곳이 없는가?
  ㉢ 작동부에서 그리스의 주입은 주기적으로 주입되었는가?
  ㉣ 유압펌프 등에 예비품은 준비되어 있는가 등을 점검한다.

④ 기타 조타장치로서는 자동 조타장치, 선수 스러스트 등이 있다.

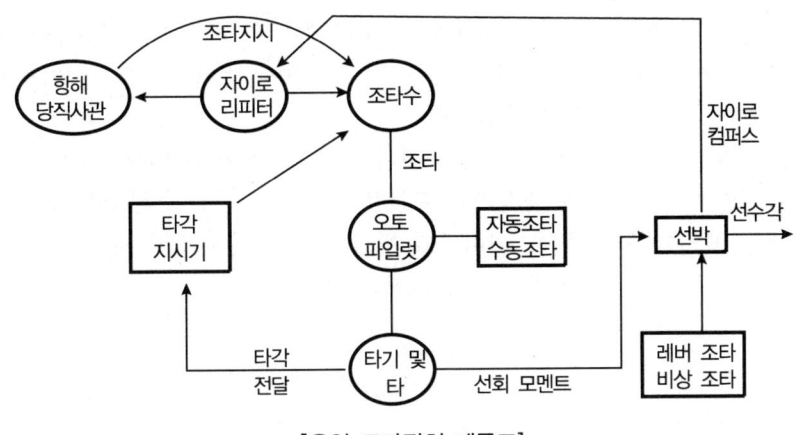

[유압 조타장치 계통도]

(4) 자동화설비
① 항해 자동화설비 : 종합 항법장치, 전자해도
② 기관 자동화설비
③ 하역 자동화설비 및 기타

(5) 정박 설비
① 닻과 앵커 체인 : 닻은 정박 뿐만 아니라 좁은 수역에서 선박을 회전시키거나 긴급한 감속을 위한 보조수단으로 사용된다.
㉠ 닻의 종류와 명칭
ⓐ 스톡 앵커(닻채가 있는 것) : 스톡(닻채)이 있는 닻으로 파주력은 크지만 격납이 불편하여 주로 소형선에서 사용된다.
ⓑ 스톡리스 앵커 : 스톡이 없는 닻으로 스톡 앵커보다 파주력은 떨어지지만 투묘 및 양묘시 취급이 쉽고 닻과 닻줄이 엉키지 않고 수심이 얕은 곳에서 닻팔에 의해서 선저를 손상시키는 일이 없으므로 주로 대형선에서 널리 쓰이고 있다.

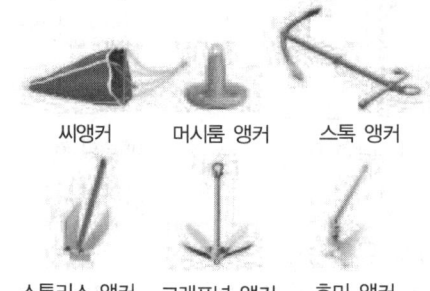

[앵커의 종류]

㉡ 앵커 체인(닻줄) : 앵커 체인은 철 주물의 사슬이며, 그 길이의 기준이 되는 1절(1새클) 길이는 25m이다. 화물선은 보통 8~12새클을 장비하고 있다. 앵커 체인의 1새클의 구성은 양 끝에 지주(스터드)가 없는 도너스 모양의 단말링크와 그 안쪽에 조금 큰 확대링크가 있고 그 외는 모두 지주가 있는 보통링크로 구성되어 있다. 각 절의 연결은 조이닝 새클로 연결된다.
㉢ 닻과 닻줄의 관 : 앵커 체인의 부식과 마모가 심하여 평균지름의 12% 이상 마멸되면 교체해야 한다. 닻의 움직이는 부분은 때때로 그리스를 주입하며 닻을 감아 들일 때에는 체인에 묻은 펄을 씻어주고 격납하며, 입거시에는 새클 표시를 다시 한다.

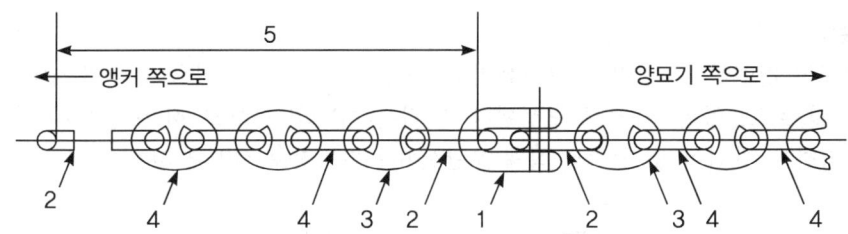

1. 연결용 새클   2. 단말 링크   3. 확대 링크   4. 보통 링크   5. 앵커체인 1련의 길이

[앵커 체인의 구성]

② **양묘기(윈드러스)** : 양묘기는 닻을 감아 올리거나 투묘작업 및 선박을 부두에 접안시킬 때 계선줄을 감는데 사용된다.

③ **캡스턴** : 캡스턴의 계선줄이나 앵커 체인을 감아 올리기 위한 갑판기기로서 윈드라스는 수평축을 중심으로 회전하는데 반하여, 캡스턴은 수직축을 중심으로 회전한다.

④ **기타** : 페어리더, 비트, 볼라드, 히빙라인, 펜드(방현재), 쥐막이 등

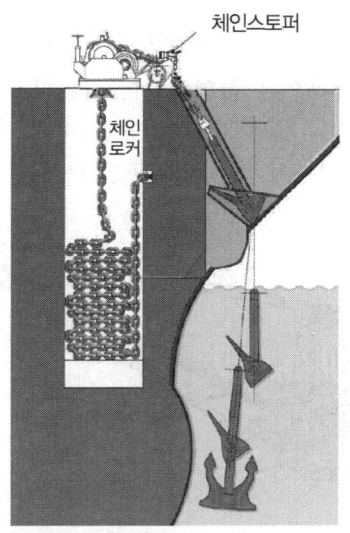

[양묘기와 앵커 수납 장치]

(a) 계선 원치   (b) 캡스턴

[계선 원치 및 캡스턴]

(6) 하역설비

① **데릭식 하역설비** : 선박의 하역설비로 가장 널리 쓰이고 있으며 데릭포스트, 데릭붐, 윈치 및 로프, 블록, 카고로 구성된다. 데릭은 하나의 붐으로 하는 방식과 두 개의 붐으로 하역하는 방식이 있다(주로 목재 운반선이나 다목적용 선박에 설치).

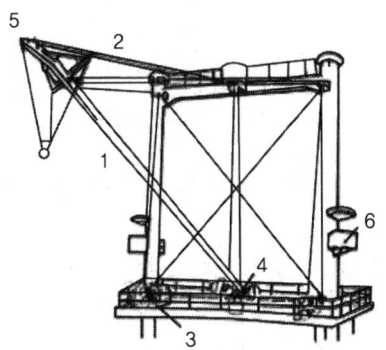

1. 데릭 붐 2. 카고 펄 3. 선회 윈치
4. 토광 윈치 5. 아웃리거 6. 조종대

[데릭식 하역장치]

② **크레인식 하역장치** : 크레인은 하역작업이 간편하고 빠를 뿐 아니라 하역준비 및 격납이 쉬워 오늘날 많이 쓰이고 있으며 그 종류는 크게 나누어 위치가 고정된 집 크레인과 주행 크레인(갠트리크레인)으로 나눈다(주로 벌크 화물선이나 컨테이너 전용선에 설치).

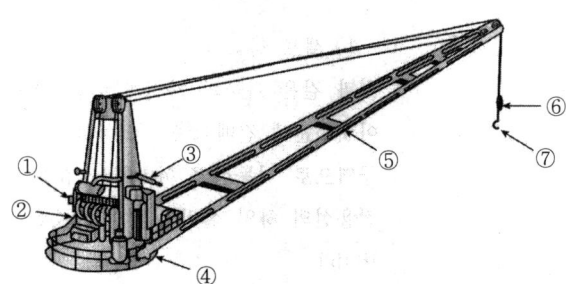

① 토핑 윈치 ② 카고 윈치 ③ 집 스토퍼(jip stopper)
④ 선회 윈치 ⑤ 집(jip) ⑥ 카운터 웨이트 ⑦ 카고

[크레인식 하역 설비]

③ **하역용 펌프** : 원유를 비롯한 액체화물 하역 시에 선박 또는 육상의 펌프를 이용하여 하역하는 방식이다(원심 펌프가 널리 사용).

④ **블록** : 블록은 로프를 통하여 힘의 방향을 바꾸거나, 힘의 배력을 얻기 위해서 사용하는 것으로 태클의 일부를 이룬다.

  ㉠ 블록의 종 : 블록의 종류는 재료에 따라 목재블록과 철재블록, 시브(활차)에 따라 싱글블록, 더블블록, 방향을 바꾸는데 사용되는 리딩블록 등으로 나눈다. 셸(블록의 외각)이 열리는 것을 스내치블록이라 한다.

ⓒ **블록의 크기 표시** : 목재블록의 경우는 셀의 세로길이를, 철재블록은 시브의 직경을 mm로 나타낸다.
ⓓ **블록의 취급과 정비**
  ⓐ 철재블록의 강도는 핀과 훅의 강도에 유의
  ⓑ 중량물에는 훅 대신 새클을 사용하는 것이 안전하다.
  ⓒ 핀은 주로 윗부분이 닳으므로 분해시는 그 방향을 돌려 조립하고 여러 개의 시브가 있는 경우는 좌우측의 것을 바꾸어 준다.

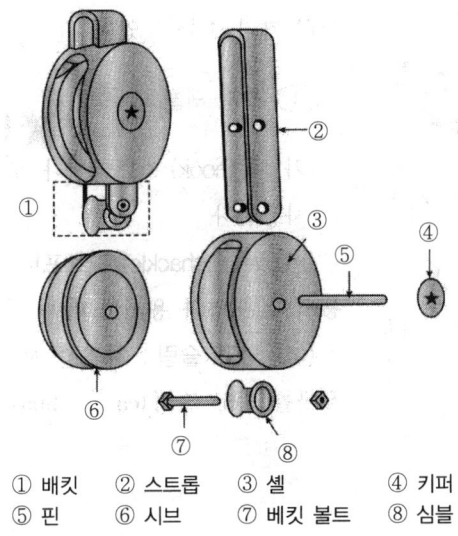

① 배킷 ② 스트롭 ③ 셀 ④ 키퍼
⑤ 핀   ⑥ 시브   ⑦ 베킷 볼트 ⑧ 심블

[블록의 구조]

⑤ **태클** : 태클이란 블록과 로프를 결합하여 작은 힘으로 중량물을 들어 올리거나 이동시키는 장치를 말한다.

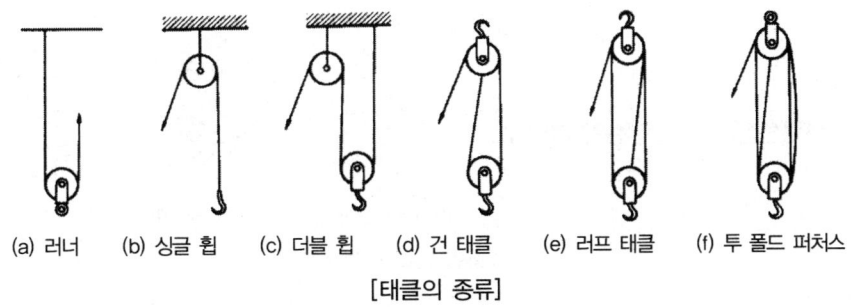

(a) 러너 (b) 싱글 휩 (c) 더블 휩 (d) 건 태클 (e) 러프 태클 (f) 투 폴드 퍼처스

[태클의 종류]

⑥ **기 타**
  ㉠ **훅** : 로프나 태클의 끝에 연결하여 화물을 거는데 사용하는 낚시 모양의 용구이다.
  ㉡ **새 클**
  ㉢ **카고 슬링** : 하역을 할 때 화물을 싸거나 묶는데 사용하는 용구로, 훅에 매는데 편리하게 되어 있다.

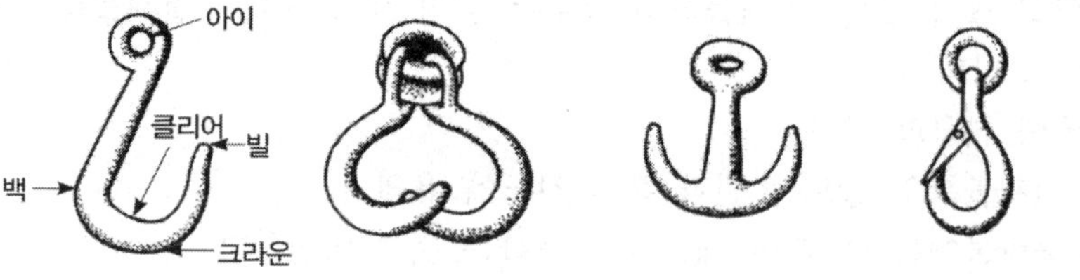

[훅의 종류]
(a) 코먼 훅 (b) 시스터 훅 (c) 램션 훅 (d) 슬립 훅

[새클의 종류] 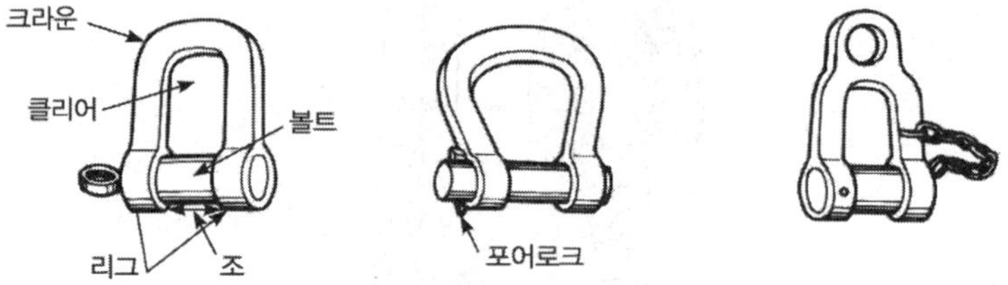
(a) 스트레이트 새클 (b) 라운드 새클 (c) 부이 새클

[카고슬링]
(a) 네트 슬링 (b) 와이어 슬링 (c) 로프 슬링
(d) 플랫폼 슬링 (e) 드럼 슬링 (f) 바텔 슬링

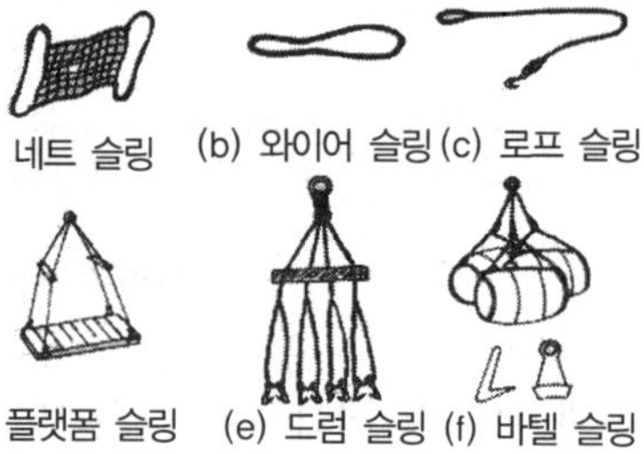

[하역 기타의 부속구]
(a) 턴 버틀 (b) 아이 플레이트 (c) 링 플레이트 (d) 클리트

(7) 통신설비
　① 선내 통신설비 : 전성관, 선내전화, 선내방송, 트랜시버
　② 선외 통신설비
　　㉠ 무선전신 : 모르스 부호로 교신한다(송수신기, 보조 송수신기, 비상용 송수신기).

ⓒ 무선전화
  ⓐ SSB무선전화 : 단파를 이용한 장거리용 무선전화
  ⓑ VHF무선전화 : 초단파를 이용한 근거리용 무선전화이며, 선박 상호 간 또는 입출 항시 선박과 항만 관제기관과의 교신에 주로 이용된다.
ⓒ 팩시밀리 : 전송사진원리에 의해 천기도, 뉴스, 도면 서류 등을 수신
ⓔ 발광신호
ⓜ 해사 위성 통신시스템 : 국제해사기구(IMO)에 의해 1976년 국제해사위성기구(INMARSAT : 인마새트)를 설립하기 위한 조약이 체결된 후, 오늘날 3개의 위성에 의해 태평양, 대서양, 인도양 지역이 담당됨으로써 일반통신은 물론 해난구조에 이용되고 있다.

(8) 구명설비

구명설비를 규정한 SOLAS(솔라스)국제 협약이 1983년에 개정되어 1991년 7월 1일부터 모든 선박에 적용되고 있다.

① **구명정(라이프보트)** : 본선의 조난시나 인명구조에 사용되는 선박으로 충분한 복원력과 전복되더라도 가라앉지 않는 부력을 갖추도록 설계되어 있다(진수장치를 데빗이라 하고 오늘날 많이 쓰이는 데빗은 중력형이다).

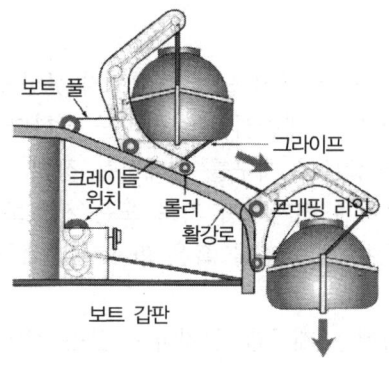

[데빗]

② **구명뗏목(라이프 래프트)** : 선박의 침몰시 자동으로 이탈되어 조난자가 탈 수 있는 상태로 되는 장점이 있다. 고형식과 팽창식이 있으며 팽창식은 내부에 탑재된 고체 이산화탄소가 팽창하여 펼쳐진다. 자동이탈장치는 선박이 침몰하여 수면하 3m 정도에 이르면 수압에 의하여 작동, 구명뗏목을 부상시킨다.

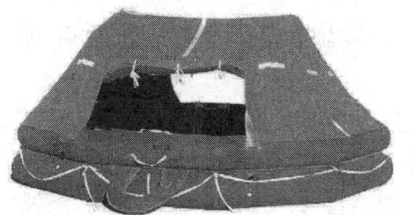
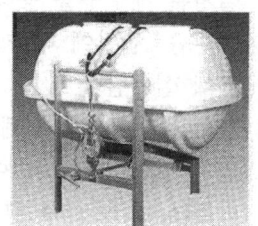

[구명뗏목]

③ 구명부환과 구명동의
  ㉠ **구명부환(라이프 링)** : 1인용의 부기이며 수중의 생존자에게 던져주기 좋은 구명기구이다.
  ㉡ **구명동의(라이프 자켓)** : 조난 또는 비상시에 상체에 착용하는 것으로 조난시 개인용 구명장비로 보온효과를 주고 자세를 편하게 유지해 주는 가장 유용한 장비이다.
④ **기타 구명장비** : 방수복, 보온복, 구명줄, 발사기 등
⑤ **조난 신호장비**
  ㉠ 낙하산 신호 ㉡ 신호 홍염 ㉢ 발연부 신호 ㉣ 자기 점화등 ㉤ 자기 발연 신호 ㉥ 로켓 신호 ㉦ 일광 신호경 ㉧ 휴대용 비상통신기

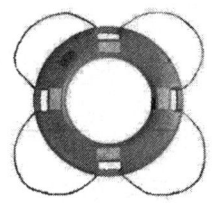 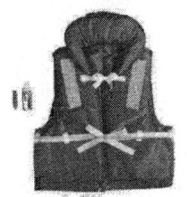

[구명부환과 구명동의]

(9) 방수 및 배수설비
① **방수설비** : 방수설비는 외부로부터 물이 들어오지 못하게 하는 설비와 좌초, 충돌 등으로 인한 침수를 일정 구역으로 제한시키는 설비를 말한다.
  ㉠ **해치 커버** : 화물창 상부의 개구를 폐쇄하는 장치
  ㉡ **수밀 격벽** : 상갑판에서 선저까지 가로 또는 세로로 수압을 가해도 물이 새지 않는 칸막이벽을 설치하여, 배의 침몰 혹은 화재가 발생하였을 때, 이를 그 구역에 한정시키는 역할을 한다.
  ㉢ **수밀문** : 수밀 격벽에는 개구를 설치하지 않는 것이 원칙이나 통행용으로 최소한의 수밀문을 설치할 수 있으며, 개폐 형식에 따라 선회식과 미닫이식이 있다.
  ㉣ **이중저** : 이중저는 좌초 등으로 선저가 파손되었을 때, 선저로부터의 침수를 막아 주는 방수 구조임과 동시에, 선체의 강도를 증가시켜 주는 역할도 한다.
② **배수설비** : 갑판 위로 올라온 파도나 화물창 내에 고인 물 및 선내의 생활 오수를 배출하는 설비를 배수설비라 한다.
  ㉠ **배수구** : 갑판은 캠버가 있어서 중앙부가 현측보다 높으므로 물이 현측 중간 중간에 설치된 배수구를 통해 선외로 배출된다.
  ㉡ **방수구** : 갑판에 다량의 해수가 침입한 경우에 배수를 빨리 배출시키기 위해서 불워크에 설치한다.
  ㉢ **빌지 웰** : 수선 아래에 괸 물은 직접 선외로 배출시킬 수 없으므로, 각 구역에 설치된 빌지 웰(bilge well)에 모아 빌지펌프로 배출한다. 빌지 관 끝의 흡입구에는 로즈 박스(rose box)를 부착하여 펌프를 작동시킬 때 먼지나 쓰레기가 흡입되지 않도록 한다.

ⓔ 빌지펌프 : 빌지 배출용 펌프
　　ⓜ 밸러스트펌프 : 밸러스트관과 연결되어 밸러스트의 보충, 배수에 사용되며, 소형선에서는 G.S(제너럴 서비스)펌프를 겸용하기도 한다.
　　ⓑ 기타 소방펌프, 냉각수펌프, 위생펌프 등

(10) 소방설비
　① 화재탐지장치 : 화재로 인해 발생하는 열이나 연기 등을 감지하여 경보를 발생시키는 장치
　　㉠ 열식 화재탐지장치 : 화재 발생 시 현장의 높은 온도를 감지하여 화재 발생을 탐지하는 방식
　　㉡ 연관식 화재탐지장치 : 화재 구획의 천장에 흡연기를 설치하고, 이를 연관을 통하여 선교의 연기 탐지기에 연결하여 배기장치로 각 구획의 공기를 흡입시킴으로써, 흡입 공기 중의 연기를 감지하는 방식
　　㉢ 수동식 화재경보장치 : 선내의 통로 및 기관실 곳곳에 설치되어 화재를 발견한 사람이 경보 스위치를 누르도록 되어 있다.
　② 소화설비 : 소화설비는 화재 발생 시에 이를 진화시키는 설비로 물에 의한 소화를 기본으로 하지만 화재 발생 장소 및 화재의 종류에 따라 물 이외의 소화설비도 갖추고 있다.
　　㉠ 소화전 : 소화전은 화재 발생 장소에 물을 분사하는 설비로서 가장 기본적인 소화설비이다. 선내 어느 장소에서 화재가 발생하더라도 동시에 두 조의 소화호스가 동원될 수 있도록 선내 곳곳에 설치되어 있다.
　　㉡ 휴대용 소화기 : 포말소화기, 분말소화기, CO_2소화기
　③ 소방원 장신구 : 방화복, 장화와 장갑, 안전모, 전기 안전등, 방화도끼, 안전줄(라이프라인), 호흡구

(11) 해양오염방지 설비
　해양을 오염으로부터 보호하자는 국제적인 움직임은 1973년에 해양오염방지에 관한 국제협약(MARPOL, 1973)을 결성하게 되었다.
　① 유수분리 장치 : 빌지 또는 탱크 세정 작업 시 발생하는 폐수에서 기름을 분리하여 깨끗한 물만 선외로 배출할 수 있게 하는 장치
　② 유배출 감시 제어장치 : 선박에서 빌지를 배출할 때, 그 속에 함유된 유분이 규정된 허용치 내에 있지 않으면 배출이 안되도록 감시·제어하는 설비
　③ 원유 세정 장치 : 유조선이 원유를 싣고 항해하는 동안 원유 속에 있는 무거운 성분들이 침전하여 탱크바닥에 쌓이게 되는데, 원유 세정 장치는 유조선에서 침전물들을 최소화하기 위하여 사용되는 장치
　④ 오수처리 장치 : 화장실로부터의 배수물질, 의무실, 병원실로부터의 배수 및 동물이 있는 곳으로부터의 배수이다. 이들은 저장 탱크에 모아 두었다가 항계 밖에서 배출하거나 오수처리 장치를 통하여 배출(물리·화학적 처리장치, 생화학적 처리장치, 소각 처리장치).

(12) 통풍, 환기 및 채광설비
　① 자연통풍 장치 : 노출갑판, 외벽등 통풍이 용이한 장소에 통풍통을 설치하여 선창, 기관

실, 창고 등의 공기를 환기시키는 방식이며 동력을 필요로 하지 않는다.
② **기계통풍 장치** : 자연통풍이 어려운 곳에 통풍기에 의해 공기를 강제적으로 순환시키는 방식이다.
③ **공기조화 장치(에어컨디션)**
④ **채광설비** : 선내조명은 자연채광과 인공조명이 있으며, 승무원의 거실은 자연채광이 가능하게 설계되어 있고, 자연채광설비는 자연통풍의 기능을 갖도록 하는 것이 보통이다.

3 주요 속구의 취급 및 보존 방법

1 로프와 캔버스

(1) 로프의 종류

로프는 하역이나 계선 등 선내 작업에 중요한 선용품으로서 식물섬유나 합성섬유로 만든 섬유로프와 강석으로 만든 와이어로프로 나눈다.

① **섬유로프**
  ㉠ **식물 섬유로프** : 마닐라 마로 만든 마닐라 로프가 대표적이며 대마로 만든 마로프(햄프 로프)가 있다.
  ㉡ **합성 섬유로프** : 석탄이나 석유 등을 원료로 하여 만든 화학섬유로서 가볍고 흡수성이 낮으며, 부식하지 않고 강도가 크다. 그러나 열에 약하고 잘 늘어나며 특히 마찰에 약하다. 따라서 마찰부에는 마닐라 트와인 등으로 덧감기를 해주면 좋다. 나이론 로프, 폴리에스터 로프, 폴리에틸렌 로프 등이며, 염화비닐계 로프는 어구·어망 등에 사용된다.
  ㉢ **섬유로프의 구성과 명칭** : 섬유(단사)를 여러 가닥 모아서 꼬면 이를 연사(얀)라 하고 연사 몇 가닥을 꼬아 자사(스트랜드)를 만들게 되고 이 자사를 3~6가닥 꼬아서 로프가 된다. 그런데 이 자사(스트랜드)의 꼬임의 방향에 따라 Z(제트)꼬임과 S(에스)꼬임으로 구분된다. 섬유로프는 직경 40mm 이상의 것을 호저라 하고 10mm 이하의 것을 세삭이라 한다.

[섬유 로프의 구조]

② 와이어로프 : 선박용의 와이어로프는 아연이나 알루미늄으로 도금한 소선(가는 철사)을 여러 가닥으로 합하여 자사(스트랜드)를 만들고, 스트랜드 여섯 가닥을 꼬아서 와이어로프를 만든다. 로프 중심에는 기름을 먹인 삼심(마심)을 넣어 소선 사이의 마찰을 방지하고 녹이 슬지 않게 한다. 삼심을 넣어 만든 유연성 와이어로프와 삼심을 넣지 않고 강도를 증대시킨 불유연성 와이어로프로 대별되며, 유연성 와이어로프는 움직이는 줄(동삭)로 불유연성 와이어로프는 예인줄 등 고정줄(정삭)로 사용된다.

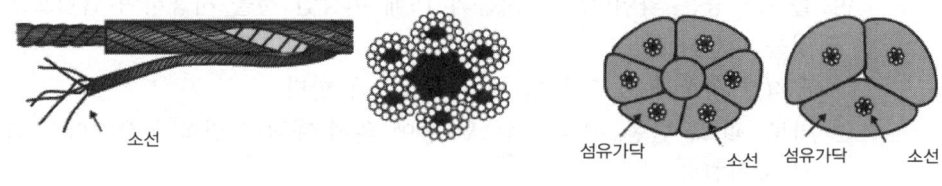

[와이어로프의 구성 및 컴파운드로프의 단면]

(2) 로프의 치수와 강도

① 굵기 표시법 : 로프 외접원의 지름을 mm, 또는 원주를 인치로 표시하는데 이들 양자의 관계는 지름(mm) = 원주(인치 = inch), 즉 24mm 로프는 3인치 로프와 같다.
② 길이 : 로프의 길이는 굵기에 관계없이 200m를 1사리(코일)로 한다.
③ 무게 : 섬유로프는 1사리(코일)의 무게를 와이어로프는 1m의 무게를 단위로 하여 나타낸다.
④ 강 도
　㉠ 파단력 : 로프가 절단되는 순간의 하중 또는 힘을 말한다.
　㉡ 안전사용력 : 안전하게 사용할 수 있는 최대의 힘(하중)을 말하며 대체로 파단력의 1/6 정도이다.

(3) 로프의 취급과 보존

① 로프의 취급법
　㉠ 일반적 취급법
　　ⓐ 파단력과 사용력을 고려하여 사용한다.
　　ⓑ 시일이 경과함에 따라 강도가 크게 저하되는 점에 유의한다.
　　ⓒ 마찰이 많은 곳에서는 캔버스를 감아서 이용한다. 와이어로프의 마찰부는 그리스를 발라준다.
　　ⓓ 블록에 사용할 때는 적당한 활차를 사용하여 급각도로 굽히지 않도록 한다.
　　ⓔ 동력을 사용하여 감아들일 때에는 무리한 장력이 걸리지 않도록 한다.
　　ⓕ 아이스플라이싱이나 그 밖에 스트라이싱(두 로프를 잇는 것)을 했을 때에는 그 부분의 강도가 20~30% 정도 감소하게 된다.
　㉡ 식물성로프의 취급법
　　ⓐ 로프가 물에 젖거나 기름이 스며들면 강도가 약 1/4 정도 약해진다.

　　　　ⓑ 계선원치, 양묘기, 볼라드에 감을 때에는 미끄러지지 않게 4~5회 감아준다.
　　　　ⓒ 끊어서 사용할 때에는 그 끝 부분을 풀지 않도록 돛실로 감아준다.
　　　　ⓓ 항상 건조시키고 사용시에 급각도로 굽히지 않게 한다.
　　　ⓒ 와이어로프의 취급법
　　　　ⓐ 비트나 볼라드에 감을 때는 5회 이상 감고 세삭으로 묶어둔다.
　　　　ⓑ 로프를 절단할 때는 절단 양측을 묶은 다음에 자른다.
　　　　ⓒ 볼라드 등은 와이어로프 지름의 15배 이상인 것을 사용하여 급각도로 굽혀지는 것을 피한다.
　　　　ⓓ 급격한 압착과 킹크 등이 생기지 않도록 한다.
　　　　ⓔ 마모, 피로, 변형, 부식 또는 열 등에 의해 재질의 변화가 생겼다면 즉시 새것으로 교환한다.
　② 로프의 보존법
　　　ⓐ 섬유로프 보존법
　　　　ⓐ 비나 해수에 젖지 않도록 하고 젖었을 때는 건조 후 보관한다.
　　　　ⓑ 너무 뜨거운 장소를 피하고, 통풍과 환기가 잘 되는 곳에 보관한다.
　　　　ⓒ 산성이나 알칼리성 물질이 접촉되지 않도록 한다.
　　　ⓑ 와이어로프 보존법
　　　　ⓐ 정기적으로 기름을 칠하여 삼심에 기름이 스며들도록 한다.
　　　　ⓑ 충분히 건조시키고 녹이 발생하는 이를 제거하고 기름을 바른다.
　　　　ⓒ 고온인 장소는 피하고 통풍과 환기가 잘 되는 곳에 보관한다.
　　　　ⓓ 정삭으로 사용시는 매년 1회씩 식물성 타를 바르며, 캔버스로 감은 곳은 내부가 부식되므로 때때로 풀어서 정비한다.
　　　　ⓔ 장기간 격납을 할 때는 기름을 충분히 바른 다음, 드럼에 감아서 보관한다.

2 캔버스의 종류와 작업

(1) 캔버스의 종류와 용도

　① 마(햄프)캔버스 : 아마, 대마, 황마 등의 섬유로 만든 것으로 두께에 의하여 1~6호로 구별된다. 호수가 클수록 얇으며, 한 두루마리의 크기는 폭 62cm, 길이는 33m이다.
　② 면(코튼)캔버스 : 면사로 만든 것으로 0~11호로 구분한다. 1두루마리의 크기는 폭 62cm, 길이는 100m이다.
　③ 화학섬유캔버스 : 나일론, 비닐론 등의 화학섬유로 만든 것으로, 강도와 방수성이 좋아 오늘날 많이 사용되고 있다. 마 및 면 캔버스는 범선 등에 많이 사용되었으나, 오늘날에는 선내의 개구부 덮개, 해치커버, 천막, 시앵커(해묘), 방수매트 등에 쓰이는 정도이다.

(2) 작업 용구

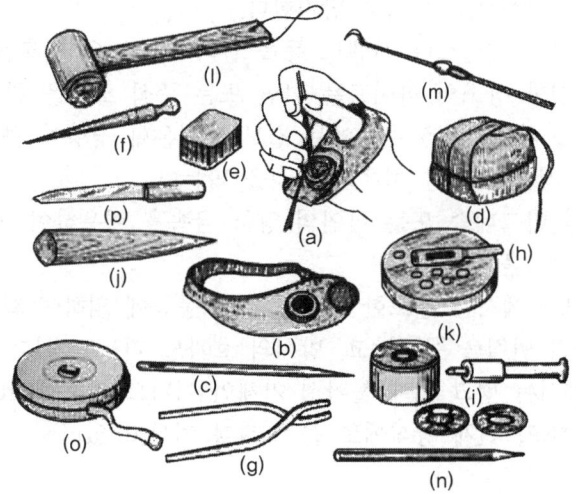

(a) 바늘쥐는법 (b) 팜 (c) 돛바늘 (d) 돛실 (e) 왁스 (f) 프리커 (g) 펜치
(h) 펀치 (i) 아일릿펀치 (j) 피드 (k) 모루 (l) 멜릿 (m) 세일훅 (n) 연필
(o) 줄자 (p) 칼

[캔버스의 작업 용구]

① **작업 용구** : ㉠ 돛바늘 ㉡ 팜 ㉢ 펀치 ㉣ 왁스 ㉤ 맬릿 ㉥ 피드 ㉦ 프리커 ㉧ 펜치 ㉨ 세일훅 ㉩ 돛실 등
② **바느질 방법**
  ㉠ 바로 깁기(평봉) : 캔버스 가장자리를 겹쳐 대어서 평평하게 깁는 것으로 구명정 커버에 많이 사용한다.
  ㉡ 접어 깁기(전봉) : 캔버스의 가장자리를 안쪽으로 접고 그 접은 쪽을 맞대어 꿰매는 방법으로 로프나 소화호스 등에 캔버스를 입힐 때 사용한다.
  ㉢ 가운데 깁기(중봉) : 바로깁기한 부분이 약해진 곳에 한다.
  ㉣ 수선 깁기(괘봉) : 캔버스가 찢어졌을 때 다른 캔버스 조각을 대지 않고 깁는 방법이다.
  ㉤ 구멍 만들기(타폴린) : 캔버스의 가장자리가 피어나지 않게 하거나 구멍을 만들 때 가장자리를 곱게 꿰매는 방법이다.
  ㉥ 로핑 : 돛이나 천막 등의 가장자리에 로프를 매달 때 사용한다.

3 선체의 부식 방지와 도장

(1) 부식과 오손의 방지
  ① 부식의 방지(방식)
    ㉠ 목선의 방식 : 목선방식의 요건은 습기의 침투를 막는데 있으므로 갈라진 틈은 퍼티 등으로 때우고 코킹하여, 유성 페인트를 칠하여 준다.

ⓒ 강선의 방식 : 강선의 부식은 금속의 산화 작용에 의한 녹과 전식작용이 원인이므로 다음과 같이 방식으로 부식을 방지한다.
  ⓐ 방청용 각종 페인트나 시멘트 등을 발라서 습기의 접촉을 차단한다.
  ⓑ 부식이 심한 장소의 파이프는 아연 또는 주석 도금을 한 것을 사용한다.
  ⓒ 프로펠러, 키(rudder) 주위에는 철보다 이온화 경향이 큰 아연판을 부착시켜 철의 전식 작용에 의한 이온화 침식을 막는다.
  ⓓ 고순도의 마그네슘 또는 아연의 양극 금속을 이용하여 전반적인 선체 외판이나 탱크의 부식을 막는다.
  ⓔ 일반 화물선에서는 건조한 공기의 강제 통풍에 의하여 화물창 내의 습도를 줄여서 화물의 변질을 방지하고, 방식의 효과도 거두고 있다.
  ⓕ 유조선에서는 탱크 내에 불활성 기체인 이너트 가스(inert gas)를 주입하여 폭발도 방지하고, 선체 방식에도 큰 효과를 거두고 있다.
② 오손의 방지
  ⊙ 목선의 방오 : 선저를 화염으로 그을려 패류나 해충을 죽인 다음 부착생물을 제거한 후 방오용 페인트를 칠하거나 콜타르를 칠한다.
  ⓒ 강선의 방오 : 방청용 A/C 페인트를 칠한 후에 방오용 A/F 페인트를 칠한다.

> **tip**
> ※ 선체 오손의 방지에는 다음과 같은 방법이 있다.
> - 부착 생물의 습성을 이용한 방법
> - 선체표면을 매끄럽게 하여 부착을 방지하는 방법
> - 방오 도료를 이용하는 방법
> - 해양자생물방지기(Anti-fouling system)를 설치하는 방법
> - 장기간 정박하는 선박은 짧은 항해(Short Navigation)를 실시하는 방법
> 위 방법 중 가장 널리 이용되는 방법은 방오 도료를 사용하는 것이다.

(2) 도 장
도장은 배를 깨끗하고 아름답게 하며, 선체의 부식을 막고 선저에 수중생물이 부착하여 기생하는 것을 방지할 수 있다. 즉 청결, 미화, 보호(방식 및 방오)를 도장의 3대 목적이라 한다.
① 페인트의 취급
  ⊙ 기상 상태에 따라 필요한 양을 준비한다.
  ⓒ 칠하기 전에 충분히 저어서 농도를 고르게 하여 사용한다.
  ⓒ 농도가 진해지면 신너(희석제)를 타서 적당히 희석시켜 사용한다.
  ⓔ 과다한 건조제의 첨가는 광택이 없고, 기포와 균열이 생기기 쉬우므로 0.1% 이내로 하는 것이 좋다.
  ⓜ 사용 후 남은 페인트는 밀폐하여 보관한다.

② 적절한 도장의 시기
　㉠ 도료의 퍼짐과 건조가 양호한, 따뜻하고 습도가 낮은 계절이 좋다.
　㉡ 도장일 전후는 맑고 건조하며 바람이 거의 없는 것이 좋다.
　㉢ 안개, 이슬, 서리가 많이 내리는 지방에서는 이 시각을 피한다.
　㉣ 비가 온 후에는 적어도 2일 후, 해가 뜬 다음에 시작하여 오후 3~4시경 마치도록 하는 것이 이상적이다.

③ 페인트칠 작업요령
　㉠ 브러시(솔)를 좌에서 우로, 위에서 아래로 향하여 페인트가 잘 퍼지도록 하고, 브러시의 흔적이 남지 않도록 한다.
　㉡ 브러시는 털이 잘 빠지지 않는 것을 사용하고 색깔별로 다른 것을 사용한다.
　㉢ 풍상측에서부터, 상부에서 하부로 칠한다.
　㉣ 작업이 곤란한 곳부터 칠하고, 쉬운 곳은 나중에 칠한다.
　㉤ 한 번에 두껍게 바르는 것보다 얇게 여러 번 칠한다.
　㉥ 나무를 칠할 때에는 나뭇결을 거슬러서 칠하여 페인트를 흡수시킨 다음, 먼저 나뭇결과 직각방향, 마지막으로 나뭇결 방향의 순서로 칠한다.
　㉦ 페인트를 사용할 때에는 브러시 털의 반 정도만 묻혀서 사용하는 것이 좋다.

④ 선체 도료의 종류
　㉠ 광명단(Deck Lead Paint)
　　ⓐ 선박에서 가장 널리 사용하는 유성 방청 도료이다.
　　ⓑ 도막이 견고하고 내수성 및 피복성이 강하다.
　㉡ 1호 선저도료(A/C)
　　ⓐ 선저 외판에 방청용으로 칠하는 페인트로 외판에 직접 또는 광명단 도료를 칠한 위에 도장한다.
　　ⓑ 건조가 빠르고 방청력이 뛰어나며, 강판과의 밀착성이 좋아 잘 떨어지지 않아야 한다.
　㉢ 2호 선저도료(A/F)
　　ⓐ 선체 외판 중에 항상 물에 잠기는 부분에 해중생물의 부착을 방지하기 위하여 칠하는 선저방오용의 페인트이다.
　　ⓑ 강판을 부식시키므로 A/C 도료를 먼저 칠하고 그 위에 칠해야 한다.
　㉣ 3호 선저도료(B/T) : 수선부, 즉 만재 흘수선과 경하 흘수선 사이의 외판에 칠하는 도료로서 A/C 페인트를 먼저 칠하고 그 위에 도장한다.
　㉤ 희석제(Thinner) : 도료의 액체 성분을 녹여서 점성을 작게 하고 성분을 균질하게 하여 도막을 매끄럽게 하고 건조를 촉진시키며, 도장 후에는 거의 증발하여 도막 중에는 남지 않는다.

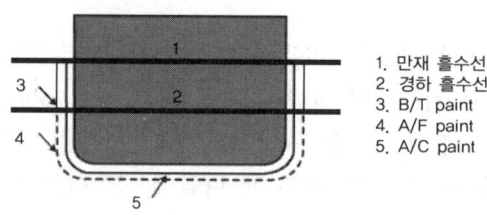

[수선 하부의 도장]

선박의 구조 및 설비

Part 2 | 운용 적중예상문제

01 선박의 특징에 해당하는 것으로 볼 수 없는 것은?

가. 적재성 나. 부양성
사. 이동성 아. 잠수성

> 선박의 특징은 부양성, 적재성, 이동성이다.

02 선수의 최전단부터 선미의 최후단까지의 수평거리를 무엇이라 하는가?

가. 수선간장 나. 등록장
사. 전 장 아. 수선장

> 수선간장 : 계획 만재 흘수선의 선수재 전면에서 타주의 후면까지의 거리
> 등록장 : 선박국적증서(선적증서, 어선증서)에 기재되는 공인된 길이
> 수선장 : 선체가 물속에 잠겨있는 부분의 거리, 추진력 계산에 이용

03 일반적으로 선박의 길이라 함은 무엇을 말하는가?

가. 전 장 나. 수선장
사. 등록장 아. 수선간장

04 선박을 부두에 접안시킬 때나 입거시킬 때 가장 관계 깊은 선박의 길이는?

가. 전 장 나. 수선간장
사. 수선장 아. 등록장

05 선수흘수와 선미흘수의 차이를 말하며 선박 길이방향의 경사를 무엇이라고 하는가?

가. 트림(trim) 나. 흘수(draft)
사. 건현(freeboard) 아. 현호(sheer)

정답 01 아 02 사 03 아 04 가 05 가

온라인 강의 에듀마켓

06 트림(Trim)에 대한 설명으로 옳은 것은?

가. 선수흘수와 선미흘수의 합
나. 선수흘수와 선미흘수의 차
사. 선수흘수와 선미흘수의 곱
아. 선수흘수와 선미흘수의 비

해설 트림 : 선수흘수와 선미흘수의 차이로 선박 길이방향의 경사가 나타난다.

07 선체 상부에서 양측 늑골과 연결하여 갑판을 부착하고 지지하는 구성재는 무엇인가?

가. 갑판보
나. 갑 판
사. 외 판
아. 늑 골

해설 갑판보는 갑판상의 배수와 선체의 횡강력을 위해 양 현의 현측보다 선체 중심선 부근이 높도록 원호를 이루고 있는데, 이 높이의 차를 캠버라 한다.
- **늑골** : 선체의 좌우 선측을 구성하는 뼈대, 용골에 직각으로 배치
- **외판** : 선체 수밀 유지하여 부력 형성
- **갑판** : 갑판보 위에 설치하여 선체 수밀 유지, 작업장 제공

08 갑판보 위에 설치되어 외판과 함께 수밀을 유지해 주는 중요한 선체 부재는?

가. 외 판
나. 갑 판
사. 늑 골
아. 용 골

09 선박에서 현호를 두는 이유는?

가. 능파성을 줄이기 위해서
나. 종강력을 좋게 하기 위해서
사. 횡강력을 좋게 하기 위해서
아. 예비 부력을 갖기 위해서

10 다음에서 현호의 성능으로 옳지 않은 것은?

가. 배수를 원활하게 한다.
나. 능파성을 증대시킨다.
사. 예비부력을 증대시킨다.
아. 미관상 좋게 한다.

정답 06 나 07 가 08 나 09 아 10 가

11 선체의 좌우 선측을 구성하는 뼈대로서, 용골에 직각으로 배치되어 선체 횡강도의 기본이 되는 것을 무엇이라고 하는가?

가. 용 골 나. 격 벽
사. 외 판 아. 늑 골

> 용골(keel) : 선체의 최하부 중심선에 있는 종강력재로 선체 중심선을 따라 선수재에서 선미재까지의 종방향 힘을 구성하는 부분
> 외판 : 선체 수밀 유지하여 부력 형성
> 갑판 : 갑판보 위에 설치하여 선체 수밀 유지, 작업장 제공
> 늑골 : 선체의 좌우 선측을 구성하는 뼈대, 용골에 직각으로 배치

12 선저판, 외판, 갑판 등에 둘러싸여 화물적재에 이용되는 공간은?

가. 선 창 나. 격 벽
사. 이중저 아. 늑 골

> 선창은 화물을 적재하는 공간으로 내부구조는 선종과 사용목적에 따라 다르다(어창, 화물창).

13 선체의 최하부 중심선에 있는 배의 등뼈로서 종강력재를 무엇이라 하는가?

가. 외 판 나. 갑 판
사. 늑 골 아. 용 골

> 용골(keel)은 선체의 최하부 중심선에 있는 종강력재로 선체 중심선을 따라 선수재에서 선미재까지의 종방향 힘을 구성하는 부분이다.

14 여객이나 화물을 실을 수 있는 장소의 크기를 나타내는 것은 어떤 톤수인가?

가. 배수톤수 나. 재화중량톤수
사. 총톤수 아. 순톤수

> 선박의 톤수
> ① 용적톤수
> • 총톤수 : 폐위된 용적을 일정한 공식에 의해 계산, 국적증서에 기재
> • 순톤수 : 화물이나 여객을 운송할 수 있는 용적을 기초로 계산
> ② 중량톤수 : 배수톤수, 재화중량톤수

정답 11 아 12 가 13 아 14 아

15 입항세, 톤수 등의 산정기준이 되는 톤수로 옳은 것은?

가. 총톤수 나. 순톤수
사. 재화중량톤수 아. 운하톤수

16 주로 군함의 크기를 나타내는 톤수로 옳은 것은?

가. 순톤수 나. 총톤수
사. 배수톤수 아. 중량톤수

> 배수톤수 : 선박이 물에 잠기면서 밀어 낸 물의 무게로 선박의 무게에 해당되는 양을 배수량이라 하며 배수량에 톤수를 붙인 것 – 군함의 크기를 표시하는 데 이용된다.

17 선박의 크기를 나타내는 표준이 되며 관세와 등록세의 기준이 되는 톤수는?

가. 총톤수 나. 순톤수
사. 재화중량톤수 아. 배수톤수

> 총톤수 : 폐위된 용적을 일정한 공식에 의해 계산, 국적증서에 기재(등록세, 관세, 도선료 산정 기준)

18 선박이 적재할 수 있는 최대의 무게를 나타내는 톤수로, 상선의 매매와 용선료 산정의 기준이 되는 것은?

가. 총톤수 나. 배수톤수
사. 재화중량톤수 아. 순톤수

19 다음 중 건현을 결정하는 요소가 아닌 것은?

가. 예비부력 나. 해치의 종류
사. 능파성 아. 선체 강도

20 선박이 안전하게 항해하기 위한 예비부력을 결정하는 침수되지 않는 부분의 높이를 무엇이라 하나?

가. 트 림 나. 건 현
사. 흘 수 아. 톤 수

> 건현 : 상갑판선의 상단에서 선체 중앙부의 수면까지의 수직거리, 선박이 안전하게 항해하기 위한 예비부력을 결정한다.

정답 15 나 16 사 17 가 18 사 19 나 20 나

21 미터 단위의 흘수표 단위로 바르게 나타낸 것은?

	(글자크기)	(글자간격)		(글자크기)	(글자간격)
가.	10cm	10cm	나.	10cm	20cm
사.	20cm	10cm	아.	20cm	20cm

 흘수표(Draft Mark) : 흘수는 선수와 선미 양쪽에 표시하며, 중·대형선에서는 선체의 중앙부 양쪽에도 표시한다. 미터 단위로 나타낼 때는 높이 10cm의 아라비아 숫자로서 20cm 간격, 즉 10cm 크기의 글자와 10cm의 공간을 비워두고 표시한다. 피터 단위에서는 6인치의 아라비아숫자나 로마숫자로서 1피트 간격으로 표시한다.

22 흘수표에서 5m 40cm의 숫자 상단에 수면이 있을 경우 흘수를 구하면?

가. 5m 40cm   나. 5m 45cm
사. 5m 50cm   아. 5m 55cm

숫자는 20cm 단위로 표시하며 숫자의 크기 및 간격은 10cm로 숫자의 하단이 그 때의 흘수를 표시한다.

23 선수흘수가 1m 60cm이고, 선미흘수가 2m 00cm인 선박의 평균 흘수는?

가. 3m 40cm   나. 1m 80cm
사. 2m 00cm   아. 1m 40cm

24 수심이 얕은 해역의 항해를 제외하고 일반적으로 무슨 트림을 가지는 것이 항해에 유리한가?

가. 선수트림   나. 선미트림
사. 형흘수   아. 중앙트림

 트림 : 선미흘수와 선수흘수의 차이
① **선미트림** : 선미흘수가 선수흘수보다 클 때, 타효가 좋고 속력 증대에 좋다.
② **선수트림** : 선수흘수가 선미흘수보다 클 때, 속력이 저하된다.
③ **등흘수** : 선수흘수와 선미흘수가 같을 때, 수심이 얕은 지역 통과 시 유리하다.

25 만재 흘수선에서 동기 만재 흘수선의 기호는?

가. W   나. S
사. T   아. F

• 동기 만재 흘수선 - W

정답 21 나 22 사 23 나 24 나 25 가

- 하기 만재 흘수선 – S
- 열대 만재 흘수선 – T
- 열대 담수 만재 흘수선 – TF
- 하기 담수 만재 흘수선 – F
- 동기 북대서양 만재 흘수선 – WNA

26 건현표의 표시 내용 중 "W"가 나타내는 것은?

가. 동기 만재 흘수선
나. 하기 만재 흘수선
사. 열대 만재 흘수선
아. 열대 담수 만재 흘수선

27 만재 흘수선 표시를 볼 수 있는 선박은?

가. 부유식 해상구조물
나. 연해 구역을 항행하는 길이 24m 미만인 예인선
사. 근해 구역을 항행하는 화물선
아. 평수 구역을 항행하는 준설선

28 선체에 흘수가 표시되는 곳이 아닌 것은?

가. 선수의 좌우현
나. 선미쪽 좌우현
사. 조타실 좌우현
아. 선체 중앙부 좌우현

> **해설** 흘수표(Draft Mark) : 흘수는 선수와 선미 양쪽에 표시하며, 중·대형선에서는 선체의 중앙부 양쪽에도 표시한다.

29 만재 흘수선표는 선박의 어느 곳에 표시되어 있는가?

가. 선수 양쪽
나. 배의 중앙 양쪽
사. 선 미
아. 선수재

30 흘수에 대한 설명으로 옳지 못한 것은?

가. 선박의 속력, 타효에는 영향을 끼치지 못한다.
나. 화물을 실을 때는 트림과 흘수를 조절한다.
사. 배수량에 변화가 없더라도 흘수가 변하는 수가 많다.
아. 선수흘수와 선미흘수의 차를 트림이라 한다.

정답 26 가 27 사 28 사 29 나 30 가

31 수밀격벽의 역할에 해당되지 않는 것은?

가. 선체의 횡강력을 보강한다.
나. 밸러스트 탱크로 사용할 수 있다.
사. 화재 발생시 방화벽 역할을 한다.
아. 충돌 좌초시 침수를 한 구역으로 한정시켜 침몰을 방지한다.

🔖 **수밀격벽의 역할** : 가, 사, 아, 트림을 조정, 화물을 구별하여 적재

32 다음 중 횡강력 구성재가 아닌 것은?

가. 늑 골　　　　　　　　나. 격 벽
사. 용 골　　　　　　　　아. 갑판빔

33 다음 부재(部材) 중 종강력 구성재가 아닌 것은?

가. 용 골　　　　　　　　나. 갑 판
사. 외 판　　　　　　　　아. 늑 골

34 다음의 선체 철판 중 제일 두꺼운 철판은?

가. 현측 후판　　　　　　나. 선루 외판
사. 선측 외판　　　　　　아. 선저 외판

35 횡격벽 설치의 이점으로 옳지 않은 것은?

가. 선체의 종강력이 증대된다.
나. 화재시에 방화벽 역할을 한다.
사. 침수를 단일 구획에서 저지할 수 있다.
아. 위험 화물과 잡화를 구분하여 적재할 수 있다.

🔖 **횡강력 구성재** : 늑골, 갑판보, 횡격벽, 갑판

36 다음 중 배수설비가 아닌 것은?

가. 배수구　　　　　　　　나. 빌지펌프
사. 수밀격벽　　　　　　　아. 밸러스트 펌프

정답 31 나　32 사　33 아　34 가　35 가　36 사

제1장 선박의 구조 및 설비

37 주로 소형 선박에 사용되는 용골은?

가. 측판용골 나. 평판용골
사. 빌지용골 아. 방형용골

38 다음 중 이중저의 장점에 대한 설명으로 옳지 않은 것은?

가. 선저가 파손될 경우 수밀이 유지된다.
나. 선체의 강도가 증가한다.
사. 연료, 청수 등의 탱크로 이용한다.
아. 화재를 국부적으로 제한할 수 있다.

> 화재의 국부적 제한은 수밀격벽의 역할이다.
> **이중저** : 이중저는 좌초 등으로 선저가 파손되었을 때, 선저로부터의 침수를 막아 주는 방수 구조임과 동시에 연료나 청수 등의 탱크 이용, 밸러스트 탱크로 이용하여 선박의 중심, 경사 등을 조절, 선체의 강도를 증가시켜 주는 역할도 한다.

39 선저 외판의 만곡부 외판에 붙은 Bilge keel(빌지 킬)의 설치 목적으로 옳은 것은?

가. 선속을 증대시킨다.
나. 조파저항을 감소시킨다.
사. 선체의 횡요를 완화시킨다.
아. 선체의 종강력을 증대시킨다.

40 앵커 체인 케이블(Anchor chain cable)은 링크 지름의 몇 % 이상 마모되면 체인을 교환해야 하는가?

가. 5% 나. 8%
사. 12% 아. 20%

> **닻과 앵커 체인의 관리**
> ① 평균 지름의 12% 이상 마멸되면 교환해야 한다.
> ② 닻이 움직이는 부분은 그리스를 주입하고 입거시는 전체적인 손상 및 마모를 확인하고 새클 표시를 더한다.

41 닻줄을 수납하는 창고를 무엇이라 하는가?

가. 재화문 나. 체인 로커
사. 이중저 아. 선 창

> 닻을 감아 올리면 닻줄(앵커 체인)은 체인로커에 수납한다.

정답 37 아 38 아 39 사 40 사 41 나

42 앵커 체인의 1새클의 길이는 대략 얼마인가?
   가. 25미터
   나. 50미터
   사. 100미터
   아. 150미터

43 다음 중 정박설비에 해당되지 않는 것은?
   가. 닻
   나. 태클
   사. 양묘기
   아. 캡스턴

   해설) 태클은 하역 설비이다.

44 매우 작은 앵커로 여러 개의 플루크가 있어 물건을 건져 올릴 때 사용되는 것은?
   가. 스톡 앵커
   나. 스톡리스 앵커
   사. 바우어 앵커
   아. 그래프널 앵커

   해설) 그래프널 앵커 : 4개의 암을 가진 소형 닻으로 해저에 떨어진 닻줄, 로프 등을 건지는데 사용된다.
   스톡 앵커 : 스톡이 있는 앵커로 파주력은 크나 격납이 불편하여 소형선에 이용된다.
   스톡리스 앵커 : 스톡이 없는 앵커로 투묘 양묘시 취급이 쉽고, 앵커 체인이 엉키지 않아 대형선에 이용된다.

45 닻의 용도에 대한 내용으로 옳지 않은 것은?
   가. 정박시키기 위하여
   나. 선박의 속력을 높이기 위하여
   사. 충돌을 피하기 위하여 감속할 때
   아. 좌초시에 선체를 고정하고자 할 때

46 스톡 앵커에 대한 설명으로 옳은 것은?
   가. 파주력이 크다.
   나. 스톡이 없는 앵커이다.
   사. 대형선에 주로 이용한다.
   아. 투묘 및 양묘시에 작업이 간편하다.

   해설) 스톡 앵커 : 스톡이 있는 앵커로 파주력은 크나 격납이 불편하여 소형선에 이용된다.

정답 42 가 43 나 44 아 45 나 46 가

온라인 강의 에듀마켓

47 닻이 끌리는 것을 알아내는 가장 좋은 방법은?
가. 교차 방위에 의한 방법 나. 풍 향
사. 조류의 방향 아. 기상의 변화

48 선박 설비규정에 의한 법정 의장품에 해당되는 것은?
가. 닻, 앵커 체인 나. 키, 스크루 프로펠러
사. 주기관 아. 페인트, 캔버스

> **해설** 선박이 부두에 접안하거나 묘박 혹은 부표에 계류하기 위한 모든 설비를 계선설비라 한다. 정박설비의 기준은 선박 설비규정에 따라 의장수로 결정한다.
>
> 의장수 = L × (B + D) + C
> (L : 선체 길이, B : 선폭, D : 깊이, C : 상부구조물의 크기에 따른 상수)

49 다음 중에서 사용 목적이 다른 것은?
가. 윈드라스 나. 크레인
사. 데 릭 아. 카고윈치

> **해설** 윈드라스는 계선설비이며, 나머지는 하역설비이다.

50 해묘(Sea anchor)란 무엇인가?
가. 예비 묘(Anchor)를 말한다.
나. 모든 선박이 묘박시 사용하는 것이다.
사. 소형선에 있어서 외항에서 정박시 사용하는 것이다.
아. 황천시 배를 풍랑이 있는 방향으로 선수를 유지시키기 위하여 사용하며 범포로 만든다.

51 수중에 투하한 앵커 체인 길이가 100m이면 몇 새클 투하되었다고 할 수 있는가?
가. 10 새클 나. 8 새클
사. 4 새클 아. 2 새클

> **해설** 앵커 체인의 1새클의 길이는 25m이다.

정답 47 가 48 가 49 가 50 아 51 사

52 앵커(anchor)를 감아올리거나 투묘작업 및 계선줄을 감는데 사용하는 갑판 보조기계는 무엇인가?

가. 윈치(winch)　　　　　　　　　나. 데릭붐(derrick boom)
사. 집크레인(jib crane)　　　　　 아. 윈드라스(windlass)

53 다른 선박이나 물체와 충돌의 위험이 있을 때 속력을 줄이기 위하여 유효하게 사용할 수 있는 설비는 다음 중 어느 것인가?

가. 닻　　　　　　　　　　　　　 나. 윈 치
사. 데 릭　　　　　　　　　　　　아. 비 트

54 다음의 저질 중에서 닻이 가장 큰 힘을 낼 수 있는 것은?

가. 자 갈　　　　　　　　　　　　나. 모 래
사. 평 암　　　　　　　　　　　　아. 펄

55 묘박지에서의 정박뿐만 아니라 좁은 수역에서 선박을 선회시킬 때 사용하는 설비는?

가. 앵 커　　　　　　　　　　　　나. 훅
사. 새 클　　　　　　　　　　　　아. 태 클

56 다음 중 하역설비 및 용구가 아닌 것은?

가. 양묘기(Windlass)　　　　　　 나. 윈치(Winch)
사. 슬링(Sling)　　　　　　　　　아. 데릭(Derrick)

57 양묘기란 무엇인가?

가. 닻을 감아올릴 때 사용한다.
나. 하역작업을 간편하게 한다.
사. 구명정을 내릴 때 사용한다.
아. 일정한 침로를 유지할 때 사용한다.

정답　52 아　53 가　54 아　55 가　56 가　57 가

58 다음 중 계선설비가 아닌 것은?

가. 양묘기(windlass) 나. 슬링(sling)
사. 볼라드(bollard) 아. 페어리더(fair leader)

59 배에서 화물을 싣고 내리는 것을 주 목적으로 하는 장치는?

가. 하역장치 나. 양묘장치
사. 보조장치 아. 조타장치

60 양묘기에서 회전축에 동력이 차단되었을 때 회전축의 회전을 억제하는 것은?

가. 체인드럼 나. 클러치
사. 브레이크 아. 워핑드럼

61 다음 중 키를 모양에 따라 분류한 것이 아닌 것은?

가. 평형키 나. 복판키
사. 비평형키 아. 반평형키

> 키는 한 장의 판으로 되어 있는 단판키(소형선에서 사용)와 2장의 판을 유선형으로 만든 복판키가 있다. 또 키를 회전시키는 축의 위치에 따라 비평형키, 평형키, 반평형키 등이 있다.

62 키의 구조상 분류로서 두 장의 판을 유선형으로 만든 것은?

가. 단판키 나. 현수키
사. 보통키 아. 복판키

63 키의 효율이 최대인 타각은 얼마인가?

가. 10~20° 나. 210~25°
사. 30~35° 아. 40~45°

> 이론적으로 타각이 45°일 때 선박을 회전시키는 회전 능률이 최대이지만, 속력 감쇠 작용이 크므로 보통 최대 타각은 35° 정도가 가장 유효하다.

정답 58. 나 59 가 60 사 61 나 62 아 63 사

64 작은 힘의 조타장치를 사용할 수 있고, 키의 유효면적이 커서 선박 조종이 용이한 것은?

　가. 비평형키　　　　　　　　나. 평형키
　사. 반평형키　　　　　　　　아. 외르츠키

65 오늘날 대형선에서 사용하고 있는 스톡리스 앵커(Stockless anchor)의 장점이 아닌 것은?

　가. 앵커 작업이 간단하다.
　나. 스톡 앵커(Stock anchor)에 비하여 파주력이 크다.
　사. 대형 앵커 제작이 용이하다.
　아. 앵커 체인이 스톡(Stock)에 얽힐 염려가 없다.

66 선박이 일정한 침로로 항행하기 위하여 타를 움직이게 하는 장치는?

　가. 양하장치　　　　　　　　나. 양묘장치
　사. 조타장치　　　　　　　　아. 계선장치

67 선박이 항해 중 침로를 변경 또는 유지하는데 이용하는 설비는?

　가. 프로펠러　　　　　　　　나. 키
　사. 앵 커　　　　　　　　　아. 발전기

68 선박을 접안시키거나 타선에 접선시킬 때 충격을 방지하기 위한 기구는?

　가. 히빙 라인　　　　　　　　나. 펜 더
　사. 스토퍼　　　　　　　　　아. 롤러 초크

69 중·소형선에서 붐을 이용한 하역설비로 가장 널리 쓰이고 있는 것은?

　가. 데릭식　　　　　　　　　나. 크레인식
　사. 태클식　　　　　　　　　아. 컨베이어식

정답　64 나　65 나　66 사　67 나　68 나　69 가

70 블록에 로프를 통과시켜 작은 힘으로 중량물을 끌어올리거나 힘의 방향을 바꿀 때 사용하는 장치는?
가. 윈 치
나. 양묘기
사. 데 릭
아. 태 클

71 다음 중 하역설비가 아닌 것은?
가. 데릭식 하역장치
나. 크레인식 하역장치
사. 컨베이어 장치
아. 자동 조타장치

72 블록의 사용 중에는 각 부분에 기름을 칠해야 하는데 맞는 것은?
가. 그리스와 광유의 혼합
나. 수은과 황산동의 혼합
사. 글리세린과 알콜의 혼합
아. 터어펜타인과 적연의 혼합

73 선박에서 선미 부근에 아연판을 부착하는 이유는?
가. 스크루 프로펠러(Screw propeller)의 회전으로 인한 진동을 억제하기 위하여
나. 전식 작용에 의한 부식을 방지하기 위하여
사. 해조류 및 패류의 부착을 막기 위하여
아. 선미를 보다 보강하기 위하여

74 선박의 디프 탱크(Deep tank)의 기능으로 맞는 것은?
가. 방화수 적재
나. 갑판 청소용수 저장
사. 인접 화물의 손상방지
아. 공선시 흘수 및 트림(Trim) 조절

75 인공 위성을 이용한 선위 측정기기는?
가. 로란(LORAN) 수신기
나. 데카(DECCA) 수신기
사. 무선방향탐지기
아. 지피에스(GPS)

정답 70 아 71 아 72 가 73 나 74 아 75 아

76 초단파를 이용한 근거리용 통신수단이며, 선박 상호간 또는 출입항시 선박과 항만관제소간의 교신에 이용되는 통신설비는 어느 것인가?

가. 팩시밀리
나. 무선전신
사. 무선전화(VHF)
아. 발광신호

77 선내 펌프 중 다목적으로 사용되는 것은?

가. 빌지펌프
나. 제너럴 서비스 펌프
사. 밸러스트 펌프
아. 냉각수 펌프

78 선박의 안전 및 경계 목적의 설비로서 알맞지 않는 것은?

가. 조수기
나. 레이더
사. 기 적
아. 쌍안경

79 선박이 조난을 당했을 때 구조선과 조난선간에 연결용 줄을 보내는 데 사용되는 것은?

가. 낙하산 신호
나. 발연부 신호
사. 구명 뗏목
아. 구명줄 발사기

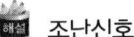 조난신호의 장비
① 로켓 낙하산 화염신호 : 300m 이상 올라가야 하며, 화염신호는 초당 5m 이하의 비율로 낙하하여야 하고, 연소시간은 40초 이상이 되어야 한다.
② 신호 홍염 : 손잡이에 불을 붙이면 붉은색 불꽃을 낸다.
③ 발연부 신호 : 주간용 신호로 불을 붙여 물에 던지면 해면 위에서 연기를 낸다.
④ 자기 점화등 : 야간에 구명부환의 위치를 알려 주는 등으로 구명부환과 함께 수면에 투하되면 자동으로 점화된다.
⑤ 자기 발연 신호 : 주간용 신호로 물에 들어가면 자동으로 오렌지색 연기를 낸다.
⑥ 일광 신호경 : 낮에 태양의 반사광에 의해 신호를 보내는 거울이다.
⑦ 생존정용 구명무선설비 : 휴대용 비상통신기, 비상위치지시용무선표지(EPIRB), 양방향무선전화 등이 있다.

80 다음 중 야간용 조난 신호장비로 옳은 것은?

가. 자기 점화등
나. 자기 발연부 신호
사. 낙하산 신호
아. 로켓 신호

정답 76 사 77 나 78 가 79 아 80 가

81 주간 조난신호 장비이며 물속에 들어가면 자동적으로 오렌지색 연기를 내는 것으로 옳은 것은?

가. 자기 점화등
나. 자기 발연부 신호
사. 낙하산 신호
아. 로켓 신호

82 선박 조난신호 장비 중 주간용으로 불을 붙여 물에 던지면 해면 위에서 연기를 발하는 장비는 무엇인가?

가. 자기 점화등
나. 신호 홍염
사. 로켓 낙하산 신호
아. 발연부 신호

83 여객선 이외의 선박의 선내 비상 훈련의 시기로 옳은 것은?

가. 매월 4회
나. 매월 3회
사. 매월 1회
아. 매 주

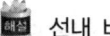 선내 비상 훈련
① 소화 훈련 : 화물선 월 1회(여객선 주 1회) : 출항 후 24시간 이내 실시
② 퇴선 훈련 : 화물선 월 1회(여객선 주 1회)
③ 비상 조타 훈련 : 3개월에 1회 실시
④ 인명 구조 훈련 : 월 1회 실시
⑤ 기름 유출 방제 훈련 : 월 1회 실시

84 선내 비상 훈련 시의 신호로 옳은 것은?

가. 연속 5회 단음과 장음 1회
나. 연속 7회 단음과 장음 2회
사. 연속 7회의 단음과 장음 1회
아. 연속 5회의 단음과 장음 2회

85 다음 중에서 구명정을 올리고 내리는데 사용되는 것은?

가. 하역 윈치
나. 보트 윈치
사. 양묘기
아. 캡스턴

정답 81 나 82 아 83 사 84 사 85 나

86 다음 중 개인용 구명설비는 어느 것인가?

　가. 구명동의　　　　　　　　나. 구명정
　사. 구조정　　　　　　　　　아. 구명뗏목

87 전기 화재에 효과적인 소화 방법으로 옳은 것은?

　가. 가압수를 사용　　　　　나. 포말 소화기 사용
　사. 증기를 사용　　　　　　아. 이산화탄소 소화기 사용

88 화재 삼각형의 3요소에 들지 않는 것은?

　가. 가연성 물질　　　　　　나. 산 소
　사. 열　　　　　　　　　　　아. 질 소

89 소화 작업시의 유의사항으로 옳지 않은 것은?

　가. 화재구역을 이동시킨다.
　나. 가연성 물질을 이동시킨다.
　사. 상황이 허락하는 범위에서 전기를 차단한다.
　아. 대형 화재가 확산되었을 경우에는 화재구역을 밀폐시키며, 물이나 탄산가스를 방출하여 소화한다.

90 주로 거주구역에 채용되어 화재 발생시 온도 상승을 감지하여 화재발생을 탐지하는 장치는?

　가. 전기식 화재탐지장치　　나. 열식 화재탐지장치
　사. 연관 화재탐지장치　　　아. 수동식 화재경보

91 가스식 이동 소화기에 사용되는 가스는?

　가. 이산화탄소　　　　　　　나. 청산가스
　사. 아황산가스　　　　　　　아. 메탄가스

정답　86 가　87 아　88 아　89 가　90 나　91 가

92 B급 화재에 주로 사용되는 소화기는?

가. 포말 소화기
나. 이산화탄소 소화기
사. 화학분말 소화기
아. 할로겐화수소 소화기

> ① A급 화재 : 연소 후 재가 남는 고체 물질의 화재 – 물, 포말 소화제로 진화
> ② B급 화재 : 연소 후 재가 남지 않는 가연성 액체의 화재 – 분무형의 물, 이산화탄소, 포말, 분말 소화제로 진화
> ③ C급 화재 : 전기에 의한 화재 – 이산화탄소, 분말 소화제로 진화
> ④ D급 화재 : 가연성 금속(마그네슘, 나트륨알루미늄)의 화재 – 분말 소화제로 진화
> ⑤ E급 화재 : 가스(LPG, LNG, 아세틸렌 및 수소)에 의한 화재

93 타고 난 후 재가 남지 않는 가연성 액체의 화재로 옳은 것은?

가. A급 화재
나. B급 화재
사. C급 화재
아. D급 화재

94 C급 화재의 설명으로 옳은 것은?

가. 전기에 의한 화재
나. 연소 후 재가 남는 화재
사. 가연성 금속성 물질의 화재
아. 타고 난 후 재가 남지 않는 가연성 액체 화재

95 다음 소화기 중 유독 가스가 발생하기 때문에 모든 선박에 새로이 설치하는 것을 금하고 있는 소화기로 옳은 것은?

가. 포말 소화기
나. 할론 소화기
사. 이산화탄소 소화기
아. 분말 소화기

96 다음 중 팽창식 구명 뗏목의 팽창에 이용되는 가스로 옳은 것은?

가. 일산화탄소 가스
나. 이산화탄소 가스
사. 황산 가스
아. 수소 가스

97 다음 중 다목적용 선박의 하역설비로 옳은 것은?

가. 크레인
나. 데 릭
사. 갠트리 크레인
아. 블 록

정답 92 나 93 나 94 가 95 나 96 나 97 나

98 원유 등의 액체 화물의 하역에 적합한 하역설비로 옳은 것은?

가. 데 릭 나. 짐 크레인
사. 캡스턴 아. 펌 프

99 로프를 통하여 힘의 방향을 바꾸거나, 힘의 배력을 얻기 위하여 사용하는 것은?

가. 블 록 나. 볼라드
사. 팬 더 아. 카고 훅

100 태클이나 로프 끝에 연결하여 화물을 걸기 위하여 사용되는 설비는?

가. 새 클 나. 카고 슬링
사. 태 클 아. 훅

101 로프에 하중을 가해서 로프가 절단되는 순간의 장력을 무엇이라 하는가?

가. 시험 하중 나. 파단 하중
사. 안전사용 하중 아. 충격 하중

 강도
① **파단 하중** : 로프에 장력을 가하여 로프가 절단되는 순간의 힘 또는 무게를 말한다.
② **시험 하중** : 로프에 장력을 가하면 로프가 늘어지지만 힘을 제거하면 원래 상태로 되돌아가는데, 이 때 변형이 일어나지 않는 최대 장력을 시험 하중이라 하며, 파단 하중의 1/2 정도이다.
③ **안전 사용 하중(SWL)** : 시험 하중의 범위 내에서 안전하게 사용할 수 있는 최대의 하중을 말하며, 파단력의 1/6로 본다.

102 로프에 장력을 가하면 늘어지지만, 힘을 제거하면 원래의 상태로 되돌아가는데 이 때 변형이나 손상이 일어나지 않는 최대 장력을 무엇이라 하는가?

가. 파단 하중 나. 시험 하중
사. 안전 하중 아. 안전사용하중

103 선박에서 사용되는 로프의 안전 사용력은 보통 파단력의 얼마로 하는가?

가. 1/2 정도 나. 1/3 정도
사. 1/6 정도 아. 1/4 정도

정답 98 아 99 가 100 아 101 나 102 나 103 사

104 나일론 로프에 관한 설명으로 옳지 않은 것은?

가. 해수에 대한 내구력이 크다.
나. 부식되지 않는다.
사. 마닐라 로프보다 강하다.
아. 열에 강하다.

105 새 와이어로프에 아연도금을 하는 이유로 옳은 것은?

가. 보기가 좋도록 하기 위하여
나. 마모가 적도록 하기 위하여
사. 녹이 스는 것을 방지하기 위하여
아. 강도를 크게 하기 위하여

106 와이어로프의 보존방법으로 옳지 않은 것은?

가. 통풍과 환기가 잘 되는 곳에 보관한다.
나. 충분히 건조시키고 녹이 발생하면 제거하고 기름을 바른다.
사. 스플라이싱하여 캔버스로 감아 둔 부분은 때때로 풀어서 정비한다.
아. 기름은 점도가 낮은 것을 발라서 부식을 방지한다.

107 블록의 크기와 사용하는 로프의 관계에 있어 맞는 것은?

가. 섬유 로프의 굵기는 시브(sheave)직경의 1/40이 적당
나. 섬유 로프의 굵기는 시브(sheave)직경의 1/30이 적당
사. 섬유 로프의 굵기는 시브(sheave)직경의 1/20이 적당
아. 섬유 로프의 굵기는 시브(sheave)직경의 1/10이 적당

> **해설** 블록(Block)
> ① 블록의 구조
>   • 셸(shell) : 블록의 외곽을 형성하며 목재와 금속재가 있다.
>   • 시브(Sheave) : 회전 바퀴
> ② **블록의 종류** : 싱글 블록, 더블 블록 또 셸의 일부가 열리는 스내치 블록(Snatch Block) 등이 있다.
> ③ **블록의 크기** : 목재 블록은 셸의 세로 길이를, 철재 블록은 시브의 직경을 mm로 표시한다.
> ④ **블록의 사용 로프** : 섬유 로프는 시브 직경의 1/10 정도의 굵기를 사용하며, 와이어로프를 사용할 때는 1/20 정도의 로프를 사용한다.

정답 104 아 105 사 106 아 107 아

108 로프 취급시의 주의사항이다. 가장 거리가 먼 것은?

가. 마모에 주의할 것
나. 밀폐된 장소에 보관할 것
사. 항상 건조한 상태로 보관할 것
아. 마찰되는 부분은 캔버스를 이용하여 보호할 것

109 Z꼬임의 로프는 어떤 방향으로 사려두는 것이 좋은가?

가. 시계 방향 나. 반시계 방향
사. X 방향 아. Y 방향

110 섬유 로프의 스플라이싱(Splicing)한 부분은 그 강도가 약 몇 % 정도 떨어지는가?

가. 5%~10% 나. 10%~15%
사. 15%~20% 아. 20%~30%

 스플라이싱(Splicing) : 두 가닥의 로프를 영구적으로 연결하거나(short splicing), 로프의 끝에 아이를 만들거나(eye splicing), 끝이 풀리지 않도록 하는 것(back splicing)(스플라이싱 한 부분은 강도가 약 20~30% 떨어진다.

111 갑판에 있는 개구부 중 가장 큰 갑판구로 옳은 것은?

가. 승강구 나. 기관실구
사. 천 창 아. 해치(hatch)

112 조타실에서 기관의 준비, 정지 및 전·후진 속력의 증감에 관한 명령을 기관실에 전달하는 장치로 옳은 것은?

가. 엔진 텔레그래프 나. 전성관
사. 선수미 통화기 아. 워키토키

113 다음 중에서 천연가스를 초저온으로 액화하여 운반하는 전용선을 무엇이라고 하는가?

가. LPG 운반선 나. LNG 운반선
사. PCC 아. 유조선

정답 108 나 109 가 110 아 111 아 112 가 113 나

114 선체의 경하 흘수선 이하 선저부에 칠하는 것으로 출거 직전에 칠하는 페인트로 옳은 것은?

가. 프라이머 페인트
나. 1호 선저도료(A/C)
사. 2호 선저도료(A/F)
아. 광명단

 선체 도료의 종류
① 광명단(Deck Lead Paint) : 선박에서 가장 널리 사용하는 유성 방청 도료로 도막이 견고하고 내수성 및 피복성이 강하다.
② 1호 선저도료(A/C) : 선저 외판에 방청용으로 칠하는 페인트로 외판에 직접 또는 광명단 도료를 칠한 위에 도장하며, 건조가 빠르고 방청력이 뛰어나고, 강판과의 밀착성이 좋아 잘 떨어지지 않아야 한다.
③ 2호 선저도료(A/F) : 선체 외판 중에 항상 물에 잠기는 부분에 해중생물의 부착을 방지하기 위하여 칠하는 선저 방오용의 페인트로 강판을 부식시키므로 A/C 도료를 먼저 칠하고 그 위에 칠해야 한다.
④ 3호 선저도료(B/T) : 수선부, 즉 만재 흘수선과 경하 흘수선 사이의 외판에 칠하는 도료로서 A/C 페인트를 먼저 칠하고 그 위에 도장한다.
⑤ 희석제(Thinner) : 도료의 액체 성분을 녹여서 점성을 작게 하고 성분을 균질하게 하여 도막을 매끄럽게 하고 건조를 촉진시키며, 도장 후에는 거의 증발하여 도막 중에는 남지 않는다.

115 도장시의 주의사항으로 옳지 않은 것은?

가. 얇게 여러 번 바르는 것이 좋다.
나. 충분히 저어서 농도를 고르게 한다.
사. 바람이 불면 풍하쪽에서부터 칠한다.
아. 잠시 보관할 때는 솔을 청수에 담가 둔다.

 바람이 있을 때에는 풍상 쪽의 장소부터 먼저 칠하고, 위쪽에서 아래쪽으로 칠하며, 구석진 부분과 같이 작업이 어려운 곳을 먼저 칠하며, 나무에 칠할 때에는 나무 결에 거슬려서 칠하여 페인트를 흡수 시킨 다음, 나무 결과 직각 방향으로 칠한 다음 나무 결 방향의 순서로 칠한다.

116 다음 중 선박에 많이 쓰이는 도료(paint)는 어느 것인가?

가. 수성 도료
나. 유성 도료
사. 산성 도료
아. 탄산 도료

117 도장의 목적으로 옳지 않은 것은?

가. 미관상 보기 좋게 한다.
나. 선체의 부식을 방지한다.
사. 화물의 적재력이 증가된다.
아. 수중 생물 부착을 방지한다.

정답 114 사 115 사 116 나 117 사

118 수중 생물의 부착을 방지하기 위한 선저도료로 옳은 것은?

가. 1호 선저도료(A/C)　　　나. 2호 선저도료(A/F)
사. 3호 선저도료(B/T)　　　아. 4호 선저도료(B/C)

 2호 선저도료(A/F)
① 선체 외판 중에 항상 물에 잠기는 부분에 해중 생물의 부착을 방지하기 위하여 칠하는 선저 방오용의 페인트이다.
② 강판을 부식시키므로 A/C 도료를 먼저 칠하고 그 위에 칠해야 한다.

119 선박이 출거 직전에 하는 도장으로 옳은 것은?

가. 1호 선저도료(A/C)　　　나. 2호 선저도료(A/F)
사. 3호 선저도료(B/T)　　　아. 4호 선저도료(B/C)

120 3호 선저도료를 칠하는 곳으로 옳은 것은?

가. 선 저
나. 경하 흘수선 아랫부분
사. 만재 흘수선 아랫부분
아. 만재 흘수선과 경하 흘수선 사이

 3호 선저도료(B/T) : 수선부, 즉 만재 흘수선과 경하 흘수선 사이의 외판에 칠하는 도료로서 A/C 페인트를 먼저 칠하고 그 위에 도장한다.

121 도장의 목적은 장식, 방식, (　　) 이다. (　　)안에 옳은 것은?

가. 미 관　　　　　　　나. 마 찰
사. 저 항　　　　　　　아. 방 오

122 제1호 선저도료의 특징 중 거리가 먼 것은?

가. 독성이 들어 있어야 한다.　　　나. 방청력이 커야 한다.
사. 밀착력이 커야 한다.　　　　　아. 건조가 빨라야 한다.

 1호 선저도료(A/C)
① 선저 외판에 방청용으로 칠하는 페인트로 외판에 직접 또는 광명단 도료를 칠한 위에 도장한다.
② 건조가 빠르고 방청력이 뛰어나고, 강판과의 밀착성이 좋아 잘 떨어지지 않아야 한다.

정답　118 나　119 나　120 아　121 아　122 가

123 선박의 해수탱크, 청수탱크, 코퍼댐 등에 칠하는 것으로 적당한 것은?

가. 역청 도료
나. 타 르
사. 시멘트
아. 광명단

124 건조가 빠르고, 방청력이 뛰어나고 강판과의 밀착성이 좋아야 하는 페인트로 옳은 것은?

가. 1호 선저도료
나. 2호 선저도료
사. 광명단 도료
아. 희석제

125 목선을 상가시켰을 때에 선저를 화염으로 그을리는 이유로 옳은 것은?

가. 선체를 보온하기 위하여
나. 코킹을 튼튼히 하기 위해
사. 선저를 매끄럽게 하기 위하여
아. 목질 내에 파고 들어간 충류를 죽이기 위해

126 미국연방화재방지협회(NFPA)는 화재의 연소 특성에 따라 화재를 분류하고 있다. 다음의 화재 급수와 분류가 맞지 않는 것은?

가. A급 - 일반 고체
나. B급 - 유류
사. C급 - 일반 액체
아. D급 - 금속

127 선체 탱크 중에서 가장 부식이 심하게 일어나는 곳으로 옳은 것은?

가. 청수 탱크
나. 연료유 탱크
사. 밸러스트 탱크
아. 빌지 탱크

128 선체 외판 중에 부식이 가장 심하게 나타나는 부위로 옳은 것은?

가. 선저부
나. 수선부
사. 수선 상부
아. 주갑판 상부

정답 123 사 124 가 125 아 126 사 127 사 128 나

129 선체의 검사 중 정기검사의 유효기간으로 옳은 것은?

가. 2년 나. 3년
사. 5년 아. 7년

 각종 검사의 유효기간은 ① 정기검사 – 5년 ② 제1종 중간검사 – 정기검사 후 2~3년 ③ 제2종 중간검사 – 제1종 중간검사 후 1년
⇒ 처음에는 정기검사를 받아야 하며 1년차에는 제2종 중간검사, 다시 2년차에는 제2종 중간검사, 3년차에는 제1종 중간검사, 5년차에는 정기검사를 받으면 된다.

130 조타장치에 대한 다음 설명 중 옳지 않은 것은?

가. 자동 조타장치에서는 수동 조타를 할 수 있다.
나. 인력 조타장치는 소형선이나 범선 등에서 사용되어 왔다.
사. 대형선에는 동력을 이용하여 키(리더)를 동작시키는 조타장치가 필요하다.
아. 동력 조타장치는 브리지의 조타륜이 키(리더)와 기계적으로 직접 연결되어 비상 조타를 할 수 없다.

 조타장치의 종류
① **인력 조타장치** : 조타륜과 틸러 사이가 체인 등으로 연결되어, 조타륜을 돌리는 인력에 의하여 직접 키가 회전하는 방식으로 소형선이나 범선 등에서 사용되고 있다.
② **동력 조타장치** : 동력 장치에 의해서 작은 힘으로 조타륜이 회전되게 하는 방식으로 주로 중·대형선박에서 이용하며, 제어장치, 추종장치, 원동기, 전달장치 등으로 구성된다.

131 선내 소독시 청산가스의 대략 밀폐 시간은 얼마로 하여야 하는가?

가. 2시간 이상 나. 4시간 이상
사. 6시간 이상 아. 반나절 정도

 이산화황가스는 약 6시간 정도 밀폐한다.

132 선박에서 쥐나 곤충을 죽이는데 가장 효과적인 소독 약품으로 옳은 것은?

가. 청산 가스(hCN) 나. 이산화황(SO_2) 가스
사. 포르말린 아. 크레졸

 소독 약품
① **청산 가스(hNC) 소독** : 사용법이 간단하고 쥐를 없애는데 효과적이나 살균작용은 없으며, 예정 밀폐시간은 약 2시간 이상이다.
② **이산화황(SO_2) 가스 소독** : 살균력이 강하나 청산 가스에 비해 독성이 약하므로 밀폐시간이 6시간 이상 경과 후 효과가 있다.

정답 129 사 130 아 131 가 132 가

133 선내 위생검사 후 발급받는 구서증서의 유효기간으로 옳은 것은?
  가. 2개월 나. 3개월
  사. 6개월 아. 12개월

134 유조선에서 주로 사용되는 선박구조 양식으로 옳은 것은?
  가. 횡식 구조 나. 종식 구조
  사. 종·횡식 구조 아. 횡강력 보강구조

135 용골의 최하면부터 수선까지의 수직거리를 무엇이라 하는가?
  가. 수 심 나. 흘 수
  사. 선체의 깊이 아. 건 현

136 선체 전체를 한 눈에 보고 대략 파악하는데 필요한 도면으로 옳은 것은?
  가. 중앙 횡단면도 나. 강재 배치도
  사. 외판 전개도 아. 일반 배치도

137 지름 20mm인 와이어로프는 10mm인 와이어로프보다 몇 배의 파단력을 갖고 있는가?
  가. 2배 나. 4배
  사. 8배 아. 16배

와이어로프 파단력 = $(\dfrac{d}{8})^2 \times k = k \times C^2$ (유연강색 k = 2.5, 비유연강색 k = 3.0)
$(20/8)^2 \times 2.5 ≒ 16 \Leftrightarrow (10/8)^2 \times 2.5 ≒ 4$ (4배)

138 물 속에 유분이 섞여 있을 때 물과 기름을 분리해 내는 설비로 옳은 것은?
  가. 오수처리장치 나. 자연통풍장치
  사. 유수분리장치 아. 소화설비

정답 133 사 134 나 135 나 136 아 137 나 138 사

139 다음에서 설명하는 검사로 옳은 것은?

> 여객선 및 길이 24m 이상의 선박은 선체, 기관 및 조타설비, 계선 및 양묘 설비의 설계 및 공사에 대하여, 만재 흘수선 표시를 필요로 하는 선박은 만재 흘수선에 대하여 선박건조에 착수한 때부터 검사를 받는다.

가. 임시검사
사. 정기검사
나. 제조검사
아. 특수선검사

140 한국 선급의 약호로 옳은 것은?

가. KG
사. NK
나. KR
아. LR

정답 139 나 140 나

Chapter 02 선박의 이동 및 조종

Part 2 | 운용

1 선박의 조종 성능

1 키 및 추진기의 작용

(1) 키의 역할

선박에 장착된 키[타(舵), rudder]의 주된 역할은 선박의 양호한 조종성을 확보하는 것이며, 이러한 조종성을 나타내는 요소로는 추종성, 침로 안정성, 선회성 등이 있다.

 키에 작용하는 압력 : 선박이 항진 중에 키를 돌리면 수류가 키판에 부딪쳐서 키판을 미는 힘이 작용하고 이 힘은 키판에 직각방향으로 작용하므로 직압력이라 하며 직압력의 크기는 키판의 면적, 키판이 수류를 받는 각도, 선박의 전진 속도에 따라 변화한다. 이와 같이 키를 돌렸을 때 선회운동을 일으키는 것을 타효라 한다(이론상 최대 유효타각은 45°이지만, 선박의 저항력 증가와 조타기의 마력 증가 등을 고려하여 보통 선박에서는 타각이 35° 정도만 되도록 타각 제한장치가 설치되어 있다).

② 조타명령 : 항해 당직사관이 조타명령을 하면 조타수는 그 명령을 복창한 다음에 조타륜을 돌려서 타각 지시기가 명령 받은 타각을 가리킬 때, 그 결과를 당직 사관에게 보고한다(조타명령에는 우현(starboard)과 좌현(port) 타각지시가 있다].

조타명령	의미 우현(starboard)	조타명령	의미 좌현(port)
미드십 (midship)	키를 중앙으로 하라. (타각0도)	미드십 (midship)	키를 중앙으로 하라. (타각0도)
스타보드 이지 (starboard easy)	오른쪽으로 7~8°정도 돌리라.(소각도 변침시에 사용, 더욱 작은 각도는 '스타보드 리틀')	포트 이지 (port easy)	왼쪽으로 7~8°정도 돌리라.(소각도 변침시에 사용, 더욱 작은 각도는 '포트리틀')
스타보드 (starboard)	오른쪽으로 15°가량 전타	포트 (port)	왼쪽으로 15°가량 전타
스타보드 10° (starboard 10°)	오른쪽으로 10°만큼 돌리라는 뜻으로 이와 같이 도수를 불러주면 그만큼 타각을 돌려주면 된다.	포트 10° (port 10°)	왼쪽으로 10°만큼 돌리라는 뜻으로 이와 같이 도수를 불러주면 그만큼 타각을 돌려주면 된다.
하드 스타보드 (hard starboard)	오른쪽으로 최대 타각으로 돌려라.	하드 포트 (hard port)	왼쪽으로 최대 타각으로 돌려라.
스타보드 모어 (starboard more)	현재 타각보다 3~4도 더 주라.	포트 모어 (port more)	현재 타각보다 3~4도 더 주라.

스테디 (steady)	현재 침로로 똑바로 가라.	스테디 (steady)	현재 침로로 똑바로 가라.
코스 어게인 (course again)	일시적인 변침 후에 원래의 침로로 돌아갈 때 사용	코스 어게인 (course again)	일시적인 변침 후에 원래의 침로로 돌아갈 때 사용

(2) 추진기(스크루 프로펠러)

① **추진 원리와 수류** : 스크루 프로펠러가 회전하면서 물을 뒤로 밀어내고 그 반작용으로 선체가 앞으로 미는 추진력이 된다. 이때 추진기가 360° 회전시 전진거리를 스크루 피치라 한다. 스크루의 종류에는 고정피치 프로펠러와 추진기 날개의 피치각을 변경할 수 있는 가변피치 프로펠러(C.P.P)가 사용되고 있으며, 또 선미쪽에서 추진기를 보아 시계방향으로 회전할 때 전진하는 추진기를 우선 추진기, 반시계방향일 때를 좌선 추진기라 한다. 대부분의 선박은 우선 추진기이며, 추진기 날개수에 따라 3매, 4매, 6매의 추진기라 부르기도 한다(추진기의 회전에 따른 수류로는 추진기가 밀어내는 배출류와 추진기 앞쪽에서 빨려드는 흡입류가 생기고 선체가 전진할 때 생기는 빈 공간을 메우기 위해 수면상의 물이 선체를 따라 들어오는 흐름을 반류라고 한다).

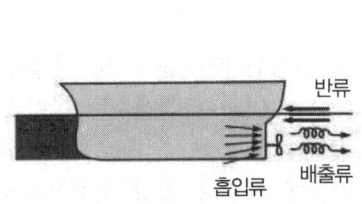

[전진시 수류의 분류]

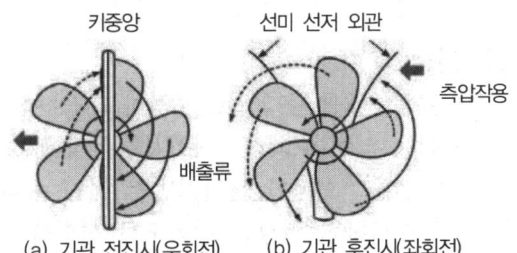

[배출류의 작용]

② **수류와 횡압력에 의한 회두** : 추진기의 회전으로 인하여 발생하는 흡입류와 반류는 선체의 회두에는 미소한 영향을 미치지만 배출류에 의해 선체가 크게 회두한다. 그리고 횡압력은 스크루 프로펠러의 시동시에 강하게 나타나서 선체의 회두에 영향을 미친다.

㉠ **배출류의 작용** : 전진시는 배출류가 키의 하면을 좌편으로 밀기 때문에 선수가 우편된다. 후진시에는 좌측의 배출류는 그냥 흘러가고 우측의 배출류가 우현측 선미에 강하게 부딪혀서 측압을 형성한다(이것을 측압작용이라 하며 아주 현저하게 나타나기 때문에 선미를 좌편시켜 선수를 오른쪽으로 회두시킨다).

㉡ **횡압력 작용** : 추진기가 회전하면 선미는 추진기 회전의 반작용방향으로 돌아가게 되는데, 수심이 깊은 쪽에 있는 날개는 수압이 커서 반작용도 크므로 전진 중에는 선수를 좌편시킨다. 후진 중에는 반대로

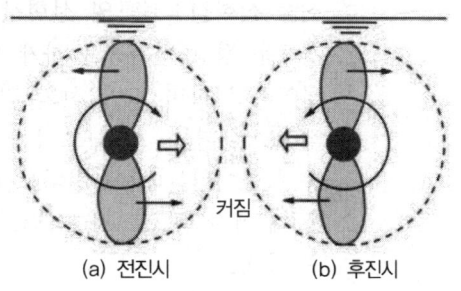

[횡압력 작용]

선수를 우편시키며 이는 정지 중 추진기를 돌리기 시작할 때나 추진기가 수면상에 노출되어 있을 때 이 현상이 뚜렷하다.

(3) 키 및 추진기에 의한 선체운동
① **정지에서 전진**
  ㉠ **키 중앙일 때** : 초기에는 횡압력작용으로 선수좌편, 전진속력이 증가하면 배출류가 강해져서 결국 선수는 우편시키는 힘이 작용
  ㉡ **우타각일 때** : 횡압력과 배출류가 서로 반대이나 배출류가 강하여 선수 우전
  ㉢ **좌타각일 때** : 횡압력과 배출류가 함께 오른쪽으로 선미를 밀어서 선수 좌전이 된다.
② **정지에서 후진** : 우선 단추진기선은 부두에 선박을 계류할 때 좌현계류가 용이하다.
  ㉠ **키 중앙일 때** : 후진기관을 발동하면 횡압력과 배출류의 측압작용이 선미를 좌현쪽으로 밀기 때문에 선수는 우회두 한다.
  ㉡ **우타각일 때** : 횡압력과 배출류가 선미를 좌현쪽으로 밀고 흡입류에 의한 직압력은 선미를 우현쪽으로 밀어서 평형상태를 유지한다. 후진 속력이 커지면서 흡입류의 영향이 커지므로 선수는 좌측으로 회두하게 된다.
  ㉢ **좌타각일 때** : 횡압력 배출류 및 흡입류가 전부선미를 좌현쪽으로 밀기 때문에 선수는 강하게 우측으로 회두한다.

(4) 선회운동과 그 영향
① **선회운동** : 키를 중앙으로 설정하고 직진하는 상태에서 일정한 타각을 주면, 선체는 키에 작용하는 압력에 의하여 원침로 선상에서 바깥쪽으로 밀리면서 타각을 준 쪽으로 회두를 시작하고 회두가 빨라지면서 전진 속력은 차츰 떨어지게 된다. 원침로 선상에서 약 90°로 선회하면 일정한 각속도로 선회를 계속하게 되는데 이것을 정상 선회운동이라고 하며 이때는 선속이 일정하다. 이러한 선회운동에서 선체의 무게중심이 그리는 항적을 선회권(turning circle)이라고 한다.
② **선회권과 용어**
  ㉠ **선회 종거(advance)** : 전타를 처음 시작한 위치에서 선수가 원침로부터 90° 회두했을 때까지의 원침로 선상에서의 전진 이동거리를 선회 종거라고 한다.
  ㉡ **선회 횡거(transfer)** : 선체 회두가 90° 된 곳까지 원침로에서 직각 방향으로 잰 거리를 선회 횡거라고 하며, 선회경의 0.55배 정도가 된다.
    (※ 선회경 : 180도 회두했을 때 원침로에서 직각방향으로 잰 거리)
  ㉢ **최종 선회경** : 선박의 선회각 속도가 일정하게 되면 회전 중심의 궤적은 거의 원에 가까운 정상 원운동을 하게 되고 이 때 원의 지름을 최종 선회 지름 또는 최종 선회경이라고 하며 일반 선회 지름의 0.9배 정도이다.
  ㉣ **킥(kick) 현상** : 선회 초기에 선수는 선회권 안쪽으로, 선미는 바깥쪽으로 밀리는 운동이 일어나는데 이 선미를 바깥쪽으로 밀어내는 양을 킥이라 한다(사람이 물에 빠졌을 때 빠진 쪽으로 전타하면 킥 현상을 이용하여 프로펠러에 사람이 빨려드는 것을 막을 수 있다).

ⓐ **전심(pivoting point)** : 선회권의 중심으로부터 선박의 선수미선에 수선을 내려서 만나는 점을 전심이라고 하며, 선체 자체의 외관상의 회전 중심에 해당한다.

ⓑ **신침로 거리** : 전타위치에서 신구침로의 교점까지 원침로상에서 잰 거리를 말한다.

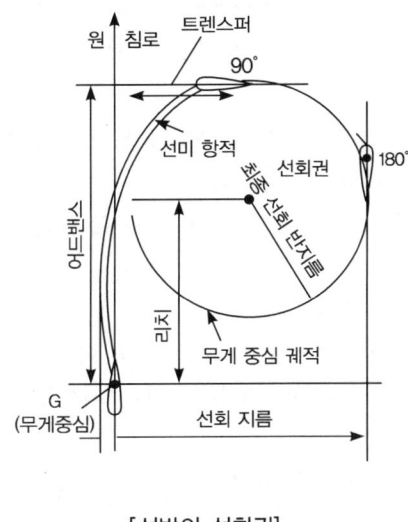

[선박의 선회권]

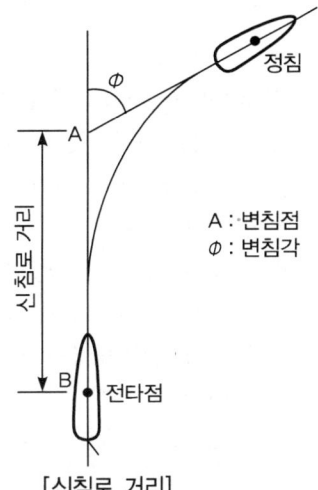

[신침로 거리]

③ **선회중의 선체경사** : 전타한 직후에는 내방(전타현측)경사가 일어나고 선회를 계속하면 선체는 일정한 각속도로 정상 선회운동을 하는데 이때는 바깥쪽으로 작용하여 외방(비전타현측)경사를 일으킨다.

선회권의 크기에 영향을 주는 요소

① **선체의 길이** : 길이가 긴 선박이 짧은 선박보다 선회권이 커진다.
② **선체의 폭** : 같은 길이의 선박은 폭이 클수록 선회권은 작아진다.
③ **타각** : 타각이 클수록, 전타시간이 짧을수록 작아진다.
④ **흘수** : 선수트림은 선회권을 작게 하고 선미트림은 크게 한다.
⑤ **수심** : 수심이 얕은 곳에서는 키의 효과가 나빠져서 커진다. 이 밖에 용골의 종류, 적하 상태, 추진기 회전방향 등이 영향을 준다.

2 조선에 영향을 주는 요소

(1) 선박의 속력

해상에서 선박의 빠르기를 나타내는 속력의 단위로는 노트(knot)를 사용한다. 즉, 1노트는 선박이 1시간에 1해리를 움직이는 빠르기를 나타내는 것이다. 주기관의 출력에 대한 선박이 내는 속력을 알기 위해서는 속력 시험을 행하며, 그 측정 방법에는 표주간 항주 또는 전파 측정기계에 의한 계측 등으로 얻는다.

조선시 필요에 따라 전진 또는 후진으로 사용한다. 후진시에는 전진을 후진으로 바꾼 기관 명령을 사용하면 되며, 전진시의 50~60% 정도 밖에 속력을 얻을 수 없다.

① **전속(full speed)** : 계속 항해가 가능한 최대속력으로 한동안은 이보다 더 높은 속력을 낼 수 있는 여유 있는 속력이다(대양 항해시의 상용출력).
② **반속(half speed)** : 대략적으로 전속기관 회전수의 3/4 정도로서 좁은 수역에서 감속하여 운항할 때 사용
③ **미속(slow speed)** : 전속기관 회전의 1/2 정도
④ **극미속(dead slow speed)** : 부두에 접근할 때나 좁은 운하 등을 항해할 때 사용되는 것으로 대략 상용출력의 20% 이하의 속력, 극미속이 없는 선박은 미속(slow speed)과 정지(stop)을 반복한다.

구 분	선 속	기관 명령	상용 출력에 대한 추력
항해 속력	항해 전진 전속	nav. full ahead	100%
조종 속력	전진 전속	full ahead	70%
	전진 반속	half ahead	45%
	전진 미속	slow ahead	35%
	전진 극미속	dead slow ahead	20%

[선속 종류와 추력의 크기]

(2) **타 력**

정지 중인 물체 또는 움직이는 물체는 계속 같은 상태를 유지하려는 관성을 가지고 있다. 선체운동에서는 이와 같은 운동을 계속하려는 성질을 타력(inertia)이라고 하며 이것은 선박의 배수량, 속력, 선저의 상태 등에 따라서 다르게 나타난다. 선체 타력의 크기를 비교하는 데는 속력 변화에 요구되는 시간과 항주거리로 표시한다.

① **발동타력** : 정지 중인 선박에 전속을 걸었을 때 실제로 전속력에 이를 때까지의 타력을 말한다.
② **정지타력** : 전진 중인 선박에 기관 정지시로부터 선체운동이 수면에 대하여 정지할 때까지의 타력을 말한다.
③ **회두타력** : 전타중 키를 중앙(미드십)으로 돌린 후로부터 회두운동이 정지할 때까지의 타력을 말한다.
④ **반전타력** : 선박이 전진 중 전속후진을 걸어서 실제로 선박이 정지할 때까지의 타력이다.

(1) 최단 정지거리
반전타력에서 기관후진 후 선체가 정지할 때까지의 진출 거리를 말하는 것으로 조선상 매우 중요한 의미를 갖는다.

(2) 최단 정지거리에 영향을 주는 요소
① 선박의 엔진종류 : 터빈선보다 디젤선이 짧아진다.
② 만선은 공선의 대략 2배 정도 길다.
③ 흘수가 깊을수록 크고 선저 오손은 짧게 한다.
④ 앞바람은 짧고 뒷바람에서는 길어진다.

(3) 선체저항과 외력의 영향
① 선체저항
　㉠ 마찰저항 : 선체가 진행 중에 물의 저항 때문에 생기는 저항으로, 선체가 받는 저항 중에 가장 크며 선속이 빠를수록 크다.
　㉡ 조파저항 : 선체가 수면 위를 항주하면 선수와 선미 부근에서는 압력이 높아져서 수면이 높아지고 선체 중앙 부근에서는 압력이 낮아져서 수면이 낮아지므로 파가 생긴다. 이와 같이 선체가 공기와 물의 경계면에서 운동을 할 때 이로 인해 발생하는 저항을 조파저항이라고 한다.
　㉢ 조와저항 : 선체 주위의 물은 부착력으로 속도가 느리고 선체에서 먼 곳의 물은 속도가 빠르다. 이러한 물의 속도차에 의하여 선미 부근에 와류가 생기는데, 이 때 생기는 저항을 말한다.
　㉣ 공기저항 : 수면상의 선체가 공기와 부딪힘으로써 생기는 저항을 말한다.

② 외력의 영향
　㉠ 바람의 영향 : 항주 중 바람을 선수미선상에서 받으면 선속에는 영향을 주지만, 선수의 편향은 거의 없다. 그러나 바람을 옆에서 받으면 선수가 편향된다. 후진 중에 바람을 옆에서 받으면 풍력이 약할 때는 배출류의 측압작용으로 선수가 오른쪽으로 돌아가고 풍력이 강하면 결국 선미가 바람이 불어오는 쪽으로 향한다.
　㉡ 조류의 영향 : 조류가 빠른 수역에서는 역조(선수쪽에서 조류를 받는 것) 때는 순조 때보다 타효가 커서 조종이 잘 된다. 조류는 선박 전체를 압류시키기 때문에 항상 주의해야 한다.
　㉢ 파도의 영향 : 선박이 항주 중에는 파도에 의해 피칭, 롤링, 선수의 충격 등으로 전진 저항이 커지고 기관 공전이 일어날 수 있어 감속, 조선 곤란 등을 일으킨다. 또 선박이 정지 중에는 파도와 파도 사이에 선체가 가로놓이게 되므로 횡요주기와 파도주기가 일치하면 전복될 위험이 커진다.

ⓔ 수심이 얕은 곳(천수)에서의 영향
  ⓐ 선체의 침하 현상 : 물의 흐름이 넓은 곳에서보다 좁은 곳에서 빨라지므로 선수선미 부근의 수압이 높아져서 선체가 침하한다.
  ⓑ 속력의 감소 : 선수, 선미에서 발생한 파도가 서로 영향을 끼쳐서 조파저항이 커지고, 선체 침하로 저항이 증대되어 선속이 감소한다.
  ⓒ 조종성의 저하 : 선체 침하와 해저 형상에 따른 와류 때문에 키의 효과가 나빠진다.
ⓜ **수로 둑의 영향** : 폭이 좁은 수로의 중앙을 항행할 때는 좌우의 수압 분포가 동일하여 별 영향을 받지 않는다. 그러나 수도의 한쪽으로 선박이 치우치면 둑에서 가까운 선수 부근은 수압이 높아서 밀어내고 선미부는 압력이 낮아서 둑으로 끌어 당기게 된다. 이것을 둑 밀어냄(쿠션), 둑당김(색숀) 현상이라 하는데, 이를 막기 위하여 저속 항행을 하고 될 수 있는 대로 수로의 중앙을 항행하도록 한다.
ⓗ **해저 경사의 영향** : 일반적으로 항내 또는 좁은 수로의 해저는 육지쪽으로 경사되어 있다. 이러한 해저경사에서도 수로둑과 비슷한 현상이 나타난다. 즉 전진중에는 선수가 수심이 깊은 쪽으로 편향되고 후진중에는 선미가 깊은 쪽으로 편향된다.
ⓢ **두 선박간의 상호작용** : 두 선박이 서로 가깝게 마주치거나 한 선박이 추월하는 경우에 두 선박 사이에는 당김, 밀어냄, 회두작용이 생긴다. 이를 상호 간섭작용 또는 흡인작용이라 한다. 이러한 작용은 충돌의 원인이 되기도 하는데 두 선박의 속력이 빠를수록, 가까울수록, 배수량이 클수록, 수심이 얕을수록 크게 나타난다.

2 출입항 조종과 정박

① 출·입항 및 항내 조선

(1) 출·입항 계획 및 준비

> 최근 대부분의 항만에서는 해상교통량의 폭주와 위험 화물의 증가에 따른 항만의 안전과 항만 운영의 효율성을 높이고 잠재적인 환경 오염의 위험을 예방하기 위하여 해상교통관제센터(VTS : Vessel Traffic Service Center)에서 선박의 출·입항을 관리하고 있다. 따라서 선박의 출·입항 시간 및 허가를 위해서는 해상교통관제센터와의 긴밀한 협조와 연락이 필요하다.

출·입항시에는 많은 선박들이 정박 및 이동하고 있는 항내에서 바람, 조류 등의 외력을 받으며 선박을 조종하게 되므로 선위 측정과 상대선의 동태를 자세히 파악할 수 없어서 순간적인 판단으로 조종해야 할 때가 많다. 출·입항 전에 미리 항내의 물표, 위험물 등에 대하여 조사해 두어야 한다.

① **출항준비** : 출항준비 작업으로는 선내 이동물의 고정 수밀장치의 밀폐, 출·입항시 필요한 장비들의 시운전, 승조원에 대한 승선 점검을 실시하고 선박의 신속한 이안을 위해서는 출항준비(stand by) 지시가 발령되면 계선줄을 곧바로 싱글업하도록 한다. 그 외에 선박 서류나 하역 관련서류 준비, 항해계획서 작성, 관련 부서와의 협조 등의 출항준비가 완전하게 이루어졌는지를 확인해야 한다.

② **입항준비** : 목적항에 도착하면 입항과 동시에 하역 작업이 진행될 수 있도록 대리점에 타전하여 입항수속, 하역 수배, 묘지 지정 등을 의뢰한다. 기관실에 입항 예정 시각을 통보하고 입항 1시간 전에 각 부서장에게 알리고, 필요한 기류신호, 계선 및 하역준비, 승·하선용 사다리 및 입항 서류 등을 준비하여 둔다.

(2) 항내 조선과 속력

① 항내에서 조선할 때의 일반적인 주의사항
  ㉠ 항내의 지형적인 조건 등을 생각하여 조타 가능한 정도로 감속하여야 한다.
  ㉡ 감속으로 타효가 나빠지므로 "스탠바이 앵커"하고 풍조의 방향과 영향에 유의하여야 한다.
  ㉢ 선박의 교통량이 많은 곳에서는 사방 주위를 감시한다.
  ㉣ 정박선이나 계류작업, 해류작업 중인 선박에는 접근하지 않는다.
  ㉤ 기적이나 신호기는 곧 사용할 수 있도록 준비한다.
  ㉥ 항내 항법은 개항질서법에 따른다.

② 항내 속력을 결정할 때 고려할 사항 : 항내 조선에서 가장 중요한 일은 속력을 줄이는 일이다. 그러나 너무 속력이 없으면 조선할 수 없으므로 다음 사항을 고려하여 결정한다.
  ㉠ 자선의 투묘로서 타력을 감소시킬 수 있는 정도
  ㉡ 자선의 반전타력
  ㉢ 외력의 영향
  ㉣ 선적상태, 흘수
  ㉤ 항역내의 넓이, 수심, 장해물의 유무
  ㉥ 정박중인 선박수와 교통량
  ㉦ 시계정도

❷ 선박의 접안 및 이안 작업

(1) 계선줄의 종류와 역할

선박을 부두에 고정하기 위하여 계선줄이 사용된다. 이 계선줄은 선박의 법적 비품으로서 선박의 크기에 따라서 일정한 장력을 가져야 하며 일반 선박에서는 철사 밧줄보다는 합성섬유 종류의 밧줄을 많이 사용한다.

계선줄은 선수에서부터 차례로 열거하면 선수줄(바우 라인), 선수 옆줄(포워드 브레스트 라인), 선수 뒷줄(백 스프링), 선미 앞줄(에프트 스프링), 선미 옆줄(에프트 브레스트 라인), 선미줄(스턴 라인)이라 하고 이들의 역할은 선수줄과 선미 앞줄은 선체의 후방 운동을 억제하고, 선수 뒷줄과 선미줄은 선체의 전진운동을, 선수 옆줄과 선미 옆줄은 선체의 외방 운동을 억제해 준다. 이중 선수 뒷줄(백 스프링)은 접안시에 전진타력을 억제시켜 주고 이안시에는 선미를 안벽에서 떨어지게 하는 지점삭으로 이용되는 등 사용빈도가 높은 중요한 계선줄이다. 소형선 등에서는 앞, 뒤의 옆줄 등이 없는 경우도 있다.

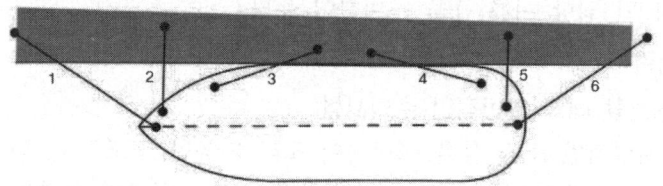

1. 선수줄 2. 선수 옆줄 3. 선수 뒷줄 4. 선미 앞줄 5. 선미 옆줄 6. 선미줄

[계선줄의 종류]

(2) 접안시의 조선

① 풍·조류가 없는 경우 : 우선 단추진기선에서는 횡압력과 측압작용을 이용할 수 있기 때문에 좌현 계류가 용이하다.

㉠ 좌현 계류로서 입항 자세 계선시는 안벽에 대하여 30~45° 정도의 교각을 가지고 저속으로 예정 지점에 접근하여 적절한 시기에 후진과 키 좌전으로 하면서 선수 뒷줄을 연결하여 전진타력을 잡으면 쉽게 계선된다.

㉡ 우현 계류시는 되도록 부두와 소각도(약 15°)로 저속 접근하여 예정지점의 조금 전방에서 우회두 타력을 붙여주고 곧 후진을 건다. 이 때 선수 뒷줄을 연결한다. 좌회두 타력과 후진타력의 상태가 되면서 우현 접안이 된다.

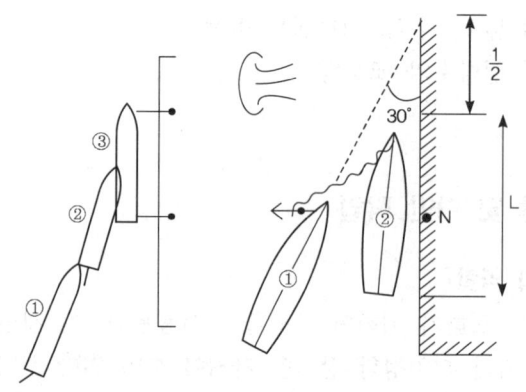

[우현접안]   [부두로 향하는 바람을 받으며 접안]

ⓒ 선미쪽에서 조류를 받으면서 입항할 때 출항자세 계선방법은 비계류현 묘를 투하하여 회두하거나 직각으로 부두에 접근하여 선수줄을 먼저 걸고 180° 회두하여 출항자세 계류를 행한다. 조류를 선수쪽에서 받을 때는 출항자세 계류가 어려우므로 예인선(tug boat)을 쓴다.

② 조류가 안벽으로 또는 반대로 흐를 때 : 부두 쪽으로 흐르는 조류가 있을 때는 부두와 평행으로 접근하여 잠시 기다리면 쉽게 접안된다. 이 때 조류나 바람이 너무 강하면 투묘하여 압류를 억제하여 준다. 부두에서 자선쪽으로 풍조가 있을 때는 가급적 부두와 가까이 접근하면서 예선(tug boat)의 도움을 받는다. 소형선에서는 옆줄을 걸고 당기면 계선할 수도 있다.

③ 선수계선법과 선미계선법
　ⓐ 선수계선법 : 선박이 계선지점으로 직진하다가 선박의 길이와 닻줄 예정 신출 길이를 합한 거리만큼 부두에 접근하면 선미에서 닻을 투하한 후 똑바로 진입시켜서 선수를 부두에 접안 고정한다.
　ⓑ 선미계선법 : 안벽을 좌현으로 보고 안벽까지의 거리는 선박길이에 닻줄 예정 신출 길이를 합한 거리만큼 유지하면서 선박을 안벽과 평행하게 진행한다. 선수가 선미 예정 고정위치에 도달하면 우현 닻을 투하하고 배를 우측으로 회두시키면서 후진하여 선미를 부두에 접안 고정한다.

④ 안벽에 접안할 때 유의사항
　ⓐ 외력의 영향이 적을 때를 택하는 것이 좋고 부득이하면 선수에 조류를 받을 때 조선
　ⓑ 현외에 나가있는 돌출물을 거두어 들이고 펜더, 히빙 라인, 계선줄을 준비한다.
　ⓒ 접안속력을 되도록 적게 하고 비계류 현묘는 언제나 투묘준비 해둔다.
　ⓓ 접안침로는 좌현 계류시는 30~45°, 우현 계류시는 30° 이하의 소각도 접근이 좋고 안벽과의 거리는 선폭의 1.5~2배 정도에 선체를 정지시킨다.
　ⓔ 선미를 안벽에 먼저 접근시키지 말 것
　ⓕ 선수와 선미의 계선줄을 동시에 감으면 과대한 장력이 생기므로 주의할 것
　ⓖ 투묘하여 계류할 때는 타선의 닻줄 방향에 주의한다.

(3) 이안시의 조선

① 조류가 없는 경우 : 선수 뒷줄(back spring)이외의 모든 계선줄을 거두어 들이고, 좌현 계류시는 키좌현, 우현 계류시는 키우전하여 미속 후진하여 선미를 적당히 떼어 후진한 후 적절히 조선해 나간다.

② 풍·조가 선미에서 밀 때 : 선수 뒷줄과 선미 옆줄을 남겨두고 거두어 들인다. 선미 뒷줄을 조금씩 놓아주면서 조류에 밀려 ③의 위치가 되면 선미 뒷줄을 거두어 들이면서 이안한다.

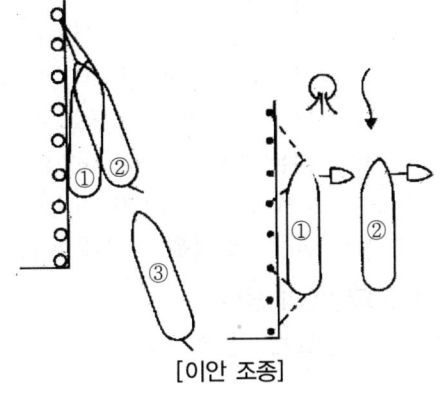

[이안 조종]

③ 풍조가 선수에서 올 때 : 선미 앞줄 외 모든 줄을 거두어 들이고 선수가 조류에 벌어지면 계류현측에 전타하여 선미도 떼어 조선해 나간다.

3 앵커(닻) 작업과 운용

(1) 파주력과 묘쇄의 신출량

해저에 박힌 닻과 해저에 깔린 앵커 체인(닻줄)이 선박을 붙들어 주는 힘을 파주력이라 한다. 파주력은 닻과 닻줄의 수중무게에 파주계수를 곱한 것으로 나타낸다(닻의 파주계수는 3~5, 닻줄의 파주계수는 1~1.5 정도이다). 안전한 정박은 파주력이 선체에 작용하는 외력의 영향보다 커야 한다. 닻의 파주력은 일정하므로 바람이 세어지면 앵커 체인을 더 내어 주어서 파주력을 크게 해 주어야 한다.

> ※ 묘박시의 파주력 =
>   (닻의 수중무게 × 닻의 파주 계수) + (닻줄의 수중무게 × 닻줄의 파주계수)
> ※ 상용되는 앵커 체인의 신출길이
>   보통날씨(풍속 20m/sec 이하) → 3D = +90미터
>   거친날씨(풍속 30m/sec 정도) → 4D+145미터
> 위 계산식에서 D는 그곳의 수심을 말한다.

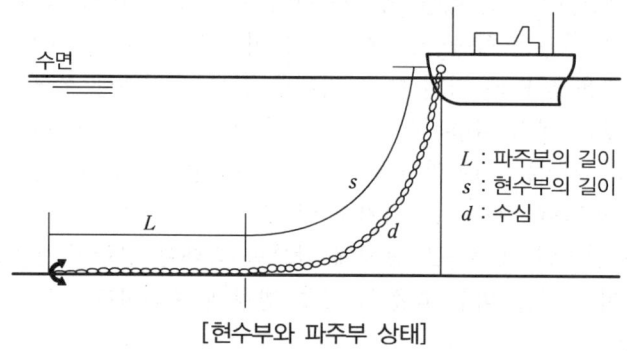

[현수부와 파주부 상태]

(2) 닻 투하 작업

닻 투하 작업에는 양묘기(windlass)에 기어를 넣은 상태로 역회전시켜서 닻을 수면 부근까지 내리고(cock bill 상태) 브레이크 밴드를 단단히 죄서 닻의 무게를 지탱하게 하며, 양묘기 기어를 빼고 있다가 투묘 위치에서 브레이크 밴드를 풀면 닻 자체의 무게에 의하여 자유낙하 되는 방법이 주로 사용된다. 이 상태를 닻 준비(stand by anchor)라고 한다. 투묘 후 수심의 3~4배 정도까지 연속적으로 닻줄을 내어 주고서 일단 정지하면 닻이 해저에 파고 들어가서 파주력을 가지게 된다.

(3) 묘박법의 종류

① 단묘박 : 한쪽 현의 선수 닻을 내려서 정박하는 방법으로 투묘, 양묘작업이 쉬워서 많이

이용되는 방법이나 조류나 바람에 의해 360° 선체가 돌기 때문에 교통량이 적고 넓은 수역에서 행한다.

② 쌍묘박 : 선수 양현 닻을 적당한 간격으로 투하하여 선박은 그 중간에 위치시키는 묘박법이다. 쌍묘박은 선체의 선회면적이 작기 때문에 좁은 수역, 선박의 출입이 많은 곳에서 사용된다.

③ 이묘박 : 강풍이나 파장을 이길 목적으로 강한 파주력을 얻고자 할 때 택하는 묘박법이다. 선수 양현 닻을 한쪽현으로 모아서 투묘해 줌으로써 파주력이 2배가 되게 하는 방법과 한쪽은 길게 한쪽은 수심의 2배 정도로 하여 파주력도 증대시키고 선체의 진회를 억제시키는 방법이 있다.

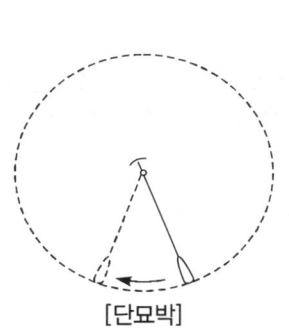
[단묘박]

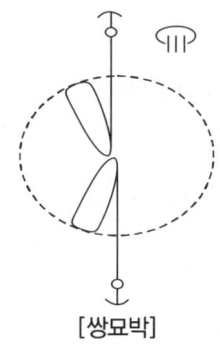
[쌍묘박]

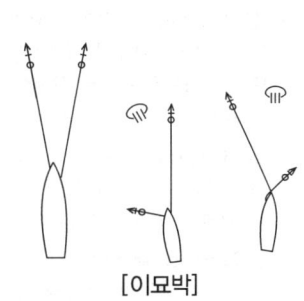
[이묘박]

(4) 닻 투하시의 조종

① 전진 투묘법 : 전진타력으로 저속 접근하다가 예정 묘지에 닻을 투하하는 방법으로 시간이 적게 걸리고 정침할 수 있는 장점이 있으나 앵커 체인이 선체에 마찰을 일으켜 손상을 줄 염려가 있으므로 긴급시 외에는 잘 사용하지 않는다.

② 후진 투묘법 : 예정 투묘지점에 이르러 후진하면서 닻을 투하하는 방법인데 앵커의 파주상태가 좋고 선체에 무리를 주지 않기 때문에 대개의 투하법은 이 방법을 사용하지만 조류가 강할 때는 정침이 어렵다.

③ 심해 투묘법 : 정박지의 수심이 25m 이상이 되면 배를 정지시켜 윈드라스(양묘기)를 역전시켜서 해저 10m 가까이 되면 투하해 준다. 이는 닻과 체인이 너무 과한 속도로 투묘되는 것을 방지하기 위함이다.

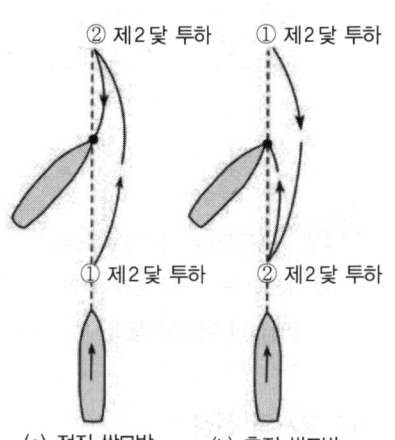
[닻 투하법]

(5) 닻 작업

① 투묘작업 : 양묘기(윈드라스)를 역전시켜 닻을 수면부근까지 내린 상태(코크빌)에서 닻의 무게로 저절로 낙하시킨다. 수심의 1.5배(쇼트스테이) 정도에서 1차 브레이크를 걸어서

닻이 해저에 잘 박히게 하여 다시 적당한 길이만큼 내어준다.
② 양묘작업 : 앵커 체인을 감아올리면서, 해수로 씻어서 손상여부를 확인하고 체인로커(격납고)에 수납한다. 1등 항해사는 진출된 앵커 체인의 새클 수, 체인의 방향, 장력 등을 브리지에 보고한다.

닻 수납 작업 중에는 다음 사항을 선교에 보고 하도록 한다.

① **쇼트스테이**(short stay)
   닻줄의 신출 길이가 수심의 1.5배 정도인 상태를 말한다.
② **업앤다운**(up and down)
   닻이 묘쇄공 바로 아래의 해저에 누워있는 상태로 닻줄은 묘쇄공에서 수직 상태를 유지한다. 일반적으로 양묘중에는 이 상태를 기준으로 정박 상태와 항해 상태를 구분하며, 이 시간을 항해 시작 시간으로 사용한다.
③ **앵커어웨이**(anchor aweigh)
   닻이 해저를 막 떠날 때를 말하며, 이 때는 수면상에서 닻줄이 약간 흔들리는 현상을 감지할 수 있다. 실제적으로는 업앤다운 상태와 구별하기가 어려우므로 실무에서는 이 때를 업앤다운으로 사용한다.
④ **클리어앵커**(clear anchor), **파울앵커**(foul anchor)
   닻이 닻줄과 엉키지 않고 정상적으로 수면에 올라온 상태를 클리어 닻이라 하고, 닻줄과 엉켜서 수면에 올라온 상태를 파울 닻이라고 한다.
⑤ **업앵커**(up anchor)
   닻 수납 작업이 완료된 상태를 말한다.

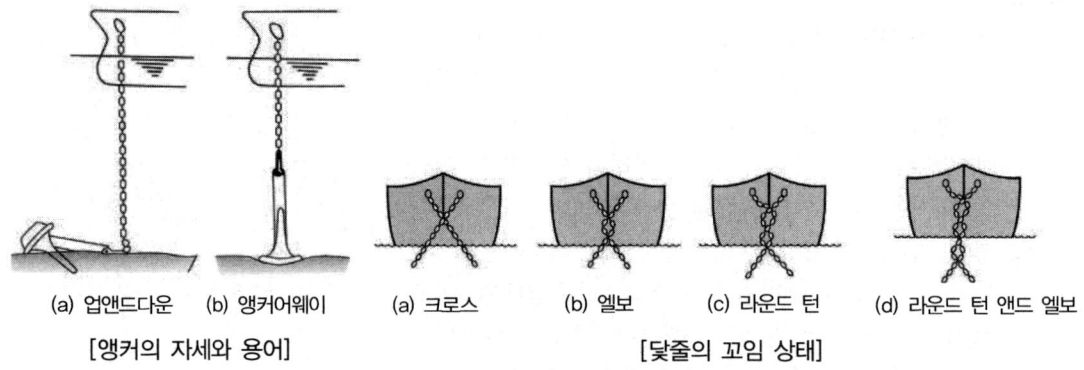

(a) 업앤다운 (b) 앵커어웨이   (a) 크로스   (b) 엘보   (c) 라운드 턴   (d) 라운드 턴 앤드 엘보
[앵커의 자세와 용어]   [닻줄의 꼬임 상태]

(6) 묘지의 선정
항구내에서는 그 지방 해양수산청이 지정하는 묘박지에 투묘하여 정박하면 되겠으나 일반적인 묘지 선정법은
① 강풍이나 파도를 막아줄 수 있는 만이나 섬의 뒷부분을 선정
② 수심이 적당하고 강한 조류가 없는 곳
③ 닻이 잘 꽂힐 수 있는 진흙이나 펄이 좋고 자갈, 암초 등은 피한다.
④ 선박의 교통량이 적고 닻이 끌리더라도 여유가 있는 해역이 좋다.

3 특수운용

1 협수로에서의 선박 조종

협수로에서는 수로 폭이 좁고 수심이 낮으므로 조류가 강하며, 굴곡이 심하여 견시가 어려우므로 항해하기가 어렵다. 따라서 이러한 수역을 항행하기 위해서는 미리 해도나 수로지를 보고 수로의 조사, 항행계획, 관련법규 등을 확인하고 전원을 부서 배치하여 철저히 감시하면서 신중하게 항행한다.

(1) 협수로에서의 선박운용

조류의 유속은 수로의 중앙부가 강하고 육안에 가까울수록 약하다. 만곡부에서는 외측이 강하고 내측의 유속은 약한 특성이 있다.
① 선수미선과 조류의 유선이 일치되도록 조종한다.
② 한번에 대각도 변침을 피하고 여러번 소각도 변침을 한다.
③ 타효가 날 수 있는 속도로 감속한다. 그러나 대략 유속보다 3~4노트 빠른 속도가 좋다.
④ 추월을 가능하면 피하고 추월시에는 추월신호를 이행한다.
⑤ 역조시가 조종이 잘되기 때문에 굴곡이 많은 수도는 순조시 통행을 삼간다.
⑥ 필요시에는 기관의 사용이나 투묘를 주저하지 말 것.

(2) 하강 항행시 유의사항

① 수심, 항로 부표 등이 변하기 쉬우므로 해도를 너무 믿지 말 것
② 바다에서 강으로 들어가면 비중차에 의하여 흘수 증가에 유의
③ 얕은 곳을 잘 넘어갈 수 있도록 등흘수(이븐킬)가 좋다.
④ 강에는 부유물이 많으므로 키나 추진기의 손상에 유의한다.

(3) 통항분리 항법

① 통항분리 항법 용어
  ㉠ **통항로** : 일반통행이 정해진 한정수역
  ㉡ **로터리** : 반시계 방향으로 돌아나감으로써 교통이 분리되는 지역
  ㉢ **연안 통항대** : 분리 통항대의 육지쪽 경계와 해안사이

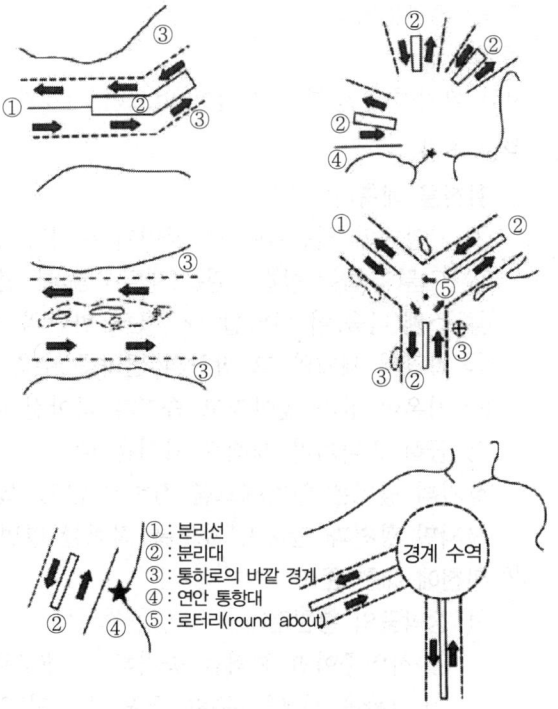

[각종 통항 분리대의 종류]

의 지정수역
- ㉣ **경계 수역** : 특히 주의하여 항행해야 하는 교통 분리점 등
② **통항 항법** : 통항로내에서는 반대 방향의 침로를 택해서는 안된다. 통항로를 진행할 때는 분리대에서 떨어져서 항행하며 우측 경계선에 너무 붙지 않아야 한다. 통항로를 출입할 때는 가능한 소각도로 하고 분리통항대를 항행하지 않을 때는 분리 통항대에서 가급적 떨어져 항행한다.

2 협시계 및 황천시의 조선

(1) 제한된 시계에서의 조종
안개, 폭설, 폭우 등으로 인하여 시계가 제한된 상태를 협시계라 한다. 협시계가 되면 즉시 선장에게 보고하고, 무중신호를 행한다. 레이더 등의 항해계기를 활용하고 엄중한 견시로서 안전운항에 만전을 기한다.
① 기관부 당직자에게 주의를 환기하고 적절한 속력으로 항행
② 레이더 활용
③ 엄중한 견시
④ 선내정숙
⑤ 선등의 점등 및 조명
⑥ 철저한 선위확인
⑦ 닻 투하준비
⑧ 측 심

선위 확인이나 항행에 자신이 없으면 시계가 회복될 때까지 가박하여 대기하도록 한다.

(2) 황천 조종
① 황천을 예측하는 법
- ㉠ 기압계의 일변화에 큰 차이가 나거나 전일 기압보다 변화가 클 때
- ㉡ 구름에 의한 방법 : 권운(새털구름)이 선상이 되어 수평선상에 모일 때
- ㉢ 스웰(너울)이 나타날 때, 특히 바람의 방향과 다른 방향에서 올 때
- ㉣ 바람의 세기와 그 방향의 변화를 추측
- ㉤ 기온이 점차 높아지고 습기가 많아질 때
- ㉥ 급히 소나기가 때때로 닥쳐올 때

상기의 방법은 일기예보를 접하지 않고 스스로 예측할 수 있는 방법들이다. 황천이 예상되면 황천과 만나지 않도록 적절한 방법을 강구하여야 한다.

② 황천에 대한 준비
- ㉠ 정박중의 황천준비
    - ⓐ 하역중이면 하역을 중지하고, 개구부의 밀폐, 이동물의 고정
    - ⓑ 기관을 사용할 준비, 투묘 중이면 양묘준비를 한다.
    - ⓒ 상륙자는 전원 귀선시킨다.

ⓓ 태풍의 진로를 예상하여 안전한 곳으로 이동하여 정박한다.
ⓔ 투묘중 그 자리에서 피항 가능하면 풍력증가에 따라 앵커 체인을 더 내어준다.
ⓕ 닻이 끌리면 양묘하여 재투묘하든가 시간이 없으면 끊고 외해로 도피한다.

ⓛ 항해중의 황천준비
ⓐ 선체의 동요에 대비하여 선내 이동물의 고정작업(라싱)을 한다.
ⓑ 침수 및 파랑의 충격에 대한 준비 → 개구부 밀폐
ⓒ 배수시설을 정비하여 배수를 원활하게 한다.
ⓓ 인명의 안전을 확보하기 위한 준비 → 갑판상에 라이프 라인을 친다.
ⓔ 조타장치의 고장방지를 위한 준비 → 러더에 태클이나 보강재 설치

③ 황천항해
㉠ 황천 피항법
ⓐ 풍향이 일정할 때(저기압 전면)
풍향은 변화가 없고 풍력이 강해지면서 기압이 내려가면 자선은 폭풍의 진로상에 있으므로 우현선미에 풍랑을 받으면서 가항반원으로 대피한다.

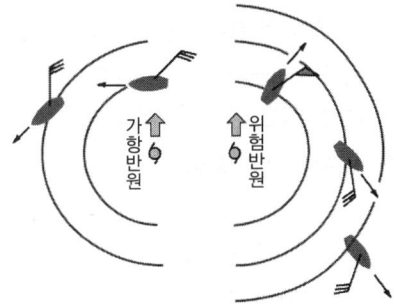

[태풍 피항 조종법]

ⓑ 풍향이 우전변화할 때(위험반원)
이 때는 북반구에서 위험반원이므로 풍랑을 우현선수에 받으면서 중심으로부터 멀어지게 항행한다. 이와같이 바람이 우전(R)변화하면, 우반원(R)에 있으므로, 우현선수(R)에 풍랑을 받고 피항하라는 뜻으로 R.R.R법칙 또는 3R법칙이라 한다.

ⓒ 풍향이 좌전변화할 때(가항반원)
이 때는 북반구에서 가항반원(좌반원)이므로 풍랑을 우현선미에 받으면서 중심으로부터 멀어지게 항해한다. 이와 같이 바람이 좌전(L)변화하면 좌반원(L)에 있으므로, 우현선미(S)에 풍랑을 받고 피항하라는 뜻으로 LLS법칙이라 한다.

㉡ 중심에 접근되었을 때의 운용법 : 항해중의 해역이 태풍의 발생지가 되거나 조선을 잘못하여 중심에 접근하게 되었을 때는 어떻게 해서라도 선수를 풍랑쪽에 세워서 선박의 전복을 막아야 한다. 이 방법중 하나는 속력을 최소로 낮추어 겨우 조타만 할 수 있도록 하여 풍랑을 우현선수에 받으면서 이겨내는 히브투(heave to) 방법과 해묘나 앵커를 투하하여 닻을 끌고 가면서 선수를 풍랑쪽에 세우는 라이투(lie to) 방법이 있다. 라이투 방법을 행할 때는 기름(점성이 큰 것)을 뿌려주면 파랑억제에 효과가 있다고 알려져 있다.

온라인 강의 에듀마켓

3 예항 조종

(1) 예인삭(토라인)의 길이 및 강도

일반적으로 예인줄이 길수록, 무거울수록 예인에 유리하다. 그러나 피예인선의 크기와 해상의 상태를 고려하여 적당한 현수곡선을 이루어 파도가 쳐와도 장력이 예인선에 바로 미치지 않는 정도의 길이가 좋다.

> 대략적인 계산식은 잔잔한 내해에서는
>
> 예인삭의 길이 $= \dfrac{1}{2}$(예인선 길이 + 피예인선 길이) $\times$ 3.5

그러나 풍랑이 있는 외양에서는 이 길이의 2배, 즉 양선길이에다 3배만큼 내어주고, 항내나 협수도 등에서는 적절히 감축하여 항행하여야 한다.

예인삭의 사용력은 그 예인줄의 파단력의 1/5~1/6 정도를 사용한다.

(2) 예항시 주의사항

① 예인삭을 연결하면 미속과 정지를 반복하여 예인선에 전진타력이 붙고 별 이상이 없으면 천천히 증속한다.
② 예인초기에 강한 장력이 걸려서 절단되는 수가 있으므로 사람들을 피하게 한다.
③ 예인초기에는 예인삭이 해저에 닿아 걸리는 수가 있으므로 전침하지 말고 정침하는 것이 좋다.
④ 한번에 20° 이상 대각도 변침을 피할 것
⑤ 예인줄의 신축은 신속을 줄여서 행하고, 증감속은 한번에 반노트 이상 하지 말 것
⑥ 황천을 만나면 감속하고 풍랑을 선수 2~3점(바우)에서 받도록 조선한다.
⑦ 좁은 수역을 예항시에는 예인줄을 줄이고, 피예선은 조타에 유의
⑧ 예항중에는 계속 예인줄과 피예선을 감시하고, 마찰부에는 자주 윤활유를 발라준다.

선박의 이동 및 조종

Part 2 | 운 용
적중예상문제

01 선박은 정지 중이거나 움직이는 상태에서 같은 운동을 계속하려는 성질을 가지고 있는데 이것을 무엇이라고 하는가?

가. 항해 속력 나. 조종 속력
사. 타 력 아. 최단정지거리

> **타력의 종류** : 정지 중인 물체 또는 움직이는 물체는 계속 같은 상태를 유지하려는 관성을 가지고 있다. 선체운동에서는 이와 같은 운동을 계속하려는 성질을 타력(inertia)이라고 하며 이것은 선박의 배수량, 속력, 선저의 상태 등에 따라서 다르게 나타난다. 선체 타력의 크기를 비교하는데는 속력 변화에 요구되는 시간과 항주거리로 표시한다.
> ① **발동타력** : 정지 중인 선박에 전속을 걸었을 때 실제로 전속력에 이를 때까지의 타력을 말한다.
> ② **정지타력** : 전진 중인 선박에 기관 정지시로부터 선체운동이 수면에 대하여 정지할 때까지의 타력을 말한다.
> ③ **회두타력** : 전타중 키를 중앙(미드십)으로 돌린 후로부터 회두운동이 정지할 때까지의 타력을 말한다.
> ④ **반전타력** : 선박이 전진 중 전속후진을 걸어서 실제로 선박이 정지할 때까지의 타력이다.

02 정지중인 선박에 전진전속을 발동하여 소정의 속력에 달할 때까지의 타력으로 옳은 것은?

가. 정지타력 나. 발동타력
사. 회두타력 아. 반전타력

03 전진 항주 중 기관을 후진 전속으로 발동하여 선박의 대수속력이 "0"이 될 때까지의 타력을 무엇이라고 하는가?

가. 발동타력 나. 정지타력
사. 반전타력 아. 회두타력

04 일반적으로 정상 기상조건에서 선체의 저항 중 가장 영향이 적은 것은?

가. 마찰저항 나. 조파저항
사. 공기저항 아. 조와저항

정답 01 사 02 나 03 사 04 사

 선체저항
① **마찰저항** : 선체가 진행 중에 물의 저항 때문에 생기는 저항으로, 선체가 받는 저항 중에 가장 크며 선속이 빠를수록 크다.
② **조파저항** : 선체가 수면 위를 항주하면 선수와 선미 부근에서는 압력이 높아져서 수면이 높아지고 선체 중앙 부근에서는 압력이 낮아져서 수면이 낮아지므로 파가 생긴다. 이와 같이 선체가 공기와 물의 경계면에서 운동을 할 때 이로 인해 발생하는 저항을 조파저항이라고 한다
③ **조와저항** : 선체 주위의 물은 부착력으로 속도가 느리고 선체에서 먼 곳의 물은 속도가 빠르다. 이러한 물의 속도차에 의하여 선미 부근에 와류가 생기는데, 이 때 생기는 저항을 말한다.
④ **공기저항** : 수면상의 선체가 공기와 부딪힘으로써 생기는 저항을 말한다.

05 물 분자의 속도차에 의하여 선미 부근에 와류를 발생시키는 저항으로 옳은 것은?

가. 마찰저항 나. 조파저항
사. 공기저항 아. 조와저항

06 저속 화물선에서 항해중 선체가 받는 저항 중 가장 큰 것은 무엇인가?

가. 마찰저항 나. 조파저항
사. 공기저항 아. 조와저항

07 전진전속 중에 기관을 후진전속으로 하여, 선박이 수면에 대하여 정지상태가 될 때까지 진행한 거리로 옳은 것은?

가. 전진전속거리 나. 최단정지거리
사. 마찰정지거리 아. 반전타력거리

 최단정지거리 : 전진 중에 기관을 후진전속으로 걸어서 선체가 물에 대하여 정지상태가 될 때까지 진출한 거리 → 반전타력을 나타내는 척도

08 항해 중 최단정지거리를 가장 짧게 하는 가장 적당한 방법으로 옳은 것은?

가. 기관을 전속 후진한다. 나. 대각도로 전타 변침한다.
사. 기관을 점차적으로 후진한다. 아. 대각도로 전타 후 전속 후진한다.

09 같은 출력을 사용할 때 후진속력은 전진속력의 어느 정도인가?

가. 20 ~ 30% 나. 30 ~ 40%
사. 50 ~ 60% 아. 80 ~ 90%

정답 05 아 06 가 07 나 08 아 09 사

선박의 속력
① **항해속력** : 선박이 만재 상태에서 기관의 상용출력을 사용하여 나오는 속력으로 대양 항해시 정상적인 항행 상태에서 사용되는 속력
② **조종속력** : 주기관을 주위의 여건에 따라서 언제라도 가속, 감속, 정지, 발동 등의 형태로 쓸 수 있도록 준비된 상태로 항주할 때의 속력
- 항해속력으로 항행하다가 입항, 협수도 통과 등을 위하여 주기관을 사용하기 위해서는 정상 항행 상태에서 stand-by 상태로 바꾸어야 한다.
- 조종속력은 전진전속(full ahead), 전진반속(half ahead), 전진미속(slow ahead), 전진극미속(dead slow ahead)의 4단계로 나눈다. ⇒ 후진속력은 전진속력의 약 50~60% 정도이다.

10 다음 중 전진반속에 해당하는 기관 명령은?

가. Full ahead   나. Half ahead
사. Slow ahead   아. Half astern

11 Slow ahead로 옳은 것은?

가. 전진속력   나. 전진미속
사. 후진속력   아. 후진미속

 조종속력은 전진전속(full ahead), 전진반속(half ahead), 전진미속(slow ahead), 전진극미속(dead slow ahead)의 4단계로 나눈다.

12 조타명령 중 현재의 선수방향을 유지하라는 것은?

가. 스테디(Steady)   나. 미드십(Midship)
사. 이지 더 휠(Ease the wheel)   아. 스타보드(Starboard)

- 미드십(midship) : 키를 중앙으로 하라(타각 0도)
- 스타보드(starboard) : 오른쪽으로 15° 가량 전타
- 스테디(steady) : 현재 침로로 똑바로 가라

13 조타명령에서 타각을 0도로 하라는 항목은?

가. 미드십(Midship)
나. 스테디(Steady)
사. 코스 어게인(Course Again)
아. 스테디 에즈 쉬 고우즈(Steady as she goes)

정답 10 나 11 나 12 가 13 가

14 스타보드 이지(starboard easy)의 조타명령 의미로 옳은 것은?

　가. 타각을 7 ～ 8° 정도로 우현조타
　나. 타각을 7 ～ 8° 정도로 좌현조타
　사. 타각을 15° 정도로 우현조타
　아. 타각을 15° 정도로 좌현조타

15 "신속하게 회두를 줄여서 정침하라"의 조타명령어로 옳은 것은?

　가. 하드포트(Hard port)
　나. 코스 어게인(Course again)
　사. 스테디(Steady)
　아. 미드쉽(Midship)

16 이론적인 최대 유효타각으로 옳은 것은?

　가. 15도　　　　　　　　　나. 25도
　사. 35도　　　　　　　　　아. 45도

　해설　이론적인 최대 유효타각은 45도이며, 실제 최대 유효타각은 35도이다.

17 타주 후부 또는 타두재에 설치되어 전진 또는 후진시에 선박을 임의의 방향으로 회전시키고 일정한 침로를 유지하는 역할을 하는 것은 무엇인가?

　가. 키　　　　　　　　　　나. 타각지시기
　사. 자기컴퍼스　　　　　　아. 추진기

18 일반 선박의 경우 이론적으로는 타각이 (　)도일 때가 최대 유효타각이지만, 최대타각을 (　)도 정도가 되도록 타각 제한장치를 설치해 두고 있다. (　)안에 옳은 것은?

　가. 20, 15　　　　　　　　나. 25, 20
　사. 35, 25　　　　　　　　아. 45, 35

　해설　이론적인 최대 유효타각은 45도이며, 실제 최대 유효타각은 35도이다.

정답 14 가　15 나　16 아　17 가　18 아

19 키의 조종성을 나타내는 요소로 옳지 않은 것은?

가. 추종성 나. 침로 안정성
사. 선회성 아. 방형비척계수

 조종성을 나타내는 요소
① **추종성** : 조타에 대한 선체 회두의 추종이 빠른지 또는 늦은지를 나타내는 것
② **침로 안정성**(방향 안정성 = 보침성) : 선박이 정해진 진로상을 직진하는 성질
③ **선회성** : 일정한 타각을 주었을 때 선박이 어떠한 각속도로 움직이는지를 나타내는 것
⇒ 일반 화물선은 일정한 침로를 일직선으로 항행하는 것이 요구되므로 선회성보다는 침로 안정성이 더 중요시 되나 군함이나 어선들은 빠른 선회성이 요구된다.

20 선박이 정해진 진로상을 직진하는 성질을 무엇이라 하는가?

가. 보침성 나. 선회성
사. 감항성 아. 회두성

21 키(rudder)의 구비조건으로 옳지 않은 것은?

가. 전진 저항이 클 것
나. 선회 효과가 클 것
사. 구조가 간단하고 견고할 것
아. 프로펠러(propeller) 효율을 크게 할 것

22 키판에 작용하는 측압작용에 대한 설명으로 옳은 것은?

가. 전진시 선수를 좌회두시킨다.
나. 후진시 선미를 좌회두시킨다.
사. 전진시와 후진시 모두 일어난다.
아. 선미와 수심에 의한 수압차에 의하여 일어난다.

수류와 횡압력에 의한 회두 : 추진기의 회전으로 인하여 발생하는 흡입류와 반류는 선체의 회두에는 미소한 영향을 미치지만 배출류에 의해 선체가 크게 회두한다. 그리고 횡압력은 스크루 프로펠러의 시동시에 강하게 나타나서 선체의 회두에 영향을 미친다.
배출류의 작용
• 전진시 : 배출류가 키의 하면을 좌편으로 밀기 때문에 선수가 우편된다.
• 후진시 : 좌측의 배출류는 그냥 흘러가고 우측의 배출류가 우현측 선미에 강하게 부딪혀서 측압을 형성한다(이것을 측압작용이라 하며 아주 현저하게 나타나기 때문에 선미를 좌편시켜 선수를 오른쪽으로 회두시킨다.)

정답 19 아 20 가 21 가 22 사

23 우회전 단추진기 선박에서 후진시 선수가 우편향되는 가장 큰 원인은?

가. 반 류
나. 배출류의 측압작용
사. 흡입류
아. 선미의 추적류

24 수면쪽 날개와 깊이 잠긴 날개에 걸리는 반작용력의 차이를 무엇이라 하는가?

가. 측압작용
나. 횡압력
사. 흡입류 영향
아. 반류 영향

 횡압력 작용 : 추진기가 회전하면 선미는 추진기 회전의 반작용방향으로 돌아가게 되는데, 수심이 깊은 쪽에 있는 날개는 수압이 커서 반작용도 크므로 전진 중에는 선수를 좌편시킨다. 후진 중에는 반대로 선수를 우편시키며 이는 정지 중 추진기를 돌리기 시작할 때나 추진기가 수면상에 노출되어 있을 때는 이 현상이 뚜렷하다.

25 스크루 프로펠러가 수중에서 회전하면서 뒤쪽으로 흘러나가는 수류를 무엇이라 하는가?

가. 배출류
나. 흡입류
사. 반 류
아. 흡수류

 배출류 : 추진기의 회전에 따라 추진기의 뒤쪽으로 흘러가는 수류를 말한다.
흡입류 : 앞쪽에서 추진기 쪽으로 빨려 드는 수류를 말한다.
반류(추적류) : 선체가 앞으로 나아가면서 생기는 빈 공간을 메우기 위해 수면상의 물이 선체를 따라 들어오는 흐름을 말한다.

26 우선회 단추진기선에서 후진시에 우현선미를 강타하여 선수를 우편향시키는 수류로 옳은 것은?

가. 흡입류
나. 배출류
사. 반 류
아. 횡압력

 키와 스크루 프로펠러에 의한 종합적 회두
(1) 정지에서 전진
　① 키 중앙 ┌ ㉠ 초기에는 횡압력이 커서 선수를 좌전시킴.
　　　　　　└ ㉡ 속력이 증가하면 배출류가 강하여 선수를 우전시킴.
　② 우타각 : 선수 우전, 좌타각 : 선수 좌전
(2) 정지에서 후진
　① 키 중앙 ┌ ㉠ 고정피치 → 횡압력, 배출류의 측압 작용 → 선수 우전
　　　　　　└ ㉡ 가변피치 → 배출류 > 횡압력 → 선수 좌전
　② 우타각 : 선수 좌전, 좌타각 : 선수 우전

> 정답 23 나 24 나 25 가 26 나

27 정지 중인 우회전 단추진기 선박에 있어서 키를 중앙에 두고 기관을 후진으로 하였을 경우 선수는 어느 쪽으로 편향하는가?

가. 좌 현
나. 우 현
사. 직후진
아. 기관 후진과 선수 편향은 아무 관계가 없다.

> 후진시 : 좌측의 배출류는 그냥 흘러가고 우측의 배출류가 우현측 선미에 강하게 부딪혀서 측압을 형성한다(이것을 측압작용이라 하며 아주 현저하게 나타나기 때문에 선미를 좌편시켜 선수를 오른쪽으로 회두시킨다).

28 쌍추진기선(Twin screw propeller vessel)이 타 중앙으로 하여 전진중 우현측의 추진기를 정지하면 선박은 어떠한 경향으로 되는가?

가. 선수가 좌현으로 회두한다.
나. 선미가 우편향 한다.
사. 선수가 우현으로 회두한다.
아. 직진한다.

29 선체 운동 중 킥(Kick)현상에 대한 설명으로 옳은 것은?

가. 전타하면 속도가 떨어지는 현상
나. 전타한 방향으로 배가 돌아가는 현상
사. 전타하면 원심력에 의해 선체가 기울어지는 현상
아. 전타 직후 타압의 작용 때문에 선미부분이 원침로의 외방으로 밀리는 현상

> 편출선미(Kick) : 선회 초기 타각을 준 바깥쪽으로 원침로상에서 횡방향으로 벗어난 거리 – 선미 이동은 배길이의 약 1/4 ~1/7 정도

30 항주 중인 선박이 전타 선회시 외방경사를 일으켰다. 다음 중 어느 것이 경사의 주된 원인이 되겠는가?

가. 부 력
나. 선체저항
사. 원심력
아. 타의 직압력

> 선회 중의 선체 경사
> ① 안쪽 경사 : 조타 직후에는 수면 상부의 선체는 타각을 준 쪽(선회권의 안쪽)으로 경사
> ② 바깥쪽 경사 : 정상 원 운동 시에는 반대쪽으로 경사

정답 27 나   28 사   29 아   30 사

31 선박이 전타한 경우 선박이 돌면서 그리는 궤적을 무엇이라고 하는가?

가. 변침 거리
사. 선박의 미끄러짐
나. 선회권(Turning circle)
아. 선회 지름(Tactical diameter)

해설 선회권에 영향을 주는 요소
① 선체의 비척도 ② 흘수 ③ 트림 ④ 타각 ⑤ 선속 ⑥ 수심

32 선박의 선회경(turning circle)의 크기에 영향을 주는 요소 중에서 가장 관계가 적은 것은?

가. 선교의 위치
사. 흘 수
나. 화물의 중량 분포
아. 트 림

33 선체가 선회 초기에 원침로보다 바깥쪽으로 밀리는 것을 나타내는 용어는?

가. 킥
사. 어드밴스
나. 트 림
아. 트랜스퍼

34 전속 전진상태에서 전타각에 의한 종거(advance)는 대략 자선 길이의 몇 배에 해당하는가?

가. 1~2배
사. 8~10배
나. 3~4배
아. 10~12배

해설 선회 종거(advance) : 전타를 처음 시작한 위치에서 선수가 원침로로부터 90도 회두했을 때까지의 원침로선상에서의 전진 이동 거리를 선회 종거라 한다. 또 최대의 전진 이동 거리를 최대 종거라고 하며, 전속 전진상태에서 선체 길이의 약 3~4배이다.

35 선박이 항해 중 전타하면 일어나는 현상으로 옳은 것은?

가. 전타한 안쪽으로 경사 후 바깥쪽으로 경사한다.
나. 전타한 바깥쪽으로 경사 후 안쪽으로 경사한다.
사. 균형을 잡고 경사되지 않는다.
아. 전복한다.

해설 선회 중의 선체 경사
① **안쪽 경사** : 조타 직후에는 수면 상부의 선체는 타각을 준 쪽(선회권의 안쪽)으로 경사
② **바깥쪽 경사** : 정상 원 운동 시에는 반대쪽으로 경사

정답 31 나 32 가 33 가 34 나 35 가

36 다음 중 타효 및 추진효율이 가장 좋은 상태는?

가. 선미트림 나. 선수트림
사. 등흘수 아. 선수각

37 선박이 상당한 속력으로 전진 중 정횡에서 바람을 받으면 선수는 다음과 같이 되려는 경향이 있다. 맞는 것은?

가. 선미가 풍상쪽으로 향하려 한다.
나. 선수가 풍하쪽으로 향하려 한다.
사. 선수가 풍상쪽으로 향하려 한다.
아. 풍향에 관계없이 직진하려 한다.

 바람의 영향
① 전진 중 옆바람 : 선미 풍하, 선수는 풍상 편향한다.
② 후진 중 : 풍력이 약할 경우 선수가 우현쪽(우현 회두)으로 향하고 풍력이 강할 경우 선미가 바람이 불어오는 쪽(풍상)으로 회두한다.

38 다음 중 전진 항주시에 옆 바람을 받으면 나타나는 현상으로 옳은 것은?

가. 선수 우편향 나. 선수 좌편향
사. 선미가 풍상으로 회두 아. 선수가 풍하로 회두

39 우선회 단추진기 선박에서 외력이 없을 때 정지상태에서 후진하면 일반적으로 선수의 편향은?

가. 직후진 나. 좌회두
사. 좌로 평행이동 아. 우회두

해설 배출수의 영향으로 선수가 우회두한다.

40 선박이 전진중에 바람을 횡방향에서 받으면 선체는 선속과 풍력의 합력방향으로 나아가면서 선수는 어느 방향으로 편향되는가?

가. 선수 편향에 전혀 영향을 받지 않는다.
나. 바람이 불어 가는 쪽으로 선수는 편향된다.
사. 바람이 불어 오는 쪽으로 선수는 편향된다.
아. 선속에만 영향을 미치고 선수는 좌우로 흔들린다.

해설 선박이 바람을 횡방향에서 받으면 선수는 바람이 불어오는 쪽으로 편향된다.

 정답 36 가 37 사 38 가 39 아 40 사

41 출·입항 조종시 가장 타당한 방법으로 옳은 것은?

가. 경제속력으로 항행한다.
나. 일반적으로 고속 항행한다.
사. 순간적인 판단에 의하여 조종한다.
아. 정확한 선위를 측정하여 대처한다.

> 속력은 조선 가능한 정도(적당한 속력)로 감속함이 가장 중요한데 그 감속의 시기를 놓쳐서는 안되며, 선위 측정보다는 선수 선미 방향에 목표물을 정하여 항로 이탈 상태를 감시하면서 항행하며 상황에 따라 순간적인 판단이 매우 중요하다.

42 한쪽 방향에서 계속 강한 풍조가 있을 때 강한 파주력(홀딩 파워)을 얻기 위한 묘박법은?

가. 단묘박 나. 쌍묘박
사. 2묘박 아. 선수미 묘박

> 앵커에 의한 정박법
> ① **단묘박** : 선박의 양현 앵커 중 어느 한쪽 앵커를 내려서 정박하는 방법(넓은 수역 정박에 적합)
> ② **쌍묘박** : 양쪽현의 선수 앵커를 앞 뒤쪽으로 서로 먼 거리를 두고 내려 정박하는 방법(좁은 수역 정박에 적합)
> ③ **이묘박** : 강풍이나 조류가 강한 수역에서 큰 파주력을 필요로 할 때 정박(선수 양현 앵커 사용)

43 좁은 수역이나 선박의 교통량이 많은 곳에 사용하는 정박법은?

가. 단묘박 나. 쌍묘박
사. 이묘박 아. 선수미묘박

44 다음 중 묘지를 선정하는데 가장 좋지 않은 저질에 해당하는 것은?

가. 펄   나. 모 래
사. 패 류 아. 암 반

45 닻이 투하되어 해저에 매몰되면 선체를 붙잡아 주는 힘을 발생시키는데 이 힘을 무엇이라 하는가?

가. 배 력 나. 파주력
사. 복원력 아. 타 력

정답 41 사 42 사 43 나 44 아 45 나

46 다음 중 항내에서 정박 이외에 닻(Anchor)의 이용 목적으로 옳지 않은 것은?

가. 타력의 조정   나. 회두의 보조
사. 충돌의 회피   아. 선속의 증가

47 양묘작업 중 닻(Anchor)의 크라운(crown)이 해저에서 떨어지는 상태를 무엇이라고 하는가?

가. 앵커어웨이(Anchor Aweigh)   나. 파울앵커(Foul Anchor)
사. 클리어앵커(Clear Anchor)   아. 쇼트스테이(Short Stay)

 앵커 체인의 수납
① **쇼트스테이**(short stay) : 닻줄의 신출 길이가 수심의 1.5배 정도인 상태를 말한다.
② **업앤다운**(up and down) : 닻이 묘쇄공 바로 아래의 해저에 누워있는 상태로 닻줄은 묘쇄공에서 수직 상태를 유지한다(이 상태를 기준으로 정박 상태와 항해 상태를 구분한다).
③ **앵커어웨이**(anchor aweigh) : 닻이 해저를 막 떠날 때를 말하며, 실제적으로는 업앤다운 상태와 구별하기가 어려우므로 실무에서는 이 때를 업앤다운으로 사용한다.
④ **클리어앵커**(clear anchor), **파울앵커**(foul anchor) : 닻이 닻줄과 엉키지 않고 정상적으로 수면에 올라온 상태를 클리어 닻이라 하고, 닻줄과 엉켜서 수면에 올라온 상태를 파울 닻이라고 한다.
⑤ **업앵커**(up anchor) : 닻 수납 작업이 완료된 상태를 말한다.

48 닻의 투하 작업에서 닻을 수면 부근까지 내린 상태를 무엇이라 하는가?

가. 코크빌(Cock Bill)   나. 쇼트스테이(Short Stay)
사. 앵커어웨이(Anchor Aweigh)   아. 파울앵커(Foul Anchor)

코크빌(cock bill) : 윈드라스에 기어를 넣은 상태로 역회전시켜서 앵커를 수면 부근까지 내린 상태

49 다음 중 파주계수가 가장 큰 저질은 무엇인가?

가. 자 갈   나. 바 위
사. 펄   아. 모 래

50 정박법 중 양현의 선수 닻을 앞뒤 쪽으로 서로 먼거리를 두고서 투하하여 선박을 그 중간에 위치시키는 정박법으로 옳은 것은?

가. 쌍묘박법   나. 이묘박법
사. 단묘박법   아. 전진 투묘법

정답 46 아 47 가 48 가 49 사 50 가

51 단묘박을 위한 장소 및 특징을 바르게 설명한 것은?

가. 황천 또는 강풍시에 실시한다.
나. 닻의 꼬임이 있을 경우 풀기가 쉽지 않다.
사. 선체가 닻을 중심으로 돌기 때문에 넓은 장소가 필요하다.
아. 선체의 선회가 작기 때문에 강이나 좁은 장소에서 실시한다.

> 단묘박 : 한쪽 현의 선수 닻으로 정박하는 방법
> ① 바람, 조류에 따라 선체가 선회하기 때문에 넓은 수역이 필요하다.
> ② 닻을 올리고 내리는 작업이 쉬워 널리 이용된다.
> ③ 선체가 돌기 때문에 닻이 끌릴 수 있다.

52 다음 중 묘박법이 아닌 것은?

가. 단묘박					나. 주묘박
사. 쌍묘박					아. 이묘박

53 투묘시 후진 묘박법의 가장 큰 특징으로 옳은 것은?

가. 선체와 묘쇄에 무리가 가지 않는다.		나. 파주력이 불량해 진다.
사. 보침 및 조선이 용이하다.			아. 투묘에 걸리는 시간이 짧다.

> 닻 투하시의 조종
> ① 전진 투묘법 : 전진타력으로 저속 접근하다가 예정묘지에 닻을 투하하는 방법
> ② 후진 투묘법 : 예정 투묘지점에 이르러 후진하면서 닻을 투하하는 방법
> ③ 심해 투묘법 : 정박지의 수심이 25m 이상이 되면 배를 정지시켜 윈드라스(양묘기)를 역전시켜서 해저 10m 가까이 되면 투하해 준다.

54 앵커 투하작업에서 "좌현 앵커를 투하하라"의 용어에 해당하는 것은?

가. 스탠드 바이 포트 앵커			나. 스탠드 바이 스타보드 앵커
사. 홀드 온					아. 렛고 포트 앵커

55 앵커 투하작업에서 "우현 닻을 투하하라"의 용어에 해당하는 것은?

가. 스탠드 바이 포트 앵커(Stand by port anchor)
나. 스탠드 바이 스타보드 앵커(Stand by st'd anchor)
사. 홀드 온(hold on)
아. 렛고 스타보드 앵커(Let go st'd anchor)

> 정답 51 사 52 나 53 가 54 아 55 아

56 선체의 표류가 크고 풍랑이 거셀 때 또는 조타장치가 고장났을 때, 선수를 풍랑쪽으로 세우기 위한 설비는?

가. 씨 앵커(sea anchor)　　　나. 팬더(fender)
사. 계류삭　　　　　　　　　아. 비트(bitt)

57 투묘·양묘 작업시 선수에서 지휘하고 그 상황을 선교에 알리는 사람으로 옳은 것은?

가. 선 장　　　　　　　　　나. 1항사
사. 2항사　　　　　　　　　아. 3항사

> **해설** 투묘 작업시 위치 ⇒ 선수 : 1항사, 선미 : 2항사, 선교 : 선장, 3항사

58 앵커 체인이 반 바퀴 꼬인 상태를 무엇이라 하는가?

가. 크로스(cross)
나. 엘보(elbow)
사. 라운드 턴(round turn)
아. 라운드 턴 앤드 엘보(round turn and elbow)

> **해설** 앵커 체인의 꼬임
> ① 크로스(cross) : 반 바퀴 꼬인 것
> ② 엘보(elbow) : 한 바퀴 꼬인 것
> ③ 라운드 턴(round turn) : 한 바퀴 반 꼬인 것
> ④ 라운드 턴 앤드 엘보(round turn and elbow) : 두 바퀴 꼬인 것

59 앵커 체인이 해저에 파고 들어가서 안정된 파주력을 얻게 된 상태로 옳은 것은?

가. 코크빌　　　　　　　　　나. 브로트업앵커
사. 업앤다운　　　　　　　　아. 클리어앵커

> **해설**
> cock bill 상태 : 앵커를 수면 부근까지 내린 상태
> brought up anchor : 앵커가 정상적인 파주력을 가진 상태
> up anchor : 닻 수납 작업이 완료된 상태
> up and down : 앵커 체인이 묘쇄공의 직하에 수직이 된 상태(정박과 항해의 기준)
> clear anchor : 닻이 앵커 체인과 엉키지 않고 올라온 상태

정답 56 가　57 나　58 가　59 나

60 주묘(dragging anchor)를 알아내는 방법으로 옳지 않은 것은?

가. 다른 선박과의 관계 위치를 확인한다.
나. 바람을 정횡 부근에서 받아도 선회하지 않으면 주묘 상태이다.
사. 앵커 체인의 긴장이 고르지 못하면 주묘상태이다.
아. 수심을 측정하여 확인한다.

> 해설 앵커 끌림(주묘 : dragging anchor)을 확인하는 방법
> ① 산출한 앵커 체인 길이에 자선 길이를 합한 거리를 반지름으로 하여 앵커 투하 지점을 중심으로 원을 그린 다음에, 선박의 위치가 원내에 있는지를 확인한다.
> ② 90° 정도의 사이 각을 가지는 뚜렷한 물표들을 정해서 눈짐작으로 확인한다.
> ③ 바람을 정횡 부근에서 받아도 선체가 스윙을 하지 않으면 끌리는 상태로 볼 수 있다.
> ④ 앵커 체인에 걸리는 장력이 강하다가 갑자기 약해지는 일이 반복되든가, 앵커 체인이 끌리면서 선체에 미치는 충격음으로 감지할 수 있다.
> ⑤ 다른 선박과 본선과의 상대 위치 관계와 자세로도 확인할 수 있다.

61 선수에서 내어 전방에 있는 부두의 볼라드에 묶는 계선줄을 무엇이라 하는가?

가. 선수줄   나. 선미줄
사. 선미 앞줄   아. 선미 옆줄

> 해설 계선줄 : 선박을 부두에 고정하기 위하여 사용하는 줄(선수줄, 선미줄, 옆줄, 선미 뒷줄 및 선수·선미 앞줄)
> ※ 계선시설 : 안벽, 잔교, 부두, 돌핀

62 계선줄 중에서 선박의 전후방향의 이동을 억제하는 것이 아닌 것은?

가. 선수줄(Bow line)
나. 선수 뒷줄 또는 선미 앞줄(Spring line)
사. 옆줄(Breast line)
아. 선미줄(Stern line)

> 해설 선수미 옆줄 : 선체를 부두에 붙어 있도록 하여 횡방향의 이동을 억제한다.

63 계선줄의 종류에서 선박의 접·이안 시에 많이 사용하는 줄로 옳은 것은?

가. 선수 앞줄   나. 선미 앞줄
사. 선수 뒷줄   아. 선미 뒷줄

정답 60 아 61 가 62 사 63 사

64 부두 밑으로 물이 자유로이 흐르도록 축조된 계선장을 무엇이라고 하는가?

가. 안 벽 나. 돌 제
사. 잔 교 아. 부잔교

> **안벽**(quay) : 선박을 접안시킬 목적으로 해안이나 강가를 따라 콘크리트로 쌓아 올린 시설(하부는 물이 유통되지 않고 벽에는 일정한 간격으로 방현물을 붙임)
> **잔교**(pier) : 수심이 깊은 곳에 기둥을 세워 그 위에 목판이나 콘크리트로 덮은 구조물(해안이나 강가로부터 거의 직각으로 돌출, 기둥 사이로 물이 흐름)
> **부두**(wharf) : 안벽이나 잔교를 포함하여 하역 및 창고 등의 육상 설비를 갖춘 모든 구조물
> **돌핀**(dolphine) : 수심이 아주 깊은 바다에 몇 개의 기둥을 조립하여 세운 계선 설비

65 여러 개의 기둥을 조합하여 수심이 깊은 곳에 세워서, 여기에 계선줄을 걸어 선박을 계선시킬 수 있게 한 시설물로 옳은 것은?

가. 부 두 나. 안 벽
사. 잔 교 아. 돌 핀

66 검역을 받고자 하는 선박이 게양하는 기류로 옳은 것은?

가. Q기 나. G기
사. H기 아. P기

67 항구에 입항하여 도선사를 필요로 할 때 게양하는 기류 신호로 옳은 것은?

가. H기 나. P기
사. O기 아. G기

68 출항 직전의 유의사항과 관계가 적은 것은?

가. 내선자 퇴선 나. 투묘지 선정
사. 출항기 게양 아. 필요하면 예인선 이용

69 출항 준비사항으로 옳은 것은?

가. 하역 설비 시운전 나. 데릭 붐(derrick boom) 고정
사. 입항 서류 준비 아. 검역기 게양 준비

정답 64 사 65 아 66 가 67 아 68 나 69 나

70 입항준비를 위해 해야 할 일과 관계가 적은 사항은?

가. 하역설비 시운전
나. 현측 사다리 준비
사. 육분의(sextant) 사용 준비
아. 선박의 신호부자, 국적기, 검역기 등의 게양을 준비

71 다음 중 입항 준비사항으로 적절하지 않는 것은?

가. 투묘 준비를 한다.
나. 상륙시간을 결정한다.
사. 입항 서류를 준비한다.
아. 현문 사다리를 준비한다.

72 선박의 출항 준비사항으로서 옳지 않은 것은?

가. 수밀 장치의 밀폐
나. 선내 이동물의 고정
사. 승무원의 승선 점검
아. 승·하선용 사다리(gangway) 준비

73 협수로에서 선박 통항 시기로 가장 좋은 것은?

가. 강한 역조시
나. 강한 순조시
사. 순조 초기시
아. 계류시나 조류가 약할 때

74 협수로에서의 선박의 운용으로 옳지 않은 것은?

가. 기관 사용 준비를 한다.
나. 선수미선과 유선이 일치되도록 한다.
사. 선수 부근에 선박을 보면 기관을 정지한다.
아. 회두시 조타명령은 순차로 구령하여 소각도로 여러 차례 한다.

정답 70 사 71 나 72 아 73 아 74 사

75 협수도 통항방법으로 옳지 않은 것은?

가. 가능한 추월은 피한다.
나. 가능하면 대각도로 변침한다.
사. 굴곡이 많은 수도는 역조시를 택한다.
아. 필요시에는 투묘나 기관 사용을 주저하지 말 것

> **해설** 협수로 통과시 주의사항
> • 선수미선과 유선이 일치하도록 조종
> • 소각도로 여러 차례 변침
> • 닻 사용 준비
> • 타효 좋은 안전 속력(유속보다 3노트 빠른 속력)
> • 가급적 추월 금지, 추월할 때는 추월 신호
> • 통항할 때는 게류, 조류가 약할 때, 만곡 심한 곳은 순조 때
> • 역조 때 정침이 잘 됨.
> • 역조 통항선은 순조 통항선 통과 후 통항
> ※ 게류 : 조류의 방향이 바뀔 때 조류가 거의 정지한 상태

76 '협수도 항행시는 선수미선과 조류의 (   )이(가) 일치하도록 조종한다.'에서 (   )속에 알맞은 것은?

가. 선수미선   나. 유 속
사. 진행방향   아. 유 선

77 조류가 빠른 좁은 수로 통항시 유의하여야 할 사항으로 옳지 않은 것은?

가. 통항 시기는 조류가 약한 때를 택한다.
나. 순조 때보다 역조 때가 키 사용이 용이하다.
사. 선수미선과 조류의 방향이 되도록이면 일치하지 않는 것이 좋다.
아. 수로의 폭이 좁고 굴곡이 심하기 때문에 철저한 경계를 유지한다.

78 선미 선교형 선박에서 선박이 전진시에 옆 바람(정횡)을 받으면 선수는?

가. 좌편 회두   나. 우편 회두
사. 풍상쪽 회두   아. 풍하쪽 회두

정답 75 나 76 아 77 사 78 사

79 다음 중 선박의 속력이 가장 감소되는 경우는?

가. 순조 때
나. 역조 때
사. 정횡방향으로 조류를 받을 때
아. 선미 2~3점 방향에 조류를 받을 때

80 입출항시 앵커 체인을 수면까지 내린 상태로 항해하는 이유로 옳은 것은?

가. 선박 조종을 위하여
나. 양묘를 쉽게 하기 위하여
사. 체인에 장력을 가하기 위하여
아. 위급시 신속히 투묘하기 위하여

81 황천중 선박의 조종법과 관계가 적은 사항은 어느 것인가?

가. 황천시 선박의 변침은 대각도 변침이 좋다.
나. 선체가 횡동요 중에 옆에서 돌풍을 받으면 위험하다.
사. 선체가 파를 선수에서 받으면 선수 밑부분은 강한 파의 충격을 받아서 선체는 짧은 주기로 급격한 진동을 한다.
아. 선박이 파도를 선수나 선미에서 받으면서 항주하면 선미부가 공기 중에 노출되어 스크루 프로펠러의 공회전으로 급회전하고 진동이 심하다.

> **[해설]** 황천 항해 중 파랑속 조선법
> (1) 파랑을 선수에 받을 때
>   ① 파랑을 정선수로부터 20°~30° 방향으로 받는다.
>   ② 속력을 적당히 줄인다.
>   ③ 급격한 대각도 변침을 피하고 타를 천천히 사용한다.
>   ④ 공전이 일어나지 않도록 기관 회전수를 줄인다.
>   ⑤ 선수부에 충격작용이 너무 심하면 변침하여 추종파를 받도록 한다.
> (2) 풍랑을 선미에 받을 때
>   ① 풍랑을 선측후방에서 받는다.
>   ② 공전이 심하지 않으면 최대속력을 유지한다.

정답 79 나 80 아 81 가

82 항내 조선시 유의사항으로 맞는 것은?

가. 빠른 속력을 유지한다.
나. 항상 닻을 투하할 준비를 한다.
사. 개항질서법에 따를 필요는 없다.
아. 마주치는 선박이 있을 때 좌현 변침하여 피한다.

83 선박이 출항하기 위하여 부두를 이탈할 때의 요령으로서 맞지 않는 것은?

가. 가능하면 선수를 먼저 부두에서 떼어 낸다.
나. 배의 바깥으로 나가 있는 돌출물을 거두어 들인다.
사. 바람이 불어오는 반대쪽의 계선줄을 먼저 떼어 낸다.
아. 바람이 부두쪽으로 불어오면 자력으로 이안이 어려우므로 예선을 이용하는 것이 좋다.

84 저수심 수역을 항해할 때 선체가 침하하는 것을 방지하기 위한 조치로 옳은 것은?

가. 속력 증가   나. 속력 감소
사. 변 침   아. 투 묘

> 수심이 얕은 수역의 영향(천수 효과)
> ① **선체의 침하** : 수심이 얕은 해역에서는 선저 부근의 수압과 선수미 부근의 수압의 차이로 선체가 침하하여 흘수가 증가하는 현상이 나타난다.
> ② **속력의 감소** : 수심이 얕은 해역에서는 선체의 침하로 저항이 커져 선속이 감소한다.
> ③ **조종성능의 저하** : 키의 효과가 나빠져 선체의 조종이 어렵다.
> ④ **대책** : 저속으로 항해하며, 수심이 깊어지는 고조시를 택하여 조종하는 것이 유리하다.

85 수심이 얕은 수역을 항해 시 나타나는 현상으로 옳지 않은 것은?

가. 속력이 증가된다.   나. 선체가 침하된다.
사. 보침성이 저하된다.   아. 조종성이 저하된다.

86 수심이 얕은 수역에서 일어나는 영향으로 옳은 것은?

가. 선체 침하   나. 속력 증가
사. 타효 증가   아. 흘수 감소

정답 82 나 83 가 84 나 85 가 86 가

87 선박이 수심이 얕은 곳을 항행할 때 일어나는 현상과 관계가 적은 것은 어느 것인가?

가. 타효가 좋지 않다.
나. 선박의 흘수가 증가한다.
사. 선박의 조종이 용이하지 않다.
아. 속도가 증가한다.

88 좁은 수로에서의 선박 조종법으로 옳지 않은 것은?

가. 선박의 회두시 조타는 대각도 변침이 좋다.
나. 기관 사용 및 앵커 투하 준비상태를 계속 유지하면서 항행한다.
사. 좁은 수로에서는 원칙적으로 추월이 금지되어 있다.
아. 조류는 역조 때가 순조 때보다 정침이 쉽다.

89 예항 중 황천을 만나면 예인줄을 어떻게 해야 하는가?

가. 그대로 둔다.
나. 짧게 한다.
사. 길게 한다.
아. 예인줄을 바꾼다.

90 예항중의 주의사항으로서 옳지 않은 것은?

가. 감속 및 가속은 서서히 행한다.
나. 한꺼번에 20° 이상의 변침은 피한다.
사. 예인줄에 급격한 장력이 미치지 않게 조선한다.
아. 협수로나 항만에 접근하면 예인줄을 길게 한다.

91 예인선의 역할로 옳지 않은 것은?

가. 키의 보조 역할
나. 타력의 제어 역할
사. 선체의 횡방향으로 이동
아. 선속의 증가 역할

해설 예선은 기동력이 뛰어나서 키의 보조 역할, 타력의 제어 및 횡방향으로 선체를 이동시키는 역할을 할 수 있다.

정답 87 아 88 가 89 사 90 아 91 아

92 예항시 주의사항으로 옳지 않은 것은?

가. 대각도 변침은 삼가고 한번에 20° 이내로 변침한다.
나. 예항 중 한번에 0.5노트 이상의 증속을 해서는 안된다.
사. 황천시에는 감속하고 파랑을 정횡 방향에서 받도록 한다.
아. 예색의 길이는 대략 예선과 피예선 길이의 합의 1.5~2.0배 정도로 한다.

93 예항시 고려사항이 아닌 것은?

가. 피예선의 속력
나. 예항거리
사. 기상상황
아. 피예선의 크기

94 선박이 부두에 접안조선시 필요하지 않은 장비는?

가. 윈드라스(windlass)
나. 계선줄
사. 히빙라인(heaving line)
아. 데릭(derrick)

95 항해중의 황천준비로 옳지 않은 것은?

가. 되도록이면 선체를 가볍게 한다.
나. 화물은 이동을 방지하기 위하여 고정시킨다.
사. 탱크 내에 물을 가득 채워 복원력 감소를 막는다.
아. 선체의 개구부를 밀폐시킨다.

96 항행중 황천을 만났을 경우 대비책으로 옳지 않은 것은?

가. 개구부를 밀폐시킨다.
나. 이동물 고정 및 자유 표면이 없도록 한다.
사. 배수설비 사용 준비를 한다.
아. 예정항로로 항해할 준비를 한다.

97 황천 피항에서 본선이 알아야 할 사항으로 옳지 않은 것은?

가. 태풍의 크기 및 범위
나. 본선의 소재
사. 태풍의 중심 위치와 진행 방향
아. 본선의 길이 및 조류 속도

| 정답 | 92 사 | 93 아 | 94 아 | 95 가 | 96 아 | 97 아 |

98 정박중 황천 준비사항으로서 옳지 않은 것은?

가. 하역 작업을 중지하고, 선체의 개구부를 밀폐하고, 이동물을 고정시킨다.
나. 기관 사용을 준비하고, 묘박 중이면 양묘 준비를 한다.
사. 공선시에는 빈 탱크에 물을 채워 흘수를 증가시킨다.
아. 승무원은 전원 상륙시킨다.

99 선체의 운동에서 선체가 선수미선을 축으로 좌우교대로 동요하는 것을 무엇이라 하는가?

가. 롤링(rolling)
나. 피칭(pitching)
사. 요잉(yawing)
아. 히빙(heaving)

 파랑중의 선체 운동
① **횡동요**(rolling) : 선체가 선수미를 중심으로 좌우교대로 회전하려는 횡경사 운동으로 복원성과 밀접하며 선박 전복의 원인이 된다.
② **종동요**(pitching) : 선체 중앙을 중심으로 하여 선수 및 선미가 상하로 교대로 회전하려는 종경사 운동으로 선속을 감소시키고 선체 중앙이 부러지는 경우가 있다.
③ **선수동요**(yawing) : 선수가 좌우 교대로 선회하려는 운동(선박의 침로 유지와 관계)

100 다음 중 선박이 전복될 위험이 가장 큰 경우로 옳은 것은?

가. 롤링이 심할 때
나. 기관 공전이 클 때
사. 선수동요가 심할 때
아. 횡요주기와 파도의 주기가 일치할 때

 동조 횡동요 : 선체의 횡요주기가 파도의 주기와 일치할 때 횡동요각이 점점 커지는 현상으로 선체가 대각도로 경사하면 위험하므로, 파도를 만나는 주기를 바꾸어서 동조 횡요를 피하도록 해야 하며, 파랑을 만나는 주기는 침로나 속력을 바꾸어서 변화시킨다.

101 다음 중 황천항법으로 옳지 않은 것은?

가. 히브 투(Heave to)
나. 라이 투(Lie to)
사. 슬래밍(Slamming)
아. 스커딩(Scudding)

 황천시 선박의 조종
① **히브 투**(Heave to) : 풍랑을 선수로부터 좌우현 25~30° 방향으로 받아 조타가 가능한 최소의 속력으로 전진하는 방법
② **라이 투**(Lie to) : 황천 속에서 기관을 정지하여 선체를 풍하쪽으로 표류하도록 하는 방법 ⇒ sea anchor(씨앵커) 사용
③ **스커딩**(Scudding) : 풍랑을 선미 쿼터(Quarter)에서 받으며 파에 쫓기는 자세로 항주하는 방법
④ **스톰 오일**(Storm Oil)의 살포 : 파랑을 진정시킬 목적으로 선체 주위에 기름을 살포한다.

정답 98 아 99 가 100 아 101 사

102 풍랑을 선미 쿼터(Quarter)에서 받으며, 파에 쫓기는 자세로 항주하는 방법을 무엇이라 하는가?

가. 히브 투(Heave to)
나. 스커딩(Scudding)
사. 라이 투(Lie to)
아. 스톰 오일(Storm Oil) 살포

103 황천을 예측할 수 있는 징후로 옳지 않은 것은?

가. 기압이 하강한다.
나. 풍속이 증가한다.
사. 너울이 크게 나타난다.
아. 해면이 거울 같다.

104 정박 중 앵커가 끌리지 않도록 예방하기 위해서는 바람이나 파도가 강해지면 어떻게 하는 것이 좋은가?

가. 앵커 체인을 감아서 장력을 크게 한다.
나. 앵커 체인 감기와 풀기를 반복한다.
사. 앵커 체인을 더 내어 주어서 파주력을 보강한다.
아. 그대로 둔다.

> **해설** 파주력 : 해저에 박힌 앵커는 잡아당겨도 쉽게 빠져 나오지 않으려는 저항력을 말한다. 바람이 강해지면 앵커 체인을 더 내어 주어 파주부를 길게 하여 파주력을 크게 한다.

105 공선 항해의 특징으로 옳지 않은 것은?

가. 타의 효력이 나쁘다.
나. 스크루의 공전이 일어난다.
사. 흘수가 증가한다.
아. 바람의 영향을 많이 받는다.

> **해설** 공선은 사람도 태우지 않고 짐도 싣지 않은 배를 말한다. 흘수가 줄어들며 복원력이 나쁘다.

106 선박이 안개 속에서 항내를 항해할 때 유의할 사항으로 맞는 것은?

가. 최대의 속력으로 항진한다.
나. 경계는 좌우보다는 선수 쪽으로만 한다.
사. 간격 없이 계속하여 음향신호를 낸다.
아. 조타 가능한 최소속력으로 감속한다.

정답 102. 나 103. 아 104. 사 105. 사 106. 아

107 협시계에서는 어떤 상황에 놓이게 되는지 옳은 것은?

가. 타효나 추진기 효율이 떨어진다.
나. 선수충격이 심하다.
사. 물표 시인 및 선위 확인이 어렵다.
아. 풍조류의 영향이 커진다.

108 협시계 항해시 주의사항으로 옳지 않은 것은?

가. 엄중한 견시를 한다.
나. 기관을 준비하고 적절한 속력으로 항행한다.
사. 불안하면 기관을 정지하고 타선을 확인한다.
아. 선위에 의심이 있으면 침로를 내해로 향한다.

　　해설 선위에 의심이 생기면 외해로 향한다.

109 제한 시계의 원인으로 가장 거리가 먼 것은?

가. 야간 항해　　　　　　나. 소나기
사. 눈　　　　　　　　　아. 안 개

110 제한된 시계에서 항해 시 주의사항으로 잘못된 것은?

가. 무중신호를 발한다.
나. 엄중한 경계를 한다.
사. 선내의 모든 불을 켜준다.
아. 선내 정숙을 유지하는 것이 좋다.

111 연안 항해시 안개지역을 통과할 때 필요한 조치로 옳지 않은 것은?

가. 닻 투하준비를 한다.
나. 선박의 위치를 자주 확인한다.
사. 브리지에서는 계속적으로 소음을 발한다.
아. 국제해상충돌방지규칙에 따라 무중신호를 발한다.

정답　107 사　108 아　109 가　110 사　111 사

112 야간 항해시 주의사항으로 옳지 않은 것은?

가. 신중한 견시를 한다.
나. 안전한 내해로 향한다.
사. 야표의 발견에 노력한다.
아. 자선의 등화에 관하여 주의한다.

> **야간 항해시 주의사항**
> • 안전한 침로 선정 : 멀리 돌더라도 안전한 항로
> • 신중한 경계 : 등화 발견 노력, 등화의 종류와 동정 확인
> • 자선의 등화 확인
> • 야간표지의 발견 노력
> • 선위확인
> • 항해등 점등
> • 계속적인 선위 확인
> • 측심기 등으로 수심확인
> • 닻 사용 준비

113 야간 항해중 레이더 스코프상 3마일 거리에 물표가 나타났으나 육안으로 보이지 않았다. 어떤 경우라고 생각해야 옳은가?

가. 레이더 고장이다.
나. 시정이 나쁘다.
사. 물체는 없는 것이다.
아. 생각해 볼 필요없다.

114 야간 항해시 주의사항으로 옳은 것은?

가. 모든 등화는 밖으로 비치도록 한다.
나. 레이더에 의하여 관측한 위치를 가장 신뢰한다.
사. 다소 멀리 돌아가는 일이 있더라도 안전한 침로를 택하는 것이 좋다.
아. 등부표 등은 항해 물표로서 의심할 필요가 없다.

115 야간에 교통이 번잡한 항내를 입항할 때의 주의사항으로 옳지 않은 것은?

가. 조타는 수동으로 한다.
나. 선박의 위치를 자주 확인한다.
사. 항해등이 올바르게 켜져 있는지 확인한다.
아. 앞에서 오는 배가 잘 보이도록 선수에 밝은 등을 켠다.

정답 112 나 113 나 114 사 115 아

116 제한시계 항해시의 주의사항으로서 가장 관계가 먼 것은?

가. 선장에게 보고
나. 레이더만을 철저히 살핀다.
사. 엄중한 경계
아. 엔진을 준비(Stand-by)한다.

117 선박이 강이나 운하를 통과시 조선법이다. 잘못 설명하고 있는 것은?

가. 강은 굴곡이 심하므로 조타시 물의 흐름에 주의하고, 될 수 있는 대로 물표를 보고 항로를 따라서 수동조타하는 것이 좋다.
나. 해양에서 강으로 들어가면 물의 밀도가 낮아지기 때문에 선박의 흘수가 감소한다.
사. 가능하면 강의 중앙 부근을 항행하는 것이 좋다.
아. 강에는 원목 등의 부유물이 있을 수 있으므로 키나 추진기 손상에 유의한다.

118 강에서 바다로 나오면 선박의 흘수는 어떻게 변하는가?

가. 흘수가 증가한다.
나. 흘수가 감소한다.
사. 변화 없다.
아. 선수는 증가, 선미는 감소한다.

119 수심이 얕은 수역의 영향과 관계가 없는 것은?

가. 선체의 침하
나. 속력의 감소
사. 조종성의 저하
아. 저항의 감소

 수심이 얕은 수역의 영향(천수 효과)
① **선체의 침하** : 수심이 얕은 해역에서는 선저 부근의 수압과 선수미 부근의 수압의 차이로 선체가 침하하여 흘수가 증가하는 현상이 나타난다.
② **속력의 감소** : 수심이 얕은 해역에서는 선체의 침하로 저항이 커져 선속이 감소한다.
③ **조종성능의 저하** : 키의 효과가 나빠져 선체의 조종이 어렵다.
④ **대책** : 저속으로 항해하며, 수심이 깊어지는 고조시를 택하여 조종하는 것이 유리하다.

120 얕은 수심이 조선에 미치는 영향으로 옳지 않은 것은?

가. 타효가 떨어진다.
나. 속력이 떨어진다.
사. 흘수가 감소한다.
아. 항주로 인하여 생기는 트림 변화가 일반의 경우보다 크게 된다.

정답 116 나 117 나 118 나 119 아 120 사

121 "북반구에서는 바람을 등지고 양팔을 벌리면 왼손 전방 약 23° 방향에 저기압 중심이 있다."는 법칙은?

가. 바이스 밸럿 법칙 나. 3R법칙
사. LSS법칙 아. 3L법칙

122 북반구에서 태풍권의 우반원에 관한 설명으로 옳지 않은 것은?

가. 위험 반원이다. 나. 기압이 하강한다.
사. 풍력이 격증한다. 아. 풍향이 좌전한다.

① **위험반원** : 태풍의 중심이 진행하는 방향에서 진로의 오른쪽에 위치한 우반원으로 풍향이 시계방향으로 변하며, 태풍의 중심으로 휩쓸려 들어가게 됨.
② **가항반원** : 진로의 왼쪽에 위치한 좌반원으로 풍향이 반시계방향으로 변하며, 풍랑이 비교적 약하며 태풍의 중심에서 멀어짐.

123 항해 중 태풍을 만났을 때 선박의 조종방법으로 옳지 않은 것은?

가. 3R법칙 이용 나. LLS법칙 이용
사. 전진 전속 아. heave to

 황천 피항법
① **풍향이 일정할 때**(저기압 전면) : 풍향은 변화가 없고 풍력이 강해지면서 기압이 내려가면 자선은 폭풍의 진로상에 있으므로 우현선미에 풍랑을 받으면서 가항반원으로 대피한다.
② **풍향이 우전변화할 때**(위험반원) : 북반구에서 위험반원이므로 풍랑을 우현선수에 받으면서 중심으로부터 멀어지게 항행한다. 이와같이 바람이 우전(R)변화하면, 우반원(R)에 있으므로, 우현선수(R)에 풍랑을 받고 피항하라는 뜻으로 R.R.R법칙 또는 3R법칙이라 한다.
③ **풍향이 좌전변화할 때**(가항반원) : 북반구에서 가항반원(좌반원)이므로 풍랑을 우현선미에 받으면서 중심으로부터 멀어지게 항해한다. 이와 같이 바람이 좌전(L)변화하면 좌반원(L)에 있으므로, 우현선미(S)에 풍랑을 받고 피항하라는 뜻으로 LLS법칙이라 한다.

124 북반구에서 태풍이 접근할 때에 풍향이 우전변화하면서 본선은 태풍 진로의 오른쪽 반원에 있으며, 이 때에는 풍랑을 우현선수에서 받도록 하여야 한다는 피항법칙으로 옳은 것은?

가. 바이스 밸럿 법칙 나. 3R법칙
사. LLS법칙 아. 3L법칙

정답 121 가 122 아 123 사 124 나

125 바이스 밸럿 법칙(buys ballot' law)에 대한 설명으로 옳은 것은?
  가. 풍향과 가항반원과의 관계를 나타낸다.
  나. 풍속과 위험반원과의 관계를 나타낸다.
  사. 풍향과 위험반원과의 관계를 나타낸다.
  아. 풍향과 저기압의 중심과의 관계를 나타낸다.

126 안개 등으로 시계가 좋지 않을 때 항행시의 주의사항으로 옳지 않은 것은?
  가. 적절한 항해등을 점등하고, 불필요한 조명을 규제한다.
  나. 모든 장비를 이용하여 일정한 간격으로 계속 선위를 측정하고, 측심기를 작동시켜 수심을 계속 확인한다.
  사. 항해 중 시계가 좋지 않을 때는 국제해상충돌방지규칙을 따를 필요가 없다.
  아. 항해 중 시계가 좋지 않을 때는 반드시 선장에게 보고한다.

127 선박의 선수 충돌이 일어난 경우 후진기관을 쓰지 않도록 하는 이유는 어디에 있는가?
  가. 조난신호를 발사하기 위하여
  나. 구조대를 기다리기 위하여
  사. 닻을 풀기 위하여
  아. 손상확대 방지를 위하여

128 선박의 출입이 많아서 항내의 묘박지가 부족한 경우와 부두시설이 항내의 모든 선박을 수용할 수 없는 좁은 수역을 효율적으로 활용하기 위하여 사용하는 계류는?
  가. 부표 계류   나. 출입항 계류
  사. 묘박지 계류   아. 부두 계류

정답 125 아 126 사 127 아 128 가

Chapter 03 선박의 복원성

Part 2 | 운용

1 선박의 안정과 초기 복원력 및 용어

선박이 외부의 힘(주로 파도)을 받아 기울어졌을 때 원위치로 되돌아가려는 성질 또는 힘을 복원성이라 한다.
① 복원력이 과대한 경우 : 횡요(rolling)가 심하여 선체, 기관에 손상을 일으키고 적하물의 이동과 승조원의 배 멀미를 일으킬 소지가 있다.
② 복원력이 적은 경우 : 풍랑이 심할 때 전복의 위험이 따르기 때문에, 선박의 복원력에 가장 큰 영향을 주는 적하를 잘하여 적당한 복원력의 유지가 필요하다.

1 복원성과 관련된 용어

(1) 부심과 중심
① 무게의 중심(G) : 물에 떠있는 선체는 배의 무게만한 중력이 아래로 작용하는데 이를 무게중심이라 한다.
② 부심(B) : 동시에 배가 밀어낸 물의 무게만한 부력이 위로 작용하는데 두 힘의 크기는 같다. 이 때 부력의 중심을 부심이라 한다.

> 배의 무게의 중심인 중심의 위치는 한 점에 고정되어서 선체가 경사하여도 이동이 없다. 부심은 물에 잠긴 배의 체적 중심이므로 선체가 경사하면 잠긴 선체의 모양에 따라 이동한다. 일반적으로 중심 위치는 대개 흘수선 부근이고, 부심 위치는 흘수의 중간보다 약간 높다.

(2) 경심(M : metacenter)과 GM(지엠)
잔잔한 수면 위에 똑바로 떠있는 배에서는 무게중심과 부심이 같은 수직선 위에 있다. 그러나 10° 이내의 미소각도로 배를 경사시키면 부심은 침하부의 체적 중심으로 이동하게 된다.
① 메타센터(M : metacenter) : 배가 똑바로 떠있을 때 부심을 통과하는 부력의 작용선과 경사된 때 부력의 작용선이 만나는 점(메타센터는 미소각도 경사에서 이동이 거의 없으므로 고정된 점)
② 지엠(GM 또는 메타센터 높이) : 무게중심에서 메타센터까지의 높이

GM의 크기로서 다음과 같이 배의 안정성을 판단할 수 있다.

① **안정상태** : GM이 양(M이 G보다 위쪽)이면 선박은 안정 ⇒ 복원력이 좋다.
(메타센터 M점이 무게중심점보다 위쪽에 위치, 즉 GM이 양(+)이면 선박은 안정평형상태로 원위치로 되돌아오려고 하는 힘이 작용한다.)
② **중립 균형상태** : GM이 영(M과 G가 같은 점)이면 선박은 현상태로 그대로 머물려는 중립상태이다. ⇒ 외력의 영향을 받으면 위험(메타센터 M점과 무게중심 G점이 같은 점에 위치, 즉 GM이 영(0)이면 선박은 그대로 머물러 있으려고 하는 중립, 균형상태를 나타낸다).
③ **불안정 상태** : GM이 음(M이 G보다 아래쪽)이면 선박은 불안정하여 뒤집어짐(메타센터 M점이 무게중심 G점보다 아래쪽에 위치, 즉 GM이 음(-)이면 선박은 계속 경사하게 되는 불안정 평형상태로 뒤집어지게 된다).

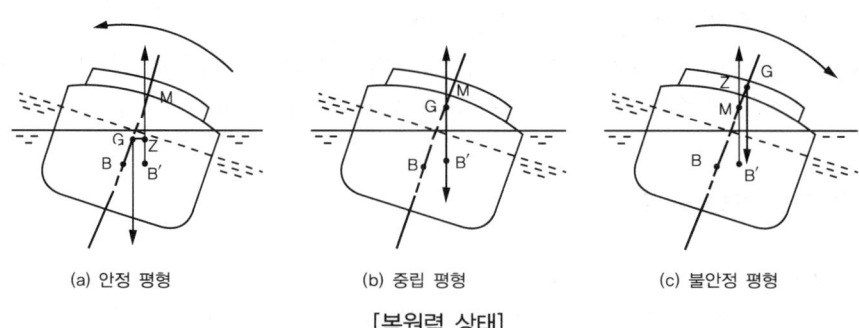

(a) 안정 평형 (b) 중립 평형 (c) 불안정 평형

[복원력 상태]

(3) 초기 복원력과 적당한 GM값

① **초기 복원력의 계산**

선박을 안정한 위치로 되돌리려는 복원 모멘트를 편의상 복원력이라고 부르고 있다. 이것은 일종의 모멘트이므로 힘과 거리의 곱에 해당하는 단위를 가지며, 여기에 곱해지는 거리를 복원정(GZ : righting arm)이라고 부른다.

선박이 미소각도(10°) 이하로 횡경사하면 복원력과 복원정은 진자의 움직임과 비슷한 다음 식으로 나타낼 수 있다.

$$GZ = GM \times \sin\theta \text{이므로 복원력} = W \times GZ = GM \times \sin\theta \text{이다.}$$

여기서 W는 선박의 배수량(톤)이고, GM의 단위는 미터(m)이다.

복원력을 나타내는 위의 식을 보면 선박이 미소각도로 경사했을 때에는 복원력이 GM에 비례하므로 GM이 큰 선박은 복원력이 큰 것을 알 수 있다. 선박이 미소각도로 경사했을 때의 복원력을 초기 복원력이라고 부르며, 초기 복원력의 크기는 위의 식으로 구해진다.

② **적당한 GM(메타센터 높이)값**

선박은 복원력이 너무 좋으면 횡요주기가 빨라지고, 나쁘면 전복의 위험이 있으므로 적당한 크기의 복원력을 유지해야 되는데, 이 값은 배의 크기, 종류, 흘수 등에 따라 다르나 통계적으로 가장 좋은 GM의 값은 대략 다음과 같다.

㉠ 일반 화물선 : 선폭의 약 5%
㉡ 유조선 : 선폭의 약 8%
㉢ 여객선 : 선폭의 약 2% 정도이나 황천시는 이보다 큰 GM값이 요구된다.

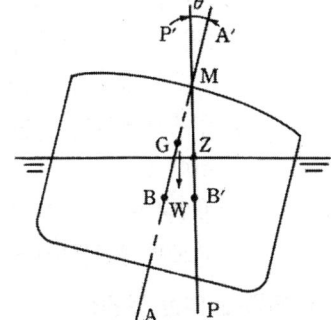

[메타센터]

2 복원력에 영향을 주는 요소

(1) 복원력의 요소
① 선체 구조물의 영향
㉠ 선폭 : 선폭이 증가함에 따라 복원력이 커진다.
㉡ 건현 : 적당한 폭과 GM을 가지고 있는 선박이라도 충분한 건현을 가지고 있어야 한다.
㉢ 무게중심 : 복원성을 높이기 위해서는 무게중심의 위치를 낮추는 것이 가장 좋은 방법이다.
㉣ 배수량 : 복원력의 크기는 배수량에 따라서 변화한다.
㉤ 현호 : 능파성을 증가시킬 뿐만 아니라 갑판 끝단이 물에 잠기는 것을 방지한다.

② 항해 경과와 복원력 감소
㉠ 연료유, 청수 등의 소비 : 선박이 항해를 하면 연료유, 청수 등의 소비로 인해 배수량의 감소와 GM의 감소를 가져온다.
㉡ 유동수의 발생 : 탱크의 빈 공간에 선체의 횡동요에 따라 유동수가 생겨 무게중심의 위치가 상승하여 GM이 감소한다.
㉢ 갑판적 화물의 해수 흡수 : 갑판 위로 올라온 해수에 의하여 물을 흡수하게 되면 중량이 증가하여 GM이 감소한다.
㉣ 갑판의 결빙 : 겨울철에 북쪽 지방을 항행하게 되면 갑판에 해수가 얼어 붙어서 갑판 중량의 증가로 GM이 감소한다.

(2) 화물의 배치와 유동수의 영향
① 화물의 수직 및 수평배치
㉠ 수직배치의 원칙 : 선체의 무게중심(G)의 수직방향 위치에 따라서 GM의 크기가 변화한다.
㉡ 무게중심을 낮추는 방법
ⓐ 적당한 GM을 가질 수 있도록 화물을 하부선창과 중갑판에 구분하여 배치한다.
ⓑ 화물선은 일반적으로 선저부의 탱커에 밸러스트를 적재하여 복원성을 개선시킬 수 있다.
㉢ 선체의 길이방향으로 화물을 배치 : 어떤 곳에 집중 배치하면 과도한 응력이 발생하여 선체가 절단될 위험이 있으므로 각 선창별 무게분포가 심한 불연속선이 되지 않도록 가능한 고르게 배치하여야 한다.

② **유동수의 방향** : 청수, 해수, 기름 등의 액체는 탱커 내에 가득차지 않으면 액체 표면은 선체의 동요와 함께 움직이게 된다. 이를 자유표면이라 하는 것으로 무게중심이 상승한 것과 같은 효과를 나타낸다. 따라서 복원력이 나빠진다.
  ㉠ 유조선에서는 이를 방지하기 위하여 2열 종격벽을 설치하여 자유표면을 작게 해주는 것이다.
  ㉡ 황천시에는 갑판에 파랑이 뛰쳐 올라오면 유동수와 같은 역할을 하므로 빨리 배수가 되도록 해야 한다.

(3) 외력에 의한 복원성
① **바람에 의한 경사**
  ㉠ 바람을 옆에서 받으면 선체를 미는 풍압력이 생기고 수면 하부의 선체에는 수저항이 작용한다.
  ㉡ 공선일수록 풍압력 작용점은 수저항 작용점보다 높아서 선체를 횡방향으로 경사시키게 된다.
  ㉢ 돌풍을 받으면 더욱 횡경사가 추가되므로 강풍을 받으면서 회두시에는 바람에 의한 횡경사를 고려하여 전복의 위험이 작은 순간을 이용해야 한다.
② **파도에 의한 경사** : 전진 중 횡파를 받으면 파도의 주기와 자선의 횡요주기가 같아지게 될 때에 횡요 경사각이 점점 커지는 현상을 동기횡요라 하는데, 이 때는 전복의 위험이 있기 때문에 속력이나 침로를 바꾸어서 동기횡요를 피해야 한다.

선박의 복원성

Part 2 | 운 용
적중예상문제

01 선박이 외력의 영향으로 기울었다가 다시 원위치로 돌아오려는 성질을 무엇이라 하는가?

가. 복원성
사. 이동성
나. 선회성
아. 보침성

🔖 복원성 : 선박이 외부로부터 힘을 받아서 경사하려고 할 때의 저항, 또는 경사한 상태에서 외력을 제거했을 때 원래의 상태로 되돌아 오려고 하는 힘

02 복원력이 큰 선박의 영향에 관한 설명으로 옳지 않은 것은?

가. 화물이 이동할 위험이 있다.
나. 승무원의 작업능률을 저하시킬 수 있다.
사. 선체나 기관 등이 손상될 우려가 있다.
아. 횡요주기가 길고 풍랑이 심할 때에는 전복될 우려가 있다.

03 화물 1,000톤을 다음과 같이 적재하였다. 복원력이 가장 작게 되는 것은 어느 경우인가?

가. 하창에 적재
나. 중갑판에 적재
사. 상갑판에 적재
아. 하창과 중갑판에 등분하여 적재

04 보통 선박에서 복원력에 가장 큰 영향을 미치는 것으로 옳은 것은?

가. 선체의 길이
사. 선체의 폭
나. 무게중심 높이
아. 흘 수

🔖 복원력의 요소
① 선폭 : 선폭이 증가함에 따라 복원력이 증가한다.
② 건현 : 적당한 폭과 GM을 가지고 잇는 선박이라도 충분한 건현을 가지고 있어야 한다.
③ 무게중심 : 복원성을 높이기 위해서는 무게중심의 위치를 낮추는 것이 가장 좋은 방법이다.
④ 배수량 : 복원력의 크기는 배수량에 따라 변화한다.
⑤ 현호 : 능파성을 증가시킬 뿐만 아니라 갑판 끝단이 물에 잠기는 것을 방지한다.

> 정답 01 가 02 아 03 사 04 나

05 복원력을 좋게 하기 위한 방법으로 옳은 것은?

가. 무게중심을 높인다.
나. 무거운 화물을 갑판에 적재한다.
사. 무게중심을 낮춘다.
아. 유동수를 생기게 한다.

06 선체의 무게중심이 높아지면 선박의 횡요주기는 어떠한가?

가. 길어진다.
나. 짧아진다.
사. 흘수에 따라 다르다.
아. 변함없다.

 ① 안정상태 : GM이 양(M이 G보다 위쪽)이면 선박은 안정 ⇒ 복원력이 좋다.
(메타센터 M점이 무게중심점보다 위쪽에 위치, 즉 GM이 양(+)이면 선박은 안정평형상태로 원 위치로 되돌아 오려고 하는 힘이 작용한다.)
② 불안정 상태 : GM이 음(M이 G보다 아래쪽)이면 선박은 불안정하여 뒤집어짐(메타센터 M점이 무게중심 G점보다 아래쪽에 위치, 즉 GM이 음(-)이면 선박은 계속 경사하게 되는 불안정 평형 상태로 뒤집어지게 된다).

07 복원력이 너무 좋으면 선박에 어떠한 현상이 나타나는가?

가. 횡동요 주기가 짧아진다.
나. 속력이 증가한다.
사. 횡동요 주기가 늦어진다.
아. 선속이 감소한다.

 선박에서 GM값이 커지면(무게중심이 낮아지면) 복원력이 커져 주기가 짧아지고, 승조원들이 멀미를 하며, 화물의 이동이 우려된다.

08 유동수란 무엇인가?

가. 선박내 적재된 청수를 말한다.
나. 청수, 해수, 기름 등의 액채 화물을 말한다.
사. 선체 밸러스트로 이용하는 해수를 말한다.
아. 탱크내 청수, 해수 등이 선박의 동요와 함께 움직이는 자유표면이다.

09 선박의 복원력과 관련이 없는 것은?

가. 선 폭
나. 건 현
사. 배수량
아. 선 속

정답 05 사 06 가 07 가 08 아 09 아

10 선박의 안전성을 판단하는데 있어서 가장 중요한 기준은?

가. 중력
나. 복원력
사. 선체의 중량
아. 배수량

11 선박의 복원력에 대한 설명 중 옳은 것은?

가. 선체가 튼튼하면 복원력이 없어도 안전하다.
나. 항행중에는 복원력이 필요 없다.
사. 선박의 안정성을 판단하는 것과는 관계가 없다.
아. 복원력이 너무 작으면 선박에 위험을 초래하게 된다.

> 해설 GM값이 너무 작으면, 복원력이 작아서 횡동요주기가 길고 경사하였을 때 원위치로 되돌아 오려는 힘이 약하며, 이 상태에서 높은 파도나 강풍을 만나면 전복의 위험이 있다.

12 청수, 기름 등의 액체가 탱크 내에 가득차 있지 않을 경우 선체 동요시에 그 액체들이 유동하면 복원력은 어떻게 되는가?

가. 증가한다.
나. 증가하는 경우가 많다.
사. 감소한다.
아. 아무런 영향을 받지 않는다.

> 해설 유동수의 발생 : 탱크의 빈 공간에 선체의 횡요에 따라 유동수가 생겨 무게중심의 위치가 상승하여 GM이 감소한다.

13 안전한 선박 운항이 되기 위해서는 어떻게 하여야 하는가?

가. 배의 무게중심을 위로 오도록 한다.
나. 선박의 안정한 상태를 유지할 필요가 있다.
사. 선수 흘수를 크게 하는 것이 필요하다.
아. 가능한 한 청수, 연료유는 적게 싣고 다닌다.

14 항행중 복원력의 크기를 판단할 수 있는 것으로 옳은 것은?

가. 트림으로 알 수 있다.
나. 흘수로 안다.
사. 종요주기로 안다
아. 횡요주기로 안다.

정답 10 나 11 아 12 사 13 나 14 아

15 조선소에서 경사시험을 하는 것과 관계가 깊은 것은?

가. 만재흘수선 위치 나. 무게중심 위치
사. 건현의 결정 아. 배수량 계산

16 선박의 주어진 흘수에서 복원력을 판단하는 가장 중요한 요소는?

가. KM 나. GM
사. KG 아. BM

17 항해 중 GM의 대략적인 값은 $T = 0.802B/\sqrt{GM}$ 에 의하여 구할 수 있다. 여기서 T는 무엇인가?

가. 선 폭 나. 횡요주기
사. 선박의 길이 아. 배수량

 횡요주기 = $0.802B/\sqrt{GM}$ (B : 선폭, 횡요주기 : 초)

18 선폭이 20m, 메타센터의 높이(GM)가 4m이면 횡요주기는 얼마인가?

가. 2초 나. 4초
사. 8초 아. 16초

횡요주기 = $0.802B/\sqrt{GM}$ (B : 선폭, 횡요주기 : 초) = $0.8 \times 20/\sqrt{4}$ = 8초

19 선박의 복원력이 과대한 경우 일어나는 현상으로 옳지 않은 것은?

가. 횡요가 심하다.
나. 화물이 이동할 우려가 있다.
사. 선체가 손상을 입을 우려가 있다.
아. 갑판에서 편하게 작업할 수 있다.

20 GM의 값이 너무 작으면 어떤 상태가 되는가?

가. 강풍을 만나면 전복 위험이 있다.
나. 횡요주기가 짧아진다.
사. 복원력이 커진다.
아. 화물의 이동이 우려된다.

정답 15 나 16 나 17 나 18 사 19 아 20 가

21 선체가 안정상태인 경우는 다음 중 어느 것인가?

　가. 경사시킨 선박이 그대로 머물러 있을 때
　나. 경사시킨 선박이 직립 위치로 돌아가려고 할 때
　사. 경사시킨 선박이 더욱 경사되려고 할 때
　아. 경사시킨 선박이 파도 방향으로 경사할 때

22 다음 (　　)안에 적합한 것을 고르면?

> "선체의 부력이 한 점에 있다고 생각할 수 있는 점을 (　　)이라고 한다."

　가. 무게중심　　　　　　나. 부 심
　사. 경 심　　　　　　　아. 원 심

23 연안 항해 시 항해일지에 기재하는 시각으로 옳은 것은?

　가. 지방표준시　　　　　나. 세계시
　사. 시 시　　　　　　　아. 수정시

24 선박의 무게중심(G)이 이동하는 경우가 아닌 것은?

　가. 유동수의 영향　　　　나. 적화물 이동
　사. 외력의 영향　　　　　아. 배수량의 변화

25 복원력에 대한 설명 중 옳은 것은?

　가. 크면 클수록 좋다.　　나. 적당한 크기가 좋다.
　사. 작으면 작을수록 좋다.　아. 이상 모두 옳다.

26 항해 당직중에 당직사관이 수행하여야 하는 임무로 잘못된 것은?

　가. 선박의 위치를 자주 확인한다.
　나. 침로를 유지하면서 엄중한 경계를 한다.
　사. 응급시에는 먼저 선장에게 보고한 후에 필요한 조치를 취한다.
　아. 기회가 있으면 컴퍼스의 오차를 측정한다.

정답　21 나　22 나　23 가　24 사　25 나　26 사

제 3 장　선박의 복원성

27 항해 당직중 경계를 할 때 고려사항 중 거리가 가장 먼 것은?

가. 기상상태   나. 시 정
사. 해상의 교통량   아. 흘 수

28 다음 중 KM의 값을 구할 수 있는 것은?

가. 배수량 등곡선도   나. 적하 척도
사. 트림 수정표   아. 해 도

29 다음 (   )안에 적합한 것을 고르면?

> "선박이 한쪽 현으로 최대로 경사된 상태에서부터 시작하여 반대 현으로 기울었다가 다시 원위치로 되돌아오기까지 걸린 시간을 (   )라고 한다."

가. 상하주기   나. 종요주기
사. 회전주기   아. 횡동요주기

30 화물선에서 복원성을 조절하기 위한 방법으로 옳지 않은 것은?

가. 선체의 길이방향으로 화물을 배치한다.
나. 선저부의 탱크에 밸러스트를 적재한다.
사. 가능하면 높은 곳의 중량물을 아래쪽으로 옮긴다.
아. 연료유나 청수의 소비로 복원성이 변할 수 있다.

31 다음 선박의 복원성 및 안전성에 관한 설명으로 옳은 것은?

가. 선폭이 감소함에 따라 복원력은 커진다.
나. 건현의 크기를 감소시키면 무게중심은 상승하나 복원력에 대응하는 경사각이 커진다.
사. 선박의 현호는 능파성을 증가시킬 뿐 아니라 갑판의 끝단이 물이 잠기는 것을 방지하여 복원력을 증가시킨다.
아. 배수량의 크기를 증가시키면 복원력은 상대적으로 급격히 감소한다.

정답 27 아 28 가 29 아 30 가 31 사

32 배의 전복방지를 위한 주의사항으로 옳지 않은 것은?

가. 중심이 너무 높지 않게 화물을 배치한다.
나. 화물이 무너지거나 이동하지 않게 한다.
사. 파도를 선수 또는 선미에서 받지 않게 한다.
아. 선체 개구부의 수밀과 배수구의 상황을 잘 검사한다.

> 해설 파도를 측면에서 받게 되면 전복할 위험이 크므로 선수 또는 선미에서 받게 한다.

33 선박이 물 위에 떠 있는 상태에서 외부로부터 힘을 받아서 경사하려고 할 때의 저항 또는 경사한 상태에서 그 외력을 제거하였을 때 원래의 상태로 돌아오려고 하는 힘은?

가. 트 림   나. 부 력
사. 복원력   아. 중 력

> 해설 트림 : 선박의 종방향 경사를 말한다.

34 선박이 장기간 항행하여 연료유, 청수 등을 다량 소비하면 무게중심이 상승하는데 그에 따라서 복원력은 어떻게 되는가?

가. 감소한다.   나. 증가한다.
사. 변하지 않는다.   아. 좋아진다.

35 다음 중 복원력의 크기에 가장 영향을 적게 미치는 것은?

가. 선폭의 크기   나. 건현의 크기
사. 배수량의 크기 아. 프로펠러의 크기

36 선박에서 흘수를 조사하는 이유로 옳은 것은?

가. 해수의 침입을 방지하기 위하여
나. 날씨의 변화를 조사하기 위하여
사. 항행이 가능한 수심을 알기 위하여
아. 풍랑을 선미에서 받을 수 있게 하기 위하여

> 정답 32 사 33 사 34 가 35 아 36 사

37 선수트림이 조선상 불리한 이유로 옳지 않은 것은?

　가. 타효가 나빠진다.
　나. 침수사고가 일어날 수 있다.
　사. 속력이 빠르고 침로유지가 쉽다.
　아. 스크루 프로펠러의 공전이 심하다.

38 건현을 두는 목적으로 옳은 것은?

　가. 선속을 빠르게 하기 위함이다.
　나. 선박의 부력을 줄이기 위함이다.
　사. 예비 부력을 증대시키기 위함이다.
　아. 화물의 적재를 용이하게 하기 위함이다.

39 트림(Trim)에 대한 설명으로 옳은 것은?

　가. 선수흘수와 선미흘수의 합
　나. 선수흘수와 선미흘수의 차
　사. 선수흘수와 선미흘수의 곱
　아. 선수흘수와 선미흘수의 비

　해설　트림은 선박의 종방향의 경사로서 선수흘수와 선미흘수의 차이를 말한다.

40 다음 중 트림의 종류가 아닌 것은?

　가. 선수트림　　　　나. 선미트림
　사. 중앙트림　　　　아. 등흘수

41 다음은 선박에 화물을 실을 때 유의사항이다. 옳은 것은?

　가. 선체의 중앙부에 화물을 많이 싣는다.
　나. 선수 화물창에 화물을 많이 싣는 것이 좋다.
　사. 흘수선 이상 최대한으로 많은 화물을 싣는다.
　아. 화물의 무게분포가 한 곳에 집중되지 않도록 한다.

정답　37 사　38 사　39 나　40 사　41 아

42 GM이 작은 선박이 가장 주의해야 하는 것은 무엇인가?

가. 창내 잡화
나. 탱크 내의 유동수
사. 탱크에 만재된 연료유
아. 오수탱크에 가득찬 오수

> GM이 작은 선박은 상대적으로 안정성이 작기 때문에 탱크내의 유동수를 주의해야 하며, 유동수가 발생되면 탱크 상부의 공간으로 인해 무게중심이 높아져 복원력이 감소한다.

정답 42 나

Chapter 04 당직근무

1 승무원의 임무

(1) 선장의 직무

선장(master, captain)은 선박을 지휘 및 통솔하고 선내 질서를 유지하며, 선박을 안전하게 운항시키는 총지휘 책임자로서, 대표적인 직무는 다음과 같다.
① 승무원의 지휘, 통솔
② 출항 전의 선박 검사 의무
③ 항해 성취 의무
④ 선원 관리 업무
⑤ 출·입항 시나 그 밖의 조선 지휘 의무
⑥ 선박 및 화물의 안전을 위한 긴급 조치 의무
⑦ 비상시 최종적 결정 및 조치

(2) 1등 항해사의 직무

1등 항해사(C/O : Chief Officer)는 갑판부의 책임자로 항해사 및 갑판부원을 지휘감독하고 선장을 보좌하고, 선장 부재시 그 직무를 대행하며 주요 직무는 다음과 같다.
① 선박의 안전과 규율 및 위생 관리 업무
② 화물의 적재 계획 작성 및 하역 감독, 화물의 안전 관리
③ 갑판부원의 일과 지시 및 인사 관리
④ 선체 각 부의 보존 정비 및 관리 감독
⑤ 갑판부 서류의 작성 관리
⑥ 식수, 밸러스트, 빌지의 운용 및 관리
⑦ 출·입항시 선수부 작업 담당
⑧ 항해, 정박, 하역시 당직 근무

(3) 2등 항해사의 직무

2등 항해사(2/O : second officer)는 주로 항해에 관한 직무를 담당하며, 대표적 직무는 다음과 같다.
① 항해 기기의 정비 및 관리
② 해도 및 수로서지의 개정 및 관리
③ 정오 위치 측정과 보고
④ 출·입항시 선미부 담당
⑤ 항해 요약 일지의 작성

⑥ 항해, 정박, 하역시 당직 근무

(4) 3등 항해사의 직무

3등 항해사(3/O : third officer)는 상급 항해사를 보좌하며 주요 직무는 다음과 같다.
① 출·입항시 선장 보좌
② 출·입항시 컨디션 리포트(condition report) 작성
③ 위생 전담 사관(medical officer)으로서 선내 병원 및 의약품 관리
④ 항해, 정박, 하역시 당직 근무

(5) 실습 항해사의 직무

실습 항해사(apprentice officer, cadet)는 상급 항해사의 지시에 따른 업무를 수행하며 항해사의 직무를 실습한다.

(6) 갑판 부원의 직무

① 갑판장(boatswain, bosun)은 1등 항해사의 지시에 따라 선교 당직자를 제외한 갑판수 및 갑판원을 지휘하여 출·입항 준비, 화물 작업, 선체 정비 등의 주간 작업을 진행한다.
② 갑판수(able seaman)는 갑판부 업무에 숙달되어 있는 자로 일반적으로 조타수(quartermaster)로서 선교에 근무하며, 항해사의 지시에 따라 조타 및 견시 업무, 항해 및 신호 기구의 정비, 측심 및 선교 정리 등의 업무를 진행하며 정박중에는 정박 하역 당직 업무를 수행한다.
③ 갑판원(ordinary seaman)은 갑판부 업무에 숙달되지 못한 자로 일반적으로 갑판장의 지시에 따라 출·입항 준비, 화물 작업, 선체 정비 등의 주간 작업을 진행한다.

(7) 기관부 구성원의 직무

① 기관장(chief engineer)은 기관부 전반을 지휘할 책임과 의무가 있으며, 기관에 관련된 내용 및 안전 운항에 관련된 사항 등에 대하여 선장을 보좌하고 협조한다.
② 1등 기관사(1st engineer)는 기관장을 보좌하여 기관부를 관리하고, 주기관 및 이에 관련된 기기 등을 담당한다.
③ 2등 기관사(2nd engineer) 및 3등 기관사(3rd engineer)는 연료유 및 윤활유를 관리하고 발전기, 보일러, 각종 부속 기기 등을 분담하여 담당한다.
④ 기관 부원은 1등 기관사의 지시에 따라 기관사를 보좌하여 기관의 안전 점검, 보수 정비 작업을 진행한다.

(8) 통사부 구성원의 직무

① 통신장(radio officer)은 선장을 보좌하여 외부와의 무선 통신에 의한 연락을 담당하며 각종 무선 기기 및 레이더 등의 전파 항해 계기의 보수·정비 등의 업무를 주관한다. 그리고 사무장이 없는 화물선 등에서는 출·입항 수속 서류의 작성, 승무원의 승하선 수속 등을 행한다.
② 통사부원은 조리, 식량 관리, 침구류의 관리, 외래객의 접대 등을 행한다. 출·입항시에는 접안 작업 등을 지원하는 것이 현재의 추세이다.

2 항해 당직에 관한 I.M.O(국제해사기구) 권고 사항

1 항해당직 유지의 기본원칙

선장 휘하의 당직사관은 당직 중 선박의 안전운항에 대한 책임을 지며 모든 선박은 당직에 관한 다음의 기본원칙을 고려해야 한다.

(1) 당직의 배치(선교 당직원 구성시의 유의사항)
  ① 선교는 잠시도 비워서는 안된다.
  ② 기상상태, 시정 및 주야의 구분
  ③ 항해 상 장애물의 존재 여부
  ④ 레이더 및 전자항해 보조장치의 사용과 작동 상태
  ⑤ 자동 조타장치의 유무
  ⑥ 특수한 운항사정으로 인하여 당직 중 발생할 수 있는 부가적 요구사항들

(2) 임무의 적정성
당직체제는 당직원의 능률이 피로에 의하여 저하되지 않도록 유의하여야 한다.

(3) 항 해
  ① 항해계획은 모든 적절한 정보를 참조하여 사전에 계획하고 검토되어야 한다.
  ② 당직 인수자는 선박의 위치, 계획된 항로, 침로 및 속력을 확인해야 하고, 항해 중 만날 것으로 예상되는 장애물에 주의하여야 한다.
  ③ 당직 중에는 모든 사용 가능한 기기를 이용하여 자주 현재의 침로 위치, 속력을 확인해야 한다.
  ④ 선내에 비치되어 있는 안전 장비와 항해 장비 및 그들의 조작 방법을 명확히 알고 작동 상태를 확인해야 한다.
  ⑤ 항해 당직자에게는 선박의 안전 항해를 방해하는 임무를 맡겨서는 안되고 그 일에 종사해서도 안된다.

(4) 견 시
모든 선박은 현재의 상황 및 항해상의 위험을 충분히 판단할 수 있도록 시각, 청각 기타 모든 유효한 수단에 의하여 항상 적절한 견시를 유지해야 하고, 그 임무에는 조난 선박 또는 항공기, 난파선 및 그 잔해를 발견하는 것도 포함해야 한다.
  ① 견시원은 적당한 견시 임무에만 열중해야 하며, 적당한 견시를 저해하는 임무에 종사할 수 없다.
  ② 견시원의 임무와 조타 임무는 전혀 별개의 것이다.
  ③ 주간에는 당직사관 혼자 충분한 견시를 할 수 있는 경우가 있으나, 이 때는 안전 확보에 확신이 있어야 한다.

(5) 도선사가 승선하고 있는 경우의 운항

도선사의 임무와 책임에도 불구하고 선장 또는 당직사관의 임무나 책임이 면제되는 것은 아니다.

(6) 해양환경의 보호

선장과 당직사관은 운항상 또는 사고에 의한 해양환경의 오염을 막을 수 있도록 예방조치를 강구해야 한다.

2 항해 당직

(1) 항해 당직시간

항해 중의 당직근무는 일반적으로 당직사관 1명과 당직 갑판수 1명으로 구성되며, 오전과 오후 각각 4시간씩 8시간 근무를 한다.

하루 중의 시간별 당직표

시 간	당직이름	갑판 당직원	기관 당직원
04:00 ~ 08:00	아침 당직 (morning watch)	1등 항해사	1등 기관사
16:00 ~ 20:00	저녁 당직 (evening watch)	당직 갑판수	당직 조기수
08:00 ~ 12:00	오전 당직 (forenoon watch)	3등 항해사	3등 기관사
20:00 ~ 24:00	첫밤 당직 (first night watch)	당직 갑판수	당직 조기수
00:00 ~ 04:00	밤중 당직 (midnight watch)	2등 항해사	2등 기관사
12:00 ~ 16:00	오후 당직 (afternoon watch)	당직 갑판수	당직 조기수

(2) 당직 교대요령

당직 교대시각 30분 전에 차기 당직자에게 통보하면 차기 당직자는 15분간 당직을 할 수 있는 준비를 갖춘 다음 15분 전에 선교(브리지)에 가서 10분 동안 인수 인계를 받고 5분 전에 교대를 한다. 그러나 상기 당직자는 곧바로 내려가지 않고 5분 동안 선교에서 차기 당직자와 같이 근무하고 정시가 되면 선교를 내려간다. 다만 협수도나 항행에 어려운 상황이 계속될 때에는 상황이 끝날 때까지 계속 근무한다.

 당직 교대시 인계 인수사항

① 본선의 위치와 침로, 속력, 기관 회전수
② 현재 보이는 물표와 해도상의 위치, 종류 및 성질
③ 현재의 주위상황과 항행 중인 다른 선박의 동태
④ 날씨, 해조류, 파랑 등의 상태와 본선에 미치는 영향
⑤ 선장의 지시나 그 밖의 전달사항
⑥ 항해계기의 작동상태 및 기타 참고사항
⑦ 당직 종료 후에는 선내 순시를 한다.

(3) 정박 당직

갑판부원은 현문 당직을 서고, 기관부원은 기관실 당직에 임한다.
① 부두 계선시는 계선줄 상태, 묘박 중에는 앵커 체인의 상태확인 조절
② 승·하선자의 파악과 현문 사다리의 조절
③ 선내 순시를 통하여 화재, 도난, 기름 배출 등을 감시한다.
④ 기상상태와 바다의 상태를 관측하고, 날씨가 급변할 경우 항해당직 체제로 바꾸고, 선박 안전에 노력해야 한다.

(4) 하역 당직

1등 항해사의 감독을 받아 당직사관과 갑판부원들이 담당하며, 자동화 선박에 있어서는 정박당직 및 하역당직 근무는 육상근무자가 맡게 된다.

Chapter 04 당직근무

Part 2 | 운 용
적중예상문제

01 선장이 직접 선교에서 지휘하지 않아도 되는 경우에 해당되는 것은?

가. 시계불량시
나. 협수도 통과시
사. 출입항시
아. 야간항해시

 선장의 직무 : 선장(master, captain)은 선박을 지휘 및 통솔하고 선내 질서를 유지하며, 선박을 안전하게 운항시키는 총지휘 책임자로서, 대표적인 직무는 다음과 같다.
① 승무원의 지휘, 통솔
② 출항 전의 선박 검사 의무
③ 항해 성취 의무
④ 선원 관리 업무
⑤ 출·입항 시나 그 밖의 조선 지휘 의무
⑥ 선박 및 화물의 안전을 위한 긴급 조치 의무
⑦ 비상시 최종적 결정 및 조치

02 다음 중 1등 항해사의 직무로 옳은 것은?

가. 항해계기의 정비 및 관리
나. 해도 및 수로도지의 개정
사. 출입항시 선미부 담당
아. 갑판부 서류의 작성 및 관리

 가, 나, 사.는 2등 항해사의 직무이다.
1등 항해사의 직무 : 1등 항해사(C/O : Chief Officer)는 갑판부의 책임자로 항해사 및 갑판부원을 지휘 감독하고 선장을 보좌하고, 선장 부재시 그 직무를 대행하며 주요 직무는 다음과 같다.
① 선박의 안전과 규율 및 위생 관리 업무
② 화물의 적재 계획 작성 및 하역 감독, 화물의 안전 관리
③ 갑판부원의 일과 지시 및 인사 관리
④ 선체 각 부의 보존 정비 및 관리 감독
⑤ 갑판부 서류의 작성 관리
⑥ 식수, 밸러스트, 빌지의 운용 및 관리
⑦ 출·입항시 선수부 작업 담당
⑧ 항해, 정박, 하역시 당직 근무

정답 01 아 02 아

03 항해계기와 해도의 관리 등 항해에 주로 책임을 지는 사관으로 옳은 것은?
  가. 선 장
  나. 1등 항해사
  사. 2등 항해사
  아. 3등 항해사

04 선박 항해일지는 항해 중이나 정박 중에 어디에 비치하는가?
  가. 선장실
  나. 선 교
  사. 기관실
  아. 사무실

05 항해일지에 기재하는 내용으로 해당되지 않는 것은?
  가. 침 로
  나. 항 정
  사. 풍 향
  아. 조 류

06 08시부터 12시까지의 당직사관으로 옳은 것은?
  가. 1항사
  나. 2항사
  사. 3항사
  아. 갑판장

> 해설 항해 당직 시간
> 1항사 : 04:00 ~ 08:00, 16:00 ~ 20:00
> 2항사 : 00:00 ~ 04:00, 12:00 ~ 16:00
> 3항사 : 08:00 ~ 12:00, 20:00 ~ 24:00

07 항해 당직사관이 당직 중 선장에게 알려야 할 사항으로 옳지 않은 것은?
  가. 부근을 항해중인 선박을 발견했을 때
  나. 다른 선박들의 동정이 의심스러울 때
  사. 주요 항해계기가 고장이 났을 때
  아. 의심스러운 상황을 만났을 때

08 항해 당직자의 임무로 옳지 않은 것은?
  가. 선위 확인에 노력한다.
  나. 침로를 유지하면서 엄중한 견시를 한다.
  사. 각종 규칙을 준수하여 안전 항해를 한다.
  아. 급박한 사태가 있으면 선장에게 보고하고 조치를 취한다.

정답 03 사 04 나 05 아 06 사 07 가 08 아

09 다음 중 선장의 직무로 옳지 않은 것은?

가. 출입항시 선수부 지휘 나. 비상시 최종 결정 및 조치
사. 항해의 성취 의무 아. 출항 전 선박 검사의 의무

> 출입항시 선수부 지휘는 1등 항해사 직무이다.

10 항해 당직 교대자는 몇 분 전에 선교에 올라가야 하는가?

가. 5분 나. 15분
사. 30분 아. 1시간

> 항해당직을 교대할 때에는 15분 전에 선교에 도착하여 인수인계하고 정시에 교대한다.

11 항해 당직 교대시 인수인계 사항이 아닌 것은?

가. 본선의 선위, 속력 나. 현재의 기상
사. 주묘 상황 아. 풍조의 상황

> 주묘의 상황은 정박시에 해당하는 사항이다.

12 항해 당직을 인수받은 당직사관이 가능한 한 속히 해야 할 일 중 가장 중요한 것은?

가. 선위를 확인한다.
나. 선내를 순시한다.
사. 항해일지를 쓴다.
아. 선장에게 당직교대를 알린다.

> 당직교대시 인계 인수사항
> ① 본선의 위치와 침로, 속력, 기관 회전수
> ② 현재 보이는 물표와 해도상의 위치, 종류 및 성질
> ③ 현재의 주위상황과 항행 중인 다른 선박의 동태
> ④ 날씨, 해조류, 파랑 등의 상태와 본선에 미치는 영향
> ⑤ 선장의 지시나 그 밖의 전달사항
> ⑥ 항해계기의 작동상태 및 기타 참고사항
> ⑦ 당직 종료 후에는 선내순시를 한다.

13 항해 당직 종료 후 항해사가 해야 하는 일로 옳은 것은?

가. 자차수정 나. 항해장비 점검
사. 선내순시 아. 선장에 보고

정답 09 가 10 나 11 사 12 가 13 사

14 항해 당직 교대시에 인계하지 않아도 되는 것은?
  가. 현재의 주위 상황 및 다른 선박의 동태
  나. 본선의 위치와 침로, 속력, 기관의 회전수
  사. 현재 보이는 물표의 해도상의 위치, 종류 및 성질
  아. 타효 및 기관의 회전수

15 선박의 정박 당직 중 당직항해사가 행하여야 할 조치가 아닌 것은?
  가. 기상 상태의 변화 확인
  나. 계류 상태 또는 닻 상태 점검
  사. 선내순시
  아. 자차 및 편차 수정

> 정박 당직 : 갑판부원은 현문 당직을 서고, 기관부원은 기관실 당직에 임한다.
> ① 부두 계선시는 계선줄 상태, 묘박 중에는 앵커 체인의 상태확인 조절
> ② 승·하선자의 파악과 현문 사다리의 조절
> ③ 선내순시를 통하여 화재, 도난, 기름 배출 등을 감시한다.
> ④ 기상상태와 바다의 상태를 관측하고, 날씨가 급변할 경우 항해당직 체제로 바꾸고, 선박안전에 노력해야 한다.

16 정박 당직시 당직사관이 인수받아야 할 내용으로 옳지 않은 것은?
  가. 본선의 최단정지거리   나. 빌지 및 밸러스트의 양
  사. 선내 잔류자의 현황   아. 항만의 특별한 규정

17 현문 당직시의 유의사항으로 옳지 않은 것은?
  가. 승·하선자를 파악한다.
  나. 항해계기의 작동상황을 점검한다.
  사. 화재, 도난 등의 보안 유지를 한다.
  아. 본선의 보안을 위하여 관련 법령을 준수하고 접안 상태, 정박 상태를 자주 확인한다.

18 선장을 보좌하고 선장 부재중에 직무를 대행하는 사람은?
  가. 1등 항해사   나. 3등 기관사
  사. 갑판장   아. 기관장

정답 14 아 15 아 16 가 17 나 18 가

19 부두 접안 중 당직 항해사의 업무로 옳지 않은 것은?

가. 방선자의 응대
사. 계류삭 확인
나. 청수 수급계획 확인
아. 주기적으로 선위 측정

20 항해 당직을 교대할 때에는 (   )에 선교에 도착하여 인수 인계하고 (   )에 교대하는 것이 원칙이다. (   )에 알맞은 것은?

가. 30분 전, 정시
사. 15분 전, 정시
나. 10분 전, 5분 전
아. 20분 전, 5분 전

21 항해 당직근무 중 확인하지 않아도 되는 것은?

가. 선용품 보급
사. 선박의 위치
나. 선박의 속력
아. 조타 침로

22 1등 항해사의 업무에 해당되지 않는 것은?

가. 출입항 시 선수에서 지휘한다.
나. 선내 질서를 유지한다.
사. 선내 위생을 전담한다.
아. 승무원의 교육과 훈련을 실시한다.

23 선내 의약품을 담당하는 사관으로 옳은 것은?

가. 선장
사. 2항사
나. 1항사
아. 3항사

24 항해중에는 (   )마다 당직근무를 교대하는 것이 선박에서의 일반적인 관례이다. (   ) 안에 알맞은 것은?

가. 1시간
사. 3시간
나. 2시간
아. 4시간

정답 19 아 20 사 21 가 22 사 23 아 24 아

25 비상부서에서 선장을 보좌하는 항해사로 옳은 것은?
   가. 1항사
   나. 2항사
   사. 3항사
   아. 사무장

26 항해 당직 경계원은 누구의 명령에 따라야 하는가?
   가. 갑판장
   나. 조타수
   사. 사무장
   아. 당직사관

27 항해 당직사관이 준수해야 할 사항으로 옳지 않은 것은?
   가. 선교에서 당직을 수행할 것
   나. 필요하다면 조타수를 갑판작업에 참여시킬 것
   사. 어떠한 상황하에서도 적절히 당직이 교대될 때까지 떠나지 말 것
   아. 선박안전에 의문이 있을 때에는 선장에게 보고할 것

28 안개로 인하여 시정이 제한된 경우 당직항해사로서 취할 가장 적절한 조치로 옳은 것은?
   가. 수심과 흘수를 조사한다.
   나. 규정된 무중신호를 울린다.
   사. 컴퍼스의 오차를 측정한다.
   아. 움직일 수 있는 물체를 잘 묶어둔다.

29 선교의 항해 당직업무에 속하지 않는 것은 어느 것인가?
   가. 엄중한 경계
   나. 선위확인
   사. 선내 전기, 조명시설 관리
   아. 항해계기의 작동에 유의

30 선장이 선교에서 직접 지휘 감독해야 하는 경우로 옳은 것은?
   가. 하역 작업시
   나. 입·출항시
   사. 정박시
   아. 대양 항해시

정답 25 사 26 아 27 나 28 나 29 사 30 나

31 갑판부원의 지휘자는 누구인가?
　가. 조기장　　　　　　　　　나. 2등 항해사
　사. 갑판장　　　　　　　　　아. 1등 항해사

32 항해일지의 기재사항으로 옳지 않은 것은?
　가. 날씨에 관한 사항
　나. 소화훈련 실시사항
　사. 일출몰 시간
　아. 해난의 원인과 조치

33 항해 당직 기본원칙과 관련하여, 당직사관이 주간에 단독으로 경계하기 위하여 고려해야 할 요소와 거리가 가장 먼 것은?
　가. 승무원의 경력, 나이, 신분　　　나. 기상상태
　사. 시 정　　　　　　　　　　　　아. 해상교통량

34 STCW 협약상 항해 당직중 준수되어야 할 기본원칙상 선박에서 일어난 항해에 관련된 사항과 당직 조직에 관하여 적절한 (　　)이 이루어져야 한다. (　　)안에 적합한 것은?
　가. 기 록　　　　　　　　　　　나. 비 판
　사. 판 단　　　　　　　　　　　아. 보 안

정답　31 사　32 사　33 가　34 아

Chapter 05 기상 및 해상

1 기상의 요소

보편적으로 사용되는 기상 요소로는 기압, 기온, 습도, 풍향 풍속, 구름, 강수, 시정 등이 있다. 기상 요소의 물리적 변화량이 기상 관측의 주 대상이 된다.

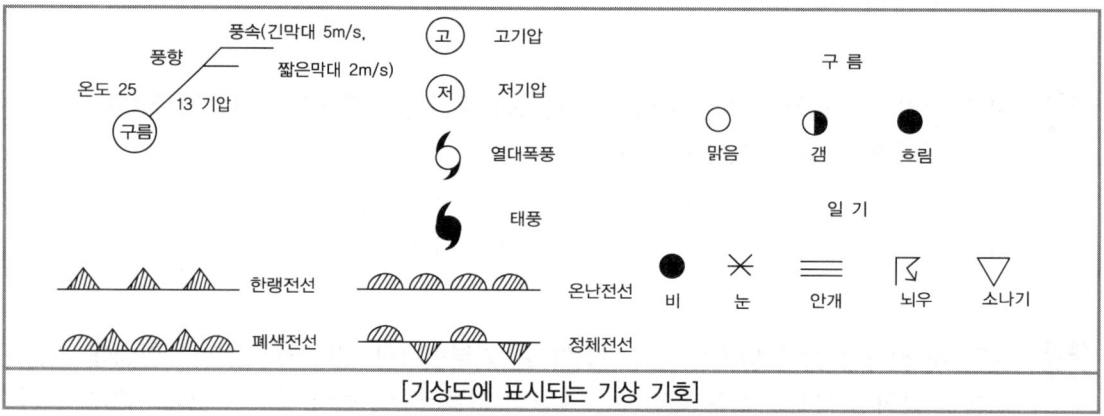

[기상도에 표시되는 기상 기호]

1 기 압

대기의 압력을 기압이라 하는데, 대기도 무게가 있으므로 압력을 가지고 있으며, 지상 기압은 $1cm^2$의 밑면적에 대한 수직방향의 공기의 무게라 할 수 있다.

(1) 기압의 단위

① mmHg : 1mmHg는 표준 중력하에서 기온 0℃일 때, 높이 1mm 수은이 단위면적에 누르는 압력으로 760mmHg의 압력을 1기압이라 한다.

② mb ~ 1mb는 $1cm^2$의 면적에 1,000dyne의 힘이 미치는 압력이며 1,013.25mb가 1기압이다.

③ hPa(헥토파스칼)
$1cm^2$의 면적에 1N(1N은 1kg의 물체를 1㎨의 가속도를 가지게 하는 힘)의 힘이 작용할 때, 이를 1Pa라고 한다. mb와의 관계는 1mb=100Pa=hPa이다. 예를 들어, 1013mb는 1,013hPa이다. 현재 많이 사용되는 단위이다.

(2) 기압계의 종류

① 수은 기압계
② 아네로이드 기압계

③ 자기 기압계

> 선박에서는 아네로이드 기압계를 주로 사용한다.

(3) 기압의 변화
대기는 항상 운동하므로 시시각각으로 기압도 변한다. 그러나 대체로 하루 동안에는 오전 9시와 오후 9시경에 가장 높고, 오전 3시와 오후 3시경이 가장 낮다.

2 기 온

대기의 온도를 기온이라 하며, 일반적으로 기온이란 지상에서 1.5m 높이의 온도이다. 해상 기온은 선박 위에서 측정하므로 해면상에서 약 10m 높이의 대기 온도이다.

(1) 기온의 측정단위
① 섭씨온도(℃) : 어는점을 0도, 끓는점을 100도로 하여 그 사이를 100등분하고 0도 이하에도 같은 간격으로 만든 눈금 온도로서 우리나라 및 세계 각국에서 많이 사용된다.
② 화씨온도(°F) : 어는점을 32도, 끓는점을 212°로 하여 그 사이를 180등분한 것으로 미국, 영국 등에서 주로 사용한다.

> 양 온도 사이에는 ℃=5/9(F−32), °F=5/9C+32 관계가 성립한다.

(2) 기온의 일변화
해가 뜨는 시각에는 일사량이 거의 없고 복사열의 손실이 밤새 일어나므로 기온이 낮고 점차 기온이 올라가 오후 2시경에는 최고 기온이 된다. 1일 중 최저기온과 최고기온의 차를 일교차라 한다.

3 습 도

공기 중에 포함된 수증기의 양, 즉 공기의 건습정도를 나타내는 것을 습도라 한다.
(1) 상대습도 : 대기 중의 수증기량과 그 때의 온도하에서 포화 수증기량의 비를 백분율로 나타낸 것
(2) 절대습도 : 1cm³의 공기 중에 포함된 수증기의 g수를 표시한다.
(3) 습도의 변화
해상의 습도는 일반적으로 육상보다 높으며, 평균 80% 정도이다.
상대습도는 기온과 반대로 이른 아침에 가장 높고, 오후 2시경에 가장 낮아진다.

4 바 람

바람이란 공기의 수평적인 운동을 말하며, 풍향과 풍속으로 표시한다. 대기의 운동은 매우 복잡하여 기상관측에서는 어느 시간내의 평균적인 풍향 풍속을 관측할 때가 많지만, 목적에 따라서는 순간적인 풍향 풍속 등을 관측할 때도 있다.

(1) 풍 향
① 풍향이란 바람이 불어오는 방향을 말한다.
② 풍향은 끊임없이 변하므로 대체로 정시 관측 시간 전 10분간의 평균적인 방향을 풍향으로 한다.
③ 지상풍은 방위 표시방법 중 포인트식(32방위)으로 16방위로 나타내고, 해상에서는 32방위로 나타내거나 360°식으로 10°간격으로 1에서 36의 숫자로 나타내기도 한다.

(2) 풍 속
① 풍속은 정시 관측 시간 전 10분간의 풍속을 평균하여 구한다. 즉, 8시의 풍속이란 7시50분에서 8시까지의 평균 풍속을 말한다.
② 순간 순간의 풍속을 순간 풍속이라 하며, 기록시간내의 최대의 순간 풍속을 최대 풍속이라 한다.
③ 풍속의 단위는 주로 m/sec를 사용하지만, 노트(knot), km/h, mile/h 등도 사용된다. 이들 단위는 다음의 관계가 있다.

$$1\text{m/sec} = 3.6\text{km/h} = 1.9424\text{knot} = 2.2369\text{mile/h}$$

대체로 m/sec를 2배하여 노트값으로 하면 된다.
④ 풍속계가 없는 선박의 육안 관측을 위하여 0~17까지 18계급으로 구분한 보퍼트 풍력계급이 있으나, 보통은 0~12까지 13계급을 측정한다(1~0.2m/sec 이하 : 고요, 12~32.7m 이상 : 싹슬바람).

(3) 바람의 일변화와 연변화
① **바람의 일변화** : 그날의 기압배치 등에 의하여 변하지만 대개는 기온의 일변화와 풍속의 일변화가 비슷하다. 일출경부터 점차로 증가하여 2시경에 최대를 보이고 밤에는 점차로 감소하여 아침에 최저로 된다.
② **바람의 연변화** : 대체로 고위도지방에서는 겨울에 바람이 강하다. 우리나라 같은 계절풍 지역에서는 1년을 주기로 연변화가 현저하다.

5 구 름

대기 중의 수증기가 응결 또는 빙결하여 상공에 떠있는 것이 구름이다.

(1) 운 량
운량의 표시는 0~10까지 나타내며, 이 숫자는 하늘 전체를 10으로 보았을 때, 구름이 차지한 부분의 넓이가 하늘 전체의 어느 정도를 차지하는지를 나타낸다. 0~2도를 쾌청, 3~7를 맑음, 8~10을 흐림이라 한다.

(2) 운 형

운형은 국제적 표준을 정하여 크게 10종류로 나눈다.
이것을 기본 10종 운형이라 하며, 관측의 기준으로 삼는다.
- **상층운** : 권운, 권적운, 권층운
- **중층운** : 고적운, 고층운, 난층운
- **하층운** : 층적운, 층운
- **수직으로 솟은 구름** : 적운, 적란운

6 강 수

대기 중에서 수증기가 응결하여 비나 눈의 형태로 지표에 낙하한 것을 강수라 한다.

(1) 강수량의 측정

강우량 측정은 우량계 또는 자기 우량계로 측정하고, 강설량은 눈이나 싸락눈 등을 원통에 넣어 온수로 녹인 다음 그 온수의 양을 빼어준 값이다.

(2) 강수량의 변화

대륙형의 일변화는 고위도보다 저위도 지방이 현저하고 겨울보다 여름이 현저하다. 해양형은 대체로 아침에 강수가 많은 것이 특징이다.
일반적으로 여름에는 기온이 높고 수증기량이 많으므로 강수량이 증가한다.

7 시 정

시정은 대기의 혼탁정도를 나타낸 것으로, 정상적인 육안으로 멀리 떨어진 목표물을 인식할 수 있는 최대의 거리를 말한다.
시정 장애를 일으키는 가장 중요한 요소는 안개이며, 그 밖에도 연무, 박무, 연기, 먼지 폭풍, 황사 현상 등이 있다.

안개의 종류

① **복사 안개**(복사무) : 맑은 야간에 지표면은 복사에 의해 냉각되고, 거기서 접하고 있던 공기의 온도가 내려가서 생기는 새벽 안개(육상 안개)

② **이류 안개**(이류무) : 따뜻한 공기가 온도가 낮은 지표면 또는 해면상으로 이류하여 냉각되어 생기는 안개(해상 안개)

③ **증발 안개**(증발무) : 수증기를 많이 포함한 따뜻한 공기가 주위의 차가운 공기와 혼합하여 포화에 도달하여 생기는 안개

2 고기압, 저기압, 전선, 기압골, 계절풍 등의 특징

1 고기압과 저기압

주위보다 기압이 상대적으로 높은 곳을 고기압이라 하고, 낮은 곳을 저기압이라 한다. 그러므로 고기압 주위에는 저기압이, 저기압 주위에는 고기압이 항상 위치하게 된다.

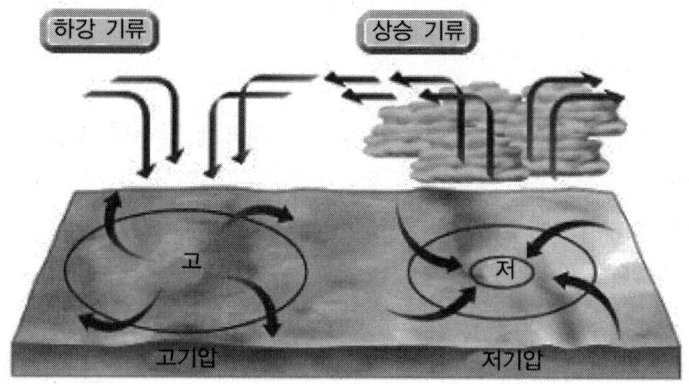

[고기압과 저기압]

(1) 고기압

① 고기압에서는 중심으로부터 저기압 쪽으로 바람이 불어나가는데, 북반구에서는 시계방향으로 공기의 흐름이 돌아나가게 된다.
② 고기압 중심부에서는 상층으로부터 하강기류가 생겨 날씨가 비교적 좋다.
　㉠ 한랭 고기압 : 겨울철에 대륙의 지표면이 냉각되어 이에 접한 공기가 냉각되어 형성되는 고기압으로 한 장소에 오래 머문다. 우리나라 겨울철 날씨를 지배하는 정체성이 가장 큰 시베리아 고기압이 전형적인 한랭 고기압이다.
　㉡ 온난 고기압 : 주로 중위도 지방의 아열대 해양에서 형성되는 고기압으로 중심 부근의 기온이 높기 때문에 온난 고기압이라 한다. 우리나라 여름철 남동·남서 계절풍의 주원인이 되는 북태평양 고기압이 그 대표적인 것이다.
　㉢ 이동성 고기압 : 한랭, 온난 고기압과 대체로 한곳에 머물러 있는 정체성 고기압이지만, 편서풍의 영향으로 서에서 동으로 이동하는 소규모의 고기압을 이동성 고기압이라고 한다. 이 기압의 통과 전에는 날씨가 좋으나 통과 후에는 저기압이 접근하기 때문에 날씨가 나빠진다. 봄, 가을 날씨는 중국 대륙에서 발달하는 이동성 고기압의 영향을 많이 받는다.

(2) 저기압

저기압에서는 주위의 고기압으로부터 바람이 불어 들어오는 방향이 전향력의 영향으로 북반구에서는 반시계방향으로 된다.

① 온대 저기압
  ㉠ 일반적으로 말하는 저기압이며 일기도에 나타나는 대부분의 저기압이다.
  ㉡ 온대 저기압은 대개 온난전선과 한랭전선을 동반하고 있다.
② 열대 저기압
  ㉠ 북위 5~25°사이의 열대 해상에서 발생하는 저기압으로 이 저기압은 발달되어감에 따라 폭풍우를 동반하므로 중위도 지방을 내습하면 막대한 피해를 준다.
  ㉡ 열대 저기압은 중심 부근의 풍속이 34~63노트일 때 열대성 폭풍이라 하고, 64노트 이상일 때를 태풍이라 한다.
  ㉢ 태풍은 북반구에서는 6~10월에 남반구에서는 12~4월에 주로 발생한다. 반지름은 대체로 300~400km인 것이 대부분이나 때로는 1,000km 이상의 대규모인 것도 있다.

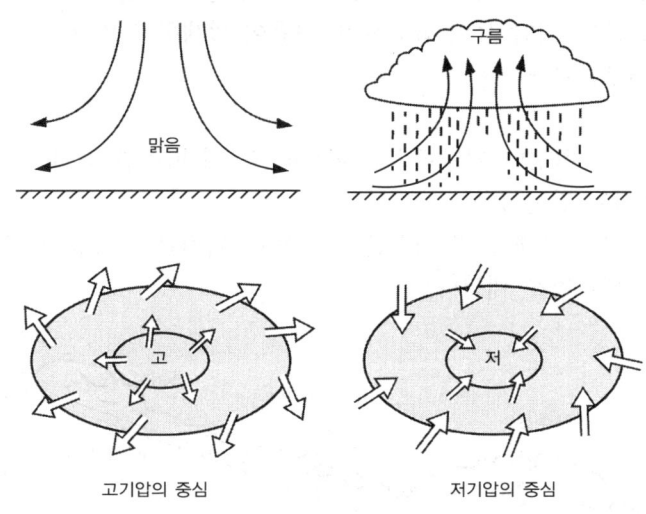

[고기압과 저기압의 날씨]

2 기단과 전선

① 기단 : 성질(기온, 기압, 습도 등)이 비슷한 공기 덩어리
② 전선 : 성질이 다른 기단과 접한 경계선

(1) 우리나라에 영향을 주는 기단

기온과 습도가 거의 같고 넓은 지역을 덮고 있는 거대한 공기의 덩어리를 말한다.

① 시베리아 기단 : 기온과 습도가 낮은 기단으로, 우리나라 겨울철 날씨에 영향을 준다(대륙성 한대 기단으로 한랭건조하다).

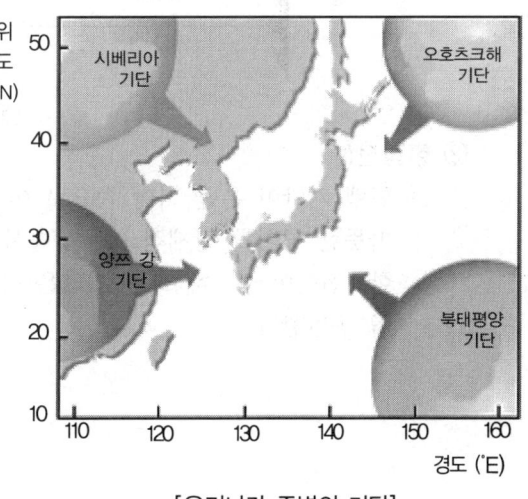

[우리나라 주변의 기단]

② **오호츠크해 기단** : 기온이 낮고 습도가 높은 기단으로, 우리나라 초여름 날씨에 영향을 준다(장마를 오게 하는 기단으로 한랭다습).
③ **양쯔강 기단** : 기온이 높고 습도가 낮은 기단으로, 우리나라 봄철 날씨에 영향을 준다(온난건조).
④ **북태평양 기단** : 기온과 습도가 대단히 높은 기간으로, 우리나라 여름철 날씨에 영향을 준다(고온다습).
⑤ **적도 기단** : 기온과 습도가 대단히 높은 기단으로, 보통 우리나라에 태풍으로 내습한다(고온다습).

(2) 전 선

성질이 다른 두 기단(공기 덩어리)의 지표 부근의 경계를 전선이라 한다. 이 전선 부근에서는 기온, 습도, 풍향, 기압 등이 급변하며, 구름이 발생하고 비나 눈이 오는 등 날씨가 나빠지는 경우가 대부분이다.

① 온난전선
  ㉠ 온난 기단이 한랭한 기단쪽으로 이동해 갈 때 따뜻한 공기가 찬공기 위로 올라가면서 형성되는 전선이다.
  ㉡ 온난전선이 접근해 오면 기압은 하강하고, 바람은 남동풍이 불고 넓은 지역에 지속적이고 약한 비가 내린다.

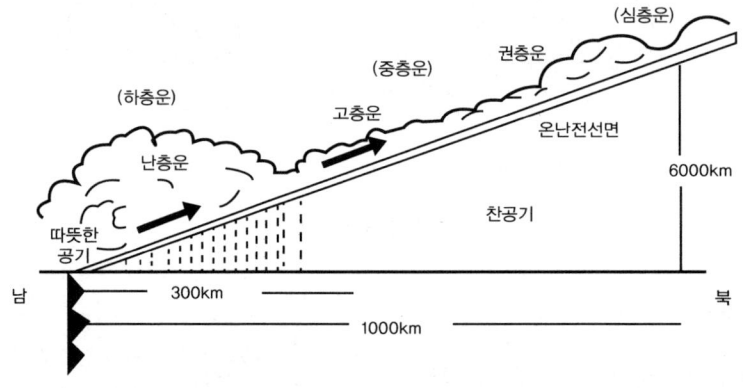

[온난전선]

② 한랭전선
  ㉠ 한랭 기단이 온난 기단 쪽으로 이동해 가서 밑으로 쐐기처럼 파고 들어가 접촉부의 따뜻한 공기를 강제적으로 상승시킬 때 생기는 불연속선을 한랭전선이라 한다.
  ㉡ 한랭전선이 접근해 오면 기압은 하강하고 소낙비가 자주 내리고 때때로 돌풍과 뇌우를 동반한다.

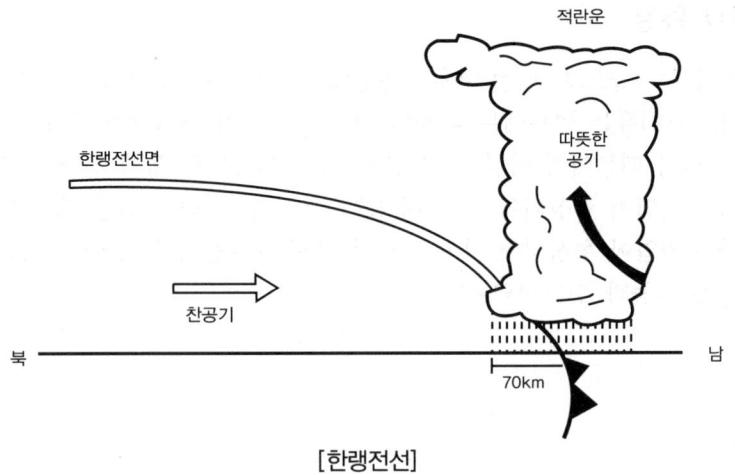

[한랭전선]

③ 폐색전선
　㉠ 저기압이 점차 발달하면 한랭전선의 진행 속도가 온난전선 진행 속도보다 빨라져서 두 전선이 겹치게 될 때를 말한다.
　㉡ 구름이 많이 생기고 큰 비를 오게 하는 수가 있다.
④ 정체전선
　㉠ 남북에서 온난 기단과 한랭 기단이 동시에 확장하고 그 세력이 비슷하여 이동하지 않고 머물러 있을 때를 정체전선이라 한다.
　㉡ 전선의 부근에서는 나쁜 날씨가 지속적으로 계속된다.
　㉢ 우리나라 초여름 오호츠크해 기단과 북태평양 기단 사이에서 생기는 장마전선이다.

종 류	일기도에 그리는 부호	
	단일색	다 색
한랭전선	▲　▲　▲	─────── 청 색
발생하는 한랭전선	▲·▲·▲	······· 청 색
소멸하는 한랭전선	▲+▲+▲	//////// 청 색
온난전선	●　●　●	─────── 붉은색
발생하는 온난전선	●·●·●	······· 붉은색
소멸하는 온난전선	●+●+●	//////// 붉은색
폐색전선	▲●▲●▲●	─────── 자 색
정체전선	●▼●▼●▼	─────── 적·청 교대
발생하는 정체전선	●▼·●▼·●▼	······· 적·청 교대
소멸하는 정체전선	●▼+●▼+●▼	//////// 적·청 교대

[여러 가지 전선의 기입법]

3 계절풍과 특징

동계에는 대륙에서 해양으로, 하절기에는 해양에서 대륙으로 그 방향을 바꾸어 부는 바람을 계절풍이라 한다. 그 이유는 여름에는 대륙이 먼저 가열되어 저기압이 되고, 겨울에는 먼저 냉각되어 고기압이 되기 때문이며 바람은 고기압에서 저기압으로 불게 된다. 우리나라의 여름에는 대륙의 하층에 저기압이 형성되어 주로 해양으로부터 덥고 습한 남동 계절풍이 불어오고, 겨울에는 시베리아 고기압이 형성되어 차고 건조한 북서 계절풍이 불어온다. 계절풍이 가장 현저히 발달하는 지역은 극동과 인도지역이다.

4 태 풍

(1) 태풍의 정의

열대 해상(북태평양 서부 5~20°N)에서 발생하는 중심 최대풍속이 17m/s 이상의 폭풍우를 동반하는 열대 저기압

(2) 태풍의 발생

- 열대 저기압은 열대 해역에서 ⇒ 해수면의 온도가 보통 26℃ 이상이어야 하고 ⇒ 공기의 소용돌이가 있어야 하므로 적도 부근에서 발생하지 않는다. 또한 공기가 따뜻하고 공기 중에 수증기가 많고 공기가 매우 불안정해야 한다.
- 한국과 극동 지방에 영향을 주는 태풍은 ⇒ 북위 5~20°, 동경 110~180° 해역에서 연중 발생하며, 주로 7~8월에 많이 발생한다.

(3) 태풍의 특징

① 태풍의 눈을 가지고 있다.
② 등압선은 원형이며 중심으로 갈수록 밀집되어 기압경도가 커진다.
③ 전선을 동반하지 않는다.
④ 북반구에서 태풍진행 방향의 오른쪽 반원은 위험반원이라 하며 왼쪽 반원은 가항반원이라 한다.

(4) 태풍의 접근 징조

① 너울 : 보통 때와 다른 파장, 주기 및 방향의 너울이 관측된다.
② 기압 : 일 변화가 없어지고 기압이 하강한다.
③ 바람 : 무역풍이나 해륙풍이 규칙적인 곳에서 바람이 불지 않고 풍향의 변화가 있다.
④ 구름 : 태풍이 접근하면 상층운의 이동이 빠르고 구름이 점차로 낮아진다.
⑤ 해명(바다울림)이 나타난다.

(5) 열대 저기압의 발생지역에 따른 이름

① 태풍(Typhoon) : 우리나라, 일본, 중국 등의 북동아시아 지역
② 허리케인(Hurricane) : 미국남동부, 북대서양 카리브해, 서인도제도, 멕시코
③ 사이클론(Cyclone) : 북인도양, 뱅골만, 아라비아해

④ 윌리윌리(Willy Willy) : 호주, 뉴질랜드, 피지, 사모아제도

(6) 태풍의 중심과 선박의 위치 관계
① 풍향이 북동 ⇒ 동 ⇒ 남동 ⇒ 남으로 순전(시계방향)하면 본선은 태풍 진로의 우측 위험반원에 위치하고 있다.
② 풍향이 북동 ⇒ 북 ⇒ 북서 ⇒ 서로 반전(반시계방향)하면 본선은 태풍 진로의 좌측 가항반원에 위치하고 있다.
③ 풍향이 변하지 않고 폭풍우가 강해지고 기압이 점점 내려가면 본선은 태풍의 진로상에 위치하고 있다.

(7) 태풍의 위험반원과 가항반원
① 북반구 : 태풍진행 방향의 오른쪽이 위험반원, 왼쪽이 가항반원이다.
② 남반구 : 태풍진행 방향의 왼쪽이 위험반원, 오른쪽이 가항반원이다.

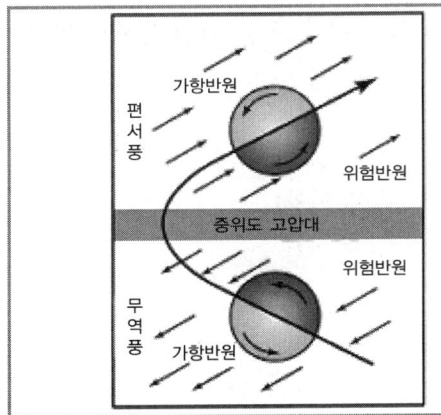

[피항요령]   [태풍의 위험반원과 가항반원]

5 기상특보 및 발효 시 어선 조치

(1) **파랑 주의보 파도가 3m 이상, 폭풍주의보 : 풍속이 14m/s 이상 예상**
- 15톤 미만 출항 금지
- 15톤 미만 출어선 대피 및 안전 항해
- 전 어선 황천 준비 및 안전 조치
- 전 어선 통신기(라디오) 개방 특보 청취

(2) **파랑 경보 파도가 6m 이상, 폭풍경보 : 풍속이 21m/s 이상 예상)**
- 전 어선 출항금지
- 전 출어선 대피 및 안전 항해
- 전 어선 황천 준비 및 안전 조치
- 전 어선 통신기(라디오) 개방 특보 청취

(3) 태풍 예보
- 우리나라에 태풍의 영향이 미칠 것으로 예상
- 전 출어선 항해주의 및 황천 준비
- 전 어선 통신기(라디오) 개방 특보 청취

(4) 태풍 주의보
태풍의 영향으로 평균 최대풍속이 14m/s 이상의 폭풍 또는 호우, 해일 등으로 재해가 예상
- 전 어선 출항금지
- 전 출어선 신속 대피
- 전 어선 황천 준비 및 안전 조치
- 전 어선 통신기(라디오) 개방 특보 청취

(5) 태풍 경보
- 태풍의 영향으로 평균 최대 풍속이 21m/s 이상의 폭풍 또는 호우, 해일 등으로 막대한 재해가 예상될 때
- 전 어선 출항금지
- 전 출어선 대피 및 긴급대피
- 항내 어선 안전계선 및 안전지대 이동대피(소형선 육상 인양)
- 전 어선 통신기(라디오) 개방 특보 청취

3 일기도 분석 및 일기예보

1 일기도 분석

시시각각으로 변하는 대기의 상태, 즉 지상과 대기 상층에서 관측한 각종 기상 요소를 종합하여 이를 자세히 나타낸 지도가 일기도이다. 일기도는 일반적으로 3시, 9시, 15시, 21시에 관측한 자료에 의하여 6시간마다 하루에 4번 작성하지만, 필요시에는 0시, 6시, 12시, 18시의 일기도를 만들기도 한다.

(1) 지상 일기도 분석
① **등압선 분석** : 등압선이란 기압이 같은 곳을 연결한 선을 말한다.
　㉠ 등압선은 1000m^3 등압선을 기준으로 2mb 또는 4mb 간격의 흑색 실선으로 분석한다.
　㉡ 등압선은 반드시 폐곡선이 되든지 일기도 연변에서 끝나게 된다.
　㉢ 하나의 등압선이 도중에서 두 갈래로 분리되거나 또는 두 등압선이 하나로 합쳐지지 않으며, 도중에 끊어지지도 않는다.
　㉣ 기압치가 다른 두 등압선은 서로 교차하지 않는다.

ⓜ 대칭적인 두 고기압이나 두 저기압 사이에는 같은 기압치의 두 등압선이 마주 보지만, 바람의 방향은 반대를 나타낸다.
ⓑ 특별히 풍속차가 없을 때 등압선의 간격은 일정하게 그려진다.
ⓢ 북반구에서 고기압은 바람이 중심부에서 시계방향으로 불어 나가고, 저기압은 중심부를 향하여 반시계방향으로 불어 들어오게 된다.
ⓞ 고기압의 중심은 H로 표시하고, 저기압의 중심은 L로 표시한다.

② 전선의 분석
㉠ 온난전선
ⓐ 온난전선은 대체로 저기압 동쪽에 위치한다.
ⓑ 전선의 후방에서는 남서풍이고, 전방에서는 남동풍인 경우가 많다.
ⓒ 기온이 급변하여 전선의 전방에서는 기온이 낮고, 후방에서는 상승한다.
ⓓ 구름이 상층운으로부터 천천히 낮아져서 지속적인 비가 내리는 곳의 후방에 위치한다.
㉡ 한랭전선
ⓐ 한랭전선은 저기압의 남쪽에 위치한다.
ⓑ 전선 후방에서는 북서풍이 강하게 불고, 전방에서는 남서풍이 분다.
ⓒ 기온이 급변하는 곳으로 전선의 전방에는 높고, 후방에서는 기온이 급강하하여 기온의 불연속이 있는 곳이다.
ⓓ 보통 뇌우나 돌풍 또는 우박 등이 있는 곳에 위치한다.
㉢ 폐색전선
ⓐ 남북으로 길게 형성된 저기압에서 폐색전선이 위치한다.
ⓑ 전선의 전방에서는 남동풍, 후방에서는 북서풍이 분다.
ⓒ 비교적 넓은 범위에서 강한 비가 내린다.
㉣ 정체전선
ⓐ 특성이 온난전선과 비슷하다.
ⓑ 약한 저기압이 동서로 여러 개 줄을 지어 있을 때에는 대체로 정체전선으로 연결된다.
ⓒ 동서로 뻗힌 기압골에서 정체전선이 있는 경우가 많다.

③ 일기도 기호 해설

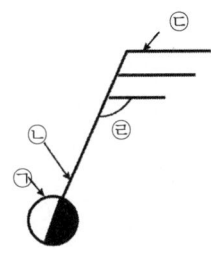

[기상전문 실황 기입도]

㉠ ○ : 운량(날씨), ◯ : 맑음, ◐ : 갬, ● : 흐림, ◍ : 비
⊗ : 눈
㉡ / : 풍향
㉢ ═ : 풍속(긴 것 : 10Knot, 짧은 것 5Knot)
㉣ 각도(풍향 풍속 사이의 각도) : 약 120° 정도

2 일기예보

(1) 예보의 종류

① 단시간 예보 : 현재로부터 6시간 또는 12시간까지의 예보를 말하는 것으로, 현재 시각으로부터 12시간 동안의 전선과 기압계의 변화를 예상하여 일기 상황을 예보하는 것이다.

② 단기 예보 : 24시간 또는 48시간 후의 전선과 기압계의 예상위치를 나타내는 일기도를 중심으로 일기 상황을 예보하는 것이 단기 예보이다.

③ 중·장기예보 : 중기 예보는 대략 1주, 장기 예보는 한달 또는 한계절, 심지어 1년 앞의 대체적인 일기 특성을 예보하는 것이다. 장기 예보의 주된 기상 요소는 기온과 강수이다.

(2) 기상 주의보와 경보

폭풍, 호우, 대설 등으로 비교적 작은 피해가 예상될 때 주의를 환기시키기 위하여 기상대가 특별히 발표하는 예보를 기상 주의보라 하고, 중대한 재해가 예상될 때는 기상 경보를 발표한다.

① 태풍 주의보와 경보 : 중앙기상대는 한국 전역 또는 특정 지역에 태풍의 내습으로 인한 25m/sec 이상의 강풍이 예상될 때는 36시간 전부터 6시간 간격으로 태풍 경보를 발표한다.

② 폭풍 주의보와 경보 : 평균 최대 풍속이 14~20m/sec이고, 이러한 상태가 3시간 이상 계속될 것이 예상될 때는 폭풍주의보, 평균 최대 풍속이 21m/sec 이상이고, 이러한 상태가 3시간 이상 예상될 때와 순간 최대 풍속이 26m/sec 이상이 예상될 때는 폭풍 경보를 발표한다.

③ 대설 및 호우 주의보와 경보 : 신적설량이 10cm 이상일 때 대설 주의보, 30cm 이상일 때 대설 경보를 발표한다. 24시간 강우량이 80mm 이상의 호우와 이로 인한 다소의 피해가 예상될 때 호우 주의보, 24시간 강우량이 150mm 이상의 호우와 이로 인한 상당한 피해가 예상될 때는 호우 경보를 발표한다.

④ 파랑 주의보 및 경보 : 폭풍 현상이 없이 해상의 파도가 3m 이상이 예상될 때는 파랑 주의보, 6m 이상이 예상될 때는 파랑 경보를 발표한다.

Chapter 06 기상 및 해상

Part 2 | 운 용
적중예상문제

01 다음 중 기상현상을 일으키는 결정적인 역할을 하는 것은?

가. 질 소 나. 오 존
사. 수증기 아. 이산화탄소

> 기상에 영향을 미치는 성분은 수증기, 탄산가스, 산소, 오존 등이며 그 중에서도 수증기는 기상현상에서 가장 중요한 영향을 끼침(대기중에 수증기 양이 많을수록 습도가 높아지고 구름 생성과 강우 현상에 중요한 역할을 하며 기온의 일교차를 작게 하여 응결시 잠열과 폭풍을 일으키는 에너지원이 된다).

02 공기 중에 가장 많은 기체로 알맞은 것은?

가. 산 소 나. 이산화탄소
사. 아르곤 아. 질 소

> 공기 중에는 질소가 가장 많다.

03 단위 면적당 누르는 대기의 압력을 무엇이라 하는가?

가. 습 도 나. 기 압
사. 수 압 아. 기 온

04 기압의 측정 단위로 옳은 것은?

가. 헥토파스칼 나. 킬로미터
사. 센티미터 아. 킬로그램

> 기압의 단위 : 몇 년전 까지는 밀리바(mb)를 사용하였지만, 현재는 헥토파스칼(hPa)를 사용한다(1밀리바 = 1헥토파스칼).

05 보통 풍향은 몇 방위로 표시하는가?

가. 2 나. 4
사. 16 아. 42

> 풍향은 바람이 불어오는 방향으로 정시관측시각 전 10분의 평균적인 방향으로 16방위로 표시한다.

정답 01 사 02 아 03 나 04 가 05 사

제5장 기상 및 해상 **303**

06 공기 중에 포함된 수증기의 양을 무엇이라 하는가?

가. 습 도
나. 기 압
다. 기 온
라. 운 량

> 해설 보통 습도라 하면 상대습도를 말한다. 상대습도는 현재 대기 중에 포함된 수증기의 양과 그 온도에서 포함할 수 있는 수증기의 양을 비율로 나타낸 것이다.

07 다음 중 기상 요소로 볼 수 없는 것은?

가. 기 압
나. 기 온
사. 습 도
아. 수 심

> 해설 기상요소에 해당하는 것은 기온, 기압, 습도 등으로 수심과 수온은 해당되지 않는다.

08 기압이 높은 곳에서 기압이 낮은 곳으로 흐르는 공기의 이동을 무엇이라 하는가?

가. 바 람
나. 습 도
사. 기 압
아. 수 온

> 해설 바람 : 대기의 수평 운동(공기의 이동, 기압차의 이동)
> ① 풍향은 바람이 불어오는 방향으로 정시관측시각 전 10분의 평균적인 방향으로 16방위로 표시한다.
> ② 풍속은 정시관측시각 전 10분간의 풍속을 평균하여 구하며, 단위는 m/s, kt, km/h 등이 사용된다.

09 겨울철 우리나라 근해에서 부는 계절풍의 주된 풍향은?

가. 북 서
나. 남 서
사. 남 동
아. 북 동

10 여름철은 해양에서 대륙으로, 겨울철에는 대륙에서 해양으로 반년마다 풍향이 바뀌는 바람은?

가. 해륙풍
나. 계절풍
사. 편서풍
아. 산곡풍

11 우리나라에서 부는 높새바람은 어느 바람과 같은 바람인가?

가. 활강바람
나. 계절풍
사. 푄바람
아. 산곡풍

정답 06 가 07 아 08 가 09 가 10 나 11 사

12 다음 중에서 안개, 구름, 강수현상이 일어나는 곳은?

가. 성층권 나. 중간권
사. 열 권 아. 대류권

13 1기압은 몇 미터(m) 높이의 물기둥에 해당하는가?

가. 약 1m 나. 약 2m
사. 약 5m 아. 약 10m

14 해안지방에서 일어나는 국지적인 바람이며, 주간에는 바다에서 육지로 향해 불고, 야간에는 육지에서 바다로 향하여 부는 바람은?

가. 해륙풍 나. 무역풍
사. 계절풍 아. 시풍

15 다음 설명 중 옳지 않은 것은?

가. 1000hPa 이하를 저기압이라 한다.
나. 기압이 높은 곳에서 낮은 곳으로 바람이 분다.
사. 기압경도가 크면 바람은 강하다.
아. 고기압 중심부에는 하강기류가 있다.

16 우리나라 겨울철의 천기를 지배하는 고기압은?

가. 시베리아 고기압 나. 북태평양 고기압
사. 오호츠크해 고기압 아. 북대서양 고기압

17 저기압의 특징에 관한 설명 중 맞는 것은?

가. 저기압 중심은 주위보다 상대적으로 기압이 높다.
나. 주위로부터 공기가 저기압 중심으로 들어간다.
사. 저기압이 가까이 오면 날씨는 좋아진다.
아. 저기압이 가까이 오면 바람이 약해진다.

정답 12 아 13 아 14 가 15 가 16 가 17 나

해설 저기압 : 주위보다 기압이 상대적으로 낮은 곳을 말한다.
① 북반구에서 바람이 반시계 방향으로 불어 들어간다.
② 상승 기류가 생겨 구름과 비를 내리게 하는 악천후의 원인이 된다.
③ 저기압은 대부분 2개 또는 그 이상의 기단이 모여서 이루어진 것이므로 온난전선과 한랭전선, 때로는 폐색전선을 동반한다.

18 저기압의 특징으로 볼 수 없는 것은?

가. 일반적으로 날씨가 나쁘다.
나. 중심에서 하강기류가 생긴다.
사. 중심으로 갈수록 기압이 낮아진다.
아. 북반구에서는 반시계 방향으로 불어 들어간다.

19 다음에서 저기압의 특징으로 옳지 않은 것은?

가. 주위로부터 바람이 불어 들어온다.
나. 상승기류가 있어 구름과 비를 가져온다.
사. 중심으로 갈수록 기압경도가 커져서 바람이 강하다.
아. 하강기류로 날씨가 맑다.

20 우리나라의 봄과 가을에 날씨가 자주 변하는 것은 어느 고기압의 원인인가?

가. 북태평양 고기압
나. 이동성 고기압
사. 지형성 고기압
아. 시베리아 고기압

21 계절풍이 발생하는 원인은?

가. 지구의 자전
나. 대륙과 해양의 비열차
사. 공기의 건조단열 냉각
아. 태양의 복사에너지와 지구의 방출 복사에너지의 차이

22 태풍 에너지의 주된 원천은 무엇인가?

가. 태양의 복사
나. 수증기의 잠열
사. 대기의 불안정
아. 해수 표면 온도가 높은 곳

정답 18 나 19 아 20 나 21 나 22 나

23 태풍의 등압선은 어떤 형인가?
가. 불규칙한 타원형
나. 거의 원형
사. 직선형
아. 불규칙형

24 북반구에서 바람이 북 - 북동 - 동 - 남동으로 변하고 기압이 하강하며 풍력이 증가하면 본선은 태풍의 ( )에 있다. ( ) 안에 알맞은 것은?
가. 좌측반원 전상한
나. 좌측반원 후상한
사. 우측반원 전상한
아. 우측반원 후상한

 태풍의 중심과 선박의 위치 관계
① 풍향이 북동 ⇒ 동 ⇒ 남동 ⇒ 남으로 순전(시계방향)하면 본선은 태풍 진로의 우측 위험반원에 위치하고 있다.
② 풍향이 북동 ⇒ 북 ⇒ 북서 ⇒ 서로 반전(반시계방향)하면 본선은 태풍 진로의 좌측 가항반원에 위치하고 있다.
③ 풍향이 변하지 않고 폭풍우가 강해지고 기압이 점점 내려가면 본선은 태풍의 진로상에 위치하고 있다.

25 R.R.R. 법칙이란?
가. 태풍 중심 위치 판단법
나. 태풍 진로 판단법
사. 태풍 피항법
아. 태풍 관측법

26 북반구에서 본선이 태풍의 진로상에 있다고 하면 어느 방향으로 피항하는 것이 좋은가?
가. 좌반원
나. 우반원
사. 태풍 진로 방향
아. 태풍의 중심 방향

27 태풍의 전조라고 생각할 수 없는 것은?
가. 권운이 발달한다.
나. 기압이 하강한다.
사. 너울이 도래한다.
아. 기압이 급상승한다.

태풍의 접근 징조
① **너울** : 보통 때와 다른 파장, 주기 및 방향의 너울이 관측된다.
② **기압** : 일 변화가 없어지고 기압이 하강한다.
③ **바람** : 무역풍이나 해륙풍이 규칙적인 곳에서 바람이 불지 않고 풍향의 변화가 있다.
④ **구름** : 태풍이 접근하면 상층운의 이동이 빠르고 구름이 점차로 낮아진다.
⑤ 해명(바다울림)이 나타난다.

정답 23 나 24 사 25 사 26 가 27 아

제 5 장 기상 및 해상

28 현재 선박에서 가장 많이 사용하는 기압계로 알맞은 것은?

가. 아네로이드 기압계 나. 수은 기압계
사. 자기 기압계 아. 모발 기압계

> 아네로이드 기압계 : 진공의 상자를 이용한 기압계로 선박에서 많이 사용한다.

29 기온이란 지상 약 몇 미터(m)의 대기의 온도를 나타내는가?

가. 지상 약 1미터 나. 지상 약 1.5미터
사. 지상 약 3미터 아. 지상 약 5미터

> 기온 : 지상 약 1.5m 높이의 대기 온도를 말하며, 해상에서는 약 10m 높이의 대기 온도를 말한다.

30 다음에서 고기압에 대한 설명으로 옳은 것은?

가. 주위의 기압과 같은 기압
나. 주위의 기압보다 온도가 높은 기압
사. 평균보다 높은 기압
아. 주위의 기압보다 높은 기압

31 기압이 같은 곳을 연결한 선은?

가. 등온선 나. 등압선
사. 등심선 아. 등고선

> ① 등온선 : 기온이 같은 곳을 연결한 선
> ② 등심선 : 수심이 같은 곳을 연결한 선
> ③ 등고선 : 높이가 같은 곳을 연결한 선

32 열대성 저기압(태풍)의 특징으로 옳지 않은 것은?

가. 등압선이 타원형이다. 나. 범위가 온대성 저기압보다 좁다.
사. 중심에 눈이 있다. 아. 전선이 없다.

> 태풍의 특징
> ① 태풍의 눈을 가지고 있다.
> ② 전선을 동반하지 않는다.
> ③ 등압선은 원형이며 중심으로 갈수록 밀집되어 기압경도가 커진다.
> ④ 북반구에서 태풍진행방향의 오른쪽 반원은 위험반원이라 하며 왼쪽 반원은 가항반원이라 한다.

정답 28 가 29 나 30 아 31 나 32 가

33 열대성 저기압을 동북아시아에서 부르는 명칭으로 옳은 것은?

가. 허리케인   나. 사이클론
사. 태 풍   아. 윌리윌리

① 태풍(Typhoon) : 우리나라, 일본, 중국 등의 북동아시아 지역
② 허리케인(Hurricane) : 미국남동부, 북대서양 카리브해, 서인도제도, 멕시코
③ 사이클론(Cyclone) : 북인도양, 뱅골만, 아라비아해
④ 윌리윌리(Willy Willy) : 호주, 뉴질랜드, 피지, 사모아제도

34 북태평양에서 발생하는 열대 폭풍우 저기압의 명칭으로 옳은 것은?

가. 태 풍   나. 사이클론
사. 허리케인   아. 윌리윌리

35 태풍 눈의 특징으로 옳은 것은?

가. 비바람이 상당이 강하다.
나. 비바람이 약하고 푸른 하늘을 볼 수 있다.
사. 주위의 기압보다 상당히 높다.
아. 주위보다 기온이 대단히 낮다.

태풍의 중심을 태풍의 눈이라 하며, 반지름은 10~30km 정도이고, 오히려 비와 바람이 약하다.

36 북반구에서 위험반원은 태풍의 진행 방향에서 어느 쪽에 위치하는가?

가. 오른쪽   나. 왼 쪽
사. 위 쪽   아. 아래쪽

① 북반구 : 태풍진행 방향의 오른 쪽이 위험반원, 왼쪽이 가항반원이다.
② 남반구 : 태풍 진행 방향의 왼쪽이 위험반원, 오른쪽이 가항반원이다.

37 다음에서 태풍의 구조에 대한 설명으로 맞지 않는 것은?

가. 등압선은 거의 원형이다.
나. 태풍의 눈을 가지고 있다.
사. 반지름이 300~400킬로미터 정도이다.
아. 중심으로 갈수록 등압선의 간격이 넓어진다.

등압선은 원형이며 중심으로 갈수록 밀집되어 기압경도가 커진다.

정답 33 사 34 가 35 나 36 가 37 아

38 다음은 안개가 끼었을 때 행하는 신호이다. 옳지 않은 것은?

가. 기류신호　　　　　　　　　나. 타종신호
사. 사이렌　　　　　　　　　　아. 기적신호

> 해설 안개가 끼여 시정이 불량할 때는 무중신호(음향신호)를 사용한다.

39 다음 중 태풍의 접근 징후의 설명으로 틀린 것은?

가. 구름이 빨리 흐르며 습기가 많고 무덥다.
나. 털구름이 나타나 온 하늘로 퍼진다.
사. 기압이 급격히 높아지며 폭풍우가 온다.
아. 아침, 저녁 노을의 색깔이 변한다.

> 해설 태풍의 접근 징조
> ① 너울 : 보통 때와 다른 파장, 주기 및 방향의 너울이 관측된다.
> ② 기압 : 일 변화가 없어지고 기압이 하강한다.
> ③ 바람 : 무역풍이나 해륙풍이 규칙적인 곳에서 바람이 불지 않고 풍향의 변화가 있다.
> ④ 구름 : 태풍이 접근하면 상층운의 이동이 빠르고 구름이 점차로 낮아진다.
> ⑤ 해명(바다울림)이 나타난다.

40 항해 중 안개가 끼었을 때 본선의 행동으로 적당한 것은?

가. 컴퍼스를 이용하여 선위를 구한다.
나. 최고의 속력으로 빨리 항구에 입항한다.
사. 다른 배는 모두 레이더를 가지고 있으므로 우리 배를 피할 것으로 보고 계속 항행한다.
아. 안전한 속력으로 항행하며 수단과 방법을 다하여 소리를 발생하고, 근처에 항행하는 선박에 알린다.

41 성질이 다른 두 기단의 경계를 무엇이라 하는가?

가. 정체성 기단　　　　　　　나. 기 압
사. 전 선　　　　　　　　　　아. 이동성 기단

42 성질이 다른 두 기단의 세력이 비슷하여 이동하지 않고 장기간 머물러 있는 전선은?

가. 한랭전선　　　　　　　　나. 온난전선
사. 정체전선　　　　　　　　아. 폐색전선

> 정답 38 가　39 사　40 아　41 사　42 사

전선의 종류
① 온난전선 : 온대성 저기압의 오른쪽에 발생하며, 넓은 지역에 지속적인 약한 비가 내린다.
② 한랭전선 : 온대성 저기압의 왼쪽에 발생하며, 좁은 지역에 때로는 천둥을 동반한 돌풍과 강한 비가 내린다.
③ 폐색전선 : 온난전선보다 한랭전선이 이동속도가 빨라 두 전선이 겹쳐진 상태이다.
④ 정체전선 : 성질이 다른 두 기단의 세력이 비슷하여 이동하지 않고 계속적으로 머물러 있는 상태의 전선으로, 우리나라의 장마전선이 대표적인 정체전선이다.
⑤ 장마전선 : 오호츠크해 기단과 북태평양 기단의 경계면에서 발생하는 전선

43 태풍권 내에서 가장 위험한 곳으로 옳은 것은?
가. 좌측반원 전반부 나. 좌측반원 후반부
사. 우측반원 전반부 아. 우측반원의 후반부

44 다음에서 태풍의 중심을 알아내는 법칙으로 옳은 것은?
가. 도브이 법칙 나. R.R.R 법칙
사. L.L.S 법칙 아. 바이스 밸럿 법칙

45 태풍의 중심과 본선의 위치 관계를 판단할 때 사용하는 항해기구로 옳지 않은 것은?
가. 기압계 나. 풍속계
사. 풍향계 아. 온도계

46 해상 시정에 가장 큰 영향을 미치는 것으로 옳은 것은?
가. 비 나. 눈
사. 안 개 아. 바 람

47 다음 중에서 장마전선은 어떠한 전선인가?
가. 정체전선 나. 폐색전선
사. 온난전선 아. 한랭전선

48 다음 중 우리나라에 영향을 주지 않는 기단은?
가. 북태평양 기단 나. 오호츠크해 기단
사. 남태평양 기단 아. 양쯔강 기단

정답 43 사 44 아 45 아 46 사 47 가 48 사

49 시베리아 기단의 특징으로 옳은 것은?

가. 한랭하고 건조하다.   나. 고온이고 습도가 높다.
사. 고온이고 건조하다.   아. 한랭하고 습도가 높다.

> 해설) 일반적으로 대륙에서 발생하는 기단은 습도가 낮고, 해양에서 발생하는 기단은 습도가 높다. 특히 시베리아 기단은 대륙에서 발생하여 우리나라 겨울철 날씨에 영향을 미친다.

50 따뜻한 공기가 찬 공기 위로 올라감으로써 발생하는 전선으로 알맞은 것은?

가. 온난전선   나. 서해전선
사. 남해 전선   아. 정체전선

51 여름과 겨울에 대륙과 해양의 온도차로 인해서 반년 주기로 풍향이 바뀌는 바람으로 옳은 것은?

가. 계절풍   나. 해륙풍
사. 편서풍   아. 무역풍

52 우리나라에서 태풍이 가장 많이 통과하는 시기는?

가. 3~4월   나. 5~6월
사. 7~8월   아. 9~10월

53 다음은 풍력 계급표에 관한 설명이다. 옳은 것은?

가. 풍력 계급은 대체로 해면의 상태를 나타낸다.
나. 풍력 계급은 대체로 유속을 측정하는 계급표이다.
사. 풍력 계급은 0~12의 단계를 표시한다.
아. 풍력 계급은 전체적으로 36단계를 표시하고 0~3까지만 사용한다.

54 태풍이라 부를 수 있는 최대 풍속은?

가. 1~2m/s   나. 5~7m/s
사. 17m/s   아. 30m/s

> 해설) 태풍 : 열대 해상(북태평양 서부 5~20°N)에서 발생하는 중심 최대 풍속이 17m/s 이상의 폭풍우를 동반하는 열대저기압

정답 49 가 50 가 51 가 52 사 53 사 54 사

55 다음은 기온에 대한 설명이다. 옳지 않은 것은?

가. 1일 중 최저기온과 최고기온의 차를 일교차라 한다.
나. 기온이란 지상에서 1.5m 높이에서 측정한 대기 온도이다.
사. 해상의 기온은 해면상에 약 10m 높이에서 측정한 온도이다.
아. 온도 측정에는 섭씨온도, 화씨온도, 절대온도, 추측온도가 있다.

56 선박의 황천항해 중 준비사항으로 옳지 않은 것은?

가. 선내의 이동물을 고박한다.
나. 선창 등 개구부를 밀폐시킨다.
사. 구명뗏목을 로프로 고박시킨다.
아. 각종 사고방지를 위한 준비를 한다.

57 아네로이드 기압계 사용법 중 틀린 것은?

가. 충격을 받지 않는 곳에서 사용한다.
나. 기차를 가감하여 기차보정을 한다.
사. 직사광선과 온도변화가 있는 실외에 설치한다.
아. 수평으로 놓고 측정해야 하지만 벽에 수직으로도 설치할 수 있다.

58 다음 중 고기압에 대한 설명으로 옳은 것은?

가. 1,013hPa 이상인 것
나. 1기압보다 높은 것
사. 주위보다 기압이 높은 것
아. 지상에서 가장 높은 기압

59 건구와 습구의 온도로 습도를 측정하는 습도계는?

가. 자기습도계 　　　　　　　나. 건습계
사. 노점계 　　　　　　　　　아. 모발습도계

정답 55 아   56 사   57 사   58 사   59 나

Chapter 06 선박의 동력장치

Part 2 | 운용

1 디젤기관의 작동 원리에 관한 개요

1 주기관

선박의 주기관으로 가장 널리 쓰이는 것으로 높은 압력으로 공기를 압축하면 공기의 온도가 올라가게 되고 이 때의 고온, 고압 상태에서 연료를 분사하여 폭발시키는 원리가 디젤기관이다.

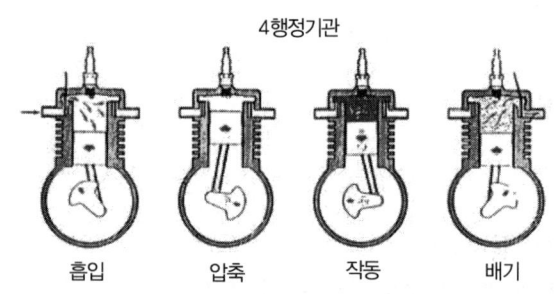

(1) 흡입행정 : 공기 또는 혼합기를 실린더 내부로 주입시키는 과정이다.
(2) 압축행정 : 실린더 내부로 넣은 흡기(공기 또는 공기와 연료의 혼합기)를 압축시켜 압력과 온도를 높여 연소하기 쉽게 하거나 열량 발생을 많게 하는 과정이다.
(3) 작동행정 : 압축흡기에 점화, 연소시켜서 에너지가 커진 연소가스를 팽창시켜 동력을 발생하는 과정이다.
(4) 배기행정 : 연소된 가스를 실린더 밖으로 배출시키는 과정이다.

[디젤 4행정 사이클 기관의 작동 원리]

이것을 자세히 설명하면
    첫째, 실린더 내로 공기를 흡입하고
    둘째, 공기를 압축시킨 다음,
    셋째, 연료를 분사시켜 폭발시키고,
    넷째, 연소가스를 배기하는 4가지의 과정을 반복하게 되는데, 그 동안 크랭크축이 2회전하게 된다.

이를 4행정(사이클)기관이라 하고, 흡입과 압축, 폭발과 배기가 동시에 행해져 크랭크축이 1회전 할 때마다 폭발하는 것을 2행정(2사이클)기관이라 한다.

(1) **4행정 기관의 이점**
    ① 2행정 기관에 비하여 연료 소비량이 작다는 점인데, 이것은 가스 압력이 높아서 연소효율이 높기 때문이다. 그러나 대형의 디젤기관을 4행정으로 할 경우 실린더 내의 압력을 견디게 하기 위해서는 실린더를 보다 두껍게 만들어야 되기 때문에 중량이 증가하게 되므로, 구조가 간단하고 고장이 작은 이점 때문에 대형선에서는 2행정 저속 디젤, 중·소형선에서는 4행정 중속 디젤기관이 사용되고 있다.
    ② **저속 디젤** : 매분당 회전수가 300 이하인 것을 말하며, 보통 주기와 추진기를 직접 연결시키므로 전·후진시에는 주기관 회전방향을 바꾸어 주어야 한다.

③ 중속 디젤 : 매 분당 회전수가 300~1,000 정도인 것을 말하는데, 보통은 감속 장치를 사용하여 추진기를 회전시킨다.
④ 배의 추진 효율 : 추진기의 회전수가 낮을 때 더 좋으므로 저속 디젤은 추진기의 회전수를 낮추고 추진기의 직경을 크게 하는 경우에 효과적이며, 중속 디젤은 저속 디젤에 비하여 소형인 것이 장점이다.

> **디젤기관의 운전을 위한 주요 장치들은 대개 다음과 같다.**
> ① 시동 위치에 있는 실린더에 20~30kg/㎠의 시동 공기를 보내 연료가 점화될 수 있는 압력, 온도까지 회전수를 높이는 역할을 하는 압축공기 시동장치
> ② 연료의 양을 가감하여 기관의 회전수, 출력을 조정하는 연료 제어장치
> ③ 전후진 캠을 바꾸어 기관의 회전 방향을 바꾸는 역전기구 장치
> 이 밖에도 기관을 출력을 높이기 위하여 실린더에 많은 공기를 압축 공급하여 보내는 장치인 과급기 등이 있다.

② 보조기계

보조기계란 주기관을 제외한 모든 기계류를 포함하는 의미로 쓰이며 보통 '보기'라 부른다.

(1) 발전기
① 선내 조명은 물론 각종 전기, 전자 장비에 전기를 공급하는 매우 중요한 보기로서, 직류 발전기와 교류발전기가 있는데 보통 선박에서는 교류발전기를 사용하고 있다.
② 발생 전압은 220볼트(V) 또는 440볼트이며, 경유를 연료로 하는 디젤 발전기가 주기와 별도로 설치되지만 소형선에서는 주기의 추진축에 발전기를 벨트 또는 기어로 연결하여 작동시키는 축발전기가 사용된다.

(2) 냉동기
① 냉동기는 종류에 따라 가스 압축식, 공기 압축식, 증기 분사식 등으로 나누며, 선박용으로는 가스 압축식이 많이 사용된다.
② 가스 압축식 원리는 액체가 기화하여 증발할 때 기화열과 증발열을 주위의 물질로부터 흡수함으로써 주위의 물질이 냉각되는 원리를 이용한 것인데, 압축기에서 암모니아나 프레온 등의 가스를 압축시켜 응축기로 보내면 응축기는 냉각수 또는 공기로서 냉각시켜 액체화시킨다.
③ 이것을 다시 팽창밸브를 통과하여 증발기에서 기화하면서 주위의 열을 흡수하게 되고 이 과정이 반복되면서 냉각이 이루어진다.

(3) 조수기
해수로부터 청수를 얻어내는 장치로서 이 장치가 있으면 청수 탱크의 용량을 줄임으로써 그만큼 화물 적재를 증가시킬 수 있다.

(4) 유청정기
연료 중에 수분, 고형분과 같은 불순물을 제거해 주는 장치

(5) 공기 압축기
디젤기관의 기동용, 기적, 갑판기기 구동, 청락 작업, 소제 등의 압축 공기를 공급하는 데 사용된다.

3 추진기관

선박의 추진력를 얻기 위하여 주기관에서 발생한 동력을 전달하여 프로펠러를 회전시키는 데 필요한 설비이다.

(1) 축계 : 주기관에서 발생한 동력을 추진기에 전달하는 계통이다.

(2) 추진기 : 선박에서는 대부분 스크루 프로펠러를 사용하며 2~6개의 날개가 부착되어 있다.

① **피치(pitch)** : 프로펠러가 1회전할 때 날개의 경우 어느 한 점이 축 방향으로 전진한 거리

② **가변 피치** : 날개의 각도를 임의로 조종시켜 피치를 변화시킬 수 있는 프로펠러로 기관을 반대로 돌리지 않고도 날개의 각도만으로 전·후진의 조종이 가능하다.

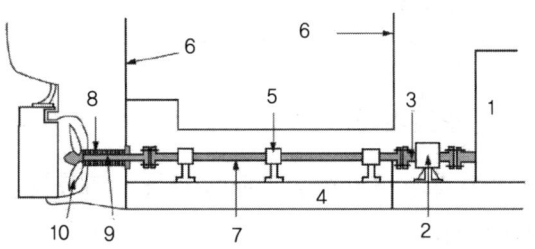

1. 주기 2. 스러스트 축수 3. 스러스트축 4. 이중저 5. 늑판
6. 격벽 7. 중간축 8. 선미관 9. 추진기축 10 프로펠러

[선박의 축계]

Chapter 06 선박의 동력장치

Part 2 | 운 용
적중예상문제

01 다음 중 선박의 주기관으로 가장 널리 쓰이는 것은?

가. 증기왕복동기관 나. 디젤기관
사. 증기터빈기관 아. 가솔린기관

02 다음에서 주기관에 대한 내용으로 옳은 것은?

가. 키를 작동시키는 기관
나. 냉동기를 작동시키는 기관
사. 선내 전기를 공급하는 기관
아. 추진기를 회전시키는 기관

03 현재 선박에 많이 사용하는 대부분의 기관으로 옳은 것은?

가. 가솔린기관 나. 증기왕복운동기관
사. 디젤기관 아. 증기터빈기관

> 해설 증기터빈기관은 연료의 소모량이 많아서 고속, 고출력을 요구하는 군함이나 여객선 등에서 일부 사용되고 있을 뿐 선박의 주기관은 거의 디젤기관이다.

04 연료를 기관의 내부에서 연소시켜 에너지를 발생하는 기관으로 옳은 것은?

가. 외연기관 나. 내연기관
사. 원자력기관 아. 증기터빈기관

05 디젤기관이 타기관에 비하여 열효율이 높은 이유는?

가. 압축비가 높다. 나. 회전수가 빠르다.
사. 연료가 다르다. 아. 연료 소모량이 크다.

정답 01 나 02 아 03 사 04 나 05 가

제6장 선박의 동력장치 **317**

06 폭발성 가스의 인화의 원인이 아닌 것은?

가. 정전기
나. 담뱃불
사. 드라이 아이스에 의한 급냉각
아. 강철 쇠망치의 추락으로 인한 스파크

07 선박에서 주기관을 제외한 기관과 모든 기계류를 무엇이라 하나?

가. 발전기
나. 보조기관
사. 냉동기
아. 조수기

> 해설　**보조기관의 종류** : 발전기, 냉동기, 조수기, 유청정기, 공기압축기 등

08 프로펠러가 1회전할 때 전진하는 거리를 무엇이라고 하는가?

가. 전진 거리
나. 피 치
사. 회전수
아. 추진효율

> 해설　**피치**(pitch) : 피치는 프로펠러 날개의 각도에 따라 달라진다.

09 다음 중 내연기관의 특징으로 옳은 것은?

가. 자력으로 시동이 가능하다.
나. 선체에 주는 진동과 음향이 적다.
사. 열효율이 높고 연료소비량이 적다.
아. 장시간의 지속 운전이 용이하다.

10 피스톤의 왕복운동을 크랭크축에 회전운동으로 전달하는 부분은?

가. 실린더헤드
나. 실린더
사. 커넥팅로드
아. 스러스트베어링

> 해설　커넥팅로드는 피스톤이 받는 폭발력을 크랭크축에 전달한다. 즉 피스톤의 왕복운동을 크랭크의 회전운동으로 바꾸는 역할을 한다.

11 다음 중 열효율이 가장 높은 기관에 해당하는 것은?

가. 열구기관
나. 가솔린기관
사. 가스터빈
아. 디젤기관

> 해설　현재 사용하는 디젤기관의 열효율은 대략 30~40%정도이다.

정답 06 사　07 나　08 나　09 사　10 사　11 아

318　제2편 운용

12 디젤기관의 원리를 나타낸 것 중 가장 적절한 것은?

가. 회전력이 고르다.
나. 전기스파크로 발화한다.
사. 연료와 공기의 혼합 기체를 흡입하여 압축한다.
아. 고온의 공기에 연료를 분사하여 자연 발화한다.

13 디젤기관에 있어서 실린더 내에서 공기를 압축시키는 이유는?

가. 공기를 가열시키기 위하여
나. 공기를 냉각시키기 위하여
사. 공기를 차단시키기 위하여
아. 공기를 깨끗이 하기 위하여

14 디젤기관의 피스톤링의 역할로 옳지 않은 것은?

가. 기밀유지   나. 열 전달
사. 윤활유 조정   아. 마모 방지

> 해설 피스톤링 – 압축 링과 오일 링이 있음.

15 다음 중 동력전달을 지속시키거나 차단시키는 장치로 옳은 것은?

가. 클러치   나. 변속기
사. 추진기   아. 베어링

16 기관이 양호한 상태로 운전될 때 배기가스의 색깔로 옳은 것은?

가. 회 색   나. 백 색
사. 흑 색   아. 무 색

17 엔진오일을 오래 사용하였을 경우에 대한 설명으로 옳지 않은 것은?

가. 색상이 검게 변한다.   나. 점도가 증대된다.
사. 침전물이 증가한다.   아. 혼입수분이 감소한다.

정답 12 아 13 가 14 아 15 가 16 아 17 아

제 6 장 선박의 동력장치

18 윤활유의 역할로 볼 수 없는 것은?

가. 녹스는 것을 방지한다. 나. 냉각작용을 한다.
사. 마모되는 것을 줄인다. 아. 습기를 제거한다.

> 윤활유의 작용 : 윤활작용, 냉각작용, 응력분산작용, 기밀작용, 청정작용, 방청작용

19 플라이휠의 설치목적으로 가장 적합한 것은?

가. 고속회전을 가능케 함. 나. 과속도 방지
사. 회전을 고르게 하는데 이용 아. 소음방지

> 플라이휠의 설치 목적은 회전력 균일, 저속회전 가능, 기관사용 용이, 밸브조정을 편리하게 하는데 있다.

20 연료를 연소시켜 용기내의 물을 증기 또는 온수로 만들어서 공급하는 장치는?

가. 조수기 나. 발전기
사. 보일러 아. 냉동기

21 선박에 설치된 펌프로 누수나 불순물 등을 배출하는 펌프는?

가. 급수펌프 나. 추기펌프
사. 빌지펌프 아. 순환수펌프

22 조타장치의 원동기로 사용되는 동력발생 형식 중 가장 많이 사용되는 것은?

가. 증기 왕복동식 나. 전동기식
아. 기계식 아. 전동 유압식

23 유조선에서 화물창 밑 부분에 남은 기름을 퍼내는데 사용되는 펌프는?

가. 밸러스트 펌프 나. 스트리핑 펌프
사. 버터워스 펌프 아. 드레인 펌프

24 4행정 기관은 크랭크 축 2회전에 몇 번 폭발하는가?

가. 1회 나. 2회
사. 3회 아. 4회

정답 18 아 19 사 20 사 21 사 22 아 23 나 24 가

25 4행정 기관의 작용을 순서대로 바르게 나열한 것은?

　가. 흡입 - 압축 - 배기 - 팽창
　나. 흡입 - 배기 - 팽창 - 압축
　사. 흡입 - 압축 - 팽창 - 배기
　아. 팽창 - 흡입 - 배기 - 압축

　해설 흡입, 압축, 연소(팽창), 배기작용의 4작용을 1조로 하여 1사이클이라 한다.

26 실린더에 흡입된 공기를 피스톤의 압축으로 고온 고압이 된 공기에 연료를 분사하여 이 고온의 공기로 연료를 점화하여 연소시키는 기관은?

　가. 가솔린기관　　　　　　나. 디젤기관
　사. 가스터빈기관　　　　　아. 전기점화 기관

27 다음 중 해수로부터 청수를 만들어내는 장치는?

　가. 보일러　　　　　　　　나. 냉동기
　사. 소각기　　　　　　　　아. 조수기

28 다음 중 외연기관인 것은?

　가. 디젤기관　　　　　　　나. 가솔린기관
　사. 가스터빈기관　　　　　아. 증기터빈기관

29 디젤기관에서 피스톤을 안내하는 부분으로서, 항상 고온 고압의 연소가스에 직접 접촉하고 있는 것은?

　가. 실린더　　　　　　　　나. 실린더헤드
　사. 피스톤　　　　　　　　아. 크랭크

30 선체의 흘수 상태를 조절하는데 사용되는 펌프는?

　가. 버터워드펌프　　　　　나. 밸러스트펌프
　사. 순환펌프　　　　　　　아. 급수펌프

　해설 선체의 흘수는 선박의 밸러스트와 연관이 깊다.

정답　25 사　26 나　27 아　28 아　29 나　30 나

31 윤활유펌프는 주로 ( )를 사용한다. ( )에 알맞은 것은?

가. 클런저 펌프 나. 기어펌프
사. 원심펌프 아. 분사펌프

> 해설 윤활유펌프는 일정한 양이 송출되어야 하고 양력이 많이 필요하지 않기 때문에 기어펌프를 선박에서 사용한다.

32 선박보조기계를 가장 잘 설명한 것으로 옳은 것은?

가. 주기관을 보조하는 기계이다.
나. 주기관을 제외한 선내의 모든 기계이다.
사. 직접 배를 움직이는 기계이다.
아. 기관실 밖에 설치된 기계이다.

> 해설 선박보조기계는 주기관과 주보일러(터빈선)를 제외한, 선박에서 사용되는 모든 기계를 말한다.

33 크랭크축의 회전을 균일하게 해 주는 역할을 하고, 기관의 시동을 쉽게 해주는 것은?

가. 피스톤 나. 플라이휠
사. 평형추 아. 크랭크암

34 냉동장치에서 냉매의 역할은 무엇인가?

가. 압력을 유지시킨다.
나. 증발열을 흡수하여 주위의 온도를 내린다.
사. 증발열을 발산하고 냉각된다.
아. 압축기의 운동을 원활하게 한다.

> 해설 **냉동기** : 가스 압축식, 공기 압축식, 증기 분사식 등으로 나누며, 선박용으로는 가스 압축식이 많이 사용된다.
> **가스 압축식의 원리** : 액체가 기화하여 증발할 때 기화열과 증발열을 주위의 물질로부터 흡수함으로써 주위의 물질이 냉각되는 원리를 이용한 것인데, 압축기에서 암모니아나 프레온 등의 가스를 압축시켜 응축기로 보내면 응축기는 냉각수 또는 공기로써 냉각시켜 액체화시킨다. 이것을 다시 팽창 밸브를 통과하여 증발기에서 기화하면서 주위의 열을 흡수하게 되고 이 과정이 반복되면서 냉각이 이루어진다.

정답 31 나 32 나 33 나 34 나

35 다음 중 디젤기관의 장점으로서 맞는 것은?

가. 연료 소비량이 적다. 나. 시동이 용이하다.
사. 기관의 무게가 작다. 아. 진동과 소음이 적다.

> 해설 연료를 기관의 내부에서 연소시키는 열기관으로, 기관의 소음과 진동이 큰 단점이 있으나, 연료 소모량이 적다.

36 선박의 출력 크기는 무엇으로 나타내는가?

가. 노 트 나. 파운드
사. 킬로그램 아. 마 력

37 주기관에서 발생하는 동력을 추진기에 전달하는 것으로 옳은 것은?

가. 축 계 나. 프로펠러
사. 스크루 아. 선미관

정답 35 가 36 아 37 가

Chapter 07 비상조치 및 손상제어

Part 2 | 운용

1 해양사고

1 해양사고의 뜻

선박은 항해 중 태풍이나 폭풍을 만나 선체가 손상을 입거나 심하면 침몰될 수 있다. 또한 승무원의 부주의로 좌초나 충돌사고를 일으킬 경우도 있고, 각종 장비 및 시설물에 대한 정비, 보수, 유지의 불량으로 뜻밖의 사고를 당하는 일이 있다.

이와 같이 화물과 여객을 실은 선박의 안전한 운항을 저해하는 각종 사고를 해양사고라고 한다. 만일 해양사고가 발생하였을 때에는 신속한 대처로 손상을 줄여야 하고, 이를 위해서 승무원 각자는 비상배치표(station bill)에 따른 반복 훈련을 통하여 임무에 숙달되어 있어야 한다.

2 해양사고의 발생 원인

해양사고는 대부분 승무원의 경계 소홀 등으로 인한 운항 과실과 기관 설비 취급 불량에 의한 과실이 원인이 되어 발생한다.
① 태풍, 폭풍 등의 천재 지변 : 침몰의 원인
② 승무원의 과실, 태만 또는 적절하지 못한 운용술 : 충돌, 화재의 원인
③ 항해 준비, 황천 준비, 적화 방법의 불량 : 침몰의 원인
④ 잘못된 선위 결정 : 좌초의 원인
⑤ 항해계기, 설비, 선체, 기관 등의 정비 불량 : 충돌의 원인
⑥ 협수로, 특정 해역, 항만에 대한 부정확한 정보 : 충돌의 원인
⑦ 부정확한 해도의 사용 : 좌초의 원인
⑧ 시계의 불량 또는 돌발적인 기상 이변 : 충돌 및 침몰의 원인

3 비상 부서배치

모든 선박은 비상시에 대비하여 비상배치표를 만들어 잘 보이는 곳에 제시하며, 비상시에 각자의 부서와 임무를 숙지하여 신속하게 대처할 수 있도록 비상훈련을 자주 실시하여야 한다.

2 해난 발생시의 조치

1 좌초(grounding)와 이초(refloating)

(1) 좌초시의 조치 및 임의 좌주

선박이 암초나 개펄 위에 얹히는 것을 좌초(grounding)라 하고, 좌초 상태에서 빠져나오는 것을 이초(refloating)라고 한다(과실로 암초에 얹히면 좌초, 뜻하지 않게 개펄이나 모래 등에 얹히면 좌주, 임의로 좌주시키면 임의 좌주, 잠시 선저가 해저에 닿으면 선저 접촉).

① 즉시 기관을 정지한다.
② 손상 부위와 손상 정도를 파악한다.
③ 침수가 있으면 적극 배수하면서 손상 부위의 응급조치를 취한다.
④ 본선 기관을 사용하여 이초가 가능한가를 파악하고, 자력 이초가 불가능하면 해양경찰서 등 가까운 육상 당국에 협조를 요청한다.
⑤ 후진 기관의 사용은 선체의 손상이 확대되거나 선체가 회전하여 상황이 어려워질 수도 있고, 모래, 펄 등이 순환펌프를 막히게 하는 수도 있다는 점에 유의하여야 한다.

(2) 손상의 확대를 방지하기 위한 조치

① 선체의 고정 작업 : 자력 이초가 불가능하거나 시간이 오래 걸린다고 생각되면 선체의 전복 위험이나 손상의 확대를 막기 위하여 그 자리 고정 작업을 행한다.

　㉠ 해안에서 직각으로 선수가 좌초된 경우는 풍상 측 또는 선미를 들고 고정시키고 다음에 반대쪽을 고정시킨다.

　㉡ 해안선에 평행하게 좌초된 경우에는 선수와 선미에서 닻을 선수 미선과 약 45도 방향에 투하한다. 다음은 바다쪽, 육지쪽 순서로 고정한다.

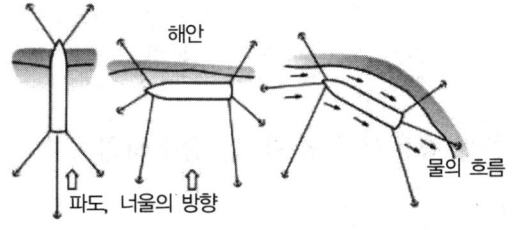

[선체를 고정시키는 방법]

② 임의 좌주 방법과 장소의 선정 : 항만 부근이나 연안을 항해할 때 심한 해난을 입어 심한 침수로 인하여 배수 작업이 불가능하게 되어 침몰의 위험이 있을 때에는 최악의 상태인 침몰을 막기 위하여 적당한 곳에 좌주시키는 것을 임의 좌주(Beaching)라 한다.

　㉠ 좌주할 때 주의사항
　　ⓐ 키와 추진기의 손상을 우려하여 좌주 시기를 놓치지 말아야 한다.
　　ⓑ 선저나 탱커에 해수를 채워서 흘수를 깊게 하여 좌주시키고, 이초시에 배수한다.
　　ⓒ 해안에 직각으로 비칭시키고, 선체가 돌아가지 않도록 고정 작업을 한다.

ⓒ 좌주 장소의 선정
ⓐ 파도가 가려지는 곳, 외해와 직향하지 않은 내만 등이 좋다.
ⓑ 구조 작업이 쉽도록 조류의 영향이 적은 곳이 좋다.
ⓒ 수심은 상갑판이 수면에 잠기는 정도가 좋고 30m 이상은 구조가 어렵다.
ⓓ 저질은 모래, 자갈, 진흙, 단단한 펄 등이 좋고, 파도가 없는 곳은 암반도 이용 가능하나 무른 연니 저질은 피하는 것이 좋다.

(3) 이초 방법

① **자력 이초법** : 자선의 윈드라스(양묘기)나 윈치를 감아들이면서, 기관을 사용하여 빠져 나오는 방법을 자력 이초라 한다.
  ㉠ 고조 직전에 시도하고 바람이나 파도, 조류의 영향을 이용한다.
  ㉡ 중량 경감을 작업 직전에 행한다.
  ㉢ 기관의 회전수를 천천히 높이고 반출한 앵커 체인을 감아 들인다.
  ㉣ 암초에 얹혔을 때에는 얹힌 부분의 흘수를 줄인다.
  ㉤ 선수부가 얹힌 경우는 선수흘수를 작게, 선미 경우는 키와 추진기에 손상이 가지 않도록 선미흘수를 줄인 뒤 기관을 사용한다.
  ㉥ 개펄에 얹힌 경우는 선체를 좌우로 흔들면서 기관을 사용하면 효과적이다.
  ㉦ 조석 간만의 차가 큰 곳에서는 반출한 선묘를 팽팽하게 당기고 있으면 저절로 이초된다.

② **구조선을 이용한 이초** : 자력 이초가 불가능하면 구조선의 도움을 받아서 이초를 시도한다. 좌초선과 구조선은 강한 와이어로프로 연결하고, 구조선도 닻을 투하하여 감아 들이면서 빠져 나오도록 한다.

② 충돌시의 조치 및 방수작업

(1) 충돌시의 조치

불가피한 상황으로 충돌의 위험에 직면하면 최선의 회피 동작을 취하고 타력을 줄이고 충돌 후에는 당황하지 말고 다음 조치를 취한다.
① 손상을 조사하여 자선과 타선에 급박한 위험이 있는지 판단한다.
② 양선의 인명구조에 최선을 다한다.
③ 침수시에는 방수, 배수 작업을 하되, 침수량이 많다고 배수를 중단하지 말 것
④ 급박한 위험이 있을 때는 부근 선박이나 육지에 구조를 요청한다.
⑤ 급히 침몰할 염려가 있으면 배수를 계속하면서 얕은 곳에 임의 좌주시킨다.
⑥ 충돌 시각, 위치, 상대선의 선명 및 소유자 등 자료와 기상 상태 등을 일지에 기록한다.
⑦ 한 선박이 다른 선박의 선복에 돌입한 경우에는 후진하지 말고 미속 전진하면서 인명구조 및 조치 시간을 연장해야 한다.
⑧ 퇴선시에는 중요 서류를 반드시 지참한다.

(2) 침수시의 조치 및 방수작업

① 침수시의 조치
- ㉠ 침수를 발견하면 그 원인과 침수 공의 크기, 깊이, 수량 등을 확인한다.
- ㉡ 긴급히 방수조치를 취하고 전력을 다하여 배수한다.
- ㉢ 침수가 한 구역에 한정되도록 수밀문의 폐쇄
- ㉣ 인명, 선체, 적재 화물의 안전을 위한 조치

② 방수법
- ㉠ 수면 위 아래에 작은 구멍이 생겼을 때 : 구멍을 나무 쐐기로 막고 시멘트 틀을 짜서 시멘트와 모래, 건조제 등을 섞어 넣어서 응고시킨다.
- ㉡ 수면하 큰 구멍이 생겼을 때
  - ⓐ 선체 외판에 방수 매트를 내려서 대량 침수를 막는다.
  - ⓑ 방수판을 붙이고 콘크리트 작업을 한다.
  - ⓒ 지주로 방수판을 지지시킨다.

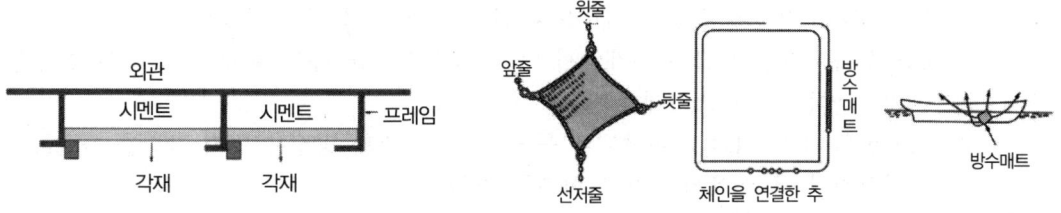

[시멘트 틀을 짜는 법]   [방수 매트를 설치하는 방법]

- ㉢ 인접 구역의 보강 : 파손이 너무 커서 침수가 많아지면 수압을 받아 격벽이나 수밀문이 손상을 입게 되므로 지주를 받쳐 보강 작업을 한다.

3 선박 화재에 대한 조치 및 비상 조타

(1) 화 재

불이 붙기 위해서는 가연성 물질, 산소, 열이 있어야 하는 데 이를 불의 3요소 또는 화재 삼각형이라 한다. 소화 작업은 이들 3가지 가운데 하나 이상을 차단함으로써 이루어진다.

① 화재의 원인
- ㉠ 담뱃불
- ㉡ 자연발화 : 기름이나 페인트가 묻은 걸레 등이 밀폐된 곳에 방치될 때
- ㉢ 전기설비 : 과부하, 누전
- ㉣ 화물창 : 위험 화물의 관리 소홀, 항해중 화물의 이동에 의한 발화
- ㉤ 화기 작업 부주의

② 화재 발생 시의 조치 : 화재가 발생하면 비상벨을 울려서 각자의 임무에 충실하고 신속하게 진화 작업을 해야 한다.
- ㉠ 화재 구역의 통풍과 전기를 차단한다.

ⓛ 타고 있는 물질이 무엇인지 알아내어 적절한 소화 방법을 강구
ⓒ 소화 작업자의 안전에 유의 - 유독가스 확인, 호흡구 준비
ⓔ 작업자를 구출할 기구의 준비 및 대기
ⓜ 화재의 확산 방지에 노력한다.

③ **소화시 선박의 조종** : 소화 작업 중에는 화재의 확산을 막도록 상대 풍속이 0이 되도록 조종하는 것이 원칙이다.
㉠ 선수 화재시는 선미에서 바람을 받도록 하고,
㉡ 선미 화재시는 선수에서,
㉢ 중앙부 화재시는 정횡에서 바람을 받으면서 소화하도록 한다.

④ **화재의 종류와 소화제**
㉠ A급 화재 : 연소 후 재가 남는 고체 물질의 화재(목재·의류·로프·플라스틱 등의 화재) - 물, 포화 소화제로 진화
㉡ B급 화재 : 타고난 후 재가 남지 않는 가연성 액체 화재(기름·페인트 등의 화재) - 소화제는 분무형의 물, 이산화탄소, 포말, 분말 소화제
㉢ C급 화재 : 전기에 의한 화재(이산화탄소, 분말 소화제로 진화)
㉣ D급 화재 : 가연성 금속 화재로서 마그네슘, 알미늄 등의 화재 - 금속과 반응을 일으키지 않는 분말 소화제로 진화
㉤ E급 화재 : LPG, LNG, 아세틸렌 등의 화재 - 소화 방법은 먼저 가스를 차단하고 이산화탄소 등을 이용하는 B급 화재의 소화 방법.

(2) 비상 조타

항해 중 심한 파도의 충격이나 해상 부유물과의 충돌로 키가 손상되어 선박의 조종이 불가능할 경우에, 예인선의 도움을 받을 수 없을 때 선내에서 응급키를 제작하여 비상 조타를 하여야 한다.

① **응급키의 요건**
㉠ 보침성 및 선회성을 유지할 수 있어야 한다.
㉡ 선체의 저항을 너무 크게 주지 않아야 한다.
㉢ 선내 재료로 제작 가능하고 설치가 간단하여야 한다.
㉣ 조타나 조종이 간편해야 한다.
㉤ 스크루 프로펠러에 손상을 주지 않아야 한다.
㉥ 견고하여 풍랑에도 견딜 수 있어야 한다.

② **응급키의 종류**
㉠ 고정식 응급키 : 데릭붐에 두꺼운 판을 붙여 키를 만든 다음 체인으로 선미를 고정하여 보통 키와 같이 사용
㉡ 예항식 응급키 : 마닐라 로프를 여러 가닥 묶어, 그 끝에 조종할 로프를 연결하여 끌고 가면서 조종 로프를 끌어 당겨 선회하도록 한다.
㉢ 해묘식 응급키 : 캔버스나 드럼통 등을 양쪽에 설치하여 끌고 가면서 양쪽의 길이를 조절하여 선회시키는 방법

4 비상시 여객과 승무원의 조치 및 선체 포기

(1) 비상시 여객과 승무원의 조치

선박에 해난이 발생하여 승객의 안전에 문제가 발생하였을 때는 비상 체제의 특별 부서의 운용으로 승객이나 승무원의 안전을 확보해야 한다. 그러므로 평소에 이러한 훈련을 실시하도록 SOLAS규약에 규정되어 있는데, 500톤 이상의 선박과 여객선은

① 소방 훈련과 구명 훈련, 그 밖의 비상시에 대비한 훈련을 매주 실시해야 한다.
② 여객선의 선장은 여객이 비상시에 대비할 수 있도록 비상 신호의 위치, 구명 기구의 비치 장소를 선내에 명시하고, 피난 요령 등을 보기 쉬운 곳에 걸어두며, 구명 기구의 사용법과 여객이 알고 있어야 할 필요한 사항에 대하여, 출항 1시간(국제항해시 4시간) 이내에 여객에게 주지시켜야 한다.
③ 선장은 당해선박의 해원 1/4 이상이 교체된 때에는 출항 24시간 이내에 선내 비상 훈련을 실시해야 한다.
④ 선장은 구명훈련을 3개월에 한번씩 구명정을 바다에 띄워 놓고 훈련을 실시해야 한다.
⑤ 비상 신호법은 기적 또는 사이렌에 의한 연속 7회의 단음과 1회의 장음으로 한다.
  ⓐ 선박 충돌 및 좌초시는 좌초시의 조치 및 임의 좌주를 행한다.
  ⓑ 선박 화재시는 승객을 안전한 곳으로 유도하고 소화 작업을 행하고 소화가 불가능할 때는 퇴선 방법에 따른다.
  ⓒ 인명구조법에 따라 인명구조를 실시한다.
  ⓓ 승무원은 평소의 경험과 교육훈련을 바탕으로 침착하게 행동하여 승객이 정신적으로 안정감을 갖도록 한다.
  ⓔ 선체를 포기할 수밖에 없을 때는 퇴선 명령을 발한다.

(2) 선체 포기 및 퇴선

선장은 해난이 발생하여 선체를 포기하지 않으면 안 된다고 판단되는 경우에는 퇴선 명령을 발하여 퇴선 신호를 올리게 된다. 퇴선 신호는 기적 또는 선내 경보기를 사용하여 단음 7회에 장음 1회를 울린다.

① 퇴선 신호를 듣고 취해야 할 동작
  ㉠ 따뜻한 의복을 되도록 많이 껴입는다.
  ㉡ 구명 동의를 반드시 착용할 것
  ㉢ 신속하고 질서 있게 각자의 비상 배치부서에 가야 한다.
② 구명정에 탑승할 때의 조치
  ㉠ 구명정의 경우에는 구명정을 탑승 갑판까지 내리고 전원이 탑승하면 수면에 내린 후 구명정 강하 요원은 사다리를 이용하여 탑승한다.
  ㉡ 구명 뗏목의 경우에는 이탈 장치를 수동으로 조작하여 투하하고 완전히 팽창하면 승정용 사다리를 이용하여 탑승한다.
  ㉢ 급박한 상황이 아니면 바로 물에 뛰어 들지 말고 사다리나 줄을 이용하여 퇴선한다.

ⓔ 기름에 의하여 해수면이 불타고 있을 때에는 구명동의나 무거운 옷을 벗은 다음 잠수하여 바람이 불어오는 쪽으로 잠영한다.
ⓜ 수중 폭발이 일어날 경우에는 수압의 영향을 적게 받도록 가능하면 배영으로 헤엄쳐 나간다.

Chapter 07 비상조치 및 손상제어

Part 2 | 운용
적중예상문제

01 다음 중 해난사고로 볼 수 없는 것은?

가. 선박의 침몰
나. 선박의 좌초
사. 선박의 화재
아. 예정 침로의 변경

> 해양사고 : 선박의 손상, 침몰, 충돌, 좌초, 화재 등의 원인으로 인명이나 선체 및 화물에 손상을 입히는 것

02 선체 포기를 판단하여 결정을 내리는 사람은?

가. 선 장
나. 기관장
사. 본 인
아. 승무원 의견

03 해난사고의 발생 원인으로 가장 높은 것은 무엇인가?

가. 태 풍
나. 천재지변
사. 불가항력
아. 승무원의 부주의

04 다음은 해양사고의 발생 원인을 나타낸 것이다. 옳지 않은 것은?

가. 태풍, 폭풍 등의 불가항력
나. 과실, 태만 등의 부적절한 운용술
사. 항해, 황천준비, 적화법의 불량
아. 수로도지를 개보했을 때

> 해난사고의 발생원인
> ① 태풍, 폭풍 등의 천재지변 : 침몰의 원인
> ② 승무원의 과실, 태만 또는 적절하지 못한 운용술 : 충돌, 화재의 원인
> ③ 항해준비, 황천준비, 적화방법의 불량 : 침몰의 원인
> ④ 잘못된 선위 결정 : 좌초의 원인
> ⑤ 항해계기, 설비, 선체, 기관 등의 정비 불량 : 충돌의 원인
> ⑥ 협수로, 특정 해역, 항만에 대한 부정확한 정보 : 충돌의 원인
> ⑦ 부정확한 해도의 사용 : 좌초의 원인
> ⑧ 시계의 불량 또는 돌발적인 기상 이변 : 충돌 및 침몰의 원인

정답 01 아 02 가 03 아 04 아

05 해양사고로 인하여 선체 손상이 매우 커서 침몰 위험이 있을 때 일부러 선체를 적당한 해안에 좌초시키는 것은?

가. 가정박　　　　　　　　　나. 라이투
사. 임의 좌주　　　　　　　　아. 자력 이초

06 선내에 침수가 될 때 고려해야 할 사항이 아닌 것은?

가. 침수량 확인　　　　　　　나. 침수 원인 파악
사. 파공 크기 조사　　　　　　아. 소화 노즐의 준비

07 선박이 충돌하였을 때 서로 알려야 할 사항으로 옳지 않은 것은?

가. 선적항　　　　　　　　　　나. 도착항
사. 선박 소유자　　　　　　　아. 충돌발생 원인

> **해설** 충돌하였을 때의 조치
> ① 손상을 조사하여 자선과 타선에 급박한 위험이 있는지 판단한다.
> ② 양선의 인명구조에 최선을 다한다.
> ③ 침수시에는 방수, 배수 작업을 하되, 침수량이 많다고 배수를 중단하지 말 것
> ④ 급박한 위험이 있을 때는 부근 선박이나 육지에 구조를 요청한다.
> ⑤ 급히 침몰할 염려가 있으면 배수를 계속하면서 얕은 곳에 임의 좌주시킨다.
> ⑥ 충돌 시각, 위치, 상대선의 선명 및 소유자 등 자료와 기상 상태 등을 일지에 기록한다.
> ⑦ 한 선박이 다른 선박의 선복에 돌입한 경우에는 후진하지 말고 미속 전진하면서 인명구조 및 조치 시간을 연장해야 한다.
> ⑧ 퇴선시에는 중요 서류를 반드시 지참한다.

08 선박의 충돌시 가장 먼저 취할 조치로 옳은 것은?

가. 인명구조　　　　　　　　　나. 항해일지 기록
사. 해난보고서 준비　　　　　아. 적화물에 대한 조치

09 선박 충돌 시의 조치로 옳지 않은 것은?

가. 자선과 타선의 인명구조에 임한다.
나. 선체의 손상과 침수 정도를 확인한다.
사. 경미한 충돌이라도 시간을 다투어 퇴선한다.
아. 자선과 타선에 급박한 위험이 있는지 확인한다.

정답 05 사　06 아　07 나　08 가　09 사

10 다음 중 비상신호 방법을 나타낸 것은?

가. 장음 7회, 단음 1회   나. 단음 7회, 장음 1회
사. 단음 1회, 장음 7회   아. 장음 1회, 단음 7회

해설 퇴선신호는 기적 또는 선내 경보기를 사용하여 단음 7회에 장음 1회를 울린다.

11 선박이 과실로 인하여 암초나 개펄에 얹히는 것을 무엇이라 하는가?

가. 충 돌   나. 좌 초
사. 침 몰   아. 임의 좌주

해설
① 좌초 : 뜻하지 않게 펄이나 모래 등에 얹히는 것
② 임의 좌주 : 선박의 안전을 위하여 임의로 좌주시키는 것
③ 선저 접촉 : 잠시 선저가 해저에 닿는 것

12 화재 발생시의 조치로 옳지 않은 것은?

가. 가연성 물질을 준비한다.   나. 적절한 소화방법을 취한다.
사. 신속하게 진화작업을 한다.   아. 화재구역의 통풍과 전기를 차단한다.

13 좌초시에 선체를 고정시키는 작업 사항 중 관련이 없는 것은?

가. 선저부를 밀착   나. 앵커 체인을 짧게 냄.
사. 큰 파주력을 얻도록 함.   아. 육지의 고정물과 로프로 연결 고정

14 다음에서 좌초시 조사할 사항 중 중요하지 않은 것은?

가. 손상의 정도와 침수 유무   나. 해저 상황
사. 조시와 조석 간만의 차   아. 구명설비의 이상 유무

해설 좌초시의 조치
① 즉시 기관을 정지한다.
② 손상 부위와 손상 정도를 파악한다.
③ 침수가 있으면 적극 배수하면서 손상 부위의 응급조치를 취한다.
④ 본선 기관을 사용하여 이초가 가능한가를 파악하고, 자력 이초가 불가능하면 해양경찰서 등 가까운 육상 당국에 협조를 요청한다.
⑤ 후진 기관의 사용은 선체의 손상이 확대되거나 선체가 회전하여 상황이 어려워질 수도 있고, 모래, 펄 등이 순환펌프를 막히게 하는 수도 있다는 점에 유의하여야 한다.

정답 10 나 11 나 12 가 13 나 14 아

15 자력 이초법의 내용 중 부적당한 것은?

가. 고조 직전에 시도
나. 바람, 파도, 조류의 영향을 이용함.
사. 기관 회전수는 처음에 높였다가 천천히 낮춤.
아. 펄에 얹힌 경우는 선체를 동요시키면서 기관 사용

> 해설 자력 이초법 : 자선의 윈드라스(양묘기)나 윈치를 감아 들이면서, 기관을 사용하여 빠져 나오는 방법을 자력 이초라 한다.
> ① 고조 직전에 시도하고 바람이나 파도, 조류의 영향을 이용한다.
> ② 중량 경감을 작업 직전에 행한다.
> ③ 기관의 회전수를 천천히 높이고 반출한 앵커 체인을 감아 들인다.
> ④ 암초에 얹혔을 때에는 얹힌 부분의 흘수를 줄인다.
> ⑤ 선수부가 얹힌 경우는 선수흘수를 작게, 선미 경우는 키와 추진기에 손상이 가지 않도록 선미흘수를 줄인 뒤 기관을 사용한다.
> ⑥ 개펄에 얹힌 경우는 선체를 좌우로 흔들면서 기관을 사용하면 효과적이다.
> ⑦ 조석 간만의 차가 큰 곳에서는 반출한 선묘를 팽팽하게 당기고 있으면 저절로 이초된다.

16 화재 발생시의 조치 중 부적당한 것은?

가. 화재구역의 통풍을 차단한다.
나. 적절한 소화방법을 강구한다.
사. 소화 작업자의 안전에 유의한다.
아. 퇴선을 위한 구명정을 강하한다.

17 선박 충돌시의 선박운용 방법으로 잘못된 것은?

가. 충돌 직후는 즉시 기관을 후진한다.
나. 침수가 심하면 수밀문을 밀폐시킨다.
사. 급박한 위험시에는 타선박에게 구조를 요청한다.
아. 침몰의 위험이 예상되면 얕은 곳에 얹히게 한다.

18 통신장비 화재에 적절한 소화제는?

가. 포말소화제, 분말소화제
나. 이산화탄소, 포말소화제
사. 분무형의 물, 포말소화제
아. 이산화탄소, 분말소화제

정답 15 사 16 아 17 가 18 아

19 연료유나 페인트 등의 화재 진화에 가장 유효한 것은?

가. 물
나. 증기
사. 모래
아. 포말

20 선미 쪽에 화재가 발생했을 때의 조치사항으로 맞는 것은?

가. 선미 쪽을 풍하 측으로 한다.
나. 선수 쪽을 풍하 측으로 한다.
사. 정횡 쪽을 풍상 측으로 한다.
아. 기관부에 연락하여 전속 후진한다.

 **소화시 선박의 조종**: 소화작업 중에는 화재의 확산을 막도록 상대 풍속이 0이 되도록 조종하는 것이 원칙이다.
① 선수 화재시는 선미에서 바람을 받도록 하고,
② 선미 화재시는 선수에서,
③ 중앙부 화재시는 정횡에서 바람을 받으면서 소화하도록 한다.

21 임의 좌주시의 해안으로 부적당한 곳은?

가. 연한 펄
나. 암반이 없는 자갈과 모래인 곳
사. 경사가 완만한 곳
아. 강한 조류가 없는 곳

 **좌주 장소의 선정**
① 파도가 가려지는 곳, 외해와 직항하지 않은 내만 등이 좋다.
② 구조 작업이 쉽도록 조류의 영향이 적은 곳이 좋다.
③ 수심은 상갑판이 수면에 잠기는 정도가 좋고 30m 이상은 구조가 어렵다.
④ 저질은 모래, 자갈, 진흙, 단단한 펄 등이 좋고, 파도가 없는 곳은 암반도 이용 가능하나 무른 연니 저질은 피하는 것이 좋다.

22 선박에서 퇴선할 때 퇴선신호를 명해야 하는 사람은?

가. 선 장
나. 기관장
사. 통신사
아. 당직항해사

23 퇴선신호를 나타내는 것은?

가. 장음 7회, 단음 1회
나. 단음 7회, 장음 1회
사. 단음 1회, 장음 7회
아. 장음 1회, 단음 7회

정답 19 사 20 가 21 가 22 가 23 나

24 퇴선시에는 단음 7회와 장음 ( )를 기적이나 비상벨로 울린다. ( )에 알맞은 것은?
  가. 4회
  나. 3회
  사. 2회
  아. 1회

25 화재가 발생할 때 필요로 하는 요소가 아닌 것은?
  가. 가연성 물질
  나. 산소
  사. 질소
  아. 불꽃

26 화재 발생시의 일반적인 조치사항으로 부적절한 것은?
  가. 유해가스를 배출하기 위해 강한 송풍장치로 공기를 화재구역에 투입한다.
  나. 어떤 물질이 타고 있는가 알아내고 적절한 소화방법을 강구한다.
  사. 소화 작업자의 안전에 유의하여 유해가스가 있는지 확인하고 호흡구를 준비한다.
  아. 작업자를 구출할 기구를 준비하고 대기한다.

27 침수 장소에 침수가 되지 않도록 막는 것을 무엇이라 하는가?
  가. 방수매트
  나. 캔버스
  사. 로프
  아. 그물

정답 24 아 25 사 26 가 27 가

Chapter 08 선내의료

Part 2 | 운용

1 위생관리와 소독

1 의료 관리인

선원법에 따라 선박에는 승무원의 건강 관리를 위하여 톤수 및 선종에 따라 의사, 의료관리자, 응급처치 담당자 중 1인이 승선하도록 되어 있다.

당직근무와 선내안전 및 위생관리

구 분	승선 기준
의 사	• 3일 이상의 국제항해에 종사하는 선박으로서 최대 승선인원이 100명 이상인 선박(어선 제외) • 모선식 어업에 종사하는 총톤수 5,000톤 이상의 어선으로서 승선인원이 200명 이상의 어선
의료 관리자	• 원양 구역을 항해 구역으로 하는 총톤수 5,000톤 이상의 선박 • 총톤수 300톤 이상의 어선(평수, 연해, 근해 구역을 항해하는 어선 제외)
응급처치 담당자	• 연해 구역 이상을 항해 구역으로 하는 선박(어선 제외) • 여객 정원이 13명 이상인 여객선

선박에서 의료 관리자의 업무는 다음과 같다.
- 선원의 건강관리 및 보건지도
- 선내의 작업환경위생 및 거주환경위생의 유지
- 식료 및 용수의 위생유지
- 의료 기구, 의약품, 그 밖의 위생용품 및 의료서적 등의 비치·보관 및 점검
- 선내의료관리에 관한 기록의 작성 및 관리
- 선내환자의 위생관리에 관한 사항

2 의료용품의 관리

선박의 의료용품 종류 및 수량에 관한 기준은 국제보건기구(WHO ; World Health Organization)에서 추천하는 수량을 참조하여 회사별, 선박별로 적절하게 마련한다.
국제보건기구에서는 승무원의 수에 따라A(25~40인), B(25인), C(15)인 이하로 분류하고, 6개월 동안 필요한 의약품, 의료기구의 종류 및 양을 권고하고 있다. 의료용품은 크게 주사액, 내복약, 외용약, 의료기기 및 위생용품으로 분류된다.

의료관리자는 다음의 사항을 참조하여 의료용품을 관리한다.
- 회사나 선박의 의료용품 비치 기준표에 따라 의료용품을 관리한다.
- 유효기간이 만료된 의약품이 사용되지 않도록 관리한다.
- 의료용품, 중독극물, 항생제, 주사액 등 사용에 주의가 요구되는 의약품에 대해서는 선장에게 승인을 얻은 후 사용한다.
- 신경안정제, 수면제, 마취제 등의 향정신성 의약품은 자물쇠가 있는 곳에 별도 보관하고 선장의 승인을 얻은 후 사용한다.

③ 위생검사

콜레라, 페스트, 황열 등의 감염병이 국내 또는 국외로 감염되는 것을 막기 위하여 외국으로 출항하거나 외국에서 입항하는 선박은 검역법에 따라 다음 사항에 대하여 당해 항구에 입항 전에 검역조사를 받게 된다.
- 선박의 위생상태 경과와 현황
- 승무원과 승객
- 승무원과 승객의 소지품, 화물, 식료품, 음료수, 선용품
- 검역 감염병의 매개물이 되는 쥐 또는 벌레의 유무 및 번식 상태

이러한 검역 조사를 위해 검역관은 다음 사항에 대하여 위생검사를 실시하며, 그 성적이 무선 검역 신청인 경우에는 80점, 직접 검역인 경우에는 60점 이상이 되어야 합격된다. 단 쥐가 있는 경우에는 불합격으로 한다.

(1) 매개 동물의 방제 관리
① 쥐 및 벌레의 서식 여부
② 쥐막이(rat guard) 구조, 보유수량 및 활용 여부
③ 쥐틀, 쥐약, 살충제의 충분한 보유 여부

(2) 식품 관리
① 식품 보관 상태
② 식기 조리기 및 조리실 청결 상태
③ 조리원의 청결 상태

(3) 음료수 관리
① 배수관 및 사운딩 파이프 등의 상태
② 소독제의 양

(4) 화장실 관리
① 수세 시설의 급수량 및 비누 비치 여부 등
② 청결 상태

(5) 기타 위생관리
① 선내 전반의 정돈 상태
② 일반 소독제 비치량

③ 예방 접종 여부

(4) 선내 소독
① **일광 소독** : 침구, 의복 등을 2~3시간 정도 햇빛 속의 자외선을 이용하여 소독하는 방법
② **열탕 소독** : 취사 도구, 의료 기구 등을 물에 넣고 10분 이상 끓여서 소독하는 법
③ **증기 소독** : 의료 기구 등을 100℃ 이상의 증기 속에서 30분 이상 두어 소독하는 법
④ **훈증 소독** : 선박 내의 해충 등을 선내 공간을 밀폐하여 아황산가스 등을 주입하여 소독하는 법
⑤ **약물 소독** : 살충제인 크레졸, 포르말린 등의 약제로 소독하는 법
⑥ **소각법** : 가장 확실한 소독방법으로 태워서 하는 소독

2 응급처치

응급처치는 위급한 상황에서 자기 자신을 지키고 뜻하지 않은 부상자나 환자가 발생했을 때 그가 전문적인 의료 서비스를 받기 전까지 적절한 처치와 보호를 해 주어 고통을 덜어 주고 생명을 구할 수 있게 하는 지식과 기술을 말한다.

1 응급구조 활동의 원칙

위급 상황의 현장에서는 아래 4단계의 응급구조 활동을 순차적으로 행하여 환자의 생존 가능성을 높인다.
① 사고 발생의 직접적인 원인 및 주변 상황을 신속히 파악한다.
② ABC 검사법 등을 통해 환자의 기도가 열려 있는지 조사하고, 호흡을 확인하며 맥박을 검사하여 환자의 상태를 파악한다.
③ 육하원칙(언제, 어디서, 누가, 무엇을, 어떻게, 왜)에 따라 전문 의료기관에 구조를 요청한다.
④ 환자 상태에 대하여 생체 징후를 면밀히 살피고 신체의 부상 여부를 조사한다.

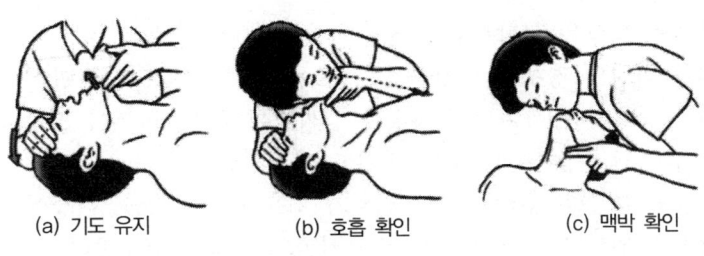

(a) 기도 유지   (b) 호흡 확인   (c) 맥박 확인

[ABC 검사법]

2 응급처치의 내용

(1) 구조 호흡 및 심폐 소생법

구조 호흡이란 어떤 원인으로 호흡 정지가 된 환자에게 인공적으로 폐에 공기를 불어 넣어 자력으로 호흡을 할 수 있게 하는 방법이다. 많이 이용되는 방법으로 구강대 구강법(입김 불어 넣기)은 기도의 이물질을 제거한 후, 처음에는 연속 2회를 충분히 불어넣고 그 이후에는 1분당 12~15회 불어 넣는 방법이다. 구강대 구강법이 어려울 때는 등 누르고 팔들기법, 가슴 누르고 팔 들기법 등이 있다.

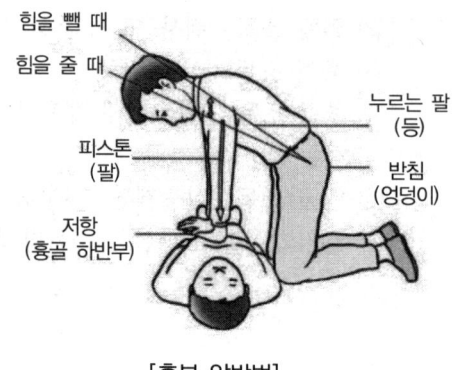

[흉부 압박법]

(2) 출혈과 지혈법

부상으로 피를 많이 흘리면 생명이 위태로울 수 있다.

체중이 50~60kg인 사람의 몸속에는 4,000~5,000cc의 혈액이 있는데, 이 중 1,000(20%)cc가 출혈되면 생명이 위험하고, 1,500(30%)cc 가 출혈되면 생명을 잃게 된다. 출혈시에는 거즈 등을 상처위에 대고 직접 누르거나 피부 표면에 가까운 동맥(지압점)을 심장쪽에서 누른다. 직·간접 압박법으로 출혈이 멈추지 않을 때에는 지혈대를 사용하여 출혈을 막고 지체없이 병원으로 이송하여야 한다.

(3) 화상 및 응급처치

화상은 열작용에 의해 피부 조직이 상해된 것으로서 화염, 증기, 열상, 각종 폭발, 가열된 금속, 약품, 전류, 태양열 등에 의해 발생한다.

① 화상의 종류
   ㉠ 1도 화상(홍반점) : 표피가 붉게 변하며 쓰린 통증은 있지만 흉터는 남지 않는 것이다.
   ㉡ 2도 화상(수포성) : 표피와 진피가 약간 손상되어 물집이 생기며 심한 통증을 수반한다.
   ㉢ 3도 화상(괴정성) : 피하 조직 및 근육 조직이 손상되어 검게 타고 짓무른 상태가 되어 통증이 없으며 지각이 없다.

② 응급처치법
   ㉠ 가벼운 화상은 화상부위를 찬물에서 5~10분간 냉각시킨다.
   ㉡ 심한 화상의 경우에는 찬물 등으로 어느 정도 냉각시키면서 감염되지 않도록 멸균 거즈 등을 이용하여 상처부위를 감싸도록 한다. 의복이 밀착된 경우에는 그 부위를 잘라서 남겨 놓은 채 옷을 벗기고 냉각시킨다.
   ㉢ 2, 3도 화상일 경우에는 그 범위가 체포 면적의 20% 이상이면 전신 장해를 일으켜 생명을 위협할 수 있으므로 의료기관의 도움을 요청한다.

(4) 골절과 응급처치법

골절은 직·간접적인 외력에 의해 뼈가 부러지는 것으로서 출혈, 감염 등의 2차적인 위험이 따른다.

① **골절의 종류**
  ㉠ 단순 골절은 피부는 상하지 않고 뼈만 부러진 경우로 소리나 느낌으로 알 수 있다. 골절된 부위는 저리고 아프며 부어오른다.
  ㉡ 복합 골절은 골절로 인해 뼈 근처의 근육 및 피부가 상처를 받는 경우로서 출혈이 발생한다.
  ㉢ 복잡 골절은 단순 골절의 여러 증상 외에 뼈가 작은 조각으로 부러져 수술을 해야 하는 경우이다.

② **응급처치 방법**
  ㉠ 환자를 따뜻하게 하고 안정시킨다.
  ㉡ 골절된 부분의 관절이 움직이지 않도록 조사시킨다.
  ㉢ 골절된 뼈는 그 상태로 부목 등을 이용하여 고정한다.
  ㉣ 피부에 상처가 있을 경우에는 소독하여 감염을 막는다.

(5) 부상자 운반법

부상자는 보다 편하게, 보다 안전하게, 보다 신속하게 운반해야 한다. 뇌출혈이 있는 부상자나 척추 손상 부상자를 무리하게 운반하여 상태를 악화시키는 사례가 많으므로 유의하여 운반하여야 한다.

① 가능하면 전문 의료기관이 도착할 때까지 부상자를 운반하지 말고 응급처치를 실시한다.
② 부상의 종류를 잘 살핀 후 운반방법을 결정한다.
③ 가능한 한 들것을 이용하여 운반하고 충분한 인원을 동원한다.
④ 운반 중 부상자의 흔들림을 방지하고, 편안한 운반이 되고 있는지를 파악하기 위해 부상자의 동태를 살핀다.
⑤ 부상자의 다리 쪽 방향으로 이동한다.

온라인 강의 에듀마켓

3 승선시 유의해야 할 질환의 치료와 예방

1 식중독 예방과 치료

식중독이란 부패하거나 세균 및 화학 물질이 침투한 음식, 복어, 독버섯 등과 같이 독소를 포함한 식품을 섭취한 후 복통, 구토, 설사 등을 일으키는 병이다.

(1) 예방법
 ① 냄새나 맛이 이상하거나 변색된 음식은 먹지 않는다.
 ② 세균이 번식된 경우 냄새, 맛, 색상 등으로 구별하기 어려우므로 세균이 잘 번식하는 여름철에는 가급적 날 것을 먹지 않는다.
 ③ 복어 등은 알, 정소, 피 등에 독이 많다.
 ④ 복어는 전문 요리사가 조리한 것을 먹는다.

(2) 치료법
 ① 안정하고 몸을 따뜻하게 한다.
 ② 원인에 따른 항생제를 복용하고, 설사나 구토가 심할 때에는 포도당 등을 정맥 주사한다.
 ③ 12~24시간 절식한다.

2 급성 위염 예방과 치료법

급성 위염은 부패한 음식물의 섭취, 과식, 과음, 육체 피로 및 정신적 스트레스 등의 원인으로 위통 및 소화 불량이 발생하여 심할 경우 구토, 식욕 부진, 전신통, 두통 등이 따른다.

(1) 우선 식사에 유의하여 음식물 섭취를 줄이고 부드러운 음식물을 섭취한다.
(2) 규칙적으로 소량의 식사를 하고, 과음하지 않는다.
(3) 여가 활동으로 스트레스 등을 효과적으로 해소한다.

3 간염 예방과 치료법

간염이란 말 그대로 간세포 조직의 염증을 의미하는 것이다. 간염 바이러스가 몸 안에 침입하면 간에서 번식한 후 면역세포를 파괴시키고 간 기능을 손상시킨다. 이러한 상태가 지속되면 간경변증을 거쳐 간암으로 진행된다.

(1) 급성 간염은 주로 간염 바이러스에 의해 생기며 알코올, 약물, 세균 및 기생충 감염 등이 원인이다.
(2) 콧물, 감기, 몸살, 발열, 관절통, 식욕 부진 등의 증상이 1~2주 계속된다.
(3) 예방접종과 청결한 위생관리를 통해 예방할 수 있다.

Chapter 08 선내의료

Part 2 | 운 용
적중예상문제

01 다음 중 가장 확실한 소독 방법으로 옳은 것은?

　가. 소각법　　　　　　　나. 일광소독
　사. 열탕소독　　　　　　아. 증기소독

　🔖 소각법은 가장 확실한 소독 방법이고, 일광소독은 대체로 불완전한 소독법이다.

02 선내 훈증소독에 사용되는 약품으로 옳은 것은?

　가. 크레졸가스　　　　　나. 아황산가스
　사. 일산화탄소　　　　　아. 질소가스

　🔖 훈증소독 : 선박 내의 해충 등을 선내 공간을 밀폐하여 아황산가스 등을 주입하여 소독하는 법(아황산가스는 쥐나 곤충을 박멸하고, 또한 살균작용도 양호하다.)

03 다음 질환 중 모기가 감염시키는 질환은?

　가. 급성 장염　　　　　　나. 급성 심장병
　사. 말라리아　　　　　　아. 파상풍

04 둔기로 맞거나 딱딱한 곳에 떨어져 생기는 상처를 무엇이라 하는가

　가. 자 상　　　　　　　　나. 절 상
　사. 열 상　　　　　　　　아. 타박상

05 체온이 35℃ 이하인 저체온 상태에 대한 설명으로 부적절한 것은?

　가. 힘이 빠지고 나른해진다.
　나. 말을 하기 어렵다.
　사. 방향감각이 없어진다.
　아. 의식은 뚜렷해진다.

> 정답　01 가　02 나　03 사　04 아　05 아

06 심장기능과 호흡기능이 정지되었을 때 적절한 응급처치는?
　　가. 인공호흡　　　　　　　　나. 심장마사지
　　사. 심폐소생법　　　　　　　아. 산소흡입

07 인공호흡과 심장의 마사지를 동시에 하는 것은?
　　가. 구강 대 비강법　　　　　나. 심폐소생법
　　사. 구강 대 구강법　　　　　아. 등 누르는 법

　　 심폐소생법은 호흡이 정지된 경우에 즉시 시작해야 한다.

08 골절환자 발생시의 조치 중 가장 중요한 것은?
　　가. 머리 부분을 낮춘다.　　　나. 보온과 안정에 주의한다.
　　사. 찬물로 가볍게 문질러 준다.　아. 부목으로 고정시켜 운반한다.

09 골절의 일반적인 처치로 잘못된 것은?
　　가. 골절 부위가 움직이지 않도록 한다.
　　나. 이동하기 전에 부목으로 고정한다.
　　사. 골절 부위에 지압과 마사지를 반복한다.
　　아. 복합 골절의 경우에는 지혈하고, 거즈를 댄다.

10 칼이나 유리 등의 날카로운 물건에 의하여 벤 상처를 무엇이라 하는가?
　　가. 자 상　　　　　　　　　　나. 절 상
　　사. 열 상　　　　　　　　　　아. 타박상

11 화상에서 표피와 진피가 약간의 손상을 입은 것으로 물집이 생기고 통증이 매우 심한 화상으로 옳은 것은?
　　가. 1도 화상　　　　　　　　나. 2도 화상
　　사. 3도 화상　　　　　　　　아. 4도 화상

　　 화상의 종류
　　① 1도 화상(홍반점) : 표피가 붉게 변하며 쓰린 통증은 있지만 흉터는 남지 않는 것이다.
　　② 2도 화상(수포성) : 표피와 진피가 약간 손상되어 물집이 생기며 심한 통증을 수반한다.
　　③ 3도 화상(괴정성) : 피하 조직 및 근육 조직이 손상되어 검게 타고 짓무른 상태가 되어 통증이 없으며 지각이 없다.

　　정답　06 사　07 나　08 아　09 사　10 나　11 나

12 따뜻하게 하면 몹시 가렵고, 출혈이 있다가 통증이 오는 동상은 몇 도 동상인가?

가. 4도 동상 나. 3도 동상
사. 2도 동상 아. 1도 동상

13 응급처치에서 체위에 대한 설명으로 옳은 것은?

가. 환자를 어떤 자세로 유지할 것인가 하는 것이다.
나. 환자가 부상시 넘어진 형태이다.
사. 환자의 신장을 말한다.
아. 환자의 다친 부위다.

14 혈압을 측정할 때 환자의 올바른 자세로 옳은 것은?

가. 팔 윗부분을 가능하면 심장보다 높게 위치시킨다.
나. 팔 윗부분을 가능하면 심장보다 낮게 위치시킨다.
사. 팔 윗부분을 가능하면 심장과 같은 높이로 위치시킨다.
아. 팔 윗부분의 높이와 혈압은 아무 관계가 없다.

15 만성 위염이 진전되면 주로 나타나는 질환으로 옳은 것은?

가. 구내염 나. 위궤양
사. 충수염 아. 간 염

16 타박상을 입었을 때의 조치로 옳지 않은 것은?

가. 즉시 환부를 차게 한다.
나. 내출혈 양을 최소 한도로 줄인다.
사. 마사지는 다친 후 2~3주간은 해서는 안된다.
아. 목욕을 하는 것이 좋다.

17 퇴선 후 해상에서 조난자가 사망하는 주 원인은 무엇인가?

가. 체온의 저하 나. 과다한 운동
사. 과다한 멀미 아. 식량의 부족

> 정답 12 아 13 가 14 사 15 나 16 아 17 가

18 독소형 식중독의 원인이 되는 세균으로 옳은 것은?

가. 살모넬라균 나. 비브리오균
사. 보툴리누스균 아. 포도상구균

해설 독소형 식중독은 보통 식후 2~6시간 이내에 일어나나, 가끔 30분 후에 발생할 수 있다.

19 장염비브리오균 식중독은 균에 오염된 식품 섭취 후 보통 몇 시간 정도에 발생하는지 옳은 것은?

가. 섭취 후 4시간 나. 섭취 후 8시간
사. 섭취 후 12시간 아. 섭취 후 24시간

20 쇼크 처치 중 가장 잘했다고 생각되는 것은?

가. 찬물을 끼얹어 자극하여 정신을 차리게 한다.
나. 큰 소리로 이름을 불러 잠들지 못하게 한다.
사. 머리 부상에 의한 것이 아니라면 하체를 상체보다 약간 높여주고 보온한다.
아. 산소공급을 충분히 한다.

21 응급처치 중 기도를 유지시킬 때 취하는 조치로 타당한 것은?

가. 입 안에 있는 이물질을 완전 제거하는 것이 좋다.
나. 입 안의 이물질과는 관계가 없다.
사. 공기는 기도가 막혀도 들어가니까 기도를 유지시킬 필요가 없다.
아. 응급처치와 기도유지는 관계가 없다.

22 팔, 다리 부위의 출혈이 계속될 때 최종적인 지혈법은?

가. 직접 압박법 나. 간접 압박법
사. 지혈대 사용법 아. 직·간접 압박법 병용

23 심장 박동 유무를 가장 신속하게 알아보는 방법은?

가. 안색을 본다. 나. 경동맥을 만져 본다.
사. 코와 입에 거울을 대어 본다. 아. 피부를 꼬집어 본다.

정답 18 아 19 사 20 사 21 가 22 사 23 나

24 식중독의 발생 원인이 아닌 것은?

가. 세균성 식중독
나. 화학물질에 의한 식중독
사. 체질에 의한 자가 식중독
아. 자연독에 의한 식중독

정답 24 사

Chapter 09 수색 및 구조, 해상통신

Part 2 | 운용

해상에서 조난자가 발생했을 때 보다 효율적으로 수색과 구조를 하기 위하여, 국제해사기구(I.M.O)에서 지침서를 만들었는데 이를 상선수색 구조지침이라 하며 구조선과 조난선의 조치 등이 명시되어 있다.

1 조난선과 구조선이 취할 조치

1 조난선이 취할 조치

(1) 조난선의 조난 송신 주파수
① 500kHz 또는 8,364kHz(무선전신)
② 2,182kHz(무선전화)
③ 156.8MHz(VHF채널16)
④ 단파 통신

(2) 조난통보의 내용
① 필수정보 : 선박의 식별(선종, 선명, 호출부호, 국적, 총톤수, 선박소유자 주소 및 성명), 위치, 조난의 성질 및 필요한 원조의 종류, 기타 필요한 정보(침로나 속력, 선장의 의향, 퇴선자의 수, 선체 및 화물의 상태 등)를 통보한다.
② 추가정보 : 현장 부근의 기상 및 해상, 선체표류 시각, 잔류 인원 및 중상자의 수, 구명정 종류와 수, 수중에서 위치 표시 방법, 침로와 속력의 변경 등
③ 최초에 모든 정보를 송신하는 것은 불가능하므로 단문 통보만 하고 차례로 추가시킨다.
④ 육상국이나 타선박에 방향을 탐지할 수 있도록 10~15초간의 장음 2회와 호출부호를 일정간격으로 되풀이하여 송신한다.
⑤ 상황이 변하여 원조가 필요없게 되면 즉시 조난통보를 취소해야 한다.

2 구조선이 취할 조치

조난통보를 수신한 선박은 신속히 다음의 조치를 해야 한다.
(1) 수신했음을 조난선에 알리고, 상황에 따라서는 조난통보를 재송신한다.
(2) 조난선에게 자선의 식별(선명, 호출부호 등), 위치, 속력 및 도착 예정시각 등을 송신한다.
(3) 조난 주파수로 청취 당직을 계속한다.

(4) 레이더를 계속하여 작동한다.

(5) 조난 장소 부근에 접근하면 견시원을 추가로 배치한다.

(6) 조난 현장으로 항진하면서 다른 구조선의 위치, 침로, 속력, 도착 예정시각, 조난 현장의 상황 등의 파악에 노력한다.

(7) 현장 도착과 동시에 구조작업을 할 수 있도록 필요한 준비(그물, 사다리, 로프, 들것 등)를 한다.

해상수색조정선(CSS : Co-ordinator Surface Search)
수색 구조 활동을 조직적으로 수행하기 위하여 수색선 가운데 선정된 지휘선을 해상 수색 조정선이라 한다.

2 인명구조

선박이 조난을 당했거나 부주의로 사람이 물에 빠졌을 때에는 최선을 다하여 인명을 구조하여야 한다.

1 조난선으로부터의 인명구조

(1) **구명정을 이용한 인명구조**

구조선은 조난선의 풍상측에서 접근한다. 풍하현의 구명정을 내려서 조난선의 풍하쪽 선미 또는 선수에 접근하여 충분한 거리를 유지하면서 계선줄을 잡은 다음 구명부환(라이프 링)의 양단에 로프를 연결하여 조난선의 사람을 옮겨 태운다.

(2) **표류 중인 조난자의 구조**

① **부표를 이용하는 법** : 굵은 로프, 약 200m 정도로 하여 구명동의, 구명부환 등을 달고 끝에는 구명정 또는 드럼통을 단다. 구조선은 조난자의 풍하측에서 풍상측으로 한 바퀴 선회하면서 구조한다.

② **구조선을 표류시키는 방법** : 현측에 로프나 그물을 내려 풍상측에서 표류자 쪽으로 떠내려 오면서 구조하는 방법이다.

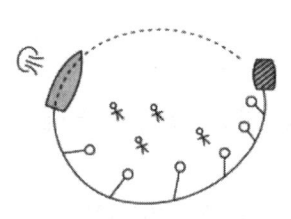

[부표에 의한 구조법]　　　　　[표류 구조법]

2 익수자의 구조

항해 중 사람이 물에 빠졌을 때에는 큰 소리를 '우현(좌현)에 사람이 빠졌다.'라고 외쳐 선교 당직자에게 알리는 동시에 구명부환 등의 부유물을 던져 준다. 당직 항해사는 즉시 기관을 정지하고, 사람이 빠진쪽으로 전전타하여 스크루 프로펠러에 빨려들지 않게 조종하며 자기 점화등, 발연부신호가 부착된 구명부환을 던져서 위치 표시를 한 다음 선내 비상소집을 하여 구조작업을 한다.

(1) 물에 빠진 사람이 보일 때

반원 2회 선회법이나 지연 선회법을 이용하는 데 반원 2회 선회법을 설명하면 빠진 현으로 전타함과 동시에 기관을 정지시키고 익수자가 선미를 벗어나면 전진하여 180도 선회하면 정침하여 가다가 물에 빠진 사람이 전횡후 30도 근방에 보일 때 최대 타각으로 선회하여 원침로에 오면 기관을 정지하고 전진하면 익수자 부근에 오게 된다. 지연 선회법은 가장 빠른 시간내에 구조하는 방법이다.

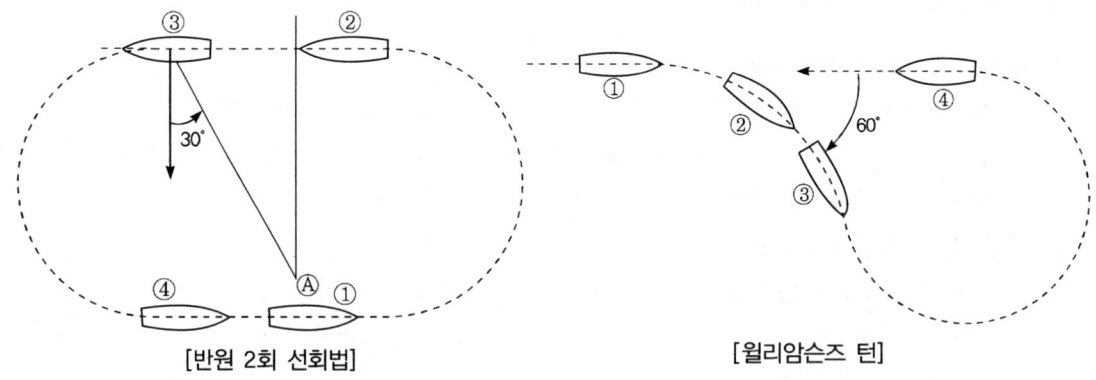

[반원 2회 선회법]　　　　　[윌리암슨즈 턴]

(2) 물에 빠진 시간을 모를 때

왔던 침로를 다시 되돌아 가는 조정법으로 어느 한쪽으로 전타하여 원침로에서 60도 선회하면 다시 반대쪽으로 전전타하여 원침로의 반대가 되었을 때 정침하면 왔던 침로로 되돌아 가게 된다. 견시원을 배치하여 탐색한다. 이를 '윌리암슨' 선회법이라 한다.

3 조난시의 생존 기술

(1) 체온유지

물에 뛰어든 조난자가 사망하는 주원인은 체온 상실에 의해서다. 체온이 섭씨 35도 이하가 되는 것을 저체온 상태라 하고, 힘이 빠지고 나른해 진다. 31도 이하로 떨어지면 기억상실, 근육경질, 맥박수 저하 등이 나타나고, 섭씨 30도 이하가 되면 가사 상태에 이르러 죽게 된다. 따라서 체온 유지 방법은 다음과 같다.

① 퇴선시에는 가능하면 옷을 많이 입어야 하며, 겉에는 방수 방한복을 입는 것이 좋다.
② 반드시 구명동의(라이프 자켓)를 입는다.
③ 물속에서는 불필요한 수영을 하지 말고 체력 소모를 줄일 것
④ 될 수 있는 한 수중에 있는 시간을 줄여야 하며, 젖었을 경우에는 빨리 건조시키고 따뜻하게 감싸야 한다.

(a) 체온 유지를 위한 의복 예
(b) 개인 체온 유지 자세
(c) 단체 체온 유지 자세 (생존 기간 50% 증가)

[체온의 유지]

(2) 음료수와 식량

생존 유지를 위해서는 식량보다 음료수가 더 중요하다.

① 퇴선후 24시간 이내에는 물을 지급하지 않아야 한다. 물이 충분하지 못하면 탄수화물 계통의 식량만 먹는다.
② 구명정이나 구명뗏목 탑승시에는 멀미약 복용 - 구토로 인한 탈수방지를 위하여
③ 불필요한 운동을 피하고 안정을 취한다. - 땀나는 것 방지, 갈증방지
④ 더울 때는 옷을 적시거나 천막 위에 물을 끼얹는다.
⑤ 부상은 속히 치료하여 출혈을 막는다.
⑥ 해수를 마시지 말 것 - 갈증 증가
⑦ 추가 음료수 확보를 위한 노력 - 빗물 모으기, 탈염 식수장치 활용

3 해상통신

1 해상통신의 종류

(1) **기류신호** : 알파벳 문자가 26장, 숫자기 10장, 대표기 3장, 회답기 1장으로, 총 40장으로 구성되어 국제신호서규약에 따라 실시하는 주간신호이다.

(2) **발광신호** : 마스트에 설치된 신호등이나 탐조등을 이용하여 국제 모스 부호에 의하여 신호하는 방법으로 야간신호이다.

(3) **음향신호** : 기적, 무중 경적, 사이렌 등 소리를 내는 장치를 이용하여 모스 부호로 사용한다.

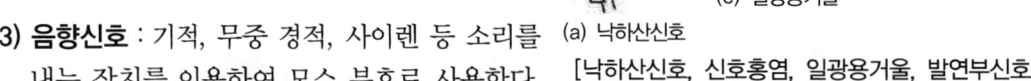
[낙하산신호, 신호홍염, 일광용거울, 발연부신호]

(4) **수기신호** : 수기 또는 양팔로서 국제신호서에 정해진 형상으로 신호한다.

(5) **무선전신** : 무선통신규약에 따라 이루어지는 통신방법이다.

(6) **무선전화** : 무선통신규약에 따라 이루어지는 통신방법으로, 고도의 기술을 필요로 하지 않는다.

(7) **해상위성통신** : 위성을 통하여 전화, 텔렉스 및 자료를 전송하는 방법으로, 국제해사위성기구(INMARSAT)가 운영한다.

2 세계해상조난 및 안전 시스템(GMDSS)

(1) **GMDSS** : 전 세계적인 해상조난 및 안전통신제도이다.

(2) **GMDSS의 통신 장비의 종류**
① 디지털 선택 호출(DSC : Digital Selective Calling) 장치
② 협대역 직접 인쇄(NBDP : Narrow-Band Direct Printing) 전신
③ VHF 무선설비
④ MF 무선설비
⑤ MF/HF 무선설비
⑥ 국제해사위성기구(INMARSAT) 선박지구국
⑦ NAVTEX 수신기
⑧ 고기능 집단호출(EGC : Enhanced Group Call) 수신기
⑨ 비상위치지시용 무선표지(EPIRB : Emergency Position Indicating Radio Beacon)
⑩ 수색 및 구조용 레이더 트랜스폰더(SART : Search And Rescue Radar Transponder)
⑪ 양방향 VHF 무선전화장치
⑫ 2,182kHz 무선전화 경보신호 발생 장치 및 청수 수신기

3 조난, 긴급, 안전통보에 관한 무선전화 사용법

(1) 조난 통신
선박이 중대하고 급박한 위험에 처하여 즉시 구조를 요구한다는 것을 표시하는 것으로 조난 호출의 앞에 송신하여야 한다.
① 모스 전신의 조난신호 : SOS(...＿...)의 3회 반복
② 무선전화의 조난신호 : 음성신호 "MAYDAY"어의 3회 반복

(2) 긴급 통신
긴급신호는 선박의 안전, 또는 사람의 안전에 관한 긴급한 통보를 전송하고자 하는 것을 표시한다.
① 모스 긴급신호 : "XXX"(_.._ _.._ _.._)집합의 3회 반복
② 무선전화의 긴급신호 : 음성신호 "PAN PAN"어의 3회 반복

(3) 안전 통신
무선국이 중요한 항행 경보 또는 중요한 기상 경보를 포함하는 통보를 전송하고자 하는 것을 표시한다.
① 모스 전신의 안전신호 : "TTT"(---)집합의 3회 반복
② 무선전화의 안전신호 : 음성신호 "SECURITE(씨큐리티)"어의 3회 반복

> 해상에서의 중요 통신의 신호는 다음과 같다.
> ① 조난통신 : MAYDAY(무선전화), SOS(무선전신)
> ② 긴급통신 : PAN PAN(무선전화), XXX(무선전신)
> ③ 안전통신 : SECURITE(무선전화), TTT(무선전신)

4 휴대용 비상 통신기

휴대용 무선 통신기로 조난 통신을 하기 위해서는 모든 승무원은 무선 통신에 관한 간단한 지식을 갖추고 통신기를 조작할 수 있어야 한다.

(1) 조난 통신에 사용하는 주파수는 500㎑, 8,364㎑(무선전신), 2,182㎑(무선전화)를 사용한다.

(2) 먼저 비상 통신기에 부착되어 있는 자동경보 신호단추를 누른다.

(3) 약 1분 후에 전건을 사용하여 SOS 3회, DE(_...) 1회와 본선의 호출 부호 1회에 의한 호출을 하고, 응답이 있으면 위치, 조난의 상황 등을 통보한다.

(4) 무선 전화에 의한 조난 통신도 자동 경보 신호 송신후 '메이데이' 3회, '디스이즈' 1회, 본선의 호출부호 또는 선명 3회로 호출되고 무선전신에서는 통보하는 내용과 같이 음성으로 통보한다.

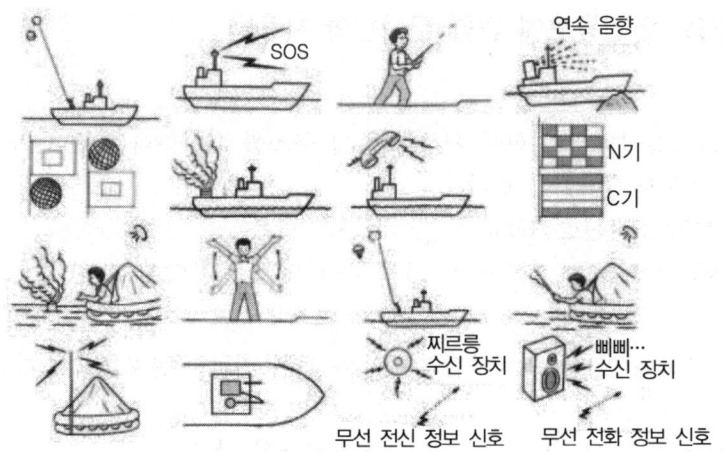

[조난신호]

문 자	기 류	의 미	문 자	기 류	의 미	문 자	기 류	의 미
A기		나는 잠수부를 내렸다.	J기		나는 화재가 발생했다. 나를 피하라.	S기		나는 기관을 후진 중이다.
B기		나는 위험물 하역중이다.	K기		나는 너와 통신을 원한다.	T기		나는 쌍끌이 어선이다. 나를 피하라.
C기		그렇다.	L기		너는 즉시 정지하라.	U기		너는 위험한 데로 가고 있다.
D기		나를 피하라.	M기		나는 정지하고 있다.	V기		나는 구조를 바란다.
E기		나는 우현으로 변침하고 있다.	N기		아니다.	W기		나는 의료를 필요로 한다.
F기		나는 조종이 자유롭지 못하다.	O기		사람이 바다에 빠졌다.	X기		나의 신호에 대하여 주의하라.
G기		나는 도선사를 필요로 한다.	P기		본선은 출항하니 전선원은 귀선하라.	Y기		나는 닻이 끌리고 있다.
H기		나는 도선사를 승선시키고 있다.	Q기		나는 검역을 바란다.	Z기		나는 예인선을 필요로 한다. 나는 투망 중이다.
I기		나는 좌현으로 변침하고 있다.	R기		신호 확인			

[국제 신호기]

Chapter 09 수색 및 구조, 해상통신

Part 2 | 운 용
적중예상문제

01 GMDSS(지엠디에스에스)란 무엇인가?
   가. 국제해사기구
   나. 해상교통관리제도
   사. 한국 연안 조난 통신제도
   아. 전 세계적인 해상 조난 및 안전통신제도

02 사람이 물에 빠졌을 때 가장 먼저 해야 할 조치로 옳은 것은?
   가. 선장에게 즉시 보고한다.
   나. 기관을 역회전시켜 전진 타력을 감소한다.
   사. 구명부환을 던지고 키를 물에 빠진 쪽으로 최대로 전타한다.
   아. 구명정을 신속하게 내리고 키를 물에 빠진 반대쪽으로 전타한다.

03 다음은 해상 수색 현장 조정관(OSC)의 임무에 대한 설명이다. 옳지 않은 것은?
   가. 정기적인 상황 보고
   나. 현장 통신을 조정
   사. 수색 또는 구조활동 계획 수립
   아. 수색 수당을 수색현장에서 지급

   해설 해상 수색 조정선(CSS : Co-ordinator Surface Search) : 수색 구조 활동을 조직적으로 수행하기 위하여 수색선 가운데 선정된 지휘선을 해상 수색 조정선이라 한다.

04 해상에서 선장이 조난선을 구조하기 위하여 출발하지 않아도 되는 경우는?
   가. 자기가 지휘하는 선박에 급박한 위험이 있을 때
   나. 조난신호 수신자가 필요 없다고 할 때
   사. 자기 배에 인명구조 설비가 미비할 때
   아. 속력이 느려 조난지점까지 많은 시간이 걸릴 때

정답 01 아 02 사 03 아 04 가

05 다음 중 본선이 침몰 중에 있을 경우 보내야 하는 표준통신 호출은?

가. 조난호출 나. 긴급호출
사. 안전호출 아. 보안호출

06 조난 통보용 주파수로 옳지 않은 것은?

가. 무선전신 500kHz 나. 무선 전화용 2,182kHz
사. VHF 채널 16 아. VHF 채널 9

> 해설 송신 주파수
> ① 500kHz 또는 8,364kHz(무선전신)
> ② 2,182kHz(무선전화)
> ③ 156.8MHz(VHF 채널 16)

07 조난선박에 접근하는 구조선이 취할 조치 중 관계가 적은 것은?

가. 갑판상에 천막을 친다.
나. 현측에 그물을 내린다.
사. 현측에 사다리를 내린다.
아. 구명줄 발사기 및 필요한 밧줄을 준비한다.

08 생존정을 타고 있는 조난자를 구조자가 쉽게 발견할 수 있도록 조난 장소 부근에 머물기 위해 투하하여야 할 것은?

가. 해묘(Sea anchor) 나. 동물성 기름
사. 젖은 옷가지 아. 신호탄류

09 조난통보의 내용 중 적합하지 못한 것은?

가. 목적항 나. 선명 또는 호출부호
사. 조난의 종류 아. 조난당한 위치

10 퇴선준비로서 관계가 가장 먼 것은?

가. 귀중품 반출 준비 나. 예비식량 및 식수 준비
사. 보온을 할 수 있는 준비 아. 라이프 자켓(구명동의) 준비

정답 05 가 06 아 07 가 08 가 09 가 10 가

11 물에 빠진 조난자가 사망하는 주된 원인은?

가. 극심한 공포감
나. 멀미 및 심한 복통
사. 조난에 의한 절망감
아. 해상에서의 노출로 인한 체온상실

12 다음에서 설명하는 인명 구조방법으로 바른 것은?

> ① 사람이 물에 빠진 시간 및 위치가 명확하지 못하고 시계가 제한되어 사람을 확인할 수 없을 때 사용한다.
> ② 한 쪽으로 전타하여 원침로에서 약 60° 정도 벗어날 때까지 선회한 다음 반대쪽으로 전타하여 원침로부터 180° 선회하여 전 항로로 돌아가는 방법이다.

가. 지연 선회법
나. 전진 선회법
사. 반원 2회 선회법
아. 윌리암슨즈턴 선회법

 인명 구조시 선박의 조종 : 물에 빠진 사람이 보일 때 반원 2회 선회법이나 지연 선회법을 이용한다.
① **반원 2회 선회법** : 빠진 현으로 전타함과 동시에 기관을 정지시키고 익수자가 선미를 벗어나면 전진하여 180도 선회하면 정침하여 가다가 물에 빠진 사람이 전횡후 30도 근방에 보일 때 최대 타각으로 선회하여 원침로에 오면 기관을 정지하고 전진하면 익수자 부근에 오게 된다.
② **지연 선회법** : 익수자를 눈으로 계속 확인하면서 가장 빠른 시간 내에 구조하는 방법이다.

13 물에 빠진 사람이 보일 때 구조하는 방법으로 옳은 것은?

가. 윌리암슨즈턴법
나. 반원 2회 선회법
사. 탐조등 이용법
아. 그물 이용법

14 국제신호서에서 "본선은 위험물을 하역 중 또는 운송중임"이란 뜻을 가진 기류신호는?

가. A기
나. B기
사. E기
아. P기

15 VHF 채널 중에서 긴급 통신에 사용하는 채널로 옳은 것은?

가. 채널 9
나. 채널 12
사. 채널 16
아. 채널 22

정답 11 아 12 아 13 나 14 나 15 사

제9장 수색 및 구조, 해상통신

16 다음 중 퇴선시에 취해야 할 동작으로 부적절한 것은?

가. 퇴선 신호 발령 후 곧바로 물에 뛰어든다.
나. 구명정의 경우 구명정 강하 요원은 구명정을 승정갑판까지 강하하여 전원이 탑승하면 구명정을 수면까지 내리고, 구명정 강하 요원은 승정용 사다리를 이용하여 탑승한다.
사. 구명뗏목의 경우는 구명뗏목 이탈장치를 수동 조작하여 투하하고, 완전히 팽창될 때까지 기다려 승정용 사다리를 이용하여 탑승한다.
아. 물로 바로 뛰어 들어야 하는 경우는 한 손은 코를 잡고 다리를 모은 다음, 발부터 물 속에 잠기도록 뛰어내린다.

17 충돌 즉시 자선 및 상대선의 선수 방향 및 선위를 확인해야 하는 가장 중요한 이유로 옳은 것은?

가. 충돌의 원인을 가리기 위하여
나. 본선의 손상을 파악하기 위하여
사. 해난 보고서를 준비하기 위하여
아. 상대선의 손상을 파악하기 위하여

18 국제신호서에 규정된 1자 신호 중 "Q"가 뜻하는 것은?

가. 본선 도선사가 승무중임.
나. 본선 출항예정임. 전원 귀선하라.
사. 본선 건강함. 검역 허가 바람.
아. 본선의 기관은 후진중임.

19 사람이 물에 빠졌을 때의 기류신호로 옳은 것은?

가. W기
나. P기
사. O기
아. Y기

> 해설
> W기 : 본선은 의료 원조를 바란다.
> P기 : 본선은 출항할 예정이니 전 선원은 귀선하라.
> Y기 : 본선은 닻이 끌리고 있다.

정답 16 가 17 가 18 사 19 사

20 국제 알파벳 1자 신호에서 A기의 의미로 옳은 것은?

가. 본선은 잠수부를 내렸다.
나. 본선은 도선사를 요구한다.
사. 본선은 위험물 하역 중이다.
아. 본선은 조종이 자유롭지 못하다.

> 해설 B기 : 본선은 위험물 하역중이다.
> F기 : 본선은 조종이 자유롭지 못하다.
> G기 : 본선은 도선사를 요구한다.

21 무선전화로 선박의 안전이나 인명보호와 관련하여 원조를 요청하는 긴급한 통보를 송신하고자 할 때 사용하는 용어는?

가. MAYDAY (메이데이)
나. PAN PAN (판판)
사. SECURITE (씨큐리트)
아. SOS (에스오에스)

22 무선전화에 의한 조난신호로 옳은 것은?

가. 시큐리트
나. 에스오에스
사. 팡 팡
아. 메이데이

> 해설 조난통신 : MAYDAY(무선전화), SOS (무선전신)
> 긴급통신 : PAN PAN(무선전화), XXX (무선전신)
> 안전통신 : SECURITE(무선전화), TTT(무선전신)

23 조난 경보를 보낼 때 포함되지 않는 내용으로 옳은 것은?

가. 식별 부호와 선명
나. 선박의 톤수와 흘수
사. 조난의 종류 및 지원요청사항
아. 조난 위치 및 조난 시각

24 항해 중 사람이 물에 빠졌을 때 당직 항해사가 취해야 할 사항으로 옳은 것은?

가. 물에 빠진 반대쪽으로 최대 타각을 주어 전타한다.
나. 물에 빠진 쪽으로 최대 타각을 주어 전타한다.
사. 기관을 전속 후진한다.
아. 기관을 전속 전진한다.

정답 20 가 21 나 22 아 23 나 24 나

제 9 장 수색 및 구조, 해상통신

25 국제신호기 중 잠수부가 수중 작업 중임을 알리는 표시는?

가. A
사. C
나. B
아. D

26 다음 중 조난신호에 해당하지 않는 것은?

가. 수영할 때 라이프자켓 착용신호
나. 오렌지색의 연기를 발하는 발연신호
사. 팔을 수평으로 벌려서 천천히 올렸다 내렸다 하는 신호
아. 낙하산이 달린 적색의 염화 로켓 또는 적색의 수동 염화에 의한 신호

27 다음 중 야간에 사용되는 조난신호 방법으로 옳은 것은?

가. 낙하산 신호
나. 조난신호 깃발게양
사. 붉은 불꽃을 내는 로켓신호
아. 팔을 수평으로 벌려서 천천히 올렸다 내렸다 하는 신호

28 국제기류신호 "G"기는 무슨 의미인가?

가. 사람이 물에 빠졌다.
나. 나는 도선사를 요구한다.
사. 나는 위험물을 하역중 또는 운송중이다.
아. 나를 피하라, 나는 조종이 자유롭지 않다.

29 시계가 양호한 주간에만 실시할 수 있으며 자선의 상태를 장시간 계속적으로 표시하는 경우에 적합한 신호는?

가. 기류신호
사. 음향신호
나. 발광신호
아. 수기신호

30 해상에서 사용되는 신호중 시각 통신에 해당하지 않는 것은?

가. 수기신호
사. 발광신호
나. 기류신호
아. 기적신호

정답 25 가 26 가 27 사 28 나 29 가 30 아

31 다음 중 조난신호로 옳지 않은 것은?

가. 약 1분간을 넘지 아니하는 간격으로 총포 신호
나. 자기발연부 신호
사. 로켓 및 낙하산 신호
아. 지피에스 신호

32 국제신호서의 문자신호 "B"의 의미는 무엇인가?

가. 사람이 물에 빠졌다.
나. 나는 위험물을 하역중 또는 운송중이다.
사. 나는 도선사를 요구한다.
아. 그렇다.

해설 가. O기   사. G기   아. C기

33 안개가 끼었을 때 행하는 신호로 옳지 않은 것은?

가. 기류신호   나. 타종신호
사. 기적신호   아. 사이렌

해설 기류신호는 국제 신호서 규약에 따라 실시하는 주간신호이다.

34 육상 무선국에서 항해의 안전에 관한 통보 또는 중요한 기상경보를 무선전화로 통보하고자 함을 표시하는 신호는?

가. MAYDAY (메이데이)   나. PAN PAN (팡팡)
사. SECURITE (씨큐리티)   아. DANGER (데인져)

35 생존 유지를 위해서는 식량보다 음료수가 더 중요하다. 체내의 수분이 소모되는 것을 방지하기 위한 노력이 될 수 없는 것은?

가. 부상은 속히 치료하여 출혈을 막는다.
나. 불필요한 운동을 피하고 안정을 취한다.
사. 염류의 보충을 위해 해수나 소변을 마신다.
아. 땀을 흘리지 않도록 하고, 옷을 적시거나, 천막 위에 물을 끼얹는 등의 방법을 사용한다.

정답 31 아 32 나 33 가 34 사 35 사

36 구조선이 조난선에 접근할 때 기름을 뿌리는 주된 이유는?

가. 파도를 낮게 하기 위해서
나. 잘 미끄러지게 하기 위해서
사. 다른 부유물을 밀어내기 위해서
아. 상대 선박에 피해를 주지 않기 위해서

37 상갑판 위에서 양팔을 좌우로 벌리고 팔을 상하로 천천히 흔드는 신호는?

가. 반갑다는 신호
나. 조난중이니 구조해 달라는 신호
사. 잘 가라는 신호
아. 아무 신호도 아니다.

38 다음 중 수색계획 수립시 가장 먼저 결정하여야 할 사항은?

가. 수색 인원을 결정한다.
나. 수색 수당의 지급액을 결정한다.
사. 조난의 원인과 사후 조난방지대책을 결정한다.
아. 수색 목표가 존재할 가능성이 가장 큰 위치인 추정기점(Datum)을 결정한다.

39 조난자가 조난 시 취할 행동으로 바르지 못한 것은?

가. 퇴선 시는 반드시 구명동의를 착용한다.
나. 퇴선 시는 가능한 한 옷을 많이 입는다.
사. 물속에서는 수영을 계속하여 체온을 유지한다.
아. 될 수 있는 한 수중에 있는 시간을 줄여야 한다.

40 다음에서 설명하는 통신설비로 바른 것은?

> "조난 현장에서 생존정과 구조정, 구조 항공기 사이에서 조난자의 구조 시에 사용되는 무선전화이다."

가. NAVTEX 수신기
나. 비상위치 무선 표지
사. 고기능 집단 호출 수신기
아. 양방향 VHF 무선전화 장치

정답 36 가 37 나 38 아 39 사 40 아

41 수색계획의 입안시 중요한 추정기점(Datum)을 결정할 때 고려할 사항이 아닌 것은?

가. 통보된 조난시각과 위치
나. 조난자의 가족사항과 재산
사. 각 구조선의 현장 도착 시간
아. 구조선이 도착하기까지 조난선 또는 구명정의 추정 이동량

42 다음은 항해중 사람이 갑자기 물에 빠졌을 때 구조하기 위한 방법이다. 틀린 것은?

가. 구조정의 승조원은 즉각 진수준비를 한다.
나. 익수자가 선미에서 벗어나게 물에 빠진 반대현으로 대각도 전타한다.
사. 구조시는 익수자의 풍상측으로 접근하여 선박의 풍하측에서 구조토록 한다.
아. 주간의 경우 발연부신호, 야간의 경우 자기점화등을 구명부환과 함께 익수자에게 던져준다.

43 의료 부분에 관한 통신문을 작성하고자 할 때 필요한 서지는 무엇인가?

가. 대양항로지
나. 국제신호서
사. 조석표
아. 조류도

44 수색을 실시할 때의 설명으로 부적절한 것은?

가. 모든 수색은 눈으로 해야 한다.
나. 레이더를 병용하여 효과를 높인다.
사. 수색 속력은 통상 가장 빠른 선박의 최대속력을 유지한다.
아. 수색 선박간의 간격은 지침서에 정해진 대로 따라야 한다.

45 조난신호 비품을 이용한 조난통신을 설명한 것으로 부적절한 것은?

가. 발연부 신호는 야간에 사용하며 연기를 약 5분 정도 낸다.
나. 신호용 거울을 이용한 일광신호는 약 10~20 마일까지 시인될 수 있다.
사. 발연부 신호는 바람의 강약에 따라 10~30 마일의 거리에서 식별 가능하다.
아. 신호용 거울은 빛을 반사하는 금속 조각이나 거울을 사용하여 햇빛을 반사시키는 것이다.

정답 41 나 42 나 43 나 44 사 45 가

46 국제기류신호에 의한 "NC"기는 무슨 신호를 의미하는가?

가. 일반신호
나. 의료신호
사. 조난신호
아. 부정과 긍정신호

47 해상에서 "수색"이란 무엇인가?

가. 구조를 하는 것
나. 조난당한 선박이나 사람을 찾는 것
사. 사람을 검색하는 것
아. 선박끼리 통신을 하는 것

48 수색 및 구조에 참여하지 않아도 되는 경우에 해당하는 것은?

가. 자기회사 선박이 아닐 때
나. 항해 중 조난선을 발견했을 때
사. 무선통신으로 조난 사실을 알았을 때
아. 타선박이 구조를 하고 있다는 응답이 있을 때

49 주로 야간에만 사용하는 해상통신 방법으로 옳은 것은?

가. 기류신호
나. 발광신호
사. 음향신호
아. 수기신호

50 국제 신호서의 "H"기는 언제 게양해야 하는가?

가. 선장 승선시
나. 도선사 승선시
사. 세관원 승선시
아. 검역관 승선시

51 생존 유지를 위해서는 식량보다 음료수가 더 중요하다. 체내의 수분이 소모되는 것을 방지하기 위한 노력으로 옳지 않은 것은?

가. 피부를 건조시키기 위하여 계속적으로 몸을 햇볕에 노출시킨다.
나. 물이 충분하지 못하면 탄수화물 계통의 구난식량만 먹는다.
사. 퇴선 후 24시간 이내에는 물을 지급하지 않아야 한다.
아. 구명정이나 구명뗏목에 탑승 후 멀미약을 먹는다.

> 해설 식수의 절약을 위해 생존정에서는 24시간 동안에는 물을 지급하지 않고, 이후 정해진 시간에 균등 분배한다. 또 멀미약을 복용하고 출혈 및 발열을 방지한다.

정답 46 사 47 나 48 아 49 나 50 나 51 가

PART 3
해사 법규

- ☀ 제1장   선박의 입항 및 출항 등에 관한 법률
- ☀ 제2장   선박안전법
- ☀ 제3장   해양환경관리법
- ☀ 제4장   해상교통안전법
- ☀ 제5장   국제해상충돌예방규칙

Chapter 01 선박의 입항 및 출항 등에 관한 법률

Part 3 | 해사 법규

1 총 칙

(1) 목 적

이 법은 무역항의 수상구역 등에서 선박의 입항·출항에 대한 지원과 선박운항의 안전 및 질서 유지에 필요한 사항을 규정함을 목적으로 한다.

(2) 용어의 정의

① 무역항 : 「항만법」 제2조 제2호에 따른 항만을 말한다(무역항이란 국민경제와 공공의 이해에 밀접한 관계가 있고 주로 외항선이 입항·출항하는 항만으로서 그 명칭·위치 및 구역은 대통령령으로 정한다).

② 무역항의 수상구역등 : 무역항의 수상구역과 「항만법」 제2조 제5호 가목 (1)의 수역시설 중 수상구역 밖의 수역시설로서 관리청이 지정·고시한 것을 말한다.

③ 관리청 : 무역항의 수상구역등에서 선박의 입항 및 출항 등에 관한 행정업무를 수행하는 다음 각 목의 구분에 따른 행정관청을 말한다.

    가. 「항만법」 제3조 제2항 제1호에 따른 국가관리무역항 : 해양수산부장관

    나. 「항만법」 제3조 제2항 제2호에 따른 지방관리무역항 : 특별시장·광역시장·도지사 또는 특별자치도지사(이하 "시·도지사"라 한다)

④ 선박 : 「선박법」 제1조의2 제1항에 따른 선박(기선, 범선, 부선)을 말한다.

⑤ 예선(曳船) : 「선박안전법」 제2조 제13호에 따른 예인선(曳引船) 중 무역항에 출입하거나 이동하는 선박을 끌어당기거나 밀어서 이안(離岸)·접안(接岸)·계류(繫留)를 보조하는 선박을 말한다.

⑥ 우선피항선(優先避航船) : 주로 무역항의 수상구역에서 운항하는 선박으로서 다른 선박의 진로를 피하여야 하는 다음 각 목의 선박을 말한다.

    ㉠ 「선박법」 제1조의2 제1항 제3호에 따른 부선(艀船)[예인선이 부선을 끌거나 밀고 있는 경우의 예인선 및 부선을 포함하되, 예인선에 결합되어 운항하는 압항부선(押航艀船)은 제외한다]

    ㉡ 주로 노와 삿대로 운전하는 선박

    ㉢ 예선

    ㉣ 항만운송관련사업을 등록한 자가 소유한 선박

    ㉤ 해양환경관리업을 등록한 자가 소유한 선박 또는 해양폐기물관리업을 등록한 자가 소유한 선박(폐기물해양배출업으로 등록한 선박은 제외한다)

ⓑ ㉠부터 ㉤까지의 규정에 해당하지 아니하는 총톤수 20톤 미만의 선박
⑦ **정박(碇泊)** : 선박이 해상에서 닻을 바다 밑바닥에 내려놓고 운항을 멈추는 것을 말한다.
⑧ **정박지(碇泊地)** : 선박이 정박할 수 있는 장소를 말한다.
⑨ **정류(停留)** : 선박이 해상에서 일시적으로 운항을 멈추는 것을 말한다.
⑩ **계류** : 선박을 다른 시설에 붙들어 매어 놓는 것을 말한다.
⑪ **계선(繫船)** : 선박이 운항을 중지하고 정박하거나 계류하는 것을 말한다.
⑫ **항로** : 선박의 출입 통로로 이용하기 위하여 제10조에 따라 지정·고시한 수로를 말한다.
⑬ **위험물** : 화재·폭발 등의 위험이 있거나 인체 또는 해양환경에 해를 끼치는 물질로서 해양수산부령으로 정하는 것[위험물 및 산적액체위험물]을 말한다. 다만, 선박의 항행 또는 인명의 안전을 유지하기 위하여 해당 선박에서 사용하는 위험물은 제외한다.
⑭ **위험물취급자** : 제37조 제1항 제1호에 따른 위험물운송선박의 선장 및 위험물을 취급하는 사람을 말한다.

현재의 무역항(31개 항)

1. 경인항	2. 인천항	3. 서울항	4. 평택·당진항	5. 대산항
6. 태안항	7. 보령항	8. 장항항	9. 군산항	10. 목포항
11. 완도항	12. 여수항	13. 광양항	14. 하동항	15. 삼천포항
16. 통영항	17. 장승포항	18. 옥포항	19. 고현항	20. 마산항
21. 진해항	22. 부산항	23. 울산항	24. 포항항	25. 호산항
26. 삼척항	27. 동해·묵호항	28. 옥계항	29. 속초항	30. 제주항
31. 서귀포항				

2 입항·출항 및 정박

1 출입 신고

① 무역항의 수상구역등에 출입하려는 선박의 선장은 대통령령으로 정하는 바에 따라 관리청에 신고하여야 한다(출입신고서에 승객 명부 및 승무원 명부를 첨부하여 지방해양수산청장, 시·도지사 또는 항만공사에 제출하여야 한다).

> **출입 신고의 방법(시행령 제2조 및 시행규칙 제3조)**
> 1. 내항선(국내에서만 운항하는 선박을 말한다)이 무역항의 수상구역등의 안으로 입항하는 경우에는 입항 전에, 무역항의 수상구역등의 밖으로 출항하려는 경우에는 출항 전에 해양수산부령으로 정하는 바에 따라 내항선 출입 신고서를 관리청에 제출할 것

2. 외항선(국내항과 외국항 사이를 운항하는 선박을 말한다)이 무역항의 수상구역등의 안으로 입항하는 경우에는 입항 전에, 무역항의 수상구역등의 밖으로 출항하려는 경우에는 출항 전에 해양수산부령으로 정하는 바에 따라 외항선 출입 신고서를 관리청에 제출할 것
3. 무역항을 출항한 선박이 피난, 수리 또는 그 밖의 사유로 출항 후 12시간 이내에 출항한 무역항으로 귀항하는 경우에는 그 사실을 적어 서면 또는 전자적 방법으로 관리청에 제출할 것
4. 선박이 해양사고를 피하기 위한 경우나 그 밖의 부득이한 사유로 무역항의 수상구역등의 안으로 입항하거나 무역항의 수상구역등의 밖으로 출항하는 경우에는 그 사실을 적어 서면 또는 전자적 방법으로 관리청에 제출할 것
5. 무역항의 수상구역등으로 입항하는 선박의 선장은 해당 선박의 출항 일시가 이미 정해진 경우에는 입항과 출항의 신고를 동시에 할 수 있다.
6. 출입신고서를 제출한 선박의 선장은 해당 선박의 출입 일시가 변경된 경우에는 지체 없이 그 사실을 지방해양수산청장, 시·도지사 또는 항만공사에 신고하여야 한다.

② 관리청은 ①에 따른 신고를 받은 경우 그 내용을 검토하여 이 법에 적합하면 신고를 수리하여야 한다.
③ 다만, 전시·사변이나 그에 준하는 국가비상사태 또는 국가안전보장에 필요한 경우에는 선장은 대통령령으로 정하는 바에 따라 관리청의 허가를 받아야 한다.

> **출입 허가의 대상 선박(시행령 제3조 및 시행규칙 제5조)**
> 1. 외국 국적의 선박으로서 무역항을 출항한 후 바로 다음 기항 예정지가 북한인 선박
> 2. 외국 국적의 선박으로서 북한에 기항한 후 1년 이내에 무역항에 최초로 입항하는 선박
> 3. 「국제항해선박 및 항만시설의 보안에 관한 법률」 제33조 제1항 제3호에 따른 행위(무단출입행위)를 한 외국인 선원이 승무하였던 국제항해선박으로서 해양수산부장관이 국가안전보장을 위하여 무역항 출입에 특별한 관리가 필요하다고 인정하는 선박
> 4. 전시·사변이나 이에 준하는 국가비상사태 또는 국가안전보장에 필요한 경우로서 관계 중앙행정기관의 장이나 「국제항해선박 및 항만시설의 보안에 관한 법률」 제2조 제9호에 따른 국가보안기관의 장이 무역항 출입에 특별한 관리가 필요하다고 인정하는 선박
> 5. 출입 허가를 받으려는 선박의 선장은 무역항의 수상구역등에 출입하기 3일 전까지 출입 허가 신청서를 지방해양수산청장 또는 시·도지사에게 제출하여야 한다.

② 출입 신고가 면제되는 선박

1. 총톤수 5톤 미만의 선박
2. 해양사고구조에 종사하는 선박

3. 「수상레저안전법」제2조 제3호에 따른 수상레저기구 중 국내항 간을 운항하는 모터보트 및 동력요트
4. 관공선, 군함, 해양경찰함정 등 공공의 목적으로 운영하는 선박
5. 도선선(導船船), 예선(曳船) 등 선박의 출입을 지원하는 선박
6. 연안수역을 항행하는 정기여객선(「해운법」에 따라 내항 정기 여객운송사업에 종사하는 선박을 말한다)으로서 경유항(經由港)에 출입하는 선박
7. 피난을 위하여 긴급히 출항하여야 하는 선박
8. 그 밖에 항만운영을 위하여 지방해양수산청장이나 시·도지사가 필요하다고 인정하여 출입 신고를 면제한 선박

3 정박지

(1) 정박 : 관리청은 무역항의 수상구역등에 정박하는 선박의 종류·톤수·흘수(吃水) 또는 적재물의 종류에 따른 정박구역 또는 정박지를 지정·고시할 수 있다. 무역항의 수상구역등에 정박하려는 선박(우선피항선은 제외한다)은 정박구역 또는 정박지에 정박하여야 한다. 다만, 해양사고를 피하기 위한 경우 등 해양수산부령으로 정하는 사유가 있는 경우에는 그러하지 아니하다. 정박구역 또는 정박지가 아닌 곳에 정박한 선박의 선장은 즉시 그 사실을 관리청에 신고하여야 한다.

> **정박구역 또는 정박지 이외에 정박할 수 있는 경우(시행규칙 제6조 제2항)**
> 1. 해양사고를 피하기 위한 경우
> 2. 선박의 고장이나 그 밖의 사유로 선박을 조종할 수 없는 경우
> 3. 인명을 구조하거나 급박한 위험이 있는 선박을 구조하는 경우
> 4. 해양오염 등의 발생 또는 확산을 방지하기 위한 경우
> 5. 그 밖에 선박의 안전운항을 위하여 지방해양수산청장 또는 시·도지사가 필요하다고 인정하는 경우

(2) 우선피항선 : 우선피항선은 다른 선박의 항행에 방해가 될 우려가 있는 장소에 정박하거나 정류하여서는 아니 된다.

(3) 정박 등의 제한
① 선박은 무역항의 수상구역등에서 다음 각 호의 장소에서 정박하거나 정류하지 못한다.
  ㉠ 부두·잔교(棧橋)·안벽(岸壁)·계선부표·돌핀 및 선거(船渠)의 부근 수역
  ㉡ 하천·운하 및 그 밖의 좁은 수로와 계류장 입구의 부근 수역
② 위의 ①에도 불구하고 다음 각 호의 경우에는 정박하거나 정류할 수 있다.
  ㉠ 해양사고를 피하기 위한 경우
  ㉡ 선박의 고장이나 그 밖의 사유로 선박을 조종할 수 없는 경우
  ㉢ 인명을 구조하거나 급박한 위험이 있는 선박을 구조하는 경우

ⓔ 제41조에 따른 허가를 받은 공사 또는 작업에 사용하는 경우

③ 선박의 정박 또는 정류의 제한 외에 무역항별 무역항의 수상구역등에서의 정박 또는 정류 제한에 관한 구체적인 내용은 관리청이 정하여 고시한다.

(4) 정박 방법

① 무역항의 수상구역등에 정박하는 선박은 지체 없이 예비용 닻을 내릴 수 있도록 닻 고정 장치를 해제하고, 동력선은 즉시 운항할 수 있도록 기관의 상태를 유지하는 등 안전에 필요한 조치를 하여야 한다.

② 관리청은 정박하는 선박의 안전을 위하여 필요하다고 인정하는 경우에는 무역항의 수상구역등에 정박하는 선박에 대하여 정박 장소 또는 방법을 변경할 것을 명할 수 있다.

(5) 계선 신고

① 총톤수 20톤 이상의 선박을 무역항의 수상구역등에 계선하려는 자는 해양수산부령으로 정하는 바에 따라 관리청에 신고하여야 한다.

② 관리청은 ①에 따른 신고를 받은 경우 그 내용을 검토하여 이 법에 적합하면 신고를 수리하여야 한다.

③ ①에 따라 선박을 계선하려는 자는 관리청이 지정한 장소에 그 선박을 계선하여야 한다.

④ 관리청은 계선 중인 선박의 안전을 위하여 필요하다고 인정하는 경우에는 그 선박의 소유자나 임차인에게 안전 유지에 필요한 인원의 선원을 승선시킬 것을 명할 수 있다.

(6) 이동 명령

관리청은 다음 각 호의 경우에는 무역항의 수상구역등에 있는 선박에 대하여 해양수산부장관이 정하는 장소로 이동할 것을 명할 수 있다.

① 무역항을 효율적으로 운영하기 위하여 필요하다고 판단되는 경우

② 전시·사변이나 그에 준하는 국가비상사태 또는 국가안전보장을 위하여 필요하다고 판단되는 경우

(7) 선박교통의 제한

① 관리청은 무역항의 수상구역등에서 선박교통의 안전을 위하여 필요하다고 인정하는 경우에는 항로 또는 구역을 지정하여 선박교통을 제한하거나 금지할 수 있다.

② 관리청이 ①에 따라 항로 또는 구역을 지정한 경우에는 항로 또는 구역의 위치, 제한·금지 기간을 정하여 공고하여야 한다.

3 항로 및 항법

(1) 항로 사용의 원칙

① 관리청은 무역항의 수상구역등에서 선박교통의 안전을 위하여 필요한 경우에는 무역항과 무역항의 수상구역 밖의 수로를 항로로 지정·고시할 수 있다.

② 우선피항선 외의 선박은 무역항의 수상구역등에 출입하는 경우 또는 무역항의 수상구역 등을 통과하는 경우에는 지정·고시된 항로를 따라 항행하여야 한다. 다만, 해양사고를 피하기 위한 경우 등 해양수산부령으로 정하는 사유가 있는 경우에는 그러하지 아니하다.

(2) 항로에서의 정박 금지

① 선장은 항로에 선박을 정박 또는 정류시키거나 예인되는 선박 또는 부유물을 내버려두어서는 아니 된다. 다만, 다음의 어느 하나에 해당하는 경우는 그러하지 아니하다.
  ㉠ 해양사고를 피하기 위한 경우
  ㉡ 선박의 고장이나 그 밖의 사유로 선박을 조종할 수 없는 경우
  ㉢ 인명을 구조하거나 급박한 위험이 있는 선박을 구조하는 경우
  ㉣ 제41조에 따른 허가를 받은 공사 또는 작업에 사용하는 경우
② 위 ①의 ㉠부터 ㉢까지의 사유로 선박을 항로에 정박시키거나 정류시키려는 자는 그 사실을 관리청에 신고하여야 한다. 이 경우 ㉡에 해당하는 선박의 선장은 조종불능선 표시를 하여야 한다.

(3) 항로에서의 항법

① 모든 선박은 항로에서 다음 각 호의 항법에 따라 항행하여야 한다.
  ㉠ 항로 밖에서 항로에 들어오거나 항로에서 항로 밖으로 나가는 선박은 항로를 항행하는 다른 선박의 진로를 피하여 항행할 것
  ㉡ 항로에서 다른 선박과 나란히 항행하지 아니할 것
  ㉢ 항로에서 다른 선박과 마주칠 우려가 있는 경우에는 오른쪽으로 항행할 것
  ㉣ 항로에서 다른 선박을 추월하지 아니할 것. 다만, 추월하려는 선박을 눈으로 볼 수 있고 안전하게 추월할 수 있다고 판단되는 경우에는 「해상교통안전법」 제74조 제5항 및 제78조에 따른 방법으로 추월할 것

> **앞지르기하는 방법(해상교통안전법 제78조 및 제74조 제5항)**
> ① 앞지르기하는 배는 앞지르기당하고 있는 선박을 완전히 앞지르기하거나 그 선박에서 충분히 멀어질 때까지 그 선박의 진로를 피하여야 한다.
> ② 다른 선박의 양쪽 현의 정횡(正橫)으로부터 22.5도를 넘는 뒤쪽[밤에는 다른 선박의 선미등(船尾燈)만을 볼 수 있고 어느 쪽의 현등(舷燈)도 볼 수 없는 위치를 말한다]에서 그 선박을 앞지르는 선박은 앞지르기하는 배로 보고 필요한 조치를 취하여야 한다.
> ③ 선박은 스스로 다른 선박을 앞지르기하고 있는지 분명하지 아니한 경우에는 앞지르기하는 배로 보고 필요한 조치를 취하여야 한다.
> ④ 앞지르기하는 경우 2척의 선박 사이의 방위가 어떻게 변경되더라도 앞지르기하는 선박은 앞지르기가 완전히 끝날 때까지 앞지르기당하는 선박의 진로를 피하여야 한다.
> ⑤ 앞지르기하는 배는 좁은 수로등에서 앞지르기당하는 선박이 앞지르기하는 배를 안전하게 통과시키기 위한 동작을 취하지 아니하면 앞지르기할 수 없는 경우에는 기적신호를 하여 앞지르기하겠다는 의사를 나타내야 한다. 이 경우 앞지르기당하는 선박은 그 의도에 동의하면 기적신호를 하여 그 의사를 표현하고, 앞지르기하는 배를 안전하게 통과시키기 위한 동작을 취하여야 한다.

ⓒ 항로를 항행하는 위험물운송선박(선박 중 급유선은 제외한다) 또는 흘수제약선(吃水制約船)의 진로를 방해하지 아니할 것

ⓑ 범선은 항로에서 지그재그(zigzag)로 항행하지 아니할 것

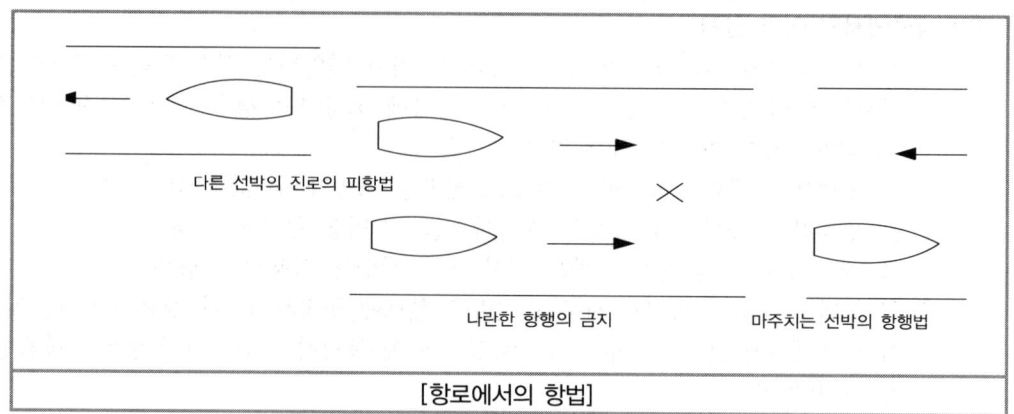

[항로에서의 항법]

② 관리청은 선박교통의 안전을 위하여 특히 필요하다고 인정하는 경우에는 ①에서 규정한 사항 외에 따로 항로에서의 항법 등에 관한 사항을 정하여 고시할 수 있다. 이 경우 선박은 이에 따라 항행하여야 한다.

(4) 방파제 부근에서의 항법

무역항의 수상구역등에 입항하는 선박이 방파제 입구 등에서 출항하는 선박과 마주칠 우려가 있는 경우에는 방파제 밖에서 출항하는 선박의 진로를 피하여야 한다.

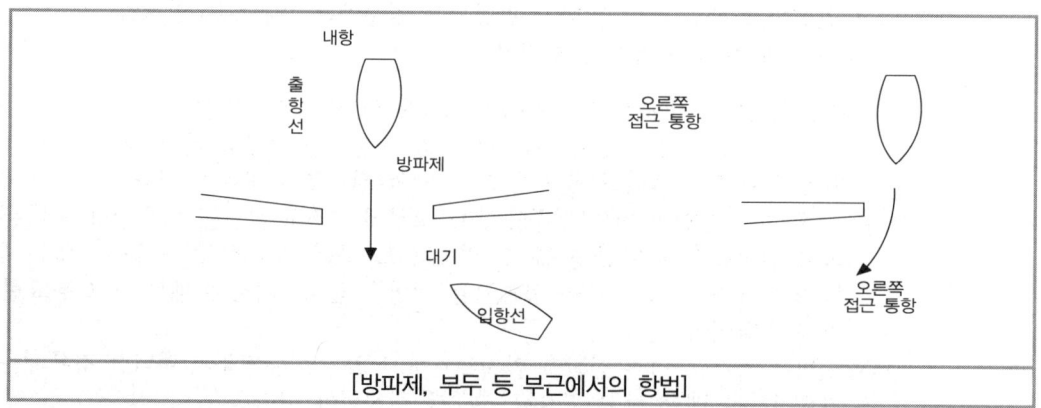

[방파제, 부두 등 부근에서의 항법]

(5) 부두등 부근에서의 항법

선박이 무역항의 수상구역등에서 해안으로 길게 뻗어 나온 육지 부분, 부두, 방파제 등 인공시설물의 튀어나온 부분 또는 정박 중인 선박(이하에서 "부두등"이라 한다)을 오른쪽 뱃전에 두고 항행할 때에는 부두등에 접근하여 항행하고, 부두등을 왼쪽 뱃전에 두고 항행할 때에는 멀리 떨어져서 항행하여야 한다.

(6) 예인선 등의 항법

① 예인선이 무역항의 수상구역등에서 다른 선박을 끌고 항행할 때에는 해양수산부령으로

정하는 방법에 따라야 한다.
㉠ 예인선의 선수(船首)로부터 피(被)예인선의 선미(船尾)까지의 길이는 200미터를 초과하지 아니할 것. 다만, 다른 선박의 출입을 보조하는 경우에는 그러하지 아니하다.
㉡ 예인선은 한꺼번에 3척 이상의 피예인선을 끌지 아니할 것
② 범선이 무역항의 수상구역등에서 항행할 때에는 돛을 줄이거나 예인선이 범선을 끌고 가게 하여야 한다.

(7) 진로방해의 금지
① 우선피항선은 무역항의 수상구역등이나 무역항의 수상구역 부근에서 다른 선박의 진로를 방해하여서는 아니 된다.
② 공사 등의 허가를 받은 선박과 선박경기 등의 행사를 허가받은 선박은 무역항의 수상구역등에서 다른 선박의 진로를 방해하여서는 아니 된다.

(8) 속력 등의 제한
① 선박이 무역항의 수상구역등이나 무역항의 수상구역 부근을 항행할 때에는 다른 선박에 위험을 주지 아니할 정도의 속력으로 항행하여야 한다.
② 해양경찰청장은 선박이 빠른 속도로 항행하여 다른 선박의 안전 운항에 지장을 초래할 우려가 있다고 인정하는 무역항의 수상구역등에 대하여는 관리청에 무역항의 수상구역등에서의 선박 항행 최고속력을 지정할 것을 요청할 수 있다.
③ 관리청은 ②에 따른 요청을 받은 경우 특별한 사유가 없으면 무역항의 수상구역등에서 선박 항행 최고속력을 지정·고시하여야 한다. 이 경우 선박은 고시된 항행 최고속력의 범위에서 항행하여야 한다.

(9) 항행 선박 간의 거리
무역항의 수상구역등에서 2척 이상의 선박이 항행할 때에는 서로 충돌을 예방할 수 있는 상당한 거리를 유지하여야 한다.

4 예 선

(1) 예선의 사용의무
① 해양수산부장관은 항만시설을 보호하고 선박의 안전을 확보하기 위하여 관리청이 정하여 고시하는 일정 규모 이상의 선박에 대하여 예선을 사용하도록 하여야 한다.
② 관리청은 ①에 따라 예선을 사용하여야 하는 선박이 그 규모에 맞는 예선을 사용하게 하기 위하여 예선의 사용기준(이하 "예선사용기준"이라 한다)을 정하여 고시할 수 있다.

(2) 예선업의 등록 등
① 무역항에서 예선업무를 하는 사업(이하 "예선업"이라 한다)을 하려는 자는 관리청에 등록하여야 한다. 등록한 사항 중 해양수산부령으로 정하는 사항을 변경하려는 경우에도

또한 같다.
② ①에 따른 예선업의 등록 또는 변경등록은 무역항별로 하되, 다음 각 호의 기준을 충족하여야 한다.
㉠ 예선은 자기소유예선[자기 명의의 국적취득조건부 나용선(裸傭船) 또는 자기 소유로 약정된 리스예선을 포함한다]으로서 해양수산부령으로 정하는 무역항별 예선보유기준에 따른 마력[이하 "예항력"(曳航力)이라 한다]과 척수가 적합할 것
㉡ 예선추진기형은 전(全)방향추진기형일 것
㉢ 예선에 소화설비 등 해양수산부령으로 정하는 시설을 갖출 것
㉣ 예선의 선령(船齡)이 해양수산부령으로 정하는 기준에 적합하되, 등록 또는 변경등록 당시 해당 예선의 선령이 12년 이하일 것. 다만, 관리청이 예선 수요가 적어 사업의 수익성이 낮다고 인정하는 무역항에 등록 또는 변경등록하는 선박의 경우와 해양환경공단이 해양오염방제에 대비·대응하기 위하여 선박을 배치하고자 변경등록하는 경우에는 그러하지 아니하다.
③ ②에도 불구하고 다음 각 호의 어느 하나에 해당하는 경우에는 해양수산부령으로 정하는 무역항별 예선보유기준에 따라 2개 이상의 무역항에 대하여 하나의 예선업으로 등록하게 할 수 있다.
㉠ 1개의 무역항에 출입하는 선박의 수가 적은 경우
㉡ 2개 이상의 무역항이 인접한 경우
④ 관리청은 예선업무를 안정적으로 수행하기 위하여 필요하다고 인정하는 경우 예선업이 등록된 무역항의 예선이 아닌 다른 무역항에 등록된 예선을 이용하게 할 수 있다.

(3) 예선업의 등록 제한
① 다음 각 호의 어느 하나에 해당하는 자는 예선업의 등록을 할 수 없다.
㉠ 원유, 제철원료, 액화가스류 또는 발전용 석탄의 화주(貨主)
㉡ 「해운법」에 따른 외항 정기 화물운송사업자와 외항 부정기 화물운송사업자
㉢ 조선사업자
㉣ ㉠부터 ㉢까지의 어느 하나에 해당하는 자가 사실상 소유하거나 지배하는 법인(이하 "관계법인"이라 한다) 및 그와 특수한 관계에 있는 자(이하 "특수관계인"이라 한다)
㉤ 제26조 제1호(거짓이나 그 밖의 부정한 방법으로 등록 또는 변경등록을 한 경우) 또는 제5호(개선명령을 이행하지 아니한 경우)의 사유로 등록이 취소된 후 2년이 지나지 아니한 자
② 관리청은 안전사고의 방지 및 예선업의 효율적인 운영을 위하여 필요한 경우로서 항만 내 예선의 대기장소가 해양수산부령으로 정하는 기준보다 부족한 경우에는 예선업의 등록을 거부할 수 있다.

(4) 예선업자의 준수사항
① 예선업자는 다음 각 호의 경우를 제외하고는 예선의 사용 요청을 거절하여서는 아니 된다.
㉠ 다른 법령에 따라 선박의 운항이 제한된 경우

ⓒ 천재지변이나 그 밖의 불가항력적인 사유로 예선업무를 수행하기가 매우 어려운 경우
　　　ⓓ 예선운영협의회에서 정하는 정당한 사유가 있는 경우
　② 예선업자는 등록 또는 변경등록한 각 예선이 등록 또는 변경등록 당시의 예항력을 유지할 수 있도록 관리하고, 해양수산부령으로 정하는 바에 따라 예선이 적정한 예항력을 가지고 있는지 확인하기 위하여 해양수산부장관이 실시하는 검사를 받아야 한다.

(5) 예선업의 적용 제외
조선소에서 건조·수리 또는 시험 운항할 목적으로 선박 등을 이동시키거나 운항을 보조하기 위하여 보유·관리하는 예선에 대하여는 예선업에 관한 이 법의 규정을 적용하지 아니한다.

5 위험물의 관리 등

(1) 위험물의 반입
① 위험물을 무역항의 수상구역등으로 들여오려는 자는 해양수산부령으로 정하는 바에 따라 관리청에 신고하여야 한다.

> **위험물 반입의 신고(시행규칙 제14조 제1항)**
> 위험물을 무역항의 수상구역등으로 들여오려는 자는 반입 24시간 전에 위험물 반입신고서, 위험물 일람표, 하물적부도를 지방해양수산청장 또는 시·도지사에게 제출해야 한다. 다만, 위험물을 육상으로 반입하는 경우에는 무역항의 육상구역으로 위험물을 들여오기 전까지, 전(前) 출항지부터 반입항까지의 운항 시간이 24시간 이내이고 해상으로 위험물을 반입하는 경우에는 무역항의 수상구역등으로 위험물을 들여오기 전까지 위험물 반입신고서 등을 제출할 수 있다.

② 관리청은 ①에 따른 신고를 받은 경우 그 내용을 검토하여 이 법에 적합하면 신고를 수리하여야 한다.
③ 관리청은 ①에 따른 신고를 받았을 때에는 무역항 및 무역항의 수상구역등의 안전, 오염방지 및 저장능력을 고려하여 해양수산부령으로 정하는 바에 따라 들여올 수 있는 위험물의 종류(화약류, 독물류, 방사성 물질) 및 수량을 제한하거나 안전에 필요한 조치를 할 것을 명할 수 있다.
④ 다음 각 호에 해당하는 자(해상화물운송사업을 등록한 자, 국제물류주선업을 등록한 자, 해운대리점업을 등록한 자, 수출·수입 신고 대상 물품의 화주)는 ①에 따라 신고를 하려는 자에게 해양수산부령으로 정하는 바에 따라 위험물을 통지하여야 한다.

(2) 위험물운송선박의 정박
위험물운송선박은 관리청이 지정한 장소가 아닌 곳에 정박하거나 정류하여서는 아니 된다.

(3) 위험물의 하역

① 무역항의 수상구역등에서 위험물을 하역하려는 자는 대통령령으로 정하는 바에 따라 자체안전관리계획을 수립하여 관리청의 승인을 받아야 한다. 승인받은 사항 중 대통령령으로 정하는 사항을 변경하려는 경우에도 또한 같다.
② 관리청은 무역항의 안전을 위하여 필요하다고 인정할 때에는 ①에 따른 자체안전관리계획을 변경할 것을 명할 수 있다.
③ 관리청은 기상 악화 등 불가피한 사유로 무역항의 수상구역등에서 위험물을 하역하는 것이 부적당하다고 인정하는 경우에는 ①에 따른 승인을 받은 자에 대하여 해양수산부령으로 정하는 바에 따라 그 하역을 금지 또는 중지하게 하거나 무역항의 수상구역등 외의 장소를 지정하여 하역하게 할 수 있다(이 경우에는 그 사유 등을 명시한 서면으로 통보하여야 한다. 다만, 긴급한 경우에는 구두(口頭)로 통보할 수 있다].
④ 무역항의 수상구역등이 아닌 장소로서 해양수산부령으로 정하는 장소(총톤수 1천톤 이상의 위험물 운송선박이 접안할 수 있는 부두시설 및 위험물 하역작업에 필요한 시설을 갖추고, 산적액체위험물을 취급하는 장소)에서 위험물을 하역하려는 자는 무역항의 수상구역등에 있는 자로 본다.

(4) 위험물 취급 시의 안전조치

① 무역항의 수상구역등에서 위험물취급자는 다음 각 호에 따른 안전에 필요한 조치를 하여야 한다.
　㉠ 위험물 취급에 관한 안전관리자(이하 "위험물 안전관리자"라 한다)의 확보 및 배치. 다만, 해양수산부령으로 정하는 바에 따라 위험물 안전관리자를 보유한 안전관리 전문업체로 하여금 안전관리 업무를 대행하게 한 경우에는 그러하지 아니하다.
　㉡ 해양수산부령으로 정하는 위험물 운송선박(총톤수 1천톤 이상의 산적액체위험물을 운송하는 선박)의 부두 이안·접안 시 위험물 안전관리자의 현장 배치
　㉢ 위험물의 특성에 맞는 소화장비의 비치
　㉣ 위험표지 및 출입통제시설의 설치
　㉤ 선박과 육상 간의 통신수단 확보
　㉥ 작업자에 대한 안전교육과 그 밖에 해양수산부령으로 정하는 안전에 필요한 조치
② 위험물 안전관리자는 해양수산부령으로 정하는 바에 따라 안전관리에 관한 교육을 받아야 한다.
③ 위험물취급자는 위험물 안전관리자를 고용한 때에는 그 해당자에게 안전관리에 관한 교육을 받게 하여야 한다. 이 경우 위험물취급자는 교육에 드는 경비를 부담하여야 한다.
④ 위험물 안전관리자의 자격, 보유기준 및 교육의 실시에 필요한 사항은 해양수산부령으로 정한다.
⑤ 관리청은 ①에 따른 안전조치를 하지 아니한 위험물취급자에게 시설·인원·장비 등의 보강 또는 개선을 명할 수 있다.
⑥ 해양수산부령으로 정하는 위험물을 운송하는 총톤수 5만톤 이상의 선박이 접안하는 돌

핀 계류시설의 운영자는 해당 선박이 안전하게 접안하여 하역할 수 있도록 해양수산부령으로 정하는 안전장비를 갖추어야 한다.

(5) 선박수리의 허가 등
① 선장은 무역항의 수상구역등에서 다음 각 호의 선박을 불꽃이나 열이 발생하는 용접 등의 방법으로 수리하려는 경우 해양수산부령으로 정하는 바에 따라 관리청의 허가를 받아야 한다. 다만, ⓒ의 선박은 기관실, 연료탱크, 그 밖에 해양수산부령으로 정하는 선박 내 위험구역[윤활유탱크, 코퍼댐(coffer dam), 공소(空所), 축전지실, 페인트 창고, 가연성 액체를 보관하는 창고, 폐위(閉圍)된 차량구역]에서 수리작업을 하는 경우에만 허가를 받아야 한다.
    ㉠ 위험물을 저장·운송하는 선박과 위험물을 하역한 후에도 인화성 물질 또는 폭발성 가스가 남아 있어 화재 또는 폭발의 위험이 있는 선박(이하 "위험물운송선박"이라 한다)
    ㉡ 총톤수 20톤 이상의 선박(위험물운송선박은 제외한다)
② 관리청은 ①에 따른 허가 신청을 받았을 때에는 신청 내용이 다음 각 호의 어느 하나에 해당하는 경우를 제외하고는 허가하여야 한다.
    ㉠ 화재·폭발 등을 일으킬 우려가 있는 방식으로 수리하려는 경우
    ㉡ 용접공 등 수리작업을 할 사람의 자격이 부적절한 경우
    ㉢ 화재·폭발 등의 사고 예방에 필요한 조치가 미흡한 것으로 판단되는 경우
    ㉣ 선박수리로 인하여 인근의 선박 및 항만시설의 안전에 지장을 초래할 우려가 있다고 판단되는 경우
    ㉤ 수리장소 및 수리시기 등이 항만운영에 지장을 줄 우려가 있다고 판단되는 경우
    ㉥ 위험물운송선박의 경우 수리하려는 구역에 인화성 물질 또는 폭발성 가스가 없다는 것을 증명하지 못하는 경우
③ 총톤수 20톤 이상의 선박을 ① 단서에 따른 위험구역 밖에서 불꽃이나 열이 발생하는 용접 등의 방법으로 수리하려는 경우에 그 선박의 선장은 해양수산부령으로 정하는 바에 따라 관리청에 신고하여야 한다.
④ 관리청은 ③에 따른 신고를 받은 경우 그 내용을 검토하여 이 법에 적합하면 신고를 수리하여야 한다.
⑤ ①부터 ③까지에 따라 선박을 수리하려는 자는 그 선박을 관리청이 지정한 장소에 정박하거나 계류하여야 한다.
⑥ 관리청은 수리 중인 선박의 안전을 위하여 필요하다고 인정하는 경우에는 그 선박의 소유자나 임차인에게 해양수산부령으로 정하는 바에 따라 안전에 필요한 조치를 할 것을 명할 수 있다.

6 수로의 보전

(1) 폐기물의 투기 금지 등

① 누구든지 무역항의 수상구역등이나 무역항의 수상구역 밖 10킬로미터 이내의 수면에 선박의 안전운항을 해칠 우려가 있는 흙·돌·나무·어구(漁具) 등 폐기물을 버려서는 아니 된다.

② 무역항의 수상구역등이나 무역항의 수상구역 부근에서 석탄·돌·벽돌 등 흩어지기 쉬운 물건을 하역하는 자는 그 물건이 수면에 떨어지는 것을 방지하기 위하여 대통령령으로 정하는 바에 따라 필요한 조치를 하여야 한다.

③ 관리청은 ①을 위반하여 폐기물을 버리거나 ②를 위반하여 흩어지기 쉬운 물건을 수면에 떨어뜨린 자에게 그 폐기물 또는 물건을 제거할 것을 명할 수 있다.

(2) 해양사고 등이 발생한 경우의 조치

① 무역항의 수상구역등이나 무역항의 수상구역 부근에서 해양사고·화재 등의 재난으로 인하여 다른 선박의 항행이나 무역항의 안전을 해칠 우려가 있는 조난선(遭難船)의 선장은 즉시 항로표지를 설치하는 등 필요한 조치를 하여야 한다.

② 조난선의 선장이 ①에 따른 조치를 할 수 없을 때에는 해양수산부령으로 정하는 바에 따라 해양수산부장관에게 필요한 조치를 요청할 수 있다.

③ 해양수산부장관이 ②에 따른 조치를 하였을 때에는 그 선박의 소유자 또는 임차인은 그 조치에 들어간 비용을 해양수산부장관에게 납부하여야 한다.

④ 해양수산부장관은 선박의 소유자 또는 임차인이 ③에 따른 조치 비용을 납부하지 아니할 경우 국세 체납처분의 예에 따라 이를 징수할 수 있다.

(3) 장애물의 제거

① 관리청은 무역항의 수상구역등이나 무역항의 수상구역 부근에서 선박의 항행을 방해하거나 방해할 우려가 있는 물건(이하 "장애물"이라 한다)을 발견한 경우에는 그 장애물의 소유자 또는 점유자에게 제거를 명할 수 있다.

② 관리청은 장애물의 소유자 또는 점유자가 ①에 따른 명령을 이행하지 아니하는 경우에는 「행정대집행법」 제3조 제1항 및 제2항에 따라 대집행(代執行)을 할 수 있다.

③ 관리청은 다음 각 호의 어느 하나에 해당하는 경우로서 ②에 따른 절차에 따르면 그 목적을 달성하기 곤란한 경우에는 그 절차를 거치지 아니하고 장애물을 제거하는 등 필요한 조치를 할 수 있다.

  ㉠ 장애물의 소유자 또는 점유자를 알 수 없는 경우
  ㉡ 수역시설을 반복적, 상습적으로 불법 점용하는 경우
  ㉢ 그 밖에 선박의 항행을 방해하거나 방해할 우려가 있어 신속하게 장애물을 제거하여야 할 필요가 있는 경우

④ ③에 따라 장애물을 제거하는 데 들어간 비용은 그 물건의 소유자 또는 점유자가 부담하되, 소유자 또는 점유자를 알 수 없는 경우에는 대통령령으로 정하는 바에 따라 그 물건

을 처분하여 비용에 충당한다.
⑤ ③에 따른 조치는 선박교통의 안전 및 질서유지를 위하여 필요한 최소한도에 그쳐야 한다.
⑥ 관리청은 ② 및 ③에 따라 제거된 장애물을 보관 및 처리하여야 한다. 이 경우 전문지식이 필요하거나 그 밖에 특수한 사정이 있어 직접 처리하기에 적당하지 아니하다고 인정할 때에는 대통령령으로 정하는 바에 따라 한국자산관리공사에게 장애물의 처리를 대행하도록 할 수 있다.
⑦ 관리청은 ⑥에 따라 한국자산관리공사가 장애물의 처리를 대행하는 경우에는 해양수산부령으로 정하는 바에 따라 수수료를 지급할 수 있다.
⑧ ⑥에 따라 한국자산관리공사가 장애물의 처리를 대행하는 경우에 한국자산관리공사의 임직원은 「형법」 제129조부터 제132조까지의 규정에 따른 벌칙을 적용할 때에는 공무원으로 본다.
⑨ ⑥에 따른 장애물의 보관 및 처리, 장애물 처리의 대행에 필요한 사항은 대통령령으로 정한다.

(4) 공사 등의 허가
① 무역항의 수상구역등이나 무역항의 수상구역 부근에서 대통령령으로 정하는 공사 또는 작업을 하려는 자는 해양수산부령으로 정하는 바에 따라 관리청의 허가를 받아야 한다.
② 관리청이 ①에 따른 허가를 할 때에는 선박교통의 안전과 화물의 보전 및 무역항의 안전에 필요한 조치를 명할 수 있다.

(5) 선박경기 등 행사의 허가
① 무역항의 수상구역등에서 선박경기 등 대통령령으로 정하는 행사를 하려는 자는 해양수산부령으로 정하는 바에 따라 관리청의 허가를 받아야 한다.

> **해양수산부장관의 허가를 받아야 하는 선박경기 등 행사(시행령 제19조)**
> 1. 요트, 모터보트 등을 이용한 선박경기
> 2. 해양폐기물 수거 등 해양환경 정화활동
> 3. 해상퍼레이드 등 축제 행사
> 4. 선박을 이용한 불꽃놀이 행사
> 5. 그 밖에 선박교통의 안전에 지장을 줄 우려가 있는 행사

② 관리청은 ①에 따른 허가 신청을 받았을 때에는 다음 각 호의 어느 하나에 해당하는 경우를 제외하고는 허가하여야 한다.
　㉠ 행사로 인하여 선박의 충돌·좌초·침몰 등 안전사고가 생길 우려가 있다고 판단되는 경우
　㉡ 행사의 장소와 시간 등이 항만운영에 지장을 줄 우려가 있는 경우
　㉢ 다른 선박의 출입 등 항행에 방해가 될 우려가 있다고 판단되는 경우
　㉣ 다른 선박이 화물을 싣고 내리거나 보존하는 데에 지장을 줄 우려가 있다고 판단되는 경우
③ 관리청은 ①에 따른 허가를 하였을 때에는 해양경찰청장에게 그 사실을 통보하여야 한다.

(6) 부유물에 대한 허가
① 무역항의 수상구역등에서 목재 등 선박교통의 안전에 장애가 되는 부유물에 대하여 다음 각 호의 어느 하나에 해당하는 행위를 하려는 자는 해양수산부령으로 정하는 바에 따라 관리청의 허가를 받아야 한다.
  ㉠ 부유물을 수상(水上)에 띄워 놓으려는 자
  ㉡ 부유물을 선박 등 다른 시설에 붙들어 매거나 운반하려는 자
② 관리청은 ①에 따른 허가를 할 때에는 선박교통의 안전에 필요한 조치를 명할 수 있다.

(7) 어로의 제한
누구든지 무역항의 수상구역등에서 선박교통에 방해가 될 우려가 있는 장소 또는 항로에서는 어로(漁撈)(어구 등의 설치를 포함한다)를 하여서는 아니 된다.

7 불빛 및 신호

(1) 불빛의 제한
① 누구든지 무역항의 수상구역등이나 무역항의 수상구역 부근에서 선박교통에 방해가 될 우려가 있는 강력한 불빛을 사용하여서는 아니 된다.
② 관리청은 ①에 따른 불빛을 사용하고 있는 자에게 그 빛을 줄이거나 가리개를 씌우도록 명할 수 있다.

(2) 기적 등의 제한
① 선박은 무역항의 수상구역등에서 특별한 사유 없이 기적(汽笛)이나 사이렌을 울려서는 아니 된다.
② ①에도 불구하고 무역항의 수상구역등에서 기적이나 사이렌을 갖춘 선박에 화재가 발생한 경우 그 선박은 해양수산부령으로 정하는 바에 따라 화재를 알리는 경보[기적(汽笛)이나 사이렌을 장음(4초에서 6초까지의 시간 동안 계속되는 울림을 말한다)으로 5회 울려야 한다.]를 울려야 한다.

8 보 칙

(1) 출항의 중지
관리청은 선박이 이 법 또는 이 법에 따른 명령을 위반한 경우에는 그 선박의 출항을 중지시킬 수 있다.

(2) 검사·확인 등
관리청은 이 법을 위반한 자가 있다고 인정되는 경우 그 선박의 소유자·선장이나 그 밖의 관계인에게 출석 또는 진술을 하게 하거나 관계 서류의 제출 또는 보고를 요구할 수 있으

며, 관계 공무원으로 하여금 그 선박이나 사무실·사업장, 그 밖에 필요한 장소에 출입하여 장부·서류 또는 그 밖의 물건을 검사하거나 확인하게 할 수 있다.

> **무역항 단속공무원의 자격(시행령 제20조)**
> 검사·확인 업무를 수행하는 공무원(무역항 단속공무원)은 관리청이 다음 각 호의 어느 하나에 해당하는 소속 공무원 중에서 임명한다.
> 1. 7급 이상 공무원은 2년 이상, 8급 및 9급 공무원은 3년 이상 해양수산 관련 부서 또는 관리청(해양수산관서를 포함한다) 소속 순찰선에서 근무한 경력이 있는 사람
> 2. 5급 항해사, 5급 기관사 또는 4급 운항사 이상의 해기사 면허를 가진 사람으로서 3년 이상 선박에 승무한 경력이 있는 사람
> 3. 위험물검사등대행기관에서 3년 이상 위험물검사 업무에 종사한 경력이 있는 사람

(3) 개선명령

① 관리청은 (2)에 따른 검사 또는 확인 결과 무역항의 수상구역등에서 선박의 안전 및 질서 유지를 위하여 필요하다고 인정하는 경우에는 그 선박의 소유자·선장이나 그 밖의 관계인에게 다음 각 호의 사항에 관하여 개선명령을 할 수 있다.
  ㉠ 시설의 보강 및 대체(代替)
  ㉡ 공사 또는 작업의 중지
  ㉢ 인원의 보강
  ㉣ 장애물의 제거
  ㉤ 선박의 이동
  ㉥ 선박 척수의 제한
  ㉦ 그 밖에 해양수산부령으로 정하는 사항(1. 무역항의 수상구역등에서 선박 또는 승무원 및 승객에 대한 일시적인 출입제한, 2. 작업 또는 행사의 일시적인 제한, 3. 공사 또는 수리계획의 변경)

② 관리청은 예선업자 등이 다른 예선업자의 사업이나 다른 예선 사용자의 예선사용을 부당하게 방해하는 등 대통령령으로 정하는 사유로 인하여 예선업의 건전한 발전을 저해하거나 예선 사용자의 권익을 침해한 사실이 있다고 인정되는 경우에는 해당 예선업자 등에 대하여 사업 내용의 변경 또는 예선운영 방법 등에 관하여 개선명령을 할 수 있다.

Chapter 01 선박의 입항 및 출항 등에 관한 법률

Part 3 | 해사 법규
적중예상문제

01 무역항의 수상구역 등에서 선박의 입항·출항에 대한 지원과 선박운항의 안전 및 질서 유지에 필요한 사항을 규정함을 목적으로 하는 법은?

가. 항만법
나. 선박법
사. 선박안전법
아. 선박의 입항 및 출항 등에 관한 법률

02 국민경제와 공공의 이해에 밀접한 관계가 있고 주로 외항선이 입항·출항하는 항만을 「선박의 입항 및 출항 등에 관한 법률」상 무엇이라 하는가?

가. 무역항
나. 연안항
사. 국제항
아. 개 항

03 「선박의 입항 및 출항 등에 관한 법률」상 무역항의 의미를 설명한 것으로 가장 적절한 것은?

가. 주로 외항선이 입항·출항하는 항만
나. 무역항은 해양경찰청장이 지정한다.
사. 국민경제와 공공의 이해에 밀접한 관계가 없는 항만
아. 무역항의 명칭·위치 및 구역은 시행규칙으로 정한다.

> 해설 **무역항(법 제2조)**: 「항만법」 제2조 제2호에 따른 항만을 말한다(무역항이란 국민경제와 공공의 이해에 밀접한 관계가 있고 주로 외항선이 입항·출항하는 항만으로서 그 명칭·위치 및 구역은 대통령령으로 정한다).

04 「선박의 입항 및 출항 등에 관한 법률」에서 선박을 다른 시설에 붙들어 매어 놓는 것을 무엇이라 하는가?

가. 정 박
나. 정 류
사. 계 류
아. 계 선

> 정답 01 아 02 가 03 가 04 사

용어의 정의(법 제2조)
- 정박 : 선박이 해상에서 닻을 바다 밑바닥에 내려놓고 운항을 멈추는 것을 말한다.
- 정박지 : 선박이 정박할 수 있는 장소를 말한다.
- 정류 : 선박이 해상에서 일시적으로 운항을 멈추는 것을 말한다.
- 계류 : 선박을 다른 시설에 붙들어 매어 놓는 것을 말한다.
- 계선 : 선박이 운항을 중지하고 정박하거나 계류하는 것을 말한다.

05 무역항의 수상구역등에 출입하려는 선박의 선장은 누구에게 신고해야 하는가?

가. 지방해양경찰서장
나. 지방해양수산청장
사. 관리청
아. 출입국관리소장

06 무역항의 수상구역등에 출입하려는 선박의 선장은 대통령령으로 정하는 바에 따라 관리청에 신고하여야 한다. 신고 면제 대상 선박이 아닌 것은?

가. 총톤수 5톤 미만의 선박
나. 시장·군수·구청장의 허가를 받은 선박
사. 해양사고구조에 사용되는 선박
아. 수상레저기구 중 국내항 간을 운항하는 모터보트 및 동력요트

 출입신고 면제 선박(법 제4조 제1항, 시행규칙 제4조)
1. 총톤수 5톤 미만의 선박
2. 해양사고구조에 사용되는 선박
3. 수상레저기구 중 국내항 간을 운항하는 모터보트 및 동력요트
4. 관공선, 군함, 해양경찰함정 등 공공의 목적으로 운영하는 선박
5. 도선선(導船船), 예선(曳船) 등 선박의 출입을 지원하는 선박
6. 연안수역을 항행하는 정기여객선(「해운법」에 따라 내항 정기 여객운송사업에 종사하는 선박을 말한다)으로서 경유항(經由港)에 출입하는 선박
7. 피난을 위하여 긴급히 출항하여야 하는 선박
8. 그 밖에 항만운영을 위하여 지방해양수산청장이나 시·도지사가 필요하다고 인정하여 출입 신고를 면제한 선박

07 「선박의 입항 및 출항 등에 관한 법률」상 입항신고는 언제 해야 하는가?

가. 입항 후 지체없이
나. 입항 후 30분 이내
사. 입항 후 1시간 이내
아. 입항 전에

정답 05 사 06 나 07 아

08 「선박의 입항 및 출항 등에 관한 법률」상 무역항의 수상구역등에 출입할 때의 신고절차에 대한 다음의 설명 중 그 내용으로 옳지 않은 것은?

가. 내항어선의 출입신고는 해양수산부령으로 정하는 바에 따른다.
나. 내항선이 무역항의 수상구역등의 안으로 입항하는 경우에는 입항 후 2시간 이내에 신고하여야 한다.
사. 외항선이 무역항의 수상구역등의 안으로 입항하는 경우에는 입항 전에 신고하여야 한다.
아. 무역항을 출항한 선박이 피난, 수리 또는 그 밖의 사유로 출항 후 12시간 이내에 출항한 무역항으로 귀항하는 경우에는 그 사실을 적어 서면 또는 전자적 방법으로 관리청에 제출하여야 한다.

> 해설 내항선, 외항선 모두 입항하는 경우나 출항하는 경우 그 출입항 전에 출입 신고서를 관리청에 제출하여야 한다(시행령 제2조).

09 「선박의 입항 및 출항 등에 관한 법률」상 입출항신고를 하여야 하는 선박 총톤수의 기준은?

가. 5톤 이상
나. 10톤 이상
사. 15톤 이상
아. 20톤 이상

10 인천항의 수상구역등에서 선박의 입항·출항에 관하여 가장 우선적으로 적용되는 해상교통법은?

가. 국제해상충돌예방규칙
나. 항만법
사. 해상교통안전법
아. 선박의 입항 및 출항 등에 관한 법률

11 「선박의 입항 및 출항 등에 관한 법률」상 무역항의 수상구역등에서의 금지사항으로 볼 수 없는 것은?

가. 항로에서의 어로작업
나. 폐기물의 투기
사. 예인선의 항로상 항행
아. 항로상의 정박 또는 정류

정답 08 나 09 가 10 아 11 사

12 「선박의 입항 및 출항 등에 관한 법률」상 무역항의 수상구역등에서 정박 또는 정류가 금지되는 장소에 예외적으로 정박이나 정류가 허용되는 경우가 아닌 것은?

가. 해양사고를 피하기 위한 경우
나. 국내항을 항행하는 여객선인 경우
사. 선박의 고장이나 그 밖의 사유로 선박을 조종할 수 없는 경우
아. 인명을 구조하거나 급박한 위험이 있는 선박을 구조하는 경우

13 무역항의 수상구역등에서의 어로행위에 대한 설명으로 옳은 것은?

가. 항로에서는 전면 금지된다.
나. 성어기에는 할 수 있다.
사. 동계에는 가능하다.
아. 어구등의 설치는 가능하다.

> **해설** **어로의 제한** : 누구든지 무역항의 수상구역등에서 선박교통에 방해가 될 우려가 있는 장소 또는 항로에서는 어로(漁撈)(어구 등의 설치를 포함한다)를 하여서는 아니 된다(법 제44조).

14 항로에서의 항법에 관한 설명으로 옳지 않은 것은?

가. 항로를 항행하는 선박은 항로 밖에서 항로에 들어오거나 항로 밖으로 나가는 다른 선박의 진로를 피하여 항행하여야 한다.
나. 항로에서 다른 선박과 나란히 항행하지 않아야 한다.
사. 항로에서 다른 선박과 마주칠 우려가 있는 경우에는 오른쪽으로 항행하여야 한다.
아. 항로에서 다른 선박을 추월하지 않아야 한다.

> **해설** **항로에서의 항법(법 제12조 제1항)**
> 모든 선박은 항로에서 다음 각 호의 항법에 따라 항행하여야 한다.
> 1. 항로 밖에서 항로에 들어오거나 항로에서 항로 밖으로 나가는 선박은 항로를 항행하는 다른 선박의 진로를 피하여 항행할 것
> 2. 항로에서 다른 선박과 나란히 항행하지 아니할 것
> 3. 항로에서 다른 선박과 마주칠 우려가 있는 경우에는 오른쪽으로 항행할 것
> 4. 항로에서 다른 선박을 추월하지 아니할 것. 다만, 추월하려는 선박을 눈으로 볼 수 있고 안전하게 추월할 수 있다고 판단되는 경우에는 「해상교통안전법」 제74조 제5항 및 제78조에 따른 방법으로 추월할 것
> 5. 항로를 항행하는 위험물운송선박(선박 중 급유선은 제외한다) 또는 흘수제약선(吃水制約船)의 진로를 방해하지 아니할 것
> 6. 범선은 항로에서 지그재그(zigzag)로 항행하지 아니할 것

정답 12 나 13 가 14 가

15 항로에서의 항법으로 옳은 것은?

가. 항로를 항행하는 위험물운송선박 또는 흘수제약선의 진로를 방해하지 않아야 한다.
나. 항로에서 가능한 다른 선박과 나란히 항행하여야 한다.
사. 항로에서 다른 선박과 마주칠 우려가 있는 경우에는 왼쪽으로 항행하여야 한다.
아. 범선은 항로에서 가능한 지그재그로 항행하여야 한다.

> 나. 나란히 항행하지 않아야 한다.
> 사. 다른 선박과 마주칠 우려가 있는 경우에는 오른쪽으로 항행하여야 한다.
> 아. 범선은 항로에서 지그재그(zigzag)로 항행하지 않아야 한다.

16 선박이 무역항의 수상구역등에서 정박중인 선박을 오른쪽 뱃전에 두고 항행할 때에는 어떻게 해야 하는가?

가. 속력을 낮추어 항행한다.   나. 속력을 높여 항행한다.
사. 접근하여 항행한다.   아. 멀리 떨어져서 항행하여야 한다.

17 다음 선박 중 무역항의 수상구역에서 운항하는 선박으로서 다른 선박의 진로를 피하여야 하는 선박은?

가. 여객선   나. 위험물운송선박
사. 어 선   아. 우선피항선

18 다음 선박 중 우선피항선에 해당하지 않는 선박은?

가. 부 선
나. 총톤수 25톤의 선박
사. 주로 노와 삿대로 운전하는 선박
아. 예 선

> **우선피항선(법 제2조 제5호)**
> 우선피항선이란 주로 무역항의 수상구역에서 운항하는 선박으로서 다른 선박의 진로를 피하여야 하는 다음 각 목의 선박을 말한다.
> 1. 부선(艀船)[예인선이 부선을 끌거나 밀고 있는 경우의 예인선 및 부선을 포함하되, 예인선에 결합되어 운항하는 압항부선(押航艀船)은 제외한다]
> 2. 주로 노와 삿대로 운전하는 선박
> 3. 예 선
> 4. 항만운송관련사업을 등록한 자가 소유한 선박
> 5. 해양환경관리업을 등록한 자가 소유한 선박 또는 해양폐기물관리업을 등록한 자가 소유한 선박(폐기물해양배출업으로 등록한 선박은 제외한다)
> 6. 1목부터 5목까지의 규정에 해당하지 아니하는 총톤수 20톤 미만의 선박

정답 15 가 16 사 17 아 18 나

19 「선박의 입항 및 출항 등에 관한 법률」상 무역항의 수상구역등에 정박 또는 정류할 수 있는 장소는?

가. 지정된 정박구역 또는 정박지
나. 부두 및 잔교 부근
사. 안벽 및 선거의 부근
아. 운하 및 좁은 수로

20 「선박의 입항 및 출항 등에 관한 법률」상 무역항의 수상구역등에서의 항로 및 항법에 대한 설명으로 옳지 않은 것은?

가. 우선피항선은 다른 선박의 진로를 방해해서는 아니 된다.
나. 예인할 때는 3척까지는 한꺼번에 예인할 수 있다.
사. 선수 좌현에 방파제를 두고 항행할 때는 멀리 떨어져서 항행하여야 한다.
아. 모든 선박은 항로를 항행하는 위험물적재 선박의 진로를 방해해서는 아니 된다.

21 무역항의 수상구역등에 입항하는 선박이 방파제 입구 등에서 출항하는 선박과 마주칠 우려가 있는 경우의 항법으로 옳은 방법은?

가. 방파제 안에서 입항하는 선박이 출항하는 선박의 진로를 피한다.
나. 방파제 안에서 출항하는 선박이 입항하는 선박의 진로를 피한다.
사. 방파제 밖에서 입항하는 선박이 출항하는 선박의 진로를 피한다.
아. 방파제 밖에서 출항하는 선박이 입항하는 선박의 진로를 피한다.

22 「선박의 입항 및 출항 등에 관한 법률」상의 내용으로 옳지 않은 것은?

가. 무역항의 수상구역등에서 어로행위는 전면 금지된다.
나. 선박교통에 방해가 될 우려가 있는 강력한 불빛을 사용해서는 아니 된다.
사. 관리청은 선박교통의 안전을 위하여 필요한 경우에 무역항의 수상구역등에서 항로 또는 구역을 지정하여 선박교통을 제한하거나 금지할 수 있다.
아. 관리청은 선박의 입항 및 출항 등에 관한 법률을 위반한 선박에 대하여 출항을 중지시킬 수 있다.

정답 19 가 20 나 21 사 22 가

23 「선박의 입항 및 출항 등에 관한 법률」상 예인하는 방법으로 옳은 것은?

가. 예인선의 선수로부터 피예인선의 선미까지의 길이는 300미터를 초과하지 않아야 한다.
나. 예인선은 한꺼번에 3척 이하의 예인선을 끌 수 있다.
사. 범선이 무역항의 수상구역등을 항행할 때에는 돛을 늘여서 항행하여야 한다.
아. 범선이 무역항의 수상구역등을 항행할 때에는 예인선이 범선을 끌고 가게 하여야 한다.

 가. 예인선의 선수로부터 피예인선의 선미까지의 길이는 200미터를 초과하지 않아야 한다.
나. 예인선은 한꺼번에 3척 이상의 예인선을 끌 수 없다.
사. 범선이 무역항의 수상구역등을 항행할 때에는 돛을 줄여서 항행하여야 한다.

24 무역항의 수상구역등에서 화재가 발생한 경우 화재를 알리는 경보의 방법은?

가. 단음 2회
나. 단음 3회
사. 장음 4회
아. 장음 5회

화재를 알리는 경보는 기적(汽笛)이나 사이렌을 장음(4초에서 6초까지의 시간 동안 계속되는 울림을 말한다)으로 5회 울려야 한다. 경보는 적당한 간격을 두고 반복하여야 한다.

25 무역항의 수상구역등이나 무역항의 수상구역 밖 몇 킬로미터 이내에 폐기물을 버려서는 아니 되는가?

가. 3킬로미터
나. 5킬로미터
사. 7킬로미터
아. 10킬로미터

누구든지 무역항의 수상구역등이나 무역항의 수상구역 밖 10킬로미터 이내의 수면에 선박의 안전운항을 해칠 우려가 있는 흙·돌·나무·어구(漁具) 등 폐기물을 버려서는 아니 된다(법 제38조 제1항).

26 「선박의 입항 및 출항 등에 관한 법률」상의 내용으로 옳지 않은 것은?

가. 선장은 선박교통관제를 따를 경우 그 선박의 안전 운항에 대한 책임을 면제받는다.
나. 정박구역 또는 정박지가 아닌 곳에 정박한 선박의 선장은 즉시 그 사실을 관리청에 신고하여야 한다.
사. 무역항의 수상구역등에 정박하는 선박은 지체 없이 예비용 닻을 내릴 수 있도록 닻 고정장치를 해제하고, 동력선은 즉시 운항할 수 있도록 기관의 상태를 유지하여야 한다.
아. 총톤수 20톤 이상의 선박을 무역항의 수상구역등에 계선하려는 자는 관리청에 신고하여야 한다.

선박교통관제에 관한 내용은 2019년 12월 3일에 폐지되었다.

정답 23 아 24 아 25 아 26 가

27 다음 중 「선박의 입항 및 출항 등에 관한 법률」상 다른 선박의 진로를 방해하지 않아야 할 의무가 있는 선박이 아닌 것은?

가. 우선피항선
나. 공사 등의 허가를 받은 선박
사. 선박경기 등의 행사를 허가받은 선박
아. 위험물운송선박

28 무역항의 수상구역등에서의 선박 항행 최고속력을 지정할 수 있는 사람은 누구인가?

가. 국토교통부장관
나. 관리청
사. 해양경찰청장
아. 관할 시·도지사

해설 해양경찰청장은 선박이 빠른 속도로 항행하여 다른 선박의 안전 운항에 지장을 초래할 우려가 있다고 인정하는 무역항의 수상구역등에 대하여는 관리청에 무역항의 수상구역등에서의 선박 항행 최고속력을 지정할 것을 요청할 수 있다(법 제17조 제2항).

29 예선을 사용하여야 하는 선박이 그 규모에 맞는 예선을 사용하게 하기 위하여 예선의 사용기준을 정하여 고시할 수 있는 관청은?

가. 국토교통부
나. 해양경찰청
사. 관리청
아. 관할 시·도

해설 관리청은 예선을 사용하여야 하는 선박이 그 규모에 맞는 예선을 사용하게 하기 위하여 예선의 사용기준을 정하여 고시할 수 있다.

30 위험물을 무역항의 수상구역등으로 들여오려는 자는 반입 얼마 전에 반입신고서를 지방해양수산청장 또는 시·도지사에게 제출하여야 하는가?

가. 24시간
나. 48시간
사. 72시간
아. 7일

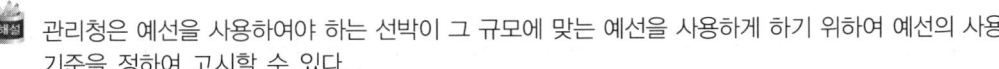

정답 27 아 28 나 29 사 30 가

Chapter 02 선박안전법

Part 3 | 해사 법규

1 선박안전법의 총칙

1 목적

선박의 감항성(堪航性) 유지 및 안전운항에 필요한 사항을 규정함으로써 국민의 생명과 재산을 보호함을 목적으로 한다.

2 용어의 정의

(1) **선박** : 수상 또는 수중에서 항해용으로 사용하거나 사용될 수 있는 것과 이동식 시추선·수상호텔 등 해양수산부령으로 정하는 부유식 해상구조물을 말한다.

(2) **선박시설** : 선체·기관·돛대·배수설비 등 선박에 설치되어 있거나 설치될 각종 설비로서 해양수산부령으로 정하는 것을 말한다.

(3) **선박용 물건** : 선박시설에 설치·비치되는 물건으로서 해양수산부장관이 정하여 고시하는 것을 말한다.

(4) **기관** : 원동기·동력전달장치·보일러·압력용기·보조기관 등의 설비 및 이들의 제어장치로 구성되는 것을 말한다.

(5) **선외기** : 선박의 선체 외부에 붙일 수 있는 추진기관으로서 선박의 선체로부터 간단한 조작에 의하여 쉽게 떼어낼 수 있는 것을 말한다.

(6) **감항성** : 선박이 자체의 안정성을 확보하기 위하여 갖추어야 하는 능력으로서 일정한 기상이나 항해조건에서 안전하게 항해할 수 있는 성능을 말한다.

(7) **만재흘수선** : 선박이 안전하게 항해할 수 있는 적재 한도의 흘수선으로서 여객이나 화물을 승선하거나 싣고 안전하게 항해할 수 있는 최대한도를 나타내는 선을 말한다.

(8) **복원성** : 수면에 평형상태로 떠 있는 선박이 파도·바람 등 외력에 의하여 기울어졌을 때 원래의 평형상태로 되돌아오려는 성질을 말한다.

(9) **여객** : 선박에 승선하는 자로서 다음에 해당하는 자를 제외한 자를 말한다.
   ① 선원
   ② 1세 미만의 유아
   ③ 세관공무원 등 일시적으로 승선한 자로서 해양수산부령으로 정하는 자

(10) **여객선** : 13인 이상의 여객을 운송할 수 있는 선박을 말한다.
(11) **소형선박** : 선박 길이가 12미터 미만인 선박을 말한다.
(12) **부선** : 원동기·동력전달장치 등 추진기관이나 돛대가 설치되지 아니한 선박으로서 다른 선박에 의하여 끌리거나 밀려서 항해하는 선박을 말한다.
(13) **예인선** : 다른 선박을 끌거나 밀어서 이동시키는 선박을 말한다.
(14) **컨테이너** : 선박에 의한 화물의 운송에 반복적으로 사용되고, 기계를 사용한 하역 및 겹침방식의 적재가 가능하며, 선박 또는 다른 컨테이너에 고정시키는 장구가 붙어있는 것으로서 밑 부분이 직사각형인 기구를 말한다.
(15) **산적화물선**(散積貨物船) : 곡물·광물 등 건화물(乾貨物)을 산적하여 운송하는 선박을 말한다.
(16) **하역장치** : 화물(해당 선박에서 사용되는 연료·식량·기관·선박용품 및 작업용 자재를 포함한다)을 올리거나 내리는데 사용되는 기계적인 장치로서 선체의 구조 등에 항구적으로 붙어있는 것을 말한다.
(17) **하역장구** : 하역장치의 부속품이나 하역장치에 붙여서 사용하는 물품을 말한다.
(18) **국적취득조건부 선체용선** : 선체용선 기간 만료 및 총 선체용선료 완불 후 대한민국 국적을 취득하는 매선(買船) 조건부 선체용선을 말한다.

3 적용 범위

(1) 대한민국 국민 또는 대한민국 정부가 소유하는 선박에 대하여 적용한다. 다만, 다음 각 호의 어느 하나에 해당하는 선박에 대하여는 그러하지 아니하다.
  ① 군함 및 경찰용 선박
  ② 노, 상앗대, 페달 등을 이용하여 인력만으로 운전하는 선박
  ③ 어선법에 따른 어선
  ④ ①, ②, ③ 외의 선박으로서 대통령령으로 정하는 선박
(2) 외국선박으로서 다음 각 호의 선박에 대하여는 대통령령으로 정하는 바에 따라 이 법의 전부 또는 일부를 적용한다. 다만, 항만국 통제규정은 모든 외국선박에 대하여 이를 적용한다.
  ① 내항 정기 여객운송사업 또는 내항 부정기 여객운송사업에 사용되는 선박
  ② 내항 화물운송사업에 사용되는 선박
  ③ 국적취득조건부 선체용선을 한 선박
(3) (1) 및 (2)의 규정에 불구하고 다음 각 호의 선박에 대하여는 대통령령으로 정하는 바에 따라 이 법의 전부 또는 일부를 적용하지 아니하거나 이를 완화하여 적용할 수 있다.
  ① 대한민국 정부와 외국 정부가 이 법의 적용범위에 관하여 협정을 체결한 경우의 해당 선박
  ② 조난자의 구조 등 해양수산부령으로 정하는 긴급한 사정이 발생하는 경우의 해당 선박
  ③ 새로운 특징 또는 형태의 선박을 개발할 목적으로 건조한 선박을 임시로 항해에 사용하고자 하는 경우의 해당 선박
  ④ 외국에 선박매각 등을 위하여 예외적으로 단 한번의 국제항해를 하는 선박

2 선박시설의 기준 등

1 만재흘수선의 표시

다음 각 호의 어느 하나에 해당하는 선박소유자는 해양수산부장관이 정하여 고시하는 기준에 따라 만재흘수선의 표시를 하여야 한다. 다만, 잠수선 등은 표시를 생략할 수 있다.

(1) 국제항해에 취항하는 선박

(2) 선박길이 12m 이상의 선박

(3) 선박길이 12m 미만의 선박으로서 13인 이상의 여객을 운송할 수 있는 여객선 또는 위험물을 산적하여 운송하는 선박

2 복원성의 유지

다음 각 호의 어느 하나에 해당하는 선박소유자 또는 해당 선박의 선장은 해양수산부장관이 정하여 고시하는 기준에 따라 복원성을 유지하여야 한다. 다만, 예인·해양사고 구조·준설 또는 측량에 사용되는 선박 등 해양수산부령으로 정하는 선박에 대하여는 그러하지 아니하다.

(1) 여객선

(2) 선박길이가 12미터 이상인 선박

3 무선설비

(1) 다음 각 호의 어느 하나에 해당하는 선박소유자는 「해상에서의 인명안전을 위한 국제협약」에 따른 세계 해상조난 및 안전제도의 시행에 필요한 무선설비를 갖추어야 한다. 이 경우 무선설비는 「전파법」에 따른 성능과 기준에 적합하여야 한다.
① 국제항해에 취항하는 여객선
② ①의 선박 외에 국제항해에 취항하는 총톤수 300톤 이상의 선박

(2) 해양수산부령으로 정하는 선박에 대하여는 해양수산부령으로 정하는 기준에 따른 무선설비를 갖추어야 한다. 이 경우 무선설비는 「전파법」에 따른 성능과 기준에 적합하여야 한다.

(3) 누구든지 규정에 따른 무선설비를 갖추지 아니하고 선박을 항해에 사용하여서는 아니 된다. 다만, 임시항해검사증서를 가지고 1회의 항해에 사용하는 경우 또는 시운전을 하는 경우에는 그러하지 아니하다.

4 선박위치 발신장치

(1) 선박의 안전운항을 확보하고 해양사고 발생시 신속한 대응을 위하여 해양수산부령으로 정하

는 선박의 소유자는 해양수산부장관이 정하여 고시하는 기준에 따라 선박의 위치를 자동으로 발신하는 장치(이하 "선박위치 발신장치"라 한다)를 갖추고 이를 작동하여야 한다.
(2) 규정에 따른 무선설비가 선박위치 발신장치의 기능을 가지고 있는 때에는 선박위치 발신장치를 갖춘 것으로 본다.
(3) 선박의 선장은 해적 또는 해상강도의 출몰 등으로 인하여 선박의 안전을 위협할 수 있다고 판단되는 경우 선박위치 발신장치의 작동을 중단할 수 있다. 이 경우 선장은 그 상황을 항해일지 등에 기재하여야 한다.

3 선박의 검사

1 선박검사의 종류

(1) 건조검사
① 선박을 건조하고자 하는 자는 선박에 설치되는 선박시설에 대하여 해양수산부령으로 정하는 바에 따라 해양수산부장관의 검사(이하 "건조검사"라 한다)를 받아야 한다.
② 해양수산부장관은 건조검사에 합격한 선박에 대하여 해양수산부령으로 정하는 사항과 검사기록을 기재한 건조검사증서를 교부하여야 한다.

(2) 정기검사
① 선박소유자는 선박을 최초로 항해에 사용하는 때 또는 선박검사증서의 유효기간이 만료된 때에는 선박시설과 만재흘수선에 대하여 해양수산부령으로 정하는 바에 따라 해양수산부장관의 검사(이하 "정기검사"라 한다)를 받아야 한다.
② 해양수산부장관은 정기검사에 합격한 선박에 대하여 항해구역·최대승선인원 및 만재흘수선의 위치를 각각 지정하여 해양수산부령으로 정하는 사항과 검사기록을 기재한 선박검사증서를 교부하여야 한다.

(3) 중간검사
① 선박소유자는 정기검사와 정기검사의 사이에 해양수산부령으로 정하는 바에 따라 해양수산부장관의 검사(이하 "중간검사"라 한다)를 받아야 한다.
② 중간검사의 종류는 제1종과 제2종으로 구분하며, 그 시기와 검사사항은 해양수산부령으로 정한다.

(4) 임시검사
① 선박소유자는 다음 각 호의 어느 하나에 해당하는 경우에는 해양수산부령으로 정하는 바에 따라 해양수산부장관의 검사(이하 "임시검사"라 한다)를 받아야 한다.
  1. 선박시설에 대하여 해양수산부령으로 정하는 개조 또는 수리를 행하고자 하는 경우

2. 선박검사증서에 기재된 내용을 변경하고자 하는 경우. 다만, 선박소유자의 성명과 주소, 선박명 및 선적항의 변경 등 선박시설의 변경이 수반되지 아니하는 경미한 사항의 변경인 경우에는 그러하지 아니하다.
3. 선박의 용도를 변경하고자 하는 경우
4. 선박의 무선설비를 새로이 설치하거나 이를 변경하고자 하는 경우
5. 해양사고 등으로 선박의 감항성 또는 인명안전의 유지에 영향을 미칠 우려가 있는 선박시설의 변경이 발생한 경우
6. 해양수산부장관이 선박시설의 보완 또는 수리가 필요하다고 인정하여 임시검사의 내용 및 시기를 지정한 경우
7. 만재흘수선의 변경 등 해양수산부령으로 정하는 경우

(5) 임시항해검사

정기검사를 받기 전에 임시로 선박을 항해에 사용하고자 하는 때 또는 국내의 조선소에서 건조된 외국선박(국내의 조선소에서 건조된 후 외국에서 등록되었거나 외국에서 등록될 예정인 선박을 말한다. 이하 이 조에서 같다)의 시운전을 하고자 하는 경우에는 선박소유자 또는 선박의 건조자는 해당선박에 요구되는 항해능력이 있는지에 대하여 해양수산부령으로 정하는 바에 따라 해양수산부장관의 검사(이하 "임시항해검사"라 한다)를 받아야 한다.

(6) 국제협약검사

① 국제항해에 취항하는 선박의 소유자는 선박의 감항성 및 인명안전과 관련하여 국제적으로 발효된 국제협약에 따른 해양수산부장관의 검사(이하 "국제협약검사"라 한다)를 받아야 한다.
② 해양수산부장관은 국제협약검사에 합격한 선박에 대하여 해양수산부령으로 정하는 사항과 검사기록을 기재한 국제협약검사증서를 교부하여야 한다.

2 선박검사증서 및 국제협약증서의 유효기간

(1) 선박검사증서 및 국제협약검사증서의 유효기간은 5년 이내의 범위에서 대통령령으로 정한다.
(2) 해양수산부장관은 선박검사증서 및 국제협약검사증서의 유효기간을 5개월 이내의 범위에서 대통령령으로 정하는 바에 따라 연장할 수 있다.
① 해당 선박이 정기검사 또는 해양수산부령으로 정하는 국제협약검사를 받기 곤란한 장소에 있는 경우 : 3개월 이내 연장가능
② 해당 선박이 외국에서 정기검사 또는 해양수산부령으로 정하는 국제협약검사를 받았으나 선박검사증서 또는 국제협약검사증서를 선박에 갖추어 둘 수 없는 사유가 발생한 경우 : 5개월 이내 연장가능
③ 해당 선박이 짧은 거리의 항해(항해를 시작하는 항구부터 최종 목적지의 항구까지의 항해거리 또는 항해를 시작한 항구로 회항할 때까지의 항해거리가 1천해리를 넘지 아니하는 항해를 말한다)에 사용되는 경우(국제협약검사증서로 한정 한다) : 1개월 연장가능

(3) 정해진 검사시기까지 중간검사 또는 임시검사에 합격하지 못하거나 해당 검사를 신청하지 아니한 선박의 선박검사증서 및 국제협약검사증서의 유효기간은 해당 검사시기가 만료되는 날의 다음 날부터 해당 검사에 합격될 때까지 그 효력이 정지된다.

Chapter 02 선박안전법

Part 3 | 해사 법규
적중예상문제

01 선박안전법의 목적으로 옳지 않은 것은?

가. 선박의 등기와 등록에 관한 사항을 규정한다.
나. 안전운항에 필요한 사항을 규정한다.
사. 국민의 생명과 재산을 보호한다.
아. 선박의 감항성을 유지한다.

> **해설 선박안전법** : 선박의 감항성(堪航性) 유지 및 안전운항에 필요한 사항을 규정함으로써 국민의 생명과 재산을 보호함을 목적으로 한다(선박의 등기와 등록에 관한 사항은 선박법에 규정되어 있다).

02 다음 중 선박안전법의 목적과 관계 없는 것은?

가. 선박의 감항성 유지
나. 선원의 근로조건 개선
사. 국민의 생명 보호
아. 국민의 재산 보호

03 선박안전법의 목적으로 옳은 것은?

가. 국민의 생명과 재산을 보호
나. 선박직원의 자격을 정함.
사. 선원의 처우개선
아. 선박의 소속을 정함.

04 다음 중 선박안전법의 적용을 받아야 할 내용과 관계가 먼 것은?

가. 선박의 검사에 대한 규정
나. 선박 복원성에 대한 규정
사. 목선 구조 규정
아. 무선설비에 대한 규정

정답 01 가 02 나 03 가 04 사

05 선박안전법상 선박이 여객이나 화물을 승선하거나 싣고 안전하게 항해할 수 있는 최대한의 흘수선을 무엇이라 하는가

가. 최대 승선인원
나. 만재흘수선
사. 흘수표
아. 화 표

> 해설 만재흘수선(滿載吃水線)이라 함은 선박이 안전하게 항해할 수 있는 적재한도(積載限度)의 흘수선으로서 여객이나 화물을 승선하거나 싣고 안전하게 항해할 수 있는 최대한도를 나타내는 선을 말한다.

06 선박안전법과 가장 관계가 깊은 국제협약은?

가. 해양오염방지협약(MARPOL)
나. 1958년 제네바 국제협약
사. 해상에서의 인명의 안전을 위한 국제협약(SOLAS)
아. 선원의 교육훈련, 자격증명 및 당직근무에 관한 국제협약(STCW)

07 만재흘수선을 표시하지 않아도 되는 선박에 해당하는 것은?

가. 위험물 운송선박
나. 국제항해에 취항하는 선박
사. 길이 12미터 미만인 냉동선
아. 길이가 12미터 미만인 여객선

> 해설 길이가 12미터 미만인 선박이라도 여객선이나 위험물 운반선은 만재흘수선을 표시해야 한다.

08 하기만재흘수선의 표시로 옳은 것은?

가. S
나. W
사. T
아. F

> 해설 W : 동기만재흘수선   T : 열대만재흘수선
> F : 담수만재흘수선

09 운항중인 선박이 선박검사를 받을 경우에 검사에 참여해야 할 사람은?

가. 선박소유자
나. 선 장
사. 1등 항해사
아. 1등 기관사

정답 05 나　06 사　07 사　08 가　09 나

10 선박안전법상 선박이 갖추어야 할 시설과 관계없는 것은?

가. 선 체
나. 배수설비
사. 면허의 서식
아. 기 관

11 선박안전법의 적용을 받아야 할 선박으로 옳은 것은?

가. 군함 및 경찰용 선박
나. 기관을 설치한 5톤 미만의 선박
사. 노, 상앗대, 페달 등을 이용하여 인력만으로 운전하는 선박
아. 수상레저안전법상 안전검사를 받은 수상레저기구

 적용 범위
대한민국 국민 또는 대한민국 정부가 소유하는 선박에 대하여 적용한다. 다만, 다음 각 호의 어느 하나에 해당하는 선박에 대하여는 그러하지 아니하다.
1. 군함 및 경찰용 선박
2. 노, 상앗대, 페달 등을 이용하여 인력만으로 운전하는 선박
3. 어선법에 따른 어선
4. 1, 2, 3 외의 선박으로서 대통령령으로 정하는 선박

12 비상배치표에 의한 소방훈련 및 구명정훈련을 실시하여야 하는 선박에 해당되는 선박은?

가. 총톤수 5톤 미만의 선박
나. 총톤수 500톤 이상의 선박
사. 노, 상앗대, 페달 등을 이용하여 인력만으로 운전하는 선박
아. 해군에 소속된 함정

13 다음 중 선박안전법의 적용을 받는 선박으로 옳은 것은?

가. 군 함
나. 노도선
사. 총톤수 4톤의 동력선
아. 총톤수 4톤의 범선

14 다음 선박 중 선박안전법상 특수선에 해당하지 않는 선박은?

가. 유조선
나. 원자력선
사. 공기부양선
아. 수중익선

정답 10 사 11 나 12 나 13 사 14 가

15 선박안전법상 선적항이 부산인 선박의 검사 집행지는 원칙적으로 어디인가?
  가. 부산
  나. 가장 많이 입항·출항하는 항구
  사. 선장이 정하는 항구
  아. 선박소유자가 정하는 항구

16 화물창이 기름의 운반을 위한 구조를 가지고 있는 선박을 무엇이라 하는가?
  가. 시추선
  나. 유조선
  사. 여객선
  아. 컨테이너선

17 국제항해에 종사하는 여객선이 비상배치표에 의한 소방훈련 및 구명정훈련을 실시하여야 하는 시기로 옳은 것은?
  가. 매 주
  나. 정기검사시
  사. 출항후 48시간마다
  아. 1월을 넘지 않는 적당한 간격

18 선박안전법에 따라 선박검사증서에 기재되지 않는 사항은 무엇인가?
  가. 항해구역
  나. 최대승선인원
  사. 항해와 관련한 조건
  아. 화물 적재량

19 선박안전법상 선박검사에 불합격한 자가 그 선박검사에 불복하여 다시 신청하는 검사로 옳은 것은?
  가. 특별검사
  나. 임시검사
  사. 예비검사
  아. 재검사

20 선박을 최초로 항해에 사용하는 때에 받아야 할 검사로 옳은 것은?
  가. 임시검사
  나. 특수검사
  사. 정기검사
  아. 제조검사

  해설 정기검사는 5년마다 받아야 하는 정밀 검사이다.

정답 15 아 16 나 17 가 18 아 19 아 20 사

21 화물이나 여객을 실을 수 있게 선박에 허용된 최대한의 흘수선을 무엇이라 하는가?

가. 만재흘수선 나. 경흘수선
사. 최대흘수선 아. 등흘수선

22 정기검사와 정기검사의 중간에 정기적으로 행하는 선박검사는 무엇인가?

가. 정기검사 나. 중간검사
사. 임시검사 아. 특별검사

> 중간검사 : 정기검사와 정기검사 사이에 행하는 검사로 제1종과 제2종으로 구분한다.

23 정기검사에 합격 후 교부받아야 하는 서류는?

가. 건조검사증서 나. 선박검사증서
사. 국제협약증서 아. 임시항행허가증

> 정기검사는 선박을 최초로 항해에 사용하는 때 또는 선박검사증서의 유효기간이 만료된 때 받는다.

24 선박안전법상 선박검사는 누가 하는가?

가. 선박 검사관 나. 행정 공무원
사. 도선사 아. 선장이나 선주

25 선박안전법상 선박검사의 종류가 아닌 것은?

가. 정기검사 나. 중간검사
사. 임시검사 아. 수리검사

26 선박을 건조할 때 선박에 설치되는 시설에 대하여 실시하는 검사는?

가. 중간검사 나. 정기검사
사. 임시검사 아. 건조검사

> 건조검사에 합격한 선박에 대해서는 건조검사증서를 교부한다.

정답 21 가 22 나 23 나 24 가 25 아 26 아

27 선박시설에 대하여 개조 또는 수리를 행하고자 할 때 받는 검사로 옳은 것은?

가. 임시검사 나. 임시항해검사
사. 중간검사 아. 건조검사

28 선박의 사용 중에 선체를 개조하고자 한다. 선박안전법상 어떤 검사를 신청하여 받으면 되는가?

가. 정기검사 나. 중간검사
사. 임시검사 아. 임시항해검사

29 국내의 조선소에서 건조된 외국선박의 시운전을 하고자 할 때 실시하는 검사는?

가. 국제협약검사 나. 건조검사
사. 중간검사 아. 임시항해검사

 임시항해검사 : 정기검사를 받기 전에 임시로 선박을 항해에 사용하고자 하는 때 또는 국내의 조선소에서 건조된 외국선박(국내의 조선소에서 건조된 후 외국에서 등록되었거나 외국에서 등록될 예정인 선박을 말한다.

30 선박의 최대승선인원의 산정은 어느 법에 따라 행하는가?

가. 선박법 나. 선박안전법
사. 선원법 아. 선박직원법

31 해양수산관청이 선박의 정기검사 실시 후 부여하는 항행상의 조건을 결정하는 기준으로 부적절한 것은?

가. 선박의 크기와 구조 나. 선박의 설비
사. 선박의 국적 아. 선박의 용도

32 선박의 안전관리체제 인증심사에 합격한 경우 해양수산부장관이 선박에 대하여 발급하는 증서로 옳은 것은?

가. 선박국적증서 나. 선적증서
사. 선박안전관리증서 아. 안전관리적합증서

정답 27 가 28 사 29 아 30 나 31 사 32 사

33 다음 중 선박안전법상 항해구역의 종류에 해당되지 않는 것은

가. 항내구역　　　　　　나. 평수구역
사. 연해구역　　　　　　아. 근해구역

 선박의 항해구역은 평수구역, 연해구역, 근해구역 및 원양구역으로 나눈다.

34 선박안전법상 중간검사를 받을 경우에 선박검사 신청의무자는 원칙적으로 누구인가?

가. 선박 소유자　　　　　나. 선 장
사. 기관장　　　　　　　아. 선박 제조자

 중간검사
① 선박소유자는 정기검사와 정기검사의 사이에 해양수산부령으로 정하는 바에 따라 해양수산부장관의 검사(이하 "중간검사"라 한다)를 받아야 한다.
② 중간검사의 종류는 제1종과 제2종으로 구분하며, 그 시기와 검사사항은 해양수산부령으로 정한다.

35 선박검사증서의 유효기간이 만료되었으나 선박이 검사를 받을 장소에 있지 아니하여 검사증서의 유효기간을 연장받을 수 있는 기간의 범위는?

가. 3개월　　　　　　　나. 5개월
사. 7개월　　　　　　　아. 9개월

선박검사증서 및 국제협약검사증서의 유효기간 등
① 선박검사증서 및 국제협약검사증서의 유효기간은 5년 이내의 범위에서 대통령령으로 정한다.
② 해양수산부장관은 선박검사증서 및 국제협약검사증서의 유효기간을 5개월 이내의 범위에서 대통령령으로 정하는 바에 따라 연장할 수 있다.
　※ 해당 선박이 정기검사 또는 해양수산부령으로 정하는 국제협약검사를 받기 곤란한 장소에 있는 경우 : 3개월 이내 연장가능(시행령 제6조 제1항 제1호).

36 선박안전법상 선박의 정기검사와 중간검사를 받을 시기에 대한 설명으로 틀린 것은?

가. 지정된 날짜에만 받을 수 있다.
나. 지정된 날짜보다 앞당겨 받을 수 있다.
사. 사유가 인정되면 연기할 수 있다.
아. 선장이 검사 연기신청을 할 수 있다.

정답　33 가　34 가　35 가　36 가

37 선박안전법상 만재흘수선을 표시하지 않아도 되는 선박은?

가. 길이 12미터 이상의 여객선　나. 국제항해선
사. 잠수선　아. 길이 24m 이상의 선박

 만재흘수선의 표시
다음 각 호의 어느 하나에 해당하는 선박소유자는 해양수산부장관이 정하여 고시하는 기준에 따라 만재흘수선의 표시를 하여야 한다. 다만, 잠수선 등은 표시를 생략할 수 있다.
ⓐ 국제항해에 취항하는 선박
ⓑ 길이 12m 이상의 선박
ⓒ 깊이 12m 미만의 선박으로서 13인 이상의 여객을 운송할 수 있는 여객선 또는 위험물을 산적하여 운송하는 선박

38 선박안전법상 선박의 안전을 확보하기 위하여 선박마다 그 성능의 최대 한도를 분명히 하여 이것을 넘어서 항행에 사용치 않도록 선박의 사용한도로 정한 항행상의 조건을 반드시 기재하여야 하는 서류는?

가. 선박검사증서　나. 선박국적증서
사. 항해일지　아. 선적증서

39 육지와 가장 가까운 항해구역은?

가. 평수구역　나. 연해구역
사. 근해구역　아. 원양구역

40 선박에 설치해야 할 시설 및 설비에 관한 규정은 어느 법의 내용에 속하는가?

가. 선박법　나. 선원법
사. 선박직원법　아. 선박안전법

41 다음 중 선박의 구조 및 설비에 관한 기준과 검사절차 등을 규정하는 법률은?

가. 선박법　나. 선박안전법
사. 해상교통안전법　아. 선박직원법

정답　37 사　38 가　39 가　40 아　41 나

42 선박검사증서 등 선박검사에 관한 서류는 어디에 게시 또는 보관하는가?

가. 해양항만관청 나. 대리점
사. 선박 내 아. 선박회사

> 해설 선박검사증서등을 발급받은 선박소유자는 그 선박 안에 선박검사증서등을 갖추어 두어야 한다. 다만, 소형선박의 경우에는 선박검사증서등을 선박 외의 장소에 갖추어 둘 수 있다.

43 부산 남항 및 목포항과 같은 항내수역은 다음의 항해구역 중 어느 것에 해당하는가?

가. 평수구역 나. 연해구역
사. 근해구역 아. 원양구역

정답 42 사 43 가

Chapter 03 해양환경관리법

Part 3 | 해사 법규

1 해양환경관리법의 총칙

1 목적

이 법은 선박, 해양시설, 해양공간 등 해양오염물질을 발생시키는 발생원을 관리하고, 기름 및 유해액체물질 등 해양오염물질의 배출을 규제하는 등 해양오염을 예방, 개선, 대응, 복원하는 데 필요한 사항을 정함으로써 국민의 건강과 재산을 보호하는 데 이바지함을 목적으로 한다.

2 적용범위

(1) 이 법은 다음 각 호의 해역·수역·구역 및 선박·해양시설 등에서의 해양환경관리에 관하여 적용한다. 다만, 방사성물질과 관련한 해양환경관리(연구·학술 또는 정책수립 목적 등을 위한 조사는 제외한다) 및 해양오염방지에 대하여는 「원자력안전법」이 정하는 바에 따른다.
　① 영해 및 접속수역법에 따른 영해 및 대통령령이 정하는 해역
　② 배타적 경제수역 및 대륙붕에 관한 법률에 따른 배타적 경제수역
　③ 환경관리해역
　④ 해저광물자원 개발법에 따라 지정된 해저광구

(2) (1)의 해역·수역·구역 밖에서 대한민국 선박(이하 "대한민국선박"이라 한다)에 의하여 행하여진 해양오염의 방지에 관하여는 이 법을 적용한다.

(3) 대한민국선박 외의 선박(이하 "외국선박"이라 한다)이 (1)의 해역·수역·구역 안에서 항해 또는 정박하고 있는 경우에는 이 법을 적용한다.

(4) 연료유의 황함유량 기준 및 연료유의 품질기준에 관하여 이 법에서 규정하고 있는 경우를 제외하고는 「석유 및 석유대체연료 사업법」 및 「대기환경보전법」이 정하는 바에 따른다.

(5) 오염물질의 처리는 이 법에서 규정하고 있는 경우를 제외하고는 「폐기물관리법」·「물환경보전법」, 「하수도법」 및 「가축분뇨의 관리 및 이용에 관한 법률」에서 정하는 바에 따른다.

(6) 선박의 디젤기관으로부터 발생하는 질소산화물 등 대기오염물질의 배출허용기준에 관하여 이 법에서 규정하고 있는 경우를 제외하고는 「대기환경보전법」이 정하는 바에 따른다.

3 용어의 정의

(1) **해양환경** : 해양에 서식하는 생물체와 이를 둘러싸고 있는 해양수(海洋水)·해양지(海洋地)·해양대기(海洋大氣) 등 비생물적 환경 및 해양에서의 인간의 행동양식을 포함하는 것으로서 해양의 자연 및 생활상태를 말한다.

(2) **해양오염** : 해양에 유입되거나 해양에서 발생되는 물질 또는 에너지로 인하여 해양환경에 해로운 결과를 미치거나 미칠 우려가 있는 상태를 말한다.

(3) **배출** : 오염물질 등을 유출(流出)·투기(投棄)하거나 오염물질 등이 누출(漏出)·용출(溶出) 되는 것을 말한다. 다만, 해양오염의 감경·방지 또는 제거를 위한 학술목적의 조사·연구의 실시로 인한 유출·투기 또는 누출·용출을 제외한다.

(4) **폐기물** : 해양에 배출되는 경우 그 상태로는 쓸 수 없게 되는 물질로서 해양환경에 해로운 결과를 미치거나 미칠 우려가 있는 물질(기름·유해액체물질 및 포장유해물질을 제외한다)을 말한다.

(5) **기름** : 석유 및 석유대체연료 사업법에 따른 원유 및 석유제품(석유가스를 제외한다)과 이들을 함유하고 있는 액체상태의 유성혼합물(이하 "액상유성혼합물"이라 한다) 및 폐유를 말한다.

(6) **선박평형수** : 선박의 중심을 잡기 위하여 선박에 실려 있는 물(그 물에 녹아 있는 물질 또는 그 물속에 서식하는 수중생물체·병원균을 포함한다)을 말한다.

(7) **유해액체물질** : 해양환경에 해로운 결과를 미치거나 미칠 우려가 있는 액체물질(기름을 제외한다)과 그 물질이 함유된 혼합 액체물질로서 해양수산부령이 정하는 것을 말한다.

(8) **포장유해물질** : 포장된 형태로 선박에 의하여 운송되는 유해물질 중 해양에 배출되는 경우 해양환경에 해로운 결과를 미치거나 미칠 우려가 있는 물질로서 해양수산부령이 정하는 것을 말한다.

(9) **유해방오도료**(有害防汚塗料) : 생물체의 부착을 제한·방지하기 위하여 선박 또는 해양시설 등에 사용하는 도료(이하 "방오도료"라 한다) 중 유기주석 성분 등 생물체의 파괴작용을 하는 성분이 포함된 것으로서 해양수산부령이 정하는 것을 말한다.

(10) **잔류성오염물질**(殘留性汚染物質) : 해양에 유입되어 생물체에 농축되는 경우 장기간 지속적으로 급성·만성의 독성(毒性) 또는 발암성(發癌性)을 야기하는 화학물질로서 해양수산부령으로 정하는 것을 말한다.

(11) **오염물질** : 해양에 유입 또는 해양으로 배출되어 해양환경에 해로운 결과를 미치거나 미칠 우려가 있는 폐기물·기름·유해액체물질 및 포장유해물질을 말한다.

(12) **오존층파괴물질** : 「오존층 보호 등을 위한 특정물질의 관리에 관한 법률」 제2조제1호가목에 해당하는 물질을 말한다.

(13) **대기오염물질** : 오존층파괴물질, 휘발성유기화합물과 대기환경보전법의 대기오염물질 및 온실가스 중 이산화탄소를 말한다.

(14) **배출규제해역** : 선박운항에 따른 대기오염 및 이로 인한 육상과 해상에 미치는 악영향을 방지하기 위하여 선박으로부터 해양수산부령으로 정하는 대기오염물질의 배출을 특별히 규제하는 조치가 필요한 해역으로서 해양수산부령이 정하는 해역을 말한다.

(15) **휘발성유기화합물** : 탄화수소류 중 기름 및 유해액체물질로서 대기환경보전법에 해당하는 물질을 말한다.

(16) **선박** : 수상(水上) 또는 수중(水中)에서 항해용으로 사용하거나 사용될 수 있는 것(선외기를 장착한 것을 포함한다) 및 해양수산부령이 정하는 고정식·부유식 시추선 및 플랫폼을 말한다.

(17) **해양시설** : 해역의 안 또는 해역과 육지 사이에 연속하여 설치·배치하거나 투입되는 시설 또는 구조물로서 해양수산부령이 정하는 것을 말한다.

(18) **선저폐수**(船底廢水) : 선박의 밑바닥에 고인 액상유성혼합물을 말한다.

(19) **항만관리청** : 항만법 제20조의 관리청, 어촌·어항법 제35조의 어항관리청 및 항만공사법에 따른 항만공사를 말한다.

(20) **해역관리청** : 관할해역의 해양환경개선, 해양오염방지활동 등 해양환경관리업무를 수행하는 행정관청으로 다음 각 목에 해당하는 자가 된다.

  가. 「영해 및 접속수역법」에 따른 영해, 내수 및 대통령령으로 정하는 해역은 해당 광역시장·도지사 및 특별자치도지사(이하 "시·도지사"라 한다)

  나. 「배타적 경제수역 및 대륙붕에 관한 법률」 제2조에 따른 배타적 경제수역, 대통령령으로 정하는 해역 및 항만 안의 해역은 해양수산부장관

(21) **선박에너지효율** : 선박이 화물운송과 관련하여 사용한 에너지량을 이산화탄소 발생비율로 나타낸 것을 말한다.

(22) **선박에너지효율설계지수** : 선박의 건조 또는 개조 단계에서 사전적으로 계산된 선박의 에너지효율을 나타내는 지표로, 선박이 1톤의 화물을 1해리 운송할 때 배출할 것으로 예상되는 이산화탄소량을 제41조의2제1항에서 해양수산부장관이 정하여 고시하는 방법에 따라 계산한 지표를 말한다.

(23) **선박에너지효율지수** : 현존하는 선박의 운항단계에서 사전적으로 계산된 선박의 에너지효율을 나타내는 지표로, 선박이 1톤의 화물을 1해리 운송할 때 배출할 것으로 예상되는 이산화탄소량을 제41조의5제1항에서 해양수산부장관이 정하여 고시하는 방법에 따라 계산한 지표를 말한다.

(24) **선박운항탄소집약도지수** : 사후적으로 계산된 선박의 연간 에너지효율을 나타내는 지표로, 선박이 1톤의 화물을 1해리 운송할 때 배출된 이산화탄소량을 제41조의6제1항에서 해양수산부장관이 정하여 고시하는 방법에 따라 매년 계산한 지표를 말한다.

4 국제협약과의 관계

해양환경 및 해양오염과 관련하여 국제적으로 발효된 국제협약에서 정하는 기준과 이 법에서 규정하는 내용이 다른 때에는 국제협약의 효력을 우선한다. 다만, 이 법의 규정내용이 국제협약의 기준보다 강화된 기준을 포함하는 때에는 그러하지 아니하다.

2 환경관리해역의 지정·관리

(1) 해양수산부장관은 해양환경의 보전·관리를 위하여 필요하다고 인정되는 경우에는 다음 각 호의 구분에 따라 환경보전해역 및 특별관리해역(이하 "환경관리해역"이라 한다)을 지정·관리할 수 있다. 이 경우 관계 중앙행정기관의 장 및 관할 시·도지사 등과 미리 협의하여야 한다.

① **환경보전해역** : 해양환경 및 생태계가 양호한 해역 중「해양환경 보전 및 활용에 관한 법률」제13조 제1항에 따른 해양환경기준의 유지를 위하여 지속적인 관리가 필요한 해역으로서 해양수산부장관이 정하여 고시하는 해역(해양오염에 직접 영향을 미치는 육지를 포함한다)

> **tip**
> **환경보전해역**
> 가막만, 득량만, 완도·도암만, 함평만 등 4개 해역(수산자원보전 지구, 보호수면 등)

② **특별관리해역**
「해양환경 보전 및 활용에 관한 법률」제13조 제1항에 따른 해양환경기준의 유지가 곤란한 해역 또는 해양환경 및 생태계의 보전에 현저한 장애가 있거나 장애가 발생 우려가 있는 해역으로서 해양수산부장관이 정하여 고시하는 해역(해양오염에 직접 영향을 미치는 육지를 포함한다)

> **tip**
> **특별관리해역**
> 시화호·인천연안, 광양만, 마산만, 부산연안, 울산연안 등 5개 해역(도시, 산업단지주변해역)

(2) 해양수산부장관은 환경관리해역의 지정 목적이 달성되었거나 지정 목적이 상실된 경우 또는 당초 지정 목적의 달성을 위하여 지정범위를 확대하거나 축소하는 등의 조정이 필요한 경우 환경관리해역의 전부 또는 일부의 지정을 해제하거나 지정범위를 변경하여 고시할 수 있다. 이 경우 대상 구역을 관할하는 시·도지사와 미리 협의하여야 한다.

(3) 해양수산부장관은 제1항 및 제2항에 따른 환경관리해역의 지정, 해제 또는 변경 시 다음 각 호의 사항을 고려하여야 한다.
① 제9조에 따른 해양환경측정망 조사 결과
② 제39조에 따른 잔류성오염물질 조사 결과
③「해양생태계의 보전 및 관리에 관한 법률」제10조에 따른 국가해양생태계종합조사 결과
④ 국가 및 지방자치단체에서 3년 이상 지속적으로 시행한 해양환경 및 생태계 관련 조사 결과

3 오염물질의 배출금지

(1) 누구든지 선박으로부터 오염물질을 해양에 배출하여서는 아니 된다. 다만, 다음 각 호의 경우에는 그러하지 아니하다.
   ① 다음의 구분에 따라 폐기물을 배출하는 경우 : 선박의 항해 및 정박 중 발생하는 폐기물을 배출하고자 하는 경우에는 해양수산부령으로 정하는 해역에서 해양수산부령으로 정하는 처리기준 및 방법에 따라 배출할 것
   ② 다음의 구분에 따라 기름을 배출하는 경우
      ㉠ 선박에서 기름을 배출하는 경우에는 해양수산부령이 정하는 해역에서 해양수산부령이 정하는 배출기준 및 방법에 따라 배출할 것
      ㉡ 유조선에서 화물유가 섞인 선박평형수, 화물창의 세정수(洗淨水) 및 선저폐수를 배출하는 경우에는 해양수산부령이 정하는 해역에서 해양수산부령이 정하는 배출기준 및 방법에 따라 배출할 것
      ㉢ 유조선에서 화물창의 선박평형수를 배출하는 경우에는 해양수산부령이 정하는 세정도(洗淨度)에 적합하게 배출할 것
   ③ 다음의 구분에 따라 유해액체물질을 배출하는 경우
      ㉠ 유해액체물질을 배출하는 경우에는 해양수산부령이 정하는 해역에서 해양수산부령이 정하는 사전처리 및 배출방법에 따라 배출할 것
      ㉡ 해양수산부령이 정하는 유해액체물질의 산적운반(散積運搬)에 이용되는 화물창(선박평형수의 배출을 위한 설비를 포함한다)에서 세정된 선박평형수를 배출하는 경우에는 해양수산부령이 정하는 정화방법에 따라 배출할 것

(2) 누구든지 해양시설 또는 해수욕장·하구역 등 대통령령이 정하는 장소(이하 "해양공간"이라 한다)에서 발생하는 오염물질을 해양에 배출하여서는 아니 된다. 다만, 다음 각 호의 경우에는 그러하지 아니하다.
   ① 해양시설 및 해양공간(이하 "해양시설 등"이라 한다)에서 발생하는 폐기물을 해양수산부령이 정하는 해역에서 해양수산부령이 정하는 처리기준 및 방법에 따라 배출하는 경우
   ② 해양시설등에서 발생하는 기름 및 유해액체물질을 해양수산부령이 정하는 처리기준 및 방법에 따라 배출하는 경우

(3) 다음의 어느 하나에 해당하는 경우에는 제1항 및 제2항의 규정에 불구하고 선박 또는 해양시설 등에서 발생하는 오염물질을 해양에 배출할 수 있다.
   ① 선박 또는 해양시설 등의 안전확보나 인명구조를 위하여 부득이하게 오염물질을 배출하는 경우
   ② 선박 또는 해양시설 등의 손상 등으로 인하여 부득이하게 오염물질이 배출되는 경우
   ③ 선박 또는 해양시설 등의 오염사고에 있어 해양수산부령이 정하는 방법에 따라 오염피해를 최소화하는 과정에서 부득이하게 오염물질이 배출되는 경우

선박으로부터의 기름 등의 배출(선박에서의 오염방지에 관한 규칙 제9조)

선박으로부터 기름을 배출하는 경우에는 다음 각 호의 요건에 모두 적합하게 배출하여야 한다.
1. 선박(시추선 및 플랫폼을 제외한다)의 항해 중에 배출할 것
2. 배출액 중의 기름 성분이 0.0015퍼센트(15ppm) 이하일 것. 다만, 「해저광물자원 개발법」에 따른 해저광물(석유 및 천연가스에 한한다)의 탐사·채취 과정에서 발생한 물의 경우에는 0.004퍼센트 이하이어야 한다.
3. 기름오염방지설비의 작동 중에 배출할 것. 다만, 시추선 및 플랫폼에서 스킴 파일[skim pile, 분리된 기름을 수집하는 내부 칸막이(baffle plate)를 가진 바닥이 개방된 수직의 파이프]의 설치를 통하여 기름을 배출하는 경우는 제외한다.

오염물질이 배출된 경우의 방제조치(시행령 제48조)
방제조치는 오염물질의 배출 방지와 배출된 오염물질의 확산방지 및 제거를 위한 응급조치를 한 후 현장에서 할 수 있는 최대한의 유효적절한 조치여야 한다.
1. 오염물질의 확산방지울타리의 설치 및 그 밖에 확산방지를 위하여 필요한 조치
2. 선박 또는 시설의 손상부위의 긴급수리, 선체의 예인·인양조치 등 오염물질의 배출 방지조치
3. 해당 선박 또는 시설에 적재된 오염물질을 다른 선박·시설 또는 화물창으로 옮겨 싣는 조치
4. 배출된 오염물질의 회수조치
5. 해양오염방제를 위한 자재 및 약제의 사용에 따른 오염물질의 제거조치
6. 수거된 오염물질로 인한 2차오염 방지조치
7. 수거된 오염물질과 방제를 위하여 사용된 자재 및 약제 중 재사용이 불가능한 물질의 안전처리조치

4 선박에서의 해양오염방지

1 폐기물오염방지설비의 설치

(1) 해양수산부령으로 정하는 선박의 소유자는 그 선박 안에서 발생하는 해양수산부령으로 정하는 폐기물을 저장·처리하기 위한 설비(이하 "폐기물오염방지설비"라 한다)를 해양수산부령으로 정하는 기준에 따라 설치하여야 한다.

(2) 설치된 폐기물오염방지설비는 해양수산부령이 정하는 기준에 적합하게 유지·작동되어야 한다.

2 기름오염방지설비의 설치

(1) 선박의 소유자는 선박 안에서 발생하는 기름의 배출을 방지하기 위한 설비(이하 "기름오염방지설비"라 한다)를 해당 선박에 설치하거나 폐유저장을 위한 용기를 비치하여야 한다. 이 경우 그 대상선박과 설치기준 등은 해양수산부령으로 정한다.

(2) 선박의 소유자는 선박의 충돌·좌초 또는 그 밖의 해양사고가 발생하는 경우 기름의 배출을 방지할 수 있는 선체구조 등을 갖추어야 한다. 이 경우 그 대상선박, 선체구조기준 그 밖에 필요한 사항은 해양수산부령으로 정한다.

(3) 설치된 기름오염방지설비는 해양수산부령이 정하는 기준에 적합하게 유지·작동되어야 한다.

3 유해액체물질오염방지설비의 설치

(1) 유해액체물질을 산적하여 운반하는 선박으로서 해양수산부령이 정하는 선박의 소유자는 유해액체물질을 그 선박 안에서 저장·처리할 수 있는 설비 또는 유해액체물질에 의한 해양오염을 방지하기 위한 설비(이하 "유해액체물질오염방지설비"라 한다)를 해양수산부령이 정하는 기준에 따라 설치하여야 한다.

(2) 유해액체물질을 산적하여 운반하는 선박으로서 해양수산부령이 정하는 선박의 소유자는 선박의 충돌·좌초 그 밖의 해양사고가 발생하는 경우 유해액체물질의 배출을 방지하기 위하여 그 선박의 화물창을 해양수산부령이 정하는 기준에 따라 설치·유지하여야 한다.

(3) 선박의 소유자는 해양수산부령이 정하는 기준에 따라 유해액체물질의 배출방법 및 설비에 관한 지침서를 작성하여 해양수산부장관의 검인을 받아 그 선박의 선장에게 제공하여야 한다.

(4) 설치된 유해액체물질오염방지설비는 해양수산부령이 정하는 기준에 적합하게 유지·작동되어야 한다.

4 선박평형수 및 기름의 적재제한

(1) 해양수산부령이 정하는 유조선의 화물창 및 해양수산부령이 정하는 선박의 연료유탱크에는 선박평형수를 적재하여서는 아니 된다. 다만, 새로이 건조한 선박을 시운전하거나 선박의 안전을 확보하기 위하여 필요한 경우로서 해양수산부령이 정하는 경우에는 그러하지 아니하다.

(2) 해양수산부령이 정하는 선박의 경우 그 선박의 선수(船首)탱크 및 충돌격벽(衝突隔壁)보다 앞쪽에 설치된 탱크에는 기름을 적재하여서는 아니 된다.

5 선박오염물질기록부의 관리

(1) 선박의 선장(피예인선의 경우에는 선박의 소유자를 말한다)은 그 선박에서 사용하거나 운반·처리하는 폐기물·기름 및 유해액체물질에 대한 다음 각 호의 구분에 따른 기록부(이하 "선

박오염물질기록부"라 한다)를 그 선박(피예인선의 경우에는 선박의 소유자의 사무실을 말한다) 안에 비치하고 그 사용량·운반량 및 처리량 등을 기록하여야 한다.
① 폐기물기록부 : 해양수산부령이 정하는 일정 규모 이상의 선박에서 발생하는 폐기물의 총량·처리량 등을 기록하는 장부. 다만, 제72조 제1항의 규정에 따라 해양환경관리업자가 처리대장을 작성·비치하는 경우에는 동 처리대장으로 갈음한다.
② 기름기록부 : 선박에서 사용하는 기름의 사용량·처리량을 기록하는 장부. 다만, 해양수산부령이 정하는 선박의 경우를 제외하며, 유조선의 경우에는 기름의 사용량·처리량 외에 운반량을 추가로 기록하여야 한다.
③ 유해액체물질기록부 : 선박에서 산적하여 운반하는 유해액체물질의 운반량·처리량을 기록하는 장부

(2) 선박오염물질기록부의 보존기간은 최종기재를 한 날부터 3년으로 하며, 그 기재사항·보존방법 등에 관하여 필요한 사항은 해양수산부령으로 정한다.

6 선박해양오염비상계획서의 관리

(1) 선박의 소유자는 기름 또는 유해액체물질이 해양에 배출되는 경우에 취하여야 하는 조치사항에 대한 내용을 포함하는 기름 및 유해액체물질의 해양오염비상계획서를 작성하여 해양경찰청장의 검인을 받은 후 이를 그 선박에 비치하고, 선박해양오염비상계획서에 따른 조치 등을 이행하여야 한다.
(2) 선박해양오염비상계획서를 검인받은 선박의 소유자는 그 선박해양오염비상계획서의 내용 중 해양수산부령으로 정하는 중요한 사항을 변경하려는 경우에는 선박해양오염비상계획서를 변경 작성하여 해양경찰청장의 검인을 받은 후 이를 그 선박에 비치하여야 한다.

7 선박 해양오염방지관리인

(1) 해양수산부령으로 정하는 선박의 소유자는 그 선박에 승무하는 선원 중에서 선장을 보좌하여 선박으로부터의 오염물질 및 대기오염물질의 배출방지에 관한 업무를 관리하게 하기 위하여 대통령령으로 정하는 자격을 갖춘 사람을 해양오염방지관리인으로 임명하여야 한다. 이 경우 유해액체물질을 산적하여 운반하는 선박의 경우에는 유해액체물질의 해양오염방지관리인 1명 이상을 추가로 임명하여야 한다.
(2) 선박의 소유자는 제1항의 규정에 따른 해양오염방지관리인을 임명한 증빙서류를 선박 안에 비치하여야 한다.
(3) 제1항에 따라 해양오염방지관리인을 임명한 선박의 소유자는 해양오염방지관리인이 여행·질병 또는 그 밖의 사유로 일시적으로 직무를 수행할 수 없는 경우 대통령령으로 정하는 자격을 갖춘 사람을 대리자로 지정하여 그 직무를 대행하게 하여야 한다. 이 경우 대리자가 해양오염방지관리인의 직무를 대행하는 기간은 30일을 초과할 수 없다.

(4) 선박의 소유자는 제1항에 따른 해양오염방지관리인 또는 제3항에 따른 해양오염방지관리인의 대리자에게 오염물질 및 대기오염물질을 이송 또는 배출하는 작업을 지휘·감독하게 하여야 한다.

5 해양오염방지를 위한 선박의 검사

1 검사의 종류와 검사증서

(1) 정기검사
① 폐기물오염방지설비·기름오염방지설비·유해액체물질오염방지설비 및 대기오염방지설비(이하 "해양오염방지설비"라 한다)를 설치하거나 선체 및 화물창을 설치·유지하여야 하는 선박(이하 "검사대상선박"이라 한다)의 소유자가 해양오염방지설비, 선체 및 화물창(이하 "해양오염방지설비등"이라 한다)을 선박에 최초로 설치하여 항해에 사용하려는 때 또는 유효기간이 만료한 때에는 해양수산부령이 정하는 바에 따라 해양수산부장관의 검사(이하 "정기검사"라 한다)를 받아야 한다.
② 해양수산부장관은 정기검사에 합격한 선박에 대하여 해양수산부령이 정하는 해양오염방지검사증서를 교부하여야 한다.

(2) 중간검사
① 검사대상선박의 소유자는 정기검사와 정기검사의 사이에 해양수산부령이 정하는 바에 따라 해양수산부장관의 검사(이하 "중간검사"라 한다)를 받아야 한다.
② 해양수산부장관은 중간검사에 합격한 선박에 대하여 해양오염방지검사증서에 그 검사결과를 표기하여야 한다.

(3) 임시검사
① 검사대상선박의 소유자가 해양오염방지설비등을 교체·개조 또는 수리하고자 하는 때에는 해양수산부령이 정하는 바에 따라 해양수산부장관의 검사(이하 "임시검사"라 한다)를 받아야 한다.
② 해양수산부장관은 임시검사에 합격한 선박에 대하여 해양오염방지검사증서에 그 검사결과를 표기하여야 한다.

(4) 임시항해검사
① 검사대상선박의 소유자가 해양오염방지검사증서를 교부받기 전에 임시로 선박을 항해에 사용하고자 하는 때에는 해당 해양오염방지설비등에 대하여 해양수산부령이 정하는 바에 따라 해양수산부장관의 검사(이하 "임시항해검사"라 한다)를 받아야 한다.
② 해양수산부장관은 임시항해검사에 합격한 선박에 대하여 해양수산부령이 정하는 임시해양오염방지검사증서를 교부하여야 한다.

(5) 방오시스템검사

① 해양수산부령이 정하는 선박의 소유자가 방오시스템을 선박에 설치하여 항해에 사용하려는 때에는 해양수산부령이 정하는 바에 따라 해양수산부장관의 검사(이하 "방오시스템검사"라 한다)를 받아야 한다.
② 해양수산부장관은 방오시스템검사에 합격한 선박에 대하여 해양수산부령이 정하는 방오시스템검사증서를 교부하여야 한다.
③ 선박의 소유자가 방오시스템을 변경·교체하고자 하는 때에는 해양수산부령이 정하는 바에 따라 해양수산부장관의 검사(이하 "임시방오시스템검사"라 한다)를 받아야 한다.
④ 해양수산부장관은 임시방오시스템검사에 합격한 선박에 대하여 방오시스템검사증서에 그 검사결과를 표기하여야 한다.

2 해양오염방지검사증서 등을 교부받지 아니한 선박의 항해

(1) 선박의 소유자는 해양오염방지검사증서·임시해양오염방지검사증서·방오시스템검사증서 또는 에너지효율 검사증서를 교부받지 아니한 검사대상선박을 항해에 사용하여서는 아니 된다. 다만, 해양오염방지선박검사·에너지효율검사 또는 선박검사를 받기 위하여 항해하는 경우에는 그러하지 아니하다.

(2) 선박의 소유자는 협약검사증서를 교부받지 아니한 선박을 국제항해에 사용하여서는 아니 된다.

(3) 선박의 소유자는 해양오염방지검사증서·임시해양오염방지검사증서·방오시스템검사증서·에너지효율검사증서 및 협약검사증서(이하 "해양오염방지검사증서등"이라 한다)에 기재된 조건에 적합하지 아니한 방법으로 그 선박을 항해(국제항해를 포함한다)에 사용하여서는 아니 된다. 다만, 해양오염방지선박검사·에너지효율검사 또는 선박검사를 받기 위하여 항해하는 경우에는 그러하지 아니하다.

(4) 해양오염방지검사증서등을 교부받은 선박의 소유자는 그 선박 안에 해양오염방지검사증서 등을 비치하여야 한다.

3 부적합 선박에 대한 조치

(1) 해양수산부장관은 해양오염방지설비등, 방오시스템 또는 연료유의 황함유량 등이 설치기준, 기술기준 또는 황함유량 기준 등에 적합하지 아니하다고 인정되는 경우에는 그 선박의 소유자에 대하여 그 해양오염방지설비등, 방오시스템 또는 연료유의 교체·개조·변경·수리 그 밖에 필요한 조치를 명령할 수 있다.

(2) 해양수산부장관은 선박의 소유자가 제1항에 따른 개선명령 중 해양오염방지설비등 및 방오시스템의 중대한 결함으로 인한 교체 등의 명령을 이행하지 아니하고 선박을 계속하여 사용하려고 하거나 사용하면 그 선박에 대하여 항해정지처분을 할 수 있다. 다만, 해양오염 우려 없이 개선명령을 이행하기 위하여 수리할 수 있는 항으로 항해하는 경우 등 정당한 사유가 있는 경우에는 그러하지 아니하다.

(3) 해양수산부장관은 다음 각 호의 어느 하나에 해당하는 경우에는 그 선박의 소유자에 대하여 수정·교체·개조·비치 등 필요한 조치를 명령할 수 있다.
  ① 선박에너지효율이 선박에너지효율설계지수의 계산방법 및 허용값, 추진기관의 최소 출력기준에 적합하지 아니하다고 인정되는 경우
  ② 선박에너지효율관리계획서를 비치하지 아니한 경우

4 재검사

(1) 해양오염방지선박검사, 예비검사 및 에너지효율검사를 받은 자가 그 검사결과에 대하여 불복이 있는 때에는 그 결과에 관한 통지를 받은 날부터 90일 이내에 그 사유를 갖추어 해양수산부장관에게 재검사를 신청할 수 있다.

(2) 제1항의 규정에 따라 재검사 신청을 받은 해양수산부장관은 소속 공무원으로 하여금 재검사를 하게하고 그 결과를 신청인에게 60일 이내에 통보하여야 한다. 다만, 부득이한 사유가 있는 때에는 30일의 범위 안에서 통보시한을 연장할 수 있다.

(3) 해양오염방지선박검사, 예비검사 및 에너지효율검사에 대하여 불복이 있는 자는 제1항 및 제2항의 규정에 따른 재검사의 절차를 거치지 아니하고는 행정소송을 제기할 수 없다.

6 협약검사증서의 교부

(1) 해양수산부장관은 정기검사·중간검사·임시검사·임시항해검사 및 방오시스템검사(이하 "해양오염방지선박검사"라 한다)에 합격한 선박의 소유자 또는 선장으로부터 그 선박을 국제항해에 사용하기 위하여 해양오염방지에 관한 국제협약에 따른 검사증서(이하 "협약검사증서"라 한다)의 교부신청이 있는 때에는 해양수산부령이 정하는 바에 따라 협약검사증서를 교부하여야 한다.

(2) 선박의 소유자 또는 선장이 국제협약의 당사국인 외국(이하 "협약당사국"이라 한다)의 정부로부터 직접 협약검사증서를 교부받고자 하는 경우에는 해당 국가에 주재하는 우리나라의 영사를 통하여 신청하여야 한다.

(3) 해양수산부장관은 협약당사국의 정부로부터 그 국가의 선박에 대하여 협약검사증서의 교부신청이 있는 경우에는 해당 선박에 대하여 해양오염방지선박검사를 행하고, 해당 선박의 소유자 또는 선장에게 협약검사증서를 교부할 수 있다.

(4) 제1항 내지 제3항의 규정에 따라 교부받은 협약검사증서는 해양오염방지검사증서 및 방오시스템검사증서와 같은 효력이 있는 것으로 본다.

7. 해양오염방지검사증서 등의 유효기간

(1) 해양오염방지검사증서, 방오시스템검사증서, 에너지효율검사증서 및 협약검사증서의 유효기간은 다음 각 호와 같다.
   ① 해양오염방지검사증서 : 5년
   ② 방오시스템검사증서 : 영구
   ③ 에너지효율검사증서 : 영구
   ④ 협약검사증서 : 5년

(2) 해양수산부장관은 제1항의 규정에 따른 해양오염방지검사증서 및 협약검사증서의 유효기간을 해양수산부령이 정하는 기간의 범위 안에서 그 효력을 연장할 수 있다.

(3) 중간검사 또는 임시검사에 불합격한 선박의 해양오염방지검사증서 및 협약검사증서의 유효기간은 해당 검사에 합격할 때까지 그 효력이 정지된다.

(4) 해양오염방지검사증서등의 유효기간이 시작되는 날은 다음의 구분에 따른다(선박에서의 오염방지에 관한 규칙 제50조).
   ① 최초로 정기검사를 받는 경우와 해양오염방지검사증서등의 유효기간 만료일의 3개월 전에 정기검사가 완료된 경우 : 검사가 완료된 날
   ② ① 외의 경우로서 정기검사가 완료된 경우 : 유효기간 만료일의 다음날. 다만, 선박의 수리·계선 등 부득이한 사유로 유효기간 만료 후 3개월이 지난 후에 정기검사가 완료된 경우로서 해양수산부장관이 인정하는 경우에는 검사가 완료된 날로 한다.

Chapter 03 해양환경관리법

Part 3 | 해사 법규 적중예상문제

01 해양환경관리법의 목적으로 옳지 않은 것은?

가. 해양오염물질을 발생시키는 발생원을 관리한다.
나. 해양오염을 예방, 개선, 대응, 복원하는 데 필요한 사항을 정한다.
사. 국민의 건강과 재산을 보호하는 데 이바지한다.
아. 해양의 질서를 유지하여 선박교통을 원활하게 한다.

> **해양환경관리법의 목적** : 선박, 해양시설, 해양공간 등 해양오염물질을 발생시키는 발생원을 관리하고, 기름 및 유해액체물질 등 해양오염물질의 배출을 규제하는 등 해양오염을 예방, 개선, 대응, 복원하는 데 필요한 사항을 정함으로써 국민의 건강과 재산을 보호하는 데 이바지함을 목적으로 한다(법 제1조).

02 다음 중 해양환경관리법의 적용범위에 해당하지 않는 것은?

가. 영 해　　　　　　　　　나. 배타적 경제수역
사. 환경관리해역　　　　　　아. 공 해

03 다음 중 해양환경관리법상 "기름"으로 옳지 않은 것은?

가. 원 유　　　　　　　　　나. 윤활유
사. 동물유　　　　　　　　　아. 연료유

> "기름"이라 함은 「석유 및 석유대체연료 사업법」에 따른 원유 및 석유제품(석유가스를 제외한다)과 이들을 함유하고 있는 액체상태의 유성혼합물("액상유성혼합물") 및 폐유를 말한다.

04 화물창이 기름의 운반을 위한 구조를 가지고 있는 선박을 무엇이라 하는가?

가. 시추선　　　　　　　　　나. 유조선
사. 여객선　　　　　　　　　아. 컨테이너선

05 다음 중 해양환경관리법의 적용을 받지 않는 선박은?

가. 영해 내에 있는 외국선박　　나. 공해 상에 있는 외국선박
사. 공해 상에 있는 대한민국선박　아. 무역항 내에 있는 외국선박

정답 01 아　02 아　03 사　04 나　05 나

적용범위 해역 및 선박(법 제3조)
1. 영해 및 대통령령이 정하는 해역 2. 배타적 경제수역 3. 환경관리해역 4. 지정된 해저광구
① 위의 각 호의 해역·수역·구역 밖에서「선박법」제2조의 규정에 따른 대한민국 선박(이하 "대한민국선박"이라 한다)에 의하여 행하여진 해양오염의 방지에 관하여는 이 법을 적용한다.
② 대한민국선박 외의 선박(이하 "외국선박"이라 한다)이 위의 각 호의 해역·수역·구역 안에서 항해 또는 정박하고 있는 경우에는 이 법을 적용한다. 다만, 국제항해에 종사하는 외국선박에 대하여 적용하지 아니한다.

06 해양환경관리법상 "기름"에 해당되지 않는 것은?
가. 원 유
나. 폐 유
사. 액상유성혼합물
아. 석유가스

07 선박에서 바다로 기름이 흘러 나갔을 경우 적용해야 하는 법으로 옳은 것은?
가. 해양환경관리법
나. 선박직원법
사. 선박안전법
아. 선원법

08 선박에 의한 해양오염사고 발생시 해양오염방제에 사용된 비용은 누가 부담해야 하는가?
가. 오염원인자
나. 해양수산부장관
사. 해양경찰청장
아. 선 장

 오염원인자 책임의 원칙
해양을 이용·개발하는 행위로 해양오염 또는 해양생태계 훼손을 발생시킨 자(이하 "오염원인자"라 한다)는 그 오염·훼손을 방지하고, 오염·훼손된 해양환경을 복원할 책임을 지며, 해양환경의 복원 및 오염·훼손으로 인한 피해의 구제에 소요되는 비용을 부담함을 원칙으로 한다(해양환경 보전 및 활용에 관한 법률 제8조).

09 해양환경관리법상 선박에서 기름을 해양에 배출하였을 때에는 다음 중 어디에 기록해야 하는가?
가. 항해일지
나. 기름기록부
사. 폐기물기록부
아. 소각일지

 기름기록부 : 선박에서 사용하는 기름의 사용량·처리량을 기록하는 장부. 다만, 해양수산부령이 정하는 선박의 경우를 제외하며, 유조선의 경우에는 기름의 사용량·처리량 외에 운반량을 추가로 기록하여야 한다(법 제30조 제1항 제2호).

정답 06 아 07 가 08 가 09 나

10 해양환경관리법상 유해액체물질 운반 선박의 경우 최소한 몇 명의 해양오염방지관리인을 임명하여야 하는가?

가. 오염물질 및 대기오염물질의 해양오염방지관리인과 유해액체물질의 해양오염방지관리인 각 2명
나. 오염물질 및 대기오염물질의 해양오염방지관리인 1명
사. 유해액체물질의 해양오염방지관리인 1명
아. 오염물질 및 대기오염물질의 해양오염방지관리인과 유해액체물질의 해양오염방지관리인 각 1명

> 해설 선박 해양오염방지관리인 : 해양수산부령으로 정하는 선박의 소유자는 그 선박에 승무하는 선원 중에서 선장을 보좌하여 선박으로부터의 오염물질 및 대기오염물질의 배출방지에 관한 업무를 관리하게 하기 위하여 대통령령으로 정하는 자격을 갖춘 사람을 해양오염방지관리인으로 임명하여야 한다. 이 경우 유해액체물질을 산적하여 운반하는 선박의 경우에는 유해액체물질의 해양오염방지관리인 1명 이상을 추가로 임명하여야 한다(법 제32조 제1항).

11 해양환경관리법상 선박으로부터의 배출이 금지되는 폐기물에 해당되지 않는 것은?

가. 휴 지
나. 나무조각
사. 분 뇨
아. 양묘시 갑판에 올라온 갯펄

> 해설 "폐기물"이라 함은 해양에 배출되는 경우 그 상태로는 쓸 수 없게 되는 물질로서 해양환경에 해로운 결과를 미치거나 미칠 우려가 있는 물질(기름, 유해액체물질, 포장유해물질에 해당하는 물질을 제외한다)을 말한다(법 제2조 제4호).

12 해양환경관리법의 적용범위에 해당하는 것으로 옳은 것을 고른 것은?

> ㉠ 대한민국 영해 내의 해양오염
> ㉡ 해저광구의 개발과 관련하여 발생한 해양오염
> ㉢ 방사성 물질에 의한 해양오염
> ㉣ 대한민국 선박에 의한 대기오염

가. ㉠, ㉡, ㉢
나. ㉠, ㉢, ㉣
사. ㉠, ㉡, ㉣
아. ㉠, ㉡, ㉢, ㉣

정답 10 아 11 아 12 사

13 해양환경관리법상 해양에 배출되었을 경우 해양환경의 보전을 저해하는 물질(기름, 유해액체물질 및 포장유해물질 제외)로서 해양에 배출됨으로써 그 상태로는 쓸 수 없게 된 물질을 무엇이라 하는가?

가. 폐기물　　　　　　　　　　　나. 액상유성혼합물
사. 선저폐수　　　　　　　　　　아. 폐 유

14 해양환경관리법상 피예인선을 제외한 선박에서 기름기록부는 어디에 보관하여야 하는가?

가. 선박내　　　　　　　　　　　나. 관할 지방해양수산청
사. 선박회사 사무실　　　　　　　아. 선박소유자의 사무실

 선박의 선장(피예인선의 경우에는 선박의 소유자를 말한다)은 그 선박에서 사용하거나 운반·처리하는 폐기물·기름 및 유해액체물질에 대한 기록부(이하 "선박오염물질기록부"라 한다)를 그 선박(피예인선의 경우에는 선박의 소유자의 사무실을 말한다) 안에 비치하고 그 사용량·운반량 및 처리량 등을 기록하여야 한다(법 제30조 제1항).

15 해양환경관리법상 기름기록부는 최종 기재일로부터 몇 년간 보존하여야 하는가?

가. 1년　　　　　　　　　　　　　나. 2년
사. 3년　　　　　　　　　　　　　아. 4년

 선박오염물질기록부의 관리(법 제30조)
① 선박의 선장(피예인선의 경우에는 선박의 소유자를 말한다)은 그 선박에서 사용하거나 운반·처리하는 폐기물·기름 및 유해액체물질에 대한 다음 각 호의 구분에 따른 기록부(이하 "선박오염물질기록부"라 한다)를 그 선박(피예인선의 경우에는 선박의 소유자의 사무실을 말한다) 안에 비치하고 그 사용량·운반량 및 처리량 등을 기록하여야 한다.
　1. 폐기물기록부 : 해양수산부령이 정하는 일정 규모 이상의 선박에서 발생하는 폐기물의 총량·처리량 등을 기록하는 장부. 다만, 해양환경관리업자가 처리대장을 작성·비치하는 경우에는 동 처리대장으로 갈음한다.
　2. 기름기록부 : 선박에서 사용하는 기름의 사용량·처리량을 기록하는 장부. 다만, 해양수산부령이 정하는 선박의 경우를 제외하며, 유조선의 경우에는 기름의 사용량·처리량 외에 운반량을 추가로 기록하여야 한다.
　3. 유해액체물질기록부 : 선박에서 산적하여 운반하는 유해액체물질의 운반량·처리량을 기록하는 장부
② 선박오염물질기록부의 보존기간은 최종기재를 한 날부터 3년으로 하며, 그 기재사항·보존방법 등에 관하여 필요한 사항은 해양수산부령으로 정한다.

정답 13 가 14 가 15 사

16 해양환경의 보전·관리를 위하여 필요하다고 인정되는 경우에 지정·관리할 수 있는 해역의 명칭은?

가. 환경관리해역　　　　　　　나. 해양환경 생태해역
사. 오염물질 관리해역　　　　　아. 해양환경 조사해역

> **환경관리해역의 지정·관리(법 제15조)**
> 해양수산부장관은 해양환경의 보전·관리를 위하여 필요하다고 인정되는 경우에는 다음 각 호의 구분에 따라 환경보전해역 및 특별관리해역(이하 "환경관리해역"이라 한다)을 지정·관리할 수 있다. 이 경우 관계 중앙행정기관의 장 및 관할 시·도지사 등과 미리 협의하여야 한다.
> 1. 환경보전해역 : 해양환경 및 생태계가 양호한 해역 중 「해양환경 보전 및 활용에 관한 법률」 제13조 제1항에 따른 해양환경기준의 유지를 위하여 지속적인 관리가 필요한 해역으로서 해양수산부장관이 정하여 고시하는 해역(해양오염에 직접 영향을 미치는 육지를 포함한다)
> 2. 특별관리해역 : 「해양환경 보전 및 활용에 관한 법률」 제13조 제1항에 따른 해양환경기준의 유지가 곤란한 해역 또는 해양환경 및 생태계의 보전에 현저한 장애가 있거나 장애가 발생할 우려가 있는 해역으로서 해양수산부장관이 정하여 고시하는 해역(해양오염에 직접 영향을 미치는 육지를 포함한다)

17 해양환경관리법에 의해 규제되는 해양오염물질에 해당되지 않은 것은?

가. 기 름　　　　　　　　나. 쓰레기
사. 분 뇨　　　　　　　　아. 방사성물질

> "오염물질"이라 함은 해양에 유입 또는 해양으로 배출되어 해양환경에 해로운 결과를 미치거나 미칠 우려가 있는 폐기물·기름·유해액체물질 및 포장유해물질을 말한다(방사성물질은 원자력안전법에 따라 규제하므로 해양환경관리법상의 오염물질이 아니다).

18 해양환경관리법에서 '선저폐수'란 무엇인가?

가. 선박의 밑바닥에 고인 액상유성혼합물
나. 생물체의 파괴작용을 하는 성분이 포함된 도료(페인트)
사. 해양환경에 해로운 결과를 미치거나 미칠 우려가 있는 액체물질
아. 선박의 중심을 잡기 위하여 선박에 실려 있는 물

> "선저폐수(船底廢水)"라 함은 선박의 밑바닥에 고인 액상유성혼합물을 말한다(법 제2조 제18호).
> 나. 유해방오도료,　사. 유해액체물질　아. 선박평형수

19 해양환경관리법에서 '선저폐수'에 해당하는 것은?

가. 분 뇨　　　　　　　　나. 화물유
사. 빌 지　　　　　　　　아. 연료유

정답　16 가　17 아　18 가　19 사

제 3 장 해양환경관리법

20 해양환경관리법상 해양오염방지검사증서를 교부받기 전에 선박을 운항하고자 할 때 받아야 하는 검사는?

가. 임시검사
나. 정기검사
사. 중간검사
아. 임시항해검사

> 임시항해검사(법 제52조)
> ① 검사대상선박의 소유자가 제49조 제2항의 규정에 따른 해양오염방지검사증서를 교부받기 전에 임시로 선박을 항해에 사용하고자 하는 때에는 해당 해양오염방지설비등에 대하여 해양수산부령이 정하는 바에 따라 해양수산부장관의 검사(이하 "임시항해검사"라 한다)를 받아야 한다.
> ② 해양수산부장관은 임시항해검사에 합격한 선박에 대하여 해양수산부령이 정하는 임시해양오염방지검사증서를 교부하여야 한다.

21 해양환경관리법에서 해양오염방지검사증서의 유효기간은?

가. 1년
나. 2년
사. 3년
아. 5년

> 해양오염방지검사증서 등의 유효기간(법 제56조 제1항)
> ① 해양오염방지검사증서 : 5년
> ② 방오시스템검사증서 : 영구
> ③ 에너지효율검사증서 : 영구
> ④ 협약검사증서 : 5년

22 다음 중 해양환경관리법에서 배출을 금지한 물질이 아닌 것은?

가. 원유
나. 석유제품
사. 정화 처리된 분뇨
아. 폐유

23 해양환경관리법에서 기름 배출시 반드시 신고하여야 할 기준으로 옳은 것은?

가. 유분이 100만분의 1,000 이상이고 유분총량이 100리터 이상
나. 유분이 100만분의 1,00 이상이고 유분총량이 200리터 이상
사. 유분이 100만분의 1,000 이상이고 유분총량이 1,000리터 이상
아. 유분이 100만분의 100 이상이고 유분총량이 1,000리터 이상

> 오염물질 배출시 신고기준(시행령 별표 6) : 배출된 기름 중 유분이 100만분의 1,000 이상이고 유분총량이 100리터 이상일 때 신고하여야 한다.

정답 20 아 21 아 22 사 23 가

24 배출기준을 초과하는 오염물질이 해양에 배출된 경우 방제의무자의 방제조치만으로는 오염물질의 확산을 방지하기가 곤란하거나 긴급방제가 필요한 경우에 직접 방제조치를 해야 할 의무자는 누구인가?

가. 선 장
나. 선박소유자
사. 해양수산부장관
아. 해양경찰청장

25 대량의 기름 또는 폐기물이 해양에 유출된 경우 누구에게 신고하여야 하는가?

가. 해양수산부장관
나. 해양경찰청장 또는 해양경찰서장
사. 보건복지부장관
아. 농림축산식품부장관

 오염물질이 배출되는 경우의 신고의무
대통령령이 정하는 배출기준을 초과하는 오염물질이 해양에 배출되거나 배출될 우려가 있다고 예상되는 경우 다음 각 호의 어느 하나에 해당하는 자는 지체 없이 해양경찰청장 또는 해양경찰서장에게 이를 신고하여야 한다(법 제63조).
1. 배출되거나 배출될 우려가 있는 오염물질이 적재된 선박의 선장 또는 해양시설의 관리자. 이 경우 해당 선박 또는 해양시설에서 오염물질의 배출원인이 되는 행위를 한 자가 신고하는 경우에는 그러하지 아니하다.
2. 오염물질의 배출원인이 되는 행위를 한 자
3. 배출된 오염물질을 발견한 자

26 배출기준을 초과하는 기름이 해양에 배출되고 방제의무자의 방제조치만으로는 오염물질의 확산을 방지하기가 곤란하거나 긴급방제가 필요한 경우에 해안의 자갈·모래 등에 달라붙은 기름에 대하여 방제조치는 누가 해야 하는가? (단, 그 지역이 하나의 시장·군수 또는 구청장 관할 해안에만 영향을 미치고 있다.)

가. 해양수산부장관
나. 해양경찰청장
사. 관할 시·도지사
아. 해당 시장·군수 또는 구청장

 행정기관의 방제조치(법 제68조)
① 해양경찰청장은 방제의무자의 방제조치만으로는 오염물질의 대규모 확산을 방지하기가 곤란하거나 긴급방제가 필요하다고 인정하는 경우에는 직접 방제조치를 하여야 한다.
② 제1항에도 불구하고 해안의 자갈·모래 등에 달라붙은 기름에 대하여는 다음 각 호의 구분에 따라 해당 지방자치단체의 장 또는 행정기관의 장이 방제조치를 하여야 한다.
 1. 기름이 하나의 시장·군수 또는 구청장(자치구의 구청장을 말한다) 관할 해안에만 영향을 미치는 경우 : 해당 시장·군수 또는 구청장
 2. 기름이 둘 이상의 시장·군수 또는 구청장 관할 해안에 영향을 미치는 경우 : 해당 시·도지사. 이 경우 기름이 둘 이상의 시·도지사 관할 해안에 영향을 미치는 경우에는 각각의 관할 시·도지사로 한다.
 3. 군사시설과 그 밖에 대통령령으로 정하는 시설이 설치된 해안에 대한 방제조치 : 해당 시설관리기관의 장

정답 24 아 25 나 26 아

27 선박으로부터 기름의 배출이 허용되는 경우에 해당하지 않는 것은?

가. 연료를 공급받을 때 갑판에 넘치는 기름의 배출
나. 선박의 안전확보나 인명구조를 위한 기름의 배출
사. 선박의 손상에 의하여 모든 조치를 다하여도 생기는 기름의 배출
아. 배출이 허용되는 해역에 배출 기준 및 방법에 적합한 선박에서의 기름 배출

 오염물질을 해양에 배출할 수 있는 경우(법 제22조 제3항)
- 선박 또는 해양시설 등의 안전확보나 인명구조를 위하여 부득이하게 오염물질을 배출하는 경우
- 선박 또는 해양시설 등의 손상 등으로 인하여 부득이하게 오염물질이 배출되는 경우
- 선박 또는 해양시설 등의 오염사고에 있어 해양수산부령이 정하는 방법에 따라 오염피해를 최소화 하는 과정에서 부득이하게 오염물질이 배출되는 경우

28 해양환경관리법상 오염물질이 배출된 경우 선장으로서 시급하게 조치할 사항으로 옳지 않은 것은?

가. 배출된 기름의 제거
나. 배출된 기름의 확산방지
사. 배출방지를 위한 응급조치
아. 회사 연락 후 회답을 기다림.

 "방제의무자"는 배출된 오염물질에 대하여 대통령령이 정하는 바에 따라 다음 각 호에 해당하는 조치 (이하 "방제조치"라 한다)를 하여야 한다(법 제64조 제1항).
1. 오염물질의 배출방지
2. 배출된 오염물질의 확산 방지 및 제거
3. 배출된 오염물질의 수거 및 처리

29 유조선의 화물창에서 화물유가 섞인 선박평형수의 배출을 허용하는 조건에 맞지 않는 것은?

가. 선박이 항행중일 것
나. 배출되는 기름의 유분이 100ppm 이상일 것
사. 유분의 순간 배출률이 1해리당 30ℓ 이하일 것
아. 유조선이 영해 기선으로부터 50해리 이상 떨어질 것

 화물유가 섞인 선박평형수, 세정수, 선저폐수의 배출기준(선박에서의 오염방지에 관한 규칙 제10조 관련 별표 4)
유조선에서 화물유가 섞인 선박평형수, 화물창의 세정수 및 화물펌프실의 선저폐수를 배출하는 경우 에는 다음 각 목의 요건에 적합하게 배출하여야 한다.
1. 항해 중에 배출할 것
2. 기름의 순간배출률이 1해리당 30ℓ 이하일 것
3. 1회의 항해 중(선박평형수를 실은 후 그 배출을 완료할 때까지를 말한다)의 배출총량이 그 전에 실은 화물총량의 3만분의 1(1979년 12월 31일 이전에 인도된 선박으로서 유조선의 경우에는 1만 5천분의 1) 이하일 것
4. 「영해 및 접속수역법」 제2조에 따른 기선으로부터 50해리 이상 떨어진 곳에서 배출할 것
5. 제15조에 따른 기름오염방지설비의 작동 중에 배출할 것

정답 27 가 28 아 29 나

30 해양환경관리법에서 기름을 바다에 버리는 것과 관련한 설명으로 옳은 것은?

가. 야간에는 필요에 따라 버릴 수 있다.
나. 일정한 조건을 갖추면 버릴 수 있다.
사. 모든 기름은 바다에 버려서는 안 된다.
아. 유조선이 아닌 선박은 언제라도 버릴 수 있다.

> 선박에서 기름을 배출하는 경우에는 해양수산부령이 정하는 해역에서 해양수산부령이 정하는 배출 기준과 방법에 따라 배출할 것

31 다음 중 15ppm(피피엠)의 의미를 옳게 나타낸 것은?

가. 10만분의 15
나. 15만분의 15
사. 100만분의 15
아. 1000만분의 15

32 해양환경관리법상 선저폐수 배출방지장치가 아닌 것은?

가. 기름여과장치
나. 선저폐수 저장장치
사. 누유방지장치
아. 조수장치

> 조수장치(조수기는 염도가 높은 해수를 가열하여 염분 및 기타 물질을 제거하고 증발시켜 순수한 물을 얻는 장치이다.)

33 다음 중 해양환경관리법상 기름의 배출이 허용되는 경우는?

가. 연료탱크 청소 후의 해양배출
나. 선박이 항해중일 때의 해양배출
사. 선박이 선적항에 정박중일 때의 해양배출
아. 선박의 안전을 확보하기 위하여 부득이한 해양배출

> 기름의 배출 금지 : 선박에서 배출을 규제하는 오염물질은 기름, 유해액체물질 및 폐기물이다. 누구든 해양에서 선박으로부터 기름을 배출해서는 안된다. 다만 선박의 안전이나 인명구조를 위한 배출, 선박 손상에 의하여 방지수단을 다하여도 생기는 부득이한 경우에는 그러하지 아니하다(법 제22조 제3항).

34 해양환경관리법상 유조선에 설치하는 "혼합물 탱크(slop tank)"란 무엇인가?

가. 선박평형수만을 싣도록 하는 탱크
나. 깨끗한 선박평형수를 싣도록 하는 탱크
사. 화물창 안의 화물 잔류물 또는 화물창 세정수 등을 싣는 탱크
아. 화물유 및 연료유와 분리되어 설치된 선박평형수만을 싣는 탱크

정답 30 나 31 사 32 아 33 아 34 사

35 해양환경관리법상 '배출'에 해당하지 않는 것은?

가. 오염물질 등의 유출
나. 오염물질 등의 유입
사. 오염물질 등의 용출
아. 오염물질 등의 투기

 배출 : 오염물질 등을 유출(流出)·투기(投棄)하거나 오염물질 등이 누출(漏出)·용출(溶出)되는 것을 말한다. 다만, 해양오염의 감경·방지 또는 제거를 위한 학술목적의 조사·연구의 실시로 인한 유출·투기 또는 누출·용출을 제외한다(법 제2조 제3호).

36 다음 중 해양환경관리법에 의한 검사대상에 해당되지 않는 것은?

가. 기름오염방지설비
나. 항해설비
사. 폐기물오염방지설비
아. 대기오염방지설비

검사대상 : 폐기물오염방지설비, 기름오염방지설비, 유해액체물질오염방지설비 및 대기오염방지설비를 해양오염방지설비라 하며 해양환경관리법에 의한 검사대상이다(법 제49조).

37 해양환경관리법상 기관일지는 얼마동안 보관하여야 하는가?

가. 해당 연료유를 공급받은 때부터 1년간
나. 해당 연료유를 공급받은 때부터 2년간
사. 처음 기록한 때부터 2년간
아. 처음 기록한 때부터 4년간

 선박의 소유자는 기관일지를 해당 연료유를 공급받은 때부터 1년간 그 선박에 보관하여야 한다(법 제44조 제4항).

38 해양환경관리법상 기름의 배출이 허용되는 예외적인 경우에 해당되지 않는 것은?

가. 선박이 항행중일 때
나. 선박의 안전을 위하여 배출
사. 인명구조를 위하여 파도를 잠재우기 위해 바다에 살포
아. 선박의 손상으로 인하여 가능한 한 조치를 취한 후에도 배출된 경우

선박 또는 해양시설 등에서 발생하는 오염물질을 해양에 배출할 수 있는 경우
① 선박 또는 해양시설 등의 안전확보나 인명구조를 위하여 부득이하게 오염물질을 배출하는 경우
② 선박 또는 해양시설 등의 손상 등으로 인하여 부득이하게 오염물질이 배출되는 경우
③ 선박 또는 해양시설 등의 오염사고에 있어 해양수산부령이 정하는 방법에 따라 오염피해를 최소화하는 과정에서 부득이하게 오염물질이 배출되는 경우

정답 35 나 36 나 37 가 38 가

39 다음 중 해양환경관리법상 기름을 적재하면 안 되는 선박의 탱크는 무엇인가?

가. 선수탱크
나. 선미탱크
사. 중앙 이중저 탱크
아. 중앙 및 선미 탱크

 선박평형수 및 기름의 적재 제한
① 해양수산부령이 정하는 유조선의 화물창 및 해양수산부령이 정하는 선박의 연료유탱크에는 선박 평형수를 적재하여서는 아니 된다. 다만, 새로이 건조한 선박을 시운전하거나 선박의 안전을 확보하기 위하여 필요한 경우로서 해양수산부령이 정하는 경우에는 그러하지 아니하다.
② 해양수산부령이 정하는 선박의 경우 그 선박의 선수(船首)탱크 및 충돌격벽(衝突隔壁)보다 앞쪽에 설치된 탱크에는 기름을 적재하여서는 아니 된다.

정답 39 가

Chapter 04 해상교통안전법

1 총칙

해상교통을 규율하는 법에는 국제협약인 국제해상충돌예방규칙과 해상교통안전법 및 선박의 입항 및 출항에 관한 법률이 있다. 선박의 해상교통을 합리적으로 규제하여 선박 항행상의 모든 위험을 방지하고 장해를 제거함으로써 해상교통의 안전을 확보하려는 국내법인 해상교통안전법의 항법, 등화, 형상물, 음향 및 발생신호에 대한 규정은 국제해상충돌예방규칙을 그대로 적용하고 있다.

1 목적

수역 안전관리, 해상교통 안전관리, 선박·사업장의 안전관리 및 선박의 항법 등 선박의 안전운항을 위한 안전관리체계에 관한 사항을 규정함으로써 선박항행과 관련된 모든 위험과 장해를 제거하고 해사안전 증진과 선박의 원활한 교통에 이바지함을 목적으로 한다.

2 용어의 정의

(1) **해사안전관리** : 「해사안전기본법」 제3조 제1호에 따른 안전관리를 말한다.

> ■ 해사안전기본법 제3조 제1호
> "해사안전관리"란 선원·선박소유자 등 인적 요인, 선박·화물 등 물적 요인, 해상교통체계·교통시설 등 환경적 요인, 국제협약·안전제도 등 제도적 요인을 종합적·체계적으로 관리함으로써 선박의 운용과 관련된 모든 일에서 발생할 수 있는 사고로부터 사람의 생명·신체 및 재산의 안전을 확보하기 위한 모든 활동을 말한다.

(2) **선박** : 「해사안전기본법」 제3조 제2호에 따른 선박을 말한다.

> ■ 해사안전기본법 제3조 제2호
> "선박"이란 물에서 항행수단으로 사용하거나 사용할 수 있는 모든 종류의 배로 수상항공기(물 위에서 이동할 수 있는 항공기를 말한다)와 수면비행선박(표면효과 작용을 이용하여 수면 가까이 비행하는 선박을 말한다)을 포함한다.

(3) **대한민국선박** : 「선박법」 제2조 각 호에 따른 선박을 말한다.

(4) **위험화물운반선** : 선체의 한 부분인 화물창이나 선체에 고정된 탱크 등에 해양수산부령으로 정하는 위험물을 싣고 운반하는 선박을 말한다.

(5) **거대선** : 길이 200미터 이상의 선박을 말한다.

(6) **고속여객선** : 시속 15노트 이상으로 항행하는 여객선을 말한다.

(7) **동력선** : 기관을 사용하여 추진하는 선박을 말한다. 다만, 돛을 설치한 선박이라도 주로 기관을 사용하여 추진하는 경우에는 동력선으로 본다.

(8) **범선** : 돛을 사용하여 추진하는 선박을 말한다. 다만, 기관을 설치한 선박이라도 주로 돛을 사용하여 추진하는 경우에는 범선으로 본다.

(9) **어로에 종사하고 있는 선박** : 그물, 낚싯줄, 트롤망, 그 밖에 조종성능을 제한하는 어구를 사용하여 어로 작업을 하고 있는 선박을 말한다.

(10) **조종불능선** : 선박의 조종성능을 제한하는 고장이나 그 밖의 사유로 조종을 할 수 없게 되어 다른 선박의 진로를 피할 수 없는 선박을 말한다.

(11) **조종제한선** : 다음 각 목의 작업과 그 밖에 선박의 조종성능을 제한하는 작업에 종사하고 있어 다른 선박의 진로를 피할 수 없는 선박을 말한다.
　가. 항로표지, 해저전선 또는 해저파이프라인의 부설·보수·인양 작업
　나. 준설·측량 또는 수중 작업
　다. 항행 중 보급, 사람 또는 화물의 이송 작업
　라. 항공기의 발착작업
　마. 기뢰제거작업
　바. 진로에서 벗어날 수 있는 능력에 제한을 많이 받는 예인작업

(12) **흘수제약선** : 가항수역의 수심 및 폭과 선박의 흘수와의 관계에 비추어 볼 때 그 진로에서 벗어날 수 있는 능력이 매우 제한되어 있는 동력선을 말한다.

(13) **해양시설** : 자원의 탐사·개발, 해양과학조사, 선박의 계류·수리·하역, 해상주거·관광·레저 등의 목적으로 해저에 고착된 교량·터널·케이블·인공섬·시설물이거나 해상부유구조물로서 선박이 아닌 것을 말한다.

(14) **해상교통안전진단** : 해상교통안전에 영향을 미치는 다음 각 목의 사업(이하 "안전진단대상사업"이라 한다)으로 발생할 수 있는 항행안전 위험 요인을 전문적으로 조사·측정하고 평가하는 것을 말한다.
　가. 항로 또는 정박지의 지정·고시 또는 변경
　나. 선박의 통항을 금지하거나 제한하는 수역(水域)의 설정 또는 변경
　다. 수역에 설치되는 교량·터널·케이블 등 시설물의 건설·부설 또는 보수
　라. 항만 또는 부두의 개발·재개발
　마. 그 밖에 해상교통안전에 영향을 미치는 사업으로서 대통령령으로 정하는 사업

(15) **항행장애물** : 선박으로부터 떨어진 물건, 침몰·좌초된 선박 또는 이로부터 유실된 물건 등 해양수산부령으로 정하는 것으로서 선박항행에 장애가 되는 물건을 말한다.

(16) **통항로** : 선박의 항행안전을 확보하기 위하여 한쪽 방향으로만 항행할 수 있도록 되어 있는 일정한 범위의 수역을 말한다.

(17) **제한된 시계** : 안개·연기·눈·비·모래바람 및 그 밖에 이와 비슷한 사유로 시계가 제한되어 있는 상태를 말한다.

(18) **항로지정제도** : 선박이 통항하는 항로, 속력 및 그 밖에 선박 운항에 관한 사항을 지정하는 제도를 말한다.

(19) **항행 중** : 선박이 다음 각 목의 어느 하나에 해당하지 아니하는 상태를 말한다.
   가. 정박
   나. 항만의 안벽 등 계류시설에 매어 놓은 상태[계선부표나 정박하고 있는 선박에 매어 놓은 경우를 포함한다]
   다. 얹혀 있는 상태

(20) **길이** : 선체에 고정된 돌출물을 포함하여 선수의 끝단부터 선미의 끝단 사이의 최대 수평거리를 말한다.

(21) **폭** : 선박 길이의 횡방향 외판의 외면으로부터 반대쪽 외판의 외면 사이의 최대 수평거리를 말한다.

(22) **통항분리제도** : 선박의 충돌을 방지하기 위하여 통항로를 설정하거나 그 밖의 적절한 방법으로 한쪽 방향으로만 항행할 수 있도록 항로를 분리하는 제도를 말한다.

(23) **분리선(분리대)** : 서로 다른 방향으로 진행하는 통항로를 나누는 선 또는 일정한 폭의 수역을 말한다.

(24) **연안통항대** : 통항분리수역의 육지 쪽 경계선과 해안 사이의 수역을 말한다.

(25) **예인선열** : 선박이 다른 선박을 끌거나 밀어 항행할 때의 선단 전체를 말한다.

(26) **대수속력** : 선박의 물에 대한 속력으로서 자기 선박 또는 다른 선박의 추진장치의 작용이나 그로 인한 선박의 타력에 의하여 생기는 것을 말한다.

3 적용범위

(1) 대한민국의 영해, 내수(해상항행선박이 항행을 계속할 수 없는 하천·호수·늪 등은 제외한다. 이하 같다)에 있는 선박이나 해양시설. 다만, 대한민국선박이 아닌 선박(이하 "외국선박"이라 한다) 중 다음 각 목에 해당하는 외국선박에 대하여 대통령령으로 정하는 바에 따라 이 법의 일부를 적용한다.
   가. 대한민국의 항과 항 사이만을 항행하는 선박
   나. 국적의 취득을 조건으로 하여 선체용선으로 차용한 선박

(2) 대한민국의 영해 및 내수를 제외한 해역에 있는 대한민국선박

(3) 대한민국의 배타적 경제수역에서 항행장애물을 발생시킨 선박

(4) 대한민국의 배타적 경제수역 또는 대륙붕에 있는 해양시설

2. 항해안전관리

1 선박 출항통제

해양수산부장관은 해상에 대하여 기상특보가 발표되거나 제한된 시계 등으로 선박의 안전운항에 지장을 줄 우려가 있다고 판단할 경우에는 선박소유자나 선장에게 선박의 출항통제를 명할 수 있다.

2 술에 취한 상태에서의 조타기 조작 등 금지

(1) 술에 취한 상태에 있는 사람은 운항을 하기 위하여 「선박직원법」 제2조 제1호에 따른 선박 [총톤수 5톤 미만의 선박과 외국선박을 포함하고, 시운전선박(국내 조선소에서 건조 또는 개조하여 진수 후 인도 전까지 시운전하는 선박을 말한다) 및 이동식 시추선・수상호텔 등 「선박안전법」 제2조 제1호에 따라 해양수산부령으로 정하는 부유식 해상구조물은 제외한다. 이하 이 조 및 제41조의2에서 같다]에 따른 선박의 조타기(操舵機)를 조작하거나 조작할 것을 지시하는 행위 또는 「도선법」 제2조 제1호에 따른 도선을 하여서는 아니 된다.

(2) 해양경찰청 소속 경찰공무원은 다음 각 호의 어느 하나에 해당하는 경우에는 운항을 하기 위하여 조타기를 조작하거나 조작할 것을 지시하는 사람(이하 "운항자"라 한다) 또는 제1항에 따른 도선을 하는 사람(이하 "도선사"라 한다)이 술에 취하였는지 측정할 수 있으며, 해당 운항자 또는 도선사는 해양경찰청 소속 경찰공무원의 측정 요구에 따라야 한다. 다만, 제3호에 해당하는 경우에는 반드시 술에 취하였는지를 측정하여야 한다.
   ① 다른 선박의 안전운항을 해치거나 해칠 우려가 있는 등 해상교통의 안전과 위험방지를 위하여 필요하다고 인정되는 경우
   ② 제1항을 위반하여 술에 취한 상태에서 조타기를 조작하거나 조작할 것을 지시하였거나 도선을 하였다고 인정할 만한 충분한 이유가 있는 경우
   ③ 해양사고가 발생한 경우

(3) 제2항에 따라 술에 취하였는지를 측정한 결과에 불복하는 사람에 대하여는 해당 운항자 또는 도선사의 동의를 받아 혈액채취 등의 방법으로 다시 측정할 수 있다.

> **tip**
> 술에 취한 상태의 기준은 혈중알코올농도 0.03% 이상으로 한다. 측정시기는 출항직전, 운항 중 및 입항직후이다.

3 약물복용 등의 상태에서 조타기 조작 등 금지

약물(「마약류 관리에 관한 법률」 제2조 제1호에 따른 마약류를 말한다. 이하 같다)·환각물질(「화학물질관리법」 제22조 제1항에 따른 환각물질을 말한다. 이하 같다)의 영향으로 인하여 정상적으로 다음 각 호의 행위를 하지 못할 우려가 있는 상태에서는 해당 행위를 하여서는 아니 된다.
① 「선박직원법」 제2조 제1호에 따른 선박의 조타기를 조작하거나 조작할 것을 지시하는 행위
② 「선박직원법」 제2조 제1호에 따른 선박의 도선

4 위험방지를 위한 조치

해양경찰서장은 운항자 또는 도선사가 제41조 제1항(술에 취한 상태에서의 조타기 조작 등 금지) 및 제41조의2(약물복용 등의 상태에서의 조타기 조작 등 금지)를 위반한 경우에는 그 운항자 또는 도선사가 정상적으로 조타기를 조작하거나 조작할 것을 지시할 수 있는 상태가 될 때까지 조타기 조작 또는 조작 지시를 하지 못하게 명령하거나 도선을 하지 못하게 명령하는 등 필요한 조치를 취할 수 있다.

5 해기사면허의 취소·정지 요청

해양경찰청장은 「선박직원법」 제4조에 따른 해기사면허를 받은 자가 다음 각 호의 어느 하나에 해당하는 경우 해양수산부장관에게 해당 해기사면허를 취소하거나 1년의 범위에서 해기사면허의 효력을 정지할 것을 요청할 수 있다.
① 제39조 제1항을 위반하여 술에 취한 상태에서 운항을 하기 위하여 조타기를 조작하거나 그 조작을 지시한 경우
② 제39조 제2항 제2호를 위반하여 술에 취한 상태에서 조타기를 조작하거나 조작할 것을 지시하였다고 인정할 만한 상당한 이유가 있음에도 불구하고 해양경찰청 소속 경찰공무원의 측정요구에 따르지 아니한 경우
③ 제40조를 위반하여 약물·환각물질의 영향으로 인하여 정상적으로 조타기를 조작하거나 그 조작을 지시하지 못할 우려가 있는 상태에서 조타기를 조작하거나 그 조작을 지시한 경우

6 해양사고가 일어난 경우의 조치

(1) 선장이나 선박소유자는 해양사고가 일어나 선박이 위험하게 되거나 다른 선박의 항행안전에 위험을 줄 우려가 있는 경우에는 위험을 방지하기 위하여 신속하게 필요한 조치를 취하고, 해양사고의 발생 사실과 조치 사실을 지체 없이 해양경찰서장이나 지방해양수산청장에게 신고하여야 한다.

(2) 지방해양수산청장은 신고를 받으면 지체 없이 그 사실을 해양경찰서장에게 통보하여야 한다.

(3) 해양경찰서장은 선장이나 선박소유자가 신고한 조치 사실을 적절한 수단을 사용하여 확인하고, 조치를 취하지 아니하였거나 취한 조치가 적당하지 아니하다고 인정하는 경우에는 그 선박의 선장이나 선박소유자에게 해양사고를 신속하게 수습하고 해상교통의 안전을 확보하기 위하여 필요한 조치를 취할 것을 명하여야 한다.

(4) 해양경찰서장은 해양사고가 일어나 선박이 위험하게 되거나 다른 선박의 항행안전에 위험을 줄 우려가 있는 경우 필요하면 구역을 정하여 다른 선박에 대하여 선박의 이동·항행 제한 또는 조업중지를 명할 수 있다.

7 항행보조시설의 설치와 관리

(1) 해양수산부장관은 선박의 항행안전에 필요한 항로표지·신호·조명 등 항행보조시설을 설치하고 관리·운영하여야 한다.

(2) 해양경찰청장, 지방자치단체의 장 또는 운항자는 다음 수역에 항로표지를 설치할 필요가 있다고 인정하면 해양수산부장관에게 그 설치를 요청할 수 있다.
① 선박교통량이 아주 많은 수역
② 항행상 위험한 수역

3 해상교통관리

다음 장의 〈국제해상충돌예방규칙〉을 참조 바람.

해상교통안전법

01 해상교통안전법의 목적과 거리가 먼 것은?

가. 선박항행상의 위험요소 제거
나. 해상에서의 원활한 교통확보
사. 선박의 안전관리체계 확립
아. 선박직원의 자격을 규정

 목적 : 선박의 안전운항을 위한 안전관리체계에 관한 사항을 규정함으로써 선박항행과 관련된 모든 위험과 장해를 제거하고 해사안전 증진과 선박의 원활한 교통에 이바지함을 목적으로 한다.

02 해상교통안전법상 항해 중인 선박의 항법상의 진로 우선권을 나타낸 것으로 옳지 않은 것은?

가. 범선은 흘수제약선을 피해야 한다.
나. 조종제한선은 범선의 진로를 피해야 한다.
사. 동력선은 조종불능선의 진로를 피해야 한다.
아. 어로종사선은 조종불능선의 진로를 피해야 한다.

 ① **조종불능선** : 선박의 조종성능을 제한하는 고장이나 그 밖의 사유로 조종을 할 수 없게 되어 다른 선박의 진로를 피할 수 없는 선박을 말한다.
② **조종제한선** : 선박의 조종성능을 제한하는 작업에 종사하고 있어 다른 선박의 진로를 피할 수 없는 선박을 말한다.
③ **흘수제약선** : 가항수역의 수심 및 폭과 선박의 흘수와의 관계에 비추어 볼 때 그 진로에서 벗어날 수 있는 능력이 매우 제한되어 있는 동력선을 말한다.

03 해상교통안전법상 선박 항해시 안전한 속력을 결정하는 데 고려해야 할 요소로 옳지 않은 것은?

가. 시계상태
나. 해상교통량의 밀도
사. 선박의 조종성능
아. 당직항해사의 자질

04 해상교통안전법상 해상안전관리제도의 내용으로 옳지 않은 것은?

가. 선원의 복지
나. 음주항해 조타금지
사. 항행보조시설의 설치
아. 해양사고의 조치

정답 01 아 02 나 03 아 04 가

05 해상교통안전법상 돛과 기관으로 항행할 때에는 어떠한 선박으로 보는 것이 옳은가?

가. 동력선
나. 범선
사. 어선
아. 조종제한선

> 돛과 기관을 설치한 선박은 돛만으로 항행할 때에는 범선으로 보고, 돛과 기관으로 항행할 때에는 동력선으로 본다. 이를 구별하는 이유는 범선과 동력선에 적용하는 항법과 등화의 표시 및 규정이 서로 달라지기 때문이다.

06 조종성능을 제한하는 고장 또는 기타의 사유로 조종이 불가능하게 되어 다른 선박의 진로를 피할 수 없는 선박은?

가. 조종제한선
나. 조종불능선
사. 흘수제약선
아. 기범선

> 조종불능선의 조건 : ① 선박이 실제로 조종 불능상태이어야 하고, ② 이로 인하여 다른 선박의 진로를 피할 수 없어야 하고, ③ 법에서 정한 등화 및 형상물을 표시하여야 한다.

07 해상교통안전법상 좁은 수로에서의 항행 원칙으로 옳은 것은?

가. 수로의 가운데를 따라 항행한다.
나. 수로의 왼쪽 끝을 따라 항행한다.
사. 수로의 오른쪽 끝을 따라 항행한다.
아. 그때의 사정에 따라 항행한다.

> 좁은 수로나 항로를 따라 항행하는 선박은 항행의 안전을 고려하여 될 수 있으면 좁은 수로 등의 오른편 끝 쪽으로 항행하여야 한다.

08 다음 중 조종제한선으로 볼 수 없는 것은?

가. 수중작업선
나. 기뢰작업선
사. 얹혀 있는 선박
아. 준설작업선

> 조종제한선은 그 선박이 종사하고 있는 작업의 성질 때문에 다른 선박의 진로를 피할 수 없는 선박을 말한다.

09 선박의 흘수와 수심과의 관계 때문에 진로로부터 벗어날 수 있는 능력을 제한하고 있는 동력선에 해당하는 것은?

가. 어로에 종사하고 있는 선박
나. 조종불능선
사. 조종제한선
아. 흘수제약선

정답 05 가 06 나 07 사 08 사 09 아

10 해상교통안전법상 선박의 길이에 해당하는 것은?

가. 등록장 나. 전 장
사. 수선장 아. 수선간장

> 해설 길이 : 선체에 고정된 돌출물을 포함하여 선수의 끝단부터 선미의 끝단 사이의 최대 수평거리를 말한다(전장).

11 서로 다른 방향으로 진행하는 통항로를 분리하는 일정한 폭의 수역으로 옳은 것은?

가. 항 로 나. 통항로
사. 통항대 아. 분리대

> 해설 분리선(분리대) : 서로 다른 방향으로 진행하는 통항로를 나누는 선 또는 일정한 폭의 수역을 말한다.

12 다음 중 대한민국선박이라고 볼 수 없는 것은?

가. 국가 소유의 선박
나. 지방자치 단체가 소유한 선박
사. 미국계 투자 회사가 소유한 선박
아. 본사가 한국에 있는 법인이 소유한 선박

> 해설 한국선박(선박법 제2조)
> 다음 각 호의 선박을 대한민국선박으로 한다.
> 1. 국유 또는 공유의 선박
> 2. 대한민국 국민이 소유하는 선박
> 3. 대한민국의 법률에 따라 설립된 상사법인(商事法人)이 소유하는 선박
> 4. 대한민국에 주된 사무소를 둔 제3호 외의 법인으로서 그 대표자(공동대표인 경우에는 그 전원)가 대한민국 국민인 경우에 그 법인이 소유하는 선박

13 해상교통안전법상 단음이란 몇 초 정도 동안 계속되는 고동소리를 말하는 것인가?

가. 1초 나. 3초
사. 4초 아. 5초

> 해설 단음은 1초 정도 계속되는 고동소리, 장음은 4초부터 6초까지의 시간 동안 계속되는 고동소리를 말한다(해상교통안전법 제90조).

정답 10 나 11 아 12 사 13 가

14 해상교통안전법상 서로 시계 내의 항법에서 항해 중인 동력선이 침로를 오른쪽으로 변경하고자 할 때 알맞은 음향신호는 무엇인가?

가. 단음 2회 　　　　　　　　나. 장음 2회, 단음 2회
사. 단음 1회 　　　　　　　　아. 장음 2회, 단음 1회

15 해상교통안전법상 안전속력으로 항행할 의무가 적용되는 시기로서 가장 옳은 것은?

가. 연안 항해시에만 　　　　　나. 시계가 제한될 때만
사. 좁은 수로 통과시에만 　　　아. 모든 시계 상태에서 항상

16 해상교통안전법상 연안통항대를 사용할 수 있는 선박에 해당되지 않는 것은?

가. 범 선 　　　　　　　　　　나. 길이 20m 미만의 선박
사. 급박한 위험을 피하기 위한 선박 　아. 예인선

17 선박이 "항행 중"에 해당되는 것으로 옳은 것은?

가. 대수속력은 있으나 기관을 정지한 선박
나. 육지에 계류하고 있는 선박
사. 정박하고 있는 선박
아. 얹혀 있는 선박

18 다음 중 항행 중인 것에 해당하는 것은?

가. 표 류 　　　　　　　　　　나. 계 류
사. 묘 박 　　　　　　　　　　아. 좌 초

19 다음 중 어로에 종사하고 있는 선박이 아닌 것은?

가. 그물로 조업 중인 선박
나. 주낙을 이용하여 조업 중인 선박
사. 채낚기 어업을 하고 있는 선박
아. 어획물을 어창에 보관 중인 운반선

정답 14 사　15 아　16 아　17 가　18 가　19 아

20 교통안전 특정해역에서 공사 또는 다른 작업 시 허가를 받아야 한다. 허가받을 공사 또는 작업에 해당되지 않는 것은?

가. 항행보조시설 설치작업
나. 항로상에서의 예인작업
사. 파이프라인부설
아. 침몰선 인양작업

21 해상교통안전법상 360도에 걸치는 수평의 호를 비추는 등화로서 일정한 간격으로 1분에 120회 이상 섬광을 발하는 등은?

가. 섬광등　　　　　　　　나. 마스트등
사. 현등　　　　　　　　　아. 선미등

22 해상교통안전법상 특정해역에서 항행안전을 위해 가장 고려해야 할 사항은?

가. 항로, 속력　　　　　　나. 선박간 거리, 속력
사. 속력, 선박의 크기　　　아. 선박의 폭, 선회권

23 해상교통안전법상 술에 취한 상태의 기준은 혈중알코올농도가 몇 퍼센트 이상인 경우인가?

가. 0.03　　　　　　　　　나. 0.08
사. 0.10　　　　　　　　　아. 0.15

24 해상교통안전법상 정박하고 있는 선박이 표시하여야 하는 등화는 다음 어느 것인가?

가. 백색의 전주등 1개　　　나. 홍색의 전주등 1개
사. 녹색의 전주등 1개　　　아. 황색의 전주등 1개

25 경계의 가장 큰 목적으로 옳은 것은?

가. 안전한 속력의 유지　　　나. 해상의 교통관리
사. 항해시간의 단축　　　　아. 충돌의 예방

해설 **경계**(견시 : look out)는 시각, 청각 및 이용할 수 있는 모든 수단을 동원하여 이행하여야 한다.

정답　20 나　21 가　22 가　23 가　24 가　25 아

26 경계의 방법으로 옳지 않은 것은?

가. 시 각   나. 망원경
사. 예 감   아. 청 각

> **해설** 경계의 방법
> ① 시각에 의한 경계 : 눈으로 직접 보면서 경계하는 것
> ② 청각에 의한 경계 : 타 선박의 기관의 소리 등을 들으면서 경계하는 것
> ③ 기타 : 망원경, 레이더, 통신장비 등을 이용하여 경계를 하는 것

27 다음 중 경계원의 배치장소로 옳지 않은 곳은?

가. 선 교   나. 기관실
사. 선 미   아. 선 수

> **해설** 경계원의 배치장소에 대한 규정은 없으나, 경계의 관행에 따르면 선교, 선미, 선수 등의 시야가 잘 보이는 곳에 배치한다.

28 선박은 다른 선박과의 충돌을 피하기 위하여 어떤 속력으로 항행하여야 하는가?

가. 안전한 속력   나. 경제속력
사. 선속력   아. 반속력

> **해설** 안전한 속력으로 항행 중에 만약 충돌이 있으면 그 피해를 최소화할 수 있다.

29 다른 선박과의 충돌을 피하기 위한 동작으로 옳지 않은 것은?

가. 침로 및 속력을 소폭으로 연속적으로 변경한다.
나. 변침은 다른 선박이 알도록 크게 한다.
사. 충분한 시간적 여유를 두고 피한다.
아. 필요한 경우에는 기관을 사용한다.

> **해설** 침로 및 속력을 소폭으로 연속적으로 변경하는 것은 다른 선박이 판단을 잘못할 우려가 있다.

30 앞지르기가 시작될 때부터 앞지르기가 끝날 때까지 피항의무가 있는 선박으로 옳은 것은?

가. 양선박 모두 피항의무가 있다.
나. 양선박 모두 피항의무가 없다.
사. 앞지르기하는 선박이 피항의무가 있다.
아. 앞지르기당하는 선박이 피항의무가 있다.

> **해설** 앞지르기하는 선박은 앞지르기가 완전히 끝날 때까지 앞지르기당하는 선박의 진로를 피하여야 한다.

정답 26 사 27 나 28 가 29 가 30 사

31 A선박이 B선박의 선미등을 본 후에 현등을 보았다. A선박은 어떤 상태의 선박인가?

가. 앞지르기당하는 배 나. 횡단선
사. 앞지르기하는 배 아. 유지선

해설 A선박은 앞지르기하는 배이고, B선박은 앞지르기당하는 배이다.

32 해상교통안전법상 '술에 취한 상태'를 판별하는 기준으로 옳은 것은?

가. 체 온 나. 걸음걸이
사. 맥 박 아. 혈중알코올농도

33 다음 중 해양사고가 발생하였을 경우의 대처방법으로 가장 옳은 것은?

가. 기관을 정지시키고 관계기관에 보고한다.
나. 관계기관에 보고한 후 필요한 조치를 취한다.
사. 신속하게 필요한 조치를 취하고 관계기관에 보고한다.
아. 무선통신으로 인근 선박에 알린 후 필요한 조치를 취한다.

해설 선장이나 선박소유자는 해양사고가 일어나 선박이 위험하게 되거나 다른 선박의 항행안전에 위험을 줄 우려가 있는 경우에는 위험을 방지하기 위하여 신속하게 필요한 조치를 취하고, 해양사고의 발생 사실과 조치사실을 지체없이 해양경찰서장이나 지방해양수산청장에게 신고하여야 한다.

34 다음 (   )에 들어갈 내용으로 옳은 것은?

> 해상교통안전법상 선박은 주위의 상황 및 다른 선박과 충돌할 수 있는 위험성을 충분히 파악할 수 있도록 시각·청각 및 당시의 상황에 맞게 이용할 수 있는 모든 수단을 이용하여 항상 적절한 (   )를 하여야 한다.

가. 시간 엄수 나. 방 어
사. 현상유지 아. 경 계

정답 31 사 32 아 33 사 34 아

35 해상교통안전법상 충돌을 피하기 위한 동작으로 적당하지 않은 것은?

가. 적극적인 동작
나. 적절한 운용술에 입각한 동작
사. 충분한 시간적 여유를 가지는 동작
아. 침로나 속력을 조금씩 연속적으로 변경하는 동작

> [해설] 선박은 다른 선박과의 충돌을 피하기 위하여 침로나 속력을 변경할 때에는 될 수 있으면 다른 선박이 그 변경을 쉽게 알아볼 수 있도록 충분히 크게 변경하여야 하며, 침로나 속력을 소폭으로 연속적으로 변경하여서는 아니 된다.

36 해상교통안전법상 충돌을 피하기 위한 침로변경 요령으로 옳지 않은 것은?

가. 큰 각도로 침로를 변경한다.
나. 회전수를 전속력으로 높인다.
사. 충분한 여유가 있는 수역에서 행한다.
아. 피항 동작의 효과를 다른 선박이 완전히 통과할 때까지 확인한다.

> [해설] 선박은 다른 선박과의 충돌을 피하거나 상황을 판단하기 위한 시간적 여유를 얻기 위하여 필요하면 속력을 줄이거나 기관의 작동을 정지하거나 후진하여 선박의 진행을 완전히 멈춰야 한다.

37 다음 중 해상교통안전법의 적용범위에 해당되지 않는 것은?

가. 해양시설의 임차인
나. 공해상에 있는 대한민국선박
사. 선박소유자 또는 선박관리인
아. 해양과 분리되어 있는 하천과 호소에 있는 선박

> [해설] 해상과 분리되어 있는 하천과 호소에 있는 선박의 경우에는 적용되지 않는다.

38 해상교통안전법상 거대선의 정의로 옳은 것은?

가. 총톤수 10,000톤 이상인 선박
나. 총톤수 20,000톤 이상인 선박
사. 길이 100미터 이상인 선박
아. 길이 200미터 이상인 선박

> 정답 35 아 36 나 37 아 38 아

Chapter 05 국제해상충돌예방규칙

Part 3 | 해사 법규

1 선박의 항법규정

1 모든 시정상태에서의 선박의 항법

(1) 적용

모든 시정의 상태에 있어서 이를 적용한다(시정이 좋은 때나 나쁜 때를 묻지 않고 모든 시정상태에서 적용된다).

(2) 경계(look out : 견시)

모든 선박은 처치 및 충돌의 위험성을 충분히 판단할 수 있도록 시각과 청각에 의할 뿐만 아니라 당시의 사정과 조건에 알맞은 모든 이용할 수 있는 수단에 의하여 언제나 적당한 견시를 주어야 한다.

> **tip**
>
> **모든 이용할 수 있는 수단**
> 귀, 눈, 코, 피, 피부뿐만 아니라 초단파 무선전화, 육안레이더국에 의한 정보, 적외선 감시장치까지 무엇이든 이용할 수 있는 것을 말한다.

① 경계의 의의 : 경계는 충돌을 방지할 뿐만 아니라, 충돌 이외의 해난을 방지하기 위해서도 필요하므로 항해 당직자에게 경계에 대한 주의의무를 다할 것을 강력히 권고하고 있다.
② 경계의 장소 : 선교를 비롯하여 선교 위의 장소, 선수 및 선미의 적당한 곳에 경계원을 배치한다.
③ 경계원의 수 : 그 당시의 상황에 적합하도록 선장이 판단하여 결정한다.
④ 경계원의 임무 : 경계에 임하는 자는 일정한 자격을 가져야 하고, 경계 이외의 다른 업무를 동시에 이행하여서는 안된다.

(3) 안전한 속력

① 모든 선박은 충돌을 피하기 위하여 적절하고 유효한 동작을 취할 수 있고 또 당시의 사정과 조건에 적합한 거리에서 정선할 수 있도록 언제나 안전한 속력으로 항행하여야 한다.
② 선장은 안전한 속력을 결정하는 데 있어서는 다음과 같은 요인을 고려하여야 한다.
  ㉠ 모든 선박의 경우
    ⓐ 시정의 상태

ⓑ 어선 혹은 기타의 선박의 집중을 포함하는 교통의 밀도
ⓒ 당시의 조건하에서 특히 정지거리와 선회성능에 관계되는 선박의 조종성능
ⓓ 야간에 육지의 등화 또는 자선의 등화의 반사광 등에서 생기는 배경광의 존재
ⓔ 바람, 해면 및 해류의 상태와 항행상의 위험의 근접
ⓕ 이용할 수 있는 수심과 흘수와의 관계
Ⓛ 레이더를 이용하고 있는 선박의 경우
ⓐ 레이더 장치의 성질, 능력 및 한계
ⓑ 사용하고 있는 레이더의 레인지·스케일(거리 눈금)에서 생기는 제약
ⓒ 해면상태, 기상 및 기타의 방해원이 레이더의 탐지에 미치는 영향
ⓓ 소형 선박, 얼음 및 기타의 떠도는 물체는 충분한 거리 내에서도 레이더로 탐지되지 않을 수도 있다는 가능성
ⓔ 레이더로 탐지한 선박의 척수, 위치 및 움직임
ⓕ 부근에 있는 선박 또는 기타 물체의 거리를 측정하기 위하여 레이더를 사용할 경우에는 시정의 더욱 정확한 사정이 가능한 사실

안전한 속력
① 타선과의 충돌을 피하기 위한 적절하고 유효한 동작을 취할 수 있고
② 당시의 사정과 조건에 알맞은 거리에서 정선할 수 있을 만한 배의 속도를 말한다.

(4) 충돌의 위험성
① 모든 선박은 충돌의 위험성이 있는지의 여부를 판정하기 위하여 당시의 사정과 조건에 적합한 모든 이용할 수 있는 수단을 활용하여야 한다. 의심스러운 경우에는 충돌의 위험성이 있다고 보아야 한다.
② 레이더 장치가 설비되어 사용할 수 있는 상태에 있다면 이를 적절하게 이용하여야 하는 바, 그 중에는 충돌의 위험성에 대한 조기의 경보를 얻기 위한 장거리의 주사와 탐지된 물체에 대한 레이더·플로팅(작도) 또는 대등한 기타의 계통적인 관찰 등이 포함되어야 한다.
③ 선박은 불충분한 정보, 특히 불충분한 레이더 정보에 의존하여 다른 선박과의 충돌 위험 여부를 판단하여서는 안된다.
④ 충돌의 위험성이 있는지의 여부 판정 유의사항
㉠ 접근하여 오는 다른 선박의 컴퍼스 방위가 감지할 수 있을 정도로 변경하지 않을 때에는 충돌의 위험성이 있다고 보아야 한다.
㉡ 접근하여 오는 다른 선박의 컴퍼스 방위에 감지할 만한 변화가 나타나는 경우일지라도, 특히 초대형선 혹은 피예인선열에 접근하거나 또는 다른 선박에 가까운 거리로 접근하는 때에는 간혹 충돌의 위험성이 있을 수 있다.
⑤ 충돌의 위험성을 판단하는 방법
㉠ 모든 수단의 활용

ⓒ 충돌의 위험성이 있는지의 한계를 판단
ⓒ 레이더의 적절한 사용
ⓔ 컴퍼스 방위에 의하여 판단

(5) 충돌을 피하기 위한 동작

① 충돌을 피하기 위한 모든 동작은 그 경우의 사정이 허락하는 한, 명확하여야 하고, 충분히 여유 있는 시각에 적당한 선박운용술에 따르도록 충분히 유의해서 취하여야 한다.
② 충돌을 피하기 위한 침로나 속력 또는 그 양자의 변경은 그 경우의 사정이 허락하는한, 시각 또는 레이더에 의하여 관찰하고 있는 다른 선박이 용이하게 알아볼 수 있을 만큼 충분히 크게 하여야 한다. 조금씩 침로나 속력 또는 그 양자를 연속적으로 변경하는 것은 피하여야 한다.
③ 충분히 넓은 조선수역이 있는 경우에는 침로의 변경만으로도, 박근상태를 피하기 위한 가장 유효한 동작이 될 수 있다. 다만, 침로의 변경은 적당한 시각에 대각도로 행하여 다른 박근상태를 초래하지 않도록 하여야 한다.
④ 다른 선박과의 충돌을 피하기 위하여 취하는 동작은 안전한 거리를 두고 통과할 수 있도록 하는 것이라야 한다. 그 동작의 효과는 다른 선박이 완전히 지나가버릴 때까지 주의 깊게 확인하여야 한다.
⑤ 선박이 충돌을 피하기 위하여는 또는 상황을 판단하기 위한 시간적 여유를 얻기 위하여 필요하다면 자선의 속력을 늦추거나 또는 추진수단 정지 혹은 역전하여 선박의 진행을 완전히 멈추어야 한다.

피항동작의 요건

① 침로나 속력의 변경을 명확하게 이행할 것
② 충분한 시간적 여유(적어도 5분 이상)를 두고 이행할 것
③ 적당한 선박운용술에 따라 이행할 것

충분한 정보
① 선박(또는 물체)의 동일성이 확인될 것
② 영상으로서 나타나지 않은 선박(또는 물체)이 주위에 없다고 판단될 것
③ 선박(또는 물체)의 위치가 상당히 정확히 표시될 것
④ 선박(또는 물체)이 연속적으로 표시될 것
⑤ 레이더의 정비·조정이 정확하고 정상적으로 작동하여 얻어진 정보일 것

(6) 협수도(좁은 수로)

① 좁은 수로 또는 항로를 따라 진행하고 있는 선박은 안전하고 또 실행가능한 한, 자선의 우현쪽에 있는 수로 또는 항로의 외측한계에 접근하여 항행하여야 한다.

② 길이 20미터 미만의 선박 또는 범선은 좁은 수로 또는 항로 안쪽에서만 안전하게 항행할 수 있는 선박의 통항을 방해하여는 아니 된다.
③ 어로에 종사하고 있는 선박은 좁은 수로 또는 항로 안에서 항행하고 있는 다른 선박의 통항을 방해하여는 아니 된다.
④ 선박은 좁은 수로 또는 항로 안쪽에서만 안전하게 항행할 수 있는 다른 선박의 통항을 방해하는 경우에는 좁은 수로 또는 항로를 횡단하여서는 아니 된다. 후자의 선박은 횡단하고 있는 선박의 의도에 대하여 의심이 있는 경우에는 제34조 제4항에 규정하는 음향신호를 이용할 수 있다.
⑤ 좁은 수로 또는 항로에서 추월당하게 될 다른 선박을 안전하게 통과시키기 위한 동작을 취하여야만 추월이 가능한 경우에는 추월하려는 선박은 적당한 음향신호에 의하여 그의 의사를 표시하여야 한다. 추월당하게 될 선박이 이에 동의한다면 적당한 신호를 울리고 또 안전하게 통과시킬 수 있도록 조치하여야 한다.

추월신호

- **다른 선박의 우현 쪽을 추월하고자 하는 경우** : 장음 2회, 단음 1회
- **다른 선박의 좌현 쪽을 추월하고자 하는 경우** : 장음 2회, 단음 2회
- **추월당하는 선박의 동의신호** : 장음 1회, 단음 1회, 장음 1회, 단음 1회

⑥ 좁은 수로 또는 항로에서, 다른 선박을 개재하는 장애물 때문에 볼 수 없는 굴곡부 또는 수역에 접근하고 있는 선박은 특별한 경계와 주의를 다하여 항행하여야 하며, 또 적당한 신호를 울려야 한다.
⑦ 모든 선박은 그 경우의 사정이 허락하는 한 좁은 수로에 묘박하지 않도록 하여야 한다.

(7) 교통분리방안
① 이 조의 규정은 정부간 해사자문기구가 채택한 교통분리방안에 이를 적용한다.
② 교통분리방안을 이용하는 선박은
  ㉠ 적당한 교통로 안에서 그 통로에 대한 교통류의 일반적인 방향으로 진행하여야 한다.
  ㉡ 가능한 한, 교통분리선 또는 분리대에 접근하지 않도록 하여야 한다.
  ㉢ 일반적으로 교통로로 들어가거나 나올 때에는 통로의 말단에서 출입하여야 한다. 그러나 교통의 측면에서 출입할 때에는 실행 가능한 한, 교통로의 일반적인 방향에 대하여 작은 각도로 출입하여야 한다.
③ 선박은 가능한 한, 교통로를 횡단하지 않도록 하여야 한다. 그러나 부득이 횡단하여야 할 경우에는 교통로의 일반적인 방향에 대하여 가능한 한 직각으로 횡단하여야 한다.
④ 가까이 있는 통항분리방안 내에 있는 적합한 교통로를 안전하게 이용할 수 있는 선박은 통상적으로 연안 통항대를 직행 교통에 이용하여서는 아니 된다.
⑤ 선박은 횡단하는 선박이 아니면, 다음 각 호의 경우를 제외하고는 통상적으로 분리대로 들어가거나 분리선을 횡단하여서는 아니 된다.
  ㉠ 급박한 위험을 피하기 위한 위급한 경우

ⓛ 분리대 안에서 어로에 종사하기 위한 경우

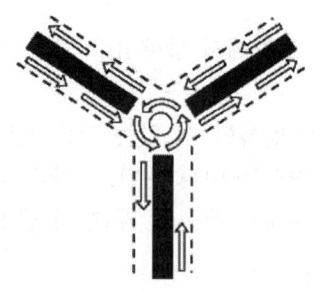
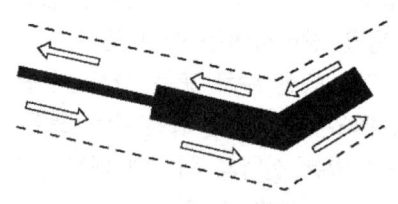

[통항분리방식의 선회 해역]   [통항분리방식의 설정 사례]

⑥ 교통분리방안의 종점 부근의 수역을 항행하는 선박은 특별한 주의를 기울여 항행하여야 한다.
⑦ 선박은 가능한 한, 교통분리방안의 안 또는 그의 종점 부근의 수역에서 정박하지 않도록 하여야 한다.
⑧ 교통분리방안을 이용하지 아니하는 선박은 실행가능한 한 충분한 여지를 두고 교통분리방안에서부터 떨어져야 한다.
⑨ 어로에 종사하고 있는 선박은 교통로를 따라서 항행하고 있는 다른 선박의 통항을 방해하여서는 아니 된다.
⑩ 길이 20미터 미만의 선박 또는 범선은 교통로를 따라서 항행하고 있는 동력선의 안전한 통항을 방해하여서는 아니 된다.

(1) **교통분리방안** : 좁은 수로나 기타 선박교통이 복잡한 수역에서 마주치는 상태 또는 거의 마주치는 상태로 진행하는 선박들은 육상의 자동차 교통과 같이 서로 우측통행을 하도록 IMO가 채택한 해상교통법이다.
(2) **분리대** : 교통분리방안에서 설정된 수역을 말하며 통항로, 분리대, 분리선으로 이루어진다.
(3) **통항로** : 일방통행이 정해진 일정수역을 말한다.
(4) **분리선 및 분리대** : 마주치거나 거의 마주치는 선박교통을 분리하기 위하여 설정된 선 또는 대상의 수역을 말한다.
(5) **연안 통항대** : 교통분리대의 육지쪽 경계와 육지와의 사이에 연안 항해용으로 설정된 일정수역을 말한다.

2 서로 시계 내에 있는 선박의 항법

(1) 적 용
서로 시계내에 있는 선박에 이를 적용한다[두 선박이 서로 눈(레이더 등은 제외)으로만 볼 수 있는 경우의 항법규정이다)].

(2) 범 선

① 2척의 범선이 서로 접근하여 충돌의 위험이 있는 경우에는 그 중의 한 범선이 다른 범선의 진로를 다음과 같이 피하여야 한다.
  ㉠ 각 선박이 다른 현에 바람을 받고 있는 경우에는 좌현에 바람을 받고 있는 선박이 다른 선박의 진로를 피하여야 한다.
  ㉡ 양 선박이 같은 현에 바람을 받고 있는 경우에는 바람이 불어오는 쪽의 선박의 진로를 피하여야 한다.
  ㉢ 좌현에 바람을 받고 있는 선박은 바람이 불어오는 쪽에 다른 선박을 보고 그 선박이 바람을 좌현에 받고 있는지 또는 우현에 받고 있는지 확인할 수 없는 경우에는 다른 선박의 진로를 피하여야 한다.
② 이 조의 적용에 있어서는 주범을 달고 있는 쪽의 반대측 또는 횡범선의 경우에는 최대의 종범을 달고 있는 쪽의 반대측을 바람이 불어오는 쪽이라 본다.
  ㉠ 바람을 받는 현과 풍향을 기준하여 어느 쪽이 피항해야 하는 범선인가
  ㉡ 풍상의 뜻이 어디에 있는가의 두 가지에 대하여 규정하였다.

풍상의 뜻
범선이 바람을 받고 항주하고 있을 때에 그 범선의 돛은 바람이 불어오는 반대쪽이 팽팽하므로 곧 알 수 있다. 따라서 규칙은 "주범을 달고 있는 쪽의 반대측, 또는 횡범선의 경우에는 최대의 종범을 달고 있는 반대측을 바람이 불어오는 쪽이라고 본다."로 규정하고 있다.

(3) 추 월

① 다른 선박을 추월하고 있는 모든 선박은 이 절의 다른 규정에도 불구하고, 추월당하고 있는 선박의 진로를 피하여야 한다.
② 선박은 다른 선박의 정횡 후 22.5도를 넘는 후방으로부터, 즉 추월당하고 있는 선박에 관하여는 야간에 그 선박의 선미등만 볼 수 있고, 어느 쪽 현등도 볼 수 없는 위치로부터 다른 선박을 앞지르고 있는 경우에는 추월하는 선박이라고 본다.

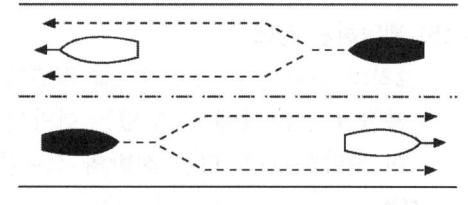

[좁은 수로에서의 추월방법]

③ 선박은 자선이 다른 선박을 추월하고 있는지의 여부에 대하여 의심이 있는 경우에는, 다른 선박을 추월하고 있다고 가정하고, 그것에 합당한 동작을 취하여야 한다.
④ 그 후에 두 선박 상의 방위에 어떠한 변경이 있더라도, 추월하는 선박은 이 규칙에서 의미하는 바의 횡단하는 선박으로 되거나 추월당하는 선박을 완전히 앞질러 지나가버릴 때까지 그 선박을 피하여야 할 의무를 면제받는 것이 아니다.

> **tip**
> 추월선이란 선박의 정횡 후 22도 30분을 넘는 후방 위치로부터 그 선박을 추월하는 선박을 말한다. 따라서 선박의 정횡 후 22도 30분보다 앞쪽에서 접근하는 선박, 즉 횡단선과는 구별된다.

(4) 정면으로 마주치는 상태

① 2척의 동력선이 반대되는 침로 또는 거의 반대되는 침로에서 마주치는 경우에 충돌의 위험성을 내포하는 때에는 각 선박이 서로 다른 선박의 좌현 쪽을 통과할 수 있도록 각기 침로를 우현 쪽으로 변경하여야 한다.

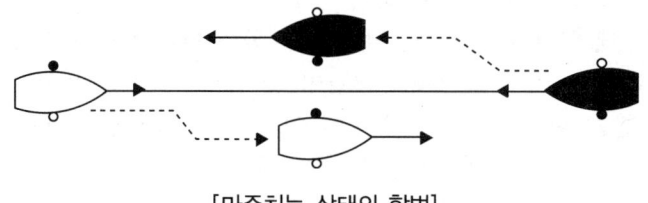

[마주치는 상태의 항법]

② 선박이 다른 선박을 선수방향 또는 거의 선수방향으로 보는 경우에는 마주치는 상태에 있다고 보아야 한다.
  ㉠ 야간에는 다른 선박의 마스트 정부등을 일직선 또는 거의 일직선으로 볼 수 있는 때 또는 양측의 현등을 볼 수 있는 때 및 그 양자의 상태를 동시에 볼 수 있는 때,
  ㉡ 주간에는 다른 선박을 이와 마찬가지 방향에서 관찰하는 때
③ 선박은 마주치는 상태에 있는지의 여부에 대하여 의심이 있는 경우에는 마주치는 상태에 있다고 가정하고 그것에 합당한 동작을 취하여야 한다.

(5) 횡단하는 상태

2척의 동력선이 서로 진로를 횡단할 경우에 출돌의 위험성을 내포하는 때에는 다른 선박을 자선의 우현 쪽에 두고 있는 선박이 다른 선박의 진로를 피하여야 하며, 또 그 경우의 사정이 허락하는 한 다른 선박의 선수를 횡단하여서는 아니 된다.

> **횡단하는 상태가 적용되지 않는 경우**
>
> ① 좁은 수로 등에 있어서 어로에 종사하고 있는 선박에 관한 항법
> ② 통항로에 있어서 어로에 종사하고 있는 선박에 관한 항법
> ③ 동력선이 범선 이외의 조종이 자유롭지 못한 상태에 있는 선박, 조종성능이 제한되어 있는 선박, 어로에 종사하고 있는 선박 등을 피항하는 항법
> ④ 어로에 종사하고 있는 선박이 조종히 자유롭지 못한 선박, 조종성능이 제한되어 있는 선박 등을 피항하는 항법

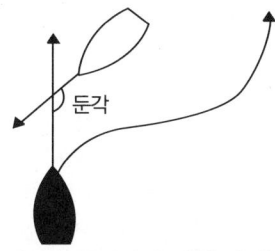 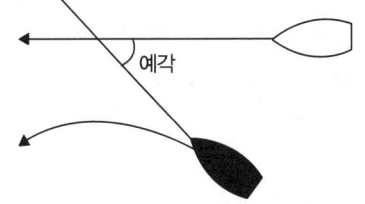 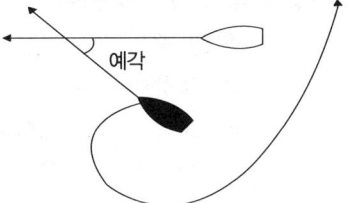

[둔각 횡단시의 피항 방법]   [예각 횡단시의 피항 방법]   [예각 횡단시의 적극적인 피항 방법]

(6) 피항선의 동작

다른 선박의 진로를 피하여야 할 모든 선박은 다른 선박으로부터 충분히 떨어지도록 가능한 한 조기의 큰 동작을 취하여야 한다.

(7) 유지선의 동작

① 2척의 선박 중에서 한 척이 다른 선박의 진로를 피하여야 할 경우에는 그 다른 선박은 그의 침로와 속력을 유지하여야 한다.

② 침로와 속력을 유지하여야 하는 유지선은 피항선이 적당한 동작을 취하지 않고 있음이 판명되면 곧 자선의 조종만으로 충돌을 피하기 위한 동작을 취할 수 있다.

③ 침로와 속력을 유지하여야 할 선박은 어떠한 원인으로 다른 선박에 아주 가까이 접근하였기 때문에 진로를 피하여야 할 선박의 동작만으로는 충돌을 피할 수 없다고 인정할 때에는 충돌을 피하는데 도움이 될 최선의 동작을 취하여야 한다.

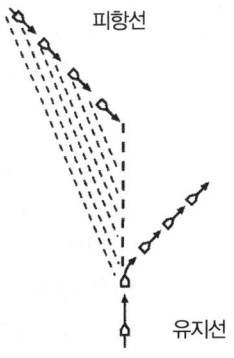

[유지선의 조기피항으로 충돌의 위험성을 방지]

④ 동력선은 횡단하는 상태에 있어서 다른 동력선과의 충돌을 피하기 위하여 동작을 취하는 때에는 그 경우의 사정이 허락한다면, 자선의 좌현 쪽에 있는 선박을 향하여 좌현 쪽으로 침로를 변경하여서는 아니 된다.

유지선이 취하는 기본동작

(1) **침로를 유지한다** : 운항상 지령된 현재의 침로, 즉 선수방향의 컴퍼스 방위를 유지하는 것을 말한다.

(2) **속력을 유지한다** : 공연히 기관의 회전수를 변경하지 않고 현재의 속도를 그대로 유지하는 것을 말한다.

(3) 다음의 경우에는 "**침로와 속력을 유지**"한 것으로 본다.
① 좁은 수로 또는 항로의 만곡부를 따라 우측으로 항행한다.
② 항구나 좁은 수로의 입구에 접근하였기 때문에 속력을 감소한다.
③ 바로 앞에 장애물을 발견하였기 때문에 변침 또는 변속한다.
④ 풍랑이 격심하여 침로나 속력이 약간 변화한다.

(8) 선박 상호간의 책무

① 항행 중인 동력선은 다음 각호의 선박의 진로를 피하여야 한다.
　㉠ 조종이 자유롭지 못한 상태에 있는 선박
　㉡ 조종능력이 제한되어 있는 선박
　㉢ 어로에 종사하고 있는 선박
　㉣ 범 선
② 항행 중인 범선은 다음 각호의 선박의 진로를 피하여야 한다.
　㉠ 조종이 자유롭지 못한 상태에 있는 선박
　㉡ 조종능력이 제한되어 있는 선박
　㉢ 어로에 종사하고 있는 선박
③ 어로에 종사하고 있는 항행 중의 선박은 가능한 한 다음 각호의 선박의 진로를 피하여야 한다.
　㉠ 조종이 자유롭지 못한 상태에 있는 선박
　㉡ 조종능력이 제한되어 있는 선박
④ 조종이 자유롭지 못한 상태에 있는 선박 또는 조종능력이 제한되어 있는 선박이 아닌 그 밖의 선박은 그 경우의 사정이 허락한다면 신호를 표시하고 있는 흘수 때문에 제약을 받고 있는 선박의 안전한 통항을 방해하지 않도록 하여야 한다.
⑤ 수면에 있는 수상항공기는 원칙적으로 모든 선박으로부터 충분히 떨어져서 그들 선박의 항행을 방해하지 않도록 하여야 한다. 그러나 충돌의 위험성이 있는 상황에서는 이 장의 규정을 지켜야 한다.

다음 서열에 따라 상위의 선박은 하위의 선박의 진로를 피해야 한다.
① 일반 동력선
② 범 선
③ 어로에 종사하고 있는 선박
④ 조종이 자유롭지 못한 상태에 있는 선박, 조종성능이 제한되어 있는 선박

3 제한된 시계내에서의 선박운항

(1) 제한된 시계내에서의 선박운항

① 이 조항의 규정은 시정이 제한된 수역 또는 그 부근에서 항행하고 있는 선박이 서로 시야 내에 있지 아니하는 경우에 적용한다.
② 모든 선박은 시계가 제한된 그 당시의 사정과 조건에 적응하는 안전한 속력으로 항행하여야 한다. 동력선은 기관을 당장 사용할 수 있도록 준비해 두어야 한다.
③ 모든 선박은 "모든 시계 상태에서의 선박의 항법"규정에 따라서 행동하고 있는 때에는

시계가 제한된 그 당시의 사정과 조건을 충분히 고려하여야 한다.
④ 다른 선박이 존재함을 레이더만으로 탐지한 선박은 근접상태로 되고 있는지 혹은 충돌의 위험성이 있는지 또는 그 양자의 상태에 있는지의 여부를 판단하여야 한다. 그러한 상태에 있다면 충분히 여유있는 시기에 피항동작을 취하여야 한다.
⑤ 피항동작이 침로의 변경만으로 이루어질 경우에는 가능한 한 다음 각호의 동작을 피하여야 한다.
　㉠ 자선의 정횡의 전방에 있는 선박에 대하여 좌현 쪽으로 침로를 변경하는 일(추월당하고 있는 선박에 대한 경우를 제외)
　㉡ 정횡 또는 전횡의 후방에 있는 선박의 방향으로 침로를 변경하는 일
⑥ 충돌의 위험성이 없다고 판단한 경우를 제외하고, 자선의 정횡의 전방이라고 생각되는 곳에서 다른 선박의 무중신호를 듣는 모든 선박 또는 자선의 정횡의 전방에 있는 다른 선박과의 박근상태를 피할 수 없는 모든 선박은 자선의 침로를 유지할 수 있는 최소의 속력으로 감속하여야 한다. 당해 선박은 필요하다면 자선의 진행을 완전히 멈추어야 하고 또 어떠한 경우에도 충돌의 위험성이 사라질 때까지 극히 조심하여 항행하여야 한다.

4 등화와 형상물

(1) 적용
① 이 장의 규정은 모든 천후에 있어서 이를 지켜야 한다.
② 등화에 관한 규정은 일몰시로부터 일출시까지의 사이에 이를 지켜야 하며, 또 이 시간 내에는 이 규칙에 규정하는 등화의 가시도 혹은 그 특성의 식별을 감손하는 등화 또는 적당한 파수의 이행을 방해하는 등화를 제외한 그 밖의 등화를 표시하여야 한다.
③ 이 규칙에 규정하는 등화는 이를 설치하고 있다면 일출시로부터 일몰시까지의 사이에도 제한된 시정에 있어서는 역시 표시하여야 하며, 또 필요하다고 인정되는 그 밖의 모든 경우에 표시할 수 있다.
④ 형상물에 관한 규정은 주간에 이를 지켜야 한다.

새로운 등화
① 에어쿠션선이 표시하는 황색의 섬광등
② 예항작업에 종사하고 있는 선박이 표시하는 예선등
③ 흘수 때문에 제약을 받고 있는 선박이 표시하는 홍색의 전주등 3개
④ 범선이 표시하는 3색등
⑤ 바로 근방에서 서로 어로하고 있는 어선의 등화
⑥ 조종성능에 제한을 받고 있는 선박이 타선의 통항을 방해하는 작업에 종사하고 있을 때에 표시하는 등화

(2) 등화 및 형상물

① 「마스트 정부등」이라 함은 선수미의 중심선상에 설치되어 온전한 불빛이 22.5도에 이르는 수평의 호를 비추고, 또 불빛이 정선수 방향으로부터 각 현의 정횡 후 22.5도까지 비출 수 있도록 장치한 백색등을 말한다.

② 「현등」이라 함은 온전한 불빛이 각각 112.5도에 이르는 수평의 호를 비추고, 또 그 불빛이 정선수 방향으로부터 각기 좌우현의 정횡 후 22.5도까지 비출 수 있도록 장치한 우현 쪽의 녹색등과 좌현 쪽의 홍색등을 말한다. 길이 20미터 미만의 선박에 있어서는 현등을 선수미의 중심선상에 달고 있는 하나의 랜턴 속에 결합할 수 있다.

③ 「선미등」이라 함은 실행가능한 한, 선미에 가까이 설치되어 온전한 불빛이 135도에 이르는 수평의 호를 비추고, 또 그 불빛이 정선미 방향으로부터 각 현의 67.5도까지 비출 수 있도록 장치한 백색등을 말한다.

④ 「예선등」이라 함은 이 조문의 ③항에 정의한 선미등과 동일한 특성을 가진 황색등을 말한다.

⑤ 「전주등」이라 함은 온전한 불빛이 360도에 이르는 수평의 호를 비추는 등화를 말한다.

⑥ 「섬광등」이라 함은 매분에 120회 이상의 주기로 규칙적인 간격을 두고 섬광을 발하는 등화를 말한다.

　㉠ 등화의 종류
　　　ⓐ 마스트 정부등
　　　ⓑ 현등
　　　ⓒ 선미등
　　　ⓓ 예선등
　　　ⓔ 전주등
　　　ⓕ 섬광등

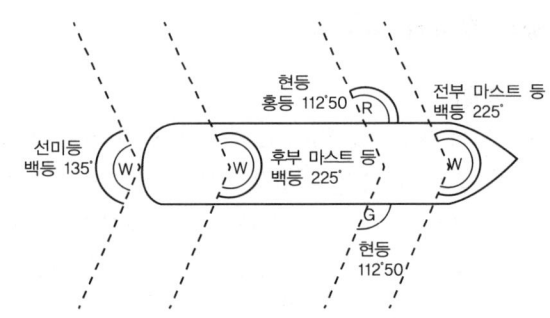

[항행중인 동력선의 등화의 비춤 범위]

　㉡ 형상물의 종류
　　　ⓐ 종류 : ㉮ 구형 형상물　㉯ 원추형 형상물　㉰ 원통형 형상물
　　　　　　　㉱ 마름모꼴 형상물　㉲ 장구형 형상물　㉳ 바구니
　　　ⓑ 크기 : 0.6m 이상
　　　ⓒ 색 : 모두 검정

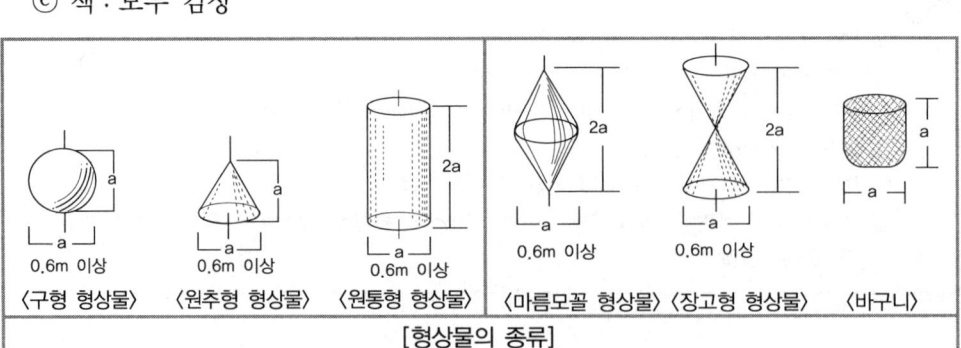

[형상물의 종류]

(3) 등화의 시인거리

이 규칙에 규정하는 등화는 다음 각 항에 규정하는 최소거리에서 볼 수 있도록 부속서 I 의 제8항에 규정하는 광도를 가져야 한다.

① 길이 50미터 이상의 선박

등화의 종류	마스트 정부등	현 등	선미등	예선등	백색,홍색,녹색 또는 황색의 전주등
가시거리	6해리	3해리	3해리	3해리	3해리

② 길이 12미터 이상으로서 길이 50미터 미만의 선박

등화의 종류	마스트 정부등	현 등	선미등	예선등	백색,홍색,녹색 또는 황색의 전주등
가시거리	3해리	2해리	2해리	2해리	2해리

단, 20미터 미만의 선박에 있어서는 3해리

③ 길이 12미터 미만의 선박

등화의 종류	마스트 정부등	현 등	선미등	예선등	백색,홍색,녹색 또는 황색의 전주등
가시거리	2해리	1해리	2해리	2해리	2해리

④ 현저하게 많은 부분이 침하되는 선박 및 피예인 물체 : 전주등인 백등으로 가시거리는 3마일이다.

5 항행 중인 동력선의 등화

(1) 길이 50m 이상의 항행 중인 동력선

① 마스트등 : 앞쪽 마스트, 뒤쪽 마스트 각각 1개

후부 마스트등은 전부 마스트등보다 4.5m 이상의 높은 위치에 표시하여야 한다. 다만 길이가 50m 미만의 동력선은 표시하지 아니할 수 있다.

② 현등 : 우현, 좌현 각각 1개

③ 선미등 : 정선미 부근 1개

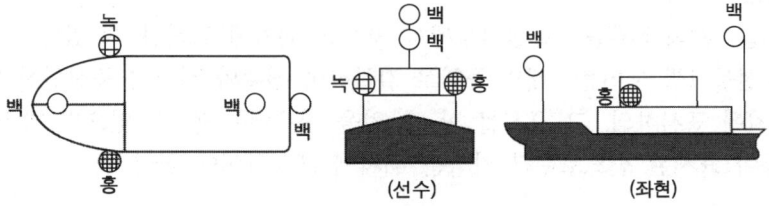

[길이 50m 이상의 항행 중인 동력선]

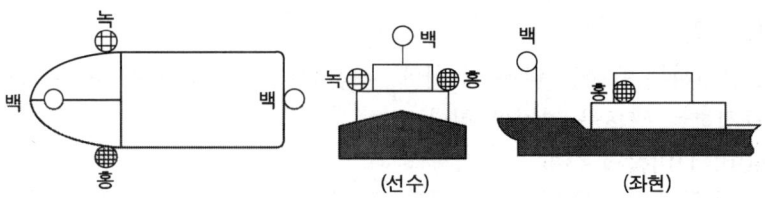

[길이 50m 미만의 항행 중인 동력선]

(2) 길이 20m 미만의 선박
  ① 마스트등 : 앞쪽 마스트, 뒤쪽 마스트 각각 1개
  ② 현등 : 양색등 1개
  ③ 선미등 : 선미 부근 1개

(3) 공기부양선
  이들 선박의 항행 중에 표시하여야 할 등화는 길이(50m 이상, 50m 미만)에 따라 표시하는 등화에 부가하여 황색 섬광을 발하는 전주등 1개를 표시하여야 한다.

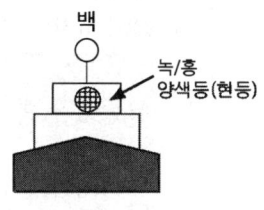

[길이 20m 미만의 항행 중인 모든 선박(범선 포함)]

> tip
> 공기부양선이란 수면에서 부양한 상태로 항행 가능한 흘수가 없는 선박으로 호버크래프트, 수중익선 등이 있다.

(4) 길이 12m 미만의 동력선
  ① 흰색 전주등 : 1개
  ② 현등 : 우현, 좌현 각 1개

(5) 길이 7m 미만, 최대 속력이 7노트 미만의 동력선
  ① 흰색 전주등 : 1개
  ② 가능한 경우 현등 표시 : 우현, 좌현 각 1개

(6) 길이 12m 미만인 동력선에서 마스트등이나 흰색 전주등을 선수와 선미의 중심선상에 표시하는 것이 불가능할 경우
  ① 마스트등, 흰색 전주등 : 중심선상에서 벗어난 위치에 표시할 수 있다.
  ② 현등 : 현등 1쌍은 이를 1개의 등화로 결합하여 선수와 선미의 중심선상 또는 그에 가까운 위치에 표시하되, 그 표시를 할 수 없을 경우에는 될 수 있으면 마스트등이나 흰색 전주등이 표시된 선으로부터 가까운 위치에 표시하여야 한다.

6 선박의 끌기와 밀기

(1) 예인선의 길이 50m 미만, 예인선열의 길이 200m 미만인 경우
① 앞쪽 마스트등을 대신하여 같은 수직선 위에 마스트등 2개
② 현등 : 우현, 좌현 각각 1개
③ 선미등 : 1개
④ 예선등 : 선미등의 위쪽 수직선 위 1개
⑤ 주간 형상물 : 마름모꼴 1개

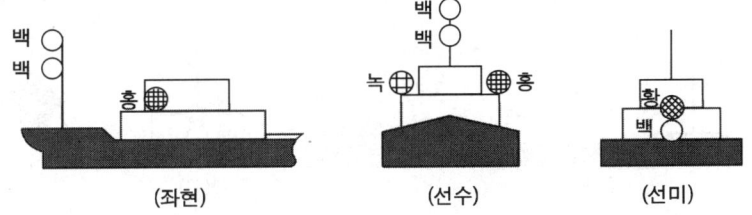

[길이 50m 미만의 동력선이 다른 선박을 선미에 연결하여 끌고 가는 경우(예인선열의 길이 200m 미만인 경우)]

(2) 예인선 길이 50m 미만, 예인선열의 길이 200m 초과한 경우
① 앞쪽 마스트등을 대신하여 같은 수직선 위에 마스트등 3개
② 현등 : 우현, 좌현 각각 1개
③ 선미등 : 1개
④ 예선등 : 선미등의 위쪽 수직선 위 1개
⑤ 주간 형상물 : 마름모꼴 1개

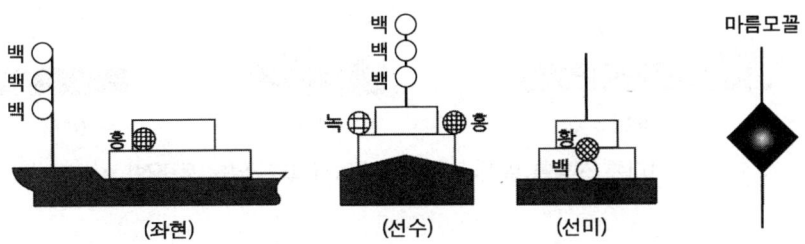

[길이 50m 미만의 동력선이 다른 선박을 선미에 연결하여 끌고 가는 경우(예인선열의 길이 200m 초과한 경우)]

(3) 예인선 길이 50m 이상, 예인선열의 길이 200m 이하인 경우
① 앞쪽 마스트등을 대신하여 같은 수직선 위에 마스트등 2개
② 현등 : 우현, 좌현 각각 1개
③ 선미등 : 1개
④ 예선등 : 선미등의 위쪽 1개

(4) 예인선의 길이 50m 이상, 예인선열의 길이 200m 초과한 경우
① 앞쪽 마스트등을 대신하여 같은 수직선 위에 마스트등 3개
② 마스트등 : 뒤쪽 1개
③ 현등 : 우현, 좌현 각각 1개
④ 선미등 : 1개
⑤ 예선등 : 선미등의 위쪽 1개
⑥ 주간 형상물 : 마름모꼴 1개

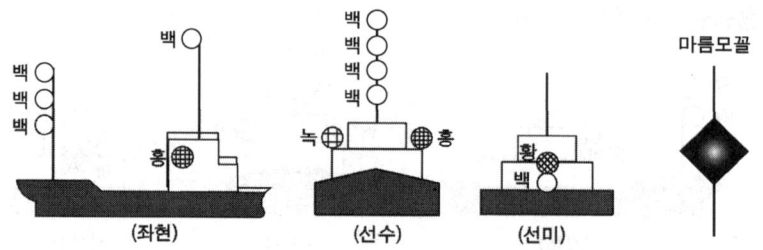

[길이 50m 이상의 동력선이 다른 선박을 선미에 연결하여 끌고 가는
경우(예인선열의 길이 200m 초과한 경우)]

(5) 다른 선박을 밀거나 옆으로 붙여서 끌고 있는 동력선
① 앞쪽 마스트등을 대신하여 같은 수직선 위에 마스트등 2개
② 현등 : 우현, 좌현 각각 1개
③ 선미등 : 1개

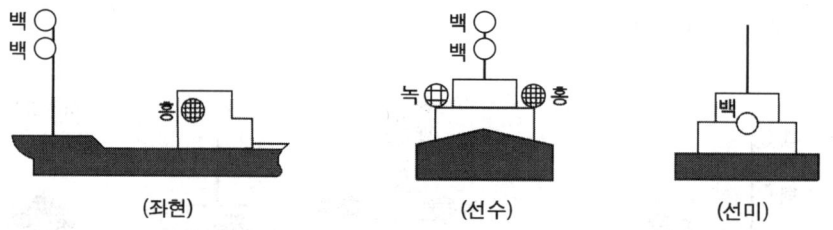

[다른 선박을 밀거나 옆으로 붙여서 끌고 있는 동력선]

(6) 끌려가고 있는 선박 또는 물체의 표시
① 현등 : 우현, 좌현 각각 1개
② 선미등 : 1개
③ 주간 형상물 : 예인선열의 길이가 200m를 초과할 경우에는 가장 잘보이는 곳에 마름모꼴 1개

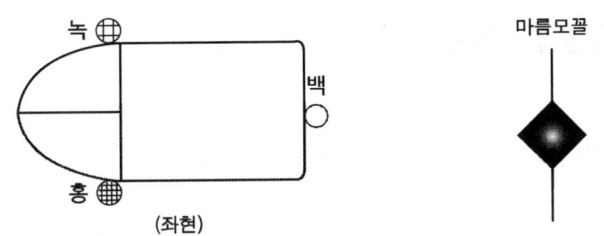

[끌려가고 있는 선박 또는 물체의 표시]

(7) 2척 이상의 선박이 한 우리가 되어 밀려가거나 옆에 붙어서 끌려갈 경우 : 이를 1척 선박으로 보고, 다음의 등화를 표시하여야 한다.
　① 앞쪽으로 밀려가고 있는 선박 : 선박의 앞쪽 끝에 현등 1쌍
　② 옆에 붙어서 끌려가고 있는 선박 : 앞쪽 끝에 현등 1쌍, 선미등 1개

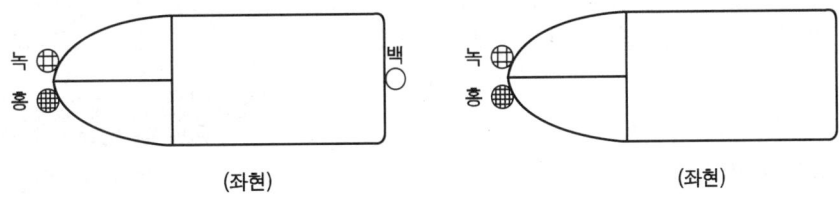

[앞쪽으로 밀려가고 있는 선박(복합체가 아님)]　　[옆에 붙어서 끌려가고 있는 선박]

(8) 일부가 물에 잠겨 잘 보이지 않는 상태에서 끌려가고 있는 선박이나 물체 또는 끌려가고 있는 선박이나 물체의 혼합체
　① 폭 25m 미만 : 앞쪽 끝과 뒤쪽 끝 또는 그 부근에 흰색 전주등 각 1개
　② 폭 25m 이상 : ①의 등화에 덧붙여 그 폭의 양쪽 끝이나 그 부근에 흰색 전주등 각 1개
　③ 길이 100m를 초과하면 ①과 ②의 규정에 의한 등화 사이의 거리가 100m를 넘지 아니하도록 하는 흰색 전주등을 함께 표시
　④ 주간 형상물 : 끌려가고 있는 맨 뒤쪽의 선박 또는 물체의 뒤쪽 끝 또는 그 부근에 마름모꼴 1개, 예인선열의 길이가 200m를 초과할 때에는 가장 잘 볼 수 있는 앞쪽 끝부분에 마름모꼴 1개를 함께 표시

(9) 예인선의 주의환기신호
　① 통상적으로 예인작업에 종사하지 아니한 선박이 조난당한 선박이나 구조가 필요한 다른 선박을 끌고 있는 경우로서, 예인선의 등화를 표시할 수 없을 때에는 이를 표시하지 않을 수 있다.
　② 이 경우 끌고 있는 선박과 끌려가는 선박 사이의 관계를 표시하기 위하여 끄는 데 사용되는 줄을 탐조등으로 비추는 등의 가능한 모든 조치를 취하여야 한다.

(10) 밀고 있는 선박과 밀려가고 있는 선박이 단단하게 연결되어 하나의 복합체로 이룬 경우
　① 길이 50m 미만 : 마스트등 1개(앞쪽), 현등 1쌍, 선미등 1개
　② 길이 50M 이상 : 마스트등 2개(앞쪽, 뒤쪽), 현등 1쌍, 선미등 1개

7 항행 중인 범선과 노도선

(1) 항행 중인 범선
① 현등 : 1쌍(양현등)
② 선미등 : 1개

(2) 길이 20미터 미만의 범선
이 조문의 (1)항에 규정하는 등화를 마스트의 꼭대기 또는 그 부근의 가장 잘 보이는 곳에 달고 있는 1개의 등각 속에 결합시킬 수 있다.

(3) 항행 중인 범선의 식별 등화법
이 조문의 (1)항에 규정하는 등화에 부가하여 마스트의 꼭대기 또는 그 부근의 가장 잘 보이는 곳에, 상부의 것이 홍색이고, 하부의 것이 녹색인 전주등 2개를 수직선상에 표시할 수 있다. 그러나 이들 등화는 이 조문의 (2)항에서 허용하는 결합등과 동시에 표시하여서는 아니 된다.

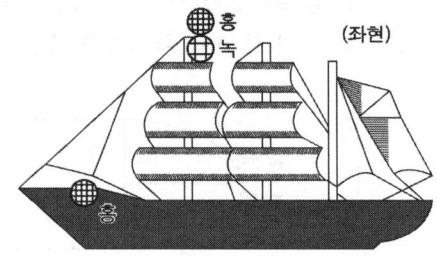

[항행 중인 범선]

(4) 길이 7미터 미만의 범선
실행 가능하다면, 이 조문의 (1)항 또는 (2)항에 규정하는 등화를 표시하여야 한다. 그러나 이를 표시하지 아니할 경우에는 백색의 불빛을 비추는 휴대용 전등 또는 점화한 랜턴 1개를 즉시 사용할 수 있도록 준비해 놓고, 충돌을 방지하기 위하여 충분한 시간을 두고 표시하여야 한다.

(5) 노도선
이 조문에 규정되는 범선의 등화를 표시할 수 있다. 그러나 이를 표시하지 아니할 경우에는 백색의 불빛을 비추는 휴대용 전등 또는 점화한 랜턴 1개를 즉시 사용할 수 있도록 준비해 놓고, 충돌을 방지하기 위하여 충분한 시간을 두고 표시하여야 한다.

(6) 돛과 기관을 함께 사용하는 선박
동력선이므로 야간에는 동력선의 등화를 달아야 하며, 전부의 가장 잘 보이는 곳에 원추형 형상물 1개를 그의 정점을 아래로 두고 표시하여야 한다.

> **tip**
> **돛만을 사용하는 경우** : 범선의 등화 규정을 따른다.
> **기관만을 사용할 경우** : 동력선의 등화 규정을 따른다.

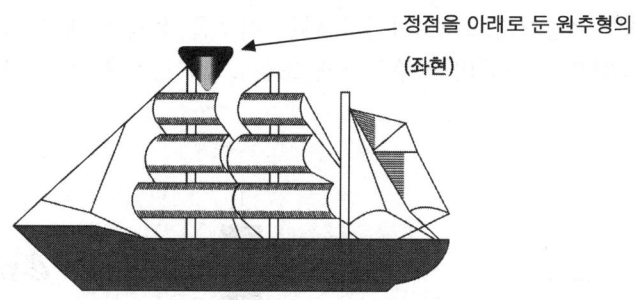

[범선이 돛과 기관을 동시에 사용하여 진행할 때(야간-동력선)]

8 어선

어로에 종사하고 있는 선박은 항행 중이든 정박 중이든 간에 다음의 등화 또는 형상물만을 표시하여야 한다.

(1) **트롤어선**(형망 또는 기타의 어구를 수중에서 끄는 것을 의미하는 트롤 망 어로에 종사하고 있는 선박)

① **식별등화** : 수직선상에 상부의 것이 녹색이고, 하부의 것이 백색인 전주등 1개
② **마스트등** : 녹색의 전주등의 후방으로 그보다 높은 곳에 마스트 정부등 1개, 길이 50미터 미만의 선박은 그와 같은 등화를 표시하여야 할 의무는 없으나 표시하여도 무방하다.
③ **현등** : 대수속력이 있는 경우에는 양현등(1쌍)
④ **선미등** : 대수속력이 있는 경우에는 선미등 1개
⑤ **주간 형상물** : 수직선상에 2개의 원추를 그의 정점에서 상하로 결합한 형상물(정구형) 1개, 길이 20미터 미만의 선박은 이 형상물의 대신으로 바구니 1개를 표시할 수 있다.

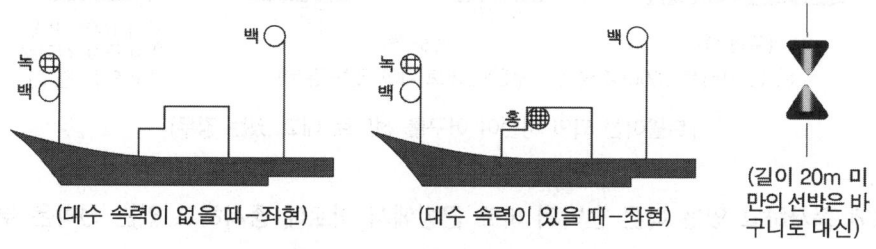

[길이 50m 이상의 트롤망어로에 종사하고 있는 선박]

(2) **트롤망어로 이외의 어로에 종사하고 있는 선박**

① **식별등화** : 수직선상에 상부의 것이 홍색이고, 하부의 것이 백색인 전주등 1개
② **현등** : 대수속력이 있는 경우에는 양현등(1쌍)
③ **선미등** : 대수속력이 있는 경우에는 선미등 1개
④ **주간 형상물** : 수직선상에 2개의 원추를 그의 정점에서 상하로 결합한 형상물 1개, 길이 20미터 미만의 선박은 이 형상물의 대신으로 바구니 1개를 표시할 수 있다.

⑤ 어구방향의 표시 : 수평거리로 150미터가 넘는 어구를 선외로 내고 있는 경우에는 어구를 내고 있는 방향으로 백색의 전주등 1개 또는 그의 정점을 위로 한 원추형의 형상물 1개

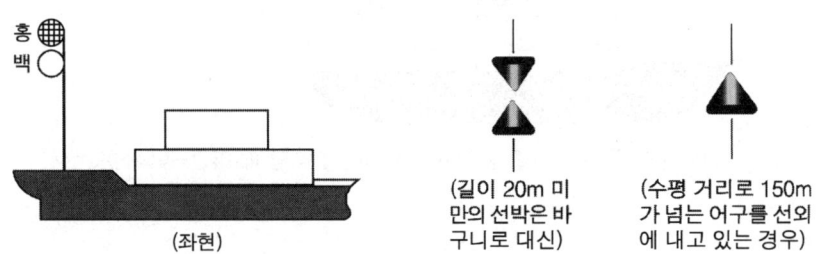

[트롤망어로 외의 어로에 종사하고 있는 선박]

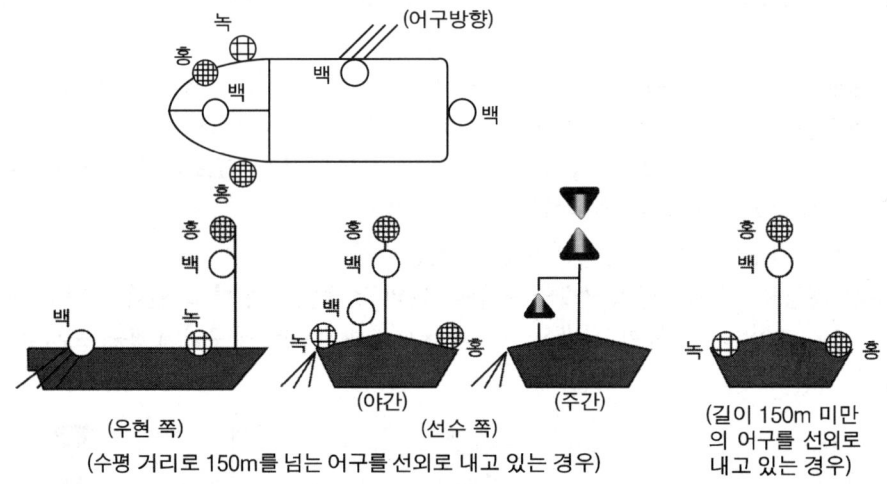

[트롤어선 외의 어선이 어구를 선외로 내고 있는 경우]

(3) 어로에 종사하고 있는 다른 선박의 바로 근방에서 어로에 종사하고 있는 선박은 부가신호

① 트롤어선에 대한 신호 : 선박이 트롤망어로에 종사하고 있는 경우에는 저층예망 또는 표층예망의 어느 어구를 사용하든 간에 다음 각 호의 등화를 표시할 수 있다.
  ㉠ 어망을 투입하고 있을 때 : 수직선상에 백색의 등화 2개
  ㉡ 어망을 건져 올리고 있을 때 : 수직선상에 홍색의 등화 1개와 그의 상부에 백색의 등화 1개
  ㉢ 어망이 장애물에 걸려 있을 때 : 수직선상에 홍색의 등화 2개

② 쌍끌이 트롤망어로에 종사하고 있는 선박
　　㉠ 야간에는 선수방향 및 한 쌍을 이룬 다른 선박의 방향을 비추는 탐조등 1개
　　㉡ 쌍끌이 트롤망어로에 종사하고 있는 선박이 어망을 투입하거나, 건져 올리거나 또는 그의 어망이 장애물에 걸려 있을 때에는 위의 ①항에 규정하는 등화
③ 건착망어선에 대한 신호 : 건착망 어구로 어로에 종사하고 있는 선박은 수직선상에 황색의 등화 2개를 표시할 수 있다. 이들 등화는 켜지고 꺼지는 기간이 동일하고, 1초마다 번갈아 섬광을 발하는 것이어야 한다. 이들 등화는 선박이 그의 어구에 의하여 행동을 방해받고 있는 경우에 한하여 표시할 수 있다.
④ 어로에 종사하고 있지 아니하는 선박 : 이 조문에 규정하는 등화 또는 형상물을 표시하여서는 아니되고, 그 선박과 동일한 길이의 선박에 대하여 규정하는 등화 또는 형상물만을 표시하여야 한다.

9 조종이 자유롭지 못한 상태에 있는 선박

(1) 조종이 자유롭지 못한 상태에 있는 선박
① 가장 잘 보이는 곳에 수직선상으로 홍색의 전주등 2개
② 가장 잘 보이는 곳에 수직선상으로 구형 또는 그와 유사한 형상물 2개
③ 대수속력이 있는 경우에는 이 항목에 규정하는 등화에 부가하여 양현등과 선미등 1개

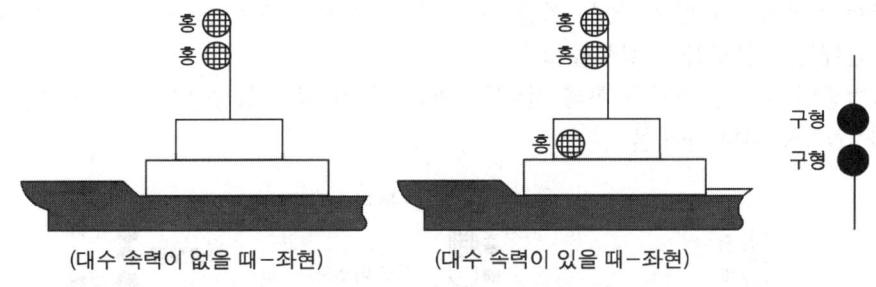

[조종이 자유롭지 못한 상태에 있는 선박(조종불능선)]

(2) 조종능력이 제한되어 있는 선박
① 가장 잘 보이는 곳에 수직선상으로 홍색, 백색, 홍색 전주등 각 1개
② 가장 잘 보이는 곳에 수직선상으로 구형, 마름모꼴, 구형 형상물 각 1개
③ 대수속력이 있는 경우에는 이 항목에 규정하는 등화에 부가하여 마스트등 1개, 현등 1쌍, 선미등 1개
④ 정박중에는 이 항목에 규정하는 등화에 부가하여 정박등(흰색 전주등 1개)과 주간 형상물(구형 1개)을 표시해야 한다.

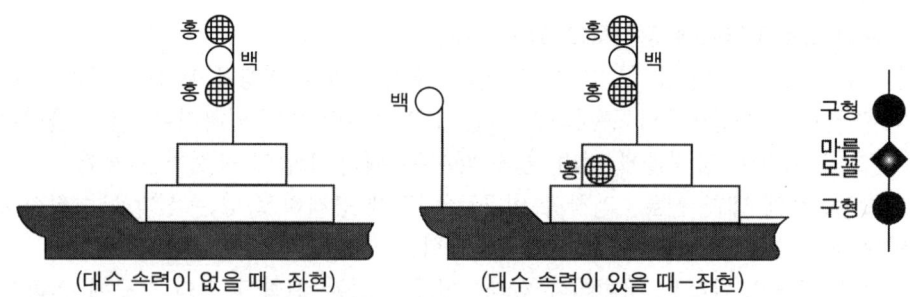

[조종능력이 제한되어 있는 선박(조종제한선)]

(3) 예항작업에 종사하고 있는 선박

동력선이 진로로부터 이탈능력을 매우 제한받는 예인작업에 종사하고 있는 경우에는 예인선의 등화나 형상물에 덧붙여 조종제한선의 등화나 형상물을 표시하여야 한다.

(4) 준설 또는 수중작업에 종사하는 선박

준설이나 수중작업에 종사하고 있는 선박이 조종능력을 제한받고 있는 경우에는 조종제한선의 등화나 형상물을 표시하여야 하며, 장애물이 있는 경우에는 이에 덧붙여 다음의 등화나 형상물을 표시하여야 한다.

① 장애물이 있는 쪽을 가리키는 뱃전에 야간에는 수직으로 붉은색 전주등 2개, 주간에는 둥근꼴의 형상물 2개
② 다른 선박이 통과할 수 있는 쪽을 가리키는 뱃전에 야간에는 수직으로 녹색 전주등 2개, 주간에는 마름모꼴의 형상물 2개
③ 정박중인 때에는 정박등(흰색 전주등 1개)과 주간 형상물(둥근꼴 1개)을 대신하여 위 ①과 ②의 등화나 형상물

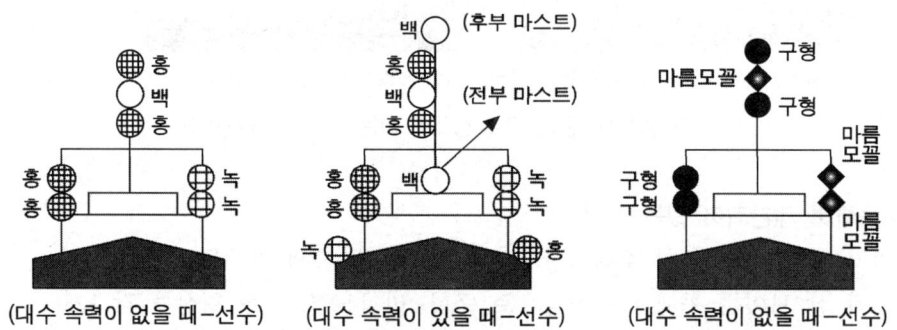

[준설 또는 수중작업에 종사하는 선박]

(5) 잠수작업에 종사하고 있는 선박

그의 크기로 인하여 이 조문의 ④항에 규정하는 형상물을 표시할 수 없는 경우에는 높이가 1미터 이상인 국제 신호서의 「A」기의 모사판을 표시하여야 한다. 이 모사판은 이를 전주위에서 볼 수 있도록 조치하여야 한다.

[잠수작업에 종사하고 있는 선박]

(6) 소해작업에 종사하고 있는 선박

이들 등화 또는 형상물은 다른 선박이 소해선의 선미로 1,000미터 또는 그의 양현측으로 500미터 이내에 접근하면 위험하다는 것을 가리킨다.
① 야간 : 녹색의 전주등 3개
② 주간 : 구형의 형상물 3개
③ 표시 방법 : 이들 등화 또는 형상물 중에서 1개는 전부 마스트의 꼭대기 또는 그 부근에 표시하고, 또 전부 돛 가름대의 양단에 1개씩 표시하여야 한다.

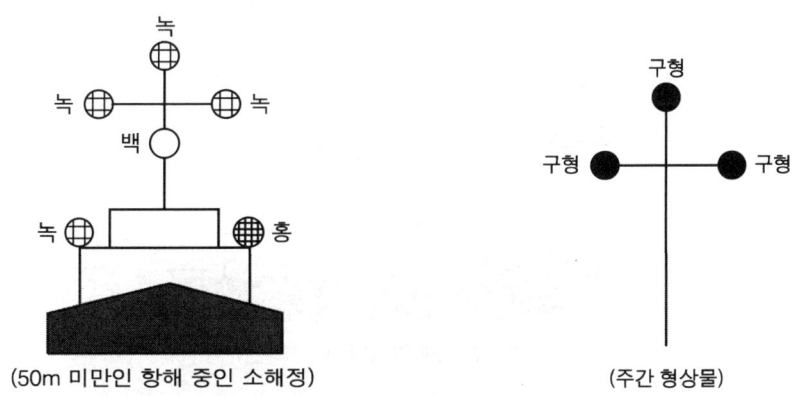

[기뢰제거작업 중인 선박의 소해작업에 종사하고 있는 선박]

(7) 길이 7미터 미만의 선박

이 조문에 규정하는 등화를 표시하는 것을 요하지 아니한다.

10 흘수 때문에 제약을 받고 있는 선박

흘수 때문에 제약을 받고 있는 선박은 동력선에 대한 등화에 부가하여

(1) 식별 등화 : 가장 잘 보이는 곳에 홍색의 전주등 3개를 수직선상으로 표시

(2) 주간 형상물 : 원통형의 형상물 1개

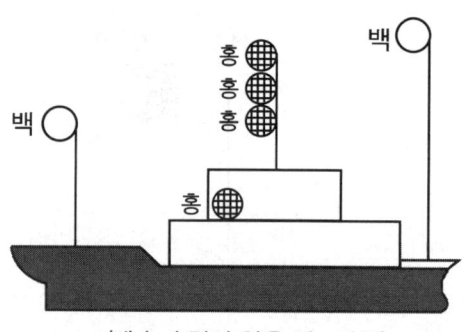

[흘수 때문에 제약을 받고 있는 선박]

11 도선선

(1) 도선 업무에 종사하고 있는 선박

① 마스트의 꼭대기 또는 그 부근에 수직선상으로 상부의 것이 백색, 하부의 것이 홍색인 전주등 2개
② 항행 중에는 ①호에 규정하는 등화에 부가하여 양현등과 선미등 1개
③ 정박 중에는 ①호에 규정하는 등화에 부가하여 정박등 또는 정박 형상물

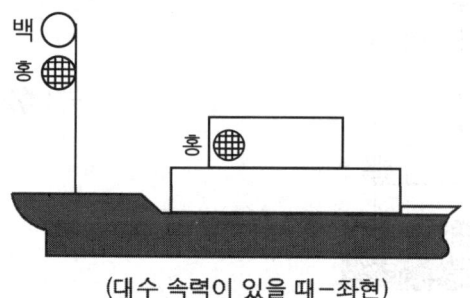

[항행 중인 도선선]

(2) 도선업무에 종사하고 있지 아니하는 도선선

그 선박과 동일한 길이의 유사한 선박에 대하여 규정하는 등화 또는 형상물을 표시하여야 한다.

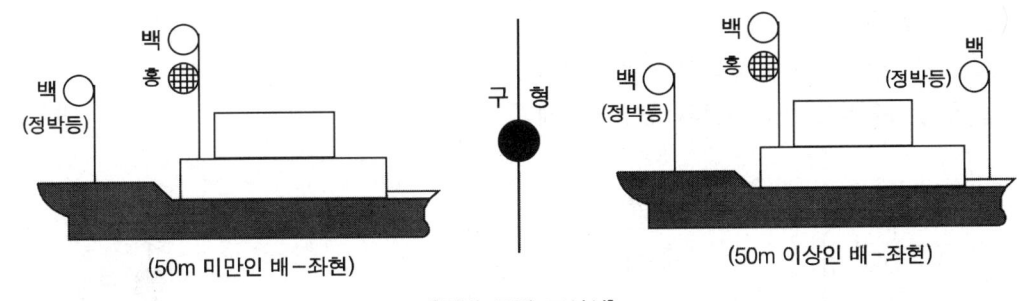

[정박 중인 도선선]

> **도선업무에 종사하고 있다.**
>
> 도선선이 도선사를 목적 선박에 승하선시키는 사이 뿐만 아니라 목적 선박을 대기 또는 도선사를 수용하기 위하여 항행하거나 정선하고 있는 경우를 말한다. 따라서 도선사가 도선업무 이외로 승선하고 있으면 여기에 해당되지 않는다.

12 정박선과 얹혀있는 선박

(1) 정박하고 있는 선박

가장 잘 보이는 곳에 다음에 규정하는 등화 또는 형상물을 표시하여야 한다.
① 전부에 백색의 전주등 1개 또는 구형의 형상물 1개
② 선미쪽 등화는 선수쪽 등화보다 낮은 위치로 백색의 전주등 1개
　㉠ 길이 50미터 미만의 선박 : 가장 잘 보이는 곳에 백색의 전주등 1개를 표시할 수 있다.
　㉡ 길이 50미터 이상의 선박 : 선수 및 선미 쪽에 흰색 전주등 각각 1개
　㉢ 길이 100미터 이상의 선박 : 자선의 갑판을 조명하기 위하여, 이용할 수 있는 작업등을 사용하여야 한다.

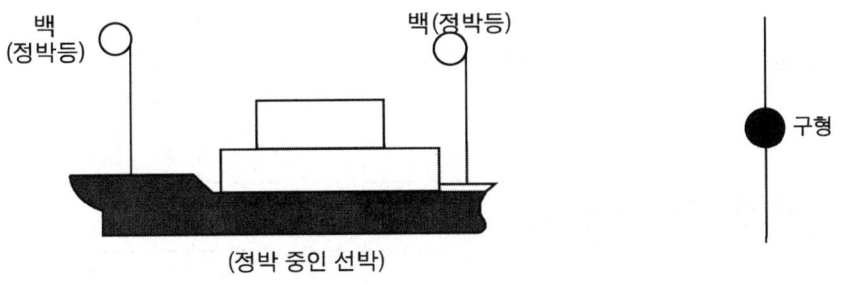

[길이 50m 이상의 정박 중인 선박의 등화]

(2) 얹혀있는 선박

정박시의 등화나 형상물에 부가하여, 가장 잘 보이는 곳에 다음 각 호의 등화 또는 형상물

을 표시하여야 한다.
① 야간 : 수직선상에 홍색의 전주등 2개
② 주간 : 수직선상에 구형의 형상물 3개

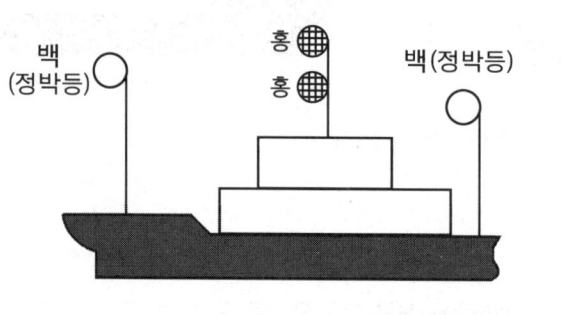 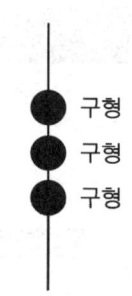

[얹혀있는 선박]

(3) 길이 7미터 미만의 선박

좁은 수로, 항로 또는 묘지의 안 혹은 이들 부근 또는 다른 선박이 통상적으로 항행하는 곳 이외의 장소에 정박하거나 또는 얹혀있는 때에는 등화 또는 형상물을 표시하는 것을 요하지 아니한다.

> (1) **정박 중** : 선박이 직접, 간접으로 닻 또는 그 대용물에 의하여 수저에 고정된 경우를 말한다. 따라서 육안에 계류하고 있는 선박은 여기에 해당되지 않는다.
> (2) **얹혀있다** : 선저가 수저와 접착하여 이동할 수 없게 된 상태를 말한다.

13 수상항공기

수상항공기가 등화와 형상물을 여기서 규정하는 특성을 가진 것으로 표시할 수 없거나 규정하는 위치에 표시할 수 없는 경우에는 특성과 위치에 있어서 가능한 한, 이 장에 규정하는 것과 유사한 등화 또는 형상물을 표시하여야 한다.

2 음향신호와 발광신호

1 음향신호 장치

(1) 길이 12미터 이상의 선박 : 기적 1개와 호종 1개를 비치하여야 하며,

(2) **길이 100미터 이상의 선박** : 기적과 호종에 덧붙여 호종과 혼동되지 아니하는 동라 1개를 비치하여야 한다. 호종 혹은 동라 또는 그 양자는 각기 이와 동일한 음색을 가진 다른 장치로 대치할 수 있다. 다만, 이들은 필요한 신호음을 수동으로 항시 낼 수 있어야 한다.

(3) **길이 12미터 미만의 선박** : 음향신호 기구를 비치할 의무는 없다. 그러나 이를 비치하지 아니하는 경우에는 유효한 음향신호를 낼 수 있는 다른 수단을 갖추어야 한다.

2 조종신호와 경고신호

(1) **조종신호**
선박이 서로 시야 내에 있는 경우에 항행 중인 동력선이 이 규칙의 규정에 의하여 인정되거나 또는 요구되는 조종을 할 때에는 기적을 사용한 다음 각 호의 신호에 의하여 그 조종을 표시하여야 한다.
① 단음 1회 : 나는 침로를 우현쪽으로 변경하고 있다.
② 단음 2회 : 나는 침로를 좌현쪽으로 변경하고 있다.
③ 단음 3회 : 나는 기관을 뒤로 추진하고 있다.

(2) **발광신호**
모든 선박은 당해 조종이 이루어지고 있는 동안에 다음 각 호의 발광신호를 적절히 반복하여 이 조문의 (1)항에 규정하는 기적신호를 보충할 수 있다.
① 섬광 1회 : 나는 침로를 우현쪽으로 변경하고 있다.
② 섬광 2회 : 나는 침로를 좌현쪽으로 변경하고 있다.
③ 섬광 3회 : 나는 기관을 뒤로 추진하고 있다.

(3) **발광신호의 방법 및 사용 등화**
① 섬광의 지속시간 : 약 1초
② 섬광 사이의 간격 : 약 1초
③ 반복되는 신호 사이의 간격 : 10초 이상
④ 사용하는 등화 : 5해리의 최소 거리에서 볼 수 있는 백색의 전주등 1개

(4) **선박이 좁은 수로 또는 항로에 있어서 서로 시야 내에 있는 경우**
① 다른 선박을 추월하고자 하는 선박
  ㉠ 장음 2회, 단음 1회 : 나는 그대의 우현쪽으로 추월하고자 한다.
  ㉡ 장음 2회, 단음 2회 : 나는 그대의 좌현쪽으로 추월하고자 한다.
② 추월 당하게 될 선박이 다른 선박의 추월에 동의하는 경우
  장음 1회, 단음 1회, 장음 1회 및 단음 1회의 순서

(5) **경고신호**
서로 시야 내에 있는 선박이 접하고 있을 경우에 어떠한 원인으로 인하여 한 선박이 다른

선박의 의도 또는 동작을 이해할 수 없는 때 또는 다른 선박이 충돌을 피하기 위하여 충분한 동작을 취하고 있는지의 여부가 의심스러운 때에는 의문을 가진 선박은 곧 기적, 발광신호를 사용하여 의문을 표시하여야 한다.
① 기적신호 : 단음 5회 이상
② 발광신호 : 5회 이상의 짧고 급속한 섬광

(6) 좁은 수로의 굽은 부분
수로 또는 항로에 있어서 개재하는 장애물 때문에 다른 선박을 볼 수 없는 굴곡부 혹은 수역에 접근하고 있는 선박은 기적을 울려야 하고, 접근하여 오는 선박이 굴곡부의 주위 또는 개재하는 장애물의 배후에서 이 신호를 들었을 때에는 응답신호를 하여야 한다.
① 기적신호 : 장음 1회
② 응답신호 : 장음 1회

(7) 복수의 기적이 100미터 이상의 거리를 두고 선내에 설치되어 있는 경우에는 그 중에서 하나의 기적만을 조종신호와 경고신호를 울리는데 사용하여야 한다.

3 제한된 시정에 있어서의 음향신호

시정이 제한된 수역 내 또는 그 부근에 있어서는 주야를 불문하고, 이 조문에 규정하는 신호를 다음 각 호와 같이 사용하여야 한다.

(1) 동력선은 대수속력이 있는 경우에는 2분간을 넘지 아니하는 간격으로 장음 1회를 울려야 한다.

(2) 항행 중인 동력선은 정지하여, 대수속력이 없는 경우에는 장음 사이의 간격이 약 2초인 연속한 장음 2회를 2분간 넘지 아니하는 간격으로 울려야 한다.

(3) 조종이 자유롭지 못한 상태에 있는 선박(조종불능선), 조종능력이 제한되어 있는 선박(조종제한선), 흘수 때문에 제약을 받고 있는 선박(흘수제약선), 범선, 어로에 종사하고 있는 선박 및 다른 선박을 끌고 가거나 또는 밀고 있는 선박은 위의 **(1)**항 또는 **(2)**항에 규정하는 신호에 대신하여 2분간을 넘지 아니하는 간격으로 연속한 3회의 기적, 즉 장음 1회에 이어 단음 2회를 울려야 한다.

(4) 끌려가고 있는 선박 또는 2척 이상의 선박이 끌려가고 있을 때의 최후미의 선박은 승무원이 있을 경우에는 2분간을 넘지 아니하는 간격으로 연속한 4회의 기적, 즉 장음 1회에 이어 단음 3회를 울려야 한다. 이 신호는 실행이 가능한 한 끌고 있는 선박이 행하는 신호의 직후에 울려야 한다.

(5) 밀고 있는 선박과 앞쪽으로 밀려가고 있는 선박이 견고하게 연결되어 하나의 복합체를 이룬 경우에는, 이를 한 척의 동력선으로 보고, 위의 **(1)**항 또는 **(2)**항에 규정하는 신호를 하여야 한다.

(6) 정박하고 있는 선박은 1분간을 넘지 아니하는 간격으로 약 5초 동안 급속히 호종을 울려야 한다. 길이 100미터 이상의 선박에 있어서는 호종을 선박의 전부에서 울려야 하고, 또 호종

을 울린 직후에 선박의 후부에서 동라를 약 5초 동안 급속히 울려야 한다. 정박하고 있는 선박은 접근하여 오는 선박에 대하여 자선의 위치와 충돌의 가능성을 경고하기 위하여는 이에 부가하여 연속 3회의 기적, 즉 단음 1회, 장음 1회 및 단음 1회를 울릴 수 있다.

(7) 얹혀있는 선박은 호종신호를 하여야 하고, 또 필요하다면 위의 **(6)**항에 규정하는 동라신호를 하고, 이에 부가하여 급속히 울리는 호종신호의 직전과 직후에 호종을 명확하게 분리하여 3회 타종하여야 한다. 얹혀있는 선박은 이에 부가하여 적절한 기적신호를 할 수 있다.

(8) 길이 12미터 미만의 선박은 전술한 신호를 하여야 할 의무는 없으나 이 신호를 하지 않을 경우에는 2분간을 넘지 아니하는 간격으로 기타의 유효한 음향신호를 하여야 한다.

(9) 도선선이 도선업무에 종사하고 있는 경우에는 위의 **(1)**항, **(2)**항 또는 **(6)**항에 규정하는 신호에 부가하여 단음 4회로 이루어지는 식별신호를 울릴 수 있다.

4 주의 환기신호

모든 선박은 다른 선박의 주의를 환기하기 위하여 필요한 경우에는 규칙에 있는 어떠한 신호와도 오인되지 아니할 등화신호 또는 음향신호를 할 수 있고, 또 다른 선박에 괴로움을 끼치지 아니하는 방법으로 위험이 있는 방향에 탐조등을 비출 수 있다.

(1) 다른 선박의 주의를 환기하기 위하여 필요한 경우의 구체적인 예
  ① 타선이 암초가 많은 위험한 수역으로 향하여 진행하고 있는 경우
  ② 등화를 잊어버리고 켜지 않은 채로 항행하고 있는 경우

(2) 발광신호의 예
  염화, 모르스식 발광신호, 횃불, 백등을 휘두르는 방법 등과 탐조등을 비추는 일

(3) 음향신호의 예
  발포, 기적, 호종, 폭죽, 철판을 두들기는 방법 등

5 조난신호

다음 각 호의 신호는 그 전부 또는 일부를 사용하거나 표시하는 경우에는 조난사실과 구원이 필요함을 나타낸다.

(1) 약 1분간의 간격으로 행하는 1회의 발포 기타의 폭발에 의한 신호

(2) 무중신호 기구에 의한 연속된 음향신호

(3) 단시간의 간격으로 1회에 1개씩 발사되어 별 모양의 붉은 불꽃을 발하는 로켓 또는 유탄에 의한 신호

(4) 무선전신 또는 기타의 신호방법에 의한 "모르스" 부호「‥‥‥」(SOS)의 신호

(5) 무선전화에 의한 "메이데이"라는 말의 신호

(6) 국제기류신호에 의한 NC의 조난신호

(7) 방형기로서 그 위 또는 아래에 공모양 1개를 매달아 이루어지는 신호

(8) 연소물질을 태워 발생하는 발염신호

(9) 로켓으로 이루어지는 적색 낙하산 신호

(10) 오렌지색 연기를 내는 발연신호

(11) 좌우의 팔을 천천히 올렸다 내렸다 반복하는 신호

(12) 무선전화 및 무선전신 경보신호

(13) 비상용 위치표시 및 무선표지에 의한 조난신호

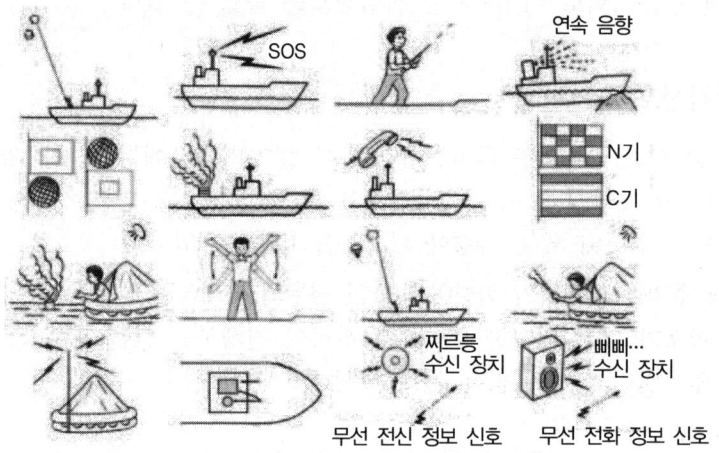

[각종 조난신호의 방법]

국제해상충돌예방규칙

Part 3 | 해사 법규
적중예상문제

01 국제해상충돌예방규칙의 적용범위를 나타낸 것으로 가장 옳은 것은?

가. 하천, 호소 및 내국 수로
나. 영해 및 공해의 모든 수역
사. 전관수역 및 공해의 모든 수역
아. 공해의 수면과 이에 접속되어 항해선이 항행할 수 있는 모든 수역

> 적용 : 해양의 수면과 거기에 접속되어 항해선이 항행할 수 있는 전수역 안에 있는 모든 선박에 적용된다.

02 국제해상충돌예방규칙상 선박으로 옳지 않은 것은?

가. 수면을 항행중인 수상비행기
나. 육상에서 해체 작업중인 화물선
사. 노와 삿앗대로만 운전하는 나룻배
아. 무배수량 상태로 수면에 뜬 에어쿠션선

> 선박이라 함은 무배수량선과 수상비행기를 포함하여 수상의 운송수단으로 사용하거나 또는 사용할 수 있는 모든 수상선류를 말한다.

03 상호 시야내에 있을 때 범선과 동력선이 교차하는 경우의 피항법으로 옳은 것은?

가. 범선이 피함.
나. 동력선이 피함.
사. 동력선이 전속력을 다해 침로유지
아. 동력선이 범선에 대해 경고신호

정답 01 아 02 나 03 나

온라인 강의 에듀마켓

04 유지선이 일반적으로 취할 조치로 옳지 않은 것은?

가. 피항협력조치
나. 침로 및 속력유지
사. 조기 피항동작시 좌현변침
아. 극한 상황에서 충돌을 피하기 위한 최선의 협력의무

> 유지선 : 침로와 속력을 유지하여야 할 선박은 어떠한 원인으로 다른 선박에 아주 가까이 접근하였기 때문에 진로를 피하여야 할 선박의 동작만으로는 충돌을 피할 수 없다고 인정할 때에는 충돌을 피하는데 도움이 될 최선의 동작을 취하여야 한다(자선의 좌현 쪽에 있는 선박을 향하여 좌현 쪽으로 침로를 변경하여서는 아니 된다).

05 다음 중 국제해상충돌예방규칙상 항행 중인 선박에 해당되는 것은?

가. 얹혀있는 선박
나. 정박 중인 선박
사. 후진하고 있는 선박
아. 안벽에 계류 중인 선박

> 항행 중이라 함은 선박이 정박하거나 육지에 계류하거나 또는 얹혀있는 것이 아닌 상태를 말한다.

06 다음 중 국제해상충돌예방규칙상 "시정이 제한된 상태"라고 인정되지 않는 경우에 해당하는 것은?

가. 안개 속에 있는 경우
나. 눈보라가 많이 날리는 경우
사. 해안선이 복잡하여 시야가 막히는 경우
아. 침로의 전면에 안개 덩어리가 있는 경우

> "제한된 시정"이라 함은 안개, 옅은 안개, 강설, 폭풍우, 모래폭풍 또는 기타의 유사한 원인에 의하여 시정이 제한된 상태를 말한다.

07 다음의 충돌 피항동작 중 옳지 않은 것은?

가. 명확하게 이행한다.
나. 상대방이 피항할 때까지 기다린다.
사. 충분한 시간적 여유를 두고 이행한다.
아. 적당한 선박 운용술에 따라 이행한다.

> 충돌을 피하기 위한 모든 동작은 그 경우의 사정이 허락하는 한, 명확하여야 하고, 충분히 여유있는 시각에 적당한 선박 운용술에 따르도록 충분히 유의해서 취하여야 한다.

정답 04 사 05 사 06 사 07 나

08 국제해상충돌예방규칙상 동력선이라 볼 수 없는 것은?

가. 노도만으로 움직이는 선박
나. 기관을 사용하여 추진하는 선박
사. 무배수량 상태로 항해중인 공기부양선
아. 돛을 설치한 선박이 기관으로 추진하는 선박

> 동력선이라 함은 기관을 사용하여 추진하는 선박을 말하되 돛을 설치한 선박으로서 주로 기관을 사용하여 추진하는 경우에는 동력선으로 본다.

09 다음 중 선박에서의 안전속력 결정 시 고려할 사항으로 볼 수 없는 것은?

가. 시정 상태
나. 기상 상태
사. 교통 밀도
아. 승조원 건강 상태

10 다음 중 상대선과 충돌을 피하기 위한 조치로서 타당하지 않는 것은?

가. 침로를 상대가 알아볼 수 있도록 크게 변경한다.
나. 위험이 오기 전에 미리 동작을 취한다.
사. 변침을 소각도로 조금씩 실시한다.
아. 되도록 넓은 수역에서 변침한다.

> 충돌을 피하기 위한 침로나 속력 또는 그 양자의 변경은 그 경우의 사정이 허락하는 한, 시각 또는 레이더에 의하여 관찰하고 있는 다른 선박이 용이하게 알아볼 수 있을 만큼 충분히 크게 하여야 한다. 조금씩 침로나 속력 또는 그 양자를 연속적으로 변경하는 것은 피하여야 한다.

11 다음 중 충돌의 위험성을 판단하기 위한 구체적인 방법으로 볼 수 없는 것은?

가. 레이더 플로팅에 의한 판단
나. 컴퍼스 방위에 의한 판단
사. 무선전화에 의한 판단
아. 교차방위에 의한 판단

> 충돌의 위험성을 판단하는 방법
> ① 모든 수단의 활용
> ② 충돌의 위험성이 있는지의 한계를 판단
> ③ 레이더의 적절한 사용
> ④ 컴퍼스 방위에 의하여 판단

정답 08 가 09 아 10 사 11 아

12 거대선이나 위험화물 운반선이 교통안전 특정해역 항행 시 관할 해양경찰서장에게 통보할 사항으로 옳은 것은?

가. 침로 – 속력
나. 출발항 – 도착항
사. 총톤수 – 승선인원
아. 선명 – 호출부호

13 국제해상충돌예방규칙상 "서로 시계내에 있다"라 함은 어떤 뜻인가?

가. 어느 쪽이라도 한 쪽 선박이 눈으로 확인할 수 있다.
나. 상대방 선박을 서로 눈으로 볼 수 있다.
사. 상대선박이 장애물이 없는 곳에 있다.
아. 레이더 화면상으로 확인할 수 있다.

> 해설 서로 시계내에 있는 선박 : 두 선박이 서로 눈(레이더 등은 제외)으로만 볼 수 있는 경우의 항법규정이다.

14 국제해상충돌예방규칙상 "흘수제약선"이라 함은 어떤 뜻인가?

가. 흘수가 깊은 선박
나. 조종이 부자유스러운 선박
사. 얕은 수심 위로 항행중인 선박
아. 자선의 흘수와 이용 가능한 수역의 수심과 폭 때문에 다른 선박의 진로를 피할 수 없는 선박

> 해설 흘수 때문에 제약을 받고 있는 선박이라 함은 이용할 수 있는 수심과 자선의 흘수와의 관계로 그 선박이 항행하고 있는 침로에서 벗어날 수 있는 능력이 심히 제한되고 있는 동력선을 말한다.

15 선박의 조종이 자유롭지 못한 고장, 기타의 사유로 조종이 불가능하여 타 선박의 진로를 피할 수 없는 선박을 무엇이라 하는가?

가. 조종성능제한선
나. 동력제한선
사. 조종불능선
아. 좌초선

16 다음 중 선박이 충돌을 피하기 위하여 취한 동작으로 적합하지 않은 것은?

가. 적극적인 동작
나. 적절한 운용상 관행에 따른 동작
사. 충분한 시간적인 여유를 두고 행한 동작
아. 상대선의 동작을 보아가며 약간씩 취한 동작

정답 12 아 13 나 14 아 15 사 16 아

17 국제해상충돌예방규칙상 "당시의 사정과 조건에서 충돌을 피하기 위한 속력"을 무엇이라고 하는가?

가. 항해속력 나. 경제속력
사. 안전한 속력 아. 최저속력

> 안전한 속력 : 모든 선박은 충돌을 피하기 위하여 적절하고 유효한 동작을 취할 수 있고 또 당시의 사정과 조건에 적합한 거리에서 정선할 수 있도록 언제나 안전한 속력으로 항행하여야 한다.

18 다음 중 선박안전관리체제를 수립하고 시행해야 할 선박에 해당하는 것은?

가. 국제항해 종사선으로 총톤수 500톤 이상 선박
나. 연안 무역 위주의 100톤 급 운반선
사. 내륙 수로만 운항하는 모래 운반선
아. 크레인 작업을 하는 항만 시설 부선

19 연안 항해 중 시계가 불량할 때 제일 먼저 조치해야 할 점으로 옳은 것은?

가. 컴퍼스를 수정한다. 나. 대각도로 변침한다.
사. 투묘한다. 아. 무중신호를 한다.

> 제한된 시계내에서의 선박 운항
> 충돌의 위험성이 없다고 판단한 경우를 제외하고, 자선의 정횡의 전방이라고 생각되는 곳에서 다른 선박의 무중신호를 듣는 모든 선박 또는 자선의 정횡의 전방에 있는 다른 선박과의 박근상태를 피할 수 없는 모든 선박은 자선의 침로를 유지할 수 있는 최소의 속력으로 감속하여야 한다. 당해 선박은 필요하다면 자선의 진행을 완전히 멈추어야 하고 또 어떠한 경우에도 충돌의 위험성이 사라질 때까지 극히 조심하여 항행하여야 한다.

20 제한시계 내에서의 선박 운항과 직접적인 관계가 없는 요소에 해당하는 것은?

가. 자선의 속력 나. 무중신호
사. 자선의 침로 아. 선박의 톤수

21 다음 중 조종불능선에 해당되는 선박으로 옳은 것은?

가. 어로중인 선박 나. 예인중인 선박
사. 추진기가 고장난 선박 아. 해저 전선 부설작업중인 선박

> 조종이 자유롭지 못한 상태에 있는 선박이라 함은 어떠한 예외적인 사정으로 인하여 이 규칙의 규정에 따라서 조종할 수 없고, 또 그 때문에 다른 선박의 진로를 피할 수 없는 선박을 말한다.

정답 17 사 18 가 19 아 20 아 21 사

22 국제해상충돌예방규칙상 시계제한의 사유에 포함되지 않는 것은?

가. 안 개   나. 강 설
사. 폭풍우   아. 햇 빛

23 국제해상충돌예방규칙상 선박이 서로 다른 선박을(이) ( )만을 서로 시계 내에 있는 것으로 본다. ( )에 알맞은 것은?

가. 레이더 스크린 상에 나타난 경우
나. 육안으로 볼 수 있는 경우
사. 무선 방향탐지기로 찾아 낸 경우
아. 지피에스(GPS)로 찾아낸 경우

24 국제해상충돌예방규칙상 안전한 속력을 정하는데 고려하여야 할 사항이 아닌 것은?

가. 자선의 선회능력 및 정지성능   나. 해상에서의 선박의 많고 적음
사. 시정 및 해상상태   아. 항해사의 숙련도

25 국제해상충돌예방규칙상 유지선의 동작으로 옳지 않은 것은?

가. 충돌을 피하기 위한 최선의 협력 동작을 취하여야 한다.
나. 피항선에게 진로를 피하여야 할 의무를 면제하는 것은 아니다.
사. 한 선박이 진로를 피할 경우 다른 선박은 침로 및 속력을 유지하여야 한다.
아. 피항선이 적절한 동작을 취하지 아니할 때는 자선의 좌현 측에 있는 선박을 피하기 위해 좌현 측으로 변침한다.

26 "조종이 보다 용이한 선박이 그렇지 못한 선박을 피하여야 한다"는 피항의 일반원칙에 해당되지 않는 것은?

가. 범선의 조종불능선에 대한 피항 의무
나. 범선의 어로종사중인 선박에 대한 피항 의무
사. 항행중인 동력선의 정박선에 대한 피항 의무
아. 어로 종사중인 선박의 항행중인 동력선에 대한 피항 의무

정답 22 아 23 나 24 아 25 아 26 아

27 다음 중 국제해상충돌예방규칙상 조종불능선에 해당하는 선박으로 옳은 것은?

가. 항로표지, 해저전선 등의 부설, 보수 및 인양 작업에 종사하고 있는 선박
나. 소해작업에 종사하고 있는 선박
사. 추진기나 조타기가 고장난 선박
아. 수중작업에 종사하고 있는 선박

28 제한된 시계에 있어서 선박의 항법으로 적절하지 못한 것은?

가. 경계를 철저히 실시한다.
나. 안전한 속력으로 항해한다.
사. 기관을 즉시 사용할 수 있게 한다.
아. 레이더를 사용하지 않고 청각에 의존한다.

29 국제해상충돌예방규칙상 좁은 수로(항로) 안쪽에서만 안전하게 항행할 수 있는 선박의 통항을 방해하여서는 아니되는 선박으로 옳은 것은?

가. 길이 20미터 미만의 선박
나. 길이 30미터 미만의 선박
사. 길이 40미터 미만의 선박
아. 길이 50미터 미만의 선박

> 길이 20미터 미만의 선박 또는 범선은 좁은 수로 또는 항로 안쪽에서만 안전하게 항행할 수 있는 선박의 통항을 방해하여는 아니 된다.

30 좁은 수로를 항행할 때에는 자선의 우현쪽에 있는 수로 또는 항로의 어느쪽에 접근하여 항행하여야 하는가?

가. 내측한계   나. 외측한계
사. 중 앙   아. 안 쪽

> 협수도 : 좁은 수로 또는 항로를 따라 진행하고 있는 선박은 안전하고 또 실행 가능한 한, 자선의 우현쪽에 있는 수로 또는 항로의 외측한계에 접근하여 항행하여야 한다.

정답 27 사 28 아 29 가 30 나

제 5 장 국제해상충돌예방규칙 477

31 통항분리방식을 이용하는 선박에 대한 국제해상충돌예방규칙의 규정을 잘못 기술한 것은?

가. 가능한 한 통항분리선에 가깝게 항해하여야 한다.
나. 통항로의 일반적인 교통 방향을 따라서 진행하여야 한다.
사. 어로에 종사중인 선박은 통항로를 따라 진행하는 모든 선박의 통항을 방해하여서는 안된다.
아. 통항로를 횡단할 경우에는 일반적인 교통 방향에 대해서 가능한 한 직각에 가깝게 횡단하여야 한다.

 교통분리방식을 이용하는 선박
(1) 적당한 교통로 안에서 그 통로에 대한 교통류의 일반적인 방향으로 진행하여야 한다.
(2) 가능한 한, 교통분리선 또는 분리대에 접근하지 않도록 하여야 한다.
(3) 일반적으로 교통로로 들어가거나 나올 때에는 통로의 말단에서 출입하여야 한다. 그러나 교통의 측면에서 출입할 때에는 실행 가능한 한, 교통로의 일반적인 방향에 대하여 작은 각도로 출입하여야 한다.

32 국제해상충돌예방규칙상 통항분리방식에서 길이 (　　)의 선박은 통항로를 따라 항행하는 다른 선박의 항행을 방해하여서는 안 된다. (　　)에 알맞은 것은?

가. 20미터 미만　　　　나. 30미터 미만
사. 40미터 미만　　　　아. 50미터 이상

33 충돌을 피하기 위하여 적절하고 유효한 동작을 취하거나 적합한 거리에서 정선할 수 있는 속력으로 옳은 것은?

가. 항해속력　　　　나. 대수속력
사. 안전한 속력　　　아. 감항성속력

34 국제해상충돌예방규칙상 규정하고 있는 경계를 수행하는 방법에 해당되지 않는 것은?

가. 시각 경계　　　　나. 레이더 경계
사. 항적 경계　　　　아. 청각 경계

 견시(look out)
모든 선박은 처치 및 충돌의 위험성을 충분히 판단할 수 있도록 시각과 청각에 의할 뿐만 아니라 당시의 사정과 조건에 알맞은 모든 이용할 수 있는 수단에 의하여 언제나 적당한 견시를 주어야 한다. 〈모든 이용할 수 있는 수단 : 귀, 눈, 코, 피, 피부 뿐만 아니라 초단파 무선전화, 육안, 레이더국에 의한 정보, 적외선 감시장치까지 무엇이든 이용할 수 있는 것을 말한다.〉

정답 31 가　32 가　33 사　34 사

35 추월선이란 정횡 후 몇 도를 넘는 후방에서 타선을 추월하는 선박을 말하는가?

가. 11.5도   나. 22.5도
사. 90도   아. 135도

> 해설 **추월** : 선박은 다른 선박의 정횡 후 22.5도를 넘는 후방으로부터, 즉 추월 당하고 있는 선박에 관하여는 야간에 그 선박의 선미등만 볼 수 있고, 어느 쪽 현등도 볼 수 없는 위치로부터 다른 선박을 앞지르고 있는 경우에는 추월하는 선박이라고 본다.

36 두 선박이 서로 횡단하는 상태일 때 상대선을 (   )에 두고 있는 선박이 피한다. (   )에 적당한 것은?

가. 우 현   나. 좌 현
사. 선 미   아. 선 수

> 해설 **횡단하는 상태** : 2척이 동력선이 서로 진로를 횡단할 경우에 충돌의 위험성을 내포하는 때에는 다른 선박을 자선의 우현 쪽에 두고 있는 선박이 다른 선박의 진로를 피하여야 하며, 또 그 경우의 사정이 허락하는 한 다른 선박의 선수를 횡단하여서는 아니 된다.

37 통항분리방식에 관한 설명 중에서 국제해상충돌예방규칙의 내용으로 옳은 것은?

가. 통항로를 횡단할 때에는 직각에 가깝게 횡단하여야 한다.
나. 길이 20m 미만의 선박이 항상 우선한다.
사. 길이 20m 미만의 범선이 항상 우선한다.
아. 원칙적으로 어로 활동을 금지한다.

38 항로 쪽으로 돌출되어 있는 안벽에 계류 중인 선박이 있다. 안개가 짙게 끼었을 때 국제해상충돌예방규칙에 따라 이 선박이 취할 가장 적절한 조치로 옳은 것은?

가. 경계원을 선수, 선미에 배치하고 정박선의 무중신호를 한다.
나. 경계원을 선수, 선미에 배치하고 기관사용 준비를 한다.
사. 경계원을 선수, 선미에 배치하고 정박등을 점등한다.
아. 경계원을 선수, 선미에 배치하고 발광신호를 한다.

정답 35 나 36 가 37 가 38 가

39 선박은 좁은 수로 등의 안쪽에서만 안전하게 (　)할 수 있는 다른 선박의 (　)을 방해하게 되는 경우에는 좁은 수로 등을 (　)하여서는 아니 된다. (　)에 알맞은 것은?

가. 항행, 통항, 횡단
나. 통항, 속력, 접근
사. 정박, 운항, 통항
아. 정침, 진행, 통항

> 선박은 좁은 수로 또는 항로 안쪽에서만 안전하게 항행할 수 있는 다른 선박의 통항을 방해하는 경우에는 좁은 수로 또는 항로를 횡단하여서는 아니 된다.

40 다음 중 추월선에 대한 설명으로 옳은 것은?

가. 상대선의 현등을 볼 수 있는 지점에서 추월하는 선박
나. 상대선의 마스트등을 볼 수 있는 지점에서 항해하는 선박
사. 상대선의 양현등을 다 볼 수 있는 지점에 있는 선박
아. 상대선의 선미등만을 볼 수 있는 지점에서 앞지르고자 하는 선박

41 좁은 수로에서 추월당하는 선박의 추월선에 대한 행위로서 옳지 않은 것은?

가. 추월동의 신호가 없으면 추월을 할 수 없는 것으로 해석한다.
나. 추월동의시는 장음, 단음, 장음, 단음을 취명한다.
사. 동의하지 않으면 응답할 필요 없다.
아. 속력을 더 높인다.

42 국제해상충돌예방규칙상 좁은 수로나 항로를 따라 진행하고 있는 선박은 안전하고 실행 가능한 한 그 선박의 (　)측에 위치한 항로의 외측 한계 가까이를 항행하여야 한다. (　)에 알맞은 것은?

가. 좌 현
나. 중 앙
사. 우 현
아. 선 수

43 2척의 동력선이 마주칠 경우, 서로 다른 선박의 (　)을 통과할 수 있도록 침로를 (　)쪽으로 변경하여야 한다. (　) 안에 들어갈 말이 모두 맞는 것은?

가. 좌현, 우현
나. 우현, 좌현
사. 우현, 선미
아. 좌현, 선미

정답 39 가 40 아 41 아 42 사 43 가

정면으로 마주치는 상태 : 2척의 동력선이 반대되는 침로 또는 거의 반대되는 침로에서 마주치는 경우에 충돌의 위험성을 내포하는 때에는 각 선박이 서로 다른 선박의 좌현 쪽을 통과할 수 있도록 각기 침로를 우현 쪽으로 변경하여야 한다.

44 다른 선박을 추월하고 있는지의 여부에 관하여 의문이 있는 선박의 조치로 옳은 것은?

가. 자선이 추월하고 있는 경우로 생각하고 이에 합당한 행동을 한다.
나. 자선이 마주치는 경우이므로 우현 변침하여 피항한다.
사. 자선이 나란히 항행하고 있는 것으로 판단한다.
아. 자선이 횡단상태에 있다고 판단한다.

선박은 자선이 다른 선박을 추월하고 있는지의 여부에 대하여 의심이 있는 경우에는, 다른 선박을 추월하고 있다고 가정하고, 그것에 합당한 동작을 취하여야 한다.

45 안개 때문에 시계가 불량해질 때 취하는 조치로 옳지 않은 것은?

가. 안전한 속력으로 감속한다.
나. 경계원을 증원하고 적소에 배치한다.
사. 경계에 집중하기 위하여 무선전화를 끈다.
아. 모든 항해계기를 활용하여 선위를 확인한다.

46 다음 중 현등의 색깔과 비추는 범위로 옳은 것은?

가. 좌현 - 홍등 - 135도   나. 우현 - 녹등 - 112.5도
사. 우현 - 녹등 - 135도   아. 좌현 - 녹등 - 112.5도

현등이라 함은 온전한 불빛이 각각 112.5도에 이르는 수평의 호를 비추고, 또 그 불빛이 정선수 방향으로부터 각기 좌우현의 정횡 후 22.5도까지 비출수 있도록 장치한 우현 쪽의 녹색등과 좌현 쪽의 홍색등을 말한다. 길이 20미터 미만의 선박에 있어서는 현등을 선수미의 중심선상에 달고 있는 하나의 랜턴 속에 결합할 수 있다.

47 길이 12미터 미만 동력선의 마스트의 가시거리는 최소 얼마인가?

가. 1해리   나. 2해리
사. 3해리   아. 4해리

등화의 시인거리(길이 12미터 미만의 선박)
• 마스트 정부등 : 2해리 • 현등 : 1해리 • 선미등 : 2해리 • 예선등 : 2해리
• 백색, 홍색, 녹색 또는 황색의 전주등 : 2해리

정답 44 가 45 사 46 나 47 나

48 마스트등, 현등, 선미등 만을 켜고 항해하는 선박에 해당하는 것은?

가. 항해 중인 동력선
나. 어로에 종사 중인 선박
사. 조종 성능이 제한된 선박
아. 도선 업무에 종사 중인 선박

> **해설** 항행 중인 동력선
> (1) 전부에 마스트 정부등 1개
> (2) 전부 마스트 정부등의 후방으로 그보다 높은 위치에 제2마스트 정부등 1개, 다만 길이 50미터 미만의 선박은 이를 표시하여야 할 의무는 없으나 표시하여도 무방하다
> (3) 양현등
> (4) 선미등 1개

49 국제해상충돌예방규칙상 예인선이 표시하여야 하는 예선등의 설치 위치로 옳은 것은?

가. 선미등 하부   나. 선미등 상부
사. 선미등 후부   아. 선미등 전부

> **해설** 예선등이라 함은 선미등과 동일한 특성을 가진 황색등을 말하며, 예인선에 선비등 수직선상 위에 설치한다.

50 다음 중 상방에 백색등, 하방에 홍색등을 표시하고 있는 선박으로 옳은 것은?

가. 도선선   나. 예인선
사. 수중 작업선   아. 어 선

> **해설** 도선선
> (1) 마스트의 꼭대기 또는 그 부근에 수직선상으로 상부의 것이 백색, 하부의 것이 홍색인 전주등 2개
> (2) 항행 중에는 이에 부가하여 양현등과 선미등 1개
> (3) 정박 중에는 (1)호에 규정하는 등화에 부가하여 정박등 또는 정박 형상물

51 항해등에 황색의 섬광등을 추가하여 표시하는 선박으로 옳은 것은?

가. 동력선   나. 예인선
사. 공기부양선   아. 피예인선

> **해설** 에어쿠션선이 무배수량의 상태로 가동하고 있을 때에는 항행 중인 동력선이 규정하는 등화에 부가하여 전주위에서 볼 수 있는 황색의 섬광등 1개를 표시하여야 한다.

정답 48 가 49 나 50 가 51 사

52 국제해상충돌예방규칙상 정박등에 부가하여 홍색 전주등 2개를 표시하고 있는 선박으로 옳은 것은?

가. 얹혀있는 선박 나. 정박선
사. 예인선 아. 작업선

 얹혀있는 선박은 정박등에 부가하여, 가장 잘 보이는 곳에 다음 각 호의 등화 또는 형상물을 표시하여야 한다.
   (1) 수직선상에 홍색의 전주등 2개
   (2) 수직선상에 구형의 형상물 3개

53 국제해상충돌예방규칙상 현등 대신에 양색등을 표시할 수 있는 선박으로 옳은 것은?

가. 길이 20미터 미만의 동력선 나. 예인선
사. 길이 20미터 이상의 범선 아. 트롤 어선

 길이 20미터 미만의 선박에 있어서는 현등을 선수미의 중심선상에 달고 있는 하나의 랜턴 속에 결합할 수 있다.

54 국제해상충돌예방규칙에 의한 등화 중에서 백색등으로 표시하지 않는 것은?

가. 정박선의 전주등
나. 도선선의 전주등
사. 동력선의 마스트등
아. 길이 7미터 미만이고 최대속력이 7노트를 넘지 아니 하는 동력선이 표시할 수 있는 전주등

도선선 : 마스트의 꼭대기 또는 그 부근에 수직선상으로 상부의 것이 백색, 하부의 것이 홍색인 전주등 2개

55 마스트등 2개를 달아야 하는 선박에 해당하는 것은?

가. 길이 100미터 이상 선박 나. 길이 50미터 이상 선박
사. 길이 20미터 이상 선박 아. 모든 동력선

전부 마스트 정부등의 후방으로 그보다 높은 위치에 제2마스트 정부등 1개, 다만 길이 50미터 미만의 선박은 이를 표시하여야 할 의무는 없으나 표시하여도 무방하다.

정답 52 가 53 가 54 나 55 나

56 야간에 갑작스런 고장으로 타선에 의해 끌려서 항해하면 어떤 등화를 표시해야 하는가?

가. 양쪽 현등과 선미등
나. 선미등만 단다.
사. 현등만 단다.
아. 아무런 등도 달지 않는다.

> 끌려가고 있는 선박 또는 물체
> (1) 양현등   (2) 선미등 1개
> (3) 예인선열의 길이가 200미터를 초과할 경우에는 가장 잘 보이는 곳에 마름모꼴의 형상물 1개
> (4) 앞 쪽으로 밀려가고 있는 선박은 복합체의 일부가 아닌 경우에는 그의 전단에 양현등을 표시하여야 한다.
> (5) 뱃전을 붙어서 끌려가고 있는 선박은 선미등 1개를 표시하여야 하고, 또 그의 전단에 양현등을 표시하여야 한다.

57 발광신호용 백색 전주등의 가시거리로 옳은 것은?

가. 3해리
나. 4해리
사. 5해리
아. 6해리

> 발광신호의 방법 및 사용 등화
> ① 섬광의 지속시간 : 약 1초
> ② 섬광 사이의 간격 : 약 1초
> ③ 반복되는 신호 사이의 간격 : 10초 이상
> ④ 사용하는 등화 : 5해리의 최소 거리에서 볼 수 있는 백색의 전주등 1개

58 정선수방향에 있는 다른 선박의 마스트등과 양현등을 동시에 보았다. 어떤 상태로 보아야 하는가?

가. 횡단하는 상태
나. 마주치는 상태
사. 추월하는 상태
아. 평행 항해 상태

59 길이 35미터인 동력선이 다른 선박을 끌고 있다. 이 때의 예인선열의 길이는 210미터이다. 이 동력선이 표시해야 하는 등화로 옳은 것은?

가. 현등, 선미등, 예선등, 수직선상 3개의 마스트등
나. 현등, 선미등, 예선등, 수직선상 2개의 마스트등
사. 현등, 선미등, 예선등, 수직선상 1개의 마스트등
아. 현등, 선미등, 예선등

정답 56 가 57 사 58 나 59 가

동력선은 다른 선박을 끌고 있는 경우
 (1) 전부에 수직선상으로 마스트 정부등 2개, 예선의 선미로부터 끌려가고 있는 선박의 후단까지 측정한 예인선렬의 길이가 200미터를 초과할 경우에는 수직선상에 마스트 정부등 3개.
 (2) 양현등   (3) 선미등 1개   (4) 선미등의 상부에 수직선상으로 예선등 1개
 (5) 예인선렬의 길이가 200미터를 초과할 때에는 가장 잘 보이는 곳에 마름모꼴의 형상물 1개

60 항행중인 범선이 표시해야 하는 등화로 옳은 것은?
 가. 마스트 정부등, 선미등
 나. 현등, 선미등
 사. 마스트 정부등, 현등
 아. 홍광의 전지등

 항행 중인 범선 : (1) 양현등 (2) 선미등

61 상단 및 하단에 홍색, 중간에 백색인 전주등 3개를 수직선상으로 표시해야 하는 선박으로 옳은 것은?
 가. 조종불능선
 나. 조종제한선
 사. 어로 종사선
 아. 범 선

 조종능력이 제한되어 있는 선박 : 가장 잘 보이는 곳에 수직선상으로 전주등 3개, 이들 등화 중에서 상단과 하단의 등화는 홍색, 중간의 등화는 백색이라야 한다.

62 다음 그림에 해당하는 등화의 선박으로 옳은 것은?

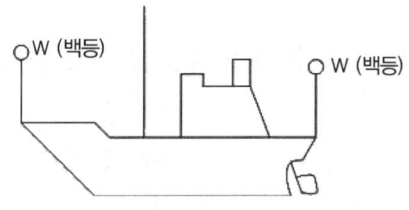

 가. 얹혀 있는 선박
 나. 정박선
 사. 예인선
 아. 어선

 정박하고 있는 선박
 (1) 전부에 백색의 전주등 1개 또는 구형의 형상물 1개
 (2) 선미 또는 그 부근에 (1)호에 규정하는 등화보다 낮은 위치로 백색의 전주등 1개

정답 60 나   61 나   62 나

63 수상비행기의 등화 및 형상물 표시에 관한 설명으로 옳은 것은?

가. 등화 및 형상물을 표시할 필요가 없다.
나. 그 종류, 위치, 규격 등에 관하여 구체적으로 규칙에서 따로 정하고 있다.
사. 그 특성과 위치에 있어서 가능한 한 각 규칙에 유사해야 한다.
아. 동력선의 경우와 일치해야 한다.

> **해설** 수상항공기
> 수상항공기가 등화와 형상물을 규정하는 특성을 가진 것으로 표시할 수 없거나 규정하는 위치에 표시할 수 없는 경우에는 특성과 위치에 있어서 가능한 한 규정하는 것과 유사한 등화 또는 형상물을 표시하여야 한다.

64 야간에 추월선은 추월을 당하는 선박의 어느 등화를 제일 먼저 보는가?

가. 좌현등 나. 마스트등
사. 선미등 아. 우현등

65 다음 선박의 등화 중에서 전주등에 속하는 것은?

가. 마스트등 나. 예선등
사. 현 등 아. 정박등

> **해설** 전주등이라 함은 온전한 불빛이 360도에 이르는 수평의 호를 비추는 등화를 말한다.
> (정박선은 전부에 백색 전주등 1개 등화 표시)

66 다음에서 선박의 우현을 표시하는 등화의 색은 어느 것인가?

가. 녹 등 나. 홍 등
사. 백 등 아. 청 등

> **해설** 현등이라 함은 온전한 불빛이 각각 112.5도에 이르는 수평의 호를 비추고, 또 그 불빛이 정선수 방향으로부터 각기 좌우현의 정횡 후 22.5도까지 비출수 있도록 장치한 우현 쪽의 녹색등과 좌현 쪽의 홍색등을 말한다.

67 자선의 정선수 방향에 다른 선박의 양 현등을 보게 되면 어떤 상태인가?

가. 마주치는 상태 나. 횡단하는 상태
사. 추월하는 상태 아. 상대선은 정박중인 상태

| 정답 | 63 사 | 64 사 | 65 아 | 66 가 | 67 가 |

68 길이가 50미터를 넘는 동력선의 마스트등, 현등, 선미등의 최소 가시거리가 바르게 나열된 것은?

가. 5, 5, 3 마일
나. 6, 3, 3 마일
사. 6, 3, 2 마일
아. 6, 2, 2 마일

 등화의 시인거리(길이 50미터 이상의 선박)
- 마스트 정부등 : 6해리 • 현등 : 3해리 • 선미등 : 3해리 • 예선등 : 3해리
- 백색, 홍색, 녹색 또는 황색의 전주등 : 3해리

69 (   )이란 실행 가능한 한 선미 가깝게 놓여 있는 백등을 말하며 135도의 수평의 호를 비추는 등화를 말한다. (   )에 알맞은 것은?

가. 마스트등
나. 현 등
사. 선미등
아. 전주등

 선미등이라 함은 실행 가능한 한, 선미에 가까이 설치되어 온전한 불빛이 135도에 이르는 수평의 호를 비추고, 또 그 불빛이 정선미 방향으로부터 각 현의 67.5도까지 비출 수 있도록 장치한 백색등을 말한다.

70 마스트등은 수평의 호를 몇 도로 비추어야 하는가?

가. 75도
나. 150도
사. 225도
아. 300도

 마스트 정부등이라 함은 선수미의 중심선상에 설치되어 온전한 불빛이 225도에 이르는 수평의 호를 비추고, 또 불빛이 정선수 방향으로부터 각 현의 정횡 후 22.5도까지 비출 수 있도록 장치한 백색등을 말한다.

71 선박의 마스트등에 대한 제원의 설명으로 옳지 않은 것은?

가. 정횡 후 22.5°까지를 비춘다.
나. 비추는 거리가 현등보다 짧다.
사. 총 비추는 호가 225°이다.
아. 등색은 백색이다.

정답 68 나   69 사   70 사   71 나

72 횡단 상태에서 피항선은 다른 선박의 (　) 을 보면서 접근하는 선박이다. (　) 에 알맞은 것은?

가. 녹색등　　　　　　　　　나. 백색등
사. 황색등　　　　　　　　　아. 홍색등

> 횡단하는 상태 : 2척이 동력선이 서로 진로를 횡단할 경우에 충돌의 위험성을 내포하는 때에는 다른 선박을 자선의 우현 쪽에 두고 있는 선박이 다른 선박의 진로를 피하여야 하며, 또 그 경우의 사정이 허락하는 한 다른 선박의 선수를 횡단하여서는 아니 된다.
> 피항선의 동작 : 다른 선박의 진로를 피하여야 할 모든 선박은 다른 선박으로부터 충분히 떨어지도록 가능한 한 조기의 큰 동작을 취하여야 한다.

73 양색등이라 함은 선수 · 미 중심선상에 설치된 (　) 및 (　) 의 부분으로 된 등화로서 현등과 동일한 특성을 가진 등화이다. (　) 에 맞는 것은?

가. 홍색, 녹색　　　　　　　나. 황색, 백색
사. 백색, 녹색　　　　　　　아. 녹색, 황색

74 예선등은 선미등과 동일한 구조를 갖는 등화이다. 이 등의 색깔로 옳은 것은?

가. 백 색　　　　　　　　　나. 홍 색
사. 녹 색　　　　　　　　　아. 황 색

> 예선등이라 함은 선미등과 동일한 특성을 가진 황색등을 말한다.

75 예선등에 대한 설명으로 옳은 것은?

가. 백색등이다.
나. 황색 전주등이다.
사. 135°의 수평 호를 비추는 황색등이다.
아. 예인시 가장 뒤에 있는 선박에 표시한다.

76 다음 중 트롤 어로에 종사하는 어선의 등화로 옳은 것은?

가. 상부 홍색, 하부 백색　　　나. 상부 녹색, 하부 백색
사. 상부 백색, 하부 홍색　　　아. 상부 백색, 하부 녹색

> 어로에 종사하고 있는 선박 : 수직선상에 상부의 것이 녹색이고, 하부의 것이 백색인 전주등 2개 또는 수직선상에 2개의 원추를 그의 정점에서 상하로 결합한 형상물 1개, 길이 20미터 미만의 선박은 이 형상물의 대신으로 바구니 1개를 표시할 수 있다.

정답　72 아　73 가　74 아　75 사　76 나

77 국제해상충돌예방규칙상 선박이 양현등과 선미등 만을 켜도록 요구되는 경우로 옳은 것은?

가. 타선에 끌려갈 때 나. 암초에 얹혔을 때
사. 어로에 종사할 때 아. 도선선에 도선사를 태웠을 때

 끌려가고 있는 선박
　(1) 양현등
　(2) 선미등 1개
　(3) 예인선렬의 길이가 200미터를 초과할 경우에는 가장 잘 보이는 곳에 마름모꼴의 형상물 1개

78 홍색 전주등 2개를 수직선상으로 표시해야 하는 선박으로 옳은 것은?

가. 조종불능선 나. 조종제한선
사. 어로종사선 아. 범 선

 조종이 자유롭지 못한 상태에 있는 선박(조종불능선)
　(1) 가장 잘 보이는 곳에 수직선상으로 홍색의 전주등 2개
　(2) 가장 잘 보이는 곳에 수직선상으로 구형 또는 그와 유사한 형상물 2개
　(3) 대수속력이 있는 경우에는 이 항목에 규정하는 등화에 부가하여 양현등과 선미등 1개

79 다음 중 야간에 마주치는 상태에 있는 경우로 옳은 것은?

가. 자선의 홍등이 타선의 홍등과 서로 마주보는 경우
나. 자선의 선수방향으로 타선의 녹등을 보는 경우
사. 자선의 선수방향으로 타선의 양현등을 보는 경우
아. 자선의 선수방향으로 타선의 홍등을 보는 경우

80 다음 중 선박의 등화에서 마스트등의 색깔은 무슨 색인가?

가. 적 색 나. 녹 색
사. 황 색 아. 백 색

81 길이 50미터 이상인 선박의 등화의 최소 가시거리에 관한 내용으로 옳지 않은 것은?

가. 마스트등 5해리 나. 현등 3해리
사. 선미등 3해리 아. 예선등 3해리

정답 77 가 78 가 79 사 80 아 81 가

82 국제해상충돌예방규칙상 선미등이 비추는 범위로 옳은 것은?

가. 112.5도 나. 135도
사. 145도 아. 155도

 선미등이라 함은 실행 가능한 한, 선미에 가까이 설치되어 온전한 불빛이 135도에 이르는 수평의 호를 비추고, 또 그 불빛이 정선미 방향으로부터 각 현의 67.5도까지 비출 수 있도록 장치한 백색등을 말한다.

83 마스트등과 양색등을 달 수 있는 선박으로 옳은 것은?

가. 길이 12m 미만 동력선 나. 범 선
사. 길이 50m 이상 동력선 아. 도선선

84 트롤망 어로에 종사하는 어선의 등화 표시로 옳은 것은?

가. 수직선상에 상부는 녹색, 하부는 백색인 전주등 2개
나. 수직선상에 상부는 홍색, 하부는 백색인 전주등 2개
사. 수직선상 홍색, 녹색 전주등 2개
아. 수직선상 백색 전주등 2개

85 국제해상충돌예방규칙상 형상물 사이 수직 거리의 최소 간격으로 옳은 것은?

가. 0.6m 나. 1.0m
사. 1.5m 아. 3.0m

 형상물
(1) 형상물은 흑색이어야 한다.
(2) 구형의 형상물은 직경이 0.6미터 이상이어야 한다.
(3) 형상물 사이의 수직거리는 적어도 1.5미터이어야 한다.
(4) 마름모꼴의 형상물은 2개의 원주형 형상물의 기저를 맞대어 형성되어야 한다.

86 구형 형상물의 직경은 얼마 이상이어야 되는가?

가. 0.3미터 나. 0.4미터
사. 0.5미터 아. 0.6미터

정답 82 나 83 가 84 가 85 사 86 아

87 좌초선이 주간에 표시해야 하는 형상물로 옳은 것은?

가. 수직선상에 능형 형상물 3개
나. 수직선상에 구형 형상물 3개
사. 수직선상에 원추형 형상물 3개
아. 수직선상에 원통형 형상물 3개

> **해설** 얹혀있는 선박
> (1) 수직선상에 홍색의 전주등 2개
> (2) 수직선상에 구형의 형상물 3개

88 주간에 예인선열의 길이가 200m를 초과할 때 예인선과 피예인선이 달아야 하는 형상물로 옳은 것은?

가. 마름모꼴 1개씩
나. 마름모꼴 2개를 상하로
사. 장고형 1개씩
아. 흑구 3개씩

> **해설** 예인선렬의 길이가 200미터를 초과할 때에는 가장 잘 보이는 곳에 마름모꼴의 형상물 1개

89 주간에 2개의 구형 형상물을 수직선상에 달아야 하는 선박으로 옳은 것은?

가. 예인선
나. 수중작업선
사. 소해작업선
아. 조종불능선

> **해설** 조종불능선 : 가장 잘 보이는 곳에 수직선상으로 구형 또는 그와 유사한 형상물 2개

90 구형 형상물 1개를 표시해야 하는 선박은 다음 중 어느 선박인가?

가. 기관이 고장난 선박
나. 트롤어로에 종사 중인 선박
사. 여객을 나르는 선박
아. 정박 중인 선박

> **해설** 정박선 : 전부에 백색의 전주등 1개 또는 구형의 형상물 1개

91 예인선열의 길이가 200미터를 초과할 경우 예인선이 표시하는 형상물로 옳은 것은?

가. 원통형의 형상물 1개
나. 마름모꼴의 형상물 1개
사. 정방형의 형상물 1개
아. 삼각형의 형상물 1개

정답 87 나 88 가 89 아 90 아 91 나

제 5 장 국제해상충돌예방규칙

92 국제해상충돌예방규칙상 길이가 100미터 이상인 선박의 음향신호장치에 포함되지 않는 것은?

가. 기 적
나. 무중호각
사. 징
아. 호 종

> 음향신호장치 : 길이 12미터 이상의 선박은 기적 1개와 호종 1개를 비치하여야 하며, 길이 100미터 이상의 선박은 이에 부가하여 호종과 혼동되지 아니하는 동라 1개를 비치하여야 한다.

93 다음 음향신호 중 조종신호로 옳지 않은 것은?

가. 단음 1회
나. 단음 2회
사. 단음 3회
아. 단 음

> 조종신호
> 단음 1회 : 나는 침로를 우현쪽으로 변경하고 있다.
> 단음 2회 : 나는 침로를 좌현쪽으로 변경하고 있다.
> 단음 3회 : 나는 기관을 뒤로 추진하고 있다.

94 국제신호기 A기를 표시한 선박으로 옳은 것은?

가. 준설 작업선
나. 잠수 작업선
사. 해상 보급선
아. 소해 작업선

95 다음 중 대수속력이 있는 동력선이 무중 항해 중에 울려야 하는 무중신호로 옳은 것은?

가. 2분을 넘지 아니하는 간격으로 장음 1회
나. 2분을 넘지 아니하는 간격으로 장음 2회
사. 2분을 넘지 아니하는 간격으로 장음 1회, 단음 2회
아. 2분을 넘지 아니하는 간격으로 장음 1회, 단음 3회

> 시정이 제한된 수역 내
> ① 동력선은 대수속력이 있는 경우에는 2분간을 넘지 아니하는 간격으로 장음 1회를 울려야 한다.
> ② 대수속력이 없는 경우에는 장음 사이의 간격이 약 2초인 연속한 장음 2회를 2분간 넘지 아니하는 간격으로 울려야 한다.

정답 92 나 93 아 94 나 95 가

96 좁은 수로에서 피추월선의 추월선에 대한 추월 동의 신호로 옳은 것은?

가. 단음 2, 장음 2, 단음 1, 장음 2
나. 단음 1, 장음 1, 단음 1, 장음 1
사. 장음 2, 단음 1, 장음 2, 단음 1
아. 장음 1, 단음 1, 장음 1, 단음 1

 선박이 좁은 수로 또는 항로에 있어서 서로 시야 내
  (1) 다른 선박을 추월하고자 하는 선박
      장음 2회, 단음 1회 : 나는 그대의 우현쪽으로 추월하고자 한다.
      장음 2회, 단음 2회 : 나는 그대의 좌현쪽으로 추월하고자 한다.
  (2) 추월 당하게 될 선박이 추월에 동의하는 경우
      장음 1회, 단음 1회, 장음 1회 및 단음 1회의 순서

97 다음 중 조난신호 방법으로 옳지 않은 것은?

가. N, C 기류신호
나. S.O.S 모스신호
사. MAYDAY 무선전화 신호
아. 단음 4회, 신호 5회

 조난신호
  (1) 약 1분간의 간격으로 행하는 1회의 발포 기타의 폭발에 의한 신호
  (2) 무중신호 기구에 의한 연속된 음향신호
  (3) 단시간의 간격으로 1회에 1개씩 발사되어 별 모양의 붉은 불꽃을 발하는 로켓 또는 유탄에 의한 신호
  (4) 무선전신 또는 기타의 신호방법에 의한 "모스"부호「…_ _.」(SOS)의 신호
  (5) 무선전화에 의한 "메이데이"라는 말의 신호
  (6) 국제기류신호에 의한 NC의 조난신호

98 다음 중 잠수작업선이 표시하는 기의 종류에 해당하는 것은?

가. H기
나. G기
사. Q기
아. A기

 H : 도선사 승선, G : 도선사 요청, Q : 검역요청

99 국제해상충돌예방규칙상 장음에 대한 설명으로 옳은 것은?

가. 3초 내지 4초 동안 계속하는 기적
나. 4초 내지 6초 동안 계속하는 기적
사. 6초 내지 8초 동안 계속하는 기적
아. 8초 내지 10초 동안 계속하는 기적

정답 96 아 97 아 98 아 99 나

정의

① 기적이라 함은 이 규칙에 규정하는 단음과 장음을 낼 수 있고, 또 이 규칙에 적합한 음향신호 기구를 말한다.
② 단음이라 함은 약 1초 동안 계속되는 고동소리를 말한다.
③ 장음이라 함은 4초 내지 6초동안 계속하는 고동소리를 말한다.

100 상호 시야내에 있는 두 동력선 A, B가 교차상태일 때 A선이 취해야 할 행동과 음향신호가 옳게 짝지어진 것은?

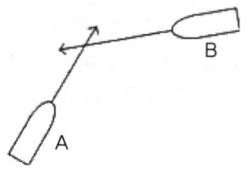

가. 좌현변침 - 단음 1회   나. 우현변침 - 단음 1회
사. 직진 - 장음 1회   아. 좌현변침 - 단음 3회

선박이 서로 시야 내에 있는 경우의 항행 중인 동력선
단음 1회 : 나는 침로를 우현쪽으로 변경하고 있다.
단음 2회 : 나는 침로를 좌현쪽으로 변경하고 있다.
단음 3회 : 나는 기관을 뒤로 추진하고 있다.
※ A선박은 피항선, B선박은 유지선이다.

101 A, B 두 동력선이 서로 시야내에서 그림과 같이 만났을 때 가장 적절한 피항법으로 옳은 것은?

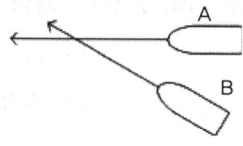

가. B선이 좌회전하면서 단음 2회를 울린다.
나. A선이 우회전하면서 단음 1회를 울린다.
사. B선이 침로를 유지하면서 장음 1회를 울린다.
아. A선이 좌회전하면서 단음 2회를 울린다.

정답 100 나 101 가

102 좁은 수로의 만곡부 부근에서 울려야 하는 신호로 옳은 것은?

가. 장음 1회
나. 단음 1회
사. 장음 2회
아. 단음 2회

> 해설 좁은 수로의 굽은 부분
> ① 기적신호 : 장음 1회
> ② 응답신호 : 장음 1회

103 무중신호를 들었거나 다른 선박과 근접상태가 되었을 때 최선의 조치에 해당하는 것은?

가. 속력을 줄인다.
나. 경고신호를 보낸다.
사. 조종신호를 보낸다.
아. 증속하여 현장을 빨리 벗어난다.

104 제한된 시계 내에서 대수속력이 없는 항행 중인 동력선의 음향신호로 옳은 것은?

가. 장음 1회
나. 장음 2회
사. 단음 1회
아. 단음 2회

105 횡단하는 상태에서 양 선박의 침로 교각이 예각인 경우에 피항선은 상대선의 진로를 피하기 위하여 좌회전한다면 이 때 피항선의 조종신호로 옳은 것은?

가. 장음 2회, 단음 2회
나. 장음 2회, 단음 1회
사. 단음 1회
아. 단음 2회

106 다음 중 선박의 조난신호에 해당하는 것은?

가. 무선전화에 의한 "메이데이" 송신
나. 1분 간격의 3회 발포
사. 국제기류신호에 의한 AC기 게양
아. 위험이 있는 방향으로 탐조등 비추기

> 정답 102 가 103 가 104 나 105 아 106 가

107 길이 12m 미만 선박에 대한 음향신호 설비규정으로 옳은 것은?

가. 반드시 기적 및 호종을 비치하여야 한다.
나. 기적이나 호종 등 어떤 것도 비치할 필요가 없다.
사. 기적, 호종을 비치하지 않아도 되나 유효한 음향신호를 낼 수 있는 다른 기구를 비치하여야 한다.
아. 징, 장고를 비치하여야 한다.

108 국제해상충돌예방규칙상 선박이 발하는 기적의 단음은 약 몇 초 동안 계속되는 고동소리를 말하는가?

가. 1초　　　　　　　　나. 3초
사. 5초　　　　　　　　아. 7초

109 항행중인 동력선이 침로를 왼쪽으로 변경하고 있는 경우에 발하는 기적신호로 옳은 것은?

가. 단음 2회　　　　　　나. 단음 1회
사. 장음 2회　　　　　　아. 단음 3회

110 주간 조난신호로 적당치 않은 것은?

가. 자기 점화등　　　　나. 발연부 신호
사. 일광 신호경　　　　아. 자기 발연 신호

111 좁은 수로에서 추월신호를 발하였으나 상대 선박의 응답이 없는 경우는 어떻게 해야 하는가?

가. 추월에 동의하지 않았으므로 추월하지 않는 것이 좋다.
나. 무응답은 승낙이므로 추월하면 된다.
사. 좁은 수로이기 때문에 무조건 추월해서는 안 된다.
아. 추월신호가 잘못되었기 때문에 다시 신호를 한다.

정답　107 사　108 가　109 가　110 가　111 가

112 대양에서 대수속력 없이 표류중인 선박이 안개 속에서 머무르고 있다면 어떤 기적을 발하는가?

가. 2분을 넘지 않는 간격으로 연속한 장음 1회, 단음 2회
나. 2분을 넘지 않는 간격으로 연속한 장음 2회
사. 1분을 넘지 않는 장음 1회
아. 1분을 넘지 않는 장음 2회

113 기관이 고장난 선박이 무중에 울려야 할 음향신호는?

가. 단음, 단음, 장음 나. 단음, 장음, 단음
사. 장음, 단음, 단음 아. 장음, 장음, 단음

 조종이 자유롭지 못한 상태에 있는 선박, 조종능력이 제한되어 있는 선박, 흘수 때문에 제약을 받고 있는 선박, 범선, 어로에 종사하고 있는 선박 및 다른 선박을 끌고 가거나 또는 밀고 있는 선박은 2분간을 넘지 아니하는 간격으로 연속 3회의 기적, 즉 장음 1회에 이어 단음 2회를 울려야 한다.

114 선박이 안개가 짙게 낀 해역에서 행할 수 있는 신호로 옳지 않은 것은?

가. 타 종 나. 기 적
사. 사이렌 아. 기류신호

115 다음 중 주의환기신호가 될 수 없는 것은?

가. 깡통을 두드리는 것
나. 기적이나 호종을 울리는 것
사. 오렌지 색의 연기를 발하는 발연신호를 작동하는 것
아. 다른 신호와 오인되지 않는 방법으로 징을 울리는 것

 주의환기신호 : 모든 선박은 다른 선박의 주의를 환기하기 위하여 필요한 경우에는 어떠한 신호와도 오인되지 아니할 등화신호 또는 음향신호를 할 수 있고, 또 다른 선박에 괴로움을 끼치지 아니하는 방법으로 위험이 있는 방향에 탐조등을 비출 수 있다.
※ 다른 선박의 주의를 환기하기 위하여 필요한 경우
① 타선이 암초가 많은 위험한 수역으로 향하여 진행하고 있는 경우
② 등화를 잊어버리고 켜지 않은 채로 항행하고 있는 경우
• 발광신호의 예 : 염화, 모스식 발광신호, 횃불, 백등을 휘두르는 방법 등과 탐조등을 비추는 일
• 음향신호의 예 : 발포, 기적, 호종, 폭죽, 철판을 두들기는 방법 등

정답 112 나 113 사 114 아 115 사

116 길이 20미터 미만인 선박에 설치된 음향신호의 최소가청거리는 몇 해리 이상인가?

가. 0.5해리   나. 1해리
사. 1.5해리   아. 2해리

 음향신호의 강도와 가청 범위

선박의 길이(m)	1미터 거리에서 1/3옥타브 밴드로 측정한 음압수준(dB 2x10-5 N/m²)	가청범위(해리)
200 이상	143	2
75~200 미만	138	1.5
20~75 미만	130	1
20 미만	120	0.5

117 국제해상충돌예방규칙상 규정한 음향신호장치가 아닌 것은?

가. 기 적   나. 동 라
사. 나 팔   아. 호 종

118 국제해상충돌예방규칙상 항해중인 동력선이 대수속력이 있을 때 2분을 넘지 않는 간격으로 울려야 할 무중신호는?

가. 장음 1회   나. 장음 2회
사. 단음 1회   아. 단음 2회

119 안개 속에서 2분을 넘지 않는 간격의 장음 1회를 들었다. 어떤 선박으로 판단되는가?

가. 대수속력이 있는 동력선   나. 어로 작업중인 어선
사. 끌려가고 있는 선박   아. 정박선

120 굴곡부 접근시의 신호와 이에 응답하는 신호로 옳게 짝지어진 것은?

가. 장음 1회 － 단음 1회
나. 단음 1회 － 장음 2회
사. 장음 1회 － 장음 1회
아. 장음 5회 － 단음 5회

정답 116 가   117 사   118 가   119 가   120 사

121 좁은 수로에서 상대선의 우현 쪽으로 추월하고자 할 때 울리는 신호로 옳은 것은?

가. 장음, 장음, 단음
나. 장음, 장음, 단음, 단음
사. 단음, 단음, 장음
아. 단음, 단음, 장음, 장음

122 항해중 타선으로부터 선원이 좌우로 팔을 벌려 올렸다, 내렸다 하는 신호를 반복하고 있는 것은 무엇을 뜻하는가?

가. 반갑다는 신호
나. 침로를 계속 유지하라는 신호
사. 조난선박으로서 구조를 요청 중
아. 태풍이 접근해 오고 있다는 표시 신호

정답 121 가 122 사

memo

PART 4

전 문

- ☀ 제1장   상선전문
- ☀ 제2장   어선전문

상선전문

Part 4 | 전 문

1 화물의 취급 및 적화

1 선박과 화물 운송

(1) 해상운송(shipping transport, ocean transportation)
선박을 이용하여 해상에서 여객이나 화물을 이송시키는 서비스를 말한다.(= 해운)
- 장점 : 원거리 운송, 대량 운송, 저렴한 운송비

(2) 화물 하역 및 운송에 있어서 고려해야 할 문제
① 안전과 감항성 확보
② 최대량의 화물적재
③ 화물의 안전운송
④ 하역능률의 향상

- **용적화물** : 원유, 당밀 등 액체 상태의 화물을 용기에 넣지 않고 선박의 탱크에 그대로 선적
- **산적화물**(BULK CARGO) : 곡물, 광석, 석탄 등과 같은 화물을 포장하지 않고 그대로 선창 선적

(3) 운임건과 화물톤수
① 운임건(freight basis)
  ㉠ 운임을 계산하는 단위이다.
  ㉡ 화물의 종류에 따라 그 운임건에 대하여 정해진 운임률(freight rate)에 따라 운임액(freight amiunt)을 계산한다.
  ㉢ 운임건은 용적, 중량, 가격에 의한 세 종류가 있으나 대개의 경우는 중량에 의한 톤과 용적에 의한 톤을 단위로 한다. 이 경우의 톤을 운임톤(frieight ton, revenue ton)이라 한다.
② 중량건과 용적건
  ㉠ 중량건
    - 무거운 화물은 중량 1톤을 운임건으로 한다.
    - 중량톤은 나라에 따라 기준이 다르며, 다음과 같다.
    ⓐ 1 LONG TON(LT) = 2,240lbs = 1,016.05kg(가장 큼)

ⓑ 1 SHORT TON = 2,000lbs = 907.18kg(가장 작음)
ⓒ 1 METRIC TON(M/T) = 1kilo ton(K/T) = 1,000KG = 2,204.62lbs(중간)
ⓛ 용적건
　ⓐ 용적톤(measurement ton, M/T)
　ⓑ 용적건으로 사용하는 1톤의 용적은 화물의 검재법에 따라 측정한 40입방피트의 용적을 1톤으로 한다.
　ⓒ 1 measurement ton = 40ft³ = 1,133m³
ⓒ 보드메저(board measure, B.M)
　ⓐ 목재수송 및 거래에 사용되며 보드푸트(board foot, B.F)를 단위로 한다.
　ⓑ 1BM = 1,000BF = 1′×1′×1″

(4) 화물의 적재능력(선박의 적재량)
① 선박에 실을 수 있는 최대화물량은 중량과 용적에 의하여 제한된다.
② 선박최대적재중량은 만재흘수선에 의하여 결정된다.
③ 최대적재용적은 전 선창용적에 의하여 결정된다.

- **중량 적화량**
  ① 적화중량(Deadweight D/W) : 선박이 하기만재흘수선까지 침하하였을 때의 선박 총중량(하기만재배수량)에서 경하흘수로 떠 있을 때의 선박 총중량을 뺀 중량을 말한다.(정해진 흘수로 제한되고 Metric ton으로 표시)
  ② 순적화중량(Net Deadweight) : 선박이 적하항에서 양하항까지 항해할 때 항해시기와 대역에 의하여 결정되며 만재흘수선까지 침하했을 때의 선박 총중량에서 화물 이외의 모든 중량을 뺀 나머지를 순적화중량이라 한다.(선박이 실제로 적재할 수 있는 최대화물중량)

- **용적 적화량**
  - 적화용적 : 화물창 내에 적화할 수 있는 최대 선창용적은 화물의 종류에 따라 2가지 선창용적이 있다.

그레인 용적 (grain capacity : Vg)	① 곡물, 광석, 석탄 등의 벌크화물을 적재할 때 이용되는 선창 용적 ② 선창 내 bottom ceiling 상면/갑판의 하면/외판의 내면으로 이루어지는 용적에서 0.5%를 공제한 용적
베일 용적 (bale capacity : Vb)	① 포장화물을 선창내에 적재할 때 이용되는 선창 용적 ② bottom ceiling의 상면/deck beam의 하면/side sparring의 내면으로 이루어지는 용적에서 0.2%를 공제한 용적(그레인 용적보다 작다.)

※ 적재량 결정과 관련한 주요 용어
① 화물틈(broken space, broken stowage)
- 화물을 선창 내에 적재할 때 선측, 갑판의 바로 아래 등에는 어느 정도 빈 공간이 있게 되고 화물과 화물 사이에도 틈이 생기게 되는 공간(석탄이 가장 작다)
- 적재한 화물의 전용적(운임건)과 베일 용적과의 비를 말한다.

- 화물틈률(f) = $\dfrac{\text{베일용적} - \text{화물의 전용적}}{\text{베일용적}} \times 100$
- 포장화물의 순재화용적톤수 계산식

$\dfrac{Vb - fVb}{40}$ (ton)

- 산적화물의 순재화용적톤수 계산식

$\dfrac{Vg - fVg}{1.333}$ (ton)

② 적화계수(stowage factor, SF)
- 화물 1롱톤이 차지하는 선창용적을 ft^3 단위로 표시한 값(적화계수가 작을수록 무겁다.)
- 어떤 화물 1롱톤이 차지하는 용적을 알면 여기에 선창의 용적을 나누어서 화물의 중량을 구할 수 있다.
- 화물의 종류 및 같은 화물이라도 적재 방법과 적재 장소에 따라 변한다.
  - 중량화물 : 적화계수 40
  - 용적화물 : 시멘트 32, 밀 47, 비료 48, 보리 53~54

※ **FULL AND DOWN**
- 이상적인 만재 상태
- 만재흘수선에 도달하고 선창도 충만한 상태
- Cargo Deadweight와 cubic capacity를 다 사용하여 화물을 적재
- 적화계수 50~70

※ **용적화물**
- 40ft^3의 용적이 1 longton(2,240 lbs)을 넘지 않는 화물차, 직물처럼 선창은 만재되어도 만재흘수선까지 도달하지 않는 화물

※ **톤수의 숫자 비율**

총톤수	순톤수	적화중량톤수	적화용적톤수	배수톤수
100	65	140	170	200

※ **불명중량** : 재화중량의 2~3.6%

② 하역설비

(1) 선창 설비의 개념
① 선창의 뜻
  ㉠ 선창 : 선박에 화물을 적재할 수 있는 큰 공간을 말한다.
  ㉡ 선박의 감항능력 : 선박이 안전하게 항해할 수 있는 종합적인 성능으로서 선체감항능력, 운항능력, 적재능력을 합한 능력을 말한다.
② 선창의 내부구조
  선창내부는 적재되는 화물의 손상을 방지하고 선체도 보호하기 위하여 Bottom Cleaning/Side Sparring/Bilge Pipe/통풍기 등의 설비를 갖추어야 한다.

(2) 해치(Hatch)
① 해치(Hatch)의 특징
  ㉠ 해치의 크기는 하역능률에 크게 영향을 미치는데 해치가 클수록 하역능률은 향상되나 선체 강도는 약해진다.
  ㉡ 일반화물선의 해치의 폭은 선폭의 40% 정도이며, 컨테이너선은 선폭의 85% 정도이다.
  ㉢ Cargo hatch way 또는 hatch : 선창 안으로 화물을 출입시키기 위해서 갑판개구(Deck opening)를 이용하는 것
② 해치 커버
  ㉠ 목재 해치 커버는 창구 개폐에 시간과 노력이 많이 들고 개폐 작업 시 인명 사고와 황천시 침수의 위험이 있음.
  ㉡ 강제 해치 커버는 신속개폐, 충분한 강도, 수밀 양호, 선박의 안전, 하역시간 단축, 해치 코밍과 커버에 자연고무 또는 합성고무제품의 개스킷을 장착하여 수밀을 유지한다.

[개폐방식에 따른 해치 커버의 분류]

폴딩형 (Macgregor)	① 유압 실린더나 크레인을 이용한 1개의 해치에 설치된 4장의 해치 커버 중 2장은 앞쪽으로 열리고, 2장은 뒤쪽으로 열리면서 접한다. ② 해치 커버의 신속한 개폐, 편리한 작동, 인력절감의 장점으로 최근 일반 화물선에 많이 설치 ③ 현재 가장 많이 채용하고 있으며 비교적 대형 해치에 사용
사이드 롤링형 (Elman)	① 체인유압모터식으로 선창의 양현쪽으로 해치 커버를 이동시켜서 개폐하는 방식이다. ② 광석전용선에 주로 설치하며 해치 커버를 열었을 때 열려진 해치 커버로 인하여 시야가 제한되지 않는 장점이 있다. ③ 패치 전부 또는 후부에 해치 커버를 감아 넣을 수 있도록 되어 있다.
싱글 풀형	체인구동형으로 몇 장의 해치 커버가 링크로 연결되어 있고 해치코밍 옆에 레일이 설치되어 있어 한 장의 커버 양쪽에 2개의 롤러가 부착되어 레일 위를 구르게 된다.
폰푼형	① 해치 커버를 한 장씩 수동으로 개폐하는 방식이다. ② 해치 커버 위에 화물을 적재해도 해치 커버의 변형이 생기지 않으므로 오래된 원목선에 많이 설치한다. ③ 수밀이 되지 않으므로 해치 커버 위에 여러장의 해치 타폴린을 덮고 네트를 쳐서 타폴린을 고정시켜 선창 내 침수를 방지한다.
PONTOON형	원목선에 가장 많이 사용하며 강도가 높다.
CORMARINE식	해치 전후부에 해치 커버를 격납할 여지가 없을 때 주로 사용한다.
MEGE식	① 소형의 해치에 많이 사용하며, HINGE를 연결한 2매의 해치 커버로 구성 ② 전단 또는 후단에 V자형을 이루어 직립으로 격납한다.

(3) 갑판상의 하역설비

① 데릭식 하역설비

㉠ 선창에 실린 화물을 부두에 양하하거나 부두화물을 선창에 적하시 화물을 들어 올리거나 내리는 역할을 하는 것

㉡ Heavy Derrick : 중량물 하역을 위한 것으로 제한 하중은 적은 것은 20-25톤, 대형은 120-150톤

㉢ 각 데릭마다 윈치(winch)를 장비하고 있다.

※ 데릭식 하역설비의 주요부
- 데릭포스트(derrick post)
  ① 스트레이트 포스트형 : 마스트에 데릭을 장치할 수 있게 설계하여 크로스 트리 상방에 톱 마스트를 달아서 마스트와 데릭 포스트를 겸하게 한다.
  ② 와이 마스트형(킹마스트) : 붐의 현외 아웃리치를 길게 하여 하역능률을 높임.
    (아웃리치 : 붐이 선체 좌, 우현 밖으로 나가는 거리, 3.5m 이상 길수록 안전한 하역과 하역 능률 향상)
- 붐(boom)
  ① 붐의 상단 : 토핑리프트와 붐가이로 연결
  ② 붐의 하단 : 구스넥에 의해 데릭포스트에 접합
  ③ 붐의 길이 : 대략 선폭과 해치의 길이에 의해 정해지는데 붐의 앙각을 45°로 해서 붐의 상단이 최대선폭의 선보다 3.5m 이상 선회(해치길이의 2/3 지점까지 도달할 수 있는 길이를 표준)
- 토핑리프트(topping lift) : 붐의 앙각을 조절
- 붐가이(boom guy) : 붐을 선회시키거나 고정시키는 역할
- 카고 폴(cargo fall)
  ① 일반하역용 : 20mm 정도의 유연강 로프(flexible wire rope) 사용
  ② 싱글 폴 : 카고 폴의 길이는 한쪽 끝이 와이어 드럼에 3회 이상 감긴 상태에서 카고 훅이 선창의 구석까지 도달할 수 있어야 한다.
- 카고 훅(cargo hook) : 카고 폴의 끝에 연결되어 있으며, 화물이 싸매어져 있는 카고 실링에 걸기 위한 것으로 다음의 요건을 구비하여야 한다.
  ① 카고 실링에 걸거나 빼기 쉬워야 한다.
  ② 하역 중에는 카고 실링이 빠지지 않는 구조
  ③ 해치 코밍의 모서리에 잘 걸리지 않아야 한다.
  ④ 화물을 달지 않은 상태에서 카고 폴에 적당한 장력을 주어서 자유로이 오르내릴 수 있도록 적당한 무게를 가져야 한다.

② 윈치(winch)
  ㉠ 윈치의 종류
    ⓐ 스팀 윈치
      - 장점 : 구조가 간단하며, 고장이 잘 안나고, 제작비가 싸고 취급이 용이하다.
        (회전속도를 광범위하게 조절할 수 있고 역전속도가 빨라 하역용으로 적합)
      - 단점 : 소음과 진동이 심하며 원격조종이 곤란하다.
        시동 준비에 많은 시간이 소요, 에너지 효율이 낮으며, 유지비가 많이 든다.
    ⓑ 전동 윈치
      - 장점 : 조종이 용이하고, 소음 진동이 적으며, 시동준비가 간단, 동력소비가 적음(화물을 매단 상태로 운전하기 때문에 시동력이 크고 속도제어가 잘 되어야 한다.)

ⓒ 유압 윈치
교류전원에 의하여 구동되는 농형 유도전동기로서 유압펌프를 가동시켜서 기름을 일정한 압력으로 계속 흐르게 하고 이 압력과 흐름을 이용
갑판상 윈치의 유압모터를 회전시키게 되어 있는 장치(최근 많이 상용)

※ **구비요건**
① 정격하중을 정격속도로 감아들일 수 있을 것
② 중량의 크기와 관계 없이 감는 속도를 광범위하게 조절할 수 있을 것
③ 신속하고 정확하게 화물을 취급할 수 있고 역전장치를 갖출 것
④ 즉시 정지할 수 있는 제동장치를 갖출 것
⑤ 쉽고 안전하게 조작되어야 하고 고장이 적게 날 것
⑥ 소음이 작고 작업상 안전도가 높을 것

- **정격하중** : 싱글휩으로 안전하게 감아올릴 수 있는 최대하중
- **정격속도** : 하역용 로프를 윈치의 드럼에 1층으로 감는 최대속도로 3m/min 이상일 것.

③ 크레인(crane)식 하역설비
㉠ 덱(deck) 크레인
ⓐ 카고 폴의 끝에 훅을 달아서 하역 작업을 하는 형태의 크레인이며, 일명 지브크레인이라고도 한다.
ⓑ 지브의 끝이 수평으로 되면 크레인의 최대선회 반지름이 되고 지브의 끝이 거의 수직이 되면 최소선회 반지름이 된다.
ⓒ 지브를 선회시키면 크레인 훅도 수평으로 선회하게 되므로 화물의 수평이동에는 상당한 힘이 절약된다.
ⓓ 크레인의 사용이 끝난 후 크레인을 격납할 때에는 지브를 수평으로 눕혀둔다.

- **호이스팅 유닛**(감아올리기 장치) : 화물을 올리거나 내리는 역할을 한다.
- **슬로잉 유닛**(회전장치) : 크레인을 회전시키는 역할을 한다.

㉡ 갠트리 크레인
ⓐ 갠트리 크레인은 레일 위를 이동하면서 하역작업을 하는 크레인을 말한다.
ⓑ 주로 컨테이너 취급용으로 선박에서 사용되어 왔으나 선박의 트림 또는 가로 경사가 크면 작업이 불가능하기 때문에 선박에서 점차 사라지고 컨테이너 적양하 작업을 위한 전용부두에 설치한다.
ⓒ 하역 능률이 매우 높다.

④ 선박하역 용구
　㉠ 카고 슬링(cargo sling)
　　ⓐ 하역시에 화물을 쌓거나 묶어서 카고훅에 달아 매는 용구
　　ⓑ 화중에 대한 충분한 강도가 있어야 하고 화물에 손상을 주지 않아야 한다.
　　ⓒ 화물을 싸매기가 쉽고 화물을 떨어뜨리지 않아야 한다.
　　ⓓ 종류 : 로프슬링, 와이어슬링, 체인슬링, 웨브슬링, 네트슬링, 파우더슬링, 플렛폼 슬링, 펠릿
　㉡ 하역등(cargo lamp) : 데릭포스터 고정 또는 이동식
　㉢ 핸드트럭(hand truck) : 2바퀴 또는 4바퀴 선창 내 무겁지 않은 화물 인력으로 이동
　㉣ 지게차(forklift truck)
　㉤ 불도저(bulldozer) : 광석, 석탄 등의 하역시 크레인의 효율적 작동을 위하여 선창내 소형 불도저를 넣어 화물을 모으는 역할
　㉥ 엘리베이터 : 선창 내 상하 이동
　㉦ 카고 슈트(cargo chute) : 높은 곳에서 화물을 미끄러 떨어뜨리기 위한 활송장치
　㉧ 카고 skid : 높은 곳에서 화물을 미끄러뜨리기 위한 철판, 마찰이나 충격이 적은 화물
　㉨ 카고 네트(cargo net) : 화물의 하역 작업 중 바다 추락 방지하는 마대 또는 그물
⑤ 항만의 하역설비
　㉠ 유조선의 하역설비 : 파이프 라인 시스템
　㉡ 벌크선의 하역설비 : 뉴매틱 그레인 언로더
　㉢ 광석전용선 하역설비 : 벨트 컨베이어

(4) 화물의 보관설비
① 장치장(YARD) : 항만이 일정구역을 지정하여 화물을 쌓아둘 수 있게 한 장치, 특별한 시설이 필요 없다. 목재의 경우 수면을 장치장으로 이용하는 경우도 있다.
② 창고(WAREHOUSE) : 상당히 장기간 동안 화물을 저장하거나 보관할 수 있는 목적으로 만들어지고 견고하고 방화 설비가 잘 갖추어져 있다.
③ 상옥(SHED) : 선적하고자 하는 물건 또는 양하한 물건을 일시적으로 보관하는 장소. 상옥은 적화와 양하에 편리한 부두 위나 그 부근의 장소에 건설하는데 비교적 튼튼하게 단층으로 출입구가 많이 설치되어 있다.

3 흘수와 배수량

(1) 흘수(draft)
① 선체의 선수부와 중앙부 및 선미부의 양쪽 현측에 표시한다.
② 흘수의 표시(draft mark)는 선저용골의 밑면에서부터 윗 방향으로 한다.
③ 선체가 세로 방향으로 경사져 있는 정도를 그 경사각으로 표시하는 것보다 선수흘수와 선미흘수의 차이로 나타내는 것이 미세한 경사상태까지 더욱 정밀하게 표현한다.
④ 선수, 선미흘수의 오차는 최종치에 1/8, 중앙 각 현의 흘수는 3/8의 영향을 미친다.

(2) 트림(trim)

① 길이 방향의 선체 경사를 나타내는 것으로 선수흘수와 선미흘수의 차
 [선미트림(trim by stern), 선수트림(trim by head), 등흘수(even kill)]
② 선박의 내항성, 타효, 속력 등을 고려하여 특별한 사정이 없으면 선미트림 1~1.5m 이상 적, 중형선 1/70의 선미트림으로 한다.
③ 수심이 얕은 수로, 입출항시 : 등흘수로 조정하여 항해한다.
④ trim은 흘수와 같이 선박의 속력, 타효, 능파성에 영향을 끼친다.

(3) 건현(free board)

① 선박이 해상을 안전하게 항해하기 위해서는 파도가 갑판위에 올라왔을 때나 선박의 일부 구획이 손상을 입어 선내가 침수하더라도 수면위에 떠 있을 수 있는 상당한 크기의 부력의 여유, 즉 예비부력이 필요하게 된다.
② 이 예비부력은 물속에 잠기지 않은 수면상부의 밀폐된 선체의 부피에 의해 결정된다. 따라서 예비부력은 선체의 수면에 잠기지 않은 높이로서 정해지는데 이 높이를 건현이라 한다.
③ 건현은 선체 중앙부 현측의 흘수선으로부터 폐쇄된 최상층 갑판의 상면까지의 높이로 표시. 이 폐쇄된 최상층의 선수에서 선미까지 끊어짐이 없이 연결되는 전통갑판을 건현 갑판이라 한다.
④ 한 선박의 안전을 확보하기 위하여 요구되는 최소한도의 예비부력, 즉 건현을 확보한다는 것은 그 선박에 중량물을 적재할 수 있는 최대한의 흘수로 표시되는 것이다.

(4) 만재흘수선

① 영국의 PLIMSOIL이 해난의 원인인 과적을 막기 위하여 건현을 제한한 것이 이 규정이 생기게 된 시초. FREE BOARD MARK, PRIMSOIL MARK.
② 바람이 부는 비율로 거친 정도를 구분하여 전 세계의 해양을 4대역으로 나눈다.
③ 만재흘수선의 종류에는 하기 만재흘수선 이외에 여러 가지가 있으며, 해수 또는 담수 (FRESH WATER)에 있어서 해당하는 대역과 계절에 따라 적용된다.
④ 갑판식, 만재흘수선 표시, 만재흘수를 나타내는 선 등 3가지로 이루어진다.
⑤ 항행구역, 계절, 선박의 종류에 따라 다르다.
⑥ 호깅이나, 새깅, 트림, 횡경사에 대하여는 규칙에 정하여져 있다.

(5) 부면심(center of floatation : F)

① 선박이 등흘수 상태로 떠 있다가 중량배치의 변화나 외력등의 원인으로 인하여 길이 방향으로 경사하면 트림이 발생하며 트림이 생기기 전의 수선면과 트림이 생긴 후의 수선면은 반드시 1점에서 교차하게 되는데 이 점을 부면심이라 한다.
② 부면심은 수선면적의 중심
③ 부면심이 종경사의 중심이므로 경사중심(TIPPING CENTER)이라고도 한다.
④ 보통 선형에 있어서 선체중앙에서 배 길이의 1/30~1/60 전·후방에 있다.
⑤ 트림의 변화는 선체의 중앙이나 무게중심의 변화로 생기는 것이 아니라 부면심을 중심

으로 하여 생긴다.
⑥ 이 부면심의 수직선상에 적은 양의 중량물을 적, 양하하면 선박은 기울어짐 없이 평행침하하거나 부상하게 되고 부면심보다 전방 또는 후방에 적, 양하하게 되면 반드시 트림이 발생하게 된다.
⑦ 따라서 흘수나 트림계산에서 중요한 것이 부면심의 위치이다.
⑧ 임의의 평균 흘수에 대한 부면심의 위치는 선체중앙으로부터 부면심까지의 거리(LCF, XF, MID, F) : 배수량 등곡선도 또는 적하 척도에서 알 수 있다.

※ **매cm트림 모멘트(monent to change trim 1cm : MTC, Mcm)**
1cm의 트림을 일으키게 하는 선체의 세로방향 경사모멘트의 값은 흘수에 따라 변하는데 배수량 등곡선도, 적하척도에서 구할 수 있다.
화물을 선박의 전후 방향으로 이동시킴으로서 생기는 모멘트와 MTC 및 트림변화량 사이에는
트림변화량 = 중량이동에 의한 모멘트

※ **매cm트림 배수톤수(tons per 1cm immersion : Tcm, TPC)**
선박의 평균흘수를 1cm 부상 혹은 침하시키는데 필요한 중량톤수
표준해수에 떠 있는 선체가 경사됨 없이 평행하게 1cm 물에 잠기는데 필요한 무게.
이 값은 수선면적에 비례하고 흘수에 따라 변함. 배수량 등곡선도, 적하척도에서 구한다.
TPC를 알면 소량의 화물을 적양하할 때의 평균 흘수의 감소 또는 증가량을 구할 수 있다.

4 화물의 하역과 관리

(1) 화물의 분류

운송화물은 물리적 성질, 이용선박, 포장방업, 컨테이너화의 여부, 기타 특성에 따라 분류할 수 있다.

① 물리적 성질에 따른 분류
  ㉠ 건화물(dry cargo) : 곡물, 시멘트, 설탕, 소금, 면화
  ㉡ 액상화물(liquid cargo) : 석유류, 아스팔트, 당밀(molasses), 우지(beeftallow), 야자유(palmoil), 주류, LNG, LPG, 액상의 화공약품(chemical products) 등으로 Tanker 또는 용기에 담아 운송되는 화물

② 운송선박의 성격에 따른 분류
  ㉠ 부정기선 화물(tramper cargo) : 부정기선에 의해 운송되는 화물로서 주로 석탄, 원유, 원광석, 곡물, 시멘트, 비료, 원목, 설탕, 소금 등이다.
  ㉡ 정기선 화물(liner cargo) : 재래저익선(conventional liner) 및 컨테이너선에 의해 운송되는 화물로서 주로 일반 공산품들이며 일반화물 및 컨테이너 화물 등이 이에 속한다.

③ 화물의 포장 여부에 따른 분류
  ㉠ 산화물(bulk cargo) : 포장을 하지 않은 상태로 운송하는 화물로서 주로 원자재가 이에 해당되며 부정기선 화물의 대부분이 이에 속한다.
  ㉡ 일반화물(general cargo) : 일반화물은 흔히 잡화로 불리운다. 수많은 종류의 일반 공산품이 이에 해당되며 정기선 화물이 이에 속한다.
④ 화물의 컨테이너화 여부에 따른 분류
  ㉠ 컨테이너 화물(containerized cargo) : 컨테이너화 되어 운송되는 화물
  ㉡ 재래선 화물(break bulk cargo) : 컨테이너 화물에 대응되는 개념으로 일반화물선에 의해 운송되는 화물이다.
⑤ 냉동선(reefer vessel)에 의한 운송에 다른 분류
  ㉠ 냉동화물 : 얼려서 운송하는 화물로서 참치, 동태, 오징어 등의 원양 수산물과 육류 등이다.
  ㉡ 냉장화물 : 사과, 바나나, 계란, 우유, 버터 등 0°~10°C를 유지해야 하는 화물이다.
⑥ 기타 화물의 특성에 따른 분류
  ㉠ 위험화물(dangerous cargo)
  ㉡ 중량화물(heavy cargo)
  ㉢ 장척화물(lengthy cargo)
  ㉣ 기피화물(dirty cargo)

(2) 적화계획

① 적화계획의 요점
  ㉠ 선박의 감항성 확보 : 복원력, 트림, 화물의 이동방지, 화물의 균등한 분배가 문제
  ㉡ 최대량의 화물 선적 : 선박의 적하 용적과 적하 중량을 최대로 한다.
  ㉢ 화물의 사고 방지 : 화물의 배분과 혼합, 적재 장소, 래싱방법 등을 고려
  ㉣ 능률적인 하역 : 적양하 작업이 순조롭도록 각 선창의 분배, 양하지 고려
  ㉤ 인명, 선박, 화물의 위험 방지, 적재 규칙 준수.
    이러한 필요사항이 상반되는 것이 있으므로 완전한 적하 계획 작성에 어려움이 존재
② 적화계획시 고려사항
  ㉠ 적화준비
    ⓐ 화물이 실릴 장소 즉, 선창이나 탱크를 청소하여 충분히 건조시키는 일이다.
    ⓑ 선창의 검수, 누수, 불량개소 수리, 선창 소독
  ㉡ 선창의 일반적인 청소
    ⓐ 던니지 정리
    ⓑ 빌지웨이 : 오물을 긁어내고 시멘트를 바른 뒤 석회를 발라두면 효과
    ⓒ 빌지 청소에서 가장 중요한 것은 오수로 구멍(LIMBER HOLE)과 흡입구 박스(ROSE BOX)를 청소
    ⓓ 특수화물 양하 후의 청소

- 선창의 물청소(WASHING) - 선창 건조 - 선창의 악취제거(염화석회, 아세트산 용액) - 선창의 한 구획을 불결화물용으로 지정
ⓔ 더티 오일 다음에 식용유 선적시의 청소
- 남아 있는 화물유 최대한 배출, 스팀 호스로 증기 공급(스티밍을 물청소와 병행하는 경우 있음)(너무 오래하면 강재에 악영향) - 물세척(50℃ 정도의 온도 적당)(통풍행한 후 가스 검지기로 확인 후 인원투입, 감시원 배치, LIFELINE, 안전등 휴대 후 진입) ⇒ (통풍계속, 배수계속)
- 닦기 WIPING : 남은 물 퍼내고 스케일이나 기름 찌꺼기 제거, 수건으로 깨끗이 닦은 다음 선적 화물에 따라 기름 코팅
ⓕ 일반화물이나 불결화물 다음 식료유 적재시의 청소
물세척전 탱크의 벽, 바닥 등의 녹과 오물 완전 제거
악취시 탈취제 사용 - 냄새 없앤 뒤 청수세척 - 통풍 건조 - 오일 코팅
ⓖ 시안화수소산가스 훈증법 : 청산가스, HCN
- 최근의 선창소독의 주류
- 무색, 냄새 달고, 공기보다 가벼운 기체, 짧은 시간에 쥐를 구제, 맹독성 있다.
- 사람은 미세량을 호흡해도 중독을 일으키며 심하면 사망한다.
- 가스 훈증시 엄격한 주의가 필요하다. VE기 게양하여야 한다.

(3) 하역 작업 시 본선 감독

특별히 주의를 요하는 화물, 화재발생우려 화물, 고가품 하역시 본선 갑판원 1명, 선창내 작업 감독(DOWN BELOW MAN), 중량화물, 위험화물, 고가화물, 냉장화물의 하역에는 책임사관인 1항사가 직접 현장 지휘해야 한다.

- **검수인**(TALLY) : 화물의 개수를 헤아리는 사람
- **검량인**(SWORN MEASURER) : 화물의 용적 또는 중량을 계산하여 증명을 발급하는 사람
- **감정인**(MARINE SURVEYOR) 검량과 감정은 보통 한 사람이 동시에 자격을 가지고 있기 때문에 이들을 검정인이라 하며 이를 행하는 회사를 감정회사라 한다.

(4) 하역과 사고 방지

① 하역설비의 안전
㉠ 데릭식 하역 설비는 하중 시험을 하여 하중제한 증서를 발급받아 두어야 한다.
㉡ 와이어 로프는 지름의 8배 되는 길이에 안 또는 묶음실 가닥 총수의 10% 이상 절단시나 지름의 1/10이 마멸되었을 때 또는 녹이 났을 때 불합격이다.
㉢ 새클핀이나 카고 훅은 자연적인 벗겨짐을 방지하는 장치(mousing)를 해야 한다.
㉣ 중량물 하역에는 카고 훅을 사용하지 말고 새클을 사용해야 하며, 와이어 로프는 킹크가 생기지 않도록 해야 한다.
㉤ 중량물과 인명에 관계하는 하역에는 새 와이어 로프를 사용해야 하며, 모든 블록은

　　　사용 로프에 알맞은 것을 사용한다.
② 해치 커버와 해치 사다리
　㉠ 갑판간 및 선창의 깊이가 5ft넘는 곳에서는 해치 사다리를 설치하여야 한다.
　㉡ 해치빔 및 해치보드에는 위치를 표시하는 마크를 해야 한다.

(5) 일반화물 적재 시 주의사항

① 부서지기 쉬운 취약 화물(fragile cargo)이나 포장이 약한 화물 위에는 중량 화물 적재를 금지한다.
② 대형화물 사이에 소형화물을 끼워 적재하면 화물틈을 줄일 수 있다.
③ 양하지가 같은 화물은 선창에 골고루 나누어 싣는다(하역 시간 단축).
④ 양하지나 수하인이 다르나 같은 종류의 화물, 비슷한 포장의 화물일 경우 가능한한 가까이 적재하지 않도록 하며 부득이한 경우에는 명확히 구분하여 양하지 착오가 발생하지 않도록 한다(mislanding).
⑤ 여러 기항지에서 적양하가 있을 경우 하역에 지장이 없도록 하역 순서를 고려하여 적재한다.
⑥ 선창의 구조와 화물의 포장에 맞는 던니지를 사용하여 화물 사고를 방지한다.

5 목재 화물

(1) 목재 운반선(log carrier)

① 목재 운반선은 원목이나 제재목을 운반하기 편리한 구조 및 설비를 갖춘 화물선으로 원목선이라고도 한다.
② 목재를 선창뿐 아니라 갑판에도 싣기 때문에 갑판을 튼튼한 구조로 만들고 하역용 윈치는 높은 위치에 윈치 플랫폼을 설치하며 데릭은 긴 치수 목재 하역에 알맞게 길게 하며 목재는 단위 중량이 무거우므로 하역 장치로는 스포팅이 용이한 갑판 크레인이나 1붐식 크레인이 채용된다.
③ 원목은 상갑판에 선적하여 운송하더라도 상품가치가 손상될 우려가 없기 때문에 예로부터 주로 갑판적 운송을 하여 왔다.

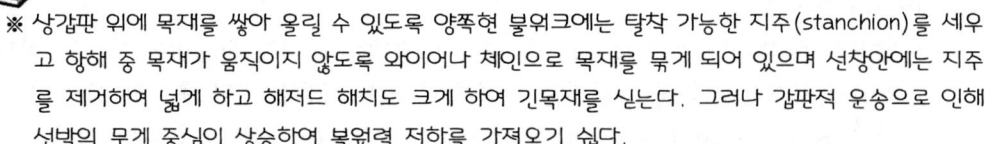

※ 상갑판 위에 목재를 쌓아 올릴 수 있도록 양쪽현 불워크에는 탈착 가능한 지주(stanchion)를 세우고 항해 중 목재가 움직이지 않도록 와이어나 체인으로 목재를 묶게 되어 있으며 선창안에는 지주를 제거하여 넓게 하고 해저드 해치도 크게 하여 긴목재를 싣는다. 그러나 갑판적 운송으로 인해 선박의 무게 중심이 상승하여 복원력 저하를 가져오기 쉽다.

④ 목재의 갑판적 운송에는 적절한 GOM(최소 30cm 이상)의 확보와 래싱(래싱 체인의 간격 3m 이내)이 중요하다.

(2) 목재 운반선의 안전운항
① 황천 항해 시에는 저속과 변침을 거듭함으로써 갑판상 해수의 침입을 경감시킨다.
② 목재의 래싱 상태를 매일 점검하여 느슨해진 부분을 다시 죄어준다.
③ 벌채 후에도 목재는 호흡 작용을 한다. 따라서 밀폐된 선창에는 산소결핍현상이 있을 수 있으므로 주의한다.
④ 매일 각 탱크 및 선창 빌지를 측심한다.
⑤ 양하항 입항전에 기상이 양호하면 오버래싱 와이어를 미리 풀어 놓음으로써 하역시간을 절약하도록 한다.
⑥ 그러나 한 선창당 2, 3개의 체인(chain) 래싱(lashing)은 입항시까지 그대로 둔다.

(3) 목재의 선적
① 중량계산
   최대 선적량이 구해지면 다시 창내 적화물에 대한 정확한 계산이 필요하며 이를 위해 다음 사항을 고려한다.
   ㉠ 각 화물창의 적부 용적
   ㉡ 연료, 밸러스트, 청수 탱크의 배치와 중량배치
   ㉢ 화물의 적화 계수
   ㉣ 하역 작업의 능률
   ㉤ 선적항의 조건
   ㉥ 항해 중 계절 조건 고려(동계 항해시 하계에 비해 갑판적 목재의 중량을 적게 하고 예비 연료를 많게 한다.)
② 창내 적화
   ㉠ 가능한 창내 적화를 많이 한다.
   ㉡ 화물창의 전후 양단에는 주로 화물들이 많이 발생하므로 길이가 길고 짧은 목재를 적절히 혼합하여 배열한다.
   ㉢ 선수부근의 화물창에는 그 형상으로 인하여 화물틈이 크게 발생할 우려가 있기 때문에 특별한 주의가 요구된다.
   ㉣ 창내 적화의 최종단계에서 해치코밍의 빈 공간을 적절하게 채우는 것은 중요한 의미로 종적하량에 민감한 영향을 끼치므로 가능한한 빈 공간 없이 빼빼이 채우는 것이 좋다. 이 경우 해치 커버 폐쇄작업에 지장이 없도록 화물을 적절히 트리밍해야 한다.
③ 갑판 적화
   ㉠ 갑판위 최 하단의 화물적재는 전체적인 선적능력과 선체의 효과적인 보호와 관련이 있기 때문에 특별한 주의가 요구된다.
   ㉡ 화물의 길이, 래싱용구의 배열 및 지주의 위치를 고려하여 필요한 공간의 확보에 주력하면서 적화구역의 세로 위치를 결정한다.
   ㉢ 갑판 위의 창고, 출입문의 개폐가 가능하도록 필요한 공간을 확보한다.
   ㉣ 갑판적 화물위에 사람이 통행할 수 있는 안전한 통행로(safety passage)를 확보한다.

　　㉤ 원목을 갑판의 불워크보다 높게 적화할 때는 현측의 지주를 3m 이하의 간격으로 견고하게 세워야 한다.
　　㉥ 선박 만재흘수선 규정에 따라 겨울철의 겨울 동기대에는 상갑판상의 적화 높이를 선폭의 1/3을 초과하지 않도록 해야 한다.
　　㉦ 갑판상 선적량은 갑판면적, 선폭, 선형, 창내 선적량, 복원성, 항로 및 계절 등에 따라 결정되지만 1층 갑판선의 경우 보통 창내 선적량의 1/3정도가 된다.
　　㉧ 갑판적 화물은 가능한한 무게의 분포가 선체 중앙부에 집중되도록 하는 것이 좋다. (세로 관성모멘트를 적게함으로써 항해 중 피칭을 경감)
④ 해치의 폐쇄
　　㉠ 목재의 창내적이 끝나면 해치 커버를 닫고 그 위에 방수조치를 하게 된다.

배튼 다운(batton down)
- 보통 해치 커버 위에 여러 개의 방수커버(tarpaulin)을 덮는다.
- 다시 그 위에 합판을 깐 다음 로프 네트를 씌우고 고정한다.

　　㉡ 갑판적 목재의 래싱
　　　ⓐ 갑판적 목재의 이동 방지 : 양쪽현에 강력한 지주를 세우고 체인, 와이어, 스내치 블록 및 턴 버클 등의 래싱 용구에 고정한다.
　　　ⓑ 이와 같은 래싱 작업은 크게 다음과 같이 구분한다.
　　　　• 호그래싱 : 지주 중간쯤 적화했을 때 와이어로 지주와 지주 사이를 엮어 놓는다.
　　　　• 오버래싱 : 갑판적이 끝나고 상부의 원목을 둥글게 고른 다음 와이어로 고정

6 액체 화물

(1) 원유선
① 액체화물을 벌크 상태로 선창에 적재하여 운송하는 선박을 총칭하여 일컫는 말로 때때로 원유탱커를 단순히 탱크 또는 유조선이라 한다.
② 원유수송초기에는 원유를 드럼이나 배럴에 담아 수송하였으나 조선재료 및 기술이 발전함에 따라 점차 벌크 상태로 선창에 적재 운송한다.
③ 가연성 액체화물을 수송하기 위해서 특수한 설비를 갖추고 있으며 운항상 전문적인 지식과 특별한 주의가 요구되는 선박이다.
④ 본선 선원에 의해 모든 작업이 수행되기 때문에 탱커에 승무하는 선원은 하역시스템 전반에 대해 잘 파악하고 있어야 한다.

(2) 운반선
① 원유 운반선(Crude Tanker)
　　㉠ 원유는 대량 저장이 가능하고 통상 해상(off-shore)의 적양구(head)까지 파이프로

연결되어 흘수 등의 제약을 받지 않고 해상하역이 가능하므로, 선박을 대형화 하여 대량수송의 이점을 최대한 활용하고 있다.

ⓒ 이러한 이점 때문에 탱커는 점차 거대화하여 맘모스 탱커가 출현하였으며, 이들을 VLCC(Very Large Crude Carrier) 및 ULCC(Ultra Large Crude Carrier)라고 부른다.

ⓒ 선체의 중앙 또는 후미에 설치된 강력한 펌프의 힘으로 각 탱크에 연결된 파이프를 통해 선적 및 양륙한다.

ⓒ 탱크는 적양 속도가 빨라 수만톤급 선박이라도 24시간 이내에 적양가능하기 때문에 정박 시간이 짧고, 공선으로 선적지로 향한 후 만재하여 양륙지로 귀향하는 이른바 피스톤 항해를 반복하는 것이 특징이다.

② 정제유 운반선(Prouduct Tanker)

ⓒ 휘발유, 석유, 경유, 기타 정제유를 운송하는 선박으로서 본선형은 최대 15만dwt 크기로 원유운반선보다 작으며, 원유운반선을 일명 Dirty Tanker라 하고, 본선형을 Clean Tanker라 한다.

ⓒ 본선형은 여러 종류의 정제유를 운송할 수 있게 하기 위해 여러 개의 탱크로 분할되어 있어 배관(piping)시스템이 복잡하며, 일부 선박은 화공품도 운반할 수 있다.

③ 화공품 운반선(Chemical Tanker)

ⓒ 부식성, 인화성, 유독성 등을 지닌 액상화공품을 적재하는 전용선이다.

ⓒ 근년에 이르러 화공품의 탱커수송이 크게 늘고 있다.

ⓒ 특히 해상오염방지조약(MARPOL : Treaty on Maritime Pollution)은 바다의 생명체 및 인간의 건강에 유해한 물질을 유독성화물(noxious liquid)로 규정하고, 유독성 액체들을 A, B, C, D로 분류하여 규제하고 있다. A는 독성이 강하고 D는 약하다.

ⓒ A, B는 Chemical Tanker를 이용해야 하고, C, D는 Prouduct Tanker를 이용해야 한다.

ⓒ D는 일반 선박의 Deep Tanker를 이용할 수 있다.

④ 가스 운반선(Gas Tanker)

ⓒ 각종 가스를 액화하여 운반하는 특수전용선이다.

ⓒ 액화가스를 운송할 수 있는 선박은 유지해야 할 압력 및 온도에 따라 세가지로 분류된다.

- **유압상온형** : 온도와 관계없이 압력만으로 액화할 수 있는 가스로 가압설비를 요한다.
- **유압냉각형** : 압력 및 냉각을 요하는 가스로 고압냉각탱크를 갖춰야 충전이 가능하다.
- **무압냉각형** : 대기압하에서 냉각을 요하는 가스로 냉각설비를 요한다.

(3) 하역설비

① 파이프 라인 : 탱크에는 여러 종류의 파이프가 설치되어 있는데 그 중 가장 중요한 것은

화물유 파이프이다. 카고라인 또는 카고파이프라 불리며 갑판위, 탱크내 펌프실에 집중적으로 배치되어 있으며, 파이프라인 중간에 카고밸브가 부착되어 유체의 흐름을 제어한다.

② 카고 펌프 : 탱커에서 화물유의 양하에 사용되는 중요한 하역장치 중의 하나이다.
  ㉠ 원심 펌프(centrifugal pump)
    ⓐ 고속으로 회전하는 바람개비 모양의 임펠러가 액체에 원심력을 가해 펌핑, 와권 펌프라고도 한다.
    ⓑ 하역이 빠르고 효율이 좋다(소형, 대용량).
    ⓒ 투출압의 맥동현상이 없기 때문에 주 카고 펌프로 사용(정비 간단)
  ㉡ 왕복 펌프(reciprocating pump)
    ⓐ 피스톤의 왕복운동에 의하여 직접 액체에 압력을 줌으로써 펌핑하는 장치로 스트리핑 펌프라고도 한다.
    ⓑ 대형이면서도 소용량이지만 공기의 흡입에 관계 없이 펌핑이 가능하므로 탱커에서는 주로 스트리핑 시 사용한다.
  ㉢ 제트 펌프(jet pump)
    ⓐ 고속으로 분출되는 액체에 의해 다른 액체를 흡입한 펌프
    ⓑ 작동 부분이 적기 때문에 고장이 거의 없고 취급이 매우 간편
    ⓒ 공기의 흡입에 관계없이 펌핑이 가능하므로 탱커에서는 주로 스트리핑 시 사용 - 소용량이고 구동액체가 필요한 단점이 있다.

③ 불활성 가스 장치(IGS 장치) : 기름은 가연성 액체이기 때문에 탱커는 항상 화재와 폭발의 위험을 안고 있다. 불활성 가스 장치는 기관실 보일러의 배기 가스를 냉각 세척(scrubber)하여 탱크내에 주입함으로써 탱크 내부를 불활성 상태로 만들어 화재폭발을 방지하는 탱커의 안전장치이다. 원유가스의 경우 산소농도 11.5% 이하이면 어떤 경우에도 연소가 일어나지 않는 불활성 상태가 되는데 탱커에서는 IGS장치를 사용하여 탱크내의 산소농도를 8%로 이하로 유지시키고 있다.
  ㉠ FAN 송풍 용량은 Cargo oil pump 용량 총합의 1.25배 이상이어야 한다.
  ㉡ SCRUBBER : 배기 가스의 세척, 냉각
  ㉢ IGS는 Cargo Pump의 최대용량의 120%의 비율로 INERT GAS를 공급할 수 있어야 함.

(4) 하역작업
  ① 적화계획
    ㉠ 회사로부터 화물의 종류와 수량에 대한 통지가 오면 정확한 API(원유의 비중 단위) 비중과 적하 온도를 확인하여 본선선적량을 계산한다.
    ㉡ 본선이 선적할 수 있는 최대량은 탱크의 98% 용적에 해당하는 화물량과 만재흘수에 해당하는 화물량을 각각 구하여 그 중 작은 값을 취한다.

② 기름의 계량

기름은 온도에 따라 그 용적이 변하는 특성을 지니고 있다.

따라서 유량을 계산할 때에는 Ullage와 온도를 동시에 측정하여 기준온도에서 용적으로 환산하고 다시 이를 중량으로 환산하는 과정을 거쳐야 한다.

㉠ 적화작업
- ⓐ 적화작업 시 기름은 상갑판 메니폴드 – 파이프라인 – 카고탱크에 적재된다.
- ⓑ Line-up : 사전에 적하 작업에 필요한 모든 밸브는 개방하고 불필요한 밸브는 잠금.
- ⓒ Topping-off : 적하작업 중 가장 중요한 작업으로 유조를 만기시키고 싣기를 끝내는 작업(여유있게 진행함으로서 기름이 넘치지 않도록 유의)
- ⓓ Ullage stick : Topping-off 시 주로 사용하는 액면측정기구
- ⓔ 탱크에서 Topping-off를 한 후 즉시 Ullage tape를 사용하여 Ullage check를 할 시 위험한 화물 : 화물온도 40°F, 발화점 40°F, 발화온도 70°F, 발화점 55°F

㉡ 양하작업
- ⓐ 파이프 라인이나 매니폴드를 통해 육상으로 이송된다.
- ⓑ 따라서 사전에 라인업 작업을 시작한다.
- ⓒ 양하작업 중 가장 중요한 작업은 초기 작업, 원유세정작업, 스트리핑 작업
- ⓓ 작업 초기에는 기름누설방지를 위해 적하속도를 저속으로 유지하면서 이상유무를 점검해야 한다.

③ 원유세정(Crud Oil Washing : COW)

㉠ 양하작업과 동시에 진행되는 원유세정작업은 탱크세정기를 통하여 원유를 고압으로 분사시켜 탱크내부를 깨끗이 세정하는 작업이다.

㉡ 이는 탱크내 부착된 기름찌꺼기를 씻어냄과 동시에 이들을 원유속에 다시 녹여 화물유와 함께 양하함으로서 량을 증대시키고 해양오염을 줄인다.

㉢ MARPOL 73/78에 의하면 SBT탱커의 경우 원유를 적재했을 때에는 슬러지제어탱크에 대하여 원유세정을 의무화하고 있다.

㉣ COW작업 중지 : I.S.G고장시 공급되는 INERT GAS의 산소농도가 8% 이상일 때

(5) 케미컬 탱커

① 석유화학제품이나 일반액체화학제품만을 전문으로 수송하는 선박을 케미컬 탱커라고 한다.

② 석유제품운반선은 석유정제품의 전문수송선을 뜻하지만 최근에는 석유화학제품이나 일반액체화물을 싣는 선박도 석유제품운반선이라 한다.

③ MARPOL 73/78 유해액체물질을 운송하기 위해 건조된 선박

④ 석유정제품은 상온, 상압에서 액체수송을 원칙으로 한다.

⑤ 화물의 위험성을 고려하여 화물구역과 다른 구역 사이에 코퍼댐을 두어 격리한다.

※ 카고 라인
- 연료유 탱크로의 관통은 어떤 경우에도 허락되지 않는다.
- 다른 파이프 계통과는 완전 독립
- 밸러스트 탱크에 카고 라인이 관통하는 것은 화물의 종류에 따라 제한

※ 케미컬 탱크의 크리닝 과정
Pre-Cleaning → Cleaning → Rising(헹구기) → Flushing(분출) → Steaming(증기) → Draining(물뺌) → Drying

7 컨테이너 운송

(1) 컨테이너의 종류

① 드라이(Dry) 컨테이너 : 온도 조절이 필요 없는 일반 잡화용으로 제작된 표준 컨테이너
② OPEN TOP 컨테이너 : 상부(Roof) 및 측벽(Side wall)의 상부 일부가 없는 컨테이너. 철재, 목재 등의 장착물의 수납에 편리, Tarpaulin을 덮어 사용
③ HARD TOP 컨테이너 : 오픈탑 컨테이너와 마찬가지로 상부 또는 앞면에서 하역작업이 가능하도록 조립식 구조로 되어 있다. 정밀기계의 수송에 최적.
④ FLAT RACK 컨테이너 : 상부 및 측벽을 떼어낸 형체와 단벽(End wall)까지 떼어내어 4구석의 형체단이 있는 컨테이너
　㉠ 측벽 또는 상방에서 자유로이 화물을 수납할 수 있으므로 자동차 기타 중량물의 운송에 사용된다.
　㉡ 컨테이너에 화물을 엄격히 고정할 필요가 있는 화물
⑤ REFRIGERATED 컨테이너 : 내부에 냉동기를 장치한 단열구조로서 냉동화물의 운송에 사용
⑥ INSULATED 컨테이너 : 외벽에 보온재를 설치한 구조로서 소정의 보냉 성능을 가지고 있는 컨테이너. 냉장화물의 운송에 사용.
⑦ LIVE STOCK 컨테이너 : 가축 등의 동물 운송에 사용되는 것으로 통풍, 사육, 분뇨 처리까지 할 수 있는 특수 컨테이너
⑧ VENTILATED 컨테이너 : 과일, 야채, 식료품 중에서 냉장할 필요가 없으나 환기가 요구되는 화물운송에 필요한 컨테이너
⑨ TANK 컨테이너 : 술, 기름, 화학품 등의 액체화물운송에 사용한다.

(2) 화물의 규격화

① 팰릿화 : 하역 능률을 높이기 위해 화물을 일정한 크기가 되도록 팰릿 위에 정해진 치수로 쌓고 팰릿과 함께 묶어서 규격화하는 방법
　㉠ 컨테이너에 비해 일찍 시작된 팰릿화는 오늘날 컨테이너화에 밀려 부분적으로 이용

되고 있기는 하지만 여전히 컨테이너를 보완하는 중요한 수단이 되고 있다.
ⓒ 그 이유는 팰릿화의 경우 컨테이너화에 비해 간단하며 비용이 저렴하고 하역을 위한 특별한 설비가 필요하지 않기 때문이다.

② 컨테이너화
ⓐ 선박안전법상 컨테이너의 정의 : 선박에 의한 화물의 운송에 반복되어 사용되고 기계 하역 및 겹쳐서 쌓을 수 있으며 고정시키는 장구가 부착된 밑부분이 직사각형인 기구
ⓑ ISO : 내구성과 반복사용이 가능한 충분한 강도가 있으며 상품수송을 여러 수송방법으로 해도 중도에 재포장하지 않으며 적하 및 양하시 편리하도록 설계되어 있는 $1m^3$ 이상의 내부 용적을 가진 수송설비
ⓒ 운임동맹의 Container Rule에 정의한 컨테이너화 : 견고한 단일 용기를 반복하여 사용가능. 내부용적이 $135m^3$ 이상(wheel이나 bogin이 부착)

③ 바지화 : 바지에 의한 수송시스템은 컨테이너 대신에 바지를 사용한다.
ⓐ 화물을 바지에 넣고 물 위에 띄워 본선까지 끌고 가서 강력한 하역장치를 이용해 바지 전체를 달아올려 선창 또는 갑판에 격납하여 운송하는 시스템이다.
ⓑ 현재까지 실용화된 것으로는 래시(LASH)선, 시비(SEABLE)선 등이 있다.

(3) 운송 및 하역 방식
① COFC(Container on flat car) : 컨테이너를 트레일러에 분리하여 직접 대상차에 탑재하는 방식
② TOFC(Trailer on flat car) : 컨테이너를 트레일러에 탑재한 채로 차량상에 탑재하여 운송하는 방식으로 PIGGY BACK이라고도 한다.
(PIGGY BACK운송 : 컨테이너를 철도 화차에 적재하는 것)
③ 캥거루 방식 : 프랑스 국유 철도에서 개발한 방식. TOFC의 일종
  - 컨테이너 높이가 철도 수송의 제한 높이 이내가 되도록 트레일러의 뒷바퀴로 플랫카의 면보다 아래로 낮추어 격납할 수 있는 장치로 되어 있다.

(4) 컨테이너 하역 방식
① LOLO 방식 : LIFT ON LIFT OFF
  ⓐ 안벽 크레인, 선상 크레인으로 하역하는 방식
  ⓑ 창구폭이 80~86%에 이르므로 선체 비틀림과 강도가 중요한 요건이다.
  ⓒ 상갑판 위에 컨테이너를 쌓아 올리므로 복원성 확보에 유리
② RORO 방식 : ROLL ON ROLL OFF
  ⓐ 화물을 굴려서 싣고 내린다는 의미이다.
  ⓑ 자동차, 트럭, 트레일러, 기차 등이 이 범주에 속한다.
  ⓒ 컨테이너를 대차에 싣고 트레일러로 선미 또는 선측의 램프웨이를 통하여 오르내리거나 지게차를 이용한다.
  ⓓ 선창 안에는 여러층의 갑판이 있음.
  ⓔ 선창내 용적의 활용이 적어 화물 적재량이 감소된다.

ⓑ 육상의 하역설비가 거의 불필요 하며, 하역 시간 단축 및 하역비가 절감된다.
　　　ⓢ 오손, 붕괴, 화물, 도난방지, 화물의 종류, 수송거리에 따라 유용하다.
　　　ⓞ 특정화물의 특정항로에 수요가 증가한다.

(5) 컨테이너 적재 위치 : 컨테이너 CELL NO. 사용(6자리로 표기)
　① BAY NO. : 선수에서 선미쪽으로 40ft를 컨테이너의 적부를 기준으로 01, 02, 03 등 순차적으로 번호를 부여한다.
　② SLOT NO. : 슬롯의 수가 홀수 : 중앙 00, 우현으로 01, 03, 05
　　　슬롯의 수가 짝수 : 우현으로 01, 03, 05
　③ TIER NO. : 갑판상 : 하단부터 82, 84, 86
　　　선창내 : 바닥부터 02, 04, 06

(6) 컨테이너 선적
　① 적화계획
　　　일반적으로 컨테이너선의 적화계획서(Stowage plan)는 본선의 컨테이너 적재도와 선적 예정 컨테이너를 참고하여 육상에서 작성하며 입항 전에 본선과 합의하여 최종계획서를 확정한다.
　② 적화계획 작성시 유의사항
　　　㉠ 복원성과 트림
　　　㉡ 중량배치 : 특히 갑판상 적재 컨테이너는 경량물 적재
　　　㉢ 기항지 및 적양하 순서
　③ 컨테이너 적부도 : 일반적부도(General Stowage Plan)와 BAY PLAN으로 구성
　④ 컨테이너의 하역시 유의사항
　　　컨테이너의 고박은 크게 로킹 작업과 래싱 작업으로 구분
　　　㉠ 로킹작업 : 컨테이너와 컨테이너 사이를 특수한 용구를 삽입하여 고정한다(갑판적 컨테이너의 이동방지).
　　　㉡ 래싱작업 : 갑판적 화물의 전도(뒤집어짐)을 방지한다.
　　　　　ⓐ 항해 중 선체가 횡요하게 되면 갑판적 최하단 컨테이너에 응력이 집중된다.
　　　　　ⓑ 이 부분을 보강하기 위해 래싱 작업을 한다.

Chapter 01 상선전문

Part 4 | 전문 적중예상문제

1 화물의 취급 및 적화

1. 선박과 화물 운송

01 다음에서 해상운송에 대한 설명으로 옳지 않은 것은?

가. 선원, 선박, 화물의 요소가 필요하다.
나. 해상에서 여객 화물을 이동시키는 것이다.
사. 해난 구조 행위도 해상 운송의 하나이다.
아. 수운과는 구별된다.

 해상운송(shipping, sea transport, ocean transportation)이란, 선박을 이용하여 해상에서 여객이나 화물을 이동시키는 운송서비스를 말하며, 해운이라고도 한다. 해상이란 일반적으로 바다라고 하는 해양을 의미하며, 하천이나 호수 등 담수구역에서의 선박운송은 해상운송의 연장인 경우에는 해상운송에 포함된다.

02 다음 중 해상운송의 특수성에 해당하지 않는 것은?

가. 국제성 나. 단거리 운송
사. 저렴한 운송비 아. 대량 운송

 해상운송은 운송거리가 멀수록, 운송량이 많을수록 유리하다. 따라서, 해상운송은 장거리, 대량 운송, 즉 국제화물 운송이라는 점에 그 특징이 있다.

03 다음 중 해상운송의 특징으로 옳지 않는 것은?

가. 장거리 운송 나. 국제화물 운송
사. 단일화물 운송 아. 대량 운송

정답 01 사 02 나 03 사

04 다음 중 선화운송의 중요성으로 옳은 것은?

가. 해상사고의 위험   나. 운송방식의 변화
사. 화물의 다양화   아. 안전운송

 선화운송(cargo operation)은 해상운송과 관련된 하역작업 및 화물보관 과정에서 안전운송을 위한 기술적, 업무적 조치에 관한 사항을 다룬다. 선박 화물에 의한 해상사고로 안전운송을 위한 화물의 적재와 관리가 엄격히 요청되고 있다.

05 다음 중 화물의 성질에 의한 분류에서 일반화물(general cargo)로 옳지 않은 것은?

가. 깨끗한 화물   나. 더러운 화물
사. 액체 화물   아. 크고 긴 화물

 화물의 특성에 의한 분류
① 일반 화물(general cargo) : 깨끗한 화물, 액체 화물, 더러운 화물
② 특수 화물(special cargo) : 위험화물, 고가화물, 과중량 화물, 생동식물 화물, 냉동 화물, 부패성 화물, 냉장 화물, 크고 긴 화물

06 다음 중 특수 화물의 종류로 옳지 않은 것은?

가. 중량 화물   나. 위험 화물
사. 부패성 화물   아. 일반 화물

 특수 화물(special cargo) : 위험화물, 고가화물, 과중량 화물, 생동식물 화물, 냉동 화물, 부패성 화물, 냉장 화물, 크고 긴 화물

07 선박화물에서 포장상태에 의한 분류의 화물로 옳지 않은 것은?

가. 벌크 화물   나. 특수 화물
사. 포장 화물   아. 무포장 화물

 포장상태에 의한 분류
① 포장 화물(packed cargo) : 상자, 베일(bale), 포대(bag), 캔(can) 등으로 포장되어 운송되는 화물. 잡화(general cargo)는 대부분이 여기에 속한다.
② 무포장 화물(non-packed cargo) : 목재나 철재와 같이 전혀 포장을 하지 않는 화물
③ 벌크 화물(bulk cargo) : 곡류, 광석, 석탄 등과 같은 알갱이 혹은 가루 형상의 화물, 원유나 당밀 등과 같은 액체 상태의 화물

정답 04 아 05 아 06 아 07 나

08 다음에서 "부서지기 쉬운 화물의 포장"에 대한 주의 표시로 옳은 것은?

가. Keep flat   나. Fragile
사. Poisonous   아. Keep dry

 가. 뉘어 실어라, 나. 부서지기 쉬운 화물, 사. 독성화물, 아. 습기에 조심

09 화물의 화표에 기입되는 것으로 볼 수 없는 것은?

가. 주의 표시   나. 원산지 기호
사. 품질 기호   아. 판매지 표시

 양하지, 수출지 표시, 원산지 표시는 있지만 판매지 표시는 없다.
화물의 표시
① 주 마크(main mark) : 화주를 표시하는 것으로 대형의 문자, 기호로 사용, 화표의 주체
② 부 마크(counter mark) : 화물의 생산자나 공급자를 표시
③ 양하지 마크(port mark) : 화표 중 가장 중요한 표시로 화물의 양하지를 표시
④ 품질 마크(quality mark) : 기호나 숫자로 내용품의 품질 표시
⑤ 수출지 마크(export mark) : 화물의 수출국 또는 원산지 표시
⑥ 중량 마크(quantity mark) : 화물의 중량 및 용적을 표시
⑦ 화물번호(case number) : 동일 화주의 같은 포장 화물을 구별하기 위한 표시
⑧ 주의마크(care mark) : 적재 및 취급에 특별한 주의가 필요한 화물에 표시

10 다음 중 기호나 숫자 등으로 내용물의 품질을 표시하는 것으로 옳은 것은?

가. Quality mark   나. Export mark
사. Case number   아. Care mark

 가. 품질마크, 나. 수출지마크, 다. 화물번호, 라. 주의마크

11 다음 중 벌크 화물의 양을 표시하는 단위로 옳지 않은 것은?

가. Ton   나. Gallon
사. Bundle   아. Barrel

벌크화물(bulk cargo)은 그 양을 몇 톤(ton), 갤런(gallon) 또는 몇 배럴(barrel)로 표시하는 점에서 무포장 화물과 구별된다. 화물을 벌크 상태로 운송하기 위하여는, 이에 적합한 본선설비가 필요하지만 포장비가 들지 않으며, 더 많은 화물을 적재할 수 있다. 유탱커, 광석운반선, 곡물운반선 등이 있다.

정답 08 나 09 아 10 가 11 사

12 다음 중 선박에 화물을 적재하여 만재흘수선에 도달되고, 선창에도 충만된 상태에 해당되는 것으로 옳은 것은?

가. Cargo full　　　　　　　　나. Up and down
사. Full capacity　　　　　　　아. Full and down

 Full and down
- 이상적인 만재 상태
- 만재흘수선에 도달하고 선창도 충만한 상태
- Cargo Deadweight와 cubic capacity를 다 사용하여 화물을 적재
- 적화계수 50~70

13 다음 중 깨끗한 화물(Clean Cargo)에 대한 설명으로 옳은 것은?

가. 설탕, 면사, 차 등과 같이 포장하여 선적하며 타 화물에 손상을 주지 않는 화물을 말한다.
나. 액체나 반액체를 병, 통 등에 넣는 화물을 말한다.
사. 생피, 간, 고기, 비료 같은 냄새나는 화물, 악취나는 화물을 말한다.
아. 폭발물, 발화성, 독성, 부식성이 있는 화물을 말한다.

14 다음 중 용적 $80,000 ft^3$의 선창에 적화계수(SF) 40의 화물을 선적할 경우 그 톤수를 구하면 얼마인가?

가. 1,000톤　　　　　　　　　나. 4,000톤
사. 8,000톤　　　　　　　　　아. 2,000톤

 적화계수(stowage factor, SF)
　　S.F = 베일용적(ft^3)/화물의 중량(L/T) 40 = 80,000/x ∴ x = 2,000톤
- 화물 1롱톤이 차지하는 선창용적을 ft^3 단위로 표시한 값(적화계수가 작을수록 무겁다.)
- 어떤 화물 1롱톤이 차지하는 용적을 알면 여기에 선창의 용적을 나누어서 화물의 중량을 구할 수 있다.
- 화물의 종류 및 같은 화물이라도 적재 방법과 적재 장소에 따라 변한다.
• 중량화물 : 적화계수 40
• 용적화물 : 시멘트 32, 밀 47, 비료 48, 보리 53~54

15 다음 중 경하배수량의 내용에 해당하지 않는 것은?

가. 완비된 선체 및 기관　　　　나. 법정속구 및 그 예비품
사. 불명중량　　　　　　　　　아. 창고품 및 식량품

정답　12 아　13 가　14 아　15 아

16. 다음 중 적화중량톤수를 가장 잘 설명한 것으로 옳은 것은?

가. 하기만재배수량 + 순적화중량톤수
나. 하기만재흘수선에 상당한 배수량 − 순적화중량톤수
사. 하기만재흘수선에 상당한 배수량 + 경하배수량
아. 하기만재흘수선에 상당한 배수량 − 경하배수량

 적화중량(Deadweight D/W)
선박이 하기만재흘수선까지 침하하였을 때의 선박 총중량(하기만재배수량)에서 경하흘수로 떠 있을 때의 선박 총중량을 뺀 중량을 말한다(정해진 흘수로 제한되고 Metric ton으로 표시).

17. 1용적톤(Measurement ton)을 나타낸 것으로 옳은 것은?

가. $1,133 ft^3$
나. $12 ft^3$
사. $40 ft^3$
아. $144 ft^3$

용적건
① 용적톤(measurement ton, M/T)
② 용적건으로 사용하는 1톤의 용적은 화물의 검재법에 따라 측정한 40입방피트의 용적을 1톤으로 한다.
③ 1 measurement ton = $40ft^3$ = $1,133m^3$

18. 다음의 ( ) 안에 옳은 것은?

> 중량건은 일반적으로 40입방피트의 중량이 ( )을 초과하는 경우에 적용된다.

가. 1 Long ton
나. 1 Measurement ton
사. 1 Metric ton
아. 1 Short ton

 중량건
- 무거운 화물은 중량 1톤을 운임건으로 한다.
- 중량톤은 나라에 따라 기준이 다르며, 다음과 같다.
  ① 1 LONG TON(LT)(영국톤) = 2,240lbs = 1,016.05kg(가장 큼)
  ② 1 SHORT TON(미국톤) = 2,000lbs = 907.18kg(가장 작음)
  ③ 1 METRIC TON(M/T) = 1kilogram ton(K/T) = 1,000kg = 2,204.62lbs(중간)

정답 16 아 17 사 18 가

19 다음에서 "중량건이란 중량화물 1톤을 운임건"으로 하는데 중량 단위로 사용되지 않는 것은?

　가. Long ton　　　　　　　　나. Short ton
　사. Metric ton　　　　　　　아. Measurement ton

 Measurement ton(용적톤) : 용적건이다.

20 화표의 내용 중 부 마크(Counter Mark)에 표시하는 내용으로 옳은 것은?

　가. 양하지　　　　　　　　나. 수출지
　사. 수화인　　　　　　　　아. 생산자

 부 마크(counter mark) : 화물의 생산자나 공급자를 표시

21 양하지 선택화물에서 양하지를 선택하는 주체로 옳은 것은?

　가. 화 주　　　　　　　　나. 해운관청
　사. 하역업자　　　　　　　아. 선 장

22 다음 중 화표의 내용으로 옳지 않은 것은?

　가. Draft mark　　　　　　나. Care mark
　사. Counter mark　　　　　아. Main mark

 흘수의 표시(draft mark)이다.

23 적화계수가 가장 작은 화물로 옳은 것은?

　가. 고 무　　　　　　　　나. 곡 물
　사. 시멘트　　　　　　　　아. 철광석

 적화계수가 작다는 것은 부피에 비해 무게가 무겁다는 것
　• 적화계수(Stowage factor ; S.F) : 화물 1톤이 차지하는 선창용적을 ft³ 단위로 표시한 것
　• S.F = 베일용적(ft³)/화물의 중량(L/T)

정답　19 아　20 아　21 가　22 가　23 아

24 적화계수가 80인 화물로 옳은 것은?

가. 경량품   나. 조악화물
사. 고가화물   아. 중량품

> • 중량화물 : 적화계수 40
> • 용적화물 : 시멘트 32, 밀 47, 비료 48, 보리 53~54

25 화물의 적재시에 운송 중 발한(Sweat)에 의한 사고를 방지하는데 최대의 주의를 요하는 화물로 옳은 것은?

가. 액체화물   나. 갑판적화물
사. 흡습성 화물   아. 중량화물

26 더러운 화물, 먼지가 나는 화물, 냄새가 나는 화물 및 악취가 나는 화물로 옳은 것은?

가. 산적화물(bulk cargo)
나. 조악화물(rough cargo)
사. 특수화물(special cargo)
아. 위험화물(dangerous cargo)

27 운송화물 중 냉장화물에 해당하지 않는 것은?

가. 곡 물   나. 과 일
사. 야 채   아. 어 류

28 주의마크(Care Mark)의 표기와 내용으로 옳지 않은 것은?

가. Handle with care - 뒤엎지 말 것
나. This side up - 이쪽을 위로
사. Keep dry - 건조한 곳에 실을 것
아. Use no hook - 훅을 사용하지 말 것

> 가. 취급주의

정답 24 가 25 사 26 아 27 가 28 가

29 다음 중 선적 화물의 관리에 관한 본선 측의 주의 의무 이행에 대한 중요한 증거 서류로 옳은 것은?

가. 기관일지
나. 기름기록부
사. 항해일지
아. 벨 북

30 다음 중 화물틈에 포함되지 않는 용적으로 옳은 것은?

가. 화물과 선창내 구조물과의 간격
나. Dunnage가 차지하는 용적
사. 화물상호간의 간격
아. Frame의 용적

화물틈(broken space, broken stowage)
- 화물을 선창 내에 적재할 때 선측, 갑판의 바로 아래 등에는 어느 정도 빈 공간이 있게 되고 화물과 화물 사이에도 틈이 생기게 되는 공간(석탄이 가장 작다)
- 적재한 화물의 전용적(운임건)과 베일 용적과의 비를 말한다.

31 화물 손상에 관해 선주가 면책되기 위한 서류로 옳지 않은 것은?

가. Stowage Survey Report
나. Sea Protest
사. Mate's Receipt
아. Clean B/L

아. Clean B/L(무고장 선하증권) : 화물 손상과 관계 없다.
⇒ Sea Protest(해난보고서) : 도착항에서 감정인이 발급
⇒ Mate's Receipt(M/R : 선적화물 수령증 = 본선수령증)
　일등항해사가 화물의 선적이 끝나면 검수인(Tally man)이 작성한 Tally sheet과 S/O에 기재된 사항을 비교하여 사고적요(Remark)를 기입하고 M/R을 작성, 사인하여 하주에게 발행한다.
⇒ Stowage Survey Report(적부감정서 = 적화검사보고서)
  • 화물의 선적에 있어서 설비가 양호하고 화물의 적부를 Surveyor의 지시대로 했다는 것을 증명하는 서류
  • 양지에서 화물손상이 있어도 선적상태에 결함이 없었다는 것을 증명할 수 있다.

32 적부감정서(Stowage Survey Report)에 관한 설명으로 옳지 않은 것은?

가. 선주의 면책을 위한 거증서류이다.
나. 항해 중 화물 손상이 우려될 때 필요하다.
사. 화주의 입회하에 일항사가 감정한다.
아. 선적항에서 발급한다.

정답　29 사　30 아　31 아　32 사

Stowage Survey Report(적부감정서 = 적화검사보고서)
- 화물의 선적에 있어서 설비가 양호하고 화물의 적부를 Surveyor(감정인, 검사인)의 지시대로 했다는 것을 증명하는 서류
- 양지에서 화물손상이 있어도 선적상태에 결함이 없었다는 것을 증명할 수 있다.

33 화물 손상과 관련하여 양하항에서 발급하는 서류로 옳지 않은 것은?

가. 해난보고서
나. 창구검사서
사. 손상화물감정서
아. 적부감정서

34 화물 손상이 황천에 의해 불가항력적으로 발생하는 것임을 증빙하기 위한 서류로 옳은 것은?

가. Sea Protest(해난보고서)
나. Stowage Survey Report(적화검사보고서)
사. Damaged Cargo Survey Report(화물손상검정서)
아. Exception List(제외 품목)

35 다음 (   ) 안의 내용으로 옳은 것은?

> 선박이 적재할 수 있는 최대중량을 (   )라 하며, 이것은 (   )를 기준으로 한 배수톤수에서 (   )를 뺀 것을 말한다.

가. 재화중량톤수, 하기만재흘수, 경하배수톤수
나. 만재배수톤수, 하기만재흘수, 총톤수
사. 순톤수, 동기만재흘수, 경하배수톤수
아. 총톤수, 동기만재흘수, 순톤수

36 화물의 선창을 차지하는 용적 및 무게를 검측하는 것으로 옳은 것은?

가. 검 수
나. 검 량
사. 적하계획
아. 선 복

정답 33 아 34 가 35 가 36 나

37 광석, 곡물 등을 선창 내에 Bulk로 적재할 때, 적재 가능한 선창 용적을 나타낸 것으로 옳은 것은?

가. measurement ton
나. bale capacity
사. grain capacity
아. broken space

 가. 용적톤, 나. 화물틈, 사. 산적화물 용적, 아. 포장화물 용적
그레인 용적(grain capacity : Vg)
① 곡물, 광석, 석탄 등의 벌크화물을 적재할 때 이용되는 선창 용적
② 선창 내 bottom ceiling 상면/갑판의 하면/외판의 내면으로 이루어지는 용적에서 0.5%를 공제한 용적

38 실제로 화물을 적재할 수 있는 최대적화중량인 순적화중량톤수의 산정시 공제중량의 내용으로 옳지 않은 것은?

가. 갑판적 화물 무게
나. 윤활유의 무게
사. 청수의 무게
아. 연료유의 무게

39 선박회사가 양하 후 화물의 부족을 발견하였을 때 조사를 의뢰한 서류로 옳은 것은?

가. Boat note
나. Survey report
사. Tracer
아. Tally sheet

 • mis-landing(다른 항에 양하) : 지정된 양하지 이외의 항에 양하하는 경우 → Tracer를 발행하여 화물을 본래의 항으로 되돌려 보낸다.
• mis-delivery(다른 화주에 인도) : B/L에 적힌 화물과 다른 화물을 인도한 경우

40 다음 중 화물과 관련한 중요한 항해일지의 기사 내용으로 옳지 않은 것은?

가. 하역작업 시작, 중지, 끝난 시간과 그 동안의 작업량
나. 황천으로 인한 선박의 동요 상황
사. 화물 적부 전 선창 점검의 상세한 내용
아. 매일의 항속거리와 연료소비량 측정 내용

41 화물의 선적 계획을 수립할 때 이용하는 자료로 옳지 않은 것은?

가. 적화계수
나. 등곡선표
사. 선창용적
아. 선박조종특성표

정답 37 사 38 가 39 사 40 아 41 아

42 공선 항해 중인 선박은 항행에 불리한 점이 많다. 이유로 옳지 않은 것은?

가. 타와 추진기의 노출로 타효와 추진 효율이 저하된다.
나. 속력이 굉장히 빨라진다.
사. 황천시 침로를 유지하기 곤란하다.
아. 풍압 저항이 크다.

43 융해화물이란 높은 온도에서 녹아 흐르는 성질을 가진 화물을 말한다. 여기에 속하지 않는 화물로 옳은 것은?

가. 당 밀 나. 유 지
사. 시멘트 아. 아스팔트

44 다음에서 흘수감정에 의해 화물량을 결정하는 화물로 옳은 것은?

가. 기 름 나. 벌크 콩
사. 컨테이너 아. 잡 화

45 다음에서 선창의 용적이 86,000 Cubic feet일 때 적화계수 43인 화물의 적재량으로 옳은 것은?(화물틈은 5%이다.)

가. 8,000 M/T 나. 4,300 M/T
사. 3,600 M/T 아. 1,900 M/T

해설 86,000 × (1 - 0.05) ÷ 43 = 1,900M/T

46 다음 ( ) 안의 내용으로 옳은 것은?

> 하역작업원이 선창 내에서 화물을 난폭하게 취급하는 행위를 발견하면 현장에서 주의를 주고 하역작업원의 책임자인 (   )을 통해서 강력한 주의를 주어야 한다.

가. 검수원 나. 검사원
사. 포 맨 아. 갑판장

해설 Foreman(포맨) : 선내하역작업의 책임자

정답 42 나 43 사 44 나 45 아 46 사

47 하역회사에서 본선에 승선하여 작업하는 하역인부의 현장책임자로 옳은 것은?

가. 서베이어
나. 롱쇼어맨
사. 포 맨
아. 수퍼카고

- Super cargo : 외국의 항구에 있어서 선박회사 대리점에 소속된 하역관계인으로 선박하역책임자와 하역의 방법 등을 협의하며 경우에 따라서는 검수를 할 때도 있다.
- Tallyman(검수인) : 적화물의 개수의 계산과 수도의 증명을 하는 사업인 검수업에 종사하는 사람.
- Foreman(포맨) : 선내하역작업의 책임자
- Surveyor(감정인, 검사인) : 선적화물의 적부검사, 손해화물의 감정 등이 주가 되는 적화에 관한 검사, 감정, 조사를 하는 사람

48 다음에서 낱알 또는 가루모양의 화물로 포장하지 않고 그대로 선창 안에 싣는 화물로 옳은 것은?

가. 포장화물
나. 일반화물
사. 벌크화물
아. 특수화물

산적화물(BULK CARGO) : 곡물, 광석, 석탄 등과 같은 화물을 포장하지 않고 그대로 선창 선적

49 일반적으로 선창 내 청소 및 점검에 관한 사항을 기록하는 일지로서 가장 옳은 것은?

가. Abstract log book
나. Deck log book
사. Bell book
아. Oil record book

정답 47 사 48 사 49 나

2. 하역설비

01 선창 내부의 구조물 중 화물의 충격에 의한 선창 내벽의 손상을 방지하기 위한 것으로 옳은 것은?

가. 빌지 킬
나. 사이드 스파링
사. 해치 코밍
아. 빔

 선창의 내부구조
선창내부는 적재되는 화물의 손상을 방지하고 선체도 보호하기 위하여 Bottom Cleaning/Side Sparring/Bilge Pipe/통풍기 등의 설비를 갖추어야 한다.

02 일반화물의 해치 너비는 선폭의 약 얼마가 적당한가?

가. 20%
나. 40%
사. 60%
아. 85%

 해치(Hatch)
① 해치의 크기는 하역능률에 크게 영향을 미치는데 해치가 클수록 하역능률은 향상되나 선체 강도는 약해진다.
② 일반화물선의 해치의 폭은 선폭의 40% 정도이며, 컨테이너선은 선폭의 85% 정도이다.

03 다음에서 카고 훅(Cargo hook)의 요건으로 옳지 않은 것은?

가. 자체 무게를 보유해야 한다.
나. 해치 코밍에 잘 걸릴 수 있어야 한다.
사. 카고 슬링 사용에 용이해야 한다.
아. 하역중 빠지지 않아야 한다.

 카고 훅(cargo hook) : 카고 폴의 끝에 연결되어 있으며, 화물이 싸매어져 있는 카고 슬링에 걸기 위한 것으로 다음의 요건을 구비하여야 한다.
① 카고 슬링에 걸거나 빼기 쉬워야 한다.
② 하역 중에는 카고 슬링이 빠지지 않는 구조
③ 해치 코밍의 모서리에 잘 걸리지 않아야 한다.
④ 화물을 달지 않은 상태에서 카고 폴에 적당한 장력을 주어서 자유로이 오르내릴 수 있도록 적당한 무게를 가져야 한다.

정답 01 나 02 나 03 나

04 카고 훅(Cargo hook)이 갖추어야 할 요건으로 옳지 않은 것은?

가. Sling에 걸거나 빼기 쉽고 하역중에는 잘 빠지지 않아야 한다.
나. 견고하여야 한다.
사. Hatch coaming 등 모서리에 잘 걸리지 않아야 한다.
아. Cargo fall에 고정되어 있고 가벼워야 한다.

 카고 훅은 화물을 달지 않은 상태에서 카고 폴에 적당한 장력을 주어서, 카고 폴이 자유로이 오르내릴 수 있도록 적당한 무게를 가져야 한다.

05 강재 해치 커버에 대한 설명으로 옳지 않은 것은?

가. 침수의 위험이 있다.
나. 하역 시간의 단축
사. 개폐가 신속하다.
아. 충분한 강도를 지닌다.

 해치 커버
① 목재 해치 커버는 창구 개폐에 시간과 노력이 많이 들고 개폐 작업 시 인명 사고와 황천시 침수의 위험이 있음.
② 강재 해치 커버는 신속개폐, 충분한 강도, 수밀 양호, 선박의 안전, 하역시간 단축, 해치 코밍과 커버에 자연고무 또는 합성고무제품의 개스킷을 장착하여 수밀을 유지한다.

06 다음에서 하역장비에 사용되는 와이어 로프의 마모에 관한 설명으로 옳은 것은?

가. 직경의 8배 길이에 yarn 총수의 5% 이상이 절단되었을 때는 불합격이다.
나. 직경의 8배 길이에 yarn 총수의 10% 이상이 절단되었을 때는 불합격이다.
사. 직경의 8배 길이에 yarn 총수의 20% 이상이 절단되었을 때는 불합격이다.
아. 직경의 8배 길이에 yarn 총수의 25% 이상이 절단되었을 때는 불합격이다.

07 데릭식 하역 장치에 관한 설명으로 옳지 않은 것은?

가. 해치(Hatch) 길이의 2/3인 점까지 도달해야 한다.
나. 붐(Boom)의 길이는 선폭과 Hatch의 길이에 의해서 정해진다.
사. 붐(Boom)의 앙각을 45°로 해서 Boom end가 최대 선폭보다 3.5m 이상 나가야 한다.
아. 카고 폴(Cargo fall)의 길이는 한쪽 끝이 와이어 드럼(Wire drum)에 1회 이상 감긴 상태에서 후크(Hook)가 선창의 구석까지 도달해야 한다.

 와이어 드럼(Wire drum)에 3회 이상 감긴 상태임.
붐(boom)
① 붐의 상단 : 토핑리프트와 붐가이로 연결

정답 04 아 05 가 06 나 07 아

② 붐의 하단 : 구스넥에 의해 데릭포스트에 접합
③ 붐의 길이 : 대략 선폭과 해치의 길이에 의해 정해지는데 붐의 앙각을 45°로 해서 붐의 상단이 최대선폭의 선보다 3.5m 이상 선회(해치길이의 2/3 지점까지 도달할 수 있는 길이를 표준)

08 한 개의 프리 붐(Free boom)을 이용하는 데릭의 의장법으로 옳은 것은?

가. 싱글 붐 방식
나. 슬루잉 붐 방식
사. 슬링 붐 하역
아. 메리드 폴 방식

09 하역 작업이 빠르고 작업 중 화물이 그네처럼 흔들려 사고의 우려가 있고 안전 하중이 2톤 이하인 데릭의 의장법으로 옳은 것은?

가. Spilit boom
나. Union purchase(Married fall)
사. Swing boom
아. House fall

- SWING BOOM 방식 : 이동 붐으로 화물을 달아서 붐과 화물이 동시에 선회하여 화물을 이동시키는 방식 DEADMAN의 무게에 의해서 선회한다.
- SPILIT FALL : 2개의 BOOM을 잔교와 HATCH에 나누어 사용하여 화물의 이동을 2단계로 나누어 하역하는 방법으로 포대화물, 기타의 단일화물 하역에 적합

10 다음에서 데릭의 의장법 중 스윙 붐(Swing boom)의 장점으로 옳지 않은 것은?

가. 하역 속도가 빠르다.
나. 양현 하역이 가능하다.
사. 화물을 원활하고 안전하게 이동할 수 있다.
아. 카고 폴에 무리가 가지 않는다.

11 데릭(Derrick) 의장법 중 Married fall 방식에 관한 설명으로 옳지 않은 것은?

가. 두 개의 Cargo fall이 이루는 각이 120° 이상이면 한 fall에 걸리는 장력이 하중 이상으로 증가한다.
나. Cargo fall에 걸리는 장력은 두 개의 Cargo fall이 이루는 각도에 따라 변한다.
사. 두 개의 Cargo fall로 하역하므로 fall의 장력은 항시 하중의 절반으로 감소한다.
아. Cargo fall의 양정(Distance of lift)이 작으면 Cargo fall의 장력은 작아야 한다.

사. 두 개의 Cargo fall로 하역할 때 장력은 언제나 경감되는 것이 아니라 fall이 이루는 각도에 따라 변한다.

정답 08 나 09 나 10 가 11 사

12 선창내 화물을 출입시키기 위한 갑판 개구 중에서 가장 큰 개구로 옳은 것은?

가. hatch cover
나. hatch coaming
사. derrick
아. hatch

해설 해치(Hatch)
① 해치 : 해치의 크기는 하역능률에 크게 영향을 미치는데 해치가 클수록 하역능률은 향상되나 선체 강도는 약해진다.
② 일반화물선의 해치의 폭은 선폭의 40% 정도이다.
③ 컨테이너선은 선폭의 85% 정도이다.
④ Cargo hatch way 또는 hatch : 선창 안으로 화물을 출입시키기 위해서는 갑판개구(Deck opening)를 이용하는 것

13 해치(Hatch)에 대한 설명으로 옳지 않은 것은?

가. 해치가 클수록 하역 능률은 향상된다.
나. 해치의 크기는 하역 능률에 크게 영향을 끼친다.
사. 해치가 클수록 종강력과 횡강력이 증대된다.
아. 일반 화물선의 해치의 폭은 선폭의 약 40%이다.

14 안전사용하중의 약호로 옳은 것은?

가. WSL
나. SUW
사. ASH
아. SWL

해설 S.W.L : Safety working load

15 다음 중 안전사용하중(S.W.L)이 20톤 이상 50톤 미만의 Derrick(데릭)의 시험하중으로 옳은 것은?

가. S.W.L에 1톤을 더한 하중
나. S.W.L에 5톤을 더한 하중
사. S.W.L에 7톤을 더한 하중
아. S.W.L에 10톤을 더한 하중

해설 Derrick의 안전사용하중(S.W.L)과 시험하중

안전사용하중(S.W.L)	시험하중
20톤 미만	S.W.L의 1.25배의 하중
20톤 이상 50톤 미만	S.W.L에 5톤을 더한 하중
50톤 이상 100톤 미만	S.W.L의 1.1배의 하중
100톤 이상	해양수산부장관이 적당하다고 인정하는 하중

정답 12 아 13 사 14 아 15 나

16 다음 중 안전사용하중(S.W.L)이 20톤 미만인 때의 Derrick(데릭)의 시험하중으로 옳은 것은?

가. S.W.L의 1.25배 나. S.W.L의 1.5배
사. S.W.L의 2.0배 아. S.W.L의 2.5배

17 다음에서 하역기구에 걸리는 힘 가운데 동하중에 속하는 것으로 옳은 것은?

가. 겨울철에 화물 위에 얼어 붙은 얼음의 무게
나. 화물을 올리거나 내릴 때 가속에 의해 증감된 하중
사. 화물의 무게와 똑같이 걸리는 붐의 하중
아. 화물과 붐의 중량을 합한 하중

18 다음 중 데릭의 하중 시험시 제한 하중이 10톤을 넘는 경우에 데릭 붐의 앙각으로 옳은 것은?

가. 25° 나. 20°
사. 15° 아. 10°

 제한 하중이 10톤 이하인 것 : 데릭 붐의 앙각을 15°로 시험

19 데릭 붐(Derrick boom)의 선회를 조절하는 것으로 옳은 것은?

가. Boom guy 나. Cargo hook
사. Derrick post 아. Topping lift

 붐 가이(boom guy) : 붐을 선회시키거나 고정시키는 역할

20 Topping lift의 역할에 대한 설명으로 옳은 것은?

가. Derrick boom을 선회시키기 위한 것이다.
나. Derrick boom의 앙각을 조절하기 위한 것이다.
사. Cargo fall을 보강하기 위한 것이다.
아. Guy를 보강하기 위한 것이다.

정답 16 가 17 나 18 가 19 가 20 나

▶ 붐(boom)
   ① 붐의 상단 : 토핑리프트와 붐가이로 연결
   ② 붐의 하단 : 구스넥에 의해 데릭포스트에 접합
   ③ 붐의 길이 : 대략 선폭과 해치의 길이에 의해 정해지는데 붐의 앙각을 45°로 해서 붐의 상단이 최대선폭의 선보다 3.5m 이상 선회(해치길이의 2/3 지점까지 도달할 수 있는 길이를 표준)
▶ 토핑리프트(topping lift) : 붐의 앙각을 조절
▶ 붐가이(boom guy) : 붐을 선회시키거나 고정시키는 역할

21 다음에서 일반하역용으로 사용되는 유연강색(Flexible wire rope) 카고 폴의 알맞은 직경은?

가. 10mm 나. 20mm
사. 30mm 아. 40mm

22 하역작업시 화물을 싸매거나 묶어서 카고 훅에 달아매는 용구로 옳은 것은?

가. 카고 슬링 나. 카고 데릭크
사. 카고 폴   아. 카고 기어

23 일반화물선에서 가장 많이 사용되는 크레인으로 옳은 것은?

가. 캔트리 크레인 나. 포탈 크레인
사. 덱 크레인   아. 해상크레인

 덱(deck) 크레인
   ① 카고 폴의 끝에 훅을 달아서 하역 작업을 하는 형태의 크레인이며, 일명 지브크레인이라고도 한다.
   ② 지브의 끝이 수평으로 되면 크레인의 최대선회 반지름이 되고 지브의 끝이 거의 수직이 되면 최소 선회 반지름이 된다.
   ③ 덱 크레인은 지브의 끝이 최소 또는 최대 선회 반지름 내에서 하역작업이 이루어지도록 설계한다.
   ④ 지브를 선회시키면 크레인 훅도 수평으로 선회하게 되므로 화물의 수평이동에는 상당한 힘이 절약된다.
   ⑤ 호이스팅 유닛(감아올리기 장치) : 화물을 올리거나 내리는 역할을 한다.
   ⑥ 슬로잉 유닛(회전장치) : 크레인을 회전시키는 역할을 한다.
   ⑦ 크레인의 사용이 끝난 후 크레인을 격납할 때에는 지브를 수평으로 눕혀둔다.

24 다음 중 데릭(Derrick) 장치에 대한 하중 시험은 어느 것에 대하여 행하는 것인가?

가. 제한 각도와 제한 반경 나. 제한 하중과 제한 반경
사. 제한 하중과 제한 각도 아. 상기 다 맞다.

정답 21 나 22 가 23 사 24 사

25 다음 중 데릭 붐(Derrick boom) 에 대한 설명으로 옳지 않은 것은?

가. 붐(Boom)의 길이는 선폭과 선창의 길이에 의하여 결정된다.
나. 데릭(Derrick) 사고의 원인은 모두 붐(Boom) 자체의 구조결함 때문이다.
사. 그 끝이 해치 길이의 2/3되는 점까지 도달해야 한다.
아. 그 끝이 최대선폭에서 3.5미터 이상 밖으로 나와야 한다.

 붐(boom)
① 붐의 상단 : 토핑리프트와 붐가이로 연결
② 붐의 하단 : 구스넥에 의해 데릭포스트에 접합
③ 붐의 길이 : 대략 선폭과 해치의 길이에 의해 정해지는데 붐의 앙각을 45°로 해서 붐의 상단이 최대선폭의 선보다 3.5m 이상 선회(해치길이의 2/3 지점까지 도달할 수 있는 길이를 표준)

26 다음에서 Cargo fall을 Doubling the purchase로 하는 목적으로 옳지 않은 것은?

가. 기계적 효율 증대
나. 하역장치에 작용하는 응력 감소
사. 하역 속력의 증가
아. 화물 취급 안전

 카고 폴(cargo fall)
① 일반하역용 : 20mm 정도의 유연강 로프(flexible wire rope) 사용
③ 싱글 폴 : 카고 폴의 길이는 한쪽 끝이 와이어 드럼에 3회 이상 감긴 상태에서 카고 훅이 선창의 구석까지 도달할 수 있어야 한다.

27 하역장치(cargo gear)에 대한 하중시험의 결과가 기록된 증서로 옳은 것은?

가. 하역설비안전증서
나. 화물선안전설비증서
사. 어선검사증서
아. 화물선안전구조증서

28 현재 상선에서 가장 널리 쓰이는 붐으로 옳은 것은?

가. 동재 사각형
나. 강재 원통형
사. 목재 원통형
아. 주철 원뿔형

정답 25 나 26 사 27 가 28 나

29 갑판상 레일(Rail) 위를 이동하면서 하역하는 크레인(Crane)으로 옳은 것은?

가. Jib crane
나. Deck crane
사. 자동차 crane
아. Gantry crane

 갠트리 크레인(Gantry crane)
① 갠트리 크레인은 레일 위를 이동하면서 하역작업을 하는 크레인을 말한다.
② 주로 컨테이너 취급용으로 선박에서 사용되어 왔으나 선박의 트림 또는 가로 경사가 크면 작업이 불가능하기 때문에 선박에서 점차 사라지고 컨테이너 적양하 작업을 위한 전용부두에서 설치한다.
③ 하역 능률이 매우 높다.

30 크레인이 데릭보다 나은 점에 대한 설명으로 옳지 않은 것은?

가. 시간과 노력이 절약된다.
나. 안전사고에 대한 위험이 크다.
사. 한 사람의 동시 조작이 가능하다.
아. 붐 끝의 스포팅(spotting)성능이 향상된다.

31 드라이 벌크 화물(석탄, 곡류 등)의 적하시에 많이 사용되는 설비로 옳은 것은?

가. 크레인
나. 철도 궤도 크레인
사. 컨베이어
아. 데 릭

32 관의 내부에 공기의 흐름을 고속으로 흐르게 하는 것을 이용하는 컨베이어로 옳은 것은?

가. 버킷 컨베이어
나. 롤러 컨베이어
사. 벨트 컨베이어
아. 뉴매틱 컨베이어

33 윈치(Winch)의 동력에 의한 종류로 옳지 않은 것은?

가. 스팀 winch
나. 유압 winch
사. 고압 winch
아. 전동 winch

정답 29 아 30 나 31 사 32 아 33 사

윈치의 종류
(1) 스팀 윈치
 - 장점 : 구조가 간단하며, 고장이 잘 안나고, 제작비가 싸고 취급이 용이하다.
  (회전속도를 광범위하게 조절할 수 있고 역전속도가 빨라 하역용으로 적합)
 - 단점 : 소음과 진동이 심하며 원격조종이 곤란하다.
  시동 준비에 많은 시간이 소요, 에너지 효율이 낮으며, 유지비가 많이 든다.
(2) 전동 윈치
 - 장점 : 조종이 용이하고, 소음 진동이 적으며, 시동준비가 간단, 동력소비가 적음(화물을 매단 상태로 운전하기 때문에 시동력이 크고 속도제어가 잘 되어야 한다.)
(3) 유압 윈치
 ① 교류전원에 의하여 구동되는 농형 유도전동기로서 유압펌프를 가동시켜서 기름을 일정한 압력으로 계속 흐르게 하고 이 압력과 흐름을 이용
 ② 갑판상 윈치의 유압모터를 회전시키게 되어 있는 장치(최근 많이 사용)

34 교류 전원에 의하여 구동되는 농형 유도 전동기로서 펌프를 가동시켜 기름으로 일정한 압력을 흐르게 하여 이 압력과 흐름을 이용하는 윈치로 옳은 것은?

가. 스팀 윈치 나. 수동 윈치
사. 유압 윈치 아. 전동 윈치

① 스팀 윈치 : 재래선, 중형선, 유조선에서 사용
② 전동 윈치 : 원격 조종이 용이, 소음, 진동이 적다. 시동 준비가 간단하다.
③ 유압 윈치 : 배관과 부피가 적다. 누유의 우려가 있다.

35 유조선에서 스팀 윈치를 사용하는 이유로 옳은 것은?

가. 원격 조종이 용이하다. 나. 누유의 우려가 없다.
사. 스파크에 의한 화재를 방지한다. 아. 시동 준비가 간단하다.

36 스팀 윈치(Steam winch)의 특성으로 옳은 것은?

가. 가속 감속 특성이 나쁘다.
나. 유지비가 적게 든다.
사. 가격이 비싸고 보수와 취급이 어렵다.
아. 소음이 심하고 효율이 나쁘다.

스팀 윈치
 - 장점 : 구조가 간단하며, 고장이 잘 안나고, 제작비가 싸고 취급이 용이하다.
  (회전속도를 광범위하게 조절할 수 있고 역전속도가 빨라 하역용으로 적합)
 - 단점 : 소음과 진동이 심하며 원격조종이 곤란하다.
  시동 준비에 많은 시간이 소요, 에너지 효율이 낮으며, 유지비가 많이 든다.

정답 34 사 35 사 36 아

37 오래된 원목선에서 많이 쓰이며 강도가 높은 해치 커버의 종류로 옳은 것은?

가. 폰푼형
나. 폴딩형
사. 롤링형
아. 힌지드형

 폰푼형
① 해치 커버를 한 장씩 수동으로 개폐하는 방식이다.
② 해치 커버 위에 화물을 적재해도 해치 커버의 변형이 생기지 않으므로 오래된 원목선에 많이 설치한다.
③ 수밀이 되지 않으므로 해치 커버 위에 여러장의 해치 타폴린을 덮고 네트를 쳐서 타폴린을 고정시켜 선창 내 침수를 방지한다.

38 통풍환기에 대한 설명으로 옳지 않은 것은?

가. 선창구획의 용적과 형상에 따라 충분한 환기 능력을 가져야 한다.
나. 선창내 공기의 이슬점을 높이기 위하여 기계통풍설비를 사용한다.
사. 적재화물의 성질에 따라 필요한 환기 능력을 가져야 한다.
아. 배기공과 흡기공을 가져야 한다.

이슬점(노점)을 낮추기 위하여 통풍을 실시한다.

39 화물 슬링(Cargo sling)에 대한 설명으로 옳지 않은 것은?

가. 화물에 손상을 주지 않아야 한다.
나. 하중에 대한 충분한 장력이 있어야 한다.
사. 카고 훅을 끼우기는 쉽고 빼기는 어려워야 한다.
아. 화물을 완전히 싸줄 수 있어야 한다.

 카고 슬링(cargo sling)
① 하역시에 화물을 싸거나 묶어서 카고 훅에 달아 매는 용구
② 화중에 대한 충분한 강도
③ 화물에 손상을 주지 않을 것
④ 화물을 싸매기가 쉽고 화물을 떨어뜨리지 않아야 할 것
⑤ 종류 : 로프 슬링, 와이어 실링, 체인실링, 웨브실링, 네트실링, 파우더 실링, 플렛폼실링, 펠릿

40 냉동 설비가 되어 있는 시설로 옳은 것은?

가. 상옥(Shed)
나. 창고(Warehouse)
사. 야드(Yard)
아. 부선(Barge)

정답 37 가 38 나 39 사 40 나

① 야드 : 화물을 일시 보관해 두는 야적장
② 창고 : 보세 창고, 냉동 창고 등
③ 상옥 : 지붕만 있고 트럭이 자유로이 출입하도록 벽이 없다.
④ 부선 : 묘박 중 또는 부이 계류 중 이용하는 자체 추진기관이 없는 선박 형상의 하역 설비

41 항만의 하역설비에 관한 설명으로 옳지 않은 것은?

가. 선박의 가동률에 많은 영향을 끼친다.
나. 항만의 경제적 가치와는 관계없다.
사. 전문화되어 전용 부두가 늘고 있다.
아. 화물의 보관 설비, 크레인, 컨베이어 등이 있다.

42 다음 중 유조선의 하역 설비로 옳은 것은?

가. 벨트 컨베이어　　　　　나. 뉴매틱 그레인 언로더
사. 갠트리 크레인　　　　　아. 파이프 라인 시스템

항만의 하역설비
① 유조선의 하역설비 : 파이프 라인 시스템
② 벌크선의 하역설비 : 뉴매틱 그레인 언로더
③ 광석전용선 하역설비 : 벨트 컨베이어

43 닻 정박 또는 부두 계류 중의 하역에 이용되는 하역설비로 옳은 것은?

가. Yard　　　　　　　　　나. Shed
사. Barge　　　　　　　　　아. Warehouse

부선(Barge) : 묘박 중 또는 부이 계류 중 이용하는 자체 추진기관이 없는 선박 형상의 하역 설비

정답　41 나　42 아　43 사

3. 흘수와 배수량

01 벌크 화물의 하역시 적양화된 화물의 정확한 양을 알기 위해서는 어느 것이 가장 좋은가?
가. Stress test(응력시험)
나. Draft survey(흘수 감정)
사. Load meter(하역 전산기)
아. Shore gauge(육상 게이지)

02 다음은 선박의 건현에 대한 설명으로 옳지 않은 것은?
가. 선박의 최대 한도의 예비 부력이다.
나. 중앙 현의 흘수선에서 건현 갑판까지의 높이이다.
사. 선박의 만재흘수선을 결정하는 것이 된다.
아. 수면상의 밀폐된 선박의 체적이 건현의 크기와 관계 있다.

> 한 선박의 안전을 확보하기 위하여 요구되는 최소 한도의 예비부력, 즉 건현을 확보한다는 것은 그 선박에 중량물을 적재할 수 있는 최대한의 흘수로 표시되는 것이다.

03 만재흘수선표에서 "WNA"의 의미로 옳은 것은?
가. 열대 만재흘수선
나. 동기대 만재흘수선
사. 동기 북대서양 만재흘수선
아. 하기대 만재흘수선

> S : 하기대 만재흘수선, W : 동기대 만재흘수선, T : 열대 만재흘수선, F : 하기 담수만재흘수선, TF : 열대 담수만재흘수선, WNA : 동기 북대서양 만재흘수선

04 선박 만재흘수선 규정은 세계의 해양을 4종으로 나누는데 옳지 않은 것은?
가. 계절 하기 대역
나. 열대 대역
사. 계절 열대 대역
아. 하기 대역

05 만재흘수선의 결정에 가장 기본이 되는 표시로 옳은 것은?
가. WNA
나. S
사. W
아. TF

> S(Summer load line) : 하기 만재흘수선이 가장 기본이 된다.

정답 01 나 02 가 03 사 04 가 05 나

06 만재흘수선의 기호에 대한 설명으로 옳지 않은 것은?

가. S - 하기 만재흘수선
나. T - 열대 만재흘수선
사. TF - 열대 담수 만재흘수선
아. WNA - 동기 북태평양 만재흘수선

> WNA = Winter North Atlantic(동기 북대서양 만재흘수선)
> W : 동기 만재흘수선, F : 하기 담수 만재흘수선

07 흘수가 너무 작을 때 일어나는 현상으로 옳지 않은 것은?

가. 타효 저하
나. Screw Propeller의 racing(공회전)
사. 선속 증가
아. 추진효율감소

08 선박의 예비 부력을 나타내는 것으로 옳은 것은?

가. Free board
나. Center line
사. Righting arm
아. Metacenter height

> Free board(건현)

09 선수 흘수와 선미 흘수의 차이를 무엇이라 하는가?

가. Frame
나. Trim
사. Even keel
아. Stern

> 트림(trim) : 선수 흘수와 선미 흘수의 차이
> 선수 흘수 6m 40cm, 선미 흘수 7m 00cm인 경우는 60cm by the stern(선미트림)이다

10 Trim에 의해 영향을 받는 것으로 옳지 않은 것은?

가. 타 효
나. 선박의 속력
사. 능파성
아. 배수량

> 트림(trim)
> ① 길이 방향의 선체 경사를 나타내는 것으로 선수 흘수와 선미 흘수의 차
>   선미트림(trim by stern), 선수트림(trim by head), 등흘수(even kill)
> ② 선박의 내항성, 타효, 속력 등을 고려하여 특별한 사정이 없으면 선미트림 1~1.5m 이상적, 중형선 1/70의 선미트림으로 한다.
> ③ 수심이 얕은 수로, 입출항시 : 등흘수로 조정
> ④ trim은 흘수와 같이 선박의 속력, 타효, 능파성에 영향을 끼침.

정답 06 아 07 사 08 가 09 나 10 아

11 다음은 Tcm에 대한 설명으로 옳지 않은 것은?

가. 선박의 종경사, 횡경사 없이 1cm의 흘수를 침하하면서 밀어내는 해수의 무게
나. 흘수를 1cm 평행 침하시킬 수 있는 화물의 무게
사. 매cm당 배수톤수
아. Tcm는 흘수에 따라 변하지 않고 일정하다.

매cm트림 배수톤수(tons per 1cm immersion : Tcm, TPC)
선박의 평균흘수를 1cm 부상 혹은 침하시키는데 필요한 중량톤수
표준해수에 떠 있는 선체가 경사됨 없이 평행하게 1cm 물에 잠기는데 필요한 무게
이 값은 수선면적에 비례하고 흘수에 따라 변함.
배수량 등곡선도, 적하척도에서 구한다.
TPC를 알면 소량의 화물을 적양할 때의 평균흘수의 감소 또는 증가량을 구할 수 있다.

12 다음은 부면심에 대한 설명으로 옳지 않은 것은?

가. Center of flotation이다.
나. 횡경사의 중심이다.
사. 수선면적의 중심이다.
아. Tipping center이다.

부면심(center of floatation : F)
① 선박이 등흘수 상태로 떠 있다가 중량배치의 변화나 외력등의 원인으로 인하여 길이 방향으로 경사하면 트림이 발생하며 트림이 생기기 전의 수선면과 트림이 생긴 후의 수선면은 반드시 1점에서 교차하게 되는데 이점을 부면심이라 한다.
② 부면심은 수선면적의 중심
③ 부면심이 종경사의 중심이므로 경사중심(TIPPING CENTER)이라고도 한다.
④ 보통 선형에 있어서 선체중앙에서 배 길이의 1/30~1/60 전·후방에 있다.
⑤ 트림의 변화는 선체의 중앙이나 무게중심의 변화로 생기는 것이 아니라 부면심을 중심으로 하여 생긴다.
⑥ 이 부면심의 수직선상에 적은 양의 중량물을 적, 양하면 선박은 기울어짐 없이 평행침하하거나 부상하게 되고 부면심보다 전방 또는 후방에 적, 양하게 되면 반드시 트림이 발생하게 된다.
⑦ 따라서 흘수나 트림계산에서 중요한 것이 부면심의 위치이다.
⑧ 임의의 평균흘수에 대한 부면심의 위치는 선체중앙으로부터 부면심까지의 거리(LCF, XF, MID, F) : 배수량 등곡선도 또는 적하 척도에 알 수 있다.

13 다음에서 흘수표가 피트와 인치로 된 선박에서 XI의 상단과 XII의 하단 정 중간이 수면이 었을 때의 흘수로 옳은 것은?

가. 11피트 3인치 나. 11피트 6인치
사. 11피트 9인치 아. 11피트 12인치

정답 11 아 12 나 13 사

14 ( ) 안의 내용으로 옳은 것은?

> 미터로 표시하는 흘수는 매 ( )cm 마다 ( )cm 크기의 아라비아 숫자로 표시하여야 한다.

가. 10, 5
나. 15, 5
사. 20, 10
아. 25, 10

15 흘수 읽기에 대한 설명으로 옳지 않은 것은?

가. Foot 단위로 기록된 선박의 흘수는 숫자의 증폭이 6inch이다.
나. Meter 단위로 기록된 선박의 흘수는 숫자의 증폭이 10cm이다.
사. 수분간 수면의 상하 운동의 최고, 최저의 중간치를 흘수로 읽는다.
아. 조류가 심한 곳에서는 선수의 수위가 높아지는 것을 고려해야 한다.

해설 계속 반복 운동하는 해면의 평균치를 흘수로 읽는다.

16 현재의 흘수와 예정 흘수 또는 만재흘수선까지의 적화 중량을 비교하여 선적할 수 있는 적화 중량을 구하는데 사용되는 것으로 옳은 것은?

가. Trim 계산도표
나. GM 곡선
사. 만재흘수선 구역표
아. 데드 웨이트(Dead weight) 스케일

17 Sagging 상태에 대한 설명으로 옳은 것은?

가. 선미 흘수가 선수 흘수보다 큰 것
나. 선수 흘수가 선미 흘수보다 큰 것
사. 선수미 평균 흘수가 중앙부 평균 흘수보다 큰 것
아. 중앙부 평균 흘수가 선수미 평균 흘수보다 큰 것

해설
- Hogging = 선수미 평균 흘수 > 중앙부 평균 흘수
- Sagging = 중앙부 평균 흘수 > 선수미 평균 흘수

정답 14 사 15 사 16 아 17 아

18 선박에서 Light 상태의 설명으로 옳은 것은?

가. 선박의 경하상태이다.
나. Ballast(밸러스트)만 만재한 상태이다.
사. 적화중량톤수의 절반인 상태이다.
아. 선원과 연료, 청수를 만재한 상태이다.

19 선박에서 경하상태에 대한 설명으로 옳은 것은?

가. 선박을 처음 건조하여 아무것도 싣지 아니한 상태이다.
나. 적화중량톤수의 절반인 상태이다.
사. 선원과 연료, 청수를 만재한 상태이다.
아. Ballast(밸러스트)만 적재한 상태이다.

20 Trim(트림) 때문에 일어나는 수선면적의 모양 변화로 인한 배수량 변화량을 수정하는 것으로 옳은 것은?

가. First trim correction
나. Second trim correction
사. Density correction
아. Stem correction

해설 First trim correction : 부면심이 선체 중앙에 있지 않을 경우의 배수량 수정

21 담수에서 만재흘수선을 초과하여 화물을 적재한 경우로 옳은 것은?

가. 밀도차로 인한 것만큼 허용된다.
나. 허용이 안되므로 위법이다.
사. 신고만 하면 된다.
아. 즉시 허락을 받아야 한다.

22 흘수 감정에 의한 배수량 수정시 행하지 않는 것은?

가. density correction
나. trim correction
사. bending correction
아. temperature correction

정답 18 가 19 가 20 나 21 가 22 아

23 다음 중 매cm 배수톤수에 관한 설명으로 옳은 것은?

가. 평균흘수가 1cm 증가하는데 필요한 중량이다.
나. 선미흘수가 1cm 증가하는데 필요한 중량이다.
사. 중앙흘수가 1cm 증가하는데 필요한 중량이다.
아. 선수흘수가 1cm 증가하는데 필요한 중량이다.

 매cm트림 배수톤수(tons per 1cm immersion : Tcm, TPC)
선박의 평균흘수를 1cm 부상 혹은 침하시키는데 필요한 중량톤수
표준해수에 떠 있는 선체가 경사됨 없이 평행하게 1cm 물에 잠기는데 필요한 무게
이 값은 수선면적에 비례하고 흘수에 따라 변함.
배수량 등곡선도, 적하척도에서 구한다.

24 다음 중 배수량 등곡선도에서 구할 수 없는 복원력 계산 요소로 옳은 것은?

가. 부심의 위치   나. 무게중심의 위치
사. 메타센터 높이   아. 매cm당 배수톤수

 매cm트림 모멘트(monent to change trim 1cm : MTC, Mcm)
1cm의 트림을 일으키게 하는 선체의 세로방향 경사모멘트
이 값은 흘수에 따라 변하는데 배수량 등곡선도, 적하척도에서 구할 수 있다.

25 선체의 종경사의 중심으로 옳은 것은?

가. 부면심   나. 무게중심
사. 경 심   아. 부 심

 부면심이 종경사의 중심이므로 경사중심(TIPPING CENTER)이라고도 한다.

26 선수흘수와 선미흘수가 같은 경우는 무엇인가?

가. trimmed by the head   나. up-light
사. even keel   아. trimmed by the stern

 등흘수(Even Keel) : ㉠ 선수흘수와 선미흘수가 같은 상태, ㉡ 수심이 얕은 수역을 항해할 때나 입거 시 유리

정답 23 가 24 나 25 가 26 사

27 일반 만재흘수선에 부가하여 표시하는 구획 만재흘수선을 나타내는 기호로 옳은 것은?

가. A
나. B
사. C
아. D

해설 국제항해에 종사하는 여객선은 만재흘수선에 구획 만재흘수선을 나타내는데 『C』를 표시한다.

28 구획 만재흘수선을 표시하는 선박으로 옳은 것은?

가. 광석선
나. 유조선
사. 원목선
아. 국제항해에 종사하는 여객선

29 일반적으로 가장 건현을 많이 확보해야 하는 적용 대역으로 옳은 것은?

가. 동 기
나. 하 기
사. 열 대
아. 담 수

정답 27 사 28 아 29 가

4. 화물의 하역과 관리

01 적화계획 작성시 주의해야 할 요점으로 옳지 않은 것은?

  가. 화물량과 선복량 나. 양하지의 도로 교통상황
  사. 양하지의 개수 아. 화물의 종류와 성질

  해설 적화계획의 요점
  ① 선박의 감항성 확보 : 복원력, 트림, 화물의 이동방지, 화물의 균등한 분배가 문제
  ② 최대량의 화물 선적 : 선박의 적하 용적과 적하 중량을 최대로 한다.
  ③ 화물의 사고 방지 : 화물의 배분과 혼합, 적재 장소, 래싱방법 등을 고려
  ④ 능률적인 하역 : 적양하 작업이 순조롭도록 각 선창의 분배, 양하지 고려
  ⑤ 인명, 선박, 화물의 위험 방지, 적재 규칙 준수

02 적화계획시 선박의 안전성 확보와 관계가 먼 것은?

  가. 만재흘수선 초과 금지 나. 적당한 트림 유지
  사. 화물사고의 방지 아. 적당한 복원력 유지

  해설 선박의 감항성 확보 : 복원력, 트림, 화물의 이동방지, 화물의 균등한 분배가 문제

03 화물 적부도는 누가 작성하여야 하는가?

  가. 포 맨 나. 선 주
  사. 하 주 아. 일등항해사

04 선적시 운항수익을 높이기 위한 방안으로 옳지 않은 것은?

  가. 항구별 양하화물을 선창별로 분산, 적부한다.
  나. Broken space를 최소화한다.
  사. Dead ballast를 최소화한다.
  아. Dunnage를 줄인다.

  해설 Dunnage를 줄이면 화물에 손상이 올 수 있다.

05 더러운 기름을 양하한 후 식용유를 적재하기 위한 탱크 소제로 옳지 않은 것은?

  가. 씻기(Washing) 나. 스티밍(Steaming)
  사. 닦기(Wiping) 아. 소독(Function)

  해설 탱크 소제 순서 : Steaming → Washing → Wiping

정답 01 나 02 사 03 아 04 아 05 아

06 최근 선진국에서 사용하고 있으며 독성이 강하고 단시간에 효과를 나타내는 소독으로 옳은 것은?

가. CO_2 소독
나. 청산가스 소독
사. 이산화황 소독
아. 유황 소독

> **시안화수소산가스 훈증법** : 청산가스, HCN
> - 최근의 선창소독의 주류
> - 무색, 냄새 달고, 공기보다 가벼운 기체, 짧은 시간에 쥐를 구제, 맹독성 있음.
>   사람은 미세량을 호흡해도 중독을 일으키며 심하면 사망, 가스훈증시 엄격한 주의 필요, VE기 게양

07 Wire rope는 지름의 몇 % 이상이 마멸되면 불합격으로 처리하는지 옳은 것은?

가. 5%
나. 8%
사. 10%
아. 13%

> 와이어 로프는 지름의 8배 되는 길이에 안 또는 묶음실 가닥 총수의 10% 이상 절단시나 지름의 1/10이 마멸되었을 때 또는 녹이 났을 때 불합격이다.

08 선박에 화물의 배치를 계획할 때 고려해야 할 것으로 옳지 않은 것은?

가. 고도한 호깅 및 새깅이 생기지 않도록 유의하여야 한다.
나. 선수미 방향의 무게 분포에 심한 불연속이 생기지 않도록 하여야 한다.
사. 적화완료 상태의 굽힘응력은 허용응력치보다 작아야 하나 하역 중에는 아무런 관계가 없다.
아. 선체의 종강력상 과도한 응력이 발생하지 않도록 고려하여야 한다.

09 하역의 세 가지 요점이 될 수 없는 것은?

가. 안전한 하역
나. 신속한 하역
사. 최대량 적재
아. 장기간 정박

10 던니지(Dunnage)의 사용 목적으로 옳지 않은 것은?

가. 혼적시 화물 구분
나. 배수 및 방화
사. 화물의 이동 방지
아. 중량물의 하중 분산

정답 06 나 07 사 08 사 09 아 10 나

11 다음에서 화물의 하중을 분산시키는데 가장 효과적인 것으로 옳은 것은?

가. securing 나. shoring
사. dunnage 아. lashing

> 해설 가. 고정, 나. 지주, 사. 짐밑 깔개, 아. 고박

12 화물의 이동 방지를 위한 조치로 옳지 않은 것은?

가. Coaming 나. Dunnaging
사. Shoring 아. Lashing

13 일반화물의 적재시 주의사항으로 옳지 않은 것은?

가. 선창의 구조 및 화물의 포장에 맞는 던니지를 사용한다.
나. 양하지가 같은 화물은 한 개의 동일 선창에 적재하여 하역 시간을 단축시킨다.
사. 화물틈을 줄인다.
아. 복원성과 트림이 적당하도록 화물을 배분한다.

> 해설 한 개의 동일 선창에 적재하면 적양하 시간이 길어진다.

14 야간에는 하역 중에 화물 사고를 일으키는 빈도가 높다. 이를 방지하기 위한 주의사항으로 옳지 않은 것은?

가. 야간에는 하역용구의 고장을 발견하기 어려우므로 낮에 정비·점검을 철저히 하여야 한다.
나. 야간에 필요한 용구는 도난의 우려가 있으므로 야간 하역 작업 중 작업이 지체되더라도 필요한 경우 수거한다.
사. 화물의 도난 및 화재 등의 위험이 많고, 본선의 감독도 소홀해 질 우려가 많으므로 하역반장에게 강력히 주의를 주어야 한다.
아. 작업을 원활하게 하기 위하여 충분한 조명을 설치하여야 한다.

정답 11 사 12 가 13 나 14 나

15 화물의 적부장소 선정법의 설명으로 옳지 않은 것은?

가. 위험 화물은 열 영향이 적은 곳에 싣는다.
나. 부패성 화물은 통풍이 양호하고 찬 곳에 싣는다.
사. 대형 상자 화물은 선수미창에 싣는다.
아. 대량 화물은 중앙 선창에 싣는다.

> 해설 선수미창은 구조의 특성으로 대형 상자 화물을 싣게 되면 화물틈이 커진다.

16 흡습성 화물의 적부시 주의사항으로 옳지 않은 것은?

가. 발한(sweat)을 방지하여야 한다.
나. 발한(sweat) 방지를 위해 적절한 통풍환기를 행하여야 한다.
사. 발한(sweat)에 의한 피해를 막는 것에 최대한 주의를 기울여야 한다.
아. 발한(sweat)의 발생을 감소시키기 위해 외부 공기를 완전히 차단한다.

> 해설 흡습성 화물의 통풍 환기법에서, 외기의 노점이 창내 공기의 노점보다 낮으면 통풍환기를 계속하는데, 외기의 노점이 창내 공기의 노점보다 높으면 통풍환기를 해서는 안 된다.
> ⇒ 흡습성 화물 : 습기를 수증기의 상태로서 흡착하는 성질을 가진 물질(곡류, 설탕, 양모, 마, 목재 외 동식물의 유기물)
> ⇒ 비흡습성 화물 : 금속, glass, 비닐 등

17 화물의 혼적시 옳지 않은 것은?

가. 먼지 나는 화물은 다른 화물의 위에 싣는다.
나. 액체 화물은 다른 화물의 위에 싣지 않는다.
사. 냄새나는 화물은 식료품과 같이 선창에 싣지 않는다.
아. 포장 취약 화물은 다른 화물의 아래에 싣지 않는다.

18 화물을 혼적하여 선적할 경우 선적 방법으로 옳지 않은 것은?

가. 조악화물과 정량화물을 같은 화물창에 싣는다.
나. 포장취약화물을 다른 화물의 아래에 싣지 않는다.
사. 액체화물을 다른 화물의 위에 싣지 않는다.
아. 냄새나는 화물과 식료품을 같은 선창에 싣지 않는다.

> 해설 일반화물 적재 시 주의사항
> ① 부서지기 쉬운 취약 화물(fragile cargo)이나 포장이 약한 화물 위에는 중량 화물 적재 금지
> ② 대형화물 사이에 소형화물을 끼워 적재하면 화물틈을 줄일 수 있다.

정답 15 사 16 아 17 가 18 가

③ 양하지가 같은 화물은 선창에 골고루 나누어 싣는다(하역 시간 단축).
④ 양하지나 수하인이 다르나 같은 종류의 화물, 비슷한 포장의 화물일 경우 가능한한 가까이 적재하지 않도록 하며 부득이한 경우에는 명확히 구분하여 양하지 착오가 발생하지 않도록 한다(mislanding).
⑤ 여러 기항지에서 적양하가 있을 경우 하역에 지장이 없도록 하역 순서를 고려하여 적재한다.
⑥ 선창의 구조와 화물의 포장에 맞는 던니지 사용 화물 사고 방지

19 선적에 관한 설명으로 옳지 않은 것은?

가. 대량 화물은 가능한한 하나의 화물창으로 모아 적재한다.
나. 가급적 조악화물과의 혼재를 피한다.
사. 선적 순서는 양하지 순서와 역순으로 한다.
아. 복원성과 트림을 고려하여 선적한다.

20 선체강도에 관한 내용으로 옳지 않은 것은?

가. 개구(Opening) 부근은 중량물을 적부하지 않는다.
나. 종강력, 횡강력, 국부응력을 고려한다.
사. 하중을 받는 갑판 면적이 최소가 되도록 조치한다.
아. 가급적 하중을 분산시킨다.

21 하역설비 결함으로 인한 사고에 대한 책임자로 옳은 것은?

가. 포맨(Foreman)   나. 화 주
사. 수하인   아. 선 주

 포장불량에 의한 화물 사고 책임 = 화주
선창 설비 불량, 선창 빌지 누수에 의한 화물 사고 책임 = 선주
생동물의 사망, 도주, 질병에 의한 사고 = 화주
생동물의 운송 중 사육비 = 화주

22 화물 고유의 하자에 의한 사고로 옳은 것은?

가. 하역 인부의 미숙   나. 포장의 불량
사. 던니지 부족   아. 우천시 작업

정답 19 가 20 사 21 아 22 나

23 화물 사고 중 운송인의 책임으로 옳은 것은?

가. 포장 불량으로 인한 화물의 손상
나. 포장 불량으로 인한 다른 화물의 손상
사. 화물 고유의 하자에 의한 사고
아. 화표의 불명확으로 인한 양륙 오차

24 항해 중 가장 중요한 화물의 관리방법으로 옳은 것은?

가. 선창 청소
나. 화물 고유의 하자에 의한 사고
사. 통풍 및 환기
아. 선창 내 적정 온도의 유지

25 쌀, 콩 등과 같은 벌크 화물인 곡류를 적재할 때 항해 중 선체동요로 인하여 화물이 한 쪽으로 이동하는 것을 방지하는 역할을 하는 것으로 옳은 것은?

가. Shifting board
나. 각 목
사. Wooden ventilator
아. Food board

26 통풍환기의 기준이 되는 것으로 옳은 것은?

가. 습구 온도
나. 건구 습도
사. 상대 습도
아. 이슬점

 이슬점 : 수증기를 함유한 공기가 냉각되어 포화상태에 도달했을 때의 온도
- 자연 통풍 장치
  Cowl head ventilator(고깔형), Mushroom ventilator(버섯형), Gooseneck ventilator(거위형)
- 기계 통풍 장치
  Fan motor ventilator(팬모터 사용)
  ※ 통풍 환기는 선창 내 공기의 이슬점을 외기 이슬점보다 낮출 수 있도록 실시

27 다음 중 화물의 정지각이 가장 작은 것은?

가. 석 탄
나. 곡 류
사. 철광석
아. 인광석

화물 이동 방지판(Shifting board) : 선창 내 곡물이 횡방향으로 이동하는 것을 방지하는 칸막이
피더(Feeder) : 선체의 동요로 곡물이 침하하여 선창 상부에 공백이 생기면 저절로 곡물이 보충되게 상갑판과 중갑판 사이에 해치 코밍을 이용한 나무 상자
화물의 정지각(Angle of repose) : 안식각이라고도 하며 정지각이 작을수록 화물이 이동되기 쉽다.

정답 23 나 24 사 25 가 26 아 27 나

28 다음 중 외기를 창내에 넣어 통풍환기를 하는 방법으로 옳은 것은?

가. 창내의 노점을 높이도록 한다.
나. 창내의 노점을 낮추도록 한다.
사. 습구온도와 건구온도가 같도록 한다.
아. 습구온도를 감소시키도록 한다.

29 석탄의 일반적 성질로 옳지 않은 것은?

가. 화물의 이동에 대한 위험이 적다.
나. 정지각이 36°~38°로서 비교적 크다.
사. 비중이 작아서 광석처럼 GM이 과대해진다.
아. 운송 중 자연 연소로 화재 또는 폭발의 위험이 있다.

> 해설) 비중이 작기 때문에 광석의 경우처럼 과대한 GM이 아니다.

30 광석의 선적시에 일어날 수 있는 것으로 볼 수 없는 것은?

가. Sagging or Hogging
나. Roling
사. Bottom heavy
아. Full and down

31 석탄 적재시 통풍환기의 목적으로 옳은 것은?

가. 위험 가스 배제와 발열 방지
나. 온도 상승에 대한 변질 방지
사. 화물의 땀에 의한 변질 방지
아. 습도의 상승에 의한 변질 방지

32 다음 중 석탄의 운송 중 내부 연소가 시작한 것으로 추정하는 온도는 얼마인가?

가. 60°C
나. 70°C
사. 82°C
아. 91°C

정답 28 나 29 사 30 아 31 가 32 사

33 다음 중 냉장 화물의 분류로 옳지 않은 것은?

　가. 양온 화물　　　　　　　나. 냉온 화물
　사. 냉동 화물　　　　　　　아. 예비 냉각 화물

> 냉장 화물 : 운송 중 상온에서 변질, 부패하기 쉬우므로 상온 이하로 냉장하여 운송해야 하는 화물
> ① 냉동 화물 : -12℃ ~ -7℃ : 육류, 어류
> ② 냉온 화물 : -1℃ ~ +2℃ : 달걀
> ③ 양온 화물 : 4℃ ~ 10℃ : 채소, 마른 고기

34 화약류에 대한 선박 운송 및 저장에 있어서 지켜야 할 조건과 금지 또는 제한 사항 등에 관한 규정으로 옳은 것은?

　가. 미분정광의 적재 운송 및 저장 규정
　나. 특수 화물의 선박 운송 및 저장 규정
　사. 위험물 선박 운송 및 저장 규정
　아. 산적 화물의 선박 운송 및 저장에 관한 특수 규정

35 다음 중 통풍환기로서 표면 통풍만을 하는 화물로 옳은 것은?

　가. 곡 류　　　　　　　　　나. 산화철
　사. 시멘트　　　　　　　　아. 석 탄

36 다음 중 상갑판 또는 갑판간에 적재한 화물의 붕괴 및 이동을 방지하기 위한 지주법에서 이동을 막기 위한 것이 아닌 것은?

　가. Shoring　　　　　　　　나. Tomming
　사. Brace　　　　　　　　　아. Reinforcing

37 다음에서 선창 용적이 600,000cubic인 선박에 15,000톤의 화물이 실렸을 때 평균 적화계수로 옳은 것은?

　가. 30　　　　　　　　　　나. 40
　사. 50　　　　　　　　　　아. 60

> SF = 600,000/15,000 = 40

정답　33 아　34 사　35 아　36 아　37 나

38 화물의 적양하 및 운송 중에 화물관리와 관련하여 항해일지(Log book)에 기록하여야 할 사항으로 옳지 않은 것은?

가. 갑판상에 적재한 화물의 고박상태 점검 및 고박의 조임을 조절하였다는 내용
나. 선창 통물의 상황, 선창 내의 농도 및 습도
사. 적화계수 변화량
아. 해상상태 및 기상상태

39 다음 중 하역시 화물의 포장이 불량하여 발생하는 하역사고의 책임자로 옳은 것은?

가. 화 주
나. 하역회사
사. 운송중개인
아. 운송인

40 선창에 적극적 환기법을 행할 때 많이 이용하는 자연 통풍장치로 옳은 것은?

가. Cowl head ventilator
나. Swanneck ventilator
사. Gooseneck ventilator
아. Mushroom ventilator

41 화물 이동 방지판에 관한 설명으로 옳지 않은 것은?

가. 수직 기둥에 두꺼운 목재판을 붙여 세운 것이다.
나. 선창 내에 횡 방향으로 화물이 이동하는 것을 방지한다.
사. 선창의 좌우 격벽에 도달해야 한다.
아. 화물창의 중앙에 한 개를 종방향으로 설치한다.

> 해설 선창의 전후 격벽에 도달해야 한다.

42 피더(Feeder)의 용적은 보충받을 선창 용적의 몇 % 이상이어야 하는가?

가. 2%
나. 5%
사. 8%
아. 10%

정답 38 사 39 가 40 나 41 사 42 가

43 냉장 화물의 하역에 관한 사항으로 옳지 않은 것은?

가. 짧은 시간에 신속히 하역하여야 한다.
나. 맑고 시원한 아침과 저녁, 또는 야간에 하역하는 것이 좋다.
사. 선적시에는 Surveyor를 입회시킨다.
아. 불량품은 M/R에 기재한 후 선적하는 것이 좋다.

44 화물 적재도의 작성 요령으로 옳지 않은 것은?

가. 화물의 화표, 품명, 수량을 표시한다.
나. 양하지 별로 구분하여 색을 칠한다.
사. 양하지 선택 화물은 화물창 속 깊은 곳에 적재한다.
아. 양하시 특별히 주의해야 할 화물은 주의사항을 기입한다.

45 선내 소독 개시 몇 분 전까지 전선원을 하선시켜야 하는가?

가. 2시간   나. 1시간 30분
사. 1시간   아. 30분

46 선내 소독중 게양하는 기류 신호로 옳은 것은?

가. VE   나. NE
사. NC   아. B

47 안전한 하역에 포함되지 않는 것은?

가. 선박의 안전   나. 항해의 안전
사. 작업의 안전   아. 화물의 안전

48 방수 및 오수처리에 관한 설명으로 옳지 않은 것은?

가. 출항 시 침수의 우려가 있는 모든 개구를 폐쇄한다.
나. 황천시라도 통풍통은 개방해 둔다.
사. 오수(Bilge water)는 매일 정해진 시간에 측심한다.
아. 항해 중 가끔 폐쇄 상태를 점검한다.

정답 43 아 44 사 45 아 46 가 47 나 48 나

49 다음에서 위험 화물의 하역에 관한 사항으로 옳지 않은 것은?

가. 위험 화물의 상부에 중량 화물을 싣지 않는다.
나. 수리 작업을 하는 시간에는 하역을 피한다.
사. 하역시 화물에 충격을 주지 않도록 한다.
아. 발열성 화물은 위험화물의 하부에 적재한다.

50 다음에서 위험물 운송시의 일반적인 주의사항으로 옳지 않은 것은?

가. 부근에서 흡연 및 노출 불꽃 등의 사용을 금지한다.
나. 하역할 때에는 어떠한 종류의 전등도 조명용으로 사용하여서는 안된다.
사. 철재공구, 성냥, 라이터 등의 휴대 또는 사용을 금한다.
아. 위험물의 하역 장소 부근에서는 화기 작업을 하지 않는다.

51 다음 중 방사성 물질의 포장의 길이, 너비, 깊이가 각각 얼마 이상이어야 하는가?

가. 10mm 이상	나. 100mm 이상
사. 300mm 이상	아. 1,000mm 이상

52 자동차 전용선(PCC)에서 사용하는 하역 방식으로 옳은 것은?

가. RORO방식	나. LOLO방식
사. 우회전 방식	아. 좌회전 방식

> RORO(Roll on, Roll off) : 적양하시 자동차를 직접 운전함
> LOLO(Lift on, Lift off) : 터미널의 부두 크레인을 사용

53 검수(Tally)에 대한 내용으로 옳은 것은?

가. 화물의 수량을 세고 손상 여부를 확인하는 것
나. 화물의 용적을 검측하는 것
사. 적화계획을 작성하는 것
아. 화물을 포장하는 것

정답 49 아 50 나 51 나 52 가 53 가

54 다음에서 벌크 화물의 정지각(Angle of repose)이 가장 작은 화물로 옳은 것은?

가. 곡 류 나. 석 탄
사. 철광석 아. 암 염

- 정지각(Angle of repose) : 산적화물을 적재하면 원추 모양으로 된 경사면과 수평면이 이루는 각도로 작을수록 이동이 쉽다.
- 곡류 : 22~35°, 석탄 : 30~40°, 철광석 : 30~50° 정도

55 다음에서 컨테이너 적부계획의 고려사항으로 옳지 않은 것은?

가. 복원성과 트림 나. 기항지의 순서
사. LCL화물의 위치 아. 컨테이너의 중량 배치

LCL화물(less than container load cargo) ⇔ FCL화물(full container load cargo)
1개의 컨테이너 내에 1개 회사의 화물이 차지 않아 여러 회사의 화물을 합쳐서 1개의 컨테이너를 채우는 경우의 화물

56 선박의 적화계획시 고려할 사항으로 옳지 않은 것은?

가. 최대 화물량을 적재한다.
나. 선박의 감항성을 확보해야 한다.
사. 무거운 화물은 한 선창에 적재한다.
아. 화물사고를 방지한다.

57 선적화물의 용적이나 중량을 측정하여 증명서를 발급하는 검량업에 종사하는 자로 옳은 것은?

가. 스원 메저러(Sworn Measurer)
나. 수퍼카고(Supercargo)
사. 탤리맨(Tallyman)
아. 포맨(Forman)

- **Sworn Measurer**(검량인) : 선적화물의 용적 또는 중량을 측정하여 증명서를 발급하는 검량업에 종사하는 사람
- **Supercargo** : 외국의 항구에 있어서 선박회사대리점에 소속된 하역관계인으로 선박하역 책임자와 하역의 방법 등을 협의하며 경우에 따라서는 검수를 할 때도 있다.
- **Tallyman**(검수인) : 적화물의 개수의 계산과 수도의 증명을 하는 사업인 검수업에 종사하는 사람
- **Foreman** : 선내하역 작업의 책임자

정답 54 가 55 사 56 사 57 가

- Stevedore(선내하역업자) : 선내 하역업을 전문으로 하는 사람
- Surveyor(감정인, 검사인) : 선적화물의 적부검사, 손해화물의 감정 등이 주가되는 적화에 관한 검사, 감정, 조사를 하는 사람

58 선창이나 갑판에 목재를 적재할 때 반 정도 적재한 후 래싱와이어 만으로 약간 느슨하게 하는 래싱으로 옳은 것은?

가. Hog Lashing
나. Under Lashing
사. Top Lashing
아. Sag Lashing

59 포대에 넣은 쌀, 땅콩 등과 같이 발열하거나 발한(Sweat)이 생기기 쉬운 화물의 사이에 창내 환기를 촉진시키기 위해 끼워 넣는 것으로 옳은 것은?

가. 대나무
나. Mat
사. 합 판
아. Wooden Ventilator

해설 Wooden Ventilator : 건조한 목재로 만든 통풍통

60 자동차의 적재상의 원칙으로 옳은 것은?

가. 횡종적
나. 선종적
사. 좌회전 방식
아. 우회전 방식

해설 선종적 : 선수미 방향으로 적재

61 벌크 화물선의 화물창 내에서 Trimming(트리밍)의 뜻으로 옳은 것은?

가. 화물의 표면을 편평하게 고름
나. 종경사 조정
사. 화물의 고박
아. 횡경사 조정

62 선박위생관리 증명서의 유효기간으로 옳은 것은?

가. 3개월
나. 6개월
사. 9개월
아. 12개월

정답 58 가 59 아 60 나 61 가 62 나

5. 목재 화물

01 Freight basis(운임건)의 3종류로 옳지 않은 것은?

가. 검 량
나. 용 적
사. 가 격
아. 중 량

 검량 : 화물이 선창을 차지하는 용적 및 총중량을 검측하는 것이다.
운임건 : 운임을 계산하는 단위가 되는것

02 다음에서 1 Long ton과 관계가 없는 것은?

가. 2,240lbs
나. 907.18kg
사. 1,016.05kg
아. 유럽, 인도, 호주 항로에 사용

- 1 Short ton = 2,000lbs = 907.18kg 미국과 남미지역간 사용
- 1 Metric ton = 2,204.62lbs = 1,000kg 미터법을 실시하는 유럽 여러 나라에서 사용, 우리나라도 공식적인 중량 단위로 사용

03 중량건이란 중량 화물 1톤을 운임건으로 함을 말한다. 옳지 않은 것은?

가. Long ton(L/T)
나. Short ton(S/T)
사. Metric ton(kg.ton)
아. Measurement ton(M/T)

 중량건
- 무거운 화물은 중량 1톤을 운임건으로 한다.
- 중량톤은 나라에 따라 기준이 다르며, 다음과 같다.
  ① 1 LONG TON(LT) = 2,240lbs = 1,016.05kg(가장 큼)
  ② 1 SHORT TON = 2,000lbs = 907.18kg(가장 작음)
  ③ 1 METRIC TON(M/T) = 1kilo ton(K/T) = 1,000kg = 2,204.62lbs(중간)

04 다음에서 목재의 운임건으로 옳은 것은?

가. BM
나. SF
사. GM
아. SWL

① BM = Board Measure = 1,000BF = 2.08measurement ton
② SF = Stowage Factor(적화계수)
③ SWL = Safety Working Load(안전사용하중)
1 Measurement Ton(용적톤) = 40ft^3(1.133m^{3}의 용적)

정답 01 가 02 나 03 아 04 가

05 목재의 검재 방법 중 가장 많이 사용되는 것으로 옳은 것은?

가. 브리레톤 스케일
나. 호퍼스 스티링 메저
사. 브리티시 콜롬비아 스케일
아. 컨퍼런스 롤

06 다음은 원목을 갑판적할 때의 유의사항이다. 옳지 않은 것은?

가. Bulwark보다 높이 적재할 경우 지주를 3m 이하의 간격으로 세운다.
나. 갑판 적재량은 선창 내 적재량의 1/3 정도이다.
사. 전 항해를 통하여 최소한 15cm 이상의 GM은 확보되어야 한다.
아. 래싱 체인(래싱 와이어)의 간격은 3m 이내로 한다.

> [해설] 목재의 갑판적 운송에는 적절한 GM(최소 30cm 이상)의 확보와 래싱(래싱 체인의 간격 3m 이내)이 중요하다.

07 다음에서 원목을 하역시 가장 적합한 Cargo sling으로 옳은 것은?

가. Net sling
나. Powder sling
사. Rope sling
아. Wire sling

08 중량화물이란 용적 ( )의 중량이 ( )을 넘는 화물이다. ( ) 안에 옳은 것은?

가. $1m^3$, 1Long ton
나. $1ft^3$, 1Long ton
사. $40ft^3$, 1Long ton
아. $40m^3$, 1Long ton

09 원목을 갑판적할 때 lashing(래싱)용으로 사용하는 것으로 옳은 것은?

가. 마닐라 rope
나. 나이론 rope
사. chain 및 wire rope
아. heaving line

> [해설] 목재 운반선의 안전운항
> ① 황천 항해 시에는 저속과 변침을 거듭함으로써 갑판상 해수의 침입을 경감시킨다.
> ② 목재의 래싱 상태를 매일 점검하여 느슨해진 부분을 다시 죄어준다.
> ③ 벌채 후에도 목재는 호흡 작용을 한다. 따라서 밀폐된 선창에는 산소결핍현상이 있을 수 있으므로 주의한다.
> ④ 매일 각 탱크 및 선창 빌지를 측심한다.
> ⑤ 양하항 입항전에 기상이 양호하면 오버래싱 와이어를 미리 풀어 놓음으로써 하역시간을 절약하도록 한다.
> ⑥ 그러나 한 선창당 2, 3개의 체인(chain) 래싱(lashing)은 입항시까지 그대로 둔다.

정답 05 가 06 사 07 아 08 사 09 사

10 화물의 부피를 나타내는 톤수로 옳은 것은?

가. Long Ton
나. Short Ton
사. Kilogram Ton
아. Measurement Ton

 용적톤
① 용적톤(measurement ton, M/T)
② 용적톤으로 사용하는 1톤의 용적은 화물의 검재법에 따라 측정한 40입방피트의 용적을 1톤으로 한다.
③ 1 measurement ton = 40ft^3 = 1.133m^3

정답 10 아

6. 액체 화물

01 다음 중 탱크의 하역과 관련하여 해당되지 않는 것은?

가. C.O.W
나. Stripping
사. I.G.S
아. S.W.L

 아. S.W.L은 로프의 안전사용하중으로 탱커와는 관계가 없다.
- C.O.W(crude oil washing : 원유세정장치) : 유조선에 탱크의 잔유물을 줄이기 위하여 화물유를 고압으로 탱크내에 분사하여 탱크의 벽 등을 세척하는 장치
- I.G.S(inert gas system : 이너트 가스 설비) : 유조선의 화물유 탱크에 불활성 가스를 공급하여 공선 항해 중, 적화하는 동안 및 탱크 세정 작업 중 탱크 내의 공기를 불연성 범위로 유지하여 폭발을 방지하기 위한 장치
- S.W.L(safe working load : 안전사용하중) : 파단력의 약 1/6 정도

02 유조선에서 제일 마지막에 기름을 싣는 탱크로 옳은 것은?

가. Slop tank
나. Center tank
사. 선미 tank
아. 선수 tank

 Center tank : 기름의 적재시 Trim의 변화와 가로로 경사가 일어나지 않는다.

03 유조선의 펌프실 내에서 갑판상 배출관과 펌프를 수직으로 연결시키는 관으로 옳은 것은?

가. Deck delivery
나. Drop line
사. Pump line
아. Riser

 탱크의 파이프 라인
- Deck line : 선체 중앙부에 세로 방향으로 배열(카고 매니폴드에서 펌프실에 이르는 것)
- Deck cargo line : 선체 중앙부에 가로방향으로 배열
- Riser : 양하시 잔류물을 끌어 내기 위한 라인
- Center tank : 유조선에서 제일 마지막에 기름을 싣는 탱크

04 Bonding cable을 설치하는 목적으로 옳은 것은?

가. 선내에 감염병의 예방을 막기 위하여 설치한다.
나. 선박을 부두에서 떨어지지 않게 하는 역할을 한다.
사. Tanker의 하역시에 Manifold와 땅 사이에 폐쇄회로를 형성하고 전류를 흐르게 한다.
아. 선박과 육상간에 통신을 위하여 설치하는 전선이다.

정답 01 아 02 나 03 아 04 사

> **해설** Bonding cable : Tanker 하역시 Manifold와 땅사이에 폐쇄회로를 형성하고 전류를 흐르게 한다. Cargo hose를 분리하고 흘린 기름을 청소한 후 분리한다.

05 탱커에서 규정 이상으로 압력이 상승할 때 작동하는 밸브로 옳은 것은?
　가. Non-Return valve　　　　나. Butterfly valve
　사. Safety valve　　　　　　아. Delivery valve

06 오일 탱크 속에 정전기가 잘 대전되는 곳으로 옳은 것은?
　가. 탱크 상부　　　　　　나. 탱크벽
　사. 돌출 구조물　　　　　아. 탱크 중간

07 다음 중 탱크에서 갑판상 중앙부에 카고라인이 모여 있고, 본선과 육지의 연결관이 있는 곳으로 옳은 것은?
　가. Riser　　　　　　　　나. Deck discharging line
　사. Main deck　　　　　　아. Manifold

08 다음 중 탱크 폭발 한계에 있어서 LEL은 무엇을 뜻하는가?
　가. 폭발 불가능　　　　　나. 폭발 하한계
　사. 폭발 상한계　　　　　아. 정상 폭발 한계

> **해설** LEL(Lower explosive limit) : 폭발 하한계
> UEL(Upper explosive limit) : 폭발 상한계

09 Tanker가 일반적으로 만재 상태일 때 나타나는 현상으로 옳은 것은?
　가. Sagging으로 되는 경향이 있다.
　나. Hogging으로 되는 경향이 있다.
　사. 적재 상태에 따라 변한다.
　아. Hogging 또는 Sagging이 되지 않는다.

정답 05 사　06 사　07 아　08 나　09 가

10 정전기의 발생은 언제 일어나기 쉬운가?

가. Tank 내의 액체가 흔들릴 때
나. Hose와 Pipeline을 통하여 Cargo oil을 pumping할 때
사. Butterworth로서 Tank cleaning을 할 때
아. 상기 다 맞다.

11 펌프 케이싱 내부에 화물유를 가득 채우는 것을 프라이밍(Priming)이라고 한다. 프라이밍을 하는 이유로 옳은 것은?

가. 임펠러의 공회전을 방지하기 위하여
나. 펌프의 속도를 높이기 위하여
사. 탱크를 만재하기 위하여
아. 스트리핑을 방지하기 위하여

12 탱커에서 기름의 적재시 주의사항으로 옳지 않은 것은?

가. Topping off시 Overflow에 주의한다.
나. 가능한 한 Hogging이나 Sagging이 생기지 않도록 한다.
사. Ullage 측정은 자주 할 필요가 없다.
아. 과도한 트림이 생기지 않도록 한다.

> **해설** Ullage : 모든 액체는 온도가 상승하면 팽창하게 되므로, 기름은 Tank에 싣는 경우에도 운송 중의 온도 상승을 예상하여 적어도 팽창량만큼 공적을 남겨 두지 않으면 안된다. 이 공적을 Ullage라 한다.

13 다음 중 유조선에서 자유 표면의 영향을 줄이기 위하여 설치하는 것으로 옳은 것은?

가. 선수창　　　　　　　　나. 횡격벽
사. 종격벽　　　　　　　　아. 선미창

14 다음 중 유조선에서 화물의 탱크의 구조가 2열 종격벽으로 되어 있는 이유로 옳지 않은 것은?

가. 자유표면 효과의 감소　　나. 화물유의 구분
사. 하역능률의 향상　　　　아. 분종강력의 증대

> **정답** 10 아　11 가　12 사　13 사　14 사

15 다음 중 유조선에서 Cargo oil의 이송과 관련이 없는 것은?
　가. Pipe line
　나. Cargo hose
　사. Cargo sling
　아. Cargo pump

 사. Cargo sling(카고 슬링) : 하역설비로 하역시 화물을 싸거나 묶어서 훅에 매다는 용구

16 다음 중 적양하는 Cargo oil의 체적을 정하는 표준 온도는 얼마인가?
　가. 50°F
　나. 60°F
　사. 70°F
　아. 80°F

 적양하는 카고 오일(cargo oil)의 체적을 정하는 표준 온도는 : 60°F
액화석유가스의 양을 측정하는 표준 온도 : 15°C

17 다음에서 적재 항해 중 Inert gas(불활성 가스)의 압력은 얼마를 유지하여야 하는가?
　가. 100mm 수주 ~ 200mm 수주
　나. 300mm 수주 ~ 500mm 수주
　사. 700mm 수주 ~ 1,000mm 수주
　아. 1,000mm 수주 ~ 1,500mm 수주

　불활성 가스장치(IGS)
　기름은 가연성 액체이기 때문에 탱커는 항상 화재와 폭발의 위험을 안고 있다. 불활성 가스 장치는 기관실 보일러의 배기가스를 냉각세척(scrubber)하여 탱크내에 주입함으로써 탱크내부를 불활성상태로 만들어 화재 폭발을 방지하는 탱커의 안전장치이다.

18 IGS(inert gas system) 중 Desk seal의 목적으로 옳은 것은?
　가. inert gas 냉각
　나. inert gas의 고압 방지
　사. inert gas 세척
　아. inert gas의 역류 방지

19 Inert gas와 제일 관계가 깊은 선박으로 옳은 것은?
　가. 예인선
　나. 잡화선
　사. 유조선
　아. 여객선

정답 15 사 16 나 17 사 18 아 19 사

20 유조선의 화물탱크 내에서 발생할 수 있는 화재 및 폭발사고 방지를 위해 가장 확실하고 효과적인 방법으로 현재 시행되고 있는 것으로 옳은 것은?

가. 불활성가스제거
나. 산소농도억제
사. 충격방지
아. 인화물질제거

21 유류 화물의 양을 나타내는 단위로 옳지 않은 것은?

가. Measurement ton
나. Metric ton
사. Barrel
아. Long ton

- 측정한 기름의 용적과 비중에 의하여 중량으로 환산한다.
- 단위로 사용하는 것은 중량톤 단위인 Long ton, Metric ton, 배럴 등이 사용되며, 가. Measurement ton 용적톤은 사용하지 않는다.

22 다음의 ( ) 안에 알맞은 것은?

> SOLAS에서는 가스프리 상태를 제외하고 유조선의 카고 탱크 내 산소 농도를 ( ) 이하로 유지하도록 요구하고 있다.

가. 5%
나. 8%
사. 12%
아. 15%

23 IGS 중 Scrubber의 역할로 옳은 것은?

가. 배기가스의 세척, 분리
나. 배기가스의 세척, 냉각
사. 배기가스의 고압 방지
아. 배기가스의 역류 방지

Scrubber : 냉각세척

24 Butterworth로서 Tank cleaning할 경우 Tank의 Stripping은 언제 시작하는 것이 좋은가?

가. Tank cleaning이 끝났을 때
나. Tank의 Ingage가 5′일 때
사. Tank cleaning을 시작할 때
아. Tank의 Ingage가 10′일 때

정답 20 나 21 가 22 나 23 나 24 사

25 Butterworth 작업을 준비할 때 정전기를 막기 위하여 먼저 해야 할 사항으로 옳은 것은?
가. Water manifold에 Hose를 연결한다.
나. 물을 튼다.
사. Shipping pump를 시동한다.
아. Tank에 Nozzle을 삽입한다.

26 다음의 (   ) 안에 옳은 것은?

> COW(Crude oil washing, 원유세정) 작업시 Deck 하부 (   )부근과 Ullage space의 (   )에서 측정한 O₂농도는 전부 (   )퍼센트 이하라야 한다.

가. 5M, 상부, 15   나. 1M, 하부, 5
사. 1M, 중간, 8   아. 5M, 하부, 10

27 다음에서 Hot work(고열성 작업)과 관련이 없는 것은?
가. 탱크 내 압력이 정압일 때   나. 철재 공구의 사용 작업
사. 샌드 브래스팅 작업   아. 용접 작업

28 COW작업을 중지해야 할 경우로 옳지 않은 것은?
가. 탱크 내 압력이 정압일 때
나. 인원이 불충분할 때
사. 공급되는 inert gas의 산소 농도가 8% 이상일 때
아. I.G.S의 고장시

> **원유세정**(Crud Oil Washing : COW)
> - 양하작업과 동시에 진행되는 원유세정작업은 탱크세정기를 통하여 원유를 고압으로 분사시켜 탱크내부를 깨끗이 세정하는 작업이다.
> - 이는 탱크내 부착된 기름찌꺼기를 씻어냄과 동시에 이들을 원유속에 다시 녹여 화물유와 함께 양하함으로써 양을 증대시키고 해양오염을 줄인다.
> - MARPOL 73/78에 의하면 SBT탱커의 경우 원유를 적재했을 때에는 슬러지제어탱크에 대하여 원유세정을 의무화하고 있다.
> - COW작업 중지
>   • I.S.G고장시 공급되는 INERT GAS의 산소농도가 8% 이상일 때
>   • 인원불충분시(탱크내 압력이 정압일 때 중지하면 안된다.)

정답 25 가 26 사 27 가 28 가

29 다음 중 액화 석유 가스 운송선으로 옳은 것은?

　가. LNG tanker　　　　　　　나. LPG tanker
　사. Crude oil tanker　　　　　아. Chemical tanker

30 갑판상 중앙부 cargo line이 집합하여 있고 선육 연결관이 있는 곳으로 옳은 것은?

　가. Drop line(Direct filling line)　　나. Manifold
　사. Deck discharging line　　　　　아. Riser

　 Deck discharging line : 선육 연결관과 펌프실 내의 올림판(Riser)을 연결시키는 관
　　　Drop line : 갑판상 배출관과 탱크 흡입 주관을 직접 연결하는 수직 배관
　　　Riser : 펌프실 내에서 갑판상 배출관과 펌프를 수직으로 연결시키는 관

31 스트리핑을 하는데 사용되는 펌프로 옳은 것은?

　가. Centrifugal pump　　　　나. Cargo pump
　사. Stripping pump　　　　　아. Sanitary pump

32 LPG tanker의 gas(ballance) line의 용도로 옳은 것은?

　가. 하역용　　　　　　　　　나. 냉각용
　사. 선육 탱크의 압력 조절　　아. 재액화용

33 기화 가스에 포함된 액을 제거하고 고압 고온의 가스로 만드는 곳으로 옳은 것은?

　가. 냉각기　　　　　　　　　나. 압축기실
　사. 가스관　　　　　　　　　아. 저장용기

34 카고 호스내의 공기를 질소 가스나 이산화탄소로써 제거시키는 것으로 옳은 것은?

　가. Draining　　　　　　　　나. priming
　사. Sparging　　　　　　　　아. Purge

　PURGE(깨끗이 함) : 탱크에 IG가스를 공급하여 석유가스를 배출하는 것(카고 호스내에 공기를 질소 가스나 이산화탄소로써 제거시키는 작업)
　　　PRIMING(채우기) : 펌프 IMPELLER의 CASING 및 SUCTION LINE 내부를 배출해야 할 유액으로 가득 채우는 것

정답　29 나　30 나　31 사　32 사　33 나　34 아

35 액화석유가스의 양을 측정하는 표준 온도는 얼마인가?

가. 60°F
나. 60°C
사. 15°C
아. 15°F

 액화석유가스의 양을 측정하는 표준 온도 : 15°C
적양하는 CARGO OIL의 체적을 정하는 표준 온도 : 60°F
석유류의 자연 발화점 : 500~700°F

36 석유가스의 농도와 관계없이 연소 및 폭발이 일어나지 않는 산소의 농도로 옳은 것은?

가. 11.5% 미만
나. 18% 미만
사. 15% 미만
아. 13.5% 미만

 석유가스의 농도에 관계 없이 산소 농도가 11.5% 미만이면 연소 및 폭발은 일어나지 않는다.

37 연소 또는 폭발할 수 있는 석유가스의 공기 중 함유량은 얼마인가?

가. 11.5% 이하
나. 14% 이상
사. 1.2% 이하
아. 1.2~14%

38 유조선의 탱크 내부 산소 농도를 낮추는데 사용되는 기체로 옳은 것은?

가. 부탄 가스
나. 석유 가스
사. 이너트 가스
아. 프로판 가스

불활성 가스 장치(IGS 장치)
기름은 가연성 액체이기 때문에 탱커는 항상 화재와 폭발의 위험을 안고 있다. 불활성 가스 장치는 기관실 보일러의 배기 가스를 냉각 세척(scrubber)하여 탱크내에 주입함으로써 탱크 내부를 불활성 상태로 만들어 화재폭발을 방지하는 탱커의 안전장치이다. 원유가스의 경우 산소농도 11.5% 미만이면 어떤 경우에도 연소가 일어나지 않는 불활성 상태가 되는데 탱커에서는 IGS장치를 사용하여 탱크 내의 산소농도를 8%로 이하로 유지시키고 있다.

39 석유가스의 유독성에 관한 설명으로 옳지 않은 것은?

가. 독성은 급성이다.
나. 인체에 해로운 독성이 있다.
사. 탄소 원자의 수가 많을수록 강하다.
아. 독성은 축적작용이 있다.

정답 35 사 36 가 37 아 38 사 39 아

40 케미컬 탱크의 Cargo piping system에 관한 설명으로 옳지 않은 것은?

가. 화물용 파이프는 화물 구역에만 배치
나. 밸러스트 탱크 속으로의 관통은 화물에 따라 제한
사. 다른 파이프 계통과 완전 독립
아. 연료유 탱크 속으로의 관통은 허용됨.

> 카고라인
> - 연료유 탱크로의 관통은 어떤 경우에도 허락되지 않는다.
> - 다른 파이프 계통과는 완전 독립
> - 밸러스트 탱크에 카고라인이 관통하는 것은 화물의 종류에 따라 제한

41 다음의 Cleaning 작업과정 중 염분 제거 및 냄새 제거에 가장 효과적인 것으로 옳은 것은?

가. Rinsing   나. Pre-cleaning
사. Steaming   아. Flusing

> 케미컬 탱크의 크리닝 과정
> Pre-Cleaning → Cleaning → Rising(헹구기) → Flushing(분출) → Steaming(증기) → Draining(물뺌) → Drying

42 케미컬 탱크의 탱크 크리닝 과정 중 마지막 단계로 옳은 것은?

가. Drying   나. Flushing
사. Rining   아. Pre-cleaning

> Tank cleaning 과정 : ① Pre-cleaning ② cleaning ③ Rinsing ④ Flushing ⑤ Steaming ⑥ Draining ⑦ Drying

43 다음 중 케미컬 탱커에서 탱크세정 후 세정수는 어디를 통하여 배출하도록 규정되어 있는가?

가. 흘수선보다 상부에서 배출   나. 수면하 배출구를 통하여 배출
사. 흘수선에서 배출   아. 밸러스트 배출구를 통하여 배출

44 다음 중 케미컬 탱커에서 적화작업 전에 육상과 교환하는 정보에 해당하지 않는 것은?

가. 적부예정 화물의 종류와 양   나. 적부절차와 최대적부율
사. 화물증기 배기방법   아. 화물오염사고 시 책임 관계

정답 40 아 41 사 42 가 43 아 44 아

45 케미컬 탱커에서 사용하는 방독면에 대한 설명으로 옳지 않은 것은?

가. 방독면은 산소농도가 부족한 밀폐구역 진입 시 반드시 착용하여야 한다.
나. 흡수관의 유효기간은 가스농도, 호흡량 등에 따라 달라진다.
사. 모든 승무원의 수만큼 선내에 비치하여야 한다.
아. 화물가스의 종류에 따라 흡수관이 다르므로 해당 화물가스용으로 사용이 가능한지 확인하여야 한다.

 방독면은 산소가 충분히 있는 곳에서 공기중에 오염물질을 제거하기 위한 장비이므로 산소 농도가 부족한 밀폐구역의 진입시에는 사용할 수 없고, 이 때는 자장식 호흡구를 사용해야 한다.

정답 45 가

7. 컨테이너 운송

01 컨테이너 터미널 내의 시설로 옳지 않은 것은?

가. ISO
나. MY
사. CY
아. CFS

- 마셜링 야드(Marshalling Yard : MY) : Apron에 인접하고 있는 지역으로 선적할 화물이 들어 있는 컨테이너(Hot container)를 적하순으로 정비하여 놓는 장소
- Container Yard(CY) : 컨테이너의 인수, 인도 및 보관이 이루어지는 장소로 마셜링 야드 및 Storage Yard 등을 합한 지역
- Container Frieght Station(CFS) : 선박회사가 화주로부터 적하를 수령하여 컨테이너에 수납하거나 또는 육양된 컨테이너에서 화물을 꺼내어 하도를 하기 위한 장소
- LCL : 화물이 혼재하는 곳

02 컨테이너 터미널의 시설 중에서 컨테이너를 본선 입항 전에 미리 선적할 순서로 배열해 두는 장소로서 Apron과 인접해 있는 것으로 옳은 것은?

가. Marshalling yard
나. Container freight station
사. Inland container depot
아. Container frieght station

에이프런(Apron) : 부두에서 갠트리 크레인이 설치되어 있어 적양하 작업을 자유로이 할 수 있는 공간

03 컨테이너 화물 취급 서류 중에서 Dock Receipt와 같은 용도인 재래선의 서류로 옳은 것은?

가. Mate's Receipt
나. Booking List
사. Bill of Lading
아. Manifest

Dock Receipt(D/R) : 부두인수증
선적을 하기 위해 화물을 인도했을 경우 선박회사가 화물의 수취를 증명하여 화주에게 교부해주는 화물 수취증을 말하는데, 특히 컨테이너 수송화물을 CY나 CFS 등에서 선박회사에 인도했을 경우 본선수령증(Mate's Receipt) 대신 이것을 작성, 교부해 준다.

정답 01 가 02 가 03 가

04 화물의 규격화에 속하지 않는 것은?

가. Pallet화
나. LASH식 운송
사. Container화
아. Case화

 화물의 규격화
① 팰릿화 : 하역 능률을 높이기 위해 화물을 일정한 크기가 되도록 팰릿 위에 정해진 치수로 쌓고 팰릿과 함께 묶어서 규격화하는 방법
  - 컨테이너에 비해 일찍 시작된 팰릿화는 오늘날 컨테이너화에 밀려 부분적으로 이용되고 있기는 하지만 여전히 컨테이너를 보완하는 중요한 수단이 되고 있다.
  - 그 이유는 팰릿화의 경우 컨테이너화에 비해 간단하고 비용이 저렴하며 하역을 위한 특별한 설비가 필요하지 않기 때문이다.
② 컨테이너화
  - 선박안전법상 컨테이너의 정의 : 선박에 의한 화물의 운송에 반복되어 사용되고 기계하역 및 겹쳐서 쌓을 수 있으며 고정시키는 장구가 부착된 밑부분이 직사각형인 기구
  - ISO : 내구성과 반복사용이 가능한 충분한 강도가 있으며 상품수송을 여러 수송방법으로 해도 중도에 재포장하지 않으며 적하 및 양하시 편리하도록 설계되어 있는 $1m^3$ 이상의 내부 용적을 가진 수송설비
  - ISO 표준규격 컨테이너는 최대 총중량이 30.5톤이지만 일반적으로 해치 커버의 중량을 고려하여 35톤으로 만든다.
  - 운임동맹의 Container Rule에 정의한 컨테이너화 : 견고한 단일 용기를 반복하여 사용가능. 내부용적이 $135m^3$ 이상(wheel이나 bogin이 부착)
③ 바지화 : 바지에 의한 수송시스템은 컨테이너 대신에 바지를 사용한다.
  화물을 바지에 넣고 물위에 띄워 본선까지 끌고 가서 강력한 하역장치를 이용해 바지 전체를 달아 올려 선창 또는 갑판에 격납하여 운송하는 시스템이다. 현재까지 실용화된 것으로는 래시(LASH)선, 시비(SEABLE)선 등이 있다.

05 화물을 컨테이너화하여 운송하는 경우의 장점을 기술한 내용으로 옳지 않은 것은?

가. 다른 운송 수단과의 연계 수송이 불가능하다.
나. 포장비, 창고비 및 부선 사용료가 절약된다.
사. 화물의 파손과 도난을 방지할 수 있다.
아. 하역시간이 단축되므로 선박의 회전율이 높다.

06 해상 컨테이너의 규격을 제정한 기구로 옳은 것은?

가. KS
나. SOLAS
사. IMO
아. ISO

 ISO(International organization for standardization : 국제표준화 기구)

정답 04 아 05 가 06 아

07 다음에서 ISO 규격 20′형 Dry container에 해당하는 것으로 옳은 것은?

가. 1A
나. 1AA
사. 1C
아. 1D

08 다음에서 ISO 규격 1AA(40′형) Container의 총중량은 얼마인가?

가. 10,160kg
나. 20,320kg
사. 30,480kg
아. 40,000kg

 컨테이너 표준규격

종류	높이(mm)	폭(mm)	길이	최대총중량(kg)
1A	2,438	2,438	12,192/40피트	30,480
1AA	2,591	2,438	12,192/40피트	
1C	2,438	2,438	6,058	
1D	2,438	2,438	2,991	
1B		2,438	9,125	25,400

09 컨테이너 자체의 중량을 나타내는 것으로 옳은 것은?

가. GROSS WEIGHT
나. TARE WEIGHT
사. INTERNAL WEIGHT
아. MAX WEIGHT

 컨테이너 표시
- ⊙ 소유자 기호 : 알파벳 대문자 4자리로 구성
- ⊙ 일련번호 : 아라비아 숫자 6자로 구성(6자리가 안될 경우 수열의 앞자리 0 붙임)
- ⊙ ISO 검색숫자 : 사각형 테두리내에 1숫자로 표시
- ⊙ 최대 총중량 : 예 MAX GROSS 44800lbs(20,320kg)
- ⊙ 자체 중량 : 예 TARE 4,256lbs(1,930kg)

10 길이가 20 feet인 컨테이너의 개수 단위를 바르게 나타낸 것은?

가. TEU
나. SEU
사. EUT
아. FEU

TEU(Twenty foot equivalent unit) : 너비 및 높이가 각각 8피트이며 길이가 20피트
FEU(Forty foot equivalent unit) : 너비 및 높이가 각각 8피트이며 길이가 40피트

정답 07 아 08 사 09 나 10 가

11 한 컨테이너의 강도는 같은 컨테이너를 몇 단 쌓았을 때 견딜 수 있어야 하는가?

가. 3단
사. 5단
나. 4단
아. 6단

 컨테이너 Stacking 강도는 컨테이너 총중량을 1.8R로 하여 그 위에 5단까지 쌓을 수 있음.

12 Container의 적재위치를 나타내는 셀 번호에 포함되는 표시 요소로 옳지 않은 것은?

가. Bay No.
사. Tier No.
나. Slot No.
아. Roof No.

- Bay No. : 선수의 제1열을 01로 하여 선미로 02, 03,...으로 표시
- Slot No. : 최대의 Slot을 가진 Bay의 우현단에서 좌현으로 01, 02,...으로 표시
- Tier No. : 갑판적에는 D, 창내적에는 H로 나타내며, 갑판적 Tier의 최하단으로부터 D_1, D_2,...하며, 창내적 Tier의 최하단으로부터 H_1, H_2,...

예 05, 03, H_4 → Bay No.5, Slot No.3, Tier No. Hold 4

13 Container의 적재위치 번호가 '060210'이라면 내용으로 옳은 것은?

가. Slot NO. 06 Bay No. 02 Tier No. Hold 10
나. Tier No. Hold 06 Bay No. 02 Slot No. 10
사. Bay No. 06 Slot No. 02 Tier No. 10
아. Slot No. 06 Tier No. Hold 02 Bay No. 10

컨테이너 적재위치 : 컨테이너 CELL NO. 사용(6자리로 표기)
① BAY NO. : 선수에서 선미쪽으로 40ft를 컨테이너의 적부를 기준으로 01, 02, 03 등 순차적으로 번호를 부여한다.
② SLOT NO. : 슬롯의 수가 홀수 : 중앙 00, 우현으로 01, 03, 05
   슬롯의 수가 짝수 : 우현으로 01, 03, 05
③ TIER NO. : 갑판상 : 하단부터 82, 84, 86
   선창내 : 바닥부터 02, 04, 06

14 국제 대형 컨테이너에 표시하지 않아도 되는 것으로 옳은 것은?

가. 소유자의 기호 및 번호
사. 최대 적재 중량
나. 최대 총중량
아. 자중

 Maximum gross weight(최대 총중량) : 자중과 적재 화물 중량의 합계 중량으로서, 허용되는 최대 중량
Maximun pay load(최대 적재 중량) : 최대 총중량에서 자중을 뺀 중량
Tare weight(자중) : 빈 컨테이너의 중량

정답 11 사 12 아 13 사 14 사

15 컨테이너(Container)의 천장과 측벽이 생략되었으며 화물을 래싱(Lashing)할 수 있는 설비를 갖춘 컨테이너로 옳은 것은?

가. 오픈 톱 컨테이너(Open top container)
나. 하드 톱 컨테이너(Hard top container)
사. 플래트 랙 컨테이너(Flat rack container)
아. 리퍼 컨테이너(Reefer container)

 Flat rack container : 보통의 컨테이너에 비하여 Floor 강도가 강하고 화물을 lashing 할 수 있는 설비를 갖춘 컨테이너로 천정과 측벽이 생략되어 있다.
OPEN TOP 컨테이너 : 상부(Roof) 및 측벽(Side wall)의 상부 일부가 없는 컨테이너. 철재, 목재 등의 장착물의 수납에 편리, Tarpaulin을 덮어 사용
HARD TOP 컨테이너 : 오픈 톱 컨테이너와 마찬가지로 상부 또는 앞면에서 하역작업이 가능하도록 조립식 구조로 되어 있다. 정밀기계의 수송에 최적.

16 Container의 하중을 지탱하는 강력재로 옳지 않은 것은?

가. Corner post
나. Top end rail
사. Floor
아. Roof sheet

 하중 지지부 : Corner post, Top end rail, Floor, Bottom end rail, upper side rail
외피부(화물보호) : Roof sheet, Side wall, End wall, Door sheet

17 Container선에 선적할 container를 본선 입항전에 미리 선적할 순서로 배열해 두는 장소로 옳은 것은?

가. Mashalling Yard(M.Y)
나. Container Yard(CY)
사. Container freight station(CFS)
아. Storage yard

 CY : Container와 더불어 chassis의 수도와 보관하는 곳
CFS : 수출입 LCL 화물을 컨테이너에 채워 넣거나(Vanning) 컨테이너로부터 들어내는 작업(Devanning)을 하는 장소
Storage yard : 빈 컨테이너를 쌓아 두는 장소

18 Container의 갑판상 적재시 고박 설비로 옳지 않은 것은?

가. Securing fitting
나. Cell construction
사. Stacking fitting
아. Bridge fitting

 Cell 구조 : 선창 내에서 container가 전후좌우로 이동하지 못하도록 container의 네모서리 바깥쪽에 수직으로 Guide rail을 세워서 그속에 container를 격납하도록 된 구조

정답 15 사 16 아 17 가 18 나

19 Container의 본선 하역에 관한 사항으로 옳지 않은 것은?

가. Container crane의 안전 양하 능력을 확인한다.
나. Container의 Roof는 미끄러우므로 징이 박힌 구두를 신고 올라간다.
사. Container의 Roof에 여러 사람이 올라서서는 안된다.
아. Container를 끌어서는 안된다.

20 Container의 재 수출기간은 몇 개월 이내의 범위에서 몇 회에 한하여 연장할 수 있는가?

가. 3개월 1회　　　　　　　나. 3개월 2회
사. 6개월 1회　　　　　　　아. 6개월 2회

21 다음의 (　) 안에 적합한 것으로 옳은 것은?

> Container 철도수송방식 중 Container를 Trailor에서 분리하여 직접 대차상에 탑재하는 방법을 (　　)방식이라 한다.

가. COFC　　　　　　　　나. LOFO
사. TOFC　　　　　　　　아. KOFO

 COFC(Container on the flat car) : 컨테이너를 트레일러에서 분리하여 탑재하는 방식
TOFC(trailer on the flat car) ⇔ COFC(container on the flat car)
피기 백이라고도 불리며, 컨테이너가 탑재된 트레일러를 그대로 차량 위에 탑재하여 수송하는 방식으로 미국의 동부 철도 그룹에서 많이 사용하는 방식
Kangaroo system : 프랑스 국유철도에서 개발한 방식으로 TOFC 방식의 일종이나 뒷바퀴를 플랫카의 면보다 아래로 낮추어 격납할 수 있는 장치가 있다.

22 Freight container의 뜻으로 옳은 것은?

가. 국제 운송용의 소형 container를 말한다.
나. 국제 운송용의 중형 container를 말한다.
사. 국제 운송용의 대형 container를 말한다.
아. 미국내 철도 수송용의 중형 container를 말한다.

Freight container : 국제 운송용의 대형 컨테이너
CL화물 : 단일의 LOT로서 컨테이너에 양이 충만된 화물

> 정답　19 나　20 가　21 가　22 사

23 컨테이너 선창에서 컨테이너가 이동하지 못하도록 하는 구조로 옳은 것은?

　가. Stacker construction
　나. Cellular construction
　사. Square construction
　아. Waterproof construction

24 Container Freight Station(CFS)의 설명으로 옳은 것은?

　가. LCL화물(Less than container load cargo)의 혼적을 전문으로 하는 곳
　나. 화물(Container load cargo)를 Vanning하는 곳
　사. Container 자체의 검사 및 보수 등을 하는 곳
　아. 빈 Container를 보관하는 곳

> **해설** CFS업무 : CFS업무는 소량화물(LCL)의 인수 및 인도, 적입, 적출, 창고내에서의 화물의 보관등을 행하는 것. 이들 업무를 행하는 업자를 CFS OPERATOR라고 하며, CLP(CONTAINER LOAD PLAN)에 따라 행한다.

25 전용 컨테이너 터미널에서 컨테이너 하역에 주로 사용되는 크레인으로 옳은 것은?

　가. 갠트리 크레인　　　　나. 해상 크레인
　사. 집 크레인　　　　　　아. 자동차 크레인

26 컨테이너 고박용구로 옳지 않은 것은?

　가. fiber rope　　　　　나. shackle
　사. turnbuckle　　　　　아. lashing rod

> **해설** 가. 섬유로프, 나. 섀클, 사. 턴버클, 아. 고박용 로드

27 철도에서 container를 수송할 때 사용하는 화차로 옳은 것은?

　가. 트랙터　　　　　　　나. 섀시
　사. 트레일러　　　　　　아. 플랫카

정답 23 나　24 가　25 가　26 가　27 아

28 양륙된 container를 선측에서 container yard로 이동시키는 하역장치로 옳은 것은?

가. Apron train
나. Derrick
사. Straddle carrier
아. Mast

29 컨테이너의 수송에 있어서 FLC에 대한 설명으로 옳은 것은?

가. 각 컨테이너가 만재된 상태
나. 각 컨테이너가 부분 적재된 상태
사. 각 컨테이너 야드가 만재된 상태
아. 각 컨테이너 야드가 부분 적재된 상태

30 운임 동맹의 CONTAINER RULE에 정의한 container로서 옳지 않은 것은?

가. 견고한 단일 용기일 것
나. 반복하여 사용할 수 있을 것
사. 내부 용적이 135ft^3 이상일 것
아. Wheel이나 Bogie가 부착되지 않은 것일 것

> 해설 운임동맹의 CONTAINER RULE에 정의한 컨테이너
> – 견고한 단일용기, 반복하여 사용 가능, 내부용적이 135ft^3 이상
> – Wheel이나 Bogie 부착

31 Bay plan에서 container의 적재 위치를 표시하는 cell에 약기호로 기재되지 않는 것에 해당하는 것은?

가. 적하지, 양하지 항명
나. Container 번호
사. Container의 상태
아. 적재된 화물의 무게

32 재질에 따른 컨테이너의 종류로 옳지 않은 것은?

가. Aluminum container
나. Steel container
사. FRP container
아. Dry container

> 해설 DRY 컨테이너 : 온도 조절이 필요 없는 일반 잡화용으로 제작된 표준 컨테이너

정답 28 사 29 가 30 아 31 아 32 아

33 컨테이너 한 개의 하중은 동하중에 대한 안전율을 곱하면 최대 총중량(Rating)의 몇 배가 되는지 옳은 것은?

가. 1.8배　　　　　　　　　나. 2.25배
사. 4배　　　　　　　　　　아. 9배

한 컨테이너의 강도는 5단 쌓았을 때 견딜 수 있어야 하므로 한 컨테이너의 모서리는 9R(1.8R×5)의 하중을 견디어야 하며, 한 모서리는 $\frac{9}{4}$R(1R = 20,320kg)의 하중에 견디도록 설계됨.

34 컨테이너를 Trailer에 탑재한 채로 차량상에 탑재하여 수송하는 방식으로 옳은 것은?

가. COFC 방식　　　　　　나. TOFC 방식
사. Kangaroo System　　　　아. LOLO 방식

- COFC(Container on the flat car) : 컨테이너를 trailer로부터 분리하여, 직접 flat car 위에 탑재하는 방식
- 캥거루 방식 : 프랑스 국유 철도에서 개발한 방식. TOFC의 일종
  컨테이너 높이가 철도 수송의 제한 높이 이내가 되도록 트레일러의 뒷바퀴를 플랫카의 면보다 아래로 낮추어 격납할 수 있는 장치로 되어 있다.

35 갑판적 컨테이너의 수평적 결합에 사용되는 용구로 옳은 것은?

가. Securing fitting　　　　　나. Stacking fitting
사. Bridge fitting　　　　　　아. Corner fitting

Stacking fitting : 수직 결합에 사용

36 컨테이너의 문은 몇 도까지 개폐되어야 하는가?

가. 90°　　　　　　　　　　나. 180°
사. 270°　　　　　　　　　　아. 360°

37 정밀 기계의 운송에 적합한 컨테이너로 옳은 것은?

가. dry container　　　　　　나. open top container
사. reefer container　　　　　아. hard top container

HARD TOP 컨테이너 : 오픈 톱 컨테이너와 마찬가지로 상부 또는 앞면에서 하역작업이 가능하도록 조립식 구조로 되어 있다. 정밀기계의 수송에 최적

정답 33 가 34 나 35 사 36 사 37 아

38 Container terminal 내에서 LCL 화물을 취급하는 장소로 옳은 것은?

가. Container Yard
나. Marshalling Yard
사. Container Freight Staion
아. Storage Yard

해설 가. 컨테이너 장치장, 나. 마셀링 야드, 사. 컨테이너 화물 조적장

39 Container의 상·하 네 모서리에 연결 용구를 넣을 수 있도록 홈을 파 놓은 구조로 옳은 것은?

가. securing fitting   나. stacking fitting
사. bridge fitting   아. corner fitting

40 Container의 네 모서리에 훅이나 섀클을 걸도록 된 걸이로 옳은 것은?

가. Securing fitting   나. Stacking fitting
사. Bridge fitting   아. Corner fitting

해설
- Securing fitting : 해치 커버와 갑판상 최하단 컨테이너와의 연결 고정
- Stacking fitting : 갑판적 컨테이너의 각단 사이를 연결 고정
- Bridge fitting : 해치 커버와 갑판상 최상단 컨테이너와의 연결 고정

41 다음에서 화물을 적재하기 전에 컨테이너의 예냉(Pre-cooling)이 필요한 것으로 옳은 것은?

가. 드라이 컨테이너   나. 냉동 컨테이너
사. 탱크 컨테이너   아. 통풍식 컨테이너

해설 R/F CNTR(냉동 컨테이너)
보냉화물 수송용 특수 컨테이너로 냉동기기가 부착되어 있어 수송 중의 내부 온도 보존이 가능하며 컨테이너 외부의 온도계를 통하여 내부 온도를 점검할 수 있다.

정답 38 사 39 나 40 아 41 나

2 선박법

1 선박법의 목적

선박의 국적에 관한 사항과 선박톤수의 측정 및 등록에 관한 사항을 규정함으로써 해사(海事)에 관한 제도를 적정하게 운영하고 해상(海上) 질서를 유지하여, 국가의 권익을 보호하고 국민경제의 향상에 이바지함을 목적으로 한다.

2 선박법상 선박의 개념과 종류

(1) 선박의 개념
"선박"이란 수상 또는 수중에서 항행용으로 사용하거나 사용할 수 있는 배 종류를 말한다고 하여 선박의 개념에 대하여 정의하고 있다.

(2) 선박법의 적용범위
① 선박법은 한국선박에만 적용된다.
② 외국선박에 대하여는 대한민국 국기의 게양, 불개항장에의 기항 및 국내 각 항간에서의 연안운송이 원칙적으로 금지되고 있으므로 외국선박에도 한정적으로 적용된다.

(3) 선박의 종류
① 기선 : 기관(機關)을 사용하여 추진하는 선박[선체(船體) 밖에 기관을 붙인 선박으로서 그 기관을 선체로부터 분리할 수 있는 선박 및 기관과 돛을 모두 사용하는 경우로서 주로 기관을 사용하는 선박을 포함한다]과 수면비행선박(표면효과 작용을 이용하여 수면에 근접하여 비행하는 선박을 말한다)
② 범선 : 돛을 사용하여 추진하는 선박(기관과 돛을 모두 사용하는 경우로서 주로 돛을 사용하는 것을 포함한다)
③ 부선 : 자력항행능력(自力航行能力)이 없어 다른 선박에 의하여 끌리거나 밀려서 항행되는 선박

(4) 소형선박
① 총톤수 20톤 미만인 기선 및 범선
② 총톤수 100톤 미만인 부선

3 선박의 국적 취득과 효과

(1) 선박국적의 의의
① 선박 국적이란 특정 선박이 어느 나라에 귀속하는가를 나타내는 것이다.
② 선박과 국가간의 관계를 나타내는 것이며, 선박이 그 고유의 특성을 가지는 것과 동시에 인격자 유사성의 징표이기도 하다.

③ 선박에 국적을 부여하여 국기를 게양할 권리를 부여할 수 있는 권한은 주권국가의 고유 권한이며, 주권국가의 국기를 게양한 선박을 공해상에서 그 국가의 영토의 연장선상으로 보는 관념은 오래전부터 내려온 국제 관습법 중의 하나이다.

(2) 선박국적의 효과
① 국제법적 효과
② 행정법적 효과

(3) 한국선박의 요건
다음 각 호의 선박을 대한민국 선박(이하 "한국선박"이라 한다)으로 한다.
① 국유 또는 공유의 선박
② 대한민국 국민이 소유하는 선박
③ 대한민국의 법률에 따라 설립된 상사법인(商事法人)이 소유하는 선박
④ 대한민국에 주된 사무소를 둔 제3호 외의 법인으로서 그 대표자(공동대표인 경우에는 그 전원)가 대한민국 국민인 경우에 그 법인이 소유하는 선박

4 한국선박의 특권과 의무

(1) 한국선박의 특권
① 국기의 게양
  ㉠ 한국선박이 아니면 대한민국 국기를 게양할 수 없다.
  ㉡ 대한민국의 항만에 출입하거나 머무는 한국선박 외의 선박은 선박의 마스트나 그 밖에 외부에서 눈에 잘 띄는 곳에 대한민국 국기를 게양할 수 있다.
② 불개항장에의 기항과 국내 각 항간에서의 운송금지
  ㉠ 한국선박이 아니면 불개항장(不開港場)에 기항(寄港)하거나,
  ㉡ 국내 각 항간(港間)에서 여객 또는 화물의 운송을 할 수 없다.
  ㉢ 법률 또는 조약에 다른 규정이 있거나, 해양사고 또는 포획(捕獲)을 피하려는 경우 또는 해양수산부장관의 허가를 받은 경우에는 그러하지 아니하다.

(2) 한국선박의 의무
① 등기와 등록 의무
  ㉠ 한국선박의 소유자는 선적항을 관할하는 지방해양수산청장에게 해양수산부령으로 정하는 바에 따라 선박을 취득한 날부터 60일 이내에 그 선박의 등록을 신청하여야 한다. 이 경우 「선박등기법」 제2조에 해당하는 선박은 선박의 등기를 한 후에 선박의 등록을 신청하여야 한다.
  ㉡ 지방해양수산청장은 제1항의 등록신청을 받으면 이를 선박원부(船舶原簿)에 등록하고 신청인에게 선박국적증서를 발급하여야 한다.
  ㉢ 선박국적증서의 발급에 필요한 사항은 해양수산부령으로 정한다.
  ㉣ 선박의 등기에 관하여는 따로 법률로 정한다.

② 국기게양 및 표시 의무
　㉠ 한국선박은 해양수산부령으로 정하는 바에 따라 대한민국 국기를 게양하고 그 명칭, 선적항, 흘수(吃水)의 치수와 그 밖에 해양수산부령으로 정하는 사항을 표시하여야 한다(법 제11조).
　㉡ 한국선박은 다음 각 호의 어느 하나에 해당하는 경우에는 법 제11조에 따라 선박의 뒷부분에 대한민국 국기를 게양하여야 한다. 다만, 국내항 간을 운항하는 총톤수 50톤 미만이거나 최대속력이 25노트 이상인 선박은 조타실이나 상갑판 위쪽에 있는 선실 등 구조물의 바깥벽 양 측면의 잘 보이는 곳에 부착할 수 있다(시행규칙 제16조).
　　ⓐ 대한민국의 등대 또는 해안망루(海岸望樓)로부터 요구가 있는 경우
　　ⓑ 외국항을 출입하는 경우
　　ⓒ 해군 또는 해양경찰청 소속의 선박이나 항공기로부터 요구가 있는 경우
　　ⓓ 그 밖에 지방청장이 요구한 경우
　㉢ 한국선박에 표시하여야 할 사항과 그 표시 방법은 다음과 같다. 다만, 소형선박은 ⓒ의 흘수의 치수는 표시하지 아니할 수 있다(시행규칙 제17조).
　　ⓐ 선박의 명칭 : 선수양현(船首兩舷)의 외부 및 선미(船尾) 외부의 잘 보이는 곳에 각각 10센티미터 이상의 한글(아라비아숫자를 포함한다)로 표시
　　ⓑ 선적항 : 선미 외부의 잘 보이는 곳에 10센티미터 이상의 한글로 표시
　　ⓒ 흘수의 치수 : 선수와 선미의 외부 양 측면에 선저(船底)로부터 최대흘수선(最大吃水線) 이상에 이르기까지 20센티미터마다 10센티미터의 아라비아숫자로 표시. 이 경우 숫자의 하단은 그 숫자가 표시하는 흘수선과 일치해야 한다.

5 선박의 개성

(1) 선박 개성의 의의
선박의 개성이란 특정 선박이 다른 선박과 구별할 수 있는 특성(국적, 선박의 명칭, 선적항 및 선박톤수 등)

(2) 선박의 명칭
한국선박은 반드시 그 명칭을 표시하여야 하는데(법 제11조) 이 때 선박 소유자는 선박의 명칭을 자유롭게 정할 수 있다[선박의 동일성을 식별하기 위한 보조수단으로 선박번호와 호출부호(call sign)가 있다].

(3) 선적항
① 선박의 소유자가 선박의 톤수 측정을 신청하고, 선박 등기 및 등록을 한 후, 선박 국적 증서를 교부받는 곳이다.
② 선박소유자가 선박에 대한 행정 감독상의 편의를 위하여 각각의 선박에 대하여 설정한 특정 항구를 의미한다.
　㉠ 선적항은 시·읍·면의 명칭에 따라야 한다.

　　　ⓒ 선적항으로 할 시·읍·면은 선박이 항행할 수 있는 수면에 접한 곳으로 한정한다.
　　　ⓒ 선박소유자의 주소지에 정하여야 한다.
　(4) 선박톤수
　　① 국제총톤수 : 「1969년 선박톤수측정에 관한 국제협약」(이하 "협약"이라 한다) 및 협약의 부속서(附屬書)에 따라 주로 국제항해에 종사하는 선박에 대하여 그 크기를 나타내기 위하여 사용되는 지표를 말한다.
　　② 총톤수 : 우리나라의 해사에 관한 법령을 적용할 때 선박의 크기를 나타내기 위하여 사용되는 지표를 말한다.
　　③ 순톤수 : 협약 및 협약의 부속서에 따라 여객 또는 화물의 운송용으로 제공되는 선박 안에 있는 장소의 크기를 나타내기 위하여 사용되는 지표를 말한다.
　　④ 재화중량톤수 : 항행의 안전을 확보할 수 있는 한도에서 선박의 여객 및 화물 등의 최대 적재량을 나타내기 위하여 사용되는 지표를 말한다.

6 선박의 공시 제도

(1) 선박 공시의 의의
　선박은 국적과 소유권, 저당권, 임차권의 소재를 분명하게 하기 위하여 이를 공시할 필요가 있는데 그 방법으로는 등기와 등록이 있다.

(2) 선박등기
　선박의 소유권, 저당권 및 임차권의 설정, 보전, 이전, 변경, 처분의 제한 또는 소멸의 내용을 선박등기부에 기재하는 것을 말한다.

(3) 선박등록
　① 등록신청 및 등록 사항
　　　㉠ 한국선박의 소유자는 선적항을 관할하는 지방해양수산청장에게 해양수산부령으로 정하는 바에 따라 선박을 취득한 날부터 60일 이내에 그 선박의 등록을 신청하여야 한다. 이 경우 「선박등기법」제2조에 해당하는 선박은 선박의 등기를 한 후에 선박의 등록을 신청하여야 한다.
　　　㉡ 지방해양수산청장은 제1항의 등록신청을 받으면 이를 선박원부(船舶原簿)에 등록하고 신청인에게 선박국적증서를 발급하여야 한다.
　　　㉢ 선박국적증서의 발급에 필요한 사항은 해양수산부령으로 정한다.
　　　㉣ 선박의 등기에 관하여는 따로 법률로 정한다.

선박원부에 등록해야 할 사항은 선박번호, IMO번호, 호출부호, 선박의 종류, 선박의 명칭, 선적항, 선질, 범선의 범장, 선박의 길이, 선박의 너비, 선박의 깊이, 총톤수, 폐위장소의 합계용적, 제외장소의 합계용적, 기관의 종류와 수, 추진기의 종류와 수, 조선지, 조선자, 진수일, 선박 소유자의 성명·주민등록번호 및 주소 등이다.

② 변경등록

선박원부에 등록한 사항이 변경된 경우 선박소유자는 그 사실을 안 날부터 30일 이내에 변경등록의 신청을 하여야 한다.

③ 말소등록

㉠ 한국선박이 다음 각 호의 어느 하나에 해당하게 된 때에는 선박소유자는 그 사실을 안 날부터 30일 이내에 선적항을 관할하는 지방해양수산청장에게 말소등록의 신청을 하여야 한다.
ⓐ 선박이 멸실·침몰 또는 해체된 때
ⓑ 선박이 대한민국 국적을 상실한 때
ⓒ 선박이 제26조 각 호에 규정된 선박(일부 적용 제외 선박)으로 된 때
ⓓ 선박의 존재 여부가 90일간 분명하지 아니한 때

㉡ 제1항의 경우 선박소유자가 말소등록의 신청을 하지 아니하면 선적항을 관할하는 지방해양수산청장은 30일 이내의 기간을 정하여 선박소유자에게 선박의 말소등록신청을 최고(催告)하고, 그 기간에 말소등록신청을 하지 아니하면 직권으로 그 선박의 말소등록을 하여야 한다.

7 선박법상 각종 증서

(1) 선박국적증서

① 선박국적증서란 그 선박이 한국국적을 갖고 있다는 것과 개성 또는 동일성을 증명하는 공문서이다.
② 지방해양수산청장이 한국선박을 선박원부에 등록한 후, 선박소유자에게 선박국적증서를 발급하면, 선박은 선박국적증서를 선박 서류의 하나로 선박안에 갖추어 두어야 한다.
③ 선박국적증서는 톤수증명서의 효력이 있다.

(2) 임시선박국적증서

임시선박국적증서란 정식으로 선박국적증서를 발급받기 곤란한 경우, 그 선박이 한국 국적을 갖고 있음을 일시적으로 증명하는 공문서이다.

① 국내에서 선박을 취득한 자가 그 취득지를 관할하는 지방해양수산청장의 관할 구역에 선적항을 정하지 아니할 경우에는 그 취득지를 관할하는 지방해양수산청장에게 임시선박국적증서의 발급을 신청할 수 있다.
② 외국에서 선박을 취득한 자는 지방해양수산청장 또는 그 취득지를 관할하는 대한민국 영사에게 임시선박국적증서의 발급을 신청할 수 있다.
③ 제2항에도 불구하고 외국에서 선박을 취득한 자가 지방해양수산청장 또는 해당 선박의 취득지를 관할하는 대한민국 영사에게 임시선박국적증서의 발급을 신청할 수 없는 경우에는 선박의 취득지에서 출항한 후 최초로 기항하는 곳을 관할하는 대한민국 영사에게 임시선박국적증서의 발급을 신청할 수 있다.

(3) 국제톤수증서 및 국제톤수 확인서

국제톤수증서란 국제항해에 종사하는 길이 24미터 이상의 한국 선박에 대해 국제총톤수 및 순톤수를 기재하여 발급하는 공문서이며, 국제톤수 확인서란 국제항해에 종사하는 길이 24미터 미만의 한국 선박에 대해 국제총톤수 및 순톤수를 기재하여 발급하는 공문서이다.

① 길이 24미터 이상인 한국선박의 소유자[그 선박이 공유(共有)로 되어 있는 경우에는 선박관리인, 그 선박이 대여된 경우에는 선박임차인을 말한다. 이하 이 조에서 같다]는 해양수산부장관으로부터 국제톤수증서(국제총톤수 및 순톤수를 적은 증서를 말한다. 이하 같다)를 발급받아 이를 선박 안에 갖추어 두지 아니하고는 그 선박을 국제항해에 종사하게 하여서는 아니 된다.

② 해양수산부장관은 제1항에 따라 국제톤수증서의 발급신청을 받으면 해당 선박에 대하여 국제총톤수 및 순톤수를 측정한 후 그 신청인에게 국제톤수증서를 발급하여야 한다.

2 선박법

01 다음에서 선박법의 내용으로 옳지 않은 것은?

가. 선박의 등기 및 등록에 관한 사항을 규정한다.
나. 선박의 국적이나 선적항에 관한 사항을 규정한다.
사. 선박 톤수의 측정에 관한 사항을 규정한다.
아. 선박의 안전항해를 위한 검사사항을 규정한다.

해설 제1조(목적) : 선박의 국적에 관한 사항과 선박톤수의 측정 및 등록에 관한 사항을 규정함으로써 해사(海事)에 관한 제도를 적정하게 운영하고 해상(海上) 질서를 유지하여, 국가의 권익을 보호하고 국민경제의 항상에 이바지함을 목적으로 한다.

02 다음 중 선박법의 목적에 대한 설명으로 옳지 않은 것은?

가. 선박톤수의 측정 및 등록에 관한 사항을 규정한다.
나. 선박의 국적에 관한 사항을 규정하는 것이다.
사. 선박에 관한 행정상의 감독사항을 규정하여 국민경제 항상에 기여한다.
아. 무해 통항권을 명시하여 영해에서의 선박안전에 기여한다.

03 다음 중 선박법과 직접 관련이 없는 사항에 해당하는 것은?

가. 선박의 등기등록에 관한 사항
나. 선박의 국적에 관한 사항
사. 선박의 톤수 측정에 관한 사항
아. 선박의 선체구조와 설비에 관한 사항

04 다음 중 선박법에 규정하고 있지 않는 것에 해당하는 것은?

가. 선박의 톤수   나. 선박의 등기등록
사. 선박 국적   아. 선박의 선체구조

05 다음 중 선박법상 선박으로 옳은 것은?

가. 기중기선   나. 잠수함선
사. 준설선   아. 등대선

정답 01 아 02 아 03 아 04 아 05 나

제1조의2(정의) "선박"이란 수상 또는 수중에서 항행용으로 사용하거나 사용할 수 있는 배 종류를 말하며 그 구분은 다음과 같다.
① 기선 : 기관(機關)을 사용하여 추진하는 선박[선체(船體) 밖에 기관을 붙인 선박으로서 그 기관을 선체로부터 분리할 수 있는 선박 및 기관과 돛을 모두 사용하는 경우로서 주로 기관을 사용하는 선박을 포함한다]과 수면비행선박(표면효과 작용을 이용하여 수면에 근접하여 비행하는 선박을 말한다)
② 범선 : 돛을 사용하여 추진하는 선박(기관과 돛을 모두 사용하는 경우로서 주로 돛을 사용하는 것을 포함한다)
③ 부선 : 자력항행능력(自力航行能力)이 없어 다른 선박에 의하여 끌리거나 밀려서 항행되는 선박

06 다음에서 선박법상 선박의 종류에 해당하지 않는 것은?

가. 부 선   나. 범 선
사. 기 선   아. 어 선

07 다음 중 선박법상 기선으로 볼 수 없는 선박에 해당하는 것은?

가. 주로 돛을 사용하여 운항하지만 기관을 장치하고 있는 선박
나. 기관을 장치하였으나 증기의 힘이 아닌 가스의 힘으로 운항하는 선박
사. 디젤기관으로 추진하는 어선
아. 수면비행선박

 기선 : 기관(機關)을 사용하여 추진하는 선박[선체(船體) 밖에 기관을 붙인 선박으로서 그 기관을 선체로부터 분리할 수 있는 선박 및 기관과 돛을 모두 사용하는 경우로서 주로 기관을 사용하는 선박을 포함한다]과 수면비행선박(표면효과 작용을 이용하여 수면에 근접하여 비행하는 선박을 말한다)

08 선박법상 기선에 대한 설명으로 옳은 것은?

가. 기관과 돛을 장치하고 주로 돛을 사용하여 추진하는 선박
나. 기선과 결합되어 밀려서 항행되는 선박
사. 기관과 돛을 장치하고 주로 기관을 사용하여 추진하는 선박
아. 돛만을 사용하여 추진하는 선박

09 다음 중 선박법과 관련이 없는 것은?

가. 선박의 표시   나. 선박의 검사
사. 선박의 국적   아. 선박의 등록

정답 06 아 07 가 08 사 09 나

10 다음 중 선박법상 소형선박에 해당하지 않는 것은?

가. 총톤수 5톤 이상 20톤 미만인 범선
나. 총톤수 20톤 미만인 기선
사. 배수톤수 20톤 미만인 어선
아. 총톤수 20톤 이상 100톤 미만인 부선

 선박법상 "소형선박"은 총톤수 20톤 미만인 기선 및 범선과 총톤수 100톤 미만인 부선을 말한다(법 제1조의2 제2항).

11 한국선박의 권리인 동시에 의무가 되는 것으로 옳은 것은?

가. 국기게양
나. 국적증서 검인
사. 연안무역
아. 불개항장 기항권

 ① 권리 : 국기게양권, 불개항장에의 기항권, 연안무역권
② 의무 : 등기와 등록, 국기게양, 신호 부자 등 표시 의무, 국적증서 검인(4년마다)

12 선박법에서 규정하고 있는 한국 선박의 특권으로 옳은 것은?

가. 원양 항해권
나. 면세 통관권
사. 국기 게양권
아. 무선 검역권

 국기의 게양 : 한국선박이 아니면 대한민국 국기를 게양할 수 없다(법 제5조).

13 선박법상 한국 국적 선박의 특권에 해당하지 않는 것은?

가. 유치권
나. 연안 무역권
사. 불개항장 기항권
아. 국기 게양권

정답 10 사 11 가 12 사 13 가

14 한국 선박의 특권으로 옳은 것은?

가. 불개항장에의 기항 나. 호출부호 표시
사. 선적항 표시 아. 선급협회 가입

 불개항장에의 기항과 국내 각 항간에서의 운송금지 : 한국선박이 아니면 불개항장에 기항하거나, 국내 각 항간에서 여객 또는 화물의 운송을 할 수 없다. 다만, 법률 또는 조약에 다른 규정이 있거나, 해양사고 또는 포획을 피하려는 경우 또는 해양수산부장관의 허가를 받은 경우에는 그러하지 아니하다(법 제6조).

15 다음 중 선박법상 한국 선박의 의무에 해당되지 않은 것은?

가. 개항의 기항 나. 선박의 표시
사. 등기와 등록 아. 선박국적증서의 비치

16 다음 중 선박법상 한국 국적 선박의 외부에 표시해야 할 사항이 아닌 것은?

가. 흘 수 나. 선박의 명칭
사. 호출부호 아. 선적항

17 선박법상 선박에 대한 관리행정의 관할권을 표시하는 것으로 옳은 것은?

가. 선 명 나. 선박 번호
사. 선적항 아. 호출 부호

18 선박법상 항행의 안전을 확보할 수 있는 한도에서 화물의 최대적재량을 나타내기 위하여 사용되는 지표로 옳은 것은?

가. 재화중량톤수 나. 순톤수
사. 총톤수 아. 국제총톤수

 제3조(선박톤수)
① 이 법에서 사용하는 선박톤수의 종류는 다음 각 호와 같다.
　1. **국제총톤수** : 「1969년 선박톤수측정에 관한 국제협약」(이하 "협약"이라 한다) 및 협약의 부속서(附屬書)에 따라 주로 국제항해에 종사하는 선박에 대하여 그 크기를 나타내기 위하여 사용되는 지표를 말한다.
　2. **총톤수** : 우리나라의 해사에 관한 법령을 적용할 때 선박의 크기를 나타내기 위하여 사용되는 지표를 말한다.

정답 14 가 15 가 16 사 17 사 18 가

3. **순톤수** : 협약 및 협약의 부속서에 따라 여객 또는 화물의 운송용으로 제공되는 선박 안에 있는 장소의 크기를 나타내기 위하여 사용되는 지표를 말한다.
4. **재화중량톤수** : 항행의 안전을 확보할 수 있는 한도에서 선박의 여객 및 화물 등의 최대적재량을 나타내기 위하여 사용되는 지표를 말한다.

② 제1항 각 호의 선박톤수의 측정기준은 해양수산부령으로 정한다.

19 선박법상 선박톤수 측정 국제협약 및 협약의 부속서의 규정에 따라 화물이나 여객의 운송용으로 제공되는 선박내부 용적의 크기를 나타내는 톤수로 옳은 것은?

가. 재화중량톤수   나. 순톤수
사. 총톤수   아. 배수톤수

20 선박법상 "우리나라 해사에 관한 법령의 적용에 있어서 선박의 크기를 나타내기 위하여 사용되는 지표"를 말하는 선박톤수로 옳은 것은?

가. 순톤수   나. 총톤수
사. 재화중량톤수   아. 국제순톤수

21 선박법에서 규정하는 선박톤수로 옳지 않은 것은?

가. 총톤수   나. 재화중량톤수
사. 배수톤수   아. 순톤수

22 선박국적증서에 기재되는 사항으로 옳지 않은 것은?

가. 진수일   나. 선적항
사. 검사일   아. 선박번호

해설 검사일은 선박검사증서에 기재한다.

23 우리나라 선박국적증서의 효력에 대한 내용으로 옳지 않은 것은?

가. 선박을 항행할 수 있다.
나. 대한민국 국기를 게양할 수 있다.
사. 톤수 증명서로서의 효력이 있다.
아. 임시선박국적증서를 대신한다.

정답   19 나   20 나   21 사   22 사   23 아

24 선박법상 한국선박이 대한민국 국기를 게양하여야 하는 경우로 옳지 않은 것은?

가. 외국항을 출입하는 경우
나. 대한민국의 등대 또는 해안망루로부터 요구가 있는 경우
사. 해군 또는 해양경찰청 소속의 선박이나 항공기로부터 요구가 있는 경우
아. 전쟁이 선포된 해역을 항행하는 경우

> 한국선박은 다음의 어느 하나에 해당하는 경우에는 선박 뒷부분에 대한민국 국기를 게양하여야 한다. 다만, 국내항 간을 운항하는 총톤수 50톤 미만이거나 최대속력이 25노트 이상인 선박은 조타실이나 상갑판 위쪽에 있는 선실 등 구조물의 바깥벽 양 측면의 잘 보이는 곳에 부착할 수 있다(선박법 시행규칙 제16조).
> ① 대한민국의 등대 또는 해안망루로부터 요구가 있는 경우
> ② 외국항을 출입하는 경우
> ③ 해군 또는 해양경찰청 소속의 선박이나 항공기의 요구가 있는 경우
> ④ 그 밖에 지방청장이 요구한 경우

25 국제톤수증서의 설명으로 옳지 않은 것은?

가. 길이 24m 이상의 한국 선박이 해당된다.
나. 국제총톤수 및 순톤수를 적은 증서를 말한다.
사. 발급관청은 해양수산부이다.
아. 국제항해에 종사하는 선박이라도 길이 24m 이하는 발급받지 아니한다.

> 제13조(국제톤수증서 등)
> ① 길이 24미터 이상인 한국선박의 소유자[그 선박이 공유(共有)로 되어 있는 경우에는 선박관리인, 그 선박이 대여된 경우에는 선박임차인을 말한다. 이하 이 조에서 같다]는 해양수산부장관으로부터 국제톤수증서(국제총톤수 및 순톤수를 적은 증서를 말한다. 이하 같다)를 발급받아 이를 선박 안에 갖추어 두지 아니하고는 그 선박을 국제항해에 종사하게 하여서는 아니 된다.
> ② 해양수산부장관은 제1항에 따라 국제톤수증서의 발급신청을 받으면 해당 선박에 대하여 국제총톤수 및 순톤수를 측정한 후 그 신청인에게 국제톤수증서를 발급하여야 한다.
> ④ 한국선박이 다음 각 호의 어느 하나에 해당하게 된 때에는 선박소유자는 그 사실을 안 날부터 30일 이내에 선적항을 관할하는 지방해양수산청장에게 신고하여야 한다.
> 1. 말소등록의 사유에 해당하게 된 때
> 2. 국제항해에 종사하지 아니하게 된 때
> 3. 선박의 길이가 24미터 미만으로 된 때
> ⑤ 길이 24미터 미만인 한국선박의 소유자가 그 선박을 국제항해에 종사하게 하려는 경우에는 해양수산부장관으로부터 국제톤수확인서[국제총톤수 및 순톤수를 적은 서면(書面)을 말한다. 이하 같다]를 발급받을 수 있다.
> ⑥ 국제톤수확인서에 관하여는 제2항 및 제4항을 준용한다. 이 경우 "국제톤수증서"는 "국제톤수확인서"로, "길이가 24미터 미만"은 "길이가 24미터 이상"으로 본다.
> ⑦ 국제톤수증서와 국제톤수확인서의 발급에 필요한 사항은 해양수산부령으로 정한다.

정답 24 아 25 아

26. 다음 중 선박법상 국제톤수증서의 변경발급을 신청하는 사유로 옳지 않은 것은?

가. 선박명칭의 변경
나. 선박번호의 변경
사. 선박소유자의 변경
아. 선박의 구조변경 등에 따른 국제톤수의 변경

27. 선박법상 국제톤수증서를 발급받아야 할 선박의 최소 길이로 옳은 것은?

가. 12m
나. 24m
사. 50m
아. 100m

28. 다음의 (   ) 안에 알맞은 것은?

> 한국선박의 소유자는 선박의 등기를 한 후 선적항을 관할하는 (   )에게 해당 선박의 등록을 신청하여야 한다.

가. 지방법원
나. 해양경비안전본부
사. 시, 읍, 면장
아. 지방해양수산청장

 제8조(등기와 등록)
① 한국선박의 소유자는 선적항을 관할하는 지방해양수산청장에게 해양수산부령으로 정하는 바에 따라 선박을 취득한 날부터 60일 이내에 그 선박의 등록을 신청하여야 한다. 이 경우 「선박등기법」 제2조에 해당하는 선박은 선박의 등기를 한 후에 선박의 등록을 신청하여야 한다.
② 지방해양수산청장은 제1항의 등록신청을 받으면 이를 선박원부(船舶原簿)에 등록하고 신청인에게 선박국적증서를 발급하여야 한다.
③ 선박국적증서의 발급에 필요한 사항은 해양수산부령으로 정한다.
④ 선박의 등기에 관하여는 따로 법률로 정한다.

29. 선박 등록을 신청하여야 하는 관청으로 옳은 것은?

가. 입·출항이 많은 항의 영사관
나. 선적항 소재지의 등기소
사. 가장 가까운 지방해양수산청
아. 선적항을 관할하는 지방해양수산청

정답 26 사 27 나 28 아 29 아

30 다음 중 선박원부의 등록사항에 변경이 있는 경우 선박소유자는 몇 일 이내에 변경 등록을 해야 하는가?

가. 10일
나. 14일
사. 30일
아. 60일

31 선박소유자는 언제 선적항을 관할하는 지방해양수산청장에게 말소등록의 신청을 하여야 하는가?

가. 그 사실을 안 날부터 10일 이내
나. 그 사실을 안 날부터 20일 이내
사. 그 사실을 안 날부터 30일 이내
아. 그 사실을 안 날부터 60일 이내

32 다음에서 선박의 등록사항에 포함되지 않는 것은?

가. 최대승선인원
나. 호출부호
사. 선 명
아. 선박번호

 등록사항(선박법 시행규칙 제11조)
지방청장은 제10조에 따라 선박의 등록신청을 받았을 때에는 별지 제7호서식의 선박원부에 다음 각 호의 사항을 등록하여야 한다.
1. 선박번호
2. 국제해사기구에서 부여한 선박식별번호(IMO번호)
3. 호출부호
4. 선박의 종류
5. 선박의 명칭
6. 선적항
7. 선질(船質)
8. 범선(帆船)의 범장(帆裝)
9. 선박의 길이[최소 형(型) 깊이의 85퍼센트의 위치에서 계획만재흘수선에 평행한 흘수선(吃水線) 전장(全長)의 96퍼센트와 그 흘수선상의 선수재(船首材)전면으로부터 타두재(舵頭材) 중심선까지의 거리중 큰 것을 말한다. 이하 같다]
10. 선박의 너비[선박 길이의 중앙에서 금속제 외판(金屬製外板)이 있는 선박의 경우에는 늑골 외면(肋骨 外面) 간의 최대너비를 말하고, 금속제 외판 외의 외판이 있는 선박의 경우에는 선체 외면(船體 外面) 간의 최대너비를 말한다. 이하 같다]
11. 선박의 깊이[선박 길이의 중앙에서 금속제 외판이 있는 선박의 경우에는 용골(龍骨)의 윗면으로부터, 금속제 외판 외의 외판이 있는 선박의 경우에는 용골의 아랫면으로부터 선측에 있어서의 상갑판의 아랫면까지의 수직거리를 말한다. 이하 같다]
12. 총톤수
13. 폐위장소(蔽圍場所)의 합계용적
   가. 상갑판 아래의 용적

정답 30 사 31 사 32 가

나. 상갑판 위의 용적
　　　　(1) 선수루(船首樓)의 용적　　(2) 선교루(船橋樓)의 용적
　　　　(3) 선미루(船尾樓)의 용적　　(4) 갑판실의 용적
　　　　(5) 그 밖의 장소의 용적
14. 제외 장소의 합계용적
　　가. 선수루의 용적　　　　　　　나. 선교루의 용적
　　다. 선미루의 용적　　　　　　　라. 갑판실의 용적
　　마. 그 밖의 장소의 용적
15. 기관의 종류와 수　　　　　　　16. 추진기의 종류와 수
17. 조선지　　　　　　　　　　　　18. 조선자
19. 진수일
20. 소유자의 성명·주민등록번호(법인인 경우에는 그 명칭과 법인등록번호) 및 주소
21. 선박이 공유인 경우에는 각 공유자의 지분율

33 선적항에 관한 설명으로 옳은 것은?

가. 선적항으로 할 시, 읍, 면은 선박이 항행할 수 있는 수면에 접한 곳으로 한정한다.
나. 선박소유자의 주소가 서울일 때에는 그 소유 선박의 선적항은 원칙적으로 부산이다.
사. 선적항은 지방 해운관청 소재지의 명칭에 의하여야 한다.
아. 선박소유자의 주소지를 관할하는 도청 소재지가 선적항이 되어야 한다.

① 선적항은 선박소유자가 선박의 톤수 측정을 신청하고, 선박 등기 및 등록을 한 후, 선박국적증서를 발급받는 곳이다.
② 한국선박의 소유자는 대한민국에 선적항을 정하여야 하며, 선적항은 시·읍·면의 명칭에 따라야 한다. 선적항으로 할 시·읍·면은 선박이 항행할 수 있는 수면에 접한 곳으로 한정한다. 또한 선적항은 선박소유자의 주소지에 정하여야 한다. 그러나 다음의 어느 하나에 해당하는 경우에는 선박소유자의 주소지가 아닌 시·읍·면에 선적항을 정할 수 있다.
• 국내에 주소가 없는 선박소유자가 국내에 선적항을 정하려는 경우
• 선박소유자의 주소지가 선박이 항행할 수 있는 수면에 접한 시·읍·면이 아닌 경우
• 선박등록특구로 지정된 개항을 선적항으로 정하려는 경우
• 그 밖에 소유지의 주소지 외의 시·읍·면을 선적항으로 정하여야 할 부득이한 사유가 있는 경우

34 선적항에 관한 설명으로 옳지 않은 것은?

가. 한국 내에 주소가 없는 선박소유자는 한국에 선적항을 정할 수 없다.
나. 선적항은 선박소유자가 등록을 하고 선박국적증서를 발급받는 곳이다.
사. 선적항은 선박소유자의 주소지에 정하는 것을 원칙으로 한다.
아. 선적항은 시, 읍, 면의 명칭에 따른다.

정답　33 가　34 가

35 선적항을 정하는 이유로 옳지 않은 것은?

가. 선박국적증서를 발급하는 지방해양수산청을 정하는 표준이 된다.
나. 선박에 대한 행정상의 감독이 편리하다.
사. 선박에 대한 소정의 특권을 줄 수 있다.
아. 선박의 등기와 등록 장소가 확정된다.

36 다음 중 선박의 국적을 증명하는 서류로 옳은 것은?

가. 항행허가증   나. 임시항행허가증
사. 선체톤수증서   아. 선박국적증서

37 다음 중 선박국적증서를 교부받아야 할 선박은 총톤수 몇 톤 이상이어야 하는가?

가. 10   나. 20
사. 30   아. 50

 등기와 등록은 총톤수 20톤 이상의 기선(機船)과 범선(帆船) 및 총톤수 100톤 이상의 부선(艀船)에 대하여 적용한다. 다만, 「선박법」제26조 제4호 본문에 따른 부선에 대하여는 적용하지 아니한다(선박법 제8조, 선박등기법 제2조).

38 선박법에서 소형선박으로 옳은 것은?

가. 총톤수 20톤 미만의 부선 중 선박 계류용으로 설치된 부선
나. 군함, 경찰용 선박
사. 노와 상앗대만으로 운전하는 선박
아. 총톤수 20톤 미만의 기선

 제1조의2(정의) ① 이 법에서 "선박"이란 수상 또는 수중에서 항행용으로 사용하거나 사용할 수 있는 배 종류를 말하며 그 구분은 다음 각호와 같다.
1. **기선** : 기관을 사용하여 추진하는 선박[선체 밖에 기관을 붙인 선박으로서 그 기관을 선체로부터 분리할 수 있는 선박 및 기관과 돛을 모두 사용하는 경우로서 주로 기관을 사용하는 선박을 포함한다]과 수면비행선박(표면효과 작용을 이용하여 수면에 근접하여 비행하는 선박을 말한다)
2. **범선** : 돛을 사용하여 추진하는 선박(기관과 돛을 모두 사용하는 경우로서 주로 돛을 사용하는 것을 포함한다)
3. **부선** : 자력항행능력이 없어 다른 선박에 의하여 끌리거나 밀려서 항행되는 선박
② **소형선박** : 총톤수 20톤 미만인 기선 및 범선과 총톤수 100톤 미만인 부선

정답 35 사 36 아 37 나 38 아

39 선박의 개성에 대한 설명으로 옳지 않은 것은?

가. 선박 상호간 구별을 위하여 필요하다.
나. 선박의 개성은 사법상의 거래관계와는 무관하다.
사. 선박에 대한 개성의 여부는 선박의 명칭, 선적항, 총톤수 등을 정하는 것이다.
아. 선박의 항행에 대한 국가의 감독 및 보호를 위하여 필요하다.

> 선박의 개성이란 특정 선박이 다른 선박과 구별될 수 있는 특성을 가리키는데, 비록 선박은 물건이지만 국적, 선박의 명칭, 선적항 및 선박 톤수 등을 가지고 있는 점에서 사람과 유사한 특징을 가지고 있다.

40 다음 중 선박소유자가 지체없이 말소등록을 신청해야 할 사유에 해당하지 않는 것은?

가. 선박이 해체된 때
나. 선적항이 변경된 때
사. 선박의 존재여부가 90일간 분명하지 아니한 때
아. 선박이 대한민국 국적을 상실한 때

> 한국선박이 다음 각호의 어느 하나에 해당하게 된 때에는 선박소유자는 그 사실을 안 날부터 30일 이내에 선적항을 관할하는 지방해양수산청장에게 말소등록의 신청을 하여야 한다.
> 1. 선박이 멸실·침몰 또는 해체된 때
> 2. 선박이 대한민국국적을 상실한 때
> 3. 선박이 제26조에 규정된 선박으로 된 때(적용제외 선박)
> 4. 선박의 존재여부가 90일간 분명하지 아니한 때

41 다음의 ( )에 적합한 것은?

> 선박법상 외국에서 취득한 선박을 외국의 각 항간에서 항행시키는 경우 선박소유자는 ( )에게 그 선박톤수의 측정을 신청할 수 있다.

가. 대한민국 영사　　　　　　나. 건조 조선소
사. 선급협회 지점　　　　　　아. 본사 대리점

> 제7조(선박톤수 측정의 신청)
> ① 한국선박의 소유자는 대한민국에 선적항(船籍港)을 정하고 그 선적항 또는 선박의 소재지를 관할하는 지방해양수산청장(지방해양수산청 해양사무소장을 포함한다. 이하 "지방해양수산청장"이라 한다)에게 선박의 총톤수의 측정을 신청하여야 한다.
> ② 선적항을 관할하는 지방해양수산청장은 선박의 소재지를 관할하는 지방해양수산청장에게 선박톤수를 측정하게 할 수 있다.

정답　39 나　40 나　41 가

③ 외국에서 취득한 선박을 외국 각 항간에서 항행시키는 경우 선박소유자는 대한민국 영사에게 그 선박톤수의 측정을 신청할 수 있다.
④ 선박톤수의 측정을 위한 신청에 필요한 사항은 해양수산부령으로 정한다.

42 공해상에서 항해하는 선박이 해당국가의 영토의 연장선으로서 주권을 표시하는 방법으로 옳은 것은?

가. 공해상에서는 국기 대신에 형상물로서 주권을 표시한다.
나. 선박의 선적국에 해당하는 국기를 게양한다.
사. 공해상에서는 국기를 게양해서는 아니된다.
아. 선장과 선원의 국적이 다를 경우 선장의 국적에 해당하는 국기를 게양한다.

43 외국선박이 국내 불개항장에 기항할 수 없는 경우에 해당하는 것은?

가. 국내법령에 의해 기항할 수 있도록 규정된 경우
나. 국내 연안과의 운송에 종사하고자 할 때
사. 해양수산부장관의 허가를 얻었을 때
아. 해양사고를 피하려고 할 때

> 해설 제6조(불개항장에의 기항과 국내 각 항간에서의 운송금지)
> 한국선박이 아니면 불개항장(不開港場)에 기항(寄港)하거나, 국내 각 항간(港間)에서 여객 또는 화물의 운송을 할 수 없다. 다만, 법률 또는 조약에 다른 규정이 있거나, 해양사고 또는 포획(捕獲)을 피하려는 경우 또는 해양수산부장관의 허가를 받은 경우에는 그러하지 아니하다.

44 다음에서 외국선박이 불개항장에 기항하고자 할 경우 '불개항장 기항 등 허가신청서를 누구에게 제출하여야 하는가?

가. 관할 해양경찰서장　　　　　　나. 관세청장
사. 지방해양수산청장　　　　　　아. 외교부장관

정답 42 나　43 나　44 사

45 선박의 국적에 관한 설명으로 옳지 않은 것은?

가. 선박이 공해상에 있을 때에는 그 기국의 법률이 선박에 적용된다.
나. 선박은 국제법상 반드시 국적을 가져야 한다.
사. 선박의 국적이라 함은 그 선박이 어느 나라에 속하는가를 나타내는 것을 말한다.
아. 선박은 국적을 이중으로 가질 수 있다.

46 선박의 국적에 대한 기술로 옳지 않은 것은?

가. 이중국적을 가지지 못한다.
나. 특정한 국적을 가져야 한다.
사. 국적취득의 조건은 각국의 국내법에 일임되어 있다.
아. 편의 치적국에 등록하는 경우는 이중으로 국적을 가질 수 있다.

47 선박법의 내용으로서 ( ) 속에 적합한 것은?

> "흘수를 표시하는 숫자는 ( )마다 ( )의 아라비아 숫자로 표시해야 한다.

가. 12cm, 10cm
나. 20cm, 10cm
사. 10cm, 20cm
아. 20cm, 20cm

48 다음 중 새로 선박을 건조한 자가 그 선박을 항해에 사용하기 위하여 가장 먼저 취해야 할 조치로 옳은 것은?

가. 선박의 등기
나. 선박국적증서의 발급
사. 총톤수의 측정
아. 선박의 등록

49 선박톤수 측정에 관한 국제협약의 시행에 필요한 사항과 관련이 있는 법률로 옳은 것은?

가. 선박법
나. 선박직원법
사. 어선법
아. 해상교통안전법

50 다음 중 해양수산관청이 선박의 등록신청을 받았을 때 어디에 등록하는가?

가. 선박카드
나. 선박등록부
사. 선박국적증서대장
아. 선박원부

정답 45 아 46 아 47 나 48 사 49 가 50 아

51 다음 중 선박국적증서를 발급할 수 있는 시기로 옳은 것은?

가. 선박을 등록하였을 때
나. 선박을 등기하였을 때
사. 임시검사에 합격하였을 때
아. 제조검사에 합격하였을 때

52 국제총톤수 및 순톤수를 적은 증서는 무엇인가?

가. 선박국적증서
나. 재화중량톤수증서
사. 국제톤수증서
아. 임시선박국적증서

53 선박국적증서를 발급받기 위해서 먼저 해야 할 일이 아닌 것은?

가. 선박의 항행허가를 신청한다.
나. 법원에 등기한다.
사. 선박의 총톤수를 측정한다.
아. 관할 해양수산관청에 비치한 선박원부에 등록한다.

54 선박법에 규정하고 있는 내용과 관계가 먼 것은?

가. 등기와 등록에 관한 사항
나. 선박의 국적에 관한 사항
사. 선원의 복지에 관한 사항
아. 선박에 대한 행정상의 감독

55 다음 중 선박소유자가 선박의 등기와 등록을 하고 선박국적증서를 발급받는 특정한 항구를 무엇이라 하는가?

가. 등기항
나. 등록항
사. 모 항
아. 선적항

정답 51 가 52 사 53 가 54 사 55 아

56 다음 중 선박의 존재 여부가 얼마동안 분명하지 아니할 경우 선박소유자는 말소등록 신청을 하여야 하는가?

가. 14일간
나. 180일간
사. 90일간
아. 28일간

> 해설 선박의 존재 여부가 90일간 분명하지 아니한 때 말소등록을 신청하여야 한다(제22조 제1항).

57 선박법상 선박국적증서에 관한 설명으로 옳지 않은 것은?

가. 선박국적증서에는 유효기간이 지정되어 있다.
나. 선박국적증서는 영역서로 발급될 수 있다.
사. 선박의 국적, 선박의 개성 및 동일성을 증명한다.
아. 특별한 경우 외에 선박국적증서가 없으면 선박을 항해 사용하지 못한다.

58 다음 중 선박법상 선박국적증서 또는 임시선박국적증서를 선박 안에 갖추어 두지 아니하고 항행할 수 있는 경우에 해당하지 않는 것은?

가. 총톤수의 측정을 받으려는 경우
나. 시험운전을 하려는 경우
사. 그 밖에 정당한 사유가 있는 경우
아. 국내항 만을 입·출항할 때

정답 56 사 57 가 58 아

Chapter 02 어선전문

1 어획물의 취급과 적화

1 어획물의 성분과 영양

(1) 어패류의 주요 성분
  ① 어류의 근육 조직
    ㉠ 혈합육(적색육)
      ⓐ 암적색을 띤다.
      ⓑ 지질, 색소 단백질 등이 많다.
      ⓒ 운동성이 강한 회유성 어류에 많다(고등어, 꽁치, 정어리).
    ㉡ 보통육(백색육)
      ⓐ 옅은 색을 띤다.
      ⓑ 수분, 총질소, 비단백 질소가 많다.
      ⓒ 운동성이 약한 정착성 어류에 많다(도미, 넙치, 가자미, 대구, 조기).
  ② 어패류의 성분 조성 : 어패류는 종류도 많지만 연령, 성별, 계절, 영양 상태 등 개체에 따른 성분 조성에도 많은 차이가 있다. 어패류의 육은 대체로 수분 65~85%, 단백질 15~25%, 지방질 0.5~1.0%, 회분 1.0~3.0%로 이루어져 있으며, 수분을 제외한 나머지 성분, 즉 고형물의 비율은 15~30% 정도이다.

(2) 수산물의 영양
  ① 단백질 : 가장 많이 들어 있고, 특히 인체에 부족하기 쉬운 필수 아미노산 함량이 높음.
  ② 타우린 : 아미노산으로 콜레스테롤의 축적을 저하시켜 성인병 예방(새우, 오징어, 문어 등에 많이 함유)
  ③ EPA, DHA : 어류에 많이 있는 고도의 불포화 지방산으로 심장병, 뇌혈전을 예방하며, 뇌세포 기능을 개선시키는 효과가 있음.
  ④ 식이 섬유 : 해조류에 많이 있는 난소화성 물질로 과식 방지, 변비 예방과 비만 방지 기능이 있음.
  ⑤ 무기질 : 일반적인 식생활에서 부족하기 쉬운 칼슘, 철, 마그네슘, 요오드 등이 많이 들어 있음.
  ⑥ 비타민 : A, B2, D 등이 다량 함유

2 수산물의 사후 변화와 선도

(1) 어패류의 사후 변화
어패류는 죽게 되면 살아 있을 때와는 다른 변화가 근육 중에 일어난다. 즉, 살아있는 상태에서는 산소가 충분히 보급되는 호기적 상태이나, 사후에는 산소가 공급되지 않아 혐기적 상태가 된다.
① 해당 작용 : 사후에는 산소의 공급이 끊기므로 글리코겐이 분해되어 젖산이 생성
② 사후 경직 : 어패류가 죽은 후 근육의 투명감이 떨어지고 수축하여 어체가 굳어지는 현상
③ 해경 : 사후 경직이 지난 뒤 수축된 근육이 풀리는 현상
④ 자가 소화 : 근육 조직 내의 자가 효소 작용으로 근육 단백질의 변화가 발생하여 근육의 유연성이 증가하는 현상
⑤ 부패 : 어패류 성분이 미생물의 작용에 의하여 유익하지 않은 물질로 분해되어 독성 물질이나 악취를 발생시키는 현상

3 어패류의 선도 판정

(1) 선도 유지의 필요성
① 어패류는 그 특성상 변질, 부패되기 쉬우므로 식중독 발생의 우려가 있다.
② 식품 위생의 안전을 위해 어획 후 선상에서의 처리, 저장 및 유통 과정 중의 선도유지가 반드시 필요하다.

(2) 어패류의 선도 판정
① 어패류의 선도 판정은 가공 원료의 품질, 가공 적합성, 위생적인 안전성을 위해 매우 중요하다.
② 선도 판정은 되도록 간편하고 신속하며 정확도가 높아야 한다.

(3) 어패류의 선도 판정법
① 선도 판정법에는 관능적 방법, 화학적 방법, 물리적 방법, 세균학적 방법 등이 있다.
② 정확한 선도 판정을 위해서는 여러 가지 판정법을 적용하여 종합적으로 선도를 판정하는 것이 효과적이다.
③ 많이 이용되는 선도 판정법은 관능적 방법과 화학적 방법이다.
④ 관능적 판정 방법 : 사람의 시각, 후각, 촉각에 의해 어패류의 선도를 판정하는 방법으로, 신속하지만 판정 결과에 대하여 객관성이 떨어진다.

항 목	관능적 판정 기준(선도 양호)
피 부	• 윤기가 있고 고유 색깔을 가질 것 • 비늘이 단단히 붙어 있을 것 • 점질물이 투명할 것
눈동자	• 눈은 맑고 정상 위치에 있을 것 • 혈액이 적을 것
아가미	• 단단하고 악취가 나지 않을 것 • 선홍색이나 암적색을 띠어야 함
육 질	• 근육이 단단하게 느껴져야 함 • 근육을 1~2초간 눌러 보아 자국이 금방 없어져야 함
복 부	• 내장이 단단히 붙어 있고 손가락으로 눌렀을 때 단단해야 함 • 항문 부위에 내장이 나와 있지 않을 것
냄 새	• 불쾌한 비린내(취기)가 없을 것

4 어획물의 저온 처리

(1) 저온 유지와 품질 보장

① **저온 저장의 원리** : 식품의 품질을 저하시키는 원인은 크게 다음 네가지로 분류한다.
   ㉠ 식품 자체의 효소에 의한 분해
   ㉡ 세균 및 곰팡이 등의 미생물에 의한 분해
   ㉢ 산화 등의 물리적 작용에 의한 것
   ㉣ 건조 등의 물리적 작용에 의한 것
   0℃까지 온도를 내리면 미생물의 작용은 상당히 억제되는데, 체내의 효소는 -20℃ 이하에서 억제된다. 또 저온에 비교적 강한 저온 세균, 효모, 곰팡이도 -10℃ 이하가 되면 작용이 거의 정지한다.

② **이용 온도 범위** : 식품을 저 저온에 저장하는 경우에는 동결점 이상의 저온에서 냉각하여 저장하는 단기간의 저장법인 냉각저장법과 동결점(-18℃) 이하에서 동결하여 저장하는 장기간의 저장법인 동결저장법으로 대별된다.

(2) 저온 저장 방법

① **냉각저장법** : 동결점(0℃) 이상, 상온 이하의 온도에서 단기간 저장하는 선도 유지법

빙장법	냉각 해수 저장법
• 얼음을 사용하여 어체의 온도를 저하 • 어패류 체내의 수분을 얼리지 않은 상태에서 짧은 기간 동안 선도 유지 • 선어의 저장과 수송에 널리 사용 • 청수빙과 해수빙을 사용	• 어패류를 -1℃로 냉각시킨 해수에 침지, 냉장 • 선도 보존 효과가 좋다. • 지방질 함량이 높은 어종에 주로 사용 • 빙장법을 대체할 수 있는 냉각저장법으로 앞으로 지속적인 연구 개발 필요

㉠ **건빙법** : 쇄빙을 사용하는 방법으로 용기 또는 어창 바닥에 쇄빙을 깔고 그위에 어획물을 넣은 다음에 사이 또는 위에 쇄빙을 넣는다.

ⓒ 수빙법 : 청수 또는 해수에 쇄빙을 넣고 -2 ~ 0℃의 물과 얼음의 혼합물(빙수)을 사용하여 저장하는 방법. 어선에서 어획물 냉각 방법으로 많이 사용.

② 동결저장법
　㉠ 어패류를 급속 동결하여 -18℃ 또는 그 이하로 유지하여 동결 상태로 어패류를 저장하는 방법
　㉡ -18℃ 이하에서 저장하면 미생물 및 효소에 의한 변패 등이 억제되어 선도유지 기간이 연장됨.
　㉢ 어종에 따라 다르지만 보통 6개월에서 1년 정도 선도유지가 가능

동결저장법
- 어패류 전처리 → 급속 동결 → -18℃ 이하로 저장
- 선도유지에 가장 효과적인 저장법

③ 기계냉동법(증기 압축식 냉동법)
　㉠ 암모니아, 프레온 등의 냉매가 증발할 때의 피냉각 물질의 열을 흡수하는 성질을 이용
　㉡ 증발 기화한 냉매를 다시 회수 → 액화 → 증발(연속적으로 냉각작용 가능)
　㉢ 일반적인 냉동 사이클 : 압축 → 응축 → 팽창 → 증발
　㉣ 동결방법 : 반송풍 동결, 송풍 동결(일반 어류), 브라인식, 접촉식(냉동 고기풀), 액화 가스 동결(초급속 동결)

기계냉동법
- 냉매(암모니아, 프레온)의 증발잠열을 이용하여 물체 냉각
- 연속 냉각 가능
　냉동 사이클 (압축 → 응축 → 팽창 → 증발)

④ 식품의 동결 곡선
　㉠ 식품의 냉각이 진행되는 과정에 따른 품온의 변화를 나타낸 것
　㉡ 동결은 식품의 표면에서 중심으로 진행
　㉢ 최대 빙결정 생성대 : 식품중의 수분 80% 이상이 빙결정으로 만들어지는 구간으로 가능한 빨리 통과시켜야 품질이 우수한 동결품을 획득 가능

(3) 어획물의 냉동 제품
수산물 동결품의 제조공정은 일반적으로 원료의 선별에서 팬넣기(panning)까지의 전처리 공정과 동결에서 저장까지의 후처리 공정으로 나눈다.

5 어획물의 선상 처리

(1) 어획물의 처리 원칙

① 어획물 선도유지의 필요성
  ㉠ 어획물의 가격은 선도에 따라서 좌우되고 수산가공품의 품질도 원료의 상태에 따라 영향을 받는다.
  ㉡ 선도유지는 경제적인 관점뿐만 아니라 식중독 예방 차원에서도 매우 중요하다.
  ㉢ 어획 즉시 저온 보관에 의한 선도유지가 매우 중요하다.

② 어획물 처리 원칙

㉠ 신속한 처리	ⓐ 어획 후 신속한 전처리를 하고, 빙장, 냉동 등의 저온처리 ⓑ 효소의 활성 및 세균의 증식을 억제시켜 선도유지기간을 연장시켜야 한다.
㉡ 저온 보관	ⓐ 어상자 바닥에 얼음을 깐 후 그 위에 어체를 얹고 어체의 주위를 얼음으로 채운다. ⓑ 어상자 속의 어체와 얼음에서 흘러내리는 물이 고이지 않고 잘 빠지도록 하고, 얼음은 잘게 부수어서 어체 온도가 빨리 떨어지도록 한다. ⓒ 고급 어종은 바로 얼음에 접하지 말고 황산지로 싼 후 그 주위를 얼음으로 채운다.
㉢ 청결한 취급	ⓐ 어체에 묻은 오물과 혈액을 깨끗이 씻어 내고, 어획물을 다루는 갑판, 어상자, 어창, 어획물과 접촉하는 기구는 깨끗하게 씻어서 소독한다. ⓑ 어획물을 던지거나 밟아서 상처를 내서는 안 되며, 갈고리는 사용하지 않는 것이 좋고, 불가피할 때는 머리부분을 한정해야 한다. ⓒ 어상자에 담을 때에는 물이 쉽게 빠지도록 해야 하며, 상처가 있거나 선도가 떨어진 어획물은 함께 담지 말아야 한다.

(2) 어획물의 선상 처리 방법

① 선별
  ㉠ 어획물이 선상에 올려지면 물을 뿌려 주면서 조개껍질 조각 등을 제거하고 어체는 깨끗하게 씻어 주며, 활어로 이용할 수 있는 고가의 어종은 우선 활어창에 넣는다.
  ㉡ 어획물을 갑판이나 처리장에 쏟아 놓고 어종을 선별하는 작업 중에는 어체에 상처를 입히지 않도록 하며, 소형은 대형보다, 살이 연한 것은 그렇지 않은 것보다 선도저하 속도가 빠르므로 빨리 선별하여야 한다.

② 처리 및 보관
  ㉠ 일반적으로 어획물은 얼음과 같이 어상자에 넣어 보관하나, 광어, 도미, 상어, 다랑어 등 고급 또는 대형 어류는 선도 보존을 위하여 어획 즉시 피뽑기, 즉살, 내장 제거 후에 세척한다.
  ㉡ 어획물을 담은 어상자를 어창 안에 넣을 때에는, 일반적으로 선미 쪽에서 시작하여 선수쪽으로 향하게 쌓아야 한다.
  ㉢ 보관 중에 세균의 발육과 효소의 작용을 억제하기 위하여 빙장한 상자를 저장하는

어창 안의 온도는 0~4℃, 습도는 90~95% 정도가 되게 하는 것이 좋다.

③ 어상자와 상자 담기
   ㉠ 어상자 : 어상자의 재료로는 나무, 금속, 합성 수지, 고무 등을 사용
   ㉡ 상자담기(입상)

   - 동일 어종으로 크기가 같은 것끼리 담아야 하며, 혼합하여 담는 것을 피한다.
   - 어상자의 크기에 비하여 지나치게 많은 양의 고기를 담거나, 큰고기를 담아서 어상자를 몇 겹으로 쌓게 되면 어체 손상과 얼음의 냉각 효과가 떨어져 선도를 나쁘게 하는 원인이 된다.
   - 어획물을 어상자에 배열하는 방법에는 등을 위로 향하게 하는 등세우기법(배립형), 배를 위로 향하게 하는 배세우기법(복립형), 옆으로 반듯하게 눕히는 법(평판형), 불규칙하게 흩트려 넣는 법(산립형), 동그랗게 구부려 넣는 법(환상형) 등 다섯가지 방법이 있다.
   - 주로 횟감으로 이용되는 도미, 민어 등과 같은 고급 어종은 등세우기법으로 배열하고, 가공 원료로 이용하는 조기, 메퉁이 같은 어종은 배세우기법으로 배열한다. 그리고 갈치는 환상형으로 배열한다.

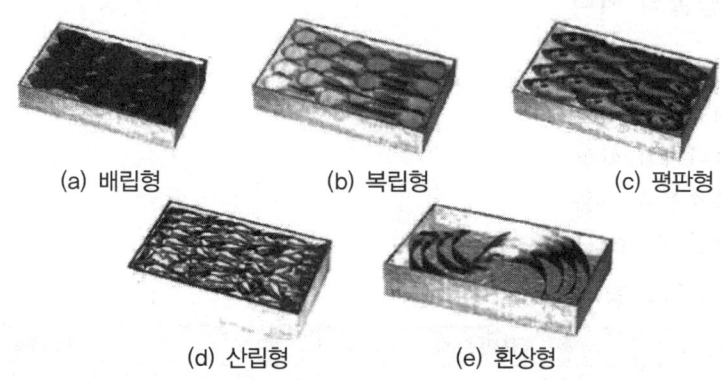

(a) 배립형   (b) 복립형   (c) 평판형
(d) 산립형   (e) 환상형

(3) 어획물의 양륙처리
① 양륙
   ㉠ 양륙되는 어획물은 오랜 항해기간을 거쳤기 때문에, 어체에서 유출된 오물 등으로 더럽혀져 있으므로, 냉각시킨 해수로 간단히 씻은 후에 쇄빙을 보충해 주는 것이 좋다.
   ㉡ 양륙된 어획물이 어체에서 유출된 오물 등으로 더럽혀져 있다고 해서 연안의 높은 온도에 오염된 해수로 씻는 것은 피해야 한다.

 **양륙 직후의 세척**

진열된 어상자에 물뿌리는 것은 좋지 않다.
어상자를 씻을 때에는 낱상자별로 씻는 것이 좋다.

② 어판장에서의 취급
    ㉠ 어판장은 어획물에서 흘러 내리는 오물과 많은 사람들의 출입으로 인하여 세균의 오염 및 번식이 왕성하게 발생하므로 청결을 위하여 소독을 철저히 하여야 한다.
    ㉡ 경매를 위하여 어판장에 어획물을 일시 보관할 때도 저온이 유지될 수 있도록 해야 하므로 양륙작업을 서둘러야 하고, 경우에 따라서는 얼음을 보충해야 한다.
    ㉢ 어상자를 던지거나 밟는 일이 없도록 하고 어획물의 재작업을 위하여 어상자를 바꾸어 담는 일은 피한다. 그리고 어상자는 햇볕에 방치하지 않도록 하고, 옮길 때에는 어판장이나 바닥이 불결한 곳에서는 어상자를 끌지 않도록 한다.
    ㉣ 어체를 갈고리로 찍지 않도록 하고, 어상자를 4~5단 이상으로 쌓아 놓지 않도록 한다.
    ㉤ 어상자를 어판장에 진열할 때에는 일정한 거리마다 통로를 만들어서 사람들이 고기를 밟고 다니지 않도록 한다.
    ㉥ 경매 후 어획물이 출하된 후에는 어판장의 바닥과 기구들을 깨끗이 씻고 말려서 사용함으로써 세균 오염 방지에 힘써야 한다.

6 수산물의 처리

(1) 가공 처리의 목적
    ① 저장성 부여
    ② 부가가치 향상
    ③ 유효성분 이용
    ④ 운반 및 조리의 용이

(2) 어체의 처리 형태

구 분	처리종류	처리방법
어 체	라운드(round)	머리와 내장이 온전한 어체
	세미드레스(semi-dress)	라운드에서 아가미와 내장을 제거한 어체
	드레스(dress)	아가미, 내장, 머리를 제거한 어체
	팬드레스(pan-dress)	머리, 아가미, 내장, 지느러미, 꼬리를 제거한 어체
어 육	필릿(fillet)	드레스하여 3장을 뜨고 2장의 육편만 취한 것
	청크(chunk)	드레스한 것을 통째 썰기한 것
	스테이크(steak)	필릿을 약 2cm 두께로 자른 것
	다이스(dice)	육편을 2~3cm 각으로 자른 것
	찹(chop)	채육기에 걸어서 발라낸 육

7 어구와 어법

(1) 어구의 분류
  ① 기능에 따라
    ㉠ 주어구 : 직접 어획에 사용되는 어구(그물, 낚시)
    ㉡ 보조 어구 : 어획 능률을 높이는 데 사용되는 어구(어군 탐지기, 집어등)
    ㉢ 부어구 : 어구의 조작 효율을 높이는 데 사용되는 어구(동력 장치)
  ② 이동성에 따라
    ㉠ 운용 어구 : 설치 위치를 쉽게 옮길 수 있는 어구
    ㉡ 고정 어구 : 설치 위치를 옮길 수 없는 어구(정치 어구)
    ㉢ 구성 재료에 따라
      ⓐ 낚기 어구 : 낚싯줄에 낚시를 매단 어구(대낚시, 보채낚시, 손줄낚시, 끌낚시)
      ⓑ 그물 어구 : 어군을 도망가지 못하게 하는 어구(천연섬유, 합성섬유의 그물)
      ⓒ 잡어구 : 기타 어획에 필요한 어구

(2) 낚기 어구의 종류와 어획 방법
  ① 낚기 어구 : 낚싯줄, 낚시, 낚싯대, 미끼, 뜸, 발돌 등
  ② 낚기 어법 : 낚시에 미끼를 꿰어 어류를 낚아 올리는 어획 방법
  ③ 낚기 어구의 구분
    ㉠ 외줄 낚기
      ⓐ 대낚시 : 낚싯대에 낚싯줄을 매단 것
      ⓑ 보채낚시 : 보채에 낚싯줄을 매고 낚시를 묶은 것
      ⓒ 끌낚시 : 낚시에 가짜 미끼를 달아 수평 방향으로 끄는 것
      ⓓ 손줄낚시 : 낚싯대가 사용되지 않는 것
    ㉡ 주낙(연승, 延繩)
      ⓐ 뜬주낙 : 수평 방향으로 어구를 드리워서 표·중층의 어류를 낚기 위한 것
      ⓑ 땅주낙 : 해저 깊은 곳의 어류를 낚기 위한 것
      ⓒ 선주낙 : 수직 방향으로 펼쳐 유영층이 두꺼운 어류를 낚기 위한 것

(3) 그물 어구의 종류와 어획 방법
  ① 함정 어구와 어법
    ㉠ 함정 어구 : 일정한 장소에 설치해 둔 어구에 들어간 어류를 나가지 못하게 가두어 잡는 방법
    ㉡ 함정 어법의 종류 : 유인 함정 어법, 유도 함정 어법, 강제 함정 어법
      ⓐ 유인 함정 어법 : 어획 대상 생물을 어구 속으로 유인하고 함정에 빠뜨려 어획하는 방법(문어 단지, 통발류 - 장어, 게, 새우 등).
      ⓑ 유도 함정 어법 : 어군의 통로를 차단하고 어획이 쉬운 곳으로 어군을 유도하여 잡아 올리는 어법[정치망(길그물과 통그물로 구성, 통그물의 모양에 따라 : 대망

류와 승망류로 구분]
   ⓒ 강제 함정 어법 : 물의 흐름이 빠른 곳에 어구를 고정하여 설치해 두고, 어군이 강한 조류에 밀려 강제적으로 자루 그물에 들어가게 하여 어획하는 어법
   (죽방렴과 낭장망 : 남·서해안에서 협수로의 강한 조류를 이용하여 멸치나 갈치 잡이의 어법)
   ⓓ 주목망 → 안강망으로 발전 : 서해안의 갈치, 조기잡이
② 걸그물 어구와 어법(자망, 刺網)
   ㉠ 걸그물(자망, 刺網) 어구 : 긴 사각형의 어구로 어군이 헤엄쳐 다니는 곳에 수직 방향으로 펼쳐 두고 지나가는 어류가 그물코에 꽂히게 하여 잡는 방법
      ⓐ 저서 어족은 저질에 따라 서식 어종이 다르다.
      ⓑ 어두운 곳을 좋아 하는 종 : 참돔, 가자미 등
      ⓒ 암반이 있는 곳에 서식하는 종 : 꽃게, 새우, 소라, 전복 등
      ⓓ 그물코의 크기는 어획 대상 어류의 아가미 부분의 둘레 크기와 일치해야 한다.
   ㉡ 걸그물 어법의 종류
      ⓐ 어획하는 수층에 따라 : 표층 걸그물, 중층 걸그물, 저층 걸그물
      ⓑ 어구 사용 방법에 따라 : 고정 걸그물, 흘림 걸그물(유자망), 두릿 걸그물(선자망)
③ 두릿그물 어구와 어법(선망, 旋網)
   ㉠ 두릿그물 어구 : 표층이나 중층에 모여 있는 어군을 길다란 수건 모양의 그물로 둘러싸서 가둔 다음, 그물의 포위 범위를 좁혀서 잡는 방법
      ⓐ 군집성이 큰 것에 효과적이다.
      ⓑ 집어등 이용하여 밀집 후 어획
      ⓒ 쌍두리 선망, 외두리 선망 등
      ⓓ 고등어, 전갱이 선망 어업(근해), 다랑어 선망 어업(원양)
   ㉡ 두릿그물 어법의 종류 : 고등어, 전갱이 선망 어업, 다랑어 선망 어업
④ 들그물 어구와 어법(부망, 敷網)
   ㉠ 들그물 어법 : 수면 아래에 그물을 펼쳐 두고 어군을 그물 위로 유인한 후 그물을 들어 올려서 잡는 어법
   ㉡ 들그물 어법의 종류 : 꽁치 봉수망, 숭어 들망, 멸치 들망, 자리돔 들망
⑤ 후릿그물 어구와 어법(인기망, 引棄網)
   ㉠ 후릿그물 어법 : 자루의 양쪽에 긴 날개가 있고 그 끝에 끌줄이 달린 그물을 멀리 투망해 놓고 육지나 배에서 끌줄을 오므리면서 끌어당겨서 어획하는 방법
   ㉡ 후릿그물 어법의 종류
      ⓐ 후리 : 표층 어족을 주대상 − 갓후리, 배후리 → 기선 권현망으로 발전
      ⓑ 방 : 저층 어족을 주대상 − 손방 → 외끌이 기선 저인망으로 발전
⑥ 끌그물 어구와 어법(예망, 曳網)
   ㉠ 끌그물 어법 : 한 척 또는 두 척의 어선이 일정 시간 동안 어구를 끌어서 어획하는 방법

ⓐ 어구를 끌고 어군을 찾아 자유로이 이동 → 적극적, 공격적, 기계화된 어업
ⓑ 자루 그물과 날개 그물로 구성
ⓒ 끌그물 어법의 종류
ⓐ 기선 권현망 어법 : 연안의 표층 부근을 유영하는 멸치를 잡는 어법
ⓑ 쌍끌이 기선 저인망 어법 : 2척의 배로 끌줄을 끌어서 조업하는 어법
ⓒ 트롤 어법그물 : 어구의 입구를 수평 방향으로 벌리게 하는 전개판(otter board)을 사용하여 한 척의 배로 조업하는 어법

8 어업 기기

(1) **어군 탐지기** : 해저의 형태와 수심, 어군의 존재 여부와 위치 등에 관한 정보를 알아내는 기기
① 일반 어군 탐지기 : 수직 하방 어군을 주로 탐지
② 소나(sonar) : 수평 방향의 어군을 주로 탐지

(2) **어군 탐지기의 기본 구성**
① 발진기 : 단속적인 초음파 신호(펄스신호)를 발생시키는 장치
② 송파기 : 발진기에서 발생된 펄스신호(pulse signal)를 수중으로 발사하는 장치
③ 수파기 : 수중의 물체로부터 반사신호를 수신하는 장치
④ 증폭기 : 수파기에 수신된 미약한 반사신호를 증폭시키는 장치
⑤ 지시기 : 반사신호를 연속적으로 기록하거나 영상으로 나타내기 위한 장치

(3) **어군 탐지기의 분류**
① 지시 방식에 따라
㉠ 기록지 방식 : 일정한 속도로 회전하는 벨트에 부착된 기록펜이 기록지에 반사신호를 기록해 가는 방식
㉡ 영상 지시 방식 : 반사신호를 브라운관에 흑백 또는 컬러 영상(컬러 어군 탐지기)으로 나타내는 것
② 발사 방향에 따라
㉠ 수직 어군 탐지기 : 송·수파기의 진동면이 수면에 대하여 수직인 방향으로 설치하여 선저 바로 밑에 있는 해저나 어군을 탐지하는 것
㉡ 수평 어군 탐지기 : 초음파 신호를 수직방향, 전후 좌우 임의의 방향으로 발사함으로써 어선 주위에 분포하고 있는 어군을 탐지하는 것 예 소나(sonar)

음파와 초음파 신호
① 가청 음파 : 주파수가 20kHz 이하로 사람이 들을 수 있는 음파
② 초음파 : 20kHz 이상으로 사람이 들을 수 없는 음파
　　　－ 어군 탐지기에 널리 사용하는 초음파의 주파수 범위 : 28kHz ～ 200kHz
③ 초음파 신호 : 펄스(pulse) 신호의 충격파로서 극히 짧은 시간에 발생시킨 신호파

9 어구의 전개 상태 감시 장치

(1) 네트 리코더 : 트롤 어구 입구의 전개 상태, 해저와 어구와의 상대적 위치, 입망되는 어군의 양 등을 알 수 있는 기기

(2) 전개판 감시 장치 : 트롤 어구에서 양쪽 전개판 사이의 간격 측정

(3) 네트 존데 : 선망 어선에서 그물이 가라앉는 상태를 감시하는 장치

10 어구 조작용 기계 장치

(1) 양승기 : 연승 어구의 모릿줄을 감아올리기 위한 기계 장치
- 다랑어 연승용의 양승기(가장 발달한 것)

(2) 양망기 : 그물 어구를 감아올리는 기계 장치
- 산업적으로 널리 쓰이는 양망기 : 걸그물용, 선망용, 기선 권현망용 양망기 등

(3) 사이드 드럼(side drum) : 여러 종류의 줄을 감아올리는 기계 장치
- 보통 기관실 벽의 좌우에 한 개씩 장치
- 소형의 연근해 어선에 널리 사용
- 기선 저인망 어선은 끌줄이나 후릿줄을 감아들이는 데 중요한 장치

(4) 트롤 윈치(trawl winch) : 트롤 어구의 끌줄을 감아들이기 위하여 설비되는 기계 장치
- 주드럼이 좌·우현 양쪽에 각각 1개씩 있다.
- 주드럼 앞쪽에는 와이어 리더(wire leader : 로프가 드럼에 질서 정연하게 감기도록 하는 역할) 장치가 있다.

Chapter 02 어선전문

Part 4 | 전문 적중예상문제

1 어획물의 취급과 적화

01 참치선망 어선에서 어획물을 동결할 때 주로 사용하는 브라인의 종류로 옳은 것은?

가. 알코올 나. 염화칼슘
사. 염화마그네슘 아. 식 염

해설 수산물의 동결 방법으로는 냉기를 이용하는 공기 동결법, 연육을 금속판과 접촉시켜서 동결하는 접촉식 동결법, 식염 및 염화칼슘 브라인(brine)에 침지하여 동결하는 침지식 동결법, 그리고 액체질소 및 액화천연가스를 이용하는 액화가스 동결 방법이 있다.(참치 선망의 염화칼슘 브라인에 침지)

02 도미, 민어와 같은 고급 횟감 어종의 어획물을 어상자에 담는 방법으로 옳은 것은?

가. 눕히기 법
나. 등세우기 법
사. 배세우기 법
아. 불규칙하게 담는 법

해설 주로 횟감으로 이용되는 도미, 민어 등과 같은 고급 어종은 등세우기법으로 배열하고, 가공 원료로 이용하는 조기, 메퉁이 같은 어종은 배세우기법으로 배열한다. 그리고 갈치는 환상형으로 배열한다.

03 갈치를 어상자에 담는 방법으로 옳은 것은?

가. 배립형 나. 환상형
사. 편평형 아. 복립형

정답 01 나 02 나 03 나

04 어획물을 상자에 담을 때 주의할 사항 중 옳지 않은 것은?

가. 물이 쉽게 빠지도록 담는다.
나. 어종을 크기별로 잘 정돈한다.
사. 갈치는 환상형으로 배열한다.
아. 가공원료로 이용하는 고기는 등세우기법으로 배열한다.

 고급 어종은 등세우기법으로 배열, 가공원료로 이용하는 고기는 배세우기법으로 배열

05 어획물의 사후 경직에 영향을 미치는 것으로 옳지 않은 것은?

가. 어 종
나. 처리 방법
사. 어획 방법
아. 어획 감소

 사후 경직이 일어날 때까지의 시간과 지속되는 시간은 어패류의 종류, 연령, 성분 조성, 생전의 활동, 죽음의 상태, 사후의 관리 및 환경, 온도 등에 따라서 다르다.

06 다음 중 어획물의 처리 원리로 옳지 않은 것은?

가. 저온 보관
나. 사후 경직
사. 신속한 처리
아. 청결한 취급

어획물 처리 원리

(1) 신속한 처리	① 어획 후 신속한 전처리를 하고, 빙장, 냉동 등의 저온처리 ② 효소의 활성 및 세균의 증식을 억제시켜 선도유지기간을 연장시켜야 한다.
(2) 저온 보관	① 어상자 바닥에 얼음을 깐 후 그 위에 어체를 얹고 어체의 주위를 얼음으로 채운다. ② 어상자 속의 어체와 얼음에서 흘러내리는 물이 고이지 않고 잘 빠지도록 하고, 얼음은 잘게 부수어서 어체 온도가 빨리 떨어지도록 한다. ③ 고급 어종은 바로 얼음에 접하지 말고 황산지로 싼 후 그 주위를 얼음으로 채운다.
(3) 청결한 취급	① 어체에 묻은 오물과 혈액을 깨끗이 씻어 내고, 어획물을 다루는 갑판, 어상자, 어창, 어획물과 접촉하는 기구는 깨끗하게 씻어서 소독한다. ② 어획물을 던지거나 밟아서 상처를 내서는 안 되며, 갈고리는 사용하지 않는 것이 좋고, 불가피할 때는 머리부분을 한정해야 한다. ③ 어상자에 담을 때에는 물이 쉽게 빠지도록 해야 하며, 상처가 있거나 선도가 떨어진 어획물은 함께 담지 말아야 한다.

정답 04 아 05 아 06 나

07 어패류가 죽은 후 제일 먼저 일어나는 현상으로 옳은 것은?

가. 부 패
나. 해 경
사. 사후 경직
아. 자가 소화

어패류의 사후 변화 과정
해당 작용 → 사후 경직 → 해경 → 자가 소화 → 부패

- 사후 경직이 늦게 시작되고 오래 지속되면 저장성이 좋아진다(즉살시키는 것이 고생사시키는 것보다 사후 경직 시간이 길다).
- 부패 현상 때 요소 : TMA, 암모니아 등의 독성물질 생성

08 다음 중 글레이징(Glazing)할 때 사용하는 냉수의 온도로 옳은 것은?

가. -10 ~ -5℃
나. -5 ~ -1℃
사. 0 ~ 4℃
아. 6 ~ 10℃

글레이징 방법 : 침지법과 분무법이 있으며, 침지법은 동결어(-18℃ 이하)를 냉장실(10℃ 이하)에서 냉수(0~4℃)에 수 초(3~6초)간 담갔다가 끄집어 내면 표면에 얼음이 생긴다.

09 어체 조직 속에 분포하는 효소의 작용으로 일어나는 어패류의 사후 변화로 옳은 것은?

가. 사후 경직
나. 부 패
사. 해 경
아. 자가 소화

자가 소화 : 근육 조직 내의 자가 효소 작용으로 근육 단백질의 변화가 발생하여 근육의 유연성이 증가하는 현상

10 다음 중 동결처리는 어체를 몇 도 이하까지 급속 동결을 하여야 하는가?

가. -10℃
나. -12℃
사. -15℃
아. -18℃

11 어획물을 양륙할 때의 처리 방법으로 가장 옳은 것은?

가. 항내의 물로 깨끗이 씻는다.
나. 냉각시킨 바닷물로 씻고 첨빙한다.
사. 어상자를 몇 겹으로 쌓는다.
아. 어상자를 교환한다.

정답 07 사 08 사 09 아 10 아 11 나

12 어류의 선도 판정에서 관능적 판정 요소로 옳지 않은 것은?

가. 냄새 나. 경도
사. 색깔 아. 영양성분

항목	관능적 판정 기준(선도 양호)
피부	• 윤기가 있고 고유 색깔을 가질 것 • 비늘이 단단히 붙어 있을 것 • 점질물이 투명할 것
눈동자	• 눈은 맑고 정상 위치에 있을 것 • 혈액이 적을 것
아가미	• 단단하고 악취가 나지 않을 것 • 선홍색이나 암적색을 띠어야 함
육질	• 근육이 단단하게 느껴져야 함 • 근육을 1~2초간 눌러 보아 자국이 금방 없어져야 함
복부	• 내장이 단단히 붙어 있고 손가락으로 눌렀을 때 단단해야 함 • 항문 부위에 내장이 나와 있지 않을 것
냄새	• 불쾌한 비린내(취기)가 없을 것

13 어획물에서 선도 변화가 가장 먼저 일어나는 곳으로 옳은 것은?

가. 꼬리 나. 등
사. 가슴 아. 복부

14 어체 1kg의 온도를 1℃ 낮추려면 얼마의 열량을 빼앗아야 하는가?

가. 0.8 kcal 나. 72 kcal
사. 0.6 kcal 아. 80 kcal

15 어체 처리 형태 중 머리, 내장이 붙은 원형 그대로 어체를 처리하는 방법으로 옳은 것은?

가. 필릿 나. 라운드
사. 드레스 아. 팬드레스

정답 12 아 13 아 14 가 15 나

구 분	처리종류	처리방법
어체	라운드(round)	머리와 내장이 온전한 어체
	세미드레스(semi-dress)	라운드에서 아가미와 내장을 제거한 어체
	드레스(dress)	아가미, 내장, 머리를 제거한 어체
	팬드레스(pan-dress)	머리, 아가미, 내장, 지느러미, 꼬리를 제거한 어체
어육	필릿(fillet)	드레스하여 3장을 뜨고 2장의 육편만 취한 것
	청크(chunk)	드레스한 것을 통째 썰기한 것
	스테이크(steak)	필릿을 약 2cm 두께로 자른 것
	다이스(dice)	육편을 2~3cm 각으로 자른 것
	찹(chop)	채육기에 걸어서 발라낸 육

16 어체 처리 형태 중 아가미, 내장, 머리를 제거하는 처리 방법으로 옳은 것은?

가. 필 릿
나. 라운드
사. 팬드레스
아. 드레스

17 횟감용 다랑어를 냉동 처리할 때 어체의 중심 온도를 몇 도 이하로 낮추어야 하는지 옳은 것은?

가. -10℃
나. -20℃
사. -40℃
아. -50℃

 글레이징 처리를 한 냉동어는 -50℃ 이하의 어창에 저장한다.

18 어획물의 부패가 가장 늦게 일어날 수 있는 경우로 옳은 것은?

가. 적색육 어류
나. 수분을 많이 함유한 어류
사. 저온에 보관한 어류
아. pH가 높은 식초를 첨가한 어류

19 어육 성분 중에서 가장 많은 비중을 차지하는 것으로 옳은 것은?

가. 단백질
나. 탄수화물
사. 지방질
아. 수 분

수분 : 60~90% 정도로 축육에 비해 수분 함량이 많으므로 저장성이 낮다.

> 정답 16 아 17 아 18 사 19 아

20 어패류의 사후 변화 중 근육의 투명감이 떨어지고 수축하여 어체가 굳어지는 현상으로 옳은 것은?

가. 부 패
사. 해 경
나. 사후 경직
아. 자가 소화

사후 변화 과정	어패류의 사후 변화 현상
해당 작용	사후에는 산소의 공급이 끊기므로 글리코겐이 분해되어 젖산이 생성
사후 경직	어패류가 죽은 후 근육의 투명감이 떨어지고 수축하여 어체가 굳어지는 현상
해 경	사후 경직이 지난 뒤 수축된 근육이 풀리는 현상
자가 소화	근육 조직 내의 자가 효소 작용으로 근육 단백질의 변화가 발생하여 근육의 유연성이 증가하는 현상
부 패	어패류 성분이 미생물의 작용에 의하여 유익하지 않은 물질로 분해되어 독성 물질이나 악취를 발생시키는 현상

21 다음 ( )의 내용으로 옳은 것은?

> 어류 속에 얼음 결정이 생기기 시작하면 얼지 않고 남는 수용액의 농도는 더 진해지므로 어는점은 더 내려가 대체로 ( )가 되어야만 완전히 동결된다.

가. -40℃
사. -60℃
나. -50℃
아. -70℃

22 굴비를 만들 때의 원료어인 조기와 같이 어획한 그대로의 형태를 무엇이라 하는가?

가. 라운드
사. 드레스
나. 필 릿
아. 스테이크

라운드(round) : 머리와 내장이 온전한 어체

23 사후 경직의 직접적인 원인으로 옳지 않은 것은?

가. 글리코겐이 혐기적으로 분해되어 젖산이 생긴다.
나. 단백질이 분해되어 아미노산으로 변한다.
사. pH값이 떨어진다.
아. ATP가 분해 소실된다.

정답 20 나 21 사 22 가 23 나

어패류는 축육에 비하여 자가 소화 기간이 짧기 때문에 변질로 이어지기 쉽다. 젓갈 및 식해는 자가 소화를 이용한 가공품으로 볼 수 있다.(근육성분(단백질, 지질, 탄수화물)이 효소 등의 작용으로 분해)

24 다음 중 어류를 동결할 때 동결 장치에서 어체의 중심부가 몇 도 이하로 되면 꺼내어 동결 저장으로 옮기는가?

가. -6℃ 　　　　　　　　　　나. -8℃
사. -18℃ 　　　　　　　　　아. -20℃

 동결저장법은 어패류를 -18℃ 이하에서 동결하여 저장하는 방법이다.

25 식품을 저온에 저장하는 경우 동결점 이하에서 동결하여 장기간 저장하는 동결 저장법에서 동결점은 어느 것인가?

가. -10℃ 　　　　　　　　　나. -12℃
사. -16℃ 　　　　　　　　　아. -18℃

 식품을 저온 저장하는 경우에는 동결점 이상의 저온에서 냉각하여 저장하는 단기간의 저장법인 냉각 저장법과, 동결점(-18℃) 이하에서 동결하여 저장하는 장기간의 저장법인 동결 저장법으로 대별된다.

26 어육 성분의 함량 사이에 역의 상관관계가 가장 뚜렷이 나타나는 것으로 옳은 것은?

가. 수분 - 지질 　　　　　　나. 단백질 - 지질
사. 회분 - 탄수화물 　　　　아. 탄수화물 - 단백질

 어패류는 종류도 많지만, 연령, 성별, 계절, 영양 상태 등 개체에 따른 성분 조성에도 많은 차이가 있다. 어패류의 육은 대체로 수분 65~85%, 단백질 15~25%, 지방질 0.5~1.0%, 회분 1.0~3.0%로 이루어져 있으며, 수분을 제외한 나머지 성분, 즉 고형물의 비율은 15~30% 정도이다.

27 어패육의 일반적인 성분 조성에서 고형물의 비율은 어느 정도인가?

가. 10~15% 　　　　　　　나. 15~30%
사. 30~40% 　　　　　　　아. 40~50%

고형물의 비율은 15~30% 정도이다.

28 어육 1g을 0℃에서 저장한 경우 세균수가 수억 마리 이상이 되는 저장 일수로 옳은 것은?

가. 2일 　　　　　　　　　　나. 5일
사. 8일 　　　　　　　　　　아. 12일

정답 24 사　25 아　26 가　27 나　28 아

29 피스톤의 왕복운동으로 냉매를 압축시키는 형태의 압축기로 옳은 것은?

가. 회전식 압축기
나. 왕복식 압축기
사. 스쿠루 압축기
아. 터보 압축기

30 냉동 방법은 크게 물리적인 자연현상을 이용한 자연 냉동법과 에너지를 공급하여 인공적으로 냉동 작용을 얻는 인공 냉동법 또는 기계적 냉동법으로 나눌 수 있는데, 다음 중 자연 냉동법에 속하지 않는 것은?

가. 얼음이 녹을 때 그 융해열을 이용한 냉동법
나. 증발하기 쉬운 액체가 증발할 때 흡수하는 증발열을 이용한 냉동법
사. 드라이 아이스가 승화될 때 그 승화열을 이용한 냉동법
아. 얼음과 소금 등의 기한제를 이용한 냉동법

 기계적 냉동법
- 냉매(암모니아, 프레온)의 증발 잠열을 이용하여 물체 냉각
- 연속 냉각 가능 : 냉동 사이클(압축 → 응축 → 팽창 → 증발)

31 어획물 피뽑기 처리에 쓰이는 물의 적당한 온도로 옳은 것은?

가. 글레이징에 적합한 온도
나. 어체 온도와 같은 온도
사. 고기의 서식 환경수보다 2~3℃ 낮은 온도
아. 얼음이 전부 녹지 않을 정도의 0℃ 부근

32 다음 중 빙장법의 종류에 해당하지 않는 것은?

가. 팩 아이스법
나. 수빙법
사. 냉각수 침지법
아. 일반 빙장법

 빙장법은 얼음의 융해 잠열을 이용하여 어패류의 온도를 낮추어 저장하는 방법이다. 주로 연안에서 어획한 수산물을 단기간 유통할 때의 선도 유지법으로 널리 이용된다. 빙장에 사용되는 얼음에는 담수빙과 해수빙이 있다. 담수빙은 0℃, 해수빙은 약 -2℃에서 융해된다(어패류 체내의 수분을 얼리지 않은 상태에서 짧은 기간 동안 선도 유지).

정답 29 나 30 나 31 사 32 가

33 어체를 쇠갈고리로 찍어서 어상자 등으로 옮겨야 할 경우 주로 찍는 부분으로 옳은 것은?

가. 몸 통
나. 두부(머리)
사. 꼬 리
아. 지느러미

34 어창에 어상자를 적재할 때 방법으로 옳은 것은?

가. 고급 어종은 보호를 위해 제일 아래쪽에 쌓는다.
나. 일반적으로 선수쪽에서 시작하여 선미쪽으로 쌓아간다.
사. 잡어종은 상자의 바닥쪽으로 흐트려 놓고 위쪽은 배를 아래로 세워 놓는다.
아. 일반적으로 선미쪽에서 시작하여 선수쪽으로 쌓아간다.

> 어획물을 담은 어상자를 어창 안에 넣을 때에는, 일반적으로 선미쪽에서 시작하여 선수쪽으로 향하게 쌓아야 한다.

35 다음 중 냉각 해수 저장법에서 해수는 몇 도 정도로 냉각하는 것이 좋은가?

가. 0℃
나. -1℃
사. -6℃
아. -10℃

> 냉각 해수 저장법은 어패류를 -1℃ 정도로 냉각된 해수에 침지시켜서 저장하는 방법이다.

36 빙장법의 관리 방법으로 옳지 않은 것은?

가. 얼음은 고운 것을 쓴다.
나. 통풍시킨다.
사. 물이 잘 빠지도록 한다.
아. 오수를 배제한다.

> 빙장법
> - 얼음을 사용하여 어체의 온도를 저하
> - 어패류 체내의 수분을 얼리지 않은 상태에서 짧은 기간 동안 선도 유지
> - 선어의 저장과 수송에 널리 사용
> - 청수빙과 해수빙을 사용

정답 33 나 34 아 35 나 36 나

37 다음에서 냉동 사이클의 순서가 옳게 연결된 것은?

가. 압축 - 응축 - 팽창 - 증발
나. 응축 - 압축 - 증발 - 팽창
사. 증발 - 팽창 - 압축 - 응축
아. 팽창 - 증발 - 응축 - 압축

> 일반적인 냉동 사이클 : 압축 → 응축 → 팽창 → 증발

38 다음 중 새우의 흑변의 퇴색을 막기 위하여 어느 부분을 제거하는 것이 효과적인가?

가. 머 리   나. 다 리
사. 꼬 리   아. 내 장

> 새우류의 처리과정에서 두부류를 제거하는 것은 흑변과 적색색소의 퇴색을 방지하기 위한 것이다.

39 어획물의 취급상 활어로서 취급되는 어체의 상태로 옳은 것은?

가. 빙장시에만   나. 사후경직 전
사. 사후 경직중   아. 자가소화 이전

40 어선의 냉동장치에서 냉매누출로 폭발을 일으킬 수 있는 냉매로 옳은 것은?

가. 나트륨   나. 칼 륨
사. 프레온   아. 암모니아

41 다음은 어상자 내의 어체를 저온 상태로 유지하기 위한 것이다. 옳지 않은 것은?

가. 어상자 바닥은 얼음으로 깐다.
나. 어체 위에 얼음을 충분히 덮는다.
사. 쇄빙은 되도록 굵은 것을 사용한다.
아. 어체와 얼음에서 흘러내리는 물은 잘 빠지도록 한다.

> 저온보관
> ① 어상자 바닥에 얼음을 깐 후 그 위에 어체를 얹고 어체의 주위를 얼음으로 채운다.
> ② 어상자 속의 어체와 얼음에서 흘러내리는 물이 고이지 않고 잘 빠지도록 하고, 얼음은 잘게 부수어서 어체 온도가 빨리 떨어지도록 한다.
> ③ 고급 어종은 바로 얼음에 접하지 말고 황산지로 싼 후 그 주위를 얼음으로 채운다.

정답 37 가 38 가 39 나 40 아 41 사

42 다음 중 10℃ 이하의 냉장실에서 글레이징 처리를 할 때 동결어를 0~4℃의 청수에 담그는 시간은 어느 정도가 적당한가?

가. 1~3초 나. 3~6초
사. 5~8초 아. 8~10초

 글레이징 방법
침지법과 분무법이 있으며, 침지법은 동결어(-18℃ 이하)를 냉장실(10℃ 이하)에서 냉수(0~4℃)에 수 초(3~6초)간 담갔다가 끄집어 내면 표면에 얼음이 생긴다. 이 작업을 2~3분 간격으로 2~3회 반복하여, 어체 표면에 무게로 3~5%, 두께로 1~2mm(참치연승(다랑어))의 얼음막이 형성되게 하는 것이다. 글레이징 처리를 한 냉동어는 -50℃ 이하의 어창에 저장한다.

43 냉각 해수 저장법의 설명으로 옳지 않은 것은?

가. 고등어·청어 등에 빙장법 대신 이용한다.
나. 해수에 대한 어류의 비율은 3~4 : 1 이다.
사. 해수를 0℃ 정도로 냉각한다.
아. 어획물을 냉각 해수에 침지시켜 저장한다.

 냉각 해수 저장법
해수를 -1℃ 정도로 냉각하여 어획물을 그 냉각 해수에 침지시켜 저장하는 방법으로 선도의 보존 효과가 좋다. 지방질 함유량이 높은 연어, 참치, 정어리, 고등어 등에 빙장법 대신에 이용하며, 해수에 대한 어류의 비율은 3~4 : 1로 한다.

44 다음 중 어획물의 빙장에 주로 쓰이는 얼음 조각을 무엇이라 하는가?

가. 유 빙 나. 편 빙
사. 쇄 빙 아. 냉 빙

 건빙법 : 쇄빙을 사용하는 방법으로 용기 또는 어창 바닥에 쇄빙을 깔고 그 위에 어획물을 넣은 다음에 사이 또는 위에 쇄빙을 넣는다.

45 어패류가 부패하기 쉬운 이유로서 옳지 않은 것은?

가. 수분 함량이 적다.
나. 효소의 활성이 크다.
사. 체조직이 연약하다.
아. 세균의 부착 기회가 많다.

정답 42 나 43 사 44 사 45 가

46 동결된 어획물의 글레이징 처리에 관한 사항으로 옳지 않은 것은?

가. 동결어의 표면을 얼음막으로 덮이게 한다.
나. 얼음막은 쇄빙을 뿌려서 만든다.
사. 어체의 건조를 방지한다.
아. 어체 표면의 상처를 방지한다.

47 어체 무게의 25%~50% 정도의 쇄빙이나 얼음 덩어리를 어체에 겹겹이 쌓고 물을 주입하여 보장하는 방법으로 옳은 것은?

가. 빙장법
나. 침지법
사. 냉장법
아. 수빙법

 수빙법 : 청수 또는 해수에 쇄빙을 넣고 -2~0℃의 물과 얼음의 혼합물(빙수)을 사용하여 저장하는 방법. 어선에서 어획물 냉각 방법으로 많이 사용

48 냉매로 많이 쓰이는 암모니아가 1기압 하에서 증발되는 온도는 몇 도인가?

가. -22℃
나. -33℃
사. -44℃
아. -55℃

49 참치 선망 어업에서 사용하는 급속 동결법으로 옳은 것은?

가. 접촉식
나. 송풍식
사. 침지식
아. 분무식

 참치 선망 어업은 열대해역에서 주로 조업하므로 어획물인 다랑어류는 어획 즉시 어체의 온도를 낮추어야 한다. 어획물은 본선에 최대한 빨리 적재하여 미리 준비해 둔 예냉수(-1.7℃)에 저장하고, 예냉을 한 후 충분한 양의 소금과 깨끗한 해수를 혼합한 브라인액(-17.8℃~-12.2℃)에서 냉각시킨 후 보관한다.

50 동결된 어획물의 후처리 작업에 속하지 않는 것은?

가. 글레이징
나. 팬 빼기
사. 선 별
아. 포 장

 어획물 후처리는 동결, 글레이징, 팬 빼기, 포장, 동결저장이다. 선별은 선처리 작업이다.

정답 46 나 47 아 48 나 49 사 50 사

51 수빙법에서 쇄빙이나 빙과는 보통 어체 무게의 얼마 정도를 사용하는 것이 가장 좋은가?

가. 1/4 ~ 1/2
나. 1/2 ~ 1
사. 1 ~ 1.5
아. 1.5 ~ 2

52 어획물의 선도 유지를 위한 처리 원리로 옳지 않은 것은?

가. 신속한 처리
나. 저온 보관
사. 어창 건조
아. 청결한 취급

53 어패류의 생식이나 이 세균에 오염된 바닷물이 피부 상처에 접촉되었을 때 일어나는 것으로 심하면 2~3일 만에 사망하는 중독을 일으키는 세균으로 옳은 것은?

가. 장염 비브리오균
나. 패혈증 비브리오균
사. 콜레라 비브리오균
아. 담셀라 비브리오균

> 비브리오 패혈증 : 원인균은 비브리오속 세균으로 호염성이며 열에 약함.
> (어패류 생식이 주원인으로 여름철에 주로 발생하고 치사율이 높다.)

54 가공 원료로서 이용하는 조기, 메퉁이 등과 같은 어종을 상자에 담을 때의 가장 적당한 어체 배열법으로 옳은 것은?

가. 등세우기 법
나. 배세우기 법
사. 눕히는 법
아. 불규칙하게 담는 법

55 빙장한 상자를 저장하는 어창 안의 습도는 어느 정도가 가장 적당한가?

가. 75 ~ 80%
나. 80 ~ 85%
사. 85 ~ 90%
아. 90 ~ 95%

> 보관 중에 세균의 발육과 효소의 작용을 억제하기 위하여 빙장한 상자를 저장하는 어창 안의 온도는 0~4℃, 습도는 90~95% 정도가 되게 하는 것이 좋다.

정답 51 가 52 사 53 나 54 나 55 아

56 어패육의 고형물 성분 조성 중 가장 높은 비율을 차지하고 있는 것으로 옳은 것은?

가. 탄수화물　　　　　　나. 단백질
사. 지 질　　　　　　　　아. 회 분

 수분 65~85%, 단백질 15~25%, 지방질 0.5~1.0%, 회분 1.0~3.0%로 이루어져 있으며, 수분을 제외한 나머지 성분, 즉 고형물의 비율은 15~30% 정도이다.

57 어획물의 냉동 공정 순서로 옳은 것은?

가. 전처리 – 동결 – 글레이징 – 동결냉장
나. 동결 – 글레이징 – 전처리 – 동결냉장
사. 전처리 – 글레이징 – 동결 – 동결냉장
아. 전처리 – 냉장 – 글레이징 – 동결

냉동 공정 순서 : 전처리 – 동결 – 글레이징 – 동결냉장

58 참치 연승 어선에서 다랑어를 횟감용으로 처리할 때 처리하는 순서로 옳은 것은?

가. 피 뽑기 – 즉살 – 내장제거 – 동결 – 글레이징
나. 즉살 – 피 뽑기 – 내장제거 – 글레이징 – 동결
사. 피 뽑기 – 내장제거 – 즉살 – 동결 – 글레이징
아. 즉살 – 피 뽑기 – 내장제거 – 동결 – 글레이징

59 어획물의 선도 유지 효과를 높이기 위하여 항생제나 방부제 등 각종 약제를 녹인 물로 만든 얼음으로 옳은 것은?

가. 쇄 빙　　　　　　　　나. 살균빙
사. 유 빙　　　　　　　　아. 편 빙

60 어획물의 빙장법(수빙법)에서 겨울철에 3일 정도 저장하는데 필요한 어체와 얼음의 비율로 옳은 것은?

가. 10 : 1　　　　　　　　나. 16 : 1
사. 20 : 1　　　　　　　　아. 25 : 2

 수빙법 : 청수 또는 해수에 쇄빙을 넣고 –2~0℃의 물과 얼음의 혼합물(빙수)을 사용하여 저장하는 방법. 어선에서 어획물 냉각 방법으로 많이 사용

정답 56 나　57 가　58 가　59 나　60 나

61 어획물의 선도 유지 효과가 가장 좋은 경우로 옳은 것은?

가. 신속하게 처리한 어체
나. 세척을 하지 않은 어체
사. 시달리다 죽은 어체
아. 높은 온도에서 처리한 어체

62 어류의 저온저장 방법 중 가장 경제적이고 효율적인 것으로 옳은 것은?

가. 얼음 이용
나. 드라이 아이스 이용
사. 펠티어 효과 이용
아. 증발하기 쉬운 액체 이용

63 다음은 어패류 사후변화의 어느 과정을 설명한 것인가?

"근육의 투명감이 떨어지고 수축하여 어체가 굳어지는 현상"

가. 해 경
나. 사후 경직
사. 부 패
아. 자가 소화

64 빙장시의 유의사항으로서 옳지 않은 것은?

가. 어창벽의 상하 주위는 얼음으로 충분히 채운다.
나. 얼음은 되도록 잘게 깨뜨려서 사용한다.
사. 어체에 물이 스며들지 않도록 비닐 막을 입힌다.
아. 어체의 온도가 빨리 떨어지도록 한다.

> **해설** **빙장법**
> • 얼음을 사용하여 어체의 온도를 저하
> • 어패류 체내의 수분을 얼리지 않은 상태에서 짧은 기간 동안 선도 유지
> • 선어의 저장과 수송에 널리 사용
> • 청수빙과 해수빙을 사용
>
> **건빙법** : 쇄빙을 사용하는 방법으로 요기 또는 어창 바닥에 쇄빙을 깔고 그 위에 어획물을 넣은 다음에 사이 또는 위에 쇄빙을 넣는다.
> **수빙법** : 청수 또는 해수에 쇄빙을 넣고 -2~0℃의 물과 얼음의 혼합물(빙수)을 사용하여 저장하는 방법. 어선에서 어획물 냉각 방법으로 많이 사용.

정답 61 가 62 아 63 나 64 사

65 주로 가공원료로 이용할 어획물을 어창속에 10일 이상 수용해야 될 경우 상자에 담는 방법으로 옳은 것은?

가. 등세우기법
나. 배세우기법
사. 눕히는 법
아. 머리세우기법

- 어획물을 어상자에 배열하는 방법에는 등을 위로 향하게 하는 등세우기법(배립형), 배를 위로 향하게 하는 배세우기법(복립형), 옆으로 반듯하게 눕히는 법(평판형), 불규칙하게 흩트려 넣는 법(산립형), 동그랗게 구부려 넣는 법(환상형) 등 다섯가지 방법이 있다.
- 주로 횟감으로 이용되는 도미, 민어 등과 같은 고급 어종은 등세우기법으로 배열하고, 가공 원료로 이용하는 조기, 메퉁이 같은 어종은 배세우기법으로 배열한다. 그리고 갈치는 환상형으로 배열한다.

66 다음에서 냉장화물로 옳지 않은 것은?

가. 과 일
나. 채 소
사. 어 류
아. 곡 물

67 화물 포장의 목적으로 옳지 않은 것은?

가. 손상 방지
나. 화물의 보전
사. 취급·관리
아. 화물의 보온

68 다음 중 어획물 빙장시 오수의 온도는 몇 ℃ 이하로 유지해야 하는가?

가. 6℃
나. 8℃
사. 10℃
아. 12℃

69 어획물이 드레스 상태에서 척추골을 중심으로 양쪽으로 육편만을 발라 낸 것을 무엇이라 하는가?

가. 라운드
나. 세미드레스
사. 팬드레스
아. 필 릿

정답 65 나 66 아 67 아 68 가 69 아

70 어획물의 선도를 유지하기 위한 처리 방법으로 옳지 않은 것은?

가. 사후경직 시간을 늦추거나 시간을 지속시킨다.
나. 어획물을 빠른 시간 안에 씻는다.
사. 어획 직후 즉살한다.
아. 고온 건조 상태를 유지한다.

71 다음 중 물체나 공간으로부터 인위적으로 열을 빼앗아 주위의 온도보다 낮은 온도를 유지시키는 것을 무엇이라 하는가?

가. 수 빙 나. 냉 장
사. 빙 장 아. 냉 동

72 어체의 비열은 대략 얼마인가?

가. 80 kcal/kg 나. 8 kcal/kg
사. 0.8 kcal/kg 아. 50 kcal/kg

73 어창 속에 30일 정도 장기간 수용할 어획물의 상자 담기로서 알맞은 어체 배열 방법으로 옳은 것은?

가. 등세우기법 나. 배세우기법
사. 반듯하게 눕히는 법 아. 불규칙하게 담는 법

74 고기 칸(Fish pond)의 요건 및 이용 방법으로서 옳지 않은 것은?

가. 필요 이상으로 깊게 만들지 않아야 한다.
나. 직사 일광을 받지 않아야 한다.
사. 오랜 시간 방치할 때는 가끔 어체에 찬물을 끼얹어 건조와 온도 상승을 막아야 한다.
아. 어획물의 건조와 온도 상승을 막기 위해 배수하지 않고 계속 물을 뿌려야 한다.

정답 70 아 71 아 72 사 73 나 74 아

75 어육 속에 얼음 결정이 생기기 시작하면 얼지 않은 수용액의 농도는 더 진해진다. 어는 점이 점점 더 내려가 완전 동결되는데 이 온도를 공정점이라 한다. 공정점은 대체로 몇 도인가?

가. -20℃ 나. -30℃
사. -60℃ 아. -70℃

76 다음 중 어획물의 적재시 주의할 사항으로 가장 옳은 것은?

가. 하역작업의 편리를 위해 혼획상태로 어창에 적재한다.
나. 어획물의 틈에는 칸막이를 설치한다.
사. 최대한 많은 양의 얼음을 사용한다.
아. 같은 종류의 어획물은 동일 어창에 적재한다.

77 가다랑어 운반시 어느 부위를 잡고 운반하는 것이 가장 좋은가?

가. 아가미 나. 몸 통
사. 꼬 리 아. 머 리

78 빙장 저장시 필요한 얼음량은 어체 무게의 몇 %인지 옳은 것은?

가. 25% 정도 나. 35% 정도
사. 20% 정도 아. 45% 정도

79 다음의 ( ) 속에 적당한 것은?

> 어육속에 얼음 결정이 생기기 시작하면 얼지 않고 남는 수용액의 농도는 더 진해지므로 어는 점은 점점 더 내려가 대체로 ( )가 되어야만 완전히 동결된다.

가. -40℃ 나. -50℃
사. -60℃ 아. -70℃

80 25℃인 어체 1kg의 온도를 0℃로 낮추는데 필요한 얼음의 양으로 옳은 것은?

가. 0.25kg 나. 0.40kg
사. 0.55kg 아. 0.65kg

정답 75 사 76 아 77 사 78 가 79 사 80 가

81 어획물을 상자에 담는 방법으로 옳지 않은 것은?

가. 어종과 크기별로 잘 정돈한다.
나. 물이 쉽게 빠지도록 한다.
사. 상처난 고기는 아래 쪽에 담는다.
아. 갈고리로 함부로 찍지 않는다.

82 다음 ( ) 안에 가장 옳은 것은?

"수산식품 등은 식중독균의 증식을 억제하는 ( ) 이하에서 보관해야 한다."

가. 0℃ 나. 5℃
사. 10℃ 아. 15℃

83 다음 중 적색육 어류로 옳지 않은 것은?

가. 명 태 나. 정어리
사. 고등어 아. 꽁 치

> 해설 혈합육(적색육)
> - 암적색을 띤다.
> - 지질, 색소 단백질 등이 많다.
> - 운동성이 강한 회유성 어류에 많다(고등어, 꽁치, 정어리).

84 가다랑어를 수빙으로 저장할 경우 창내의 온도가 상승하면 취해야 할 조치로서 옳지 않은 것은?

가. 증 빙 나. 환 풍
사. 밀 봉 아. 냉해수 공급

85 어패육의 자가 소화를 억제시키는 방법 중 옳지 않은 것은?

가. 가열처리한 후 저온 저장
나. 상온에 보관
사. 급속 동결
아. 식염처리

> 정답 81 사 82 가 83 가 84 나 85 나

86 방열 장치가 된 어창에 냉각관을 통하고 공기를 0℃ 이하로 냉각하여 어획물을 저장하는 방법은?

가. 동결
나. 빙장
사. 냉장
아. 전처리

87 어류를 냉장하여 보관할 때 던니지(Dunnage)를 사용하는 가장 큰 이유로 옳은 것은?

가. 흔들림을 방지하기 위하여
나. 어육 냄새를 방지하기 위하여
사. 통풍이 잘되게 하기 위하여
아. 불순물이 섞이는 것을 방지하기 위하여

88 어선에서 어획물을 하역할 때 피해야 할 시기로 옳은 것은?

가. 우천
나. 야간
사. 주간
아. 겨울

해설 냉동어획물은 하역 시 비가 오면 하역을 중단하고 비가 그친 후 진행한다.

89 어획물의 빙장법에서 겨울철에 1일 정도 저장하는데 필요한 어체와 얼음의 비는 어느 정도가 적당한가?

가. 2:1
나. 3:1
사. 4:1
아. 5:1

90 회유어의 어육성분 중 계절에 따라 함유량의 변화가 가장 심한 것으로 옳은 것은?

가. 지질과 수분
나. 수분과 단백질
사. 지질과 탄수화물
아. 단백질과 탄수화물

91 어패류에서 문제가 되는 식중독의 원인 물질로 옳은 것은?

가. 세균성, 화학성
나. 세균성, 진균성
사. 자연독, 세균성
아. 자연독, 진균성

정답 86 사 87 사 88 가 89 아 90 가 91 사

세균성 식중독	감염형 식중독	살모넬라균, 장염 비브리오균, 비브리오 패혈증, 리스테리아균, 병원성 대장균
	독소형 식중독	포도상구균, 보툴리눔균
동물성 자연독에 의한 식중독	복어독	테트로도톡신(TTX)
	조개류 독	마비성 조개류 독
		설사성 조개류 독
		기억 상실성 조개류 독
		기타 조개류 독
알레르기성 식중독	히스타민(histamine) 생성	

92 일반적으로 어체를 황산지로 싸서 빙장하는 어종으로 옳은 것은?

가. 고급 어종
사. 대형 어종
나. 갑 어종
아. 소형 어종

고급 어종은 바로 얼음에 접하지 말고 황산지로 싼 후 그 주위를 얼음으로 채운다.

93 어획물 동결 중에 일어나는 산패를 방지하기 위한 약제로 옳은 것은?

가. 투코페롤
사. 메틸 알코올
나. 포르말린
아. 황산 나트륨

94 확실한 고기의 피뽑기는 염분이 낮은 물에 ( )시간 담근 후가 적당하다. ( )에 옳은 것은?

가. 1~2
사. 3~4
나. 2~3
아. 4~5

95 어선의 냉동 장치에서 누설될 경우 산소 부족으로 생명이 위험하게 되는 냉매의 종류로 옳은 것은?

가. 질소
사. 프레온
나. 암모니아
아. 염화칼슘

정답 92 가 93 가 94 가 95 사

96 만드는 방법은 팩아이스와 비슷하지만 모양을 비늘 같이 얇게 한 얼음을 무엇이라 하는가?
   - 가. 유빙(Pack ice)
   - 나. 쇄빙(Crushed ice)
   - 사. 캔빙(Can ice)
   - 아. 편빙(Flake ice)

97 다음의 ( ) 안에 들어 갈 내용으로 옳은 것은?

> 선박이 경사됨이 없이 흘수를 1cm 침하시키는데 필요한 중량톤수를 ( )라 한다.

   - 가. 매 cm 흘수톤수
   - 나. 매 cm 배수톤수
   - 사. 매 cm 용적톤수
   - 아. 매 cm 중량톤수

98 데릭(Derrick)의 의장에 있어서 Boom Top-up의 위험한 앙각으로 옳은 것은?
   - 가. 45°
   - 나. 50°
   - 사. 55°
   - 아. 60°

99 선박의 트림이 변하지 않는 위치를 ( )이라 한다. ( ) 안의 내용으로 옳은 것은?
   - 가. 트림 중심
   - 나. 선박의 부면심
   - 사. 선박의 무게 중심
   - 아. 선박의 중심

> 해설: 선박이 등흘수 상태로 떠 있다가 중량배치의 변화나 외력등의 원인으로 인하여 길이 방향으로 경사하면 트림이 발생하며 트림이 생기기 전의 수선면과 트림이 생긴 후의 수선면은 반드시 1점에서 교차하게 되는데 이점을 부면심이라 한다.

100 흘수 계산에 필요한 용어로 옳지 않은 것은?
   - 가. 부면심(F)
   - 나. 매 cm Trim moment(Mcm)
   - 사. 매 cm 배수톤수
   - 아. 횡요 주기

> 해설: 부면심, 매 cm Trim moment(Mcm), 매 cm 배수톤수

101 선박은 항해 결과로 복원력이 감소하게 되는데 복원성 감소 요인으로 옳지 않은 것은?
   - 가. 연료유, 청수 등의 소비
   - 나. 유동수의 발생
   - 사. 갑판적 화물의 흡수
   - 아. 화물의 전후 배치

정답 96 아 97 나 98 가 99 나 100 아 101 아

102 Bale capacity 17,500ft³의 선창에 적화계수 70인 냉동어를 만재하였을 때 냉동어 총량은 얼마인가?

가. 200 Long ton 나. 250 Long ton
사. 300 Long ton 아. 350 Long ton

 적화계수(stowage factor, SF)
- 화물 1롱톤이 차지하는 선창용적을 ft³ 단위로 표시한 값
- 적화계수가 작을수록 중량이다.
∴ S.F = 베일용적(ft³)/화물의 중량(L/T), 70 = 17,500/x ∴ x = 250톤

103 저인망 어선에 요구되는 성능으로 옳지 않은 것은?

가. 내항성 나. 복원성
사. 고출력 아. 고속성

 저인망 어선은 그물을 끌어 조업하므로 고속성보다는 복원력, 내항성, 고출력이 요구된다.

104 재화용적톤수 1톤의 용적으로 옳은 것은?

가. 60 ft³ 나. 1,133 m³
사. 1,000 m³ 아. 1,000 ft³

 용적건
① 용적톤(measurement ton, M/T)
② 용적건으로 사용하는 1톤의 용적은 화물의 검재법에 따라 측정한 40입방피트의 용적을 1톤으로 한다.
③ 1 measurement ton = 40ft³ = 1.133m³

105 1 Long ton에 해당하는 것으로 옳은 것은?

가. 2,204 lbs 나. 1,000 kg
사. 2,000 lbs 아. 2,240 lbs

 중량건
- 무거운 화물은 중량 1톤을 운임건으로 한다.
- 이 중량톤은 나라에 따라 기준이 다르며 다음의 3종류가 있다.
① 1 LONG TON(LT) = 2,240lbs = 1,026.05kg(가장 큼)
② 1 SHORT TON = 2,000lbs = 907.18kg(가장 작음)
③ 1 METRIC TON(M/T) = 1kilo ton(K/T) = 1,000KG = 2,204.62lbs(중간)

정답 102 나 103 아 104 나 105 아

106 부면심(F)의 위치는 보통의 선형에 있어서 선체 중앙에서 배 길이의 (   ) 전후방에 있다. (   )에 옳은 것은?

가. 1/6~1/10
나. 1/10~1/20
사. 1/30~1/60
아. 1/60~1/100

해설 부면심(center of floatation : F) : 보통 선형에 있어서 선체중앙에서 배 길이의 1/30~1/60 전후방에 있다.

107 GM(메타센터 높이)은 선박의 횡동요 주기와 밀접한 관계가 있다. 횡동요 주기와 GM 관계는 다음 식으로 표시할 수 있다. 관계식으로 옳은 것은? (단, 횡동요주기 : T초, 선폭 : B미터)

가. $T = 0.8B/\sqrt{GM}$
나. $T = \sqrt{GM}/0.8B$
사. $T = 0.8B/\sqrt{GM} \times 100$
아. $T = \sqrt{GM}/0.8B \times 100$

해설 $\overline{GM}$을 알면 T(횡요주기)를 알 수 있고 T(횡요주기)를 알면 $\overline{GM}$을 구할 수 있다.
∴ $T = 0.8B/\sqrt{GM}$

108 어류 화물의 톤당 용적은 어느 정도 범위여야 하는가?

가. 0.8~1.1 m²
나. 1.1~1.4 m²
사. 1.4~1.7 m²
아. 1.7~2.0 m²

109 선박 운항시 복원력을 감소시키는 원인으로 옳지 않은 것은?

가. 연료 및 청수의 소비
나. 갑판적 화물의 흡수
사. 밸러스트 적재
아. 유동수의 영향

110 선폭이 30m이고 횡요주기가 12초인 때 GM은 약 얼마인가? (단, G는 선박의 무게 중심, M은 메타센터임.)

가. 1 m
나. 2 m
사. 3 m
아. 4 m

> 정답 106 사 107 가 108 나 109 사 110 아

해설 $T = \dfrac{0.8 \times B}{\sqrt{GM}}$

$GM = ((\dfrac{0.8 \times 30}{12})^2 = 2^2 = 4m$

111 트림의 변화량(t)을 구하는 식으로 옳은 것은? (단, w : 중량물의 무게, Mcm : 매 cm 트림 모멘트, d : 중량물의 수평이동거리임.)

가. t = (w × Mcm) / d 　　　　나. t = Mcm / (w × d)
사. t = (w × d) / Mcm 　　　　아. t = (d × Mcm) / w

112 불명중량은 선박에 따라 다르나 재화중량의 약 ( )에 달한다. ( )에 옳은 것은?

가. 2~3.6 % 　　　　나. 4~5.6 %
사. 4.8~10 % 　　　아. 10~20 %

113 선폭 20m인 어떤 선박의 GM은 선폭의 약 5%이다. 이 선박의 횡요주기를 구하면 얼마인가?

가. 16 sec 　　　　나. 20 sec
사. 24 sec 　　　　아. 30 sec

 해설 $T = \dfrac{0.8 \times B}{\sqrt{GM}} = 0.8 \times 20/1 = 16초$

114 Bale capacity 62,000ft³의 어창에 적화계수 62인 건어를 만재할 수 있는 중량톤을 구하면 얼마인가?

가. 1,000톤 　　　　나. 1,500톤
사. 4,900톤 　　　　아. 10,000톤

해설 **적화계수**(stowage factor, SF)
- 화물 1롱톤이 차지하는 선창용적을 ft³ 단위로 표시한 값
- 적화계수가 작을수록 중량이다.
∴ S.F = 베일용적(ft³)/화물의 중량(L/T), 62 = 62,000/x ∴ x = 1,000톤

정답　111 사　112 가　113 가　114 가

115 재화중량톤수로 옳은 것은?

가. 만재흘수선에 상당하는 배수톤수
나. 만재배수톤수와 경하배수톤수와의 차
사. 기름과 청수를 실었을 때의 배의 중량
아. 선박에 실린 수한 화물만의 무게

> **해설** 재화중량톤수
> ① 선박이 적재할 수 있는 최대 무게를 나타내는 톤수
> ② 만재배수량과 경하배수량의 차
> ③ 매매와 용선료 산정의 기본

116 선체가 소각도 경사할 때의 복원력 계산식으로 옳은 것은? (단, W : 배수량, θ : 경사각)

가. W × GM × sinθ
나. W − GM × sinθ
사. W/GM × sinθ
아. W + GM × sinθ

> **해설** 초기복원력 = W × GZ = W × GMsinθ(∵GZ = GMsinθ)
> (GZ : 복원성, W : 배수량, GM : 메타센터의 높이, θ : 경사각)

117 어창에 적재된 어획물의 양을 나타내는 단위로 옳은 것은?

가. 용적톤수
나. 중량톤수
사. 재화용적톤수
아. 운하톤수

118 복원력에 영향을 끼치지 않는 것에 해당하는 것은?

가. 바 람
나. 선 폭
사. 트 림
아. 탱크내 가득찬 청수

119 250톤 용적의 선창에 화물틈 10%인 화물을 적재한다면 적재할 수 있는 용적톤으로 옳은 것은?

가. 200톤
나. 225톤
사. 260톤
아. 2,600톤

> **해설** 화물틈(broken space, broken stowage)
> · 화물틈률(f) = $\frac{베일용적 − 화물의 전용적}{베일용적}$ ×100 = $[(V_b − V_c)/V_b]$ ×100
> ∴ 250×(1−0.1) = 225톤

정답 115 나 116 가 117 나 118 아 119 나

120 어선의 불명 중량의 측정시기로서 가장 적당한 때는 언제인가?

가. 출거 직후
나. 만재 정박중
사. 입거 직전
아. 공선 항해중

 불명중량(Unknown constant)
선박이 처음 건조된 당시의 경하상태에 포함되어 있지 않은 것의 추정 중량으로 신조 후 부가된 중량(시멘트, 페인트, 철재 등), 선저부착물, 탱크내의 진수 및 선저오수(Bilge) 등의 중량과 기타의 알 수 없는 중량이 포함된 것으로 dock에서 출거시 측정하는 것이 가장 좋다.

121 다음 중 선박의 복원력과 관계가 없는 것은?

가. 배수량
나. 부심
사. 부력과 중력
아. 총톤수

122 다음 중 순적화중량의 설명으로 옳은 것은?

가. 경하배수량과 선박 중량을 합한 중량
나. 경하배수량과 화물 중량을 합한 중량
사. 만재흘수선의 만재배수량에서 경하 상태의 배수량 및 화물 이외의 모든 중량을 공제한 중량
아. 만재배수량에서 경하배수량과 공제 중량을 제외한 중량

123 다음 중 데릭 붐(Derrick boom)을 올리거나 내리는 윈치(Winch)로 옳은 것은?

가. Slewing winch
나. Topping winch
사. Derrick post
아. Cargo winch

124 선박 복원성이 안정된 상태로 옳은 것은?

가. 중심과 부심이 일치할 때
나. 경심이 중심보다 위에 있을 때
사. 경심과 중심이 일치할 때
아. 경심이 중심보다 아래에 있을 때

GM이 0보다 큰 경우 ⇒ 선박의 안정상태 : 메타센터(경심) M점이 무게중심 G점보다 위쪽에 위치
GM이 0인 경우 ⇒ 선박의 중립 평행 상태 : 메타센터(경심) M점이 무게중심 G점과 같은 위치
GM이 0보다 작은 경우 ⇒ 선박의 중립 평행 상태 : 메타센터(경심) M점이 무게중심 G점보다 아래쪽에 위치

정답 120 가 121 아 122 사 123 나 124 나

125 어업에 있어 수류의 흐름에 대한 정보를 수집하기 위한 장비로 옳은 것은?

　가. 어탐기　　　　　　　　　나. 소 나
　사. 선속계　　　　　　　　　아. 조류계

　　조류계는 해양관측장비로 물의 흐름에 대한 정보를 수집한다.

126 다음에서 데릭(Derrick)의 관리에 관한 주의 사항으로 옳지 않은 것은?

　가. 작업을 빨리 하기 위하여 여러 명의 지휘자를 배치한다.
　나. 데릭작업 도중에는 블록(Block) 등에 주유를 하지 말아야 한다.
　사. 작업원을 데릭 바로 밑에 배치해서는 안된다.
　아. 각 로프에 갑판상의 장애물이 걸리지 않도록 해야 한다.

127 선박에서 사용하는 어군 탐지기에 이용되는 주파수로 옳은 것은?

　가. 28~200kHz　　　　　　나. 300~400kHz
　사. 400~500kHz　　　　　　아. 500kHz 이상

　　음파와 초음파 신호
　　① 가청 음파 : 주파수가 20kHz 이하로 사람이 들을 수 있는 음파
　　② 초음파 : 20kHz 이상으로 사람이 들을 수 없는 음파
　　　　 - 어군 탐지기에 널리 사용하는 초음파의 주파수 범위 : 28kHz ~ 200kHz
　　③ 초음파 신호 : 펄스(pulse) 신호의 충격파로서 극히 짧은 시간에 발생시킨 신호파

128 어군 탐지기에 이용되는 초음파의 성질에 해당되지 않는 것은?

　가. 반사성　　　　　　　　　나. 직진성
　사. 등속성　　　　　　　　　아. 굴절성

　　전파의 특성 : 직진성, 반사성, 등속성

129 조업선에서 해저의 상태, 해저와 어구와의 상대적 위치, 어구의 전개 상태와 입망되는 어군의 동태 등을 파악하기 위해 사용되는 장비로 옳은 것은?

　가. 네트 리코더　　　　　　　나. 소 나
　사. 레이더　　　　　　　　　아. 네트 존데

　　네트 리코더 : 트롤 어구 입구의 전개 상태, 해저와 어구와의 상대적 위치, 입망되는 어군의 양 등을 알 수 있는 기기
　　네트 존데 : 선망 어선에서 그물이 가라앉는 상태를 감시하는 장치

　　정답　125 아　126 가　127 가　128 아　129 가

130 어선에서 사이드 드럼이나 트롤 윈치와 같이 힘이 많이 걸리는 긴 줄을 감아 올리는 어로기기로 옳은 것은?

가. 권양기 나. 페어리더
사. 와이어 리더 아. 톱 롤러

 권양기(windlass)
① 사이드 드럼(side drum) : 여러 종류의 줄을 감아올리는 기계 장치
 • 보통 기관실 벽의 좌우에 한 개씩 장치
 • 소형의 연근해 어선에 널리 사용
 • 기선 저인망 어선은 끌줄이나 후릿줄을 감아들이는 데 중요한 장치
② 트롤 윈치(trawl winch) : 트롤 어구의 끌줄을 감아들이기 위하여 설비되는 기계 장치
 • 주드럼이 좌·우현 양쪽에 각각 1개씩 있다.
 • 주드럼 앞쪽에는 와이어 리더(wire leader : 로프가 드럼에 질서 정연하게 감기도록 하는 역할) 장치가 있다.

131 음파의 수중 전달 속도로 옳은 것은?

가. 340m/sec 나. 500m/sec
사. 1,000m/sec 아. 1,500m/sec

 수중에서의 음파 전달 속도는 1초 당 1500m이다.

132 초음파의 발사방향에 따른 어업 계측 장비의 종류에서 수평어군을 탐지하는 장비로 옳은 것은?

가. 컬러 어탐기 나. 네트 리코더
사. 소 나 아. 기록식 어탐기

 어군 탐지기의 종류
① 어군 탐지기 : 수직 하방 어군, 주로 탐지
② 소나(sonar) : 수평 방향의 어군을 주로 탐지

133 선미식 트롤 어선의 설비로 옳지 않은 것은?

가. 슬립 웨이 나. 겔로스
사. 트롤 윈치 아. 양승기

 양승기는 연승어선에서 주낙이나 줄을 감아 올리는 장비이다.

정답 130 가 131 아 132 사 133 아

134 어선에서 주로 주낙과 같은 긴 줄을 감아 올리는 데 쓰이는 기계로 옳은 것은?

　가. 양승기　　　　　　　　나. 양망기
　사. 윈드라스　　　　　　　아. 윈 치

135 선미식 기선저인망 어선에서 작업갑판의 뒷부분에서 주로 이루어지는 작업으로 옳은 것은?

　가. 어획물 처리　　　　　나. 어구 조작
　사. 냉동 처리　　　　　　아. 어군 탐지

　 선미식 기선저인망 어선은 작업갑판이 뒷부분에 있으며 어로작업이 이루어지는 곳으로 어구 조작, 어구 수리, 기타 작업이 이루어진다.

136 조업선에서 어군 탐지기의 송수파기는 어느 부분에 설치하는 것이 가장 좋은가?

　가. 선수 부분 선저　　　　나. 선미 부분의 선저
　사. 현측 부분의 선저　　　아. 중앙부 앞쪽 선저

　어군 탐지기의 기본 구성
　① 발진기 : 단속적인 초음파 신호(펄스신호)를 발생시키는 장치
　② 송파기 : 발진기에서 발생된 펄스신호(pulse signal)를 수중으로 발사하는 장치, 선저 중앙부의 용골 앞에 설치
　③ 수파기 : 수중의 물체로부터 반사신호를 수신하는 장치(선저 중앙부의 용골 앞에 설치)
　④ 증폭기 : 수파기에 수신된 미약한 반사신호를 증폭시키는 장치
　⑤ 지시기 : 반사신호를 연속적으로 기록하거나 영상으로 나타내기 위한 장치

137 다음에서 어업기기의 분류 중 어구 조작에 쓰이는 기기로 옳지 않은 것은?

　가. 권양기　　　　　　　　나. 양승기
　사. 자동조상기　　　　　　아. 양망기

138 어선에서 어획물 처리 및 이송에 쓰이는 장비로 옳지 않은 것은?

　가. 어체 선별기　　　　　나. 컨베이어 시스템
　사. 네트 리코더　　　　　아. 피시 펌프

　네트 리코더 : 트롤 어구 입구의 전개 상태, 해저와 어구와의 상대적 위치, 입망되는 어군의 양 등을 알 수 있는 기기

정답　134 가　135 나　136 아　137 사　138 사

139 다랑어 연승(주낙) 어선에서 양승기가 설치되어 있는 곳으로 옳은 것은?

가. 선수 우현
나. 선미 좌현
사. 선수 좌현
아. 선미 우현

> **해설** 양승기 : 연승 어구의 모릿줄을 감아올리기 위한 기계 장치
> - 다랑어 연승용의 양승기(가장 발달한 것)로 선수 우현에 설치

140 오징어 채낚기 어선에서 집어등의 설치 장소로 옳은 것은?

가. 선수부 상부
나. 선미부 상부
사. 건현 부근
아. 선수미 선상

> **해설** 집어등은 분산된 어군을 모으기 위한 장비이므로 되도록 광도가 클수록 유리하며, 선수미 선상에 설치하여 집어한다.

141 다음 중 유압모터 회전속도를 조절해 주는 장치로 옳은 것은?

가. 유량 제어 밸브
나. 방향 제어 밸브
사. 과부하 방지 밸브
아. 카운터 밸런스 밸브

142 어군 탐지기의 송파기에서 음파를 발사한 후 수파기에 수신된 시간이 1초 걸렸다면 수심은 얼마인가?

가. 750M
나. 1,500M
사. 2,250M
아. 3,000M

> **해설** 1500m/s ÷ 2(왕복) = 750m이다.

143 어군 탐지기의 주요 부분에 해당하지 않는 것은?

가. 송수파기
나. 검파기
사. 지시기
아. 증폭기

> **해설** 어군 탐지기의 기본 구성 : 발진기, 송파기, 수파기, 증폭기, 지시기

144 어군원격탐지장치를 주로 이용하는 어업으로 옳은 것은?

가. 원양선망어업
나. 중층 트롤 어업
사. 어구 수리
아. 예망 작업

| 정답 | 139 가 | 140 아 | 141 가 | 142 가 | 143 나 | 144 가 |

145 다음 중 어선에서 양·투망(승) 중의 안전사항에 대한 설명으로 옳지 않은 것은?

가. 양·투망(승)을 시작하기 전에 구동장치를 점검하여야 한다.
나. 투승(망)할 때, 어구에 선체가 걸리지 않도록 해야 한다.
사. 해저 장애물에 어구가 걸려 양망할 경우에 가급적 선미의 현측 높은 곳에 장력이 걸리도록 조정해야 한다.
아. 일상적인 양·투망(승)에 이상 상황이 발생시에는 경험 많은 어선원이 처리하도록 한다.

정답 145 사

2 어선법

1 총 칙

(1) 어선법의 목적
어선의 건조·등록·설비·검사·거래 및 조사·연구에 관한 사항을 규정하여 어선의 효율적인 관리와 안전성을 확보하고, 어선의 성능 향상을 도모함으로써 어업생산력의 증진과 수산업의 발전에 이바지함을 목적으로 한다.

(2) 용어의 정의
① "어선"이란 다음 각 목의 어느 하나에 해당하는 선박을 말한다.
　㉠ 어업(「양식산업발전법」에 따른 양식업을 포함한다), 어획물운반업 또는 수산물가공업(이하 "수산업"이라 한다)에 종사하는 선박
　㉡ 수산업에 관한 시험·조사·지도·단속 또는 교습에 종사하는 선박
　㉢ 제8조 제1항에 따른 건조허가를 받아 건조 중이거나 건조한 선박
　㉣ 제13조 제1항에 따라 어선의 등록을 한 선박
② "개조"란 다음 각 목의 어느 하나에 해당하는 것을 말한다.
　㉠ 어선의 길이·너비·깊이(이하 "주요치수"라 한다)를 변경하는 것
　㉡ 어선의 추진기관을 새로 설치하거나 추진기관의 종류 또는 출력을 변경하는 것
　㉢ 어선의 용도를 변경하거나 어업의 종류를 변경할 목적으로 어선의 구조나 설비를 변경하는 것
③ "만재흘수선(滿載吃水線)"이란 「선박안전법」 제2조 제7호에 따른 만재흘수선을 말한다.
④ "복원성"이란 「선박안전법」 제2조 제8호에 따른 복원성을 말한다.

(3) 복원성 승인 및 유지
① 다음 각 호의 어느 하나에 해당하는 어선의 소유자는 어선이 해양수산부장관이 정하여 고시하는 복원성 기준에 적합한지에 대하여 해양수산부령으로 정하는 바에 따라 복원성 승인을 받아야 한다.
　㉠ 배의 길이가 24미터 이상인 어선
　㉡ 「낚시 관리 및 육성법」 제2조 제7호에 따른 낚시어선으로서 어선검사증서에 기재된 최대승선인원이 13명 이상인 어선
② 해양수산부장관은 제1항에 따른 승인을 하는 경우 복원성 계산을 위하여 컴퓨터프로그램을 사용할 때에는 해양수산부장관이 정하여 고시하는 복원성 계산방식에 따라야 한다.
③ 제1항에 따른 승인을 받은 어선의 소유자는 제1항 각 호 외의 부분에 따른 복원성 기준에 따라 복원성을 유지하여야 한다.
④ 제1항에 따른 승인을 받은 어선의 소유자는 복원성에 관한 자료를 해당 어선의 선장에게 제공하여야 한다.

⑤ 제4항에 따라 복원성에 관한 자료를 제공받은 선장은 해당 자료를 어선 안에 비치하여야 한다.

(4) 만재흘수선의 표시 등
① 길이 24미터 이상의 어선의 소유자는 해양수산부장관이 정하여 고시하는 기준에 따라 만재흘수선의 표시를 하여야 한다. 다만, 제21조 제1항 제5호에 따른 임시항행검사를 받고 항행하는 어선 등 해양수산부령으로 정하는 어선은 만재흘수선의 표시를 생략할 수 있다.
② 누구든지 제1항에 따라 표시된 만재흘수선을 초과하여 사람, 어획물 또는 화물 등을 승선시키거나 싣고 항행하여서는 아니 된다.

(5) 무선설비
① 어선의 소유자는 해양수산부장관이 정하여 고시하는 기준에 따라 「전파법」에 따른 무선설비를 어선에 갖추어야 한다. 다만, 국제항해에 종사하는 총톤수 300톤 이상의 어선으로서 어획물운반업에 종사하는 어선 등 해양수산부령으로 정하는 어선에는 「해상에서의 인명안전을 위한 국제협약」에 따른 세계해상조난 및 안전제도의 시행에 필요한 무선설비를 갖추어야 한다. 이 경우 무선설비는 「전파법」에 따른 성능과 기준에 적합하여야 한다.
② 제1항에 따라 무선설비를 갖춘 어선의 소유자는 안전운항과 해양사고 발생 시 신속한 대응을 위하여 어선을 항행하거나 조업에 사용하는 경우 무선설비를 작동하여야 한다.
③ 제1항에도 불구하고 어선이 해양수산부령으로 정하는 항행의 목적에 사용되는 경우에는 무선설비를 갖추지 아니하고 항행할 수 있다.

(6) 어선위치발신장치
① 어선의 안전운항을 확보하기 위하여 어선의 소유자는 해양수산부장관이 정하는 기준에 따라 어선의 위치를 자동으로 발신하는 장치(이하 "어선위치발신장치"라 한다)를 갖추고 이를 작동하여야 한다. 다만, 해양경찰청장은 해양사고 발생 시 신속한 대응과 어선 출항·입항 신고 자동화 등을 위하여 필요한 경우 그 기준을 정할 수 있다.
② 제5조 제1항에 따른 무선설비가 어선위치발신장치의 기능을 가지고 있는 때에는 어선위치발신장치를 갖춘 것으로 본다.
③ 제1항에 따른 어선의 소유자 또는 선장은 어선위치발신장치가 고장나거나 이를 분실한 경우 지체 없이 그 사실을 해양경찰청장에게 신고한 후 대통령령으로 정하는 기한까지 어선위치발신장치를 정상 작동하기 위한 수리 또는 재설치 등의 조치를 하여야 한다.
④ 국가 또는 지방자치단체는 어선위치발신장치를 설치하는 어선의 소유자에 대하여 예산의 범위에서 그 설치비용의 전부 또는 일부를 지원할 수 있다.
⑤ 제3항에 따른 신고의 방법 및 절차 등에 필요한 사항은 해양경찰청장이 정한다.

2 어선의 건조

(1) 건조·개조의 허가 등

① 어선을 건조하거나 개조하려는 자 또는 어선의 건조·개조를 발주하려는 자는 해양수산부령으로 정하는 바에 따라 해양수산부장관이나 특별자치시장·특별자치도지사·시장·군수·구청장(구청장은 자치구의 구청장을 말하며, 이하 "시장·군수·구청장"이라 한다)의 허가(이하 "건조·개조허가"라 한다)를 받아야 한다(총톤수 2톤 미만 어선의 개조 등 해양수산부령으로 정하는 경우는 제외한다). 허가받은 사항을 변경하려는 경우에도 또한 같다.

② 해양수산부장관이나 시장·군수·구청장은 다음 각 호의 어느 하나에 해당하는 경우를 제외하고는 제1항에 따른 허가를 하여야 한다.
  ㉠ 신청인이 하려는 어업에 대하여 「수산업법」 또는 「양식산업발전법」에 따른 수산자원의 증식·보호 등을 위한 어업조정이 필요하다고 인정되는 경우
  ㉡ 신청인이 「수산업법」, 「양식산업발전법」, 「원양산업발전법」 및 「내수면어업법」에 따른 면허어업·허가어업 또는 신고어업을 할 수 없다고 인정되는 경우
  ㉢ 신청인이 이 법, 「수산업법」, 「양식산업발전법」, 「원양산업발전법」 및 「내수면어업법」을 위반하여 행정처분을 받고 그 효력이 종료되지 아니한 경우
  ㉣ ㉠부터 ㉢까지의 경우 외에 어선의 효율적 관리를 저해하는 중대한 공익적 사유가 있는 경우로서 해양수산부령으로 정하는 경우

③ 해양수산부장관은 건조·개조허가를 받은 어선의 주요치수·성능 및 총톤수 등에 관하여 오차허용범위를 정할 수 있다. 이 경우 오차허용범위 안의 어선에 대하여는 ① 후단에 따른 변경허가를 받은 것으로 본다.

④ 해양수산부장관이나 시장·군수·구청장은 건조·개조허가를 할 때 해양수산부령으로 정하는 바에 따라 조건을 붙일 수 있다.

(2) 허가의 취소 등

① 해양수산부장관이나 시장·군수·구청장은 건조·개조허가를 받은 자나 어선의 건조·개조를 발주받아 건조·개조하는 자가 다음 각 호의 어느 하나에 해당하는 경우에는 건조·개조허가를 취소할 수 있다. 다만, 제1호에 해당하면 그 허가를 취소하여야 한다.
  ㉠ 속임수나 그 밖의 부정한 방법으로 허가를 받은 경우
  ㉡ 허가사항을 위반하여 어선을 건조하거나 개조한 경우

② 시장·군수·구청장은 건조·개조허가를 받은 자나 어선의 건조·개조를 발주받아 건조·개조하는 자가 제1항 제2호에 해당하는 경우에는 어선의 건조·개조의 중지, 어선 또는 어선설비의 제거를 명할 수 있다.

3 어선의 등록

(1) 어선의 등기와 등록

① 어선의 소유자나 해양수산부령으로 정하는 선박의 소유자는 그 어선이나 선박이 주로 입항·출항하는 항구 및 포구(이하 "선적항"이라 한다)를 관할하는 시장·군수·구청장에게 해양수산부령으로 정하는 바에 따라 어선원부에 어선의 등록을 하여야 한다. 이 경우「선박등기법」제2조에 해당하는 어선은 선박등기를 한 후에 어선의 등록을 하여야 한다.

② 제1항에 따른 등록을 하지 아니한 어선은 어선으로 사용할 수 없다.

③ 시장·군수·구청장은 제1항에 따른 등록을 한 어선에 대하여 다음 각 호의 구분에 따른 증서 등을 발급하여야 한다.
　㉠ 총톤수 20톤 이상인 어선 : 선박국적증서
　㉡ 총톤수 20톤 미만인 어선(총톤수 5톤 미만의 무동력어선은 제외한다) : 선적증서
　㉢ 총톤수 5톤 미만인 무동력어선 : 등록필증

④ 선적항의 지정과 제한 등에 필요한 사항은 해양수산부령으로 정한다.

(2) 소형어선 소유권 변동의 효력

총톤수 20톤 미만의 소형어선에 대한 소유권의 득실변경은 등록을 하여야 그 효력이 생긴다.

(3) 어선의 총톤수 측정 등

① 어선의 소유자가 제13조 제1항에 따른 등록을 하려면 해양수산부령으로 정하는 바에 따라 해양수산부장관에게 어선의 총톤수 측정을 신청하여야 한다.

② 어선의 소유자는 어선의 수리 또는 개조로 인하여 총톤수가 변경된 경우에는 해양수산부장관에게 총톤수의 재측정을 신청하여야 한다.

③ 어선의 소유자는 외국에서 취득한 어선을 외국에서 항행하거나 조업 목적으로 사용하려는 경우에는 그 외국에 주재하는 대한민국 영사에게 총톤수 측정이나 총톤수 재측정을 신청할 수 있다.

(4) 선박국적증서등의 비치

어선의 소유자는 어선을 항행하거나 조업 목적으로 사용할 경우에는 제13조 제3항 각 호에 따른 선박국적증서, 선적증서 또는 등록필증(이하 "선박국적증서등"이라 한다)을 어선에 갖추어 두어야 한다. 다만, 「내수면어업법」제6조, 제9조, 제11조, 「양식산업발전법」제10조 제1항 제6호, 제43조 제1항 제1호 또는 제2호에 따라 면허어업·허가어업·신고어업 또는 양식업에 사용하는 어선 등 해양수산부령으로 정하는 어선의 경우에는 그러하지 아니하다.

(5) 어선 명칭 등의 표시와 번호판의 부착

① 어선의 소유자는 선박국적증서등을 발급받은 경우에는 해양수산부령으로 정하는 바에 따라 지체 없이 그 어선에 어선의 명칭, 선적항, 총톤수 및 흘수(吃水)의 치수 등(이하 "명칭등"이라 한다)을 표시하고 어선번호판을 붙여야 한다.

② 제1항에 따른 어선번호판의 제작과 부착 등에 필요한 사항은 해양수산부령으로 정한다.

③ 어선의 소유자는 제1항에 따른 명칭등을 표시하고 어선번호판을 붙인 후가 아니면 그 어선을 항행하거나 조업 목적으로 사용하여서는 아니 된다.

(6) 등록사항의 변경
어선의 소유자는 제13조 제1항에 따른 등록사항이 변경된 경우에는 해양수산부령으로 정하는 바에 따라 변경등록을 신청하여야 한다.

(7) 선박국적증서등의 재발급
어선의 소유자는 선박국적증서등을 잃어버리거나 헐어서 못 쓰게 된 경우에는 14일 이내에 해양수산부령으로 정하는 바에 따라 재발급을 신청하여야 한다.

(8) 등록의 말소와 선박국적증서등의 반납
① 제13조 제1항에 따른 등록을 한 어선이 다음 각 호의 어느 하나에 해당하는 경우 그 어선의 소유자는 30일 이내에 해양수산부령으로 정하는 바에 따라 등록의 말소를 신청하여야 한다.
  ㉠ 어선 외의 목적으로 사용하게 된 경우
  ㉡ 대한민국의 국적을 상실한 경우
  ㉢ 멸실·침몰·해체 또는 노후·파손 등의 사유로 어선으로 사용할 수 없게 된 경우
  ㉣ 6개월 이상 행방불명이 된 경우
② 시장·군수·구청장은 어선의 소유자가 다음 각 호의 어느 하나에 해당하는 경우에는 30일 이내의 기간을 정하여 등록의 말소를 신청할 것을 최고하여야 하며 그 어선의 소유자가 최고를 받고도 정당한 사유 없이 이행하지 아니하면 직권으로 그 어선의 등록을 말소하여야 한다.
  ㉠ 속임수나 그 밖의 부정한 방법으로 등록을 한 경우
  ㉡ 어선의 소유자가 제1항에 따른 등록의 말소신청을 기간 내에 하지 아니한 경우
  ㉢ 해당 어선으로 영위하는 수산업의 허가·신고·면허 등의 효력이 상실된 후 1년이 지난 경우. 다만, 대통령령으로 정하는 경우에는 그러하지 아니하다.
  ㉣ 정당한 사유 없이 제21조 제1항 제1호·제2호 및 제4호(같은 항 제1호에 따른 정기검사 또는 같은 항 제2호에 따른 중간검사를 할 때에 해양수산부장관이 특정한 사항에 대하여 임시검사를 받을 것을 지정한 경우로 한정한다)에 따른 어선의 검사를 받지 아니하고 1년이 지난 경우
③ 제2항에 따라 등록이 말소된 어선의 소유자는 지체 없이 그 어선에 붙어 있는 어선번호판을 제거하고 14일 이내에 그 어선번호판과 선박국적증서등을 선적항을 관할하는 시장·군수·구청장에게 반납하여야 한다. 다만, 어선번호판과 선박국적증서등을 분실 등의 사유로 반납할 수 없을 때에는 14일 이내에 그 사유를 선적항을 관할하는 시장·군수·구청장에게 신고하여야 한다.

4 어선의 검사

(1) 어선의 검사

① 어선의 소유자는 제3조에 따른 어선의 설비, 제3조의2에 따른 복원성의 승인·유지 및 제4조에 따른 만재흘수선의 표시에 관하여 해양수산부령으로 정하는 바에 따라 다음 각 호의 구분에 따른 해양수산부장관의 검사를 받아야 한다. 다만, 총톤수 5톤 미만의 무동력어선 등 해양수산부령으로 정하는 어선은 그러하지 아니하다.
  ⊙ 정기검사 : 최초로 항행의 목적에 사용하는 때 또는 제28조 제1항에 따른 어선검사증서의 유효기간이 만료된 때 행하는 정밀한 검사
  ⓒ 중간검사 : 정기검사와 다음의 정기검사와의 사이에 행하는 간단한 검사
  ⓒ 특별검사 : 해양수산부령으로 정하는 바에 따라 임시로 특수한 용도에 사용하는 때 행하는 간단한 검사
  ⓔ 임시검사 : 제1호부터 제3호까지의 검사 외에 해양수산부장관이 특히 필요하다고 인정하는 때 행하는 검사
  ⓜ 임시항행검사 : 어선검사증서를 발급받기 전에 어선을 임시로 항행의 목적으로 사용하고자 하는 때 행하는 검사
② 제5조 제1항에 따른 무선설비 및 제5조의2 제1항에 따른 어선위치발신장치에 대하여는 「전파법」에서 정하는 바에 따라 검사를 받아야 한다.

(2) 건조검사 등

① 어선을 건조하는 자는 제3조 제1호·제2호·제3호·제5호·제6호의 설비와 제4조에 따른 만재흘수선에 대하여 각각 어선의 건조를 시작한 때부터 해양수산부장관의 건조검사를 받아야 한다. 다만, 배의 길이 24미터 미만의 목선 등 해양수산부령으로 정하는 어선의 경우에는 그러하지 아니하다.
② 제1항에 따른 건조검사에 합격된 부분에 대하여는 제21조 제1항 제1호에 따른 정기검사 중 최초로 실시하는 검사를 할 경우 그 건조검사에서 합격된 부분에 대한 검사를 생략할 수 있다.
③ 제3조 각 호의 설비에 필요한 어선용물건(이하 "어선용품"이라 한다) 중 해양수산부령으로 정하는 어선용품을 제조·개조·수리 또는 정비하거나 수입하려는 자는 해당 어선용품을 설치하여야 할 어선이 결정되기 전에 해양수산부장관의 검사(이하 "예비검사"라 한다)를 받을 수 있다.
④ 예비검사에 합격한 어선용품 및 「선박안전법」 제22조 제3항에 따른 예비검사에 합격된 선박용물건에 대하여는 제1항에 따른 건조검사 또는 제21조 제1항 각 호에 따른 검사 중 최초로 실시하는 검사를 할 경우 그 예비검사에서 합격된 부분에 대한 검사를 생략할 수 있다.
⑤ 제1항에 따른 건조검사 및 제3항에 따른 예비검사에 필요한 사항은 해양수산부령으로 정한다.

⑥ 해양수산부장관은 외국에서 수입되는 선박 등 제1항에 따른 건조검사를 받지 아니하는 선박에 대하여 건조검사에 준하는 검사로서 해양수산부령으로 정하는 검사(이하 "별도건조검사"라 한다)를 받게 할 수 있다. 이 경우 별도건조검사에 합격한 선박에 관하여는 제2항부터 제5항까지의 규정을 준용한다.

(3) 검사증서의 발급과 유효기간 등
① 해양수산부장관은 다음 각 호의 구분에 따라 검사증서를 발급한다.
  ㉠ 정기검사에 합격된 경우에는 어선검사증서(어선의 종류·명칭·최대승선인원 및 만재흘수선의 표시 위치 등을 기재하여야 한다)
  ㉡ 중간검사 또는 임시검사에 합격된 경우로서 어선검사증서의 기재사항이 변경된 경우에는 변경된 사항이 기재된 어선검사증서
  ㉢ 특별검사에 합격된 경우에는 어선특별검사증서
  ㉣ 임시항행검사에 합격된 경우에는 임시항행검사증서
  ㉤ 건조검사에 합격된 경우에는 건조검사증서
  ㉥ 예비검사에 합격된 경우에는 예비검사증서
  ㉦ 별도건조검사에 합격된 경우에는 별도건조검사증서
  ㉧ 검정에 합격된 경우에는 검정증서
  ㉨ 확인한 경우에는 건조·제조확인증 또는 정비확인증
  ㉩ 확인한 경우에는 제한하중등 확인증
② 해양수산부장관은 검사증서·검정증서, 건조·제조·정비확인증 및 제한하중등 확인증을 발급하는 때에는 해당 어선 또는 어선용품에 합격표시 또는 증인(證印)을 붙여야 한다.
③ 어선검사증서의 유효기간은 5년으로 한다.
④ 어선검사증서의 유효기간은 다음 각 호의 어느 하나에 해당하는 경우에는 5개월 이내의 범위에서 해양수산부령으로 정하는 바에 따라 이를 연장할 수 있다.
  ㉠ 어선검사증서의 유효기간이 만료되는 때에 해당 어선이 검사를 받을 수 있는 장소에 있지 아니한 경우 : 3개월 이내에서 한 차례만 연장 가능
  ㉡ 해당 어선이 외국에서 정기검사를 받은 경우 등 부득이한 경우로서 새로운 어선검사증서를 즉시 교부할 수 없거나 어선에 비치하게 할 수 없는 경우 : 5개월 이내에서 한 차례만 연장 가능
  ㉢ 그 밖에 해양수산부령으로 정하는 경우
⑤ 어선검사증서는 중간검사 또는 임시검사를 받아야 할 어선이 그 검사에 합격되지 아니한 경우에는 해당 검사에 합격될 때까지 그 효력이 정지된다.

2 어선법

01 다음 중 어선법의 목적으로 옳지 않은 것은?

가. 어선의 효율적인 관리와 안전성 확보
나. 어선의 조사·연구에 관한 사항 규정
사. 어선의 건조·등록·설비에 관한 사항 규정
아. 어업 자원의 자율적 관리

> 해설 제1조(목적) 이 법은 어선의 건조·등록·설비·검사·거래 및 조사·연구에 관한 사항을 규정하여 어선의 효율적인 관리와 안전성을 확보하고, 어선의 성능 향상을 도모함으로써 어업생산력의 증진과 수산업의 발전에 이바지함을 목적으로 한다.

02 다음에서 어선의 선박국적증서 또는 선적증서를 발급하는 자로 옳지 않은 것은?

가. 시 장
나. 지방해양수산청정
사. 군 수
아. 구청장

> 해설 제13조(어선의 등기와 등록)
> ① 어선의 소유자나 해양수산부령으로 정하는 선박의 소유자는 그 어선이나 선박이 주로 입항·출항하는 항구 및 포구(이하 "선적항"이라 한다)를 관할하는 시장·군수·구청장에게 해양수산부령으로 정하는 바에 따라 어선원부에 어선의 등록을 하여야 한다. 이 경우 「선박등기법」 제2조에 해당하는 어선은 선박등기를 한 후에 어선의 등록을 하여야 한다.
> ② 제1항에 따른 등록을 하지 아니한 어선은 어선으로 사용할 수 없다.
> ③ 시장·군수·구청장은 제1항에 따른 등록을 한 어선에 대하여 다음 각 호의 구분에 따른 증서 등을 발급하여야 한다.
>   1. 총톤수 20톤 이상인 어선 : 선박국적증서
>   2. 총톤수 20톤 미만인 어선(총톤수 5톤 미만의 무동력어선은 제외한다) : 선적증서
>   3. 총톤수 5톤 미만인 무동력어선 : 등록필증
> ④ 선적항의 지정과 제한 등에 필요한 사항은 해양수산부령으로 정한다.

03 어선의 소유자는 어선 등록을 어느 곳의 누구에게 하여야 하는가?

가. 선적항을 관할하는 시장·군수·구청장
나. 선적항을 관할하는 광역시장·도지사
사. 선적항을 관할하는 지방해양수산청장
아. 해양수산부장관

정답 01 아 02 나 03 가

04 어선을 등록하기 전에 등기를 하여야 하는 선박은 총톤수 몇 톤 이상이어야 하는가?

가. 5톤
나. 10톤
사. 15톤
아. 20톤

05 어선법상 어선의 정의에 대한 설명으로 옳지 않은 것은?

가. 어업, 어획물운반업 또는 수산물가공업에 종사하는 선박
나. 어선 건조허가를 받아 건조중이거나 건조한 선박
사. 어선에 유류를 공급하는데 종사하는 선박
아. 수산업에 관한 시험, 조사, 지도 및 단속에 종사하는 선박

해설 가, 나, 아와 어선의 등록을 한 선박이 어선의 정의이다(제2조).

06 어선법 시행규칙에 명시된 용어의 정의에 대한 설명으로 옳은 것은?

가. 국제항해란 일본과 중국을 제외한 다른 나라에 이르는 해양을 항행하는 것을 말한다.
나. 검사기준일은 정기검사 시작일부터 해마다 1년을 경과한 날이다.
사. 선령은 어선등록을 한 날부터 가산한다.
아. 도면이란 설계도·사양서·계산서·표·자료 등 어선의 치수·형상 및 성능 등을 나타내는 서류이다.

해설 제2조(정의) 이 규칙에서 사용하는 뜻은 다음 각 호와 같다.
1. "배의 길이"란 최소 형깊이(「선박톤수의 측정에 관한 규칙」 제2조 제5호에 따른 형깊이와 같다. 이하 제2호에서 같다)의 85퍼센트에 있어서의 계획만재흘수선에 평행한 흘수선 전 길이의 96퍼센트 또는 그 흘수선에 있어서 선수재의 전면으로부터 타두재의 중심까지의 길이중 큰 것을 말한다. 다만, 상갑판 보의 상면의 선수재 전면으로부터 선미외판 후면까지의 수평거리(이하 "측정길이"라 한다)가 24미터 미만인 어선에 있어서는 상갑판 보의 상면에서 선수재 전면으로부터 타주가 있는 경우에는 타주의 후면까지, 타주가 없는 경우에는 타두재의 중심까지의 수평거리를 말한다.
2. "배의 깊이"란 배의 길이의 중앙에 있어서의 형깊이를 말한다.
3. "배의 너비"란 금속재외판이 있는 어선의 경우에는 배의 길이의 중앙에서 늑골외면간의 최대너비를 말하고, 금속재외판 외의 외판이 있는 어선의 경우에는 배의 길이의 중앙에서 선체외면간의 최대너비를 말한다.
4. "동력어선"이란 추진기관[선외기(船外機)를 포함한다. 이하 같다]을 설치한 어선을 말한다.
5. "무동력어선"이란 추진기관을 설치하지 아니한 어선을 말한다.
6. "선령"이란 어선이 진수한 날부터 지난 기간을 말한다.
7. "검사기준일"이란 어선검사증서의 유효기간 시작일부터 해마다 1년이 되는 날을 말한다.

 04 아 05 사 06 아

8. "국제항해"란 한 나라에서 다른 나라에 이르는 해양을 항행하는 것을 말한다. 이 경우 한 나라가 국제관계에 관하여 책임이 있는 지역 또는 국제연합이 시정권자인 지역은 별개의 나라로 본다.
9. "도면"이란 설계도·사양서·계산서·표·자료 등 어선의 치수·형상 및 성능 등을 나타내는 서류를 말한다.

07 어선법령에서 정하는 선체 두께를 측정하여야 할 선령 30년 미만의 어선은 해당 어선의 어느 검사 시기에 측정하여야 하는지 옳은 것은?

가. 임시검사 나. 중간검사
사. 정기검사 아. 특별검사

08 어선을 최초로 항행할 때 또는 어선검사증서의 유효기간이 만료된 때에 행하는 검사로 옳은 것은?

가. 정기검사 나. 중간검사
사. 특별검사 아. 임시검사

09 어선법상 선체에 관한 정기검사의 준비사항으로 옳지 않은 것은?

가. 갑판 피복의 일부를 떼어 낼 것
나. 탱크 맨홀을 폐쇄할 때
사. 압력시험 준비를 할 것
아. 타를 들어올리거나 빼낼 것

10 어선검사의 신청의무자가 어선소유자가 아니어도 되는 검사로 옳은 것은?

가. 특별검사 나. 중간검사
사. 정기검사 아. 예비검사

11 어선이 정기검사에 합격한 경우 선박검사기관에서 발급받는 증서로 옳은 것은?

가. 어선검사증서 나. 선박국적증서
다. 임시선박국적증서 라. 선박검사증서

> 해설 제27조(검사증서의 발급 등) ① 해양수산부장관은 다음 각 호의 구분에 따라 검사증서를 발급한다.
> 1. 제21조 제1항 제1호에 따른 정기검사에 합격된 경우에는 어선검사증서(어선의 종류·명칭·최대승선인원 및 만재흘수선의 위치 등을 기재하여야 한다)

정답 07 사 08 가 09 나 10 아 11 가

12 다음 중 어선에서 "세계해상조난 및 안전제도(GMDSS)"의 시행에 필요한 무선설비를 갖추어야 하는 선박으로 옳은 것은?

가. 국제항해에 종사하는 총톤수 50톤 이상의 모든 어선
나. 국제항해에 종사하는 총톤수 300톤 이상으로서 어획물운반업에 종사하는 어선
사. 국제항해에 종사하는 총톤수 150톤 이상으로서 수산물가공에 종사하는 어선
아. 국제항해에 종사하는 총톤수 100톤 이상으로서 수산업에 관한 교습에 종사하는 어선

> **해설** 제5조(무선설비)
> ① 어선의 소유자는 해양수산부장관이 정하여 고시하는 기준에 따라 「전파법」에 따른 무선설비를 어선에 갖추어야 한다. 다만, 국제항해에 종사하는 총톤수 300톤 이상의 어선으로서 어획물운반업에 종사하는 어선 등 해양수산부령으로 정하는 어선에는 「해상에서의 인명안전을 위한 국제협약」에 따른 세계해상조난 및 안전제도의 시행에 필요한 무선설비를 갖추어야 한다. 이 경우 무선설비는 「전파법」에 따른 성능과 기준에 적합하여야 한다.
> ② 제1항에 따라 무선설비를 갖춘 어선의 소유자는 안전운항과 해양사고 발생 시 신속한 대응을 위하여 어선을 항행하거나 조업에 사용하는 경우 무선설비를 작동하여야 한다.
> ③ 제1항에도 불구하고 어선이 해양수산부령으로 정하는 항행의 목적에 사용되는 경우에는 무선설비를 갖추지 아니하고 항행할 수 있다.

13 다음 중 어선에 설치된 무선설비는 어느 법에 의하여 무선설비검사를 받아야 하는지 옳은 것은?

가. 어선법
나. 선박안전조업규칙
사. 전파법
아. 선박안전법

14 다음 중 외국에서 취득한 어선을 외국 항행 또는 조업의 목적으로 사용하고자 할 경우에 총톤수 측정 또는 재측정을 누구에게 신청하여야 하는가?

가. 대 사
나. 영 사
사. 공 사
아. 외교부장관

15 어선검사증서에 기재하는 최대승선인원을 정하는 사람은 누구인가?

가. 시·도지사
나. 해양수산부장관
사. 해양경찰청장
아. 군 수

> **해설** 어선법 시행규칙 제64조(어선검사증서의 기재사항 등) ① 법 제27조 제1항 제1호에 따른 어선검사증서에 기재하는 최대승선인원과 만재흘수선의 표시 위치는 해양수산부장관이 정하여 고시하는 기준에 따른다.

정답 12 나 13 사 14 나 15 나

16 어선의 소유자가 그 어선을 등록하고자 할 때 총톤수 측정에 대한 신청은 누구에게 하는가?

가. 군 수
나. 해양수산부장관
사. 시 장
아. 도지사

17 다음에서 어선의 최대승선인원이 기재되어야 하는 증서로 옳은 것은?

가. 특별검사증서
나. 어선검사증서
사. 어선총톤수증서 측정 증명서
아. 선박국적증서

18 어선법상 만재흘수선을 표시해야 하는 어선의 기준으로 옳은 것은?

가. 배의 총톤수 15톤 이상의 어선
나. 배의 총톤수 20톤 이상의 어선
사. 배의 길이 12미터 이상의 어선
아. 배의 길이 24미터 이상의 어선

> 해설 제4조(만재흘수선의 표시) ① 길이 24미터 이상의 어선의 소유자는 해양수산부장관이 정하여 고시하는 기준에 따라 만재흘수선의 표시를 하여야 한다. 다만, 제21조 제1항 제5호에 따른 임시항행검사를 받고 항행하는 어선 등 해양수산부령으로 정하는 어선은 만재흘수선의 표시를 생략할 수 있다.

19 어선법상 선박국적증서에 대한 설명으로 옳지 않은 것은?

가. 어선의 소유자는 선박국적증서를 어선에 갖추어 두어야 한다.
나. 선박국적증서의 발급 기준은 20톤 이상 어선이다.
사. 선박국적증서를 잃어버리거나 헐어서 못쓰게 된 경우에는 14일 이내에 재발급을 신청하여야 한다.
아. 영문 선박국적증서는 당해 선급회사에서 기재 내용을 확인한 후 발급한다.

20 다음 중 선령 15년 이상으로 배의 길이가 24미터 이상인 어선이 어선법령에 의한 정기검사를 받기 위하여 "선체"에 대하여 준비하여야 할 사항으로 옳지 않은 것은?

가. 타를 들어 올리거나 빼낼 것
나. 입거 또는 상가를 할 것
사. 선체에 붙어 있는 해초·조개류 등을 떼어낼 것
아. 최고 항해 흘수선 이하에서 선외로 통하는 밸브를 분해할 것

정답 16 나 17 나 18 아 19 아 20 아

어선법 시행규칙 제55조(검사의 준비 등)
① 법 제37조 제2항에 따라 준용하는 「선박안전법」 제14조 제1항에 따른 해당 어선의 검사종류별 준비사항은 다음 각 호와 같다.
1. 정기검사 준비사항 : 별표 8
별표 8(정기검사 준비사항)
1. 선체에 관한 준비
    가. 입거(入渠) 또는 상가(上架)를 할 것. 다만, 다음의 경우에는 그러하지 아니하다.
        1) 배의 길이 24미터 미만의 비금속재(목재 및 강화플라스틱) 어선 및 알루미늄선과 총톤수 10톤 미만인 강선을 거선한 경우
        2) 입거 또는 상가의 시설이 없는 호수·하천·항내에서만 조업하는 배의 길이 24미터 미만인 어선의 선저를 검사할 수 있도록 수면 밖으로 끌어올린 경우
    나. 타를 들어 올리거나 빼낼 것
    다. 선체에 붙어있는 해초·조개류 등을 깨끗이 떼어낼 것
    라. 목선의 선체 외판에 덧붙인 선체보호용 포판의 일부를 떼어낼 것
    마. 선체 내부에 있는 화물 및 고형밸러스트를 떼어낼 것
    바. 선체 내부의 선체에 고착되지 아니하는 물품을 정리할 것
    사. 탱크의 맨홀을 열어 놓고 내용물 및 위험성가스를 배출할 것
    아. 화물구획의 내장판의 일부를 떼어낼 것
    자. 갑판피복 및 선저 시멘트의 일부를 떼어낼 것
    차. 강제선체 주요부의 녹을 떨어내고 두께를 측정할 수 있도록 할 것
    카. 선체 내외부의 적당한 장소에 안전한 발판을 설치할 것
    타. 재료시험의 준비를 할 것(처음으로 검사를 받는 경우로 한정한다)
    파. 비파괴검사의 준비를 할 것(해양수산부장관이 부득이하다고 인정하는 경우에는 배의 길이 24미터 미만의 어선에 대하여는 생략할 수 있다. 이하 제2호 아목의 비파괴검사의 준비에 관하여 같다)
    하. 압력시험 및 하중시험의 준비를 할 것
    거. 수밀문·방화문 등 폐쇄장치 효력시험의 준비를 할 것

21 어선법상 어선소유자가 선박에 표시하거나 붙이지 아니하고는 항행할 수 없는 것으로 옳지 않은 것은?

가. 어선의 명칭
나. 어선 번호판
사. 어선소유자의 성명
아. 흘수의 치수

 제16조(어선 명칭 등의 표시와 번호판의 부착)
① 어선의 소유자는 선박국적증서등을 발급받은 경우에는 해양수산부령으로 정하는 바에 따라 지체 없이 그 어선에 어선의 명칭, 선적항, 총톤수 및 흘수(吃水)의 치수 등(이하 "명칭등"이라 한다)을 표시하고 어선번호판을 붙여야 한다.
② 제1항에 따른 어선번호판의 제작과 부착 등에 필요한 사항은 해양수산부령으로 정한다.
③ 어선의 소유자는 제1항에 따른 명칭등을 표시하고 어선번호판을 붙인 후가 아니면 그 어선을 항행하거나 조업 목적으로 사용하여서는 아니 된다.

정답 21 사

22 어선법상 어선의 선체 외부에 어선 명칭 및 선적항을 표시할 때 글자 크기로 옳은 것은?

가. 15센티미터 이상 　　　　 나. 10센티미터 이상
사. 5센티미터 이상 　　　　　 아. 20센티미터 이상

 어선법 시행규칙 제24조(어선의 표시사항 및 표시방법)
① 법 제16조 제1항에 따라 어선에 표시하여야 할 사항과 그 표시방법은 다음 각 호와 같다.
1. 선수양현의 외부에 어선명칭을, 선미외부의 잘 보이는 곳에 어선명칭 및 선적항을 10센티미터 크기 이상의 한글(아라비아숫자를 포함한다)로 명료하고 내구력있는 방법으로 표시하여야 한다. 다만, 어선의 식별을 효과적으로 하기 위하여 해양수산부장관이 필요하다고 인정하는 경우에는 어업별로 어선명칭의 크기, 표시방법등에 관하여 따로 정할 수 있다.
2. 배의 길이 24미터 이상의 어선은 선수와 선미의 외부 양측면에 흘수를 표시하기 위하여 선저로부터 최대흘수선상에 이르기까지 20센티미터마다 10센티미터 크기의 아라비아숫자로서 흘수의 치수를 표시하되, 숫자의 하단은 그 숫자가 표시하는 흘수선과 일치시켜야 한다.
② 특수한 구조로 인하여 어선명칭등 어선의 표시사항을 제1항에 따라 표시하기 곤란한 어선의 경우에는 해양수산부장관이 적절하다고 인정하는 장소에 이를 표시할 수 있다.

23 어선 검사에 관한 내용을 규정하고 있는 법으로 옳은 것은?

가. 선박법 　　　　　　　　　 나. 어선법
사. 선박안전법 　　　　　　　 아. 수산업법

24 다음 중 어선검사증서의 유효기간 기산일에 대한 설명으로 옳은 것은?

가. 어선검사증서의 유효기간이 끝나기 전 3개월이 되는 날 이후에 정기검사를 받은 경우, 종전 어선검사증서의 유효기간 만료일
나. 최초로 정기검사를 받은 경우 해당 어선검사를 완료한 날
사. 어선검사증서의 유효기간이 끝나기 전 3개월이 되는 날 전에 정기검사를 받은 경우, 해당 어선검사증서를 발급받은 날
아. 어선검사증서의 유효기간이 끝난 후에 정기검사를 받은 경우, 종전 어선검사증서의 유효기간 만료일

 어선법 시행규칙 제66조(어선검사증서 유효기간 계산방법)
법 제28조 제2항에 따른 어선검사증서 유효기간의 계산방법은 다음 각 호에 따른 날부터 계산한다.
1. 최초로 정기검사를 받은 경우 해당 어선검사증서를 발급받은 날
2. 어선검사증서의 유효기간이 끝나기 전 3개월이 되는 날 이후에 정기검사를 받은 경우 종전 어선검사증서의 유효기간 만료일의 다음 날
3. 어선검사증서의 유효기간이 끝나기 전 3개월이 되는 날 전에 정기검사를 받은 경우 해당 어선검사증서를 발급받은 날

정답 22 나　23 나　24 사

4. 어선검사증서의 유효기간이 끝난 후에 정기검사를 받은 경우 종전 어선검사증서의 유효기간만료일의 다음 날. 다만, 다음 각 목의 사유로 인하여 종전 어선검사증서의 유효기간 만료일의 다음 날부터 계산하는 것이 부당하다고 인정되는 경우에는 정기검사를 받고 해당 어선검사증서를 발급 받은 날부터 계산한다.
　　가. 계선(제49조 제2항에 따라 서류를 제출한 경우로 한정한다)한 경우
　　나. 1년 이상 어선검사를 받지 아니한 어선을 상속하거나 매수한 경우
　　다. 어선소유자의 파산 등의 사유로 1년 이상 어선검사를 받지 아니한 경우

25 어선법상 어선의 제2종 중간검사 준비사항으로 옳지 않은 것은?

가. 항해설비　　　　　　　　나. 거주·위생설비
사. 구명·소방설비　　　　　　아. 냉동·냉장설비

 제2종 중간검사 준비사항(어선법 시행규칙 제55조 제1항 제2호 관련 별표 9)
　가. 수밀문·방화문 등 폐쇄장치에 대한 효력시험의 준비를 할 것
　나. 기관, 배수설비, 조타설비, 구명 및 소방설비, 거주 및 위생설비, 항해설비는 효력시험 또는 현상검사의 준비를 할 것
　다. 전기설비는 절연저항시험 및 효력시험의 준비를 할 것

26 어선법상 건조검사 준비사항으로 옳은 것은?

가. 조타·계선설비　　　　　　나. 구명·소방설비
사. 냉동·냉장설비　　　　　　아. 거주·위생설비

 건조검사 준비사항(어선법 시행규칙 제55조 제1항 제6호 관련 별표 11)
　1. 선체에 관한 준비
　　가. 선체 내외부의 적당한 장소에 안전한 발판을 설치할 것
　　나. 재료시험, 비파괴검사(비금속재 어선과 배의 길이 24미터 미만의 강선을 제외한다), 압력시험 및 하중시험의 준비를 할 것
　2. 기관에 관한 준비
　　재료시험, 비파괴검사(해양수산부장관이 부득이하다고 인정하는 경우에는 배의 길이 24미터 미만의 어선에 대하여는 생략할 수 있다), 용접시공시험, 평형시험, 압력시험, 효력시험, 축기시험, 도기시험 및 육상 시운전의 준비를 할 것
　3. 배수설비에 관한 준비
　　재료시험, 압력시험 및 효력시험의 준비를 할 것
　4. 조타·계선 및 양묘설비에 관한 준비
　　재료시험, 압력시험 및 효력시험의 준비를 할 것
　5. 전기설비에 관한 준비
　　재료시험, 방수시험, 방폭시험, 완성시험, 절연저항시험 및 효력시험의 준비를 할 것
　6. 만재흘수선의 검사에 관한 준비
　　가. 만재흘수선의 표시를 검사할 수 있도록 안전한 발판을 설치할 것
　　나. 수밀문·방화문 등의 폐쇄장치의 효력시험의 준비
　7. 총톤수 2톤 미만 어선에 대하여는 제1호나목(재료시험 중 재료확인만 해당한다), 제3호(효력시험만 해당한다) 및 제4호(효력시험만 해당한다) 외의 검사준비를 면제한다.

정답　25 아　26 가

27 어선법상 어선으로 규정되어 있는 것으로 옳지 않은 것은?

가. 어업에 종사하는 선박
나. 어선의 선용품 보급에 종사하는 선박
사. 수산업에 관한 단속에 종사하는 선박
아. 어획물 운반에 종사하는 선박

28 어선법상 어선의 주요 치수로 옳은 것은?

가. 길이 - 높이 - 깊이
나. 길이 - 너비 - 깊이
사. 길이 - 흘수 - 높이
아. 길이 - 너비 - 높이

29 어선법상 원양어업에 사용할 어선의 건조, 개조의 허가권자로 옳은 것은?

가. 외교부장관
나. 해양경찰청장
사. 해양수산부장관
아. 관할 시·도지사

30 어선법상 해외수역에서 장기 조업 어선이 부득이 한 사유로 어선법령에 따라 중간검사 시기를 연기할 수 있는 기간에 대한 설명으로 옳은 것은?

가. 해당 검사기준일부터 3개월 이내
나. 해당 검사기준일부터 12개월 이내
사. 해당 검사기준일부터 18개월 이내
아. 해당 검사기준일부터 24개월 이내

> **해설** 어선법 시행규칙 제45조(중간검사시기의 연기)
> ① 해외수역에서의 장기간 항행·조업 등 부득이 한 사유로 인하여 중간검사를 받을 수 없어 중간검사시기를 연기 받으려는 어선소유자는 별지 제41호서식의 중간검사시기연기신청서에 해당 어선의 항해, 조업일정 및 현재의 위치를 나타내는 서류와 해당 어선의 검사증서 사본을 첨부하여 해양수산부장관에게 제출하여야 한다.
> ② 해양수산부장관은 제1항에 따른 신청이 있는 때에는 해당 어선의 항해 및 조업 일정을 고려하여 타당하다고 인정되는 경우 해당 검사기준일부터 12개월 이내의 기간을 정하여 그 검사시기를 연기할 수 있다. 이 경우 다음 검사시기와 검사종류 등을 어선소유자에게 알려야 한다.
> ③ 제2항에 따라 연기 받은 기간 이내에 해당 어선이 중간검사를 받을 장소에 도착하면 지체 없이 중간검사를 받아야 한다.
> ④ 제2항에 따른 검사시기의 연기로 인하여 연기된 중간검사와 정기검사가 겹치는 경우에는 정기검사를 실시하고, 제1종 중간검사와 제2종 중간검사가 겹치는 경우에는 제1종 중간검사를 실시한다.

정답 27 나 28 나 29 사 30 나

31 어선법에서 중간검사의 대상 설비로 옳지 않은 것은?

가. 거주설비 나. 계선설비
사. 배수설비 아. 하역설비

32 어선법상 임시항행검사를 받아야 하는 경우로 옳지 않은 것은?

가. 어선검사를 받기 위하여 시운전을 하려는 경우
나. 총톤수의 측정 또는 재측정을 받을 장소로 항행하려는 경우
사. 항해설비가 대폭적으로 변경 설치된 경우
아. 어선검사증서를 발급받기 전에 부득이한 사정으로 임시로 항행하려는 경우

 어선법 시행규칙 제48조(임시항행검사)
① 법 제21조 제1항 제5호에 따라 어선소유자가 임시항행검사를 받아야 하는 경우는 다음 각 호와 같다.
  1. 총톤수의 측정 또는 재측정을 받을 장소로 항행하려는 경우
  2. 어선검사를 받기 위하여 시운전을 하려는 경우
  3. 그 밖에 어선검사증서의 효력이 상실되었거나 어선검사증서를 발급받기 전에 부득이한 사정으로 임시로 항행하려는 경우
② 법 제21조 제1항 제5호에 따라 임시항행검사를 받으려는 어선소유자는 별지 제40호서식의 어선검사신청서에 해당 어선의 운항계획서를 첨부하여 해양수산부장관에게 제출하여야 한다.
③ 해양수산부장관은 제2항에 따른 신청이 있는 때에는 법 제3조 제8호·제9호·제11호의 설비와 해당 어선의 감항성에 대하여 검사한다.
④ 해양수산부장관은 제3항에 따른 검사에 합격한 경우에는 어선의 항행에 필요한 기간을 정하여 제63조 제1항 제3호에 따른 임시항행검사증서를 발급한다.

33 어선법상 정기검사에 합격한 어선에 대한 어선검사증서의 필수 기재사항으로 옳지 않은 것은?

가. 최대승선인원 나. 만재흘수선의 표시 위치
사. 어선의 종류 아. 주요 조업해역

 어선법 시행규칙 제64조(어선검사증서의 기재사항 등)
① 법 제27조 제1항 제1호에 따른 어선검사증서에 기재하는 최대승선인원과 만재흘수선의 표시 위치는 해양수산부장관이 정하여 고시하는 기준에 따른다.
② 제1항에 따른 최대승선인원은 어선원과 다음 각 호의 어느 하나에 해당하는 사람 등 어선에 일시적으로 승선하는 어선원 외의 사람으로 구분하여 기재한다. 이 경우 해양사고 또는 그 밖의 부득이한 사유로 인하여 승선하는 사람은 최대승선인원의 산정에서 제외한다.
  1. 어선원의 가족
  2. 어선소유자(어선관리인 및 어선임차인을 포함한다) 및 어선회사의 소속 직원과 어선수리 작업원

정답 31 아 32 사 33 아

3. 시험·조사·지도·단속·점검·교습 등에 관한 업무에 사용되는 어선에 해당 업무를 수행하기 위하여 승선하는 사람
4. 세관공무원, 검역공무원, 도선사 등으로서 어선원의 업무 외의 업무를 하는 사람
5. 「낚시 관리 및 육성법」 제25조에 따른 낚시어선에 승선하는 낚시승객
6. 「수산업법 시행령」 제29조 제1항 제1호의 나잠어업(裸潛漁業)을 위하여 승선하는 사람
7. 제46조 제1항에 따라 특별검사를 받은 어선에 승선하는 어선원 외의 사람
8. 「낚시 관리 및 육성법 시행령」 별표 2 제3호다목에 따른 낚시터 관리선에 승선하는 어선원 외의 사람
9. 「유어장의 지정 및 관리에 관한 규칙」 제5조에 따른 유어장관리선에 승선하는 어선원 외의 사람
10. 「수산자원관리법」 제12조 제1항에 따라 어선에 승선하여 포획·채취한 수산자원의 종류와 어획량 등을 조사하는 수산자원조사원

③ 해양수산부장관은 어선 항행상의 안전을 확보하기 위하여 특히 필요하다고 인정하는 경우에는 최대승선인원 및 만재흘수선의 표시 위치 외에 해당 어선에 대하여 필요한 항행상의 조건을 부여할 수 있다. 이 경우 해양수산부장관은 이를 어선검사증서에 적어야 한다.

34 어선의 소유자가 선박국적증서를 잃어버리거나 헐어 못쓰게 된 때에는 며칠 이내에 재발급을 신청하여야 하는가?

　가. 10일　　　　　　　　　　나. 14일
　사. 15일　　　　　　　　　　아. 20일

35 어선검사증서의 유효기간이 만료되는 때에 해당 어선이 정기검사를 받을 수 있는 장소에 있지 아니한 경우에는 몇 개월 이내에 유효기간을 연장할 수 있는가?

　가. 1개월 이내　　　　　　　나. 3개월 이내
　사. 5개월 이내　　　　　　　아. 6개월 이내

36 어선법상 어선검사증서의 선내 비치가 면제되는 어선으로 옳지 않은 것은?

　가. 연안 낚시어업에 사용하는 총톤수 3톤인 어선
　나. 어장관리에 사용하는 총톤수 3톤인 어선
　사. 내수면 신고어업에 사용하는 총톤수 10톤인 어선
　아. 내수면 면허어업에 사용하는 총톤수 3톤인 어선

37 어선법에서 용어의 정의 중 개조에 해당하지 않는 것은?

　가. 어업 종류의 변경을 위한 권양기 설치
　나. 구 기관의 출력변경
　사. 항적기록장치의 설치
　아. 너비의 변경

정답　34 나　35 나　36 가　37 사

제2조(정의) 이 법에서 사용하는 용어의 뜻은 다음과 같다.
2. "개조"란 다음 각 목의 어느 하나에 해당하는 것을 말한다.
  가. 어선의 길이·너비·깊이(이하 "주요치수"라 한다)를 변경하는 것
  나. 어선의 추진기관을 새로 설치하거나 추진기관의 종류 또는 출력을 변경하는 것
  다. 어선의 용도를 변경하거나 어업의 종류를 변경할 목적으로 어선의 구조나 설비를 변경하는 것

38 어선법상 어선의 선적항에 관한 설명으로 옳지 않은 것은?

가. 해당 어선이 항행할 수 있는 수면에 접한 지역에 정한다.
나. 국내에 주소가 없는 어선 소유자도 국내에 선적항을 정할 수 있다.
사. 어항, 해외전진기지 등으로 지정된 항구에 한한다.
아. 어선 소유자의 주소지로 한다.

어선법 시행규칙 제22조(선적항의 지정등)
① 법 제13조 제4항에 따라 선적항을 정하고자 할 때에는 해당 어선 또는 선박이 항행할 수 있는 수면을 접한 그 소유자의 주소지인 시·구(자치구에 한한다. 이하 같다)·읍·면에 소재하는 항·포구를 기준으로 하여 정한다. 다만, 다음 각 호의 어느 하나에 해당하는 경우에는 어선 또는 선박의 소유자가 지정하는 항·포구를 선적항으로 정할 수 있다.
  1. 국내에 주소가 없는 어선의 소유자가 국내에 선적항을 정하는 경우
  2. 어선의 소유자의 주소지가 어선이 항행할 수 있는 수면을 접한 시·구·읍·면이 아닌 경우
  3. 그 밖의 부득이한 사유로 어선의 소유자의 주소지 외의 항·포구를 선적항으로 지정하고자 하는 경우
② 선적항의 명칭은 항·포구의 명칭이나 어선 또는 선박이 항행할 수 있는 수면을 접한 시·군·구·읍·면의 명칭을 기준으로 하여 정한다.
③ 시장·군수·구청장은 제1항에 따라 선적항으로 정하고자 하는 항·포구가 다음 각 호의 어느 하나에 해당하는 경우에는 해당 항·포구를 선적항으로 정하여서는 아니된다.
  1. 지정받고자 하는 선적항이 당해어선 또는 선박이 주로 입·출항하는 항·포구가 아니라고 인정되는 경우
  2. 지정받고자 하는 선적항이 매립·간척등 공공개발예정지역으로 고시되어 공사착공기일의 촉박 등의 사유로 선적항으로 지정하는 것이 적합하지 아니하다고 인정되는 경우

39 국제협약의 적용을 받는 어선의 경우 그 협약의 규정이 어선법의 규정과 다를 때에는 어느 것을 우선 적용받아야 하는가?

가. 어선법의 규정을 적용한다.
나. 해당 국제협약의 규정을 적용한다.
사. 어느 규정을 적용할지 문의하여 결정한다.
아. 둘 중 유리한 쪽의 규정을 적용한다.

정답 38 사 39 나

40 다음에서 어선의 용도나 어업의 종류를 변경할 목적으로 어선의 구조나 설비를 변경하는 것을 무엇이라 하는가?

가. 구조 개선
나. 개 조
사. 구조 변경
아. 설비 변경

41 어선검사에서 정기검사와 정기검사의 중간에 실시하는 간이 검사로 중간검사가 있다. 어선의 중간검사로 옳은 것은?

가. 특별 중간검사만 있다.
나. 제1종 중간검사만 있다.
사. 제1종과 제2종 중간검사가 있다.
아. 제1종, 제2종 및 제3종 중간검사가 있다.

42 해양경찰청장이 해양사고 발생 시 신속한 대응과 어선 출항·입항 신고 자동화 등을 위하여 필요한 경우 그 기준을 정할 수 있는 어선의 장비로 옳은 것은?

가. 어선위치발신 장치
나. 레이더 장치
사. 컴퍼스 장치
아. 무선방향탐지기 장치

43 어선법상 한 나라에서 다른 나라에 이르는 해양을 항행하는 것으로 옳은 것은?

가. 원양항해
나. 나라 간 항해
사. 무역항해
아. 국제항해

44 ( )에 적합하지 않은 것은?

> "어선의 소유자는 그 어선의 선적항을 관할하는 ( )에게 어선을 등록하여야 한다."

가. 도지사
나. 시 장
사. 구청장
아. 군 수

제13조(어선의 등기와 등록)
① 어선의 소유자나 해양수산부령으로 정하는 선박의 소유자는 그 어선이나 선박이 주로 입항·출항하는 항구 및 포구(이하 "선적항"이라 한다)를 관할하는 시장·군수·구청장에게 해양수산부령으로 정하는 바에 따라 어선원부에 어선의 등록을 하여야 한다. 이 경우 「선박등기법」 제2조에 해당하는 어선은 선박등기를 한 후에 어선의 등록을 하여야 한다.

정답 40 나 41 사 42 가 43 아 44 가

45 어선법령에 사용하는 용어의 정의에 대한 설명으로 옳지 않은 것은?

가. 무동력어선 - 추진 기관을 설치하지 아니한 어선
나. 동력어선 - 추진 기관을 설치한 어선
사. 선령 - 어선이 용골을 거치한 날부터 경과한 기간
아. 배의 깊이 - 배 길이의 중앙에 있어서의 형 깊이

46 어선법상 예비검사의 대상이 되는 항해용구로 옳지 않은 것은?

가. 자이로컴퍼스
나. 음향측심기
사. 레이더
아. 선속거리계

 예비검사를 받을 수 있는 어선용품(어선법 시행규칙 제52조 제1항 관련 별표 3)
  아. 항해용구에 관한 것
   1) 선등 또는 그 부품(전구, 유리)   2) 음향신호장치[기적, 호종(어선위치 알림종), 징 등]
   3) 자기컴퍼스   4) 자이로컴퍼스
   5) 음향측심기   6) 선속거리계
   7) 회두각속도계   8) 도선사용사다리
   9) 엔진텔레그라프   10) 재화문개폐표시장치
   11) 누수검지장치   12) 흘수계측장치
   13) 위성항법장치(GPS) 및 보정위성항법장치(DGPS)

47 어선법에서 어획물 운반업에 종사하는 선박의 등록 기관으로 옳은 것은?

가. 해당 어선 선적항 관할 광역시장·도지사
나. 해당 어선 선적항 관할 시장·군수·구청장
사. 해양수산부장관
아. 해당 어선 선적항 관할 지방해양수산청장

48 다음 중 선적증서를 교부받는 선박으로 옳은 것은?

가. 총톤수 5톤 미만의 무동력어선을 제외한 총톤수 20톤 미만의 어선
나. 총톤수 20톤 이상의 어선
사. 총톤수 20톤 이상의 범선
아. 총톤수 100톤 이상의 부선

정답 45 사 46 사 47 나 48 가

제13조(어선의 등기와 등록)
① 어선의 소유자나 해양수산부령으로 정하는 선박의 소유자는 그 어선이나 선박이 주로 입항·출항하는 항구 및 포구(이하 "선적항"이라 한다)를 관할하는 시장·군수·구청장에게 해양수산부령으로 정하는 바에 따라 어선원부에 어선의 등록을 하여야 한다. 이 경우 「선박등기법」 제2조에 해당하는 어선은 선박등기를 한 후에 어선의 등록을 하여야 한다.
② 제1항에 따른 등록을 하지 아니한 어선은 어선으로 사용할 수 없다.
③ 시장·군수·구청장은 제1항에 따른 등록을 한 어선에 대하여 다음 각 호의 구분에 따른 증서 등을 발급하여야 한다.
  1. 총톤수 20톤 이상인 어선 : 선박국적증서
  2. 총톤수 20톤 미만인 어선(총톤수 5톤 미만의 무동력어선은 제외한다) : 선적증서
  3. 총톤수 5톤 미만인 무동력어선 : 등록필증
④ 선적항의 지정과 제한 등에 필요한 사항은 해양수산부령으로 정한다.

49 어선을 건조, 개조하고자 할 때 허가권자로 옳지 않은 것은?

가. 시장, 군수, 구청장　　　　　나. 해양경찰청장
사. 특별자치도지사　　　　　　아. 해양수산부장관

 제8조(건조·개조의 허가 등)
① 어선을 건조하거나 개조하려는 자 또는 어선의 건조·개조를 발주하려는 자는 해양수산부령으로 정하는 바에 따라 해양수산부장관이나 특별자치시장·특별자치도지사·시장·군수·구청장(구청장은 자치구의 구청장을 말하며, 이하 "시장·군수·구청장"이라 한다)의 허가(이하 "건조·개조허가"라 한다)를 받아야 한다(총톤수 2톤 미만 어선의 개조 등 해양수산부령으로 정하는 경우는 제외한다). 허가받은 사항을 변경하려는 경우에도 또한 같다.

50 어선원부에 기재하여야 할 사항으로 옳지 않은 것은?

가. 어선번호　　　　　　　　　나. 어선의 명칭
사. 어선의 종류　　　　　　　　아. 승선 정원

 어선법 시행규칙 제23조(등록사항)
① 시장·군수·구청장은 제21조 제1항에 따른 신청이 있는 때에는 다음 각 호의 사항을 별지 제28호 서식에 따른 어선원부에 기재해야 한다.
  1. 어선번호
  2. 호출부호 또는 호출명칭
  3. 어선의 종류
  4. 어선의 명칭
  5. 선적항
  6. 선체재질
  7. 범선의 돛(범장)(범선의 경우만 해당한다)
  8. 배의 길이
  9. 배의 너비

정답 49 나　50 아

10. 배의 깊이
11. 총톤수
12. 폐위장소의 합계용적
13. 제외장소의 합계용적
14. 기관의 종류·마력 및 대수
15. 추진기의 종류 및 수
16. 조선지
17. 조선자
18. 진수연월일
19. 소유자의 성명·주민등록번호 및 주소(법인인 경우에는 법인의 명칭·법인등록번호 및 주소)
20. 공유자의 지분율(어선이 공유인 경우에 한한다)

② 제1항의 어선원부는 전자적 처리가 불가능한 특별한 사유가 있는 경우를 제외하고는 전자적 방법으로 작성·관리하여야 한다.

51 어선법상 어선검사증서의 유효기간이 만료된 후에 그것이 연장될 수 있는 경우에 해당하지 않는 것은?

가. 새로운 어선검사증서를 즉시 교부할 수 없을 때
나. 어장으로부터 정기검사를 받을 예정인 항구로 항해 중인 때
사. 출어 준비를 위해 어항에 정박 중인 때
아. 어장에서 조업 중인 때

 어선법 시행규칙 제67조(어선검사증서 유효기간 연장)

① 법 제28조 제3항에 따른 어선검사증서의 유효기간 연장은 다음 각 호의 구분에 따라 한차례만 연장하여야 한다. 다만, 제1호에 해당하는 경우에는 그 연장기간 내에 해당 어선이 검사를 받을 장소에 도착하면 지체 없이 정기검사를 받아야 한다.
  1. 해당 어선이 정기검사를 받을 수 없는 장소에 있는 경우 : 3개월 이내
  2. 해당 어선이 외국에서 정기검사를 받은 경우 등 부득이한 경우로서 새로운 어선검사증서를 즉시 발급할 수 없거나 어선에 갖추어 둘 수 없는 경우 : 5개월 이내
② 제1항에 따라 어선검사증서의 유효기간을 연장 받으려는 어선소유자는 별지 제69호서식의 어선검사증서 유효기간 연장신청서에 다음 각 호의 서류를 첨부하여 해양수산부장관에게 제출하여야 한다.
  1. 어선이 검사받을 장소에 있지 아니하여 검사를 받을 수 없는 경우 : 해당 어선의 현재의 위치를 나타내는 서류
  2. 새로운 어선검사증서를 어선에 갖추어 둘 수 없는 경우 : 현재 갖추고 있는 어선검사증서
③ 해양수산부장관은 제2항에 따른 신청을 받은 경우에는 다음 각 호의 승인서나 증서를 신청인에게 발급하여야 한다.
  1. 제2항 제1호의 경우 : 별지 제70호서식의 어선검사증서 유효기간 연장승인서
  2. 제2항 제2호의 경우 : 연장 승인된 유효기간이 적혀 있는 현재의 어선검사증서

정답 51 사

52 어선법상 어선을 등록하면 등록기관에서 어선의 크기와 동력 유무에 따라 서류를 발급한다. 발급하는 서류의 종류로 옳지 않은 것은?

가. 선박검사증서
나. 등록필증
사. 선적증서
아. 선박국적증서

53 어선법상 등록이 말소된 어선의 소유자는 어선번호판을 며칠 이내에 반납해야 하는가?

가. 10일
나. 14일
사. 15일
아. 30일

> **해설** 제19조(등록의 말소와 선박국적증서등의 반납)
> ① 제13조 제1항에 따른 등록을 한 어선이 다음 각 호의 어느 하나에 해당하는 경우 그 어선의 소유자는 30일 이내에 해양수산부령으로 정하는 바에 따라 등록의 말소를 신청하여야 한다.
>   1. 어선 외의 목적으로 사용하게 된 경우
>   2. 대한민국의 국적을 상실한 경우
>   3. 멸실·침몰·해체 또는 노후·파손 등의 사유로 어선으로 사용할 수 없게 된 경우
>   4. 6개월 이상 행방불명이 된 경우
> ② 시장·군수·구청장은 어선의 소유자가 다음 각 호의 어느 하나에 해당하는 경우에는 30일 이내의 기간을 정하여 등록의 말소를 신청할 것을 최고하여야 하며 그 어선의 소유자가 최고를 받고도 정당한 사유 없이 이행하지 아니하면 직권으로 그 어선의 등록을 말소하여야 한다.
>   1. 속임수나 그 밖의 부정한 방법으로 등록을 한 경우
>   2. 어선의 소유자가 제1항에 따른 등록의 말소신청을 기간 내에 하지 아니한 경우
>   3. 해당 어선으로 영위하는 수산업의 허가·신고·면허 등의 효력이 상실된 후 1년이 지난 경우. 다만, 대통령령으로 정하는 경우에는 그러하지 아니하다.
>   4. 정당한 사유 없이 제21조 제1항 제1호·제2호 및 제4호(같은 항 제1호에 따른 정기검사 또는 같은 항 제2호에 따른 중간검사를 할 때에 해양수산부장관이 특정한 사항에 대하여 임시검사를 받을 것을 지정한 경우로 한정한다)에 따른 어선의 검사를 받지 아니하고 1년이 지난 경우
> ③ 제2항에 따라 등록이 말소된 어선의 소유자는 지체 없이 그 어선에 붙어 있는 어선번호판을 제거하고 14일 이내에 그 어선번호판과 선박국적증서등을 선적항을 관할하는 시장·군수·구청장에게 반납하여야 한다. 다만, 어선번호판과 선박국적증서등을 분실 등의 사유로 반납할 수 없을 때에는 14일 이내에 그 사유를 선적항을 관할하는 시장·군수·구청장에게 신고하여야 한다.

54 다음 중 한국해양교통안전공단의 업무로서 해당되지 않는 것은?

가. 어선에 대한 검사 업무
나. 어선의 총톤수 측정 및 재측정 업무
사. 어선용품에 대한 검정 업무
아. 어선의 등록 업무

정답 52 가 53 나 54 아

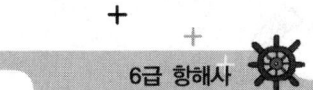

55 어선법상 어선검사증서의 기재 사항을 변경하고자 할 때 받는 검사로 옳은 것은?

가. 임시검사 나. 특별검사
사. 제조검사 아. 예비검사

 어선법 시행규칙 제47조(임시검사)
① 법 제21조 제1항 제4호에 따라 어선소유자가 임시검사를 받아야 하는 경우는 다음 각 호와 같다.
  6. 법 제27조 제1항 제1호에 따른 어선검사증서에 기재된 내용을 변경하려는 경우. 다만, 어선명칭 및 선적항의 변경 등 법 제3조에 따른 어선의 설비에 변경이 수반되지 아니하는 경미한 사항의 변경인 경우에는 그러하지 아니하다.

56 어선법상 어선의 톤수 측정에 포함되지 않는 톤수로 옳은 것은?

가. 국제톤수 나. 배수톤수
사. 총톤수   아. 재화중량톤수

 어선법 시행규칙 제15조(어선총톤수측정증명서의 발급 등) ① 해양수산부장관 또는 영사는 제14조에 따라 어선총톤수측정증명서를 작성한 때에는 이를 신청인에게 발급하여야 한다.
어선법 시행규칙 제17조(국제톤수증서등의 발급신청 등) ① 법 제37조 제1항에 따라 준용되는 「선박법」 제13조에 따라 국제톤수증서 또는 국제톤수확인서를 발급받으려는 자는 별지 제22호서식에 따른 발급신청서에 다음 각 호의 서류를 첨부하여 해양수산부장관 또는 영사에게 제출해야 한다.
어선법 시행규칙 제18조(재화중량톤수증서의 발급신청) ① 법 제37조 제3항에 따라 준용되는 「선박법」 제3조 제1항 제4호 및 같은 법 시행규칙 제7조 제3항에 따른 재화중량톤수증서를 발급받으려는 자는 별지 제25호서식에 따른 재화중량톤수증서발급신청서에 다음 각 호의 서류를 첨부하여 해양수산부장관 또는 영사에게 제출하여야 한다.

57 어선법상 어선의 "선령"이란 언제부터 지난 기간을 말하는지 옳은 것은?

가. 어선의 건조검사에 합격한 날부터
나. 최초의 정기검사에 합격한 날부터
사. 어선이 진수한 날부터
아. 어선이 등록한 날부터

"선령"이란 어선이 진수한 날부터 지난 기간을 말한다.

정답 55 가 56 나 57 사

58 어선법상 어선의 소유자는 내수면어업법의 경우를 제외하고 어선을 항행하거나 조업 목적으로 사용할 경우에는 선박국적증서나 선적증서 또는 등록필증을 어떻게 하여야 하는지 옳은 것은?

가. 원본을 어선 내에 비치하여야 한다.
나. 원본은 선박소유자가 보관하고 사본을 어선 내에 비치하여야 한다.
사. 원본 또는 사본을 어선 내에 비치할 필요는 없다.
아. 원본이나 사본 중 어느 하나를 어선 내에 비치하여야 한다.

 제15조(선박국적증서등의 비치) 어선의 소유자는 어선을 항행하거나 조업 목적으로 사용할 경우에는 제13조 제3항 각 호에 따른 선박국적증서, 선적증서 또는 등록필증(이하 "선박국적증서등"이라 한다)을 어선에 갖추어 두어야 한다. 다만, 「내수면어업법」 제6조, 제9조, 제11조, 「양식산업발전법」 제10조 제1항 제6호, 제43조 제1항 제1호 또는 제2호에 따라 면허어업·허가어업·신고어업 또는 양식업에 사용하는 어선 등 해양수산부령으로 정하는 어선의 경우에는 그러하지 아니하다.

59 다음 중 어선검사가 면제되는 어선으로 옳은 것은?

가. 총톤수 4톤인 동력어선
나. 총톤수 10톤인 무동력어선
사. 연안 자망어업에 종사하는 총톤수 6톤인 어선
아. 최초의 정기검사를 받은 총톤수 8톤인 내수면 어선

 어선법 시행규칙 제49조(어선의 검사 면제 등)
① 법 제21조 제1항 각 호 외의 부분 단서에 따라 어선의 검사가 면제되는 어선은 다음 각 호와 같다. 다만, 제46조 제1항에 따른 특별검사의 사유가 발생하여 어선소유자가 특별검사를 신청하거나 제47조 제1항 제6호에 따라 어선검사증서에 적힌 내용을 변경하기 위하여 어선소유자가 임시검사를 신청한 경우에는 해당 검사를 받을 수 있다.
1. 총톤수 5톤 미만의 무동력어선
2. 「내수면어업법」 제6조, 제9조 또는 제11조에 따른 면허어업, 허가어업 또는 신고어업에 사용되는 어선으로 최초의 정기검사를 받은 어선
3. 어선검사증서를 발급받은 자가 일정기간 동안 운항하지 아니할 목적으로 그 증서를 해양수산부 장관에게 반납한 후 해당 어선을 계류(이하 "계선"이라 한다)한 어선

60 어선법상 "특별검사"를 바르게 정의한 것으로 옳은 것은?

가. 임시로 특수한 용도에 사용하는 때 행하는 간단한 검사
나. 임시로 특수한 용도에 사용하는 때 행하는 정밀한 검사
사. 지속적으로 특수한 용도에 사용하는 때 행하는 간단한 검사
아. 지속적으로 특수한 용도에 사용하는 때 행하는 정밀한 검사

정답 58 가 59 아 60 가

61 어선법상 정기검사 준비사항으로 입거 또는 상가를 반드시 해야 하는 어선으로 옳은 것은?

가. 배의 길이 20미터인 목선
나. 배의 길이 20미터인 FRP선
사. 배의 길이 16미터인 알루미늄선
아. 배의 길이 16미터인 강선

 정기검사 준비사항(어선법 시행규칙 제55조 제1항 제1호 관련 별표 8)
  1. 선체에 관한 준비
    가. 입거(入渠) 또는 상가(上架)를 할 것. 다만, 다음의 경우에는 그러하지 아니하다.
      1) 배의 길이 24미터 미만의 비금속재(목재 및 강화플라스틱) 어선 및 알루미늄선과 총톤수 10톤 미만인 강선을 거선한 경우
      2) 입거 또는 상가의 시설이 없는 호수·하천·항내에서만 조업하는 배의 길이 24미터 미만인 어선의 선저를 검사할 수 있도록 수면 밖으로 끌어올린 경우

62 어선법상 제2종 중간검사의 준비사항으로 옳지 않은 것은?

가. 수밀문에 대한 효력시험 준비
나. 방화문에 대한 현상검사 준비
사. 구명설비에 대한 효력시험 준비
아. 조타설비에 대한 현상검사 준비

 중간검사 준비사항(선박법 시행규칙 제55조 제1항 제2호 관련 별표 9)
  2. 제2종 중간검사
    가. 수밀문·방화문 등 폐쇄장치에 대한 효력시험의 준비를 할 것
    나. 기관, 배수설비, 조타설비, 구명 및 소방설비, 거주 및 위생설비, 항해설비는 효력시험 또는 현상검사의 준비를 할 것
    다. 전기설비는 절연저항시험 및 효력시험의 준비를 할 것

63 어선법령에 의한 어선의 중간검사에 대한 설명이다. 옳지 않은 것은?

가. 정기검사와 다음의 정기검사 사이에 실시된다.
나. 제1종 중간검사와 제2종 중간검사로 구분된다.
사. 배의 길이가 24미터 미만은 제1종 중간검사가 면제된다.
아. 부득이한 사유가 있을 때는 검사기준일보다 3개월 이상 앞당겨 받을 수 있다.

정답 61 아 62 나 63 사

64. 어선법령에 따른 어선의 흘수 표시와 관련된 내용으로 옳지 않은 것은?

가. 배 길이 24미터 이상 어선은 흘수표시를 하여야 한다.
나. 흘수표시는 선수와 선미의 양측면에 표시하여야 한다.
사. 선저로부터 최대흘수선상에 이르기까지 20cm마다 10cm크기의 아라비아숫자 또는 로마숫자로서 흘수의 치수를 표시한다.
아. 숫자의 하단은 그 숫자가 표시하는 흘수선과 일치시켜야 한다.

> **어선법 시행규칙 제24조(어선의 표시사항 및 표시방법)**
> ① 법 제16조 제1항에 따라 어선에 표시하여야 할 사항과 그 표시방법은 다음 각 호와 같다.
> 1. 선수양현의 외부에 어선명칭을, 선미외부의 잘 보이는 곳에 어선명칭 및 선적항을 10센티미터 크기 이상의 한글(아라비아숫자를 포함한다)로 명료하고 내구력있는 방법으로 표시하여야 한다. 다만, 어선의 식별을 효과적으로 하기 위하여 해양수산부장관이 필요하다고 인정하는 경우에는 어업별로 어선명칭의 크기, 표시방법등에 관하여 따로 정할 수 있다.
> 2. 배의 길이 24미터 이상의 어선은 선수와 선미의 외부 양측면에 흘수를 표시하기 위하여 선저로부터 최대흘수선상에 이르기까지 20센티미터마다 10센티미터크기의 아라비아숫자로서 흘수의 치수를 표시하되, 숫자의 하단은 그 숫자가 표시하는 흘수선과 일치시켜야 한다.
> ② 특수한 구조로 인하여 어선명칭등 어선의 표시사항을 제1항에 따라 표시하기 곤란한 어선의 경우에는 해양수산부장관이 적절하다고 인정하는 장소에 이를 표시할 수 있다.

65. 어선의 등록이 말소된 선박의 소유자는 어선번호판 및 선박국적증서 등을 반납해야 할 곳으로 옳은 것은?

가. 선적항을 관할하는 지방해양수산청장
나. 선적항에 소재하는 지구 수산업협동조합장
사. 선적항을 관할하는 시장·군수·구청장
아. 해양수산부장관

66. 어선법상 어선의 건조, 개조, 발주허가에서 시장·군수·구청장의 발주 대상 어선으로 옳은 것은?

가. 연근해어업에 사용할 어선
나. 원양어업에 사용할 어선
사. 수산계학교 실습선
아. 해양수산부 어업지도선

> **어선법 시행규칙 제4조(건조·개조 등의 허가구분)** 법 제8조 제1항에 따른 어선의 건조·개조 또는 건조발주·개조발주의 허가권자(그 변경허가권자를 포함한다. 이하 이 조에서 같다)는 다음 각 호와 같다.
> 1. 해양수산부장관
>   가. 「원양산업발전법」 제2조 제2호에 따른 원양어업에 사용할 어선
>   나. 「수산업법」 제45조에 따라 해양수산부장관이 시험어업, 연구어업 또는 교습어업에 사용할 어선

정답 64 사 65 사 66 가

다. 「해운법」 제24조 제2항에 따라 등록을 하는 외항화물운송사업에 사용할 수산물운반선
라. 해양수산부장관이 어업에 관한 기술보급·시험·조사 또는 지도·감독에 사용할 어선
마. 「양식산업발전법」 제53조에 따라 해양수산부장관이 시험양식업, 연구양식업 또는 교습양식업에 사용할 어선
2. 특별자치시장·특별자치도지사·시장·군수·구청장(자치구의 구청장을 말한다. 이하 "시장·군수·구청장"이라 한다)
제1호 각 목의 어선을 제외한 어선

67 어선법상 어선검사를 받을 수 있는 시기로 옳은 것은?

가. 당해 검사 기준일 전후 4개월 이내
나. 당해 검사 기준일 전후 3개월 이내
사. 당해 검사 기준일 전후 5개월 이내
아. 당해 검사 기준일 전후 6개월 이내

68 어선검사증서는 어느 검사에 합격하면 발급받을 수 있는지 옳은 것은?

가. 건조검사　　　　　　　　　나. 예비검사
사. 중간검사　　　　　　　　　아. 정기검사

 제27조(검사증서의 발급 등)
① 해양수산부장관은 다음 각 호의 구분에 따라 검사증서를 발급한다.
1. 제21조 제1항 제1호에 따른 정기검사에 합격된 경우에는 어선검사증서(어선의 종류·명칭·최대승선인원 및 만재흘수선의 위치 등을 기재하여야 한다)
1의2. 제21조 제1항 제2호에 따른 중간검사 또는 같은 항 제4호에 따른 임시검사에 합격된 경우로서 어선검사증서의 기재사항이 변경된 경우에는 변경된 사항이 기재된 어선검사증서
2. 제21조 제1항 제3호에 따른 특별검사에 합격된 경우에는 어선특별검사증서
3. 제21조 제1항 제5호에 따른 임시항행검사에 합격된 경우에는 임시항행검사증서
4. 제22조 제1항에 따른 건조검사에 합격된 경우에는 건조검사증서
5. 제22조 제3항에 따른 예비검사에 합격된 경우에는 예비검사증서
5의2. 제22조 제6항에 따른 별도건조검사에 합격된 경우에는 별도건조검사증서
6. 제24조 제1항에 따른 검정에 합격된 경우에는 검정증서
7. 제25조 제3항 및 제4항에 따라 확인한 경우에는 건조·제조확인증 또는 정비확인증
8. 제26조의2 제1항에 따라 확인한 경우에는 제한하중등 확인증

69 총톤수 20톤 미만 어선이 등록한 후에 교부받는 증서로 옳은 것은?

가. 선박국적증서　　　　　　　나. 임시선박국적증서
사. 선적증서　　　　　　　　　아. 등록필증

정답　67 나　68 아　69 사

제13조(어선의 등기와 등록)
③ 시장·군수·구청장은 제1항에 따른 등록을 한 어선에 대하여 다음 각 호의 구분에 따른 증서 등을 발급하여야 한다.
1. 총톤수 20톤 이상인 어선 : 선박국적증서
2. 총톤수 20톤 미만인 어선(총톤수 5톤 미만의 무동력어선은 제외한다) : 선적증서
3. 총톤수 5톤 미만인 무동력어선 : 등록필증

70 어선법에서 규정한 어선의 표시사항과 표시방법을 설명한 것으로 옳지 않은 것은?

가. 어선의 명칭은 선수 양현 외부에만 표시한다.
나. 선적항은 선미 외부 잘 보이는 곳에 표시한다.
사. 길이 24m 이상 어선은 선수와 선미의 외부 양측면에 흘수의 치수 표시를 한다.
아. 가로 15cm, 세로 3cm의 어선 번호판을 단다.

 어선법 시행규칙 제24조(어선의 표시사항 및 표시방법)
① 법 제16조 제1항에 따라 어선에 표시하여야 할 사항과 그 표시방법은 다음 각 호와 같다.
1. 선수양현의 외부에 어선명칭을, 선미외부의 잘 보이는 곳에 어선명칭 및 선적항을 10센티미터 크기 이상의 한글(아라비아숫자를 포함한다)로 명료하고 내구력있는 방법으로 표시하여야 한다. 다만, 어선의 식별을 효과적으로 하기 위하여 해양수산부장관이 필요하다고 인정하는 경우에는 어업별로 어선명칭의 크기, 표시방법등에 관하여 따로 정할 수 있다.
2. 배의 길이 24미터 이상의 어선은 선수와 선미의 외부 양측면에 흘수를 표시하기 위하여 선저로부터 최대흘수선상에 이르기까지 20센티미터마다 10센티미터크기의 아라비아숫자로서 흘수의 치수를 표시하되, 숫자의 하단은 그 숫자가 표시하는 흘수선과 일치시켜야 한다.
② 특수한 구조로 인하여 어선명칭등 어선의 표시사항을 제1항에 따라 표시하기 곤란한 어선의 경우에는 해양수산부장관이 적절하다고 인정하는 장소에 이를 표시할 수 있다
어선법 시행규칙 제25조(어선번호판의 제작등)
① 법 제16조 제2항에 따라 어선번호판은 알루미늄 또는 동판의 금속재이거나 합성수지재의 내부식성 재료로 제작하여야 하며, 그 규격은 가로 15센티미터, 세로 3센티미터로 한다.
② 어선의 소유자는 제1항에 따른 규격으로 제작된 어선번호판을 조타실 또는 기관실의 출입구등 어선 안쪽부분의 잘 보이는 장소에 내구력있는 방법으로 부착하여야 한다. 다만, 「수산업법 시행령」 제47조에 따라 어선표지판을 설치하는 어선에 대하여는 어선번호판 부착을 면제한다.

71 어선에 설치되어 있는 기관을 새로 교체하거나, 기관의 성능에 영향을 미치는 수리를 하려는 경우에 받아야 하는 검사로 옳은 것은?

가. 제조검사　　　　　　　　　　나. 임시검사
사. 특별검사　　　　　　　　　　아. 예비검사

 어선법 시행규칙 제47조(임시검사)
2. 어선의 추진과 관계있는 기관 및 그 주요부의 교체·변경 등으로 기관의 성능에 영향을 미치는 개조 또는 수리를 하려는 경우

정답 70 가　71 나

72 어선법령에서 흘수를 표시해야 하는 어선으로 옳은 것은?

가. 총톤수 20톤 이상의 어선　　나. 배의 길이가 24미터 이상의 어선
사. 총톤수 5톤 이상의 동력 어선　아. 모든 어선

 배의 길이 24미터 이상의 어선은 선수와 선미의 외부 양측면에 흘수를 표시하기 위하여 선저로부터 최대흘수선상에 이르기까지 20센티미터마다 10센티미터크기의 아라비아숫자로서 흘수의 치수를 표시하되, 숫자의 하단은 그 숫자가 표시하는 흘수선과 일치시켜야 한다.

73 어선법령에서 어선이 사람과 어획물 또는 화물을 싣고서 안전하게 항해할 수 있는 최대한의 흘수를 나타내는 선을 무엇이라 하는가?

가. 최대흘수선　　　　　　나. 안전흘수선
사. 만재흘수선　　　　　　아. 최대적재흘수선

 "만재흘수선"이란 어선이 사람과 어획물 또는 화물을 싣고서 안전하게 항행할 수 있는 최대한의 흘수를 나타내는 선을 말한다.

74 최초로 항행에 사용하는 어선이 정기검사를 받으려는 경우 어선검사신청서에 무엇을 첨부하여 해양수산부장관에게 제출하여야 하는가?

가. 해당 어선의 등기필증
나. 해당 어선의 어선원부
사. 해당 어선의 사고이력
아. 해당 어선의 정기검사와 관련 승인 도면

 어선법 시행규칙 제43조(정기검사)
① 법 제21조 제1항 제1호에 따라 최초로 항행에 사용하는 어선에 대하여 정기검사를 받으려는 어선소유자는 별지 제40호서식의 어선검사신청서에 다음 각 호의 서류를 첨부하여 해양수산부장관에게 제출하여야 한다. 이 경우 제50조에 따른 건조검사 및 제53조 제1항에 따른 별도건조검사 신청 시에 첨부한 서류는 첨부하지 아니하되, 제3호부터 제5호까지의 서류는 해당하는 경우에만 첨부한다.
　1. 법 제27조 제1항 제4호에 따른 건조검사증서 또는 제53조 제3항에 따른 별도건조검사증서(건조검사 또는 별도건조검사를 정기검사와 동시에 실시하는 경우에는 생략한다)
　2. 정기검사 관련 승인도면(도면을 승인한 대행검사기관에 신청하는 경우에는 생략한다)
　3. 법 제27조 제1항 제5호에 따른 어선용품의 예비검사증서
　4. 법 제27조 제1항 제6호에 따른 어선용품의 검정증서
　5. 법 제27조 제1항 제7호에 따른 어선용품의 건조·제조확인증 또는 정비확인증

정답　72 나　73 사　74 아

memo

최근 기출문제

기출문제는 수험생의 기억에 의존하여 복원한 것임을 공지합니다. 이 점에 관하여 양지하여 주실 것을 부탁드리며 다만, 그 내용과 정답에는 오류가 없음을 알려드립니다.

6급 항해사 정기시험 제4회

2023.11.11 시행

1 항 해

01 ( )에 적합한 것은?

"액체식 자기 컴퍼스는 크게 볼[Bowl]과 ( )로/으로 구성되어 있다."

가. 캡
사. 경사계
나. 부실
아. 비너클

02 편차 12°E, 자차 6°E일 때 컴퍼스 오차는?

가. 6°E
사. 18°E
나. 6°W
아. 18°W

03 컴퍼스에서 놋쇠로 된 가는 막대로 물표방위 측정 시 사용되는 것은?

가. 섀도 핀
사. 핀 꽂이
나. 방위환
아. 글라스 커버

04 야간에 연안항해 중 발견한 등화가 약 3초의 간격으로 한 번씩 깜박이는 백색이었다면, 이 등화의 등질은 해도에 어떻게 표시되는가?

가. Fl 3s
사. Fl G 20s
나. Fl R 2s
아. Fl(3) 30s

정답 01 아 02 사 03 가 04 가

05 외해에서 우리나라의 항만으로 접근할 경우에 취하는 일반적인 방향을 기준으로 측방표지 중 우현 부표에 관한 설명으로 옳은 것은?

가. 항행하는 수로의 우측 한계를 표시한다.
나. 우측 항로가 일반적인 항로임을 나타낸다.
사. 공사구역 등 특별한 시설이 있음을 나타낸다.
아. 고립된 장해물 위에 설치하여 장해물이 있음을 나타낸다.

06 다음 그림의 항로표지 명칭은? (단, 두표의 형상으로만 구분)

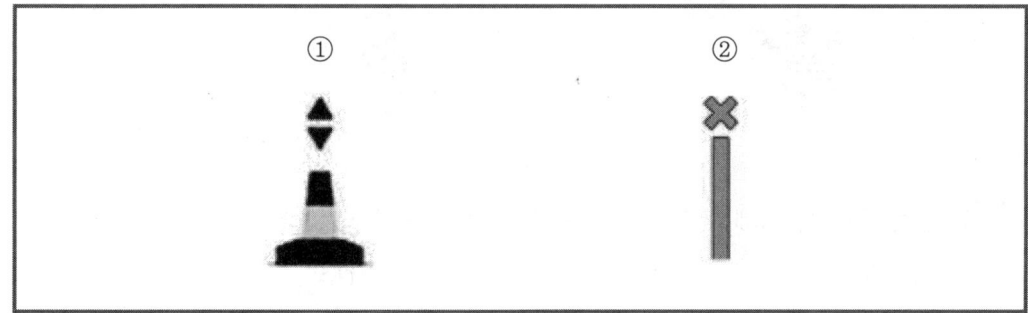

가. ① : 방위표지, ② : 특수표지
나. ① : 방위표지, ② : 안전수역표지
사. ① : 특수표지, ② : 안전수역표지
아. ① : 고립장애(장해)표지, ② : 특수표지

07 침몰하거나 좌초한 선박의 위치를 임시로 표시하기 위한 신위험물표지의 두표 모양은? (단, 도색은 고려하지 않음)

가.    나.

사.    아.

정답 05 가 06 가 07 사

08 해도상 해안선의 기준이 되는 수면은?

가. 저조면 나. 기본수준면
사. 평균해면 아. 약최고고조면

09 종이해도에서 세암을 표시하는 해도도식은?

가.  나.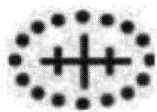

사.  아.

10 좁은 구역을 상세히 그린 평면도인 종이해도는?

가. 해안도 나. 항박도
사. 항양도 아. 항해도

11 진북을 가리키는 진방위권 안쪽은 자기 컴퍼스가 가리키는 나침 방위권을 표시한 것으로 지자기에 따른 자침편차와 1년간의 변화량인 연차가 함께 기재되어 있는 것은?

가. 나침도 나. 방위도
사. 조류도 아. 풍향도

12 조석과 조류에 관한 설명으로 옳지 않은 것은?

가. 조석으로 인한 해수의 주기적인 수평운동을 조류라 한다.
나. 조류가 암초나 반대 방향의 수류에 부딪혀 생기는 파도를 급조라 한다.
사. 같은 날의 조석이 그 높이와 간격이 같지 않은 현상을 일조부등이라 한다.
아. 좁은 수로 등에서 조류가 격렬하게 흐르면서 물이 빙빙 도는 것을 반류라 한다.

13 기조력(조석을 일으키는 힘)에 가장 큰 영향을 미치는 것은?

가. 지자기력 나. 행성의 인력
사. 달의 인력 아. 태양의 인력

정답 08 아 09 가 10 나 11 가 12 아 13 사

14 다음 중 조석 간만의 차가 가장 큰 항구는?

　가. 부산항　　　　　　　　　나. 묵호항
　사. 광양항　　　　　　　　　아. 인천항

15 다음 선위결정법 중 격시관측에 의한 방법이 아닌 것은?

　가. 교차방위법　　　　　　　나. 선수배각법
　사. 양측방위법　　　　　　　아. 4점방위법

16 육상의 2개 물표가 겹쳐 보이는 선으로 선박의 위치를 구할 때 사용하는 것은?

　가. 고도　　　　　　　　　　나. 중시선
　사. 전위선　　　　　　　　　아. 수평협각

17 대권도에 관한 설명으로 옳은 것은?

　가. 연안항해 시 많이 사용된다.
　나. 항정선이 직선으로 표시된다.
　사. 항해 시 위치를 구하기 편리하다.
　아. 두 지점 사이의 최단 거리를 구하기가 편리하다.

18 항정 24해리를 항주하는 데 4시간이 걸렸다면 선박의 속력은?

　가. 6노트　　　　　　　　　　나. 8노트
　사. 9노트　　　　　　　　　　아. 12노트

19 경도를 측정하는 기준이 되는 자오선은?

　가. 적도　　　　　　　　　　나. 수직권
　사. 춘분점　　　　　　　　　아. 본초 자오선

정답　14 아　15 가　16 나　17 아　18 가　19 아

20 〈보기〉가 설명하는 것은?

〈보기〉
"어떤 물표를 관측하여 얻은 방위, 거리, 협각, 고도 등을 만족시키는 점의 자취이다."

가. 위치선
사. 중시선
나. 수평 협각
아. 수평 거리

21 경계 보고나 닻줄의 방향을 보고할 때 편리하게 사용되는 방위는?

가. 상대방위
사. 자침방위
나. 진방위
아. 나침방위

22 ( )에 적합한 것은?

"선박에서 등대의 방위를 측정한 결과가 045°일 때, 해도상에서 등대를 시점으로 ( )로 직선을 그으면 그 선이 위치선이 된다."

가. 045°
사. 135°
나. 090°
아. 225°

23 선박의 레이더 영상에 송신국의 방향이 휘선으로 나타나도록 전파를 발사하는 것으로서 표지국의 방향을 쉽게 알 수 있게 해주는 표지는?

가. 레이마크(Ramark)
나. 유도 비컨(Course beacon)
사. 레이더 반사기(Radar reflector)
아. 레이더 트랜스폰더(Radar transponder)

24 레이더 스캐너가 1회전 할 때 화면의 소인선은 몇 회전하는가?

가. 1회전
사. 3회전
나. 2회전
아. 4회전

정답 20 가 21 가 22 아 23 가 24 가

25 현재 사용하고 있는 레이더의 거리 범위에서 특정 방향을 더 멀리까지 관찰할 때 사용하는 기능은?

가. 트레일(Trail) 기능
나. 센터(Center) 기능
사. 가드링(Guard ring) 기능
아. 오프 센터(Off center) 기능

정답 25 아

2 운용

01 다음 중 개인용 구명설비는?
　가. 구조정　　　　　　　　나. 구명조끼
　사. 구명정　　　　　　　　아. 구명뗏목

02 만재흘수선에서 갑판선 상단까지의 수직거리는?
　가. 건현　　　　　　　　　나. 깊이
　사. 흘수　　　　　　　　　아. 형폭

03 선박의 길이에서 상갑판 보(Beam)상의 선수재 전면부터 선미재 후면까지의 수평 거리는?
　가. 전장　　　　　　　　　나. 등록장
　사. 수선장　　　　　　　　아. 수선간장

04 선박의 크기를 나타내는 주요 치수가 아닌 것은?
　가. 선박의 길이　　　　　　나. 선박의 너비
　사. 선루의 높이　　　　　　아. 선박의 깊이

05 로프의 굵기를 표시하는 방법으로 옳은 것은?
　가. 외접원의 주위를 ft로 표시
　나. 외접원의 주위를 mm로 표시
　사. 외접원의 지름을 mm로 표시
　아. 외접원의 지름을 fathom으로 표시

06 태클을 구성하는 요소로서 로프를 관통시켜 방향을 전환하거나 힘의 이득을 얻기 위한 장치는?
　가. 훅(Hook)　　　　　　　나. 태클(Tackle)
　사. 활차(Block)　　　　　　아. 새클(Shackle)

정답 01 나　02 가　03 나　04 사　05 사　06 사

07 조종속력 중 전진반속에 해당하는 기관명령은?

가. 풀 어헤드(Full ahead)
나. 하프 어헤드(Half ahead)
사. 슬로우 어헤드(Slow ahead)
아. 슬로우 어스턴(Slow astern)

08 다음 중 선박에서 최단정지거리가 가장 커지는 경우는?

가. 배수량이 클 때
나. 흘수가 작을 때
사. 바람이 역풍일 때
아. 선저부에 해조류가 부착했을 때

09 정지 중인 선박에서 주기관을 전진 전속으로 발령하여 증가된 프로펠러 추력에 상응하는 속력에 도달할 때까지의 타력은?

가. 정지타력
나. 반전타력
사. 회두타력
아. 발동타력

10 선박이 항행 중 타(Rudder)를 한쪽 방향으로 돌렸을 때 일어나는 현상은?

가. 속력의 증가
나. 흘수의 감소
사. 타압의 감소
아. 선체의 선회

11 양묘작업 중 닻(Anchor)의 크라운(Crown)이 해저에서 막 떨어진 상태는?

가. 파울 앵커(Foul anchor)
나. 클리어 앵커(Clear anchor)
사. 앵커 어웨이(Anchor aweigh)
아. 슬리핑 앵커(Slipping anchor)

12 선박이 전타 후 선회할 때 선박의 무게중심이 그리는 궤적은?

가. 선회권
나. 변침 거리
사. 선회 지름
아. 선박의 미끄러짐

정답 07 나 08 가 09 아 10 아 11 사 12 가

13 선회권의 크기에 관한 설명으로 옳지 않은 것은?

가. 타각을 크게 하면 선회경이 작아진다.
나. 선미트림보다 선수트림에서 선회경이 작아진다.
사. 방형계수가 작은 선박이 큰 선박에 비해 선회경이 크다.
아. 천수구역에서는 수심이 깊은 곳에 비해 선회경이 작다.

14 갑판상에 적재된 화물을 선박의 무게중심보다 낮은 곳으로 이동하면 복원력의 변화는?

가. 복원력이 감소한다.
나. 복원력이 증가한다.
사. 복원력이 없어진다.
아. 복원력의 변화는 없다.

15 선폭이 10m, 횡요주기가 8초인 선박의 $\overline{GM}$은?

가. 약 1m 나. 약 2m
사. 약 3m 아. 약 4m

16 항해당직 시 선교에 배치를 고려하는 인원이 아닌 것은?

가. 조타수 나. 경계원
사. 조기수 아. 당직항해사

17 항해 중에 안개가 끼었을 때 당직사관이 즉시 취해야 할 조치로 옳은 것은?

가. 선장에게 보고한다.
나. 즉시 닻을 투하한다.
사. 최대 속력으로 증속한다.
아. 선내 모든 선원을 깨운다.

18 푄(Foehn) 현상에 의해 발생하는 바람을 우리나라에서 부르는 명칭은?

가. 북서풍 나. 북동풍
사. 새바람 아. 높새바람

정답 13 아 14 나 15 가 16 사 17 가 18 아

19 무역풍에 대한 설명으로 옳은 것은?

가. 편서풍이다.
나. 편동풍이다.
사. 편남풍이다.
아. 적도지방에서 탁월하다.

20 항해당직사관이 반드시 선장을 호출하여야 할 경우는?

가. 자동조타장치를 사용할 경우
나. 컴퍼스의 오차를 확인한 경우
사. 예정 항로 부근의 레이더 정보 해석을 할 경우
아. 예정된 시각에 항행상의 물표를 발견하지 못한 경우

21 2행정 기관은 크랭크 축 1회전마다 몇 번 폭발하는가?

가. 1회　　　　　　　　나. 2회
사. 3회　　　　　　　　아. 4회

22 여객선에서 사용하는 비상신호의 방법을 나타낸 것은?

가. 장음 7회, 단음 1회　　나. 단음 7회, 장음 1회
사. 단음 1회, 장음 7회　　아. 장음 1회, 단음 7회

23 골절환자 발생 시 가장 중요한 조치는?

가. 머리 부분을 낮춘다.
나. 부목으로 고정시킨다.
사. 보온과 안정에 주의한다.
아. 찬물로 가볍게 문질러 준다.

정답　19 나　20 아　21 가　22 나　23 나

24 조난선이 필수적으로 조난 통보를 해야 하는 요소로 옳은 것을 〈보기〉에서 모두 고른 것은?

〈보기〉
ㄱ. 필요한 원조　　　　　　ㄴ. 조난의 성질 ㄷ. 조난선의 위치　　　　　ㄹ. 퇴선자의 이름

가. ㄱ　　　　　　　　　　　　나. ㄱ, ㄴ, ㄷ
사. ㄱ, ㄷ　　　　　　　　　　아. ㄱ, ㄴ, ㄷ, ㄹ

25 국제신호기가 한 벌 밖에 없는 선박에서 'KK'를 표시하려면 'K'기와 그 아래에 게양하는 기는?

가. 'L'기　　　　　　　　　　나. 제1대표기
사. 회답기　　　　　　　　　　아. 제2대표기

정답　24 나　25 나

3. 법규

01 선박의 입항 및 출항 등에 관한 법률상 '선박을 다른 시설에 붙들어 매어 놓는 것'을 말하는 용어는?

가. 계류 나. 정류
사. 정박 아. 표류

02 선박의 입항 및 출항 등에 관한 법률상 항로에서의 항법에 관한 설명으로 옳지 않은 것은?

가. 선박은 항로에서 나란히 항행하지 아니한다.
나. 선박은 항로에서 원칙적으로 다른 선박을 추월하여서는 아니 된다.
사. 선박이 항로에서 다른 선박과 마주칠 우려가 있을 때에는 항로의 왼쪽으로 항행하여야 한다.
아. 항로에서 항로 밖으로 나가는 선박은 항로를 항행하는 다른 선박의 진로를 피하여 항행한다.

03 선박안전법상 만재흘수선을 표시하여야 하는 선박은?

가. 시운전을 위하여 항해하는 선박
나. 임시항해검사증서를 발급받은 선박
사. 외국항을 오가며 위험물을 운송하는 선박
아. 구조상 표시가 곤란하다고 해양수산부장관이 인정하는 선박

04 선박안전법상 선박검사의 종류가 아닌 것은?

가. 정기검사 나. 중간검사
사. 임시검사 아. 수리검사

정답 01 가 02 사 03 사 04 아

05 해양환경관리법상 선박오염물질기록부에 관한 설명으로 옳지 않은 것은?

가. 선박오염물질기록부의 보존기간은 최종기재를 한 날부터 1년이다.
나. 피예인선을 제외한 선박의 선박오염물질기록부의 비치장소는 그 선박 안이다.
사. 해양환경관리업자가 처리대장을 작성·비치하는 경우에는 폐기물기록부를 동 처리대장으로 갈음할 수 있다.
아. 선박에서 사용하거나 운반·처리하는 폐기물·기름 및 유해액체물질에 대한 사용량·운반량 및 처리량 등을 기록하여야 한다.

06 해양환경관리법상 선박에서 발생하는 기름의 배출이 허용될 수 있는 경우는?

가. 연료탱크 청소 후 해양에 배출하는 경우
나. 선박이 항해 중일 때 해양에 배출하는 경우
사. 선박이 선적항에 정박 중일 때 해양에 배출하는 경우
아. 오염피해를 최소화하는 과정에서 부득이하게 해양에 배출하는 경우

07 해상교통안전법상 해양수산부장관이 교통안전특정해역을 설정할 수 있는 해역을 〈보기〉에서 모두 고른 것은?

〈보기〉
ㄱ. 해상교통량이 아주 많은 해역
ㄴ. 어선의 통항이 잦은 해역
ㄷ. 날씨로 인해 제한된 시계가 잦은 해역
ㄹ. 거대선, 위험화물운반선, 고속여객선 등의 통항이 잦은 해역

가. ㄱ, ㄴ　　　　　　　　　　나. ㄱ, ㄹ
사. ㄴ, ㄷ　　　　　　　　　　아. ㄷ, ㄹ

08 ( )에 적합한 것은?

"해상교통안전법상 거대선이란 ( )미터 이상의 선박을 말한다."

가. 폭 40　　　　　　　　　　나. 길이 200
사. 폭 50　　　　　　　　　　아. 길이 300

> 정답　05 가　06 아　07 나　08 나

09 국제해상충돌방지규칙상 '항행 중'인 선박은?

가. 정박 중인 선박
나. 얹혀 있는 선박
사. 정류하고 있는 선박
아. 항만의 안벽에 매어 놓은 선박

10 국제해상충돌방지규칙상 안전한 속력을 결정할 때 고려하여야 할 요소가 아닌 것은?

가. 시계의 상태
나. 해상교통량의 밀도
사. 선박의 선회성능
아. 당직항해사의 면허등급

11 국제해상충돌방지규칙상 좁은 수로를 따라 항행하는 선박은 될 수 있으면 어디에서 항행하여야 하는가?

가. 좁은 수로의 중앙
나. 좁은 수로의 왼편 끝 쪽
사. 좁은 수로의 오른편 끝 쪽
아. 좁은 수로 내 수심이 깊은 쪽

12 ( )에 적합한 것은?

"국제해상충돌방지규칙상 서로 상대의 시계 안에 있는 선박이 접근하고 있을 경우, 하나의 선박이 다른 선박의 의도 또는 동작을 이해할 수 없을 때에는 ( ) 이상의 경고 신호를 할 수 있다."

가. 장음 1회
나. 단음 2회
사. 단음 3회
아. 단음 5회

13 ( )에 적합한 것은?

"국제해상충돌방지규칙상 통항분리수역에서 길이 ( )의 선박은 통항로를 따라 항행하고 있는 다른 선박의 항행을 방해하여서는 아니 된다."

가. 20미터 미만
나. 30미터 미만
사. 40미터 미만
아. 50미터 이상

정답 09 사 10 아 11 사 12 아 13 가

14 국제해상충돌방지규칙상 「앞지르기 하는 배」에 관한 설명으로 옳은 것은?

가. 다른 선박의 마스트등을 모두 볼 수 있는 지점에서 항행하는 선박
나. 다른 선박의 한쪽 현등을 볼 수 있는 지점에서 그 선박의 진로를 횡단하는 선박
사. 다른 선박의 양쪽의 현등을 모두 볼 수 있는 지점에서 그 선박의 진로를 횡단하는 선박
아. 야간에는 다른 선박의 선미등만을 볼 수 있고, 어느 쪽의 현등도 볼 수 없는 위치에서 그 선박을 앞지르는 선박

15 ( )에 순서대로 적합한 것은?

> "국제해상충돌방지규칙상 서로 시계 안에 있는 2척의 동력선이 마주치게 되어 충돌의 위험이 있을 때에는 각 동력선은 서로 다른 선박의 ( ) 쪽을 지나갈 수 있도록 침로를 ( ) 쪽으로 변경하여야 한다."

가. 좌현, 우현
나. 우현, 좌현
사. 우현, 선미
아. 좌현, 선미

16 국제해상충돌방지규칙상 선박이 서로 시계 안에 있을 때 어로에 종사하고 있는 항행 중인 선박이 피하여야 하는 선박을 〈보기〉에서 모두 고른 것은?

〈보기〉
ㄱ. 항행 중인 범선   ㄴ. 조종제한선
ㄷ. 조종불능선   ㄹ. 항행 중인 동력선

가. ㄱ, ㄴ
나. ㄱ, ㄴ, ㄷ
사. ㄴ, ㄷ
아. ㄴ, ㄷ, ㄹ

17 국제해상충돌방지규칙상 제한된 시계에서 일반적인 항법으로 옳은 것은?

가. 반드시 레이더만으로 운항하여야 한다.
나. 무중신호가 들리는 방향으로 침로를 변경하여야 한다.
사. 자기 선박의 침로를 유지하기 위해 최대속력으로 증속하여야 한다.
아. 레이더만으로 다른 선박이 있는 것을 탐지한 선박은 앞지르기당하고 있는 선박에 대한 경우를 제외하고 자기 선박의 양쪽 현의 정횡 앞쪽에 다른 선박이 있는 경우 좌현 쪽으로 침로를 변경하지 않는다.

정답 14 아 15 가 16 사 17 아

18 국제해상충돌방지규칙상 길이 50미터 이상인 선박의 등화에 관한 가시거리의 기준으로 옳지 않은 것은?

가. 현등 : 3해리 나. 예선등 : 3해리
사. 선미등 : 3해리 아. 마스트등 : 5해리

19 국제해상충돌방지규칙상 선박이 등화를 표시하도록 요구되는 시기로 옳은 것은?

가. 항행 중일 때
나. 달이 없는 밤 동안
사. 해뜨는 시각부터 해지는 시각까지
아. 해지는 시각부터 해뜨는 시각까지와 제한된 시계 안에 있을 때

20 국제해상충돌방지규칙상 등화의 색깔이 흰색이 아닌 것은?

가. 선미등 나. 정박등
사. 예선등 아. 마스트등

21 국제해상충돌방지규칙상 아래 그림의 선박은 어떤 선박인가?

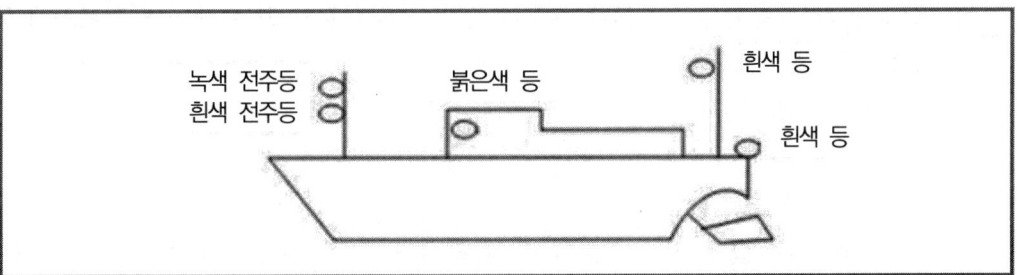

가. 조종불능선
나. 대수속력이 있는 여객선
사. 대수속력이 있는 동력선
아. 대수속력이 있는 트롤망어로에 종사하고 있는 선박

정답 18 아 19 아 20 사 21 아

22 국제해상충돌방지규칙상 트롤망어로에 종사하고 있는 선박이 표시하는 형상물은?

가. 원통형의 형상물 1개
나. 둥근꼴의 형상물 1개
사. 마름모꼴의 형상물 1개
아. 수직선 위에 2개의 원뿔을 그 꼭대기에서 위아래로 결합한 형상물 1개

23 국제해상충돌방지규칙상 길이 100미터 이상의 선박이 비치하여야 하는 음향신호설비가 아닌 것은?

가. 기적
나. 호종
사. 징
아. 호각

24 국제해상충돌방지규칙상 제한된 시계 안에서 길이 12미터 이상의 항행 중인 동력선이 대수속력이 있는 경우 2분을 넘지 아니하는 간격으로 울리는 음향신호는?

가. 장음 1회
나. 단음 1회, 장음 1회
사. 장음 2회
아. 단음 2회, 장음 1회

25 국제해상충돌방지규칙상 좁은 수로에 있어서 앞지르기 하는 배의 앞지르기에 동의하는 신호는?

가. 장음 1회에 이어 단음 1회
나. 장음 2회에 이어 단음 2회
사. 급속한 단음 5회 이상
아. 장음 1회, 단음 1회, 장음 1회, 단음 1회

정답 22 아 23 아 24 가 25 아

4. 상선전문

01 물 위에 떠 있는 선박이 외력을 받아 경사하려고 할 때의 저항 또는 경사한 상태에서 그 외력을 제거하였을 때 원래의 위치로 되돌아가려는 성질은?

가. 내항성 나. 감항성
사. 추종성 아. 복원성

02 전단력 곡선을 적분하여 구한 것으로서 선체 길이 방향의 각 점에 작용하는 힘을 나타낸 곡선은?

가. 중량 곡선 나. 부력 곡선
사. 하중 곡선 아. 굽힘 모멘트 곡선

03 좌초로 인하여 선저부의 손상을 입어도 내저판으로 화물창 내 침수를 방지하여 화물을 안전하게 보호할 수 있도록 설계된 선저부 구조는?

가. 단저구조 나. 선미구조
사. 선수구조 아. 이중저구조

04 평형수(밸러스트) 관리에 관한 설명으로 옳은 것은?

가. 양하지 도착 시 만재흘수선의 한계에 오도록 평형수를 남긴다.
나. 양하지에서의 흘수의 제약이 없다면 평형수의 양은 별 의미가 없다.
사. 만재흘수선을 약간 초과하도록 평형수를 남기는 것이 일반적이다.
아. 적하지에서는 좌우경사 조절을 위한 일부의 평형수를 제외하고는 전부 배출하는 것이 일반적이다.

05 선수 및 선미에 중량 화물을 실어 선체 중앙 갑판부는 인장 하중이, 선저는 압축 하중이 발생하는 상태는?

가. 호깅 나. 종강력
사. 새깅 아. 전단하중

정답 01 아 02 아 03 아 04 아 05 가

06 다음 흘수표에서 선미흘수가 약 5m 75cm일 때 수면선으로 옳은 것은?

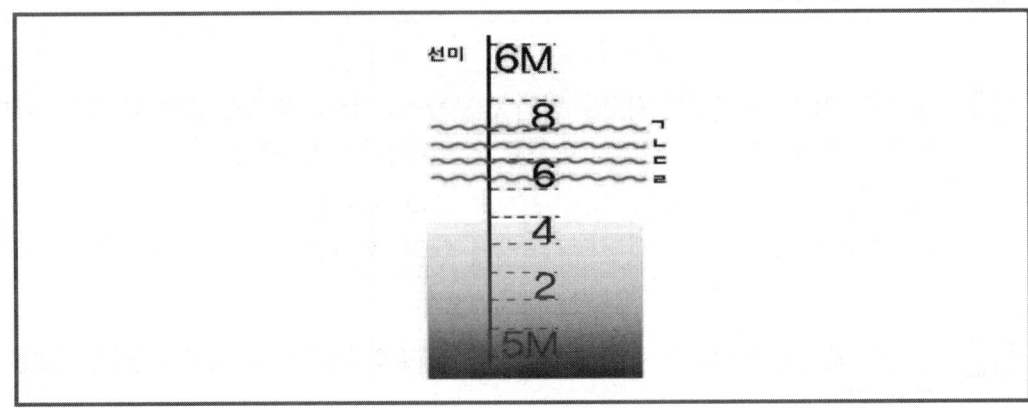

가. ㄱ
사. ㄷ
나. ㄴ
아. ㄹ

07 수선면적의 중심으로서 선체 길이 방향 경사의 중심이 되는 것은?

가. 부심
사. 경심
나. 부면심
아. 무게중심

08 벌크선의 상갑판 아래의 좌우 양쪽에 설치되어 화물적재 시 선창 내의 빈 공간이 제거되어 항해 중 선박의 동요에 따른 화물의 이동을 방지하는 것은?

가. 선미탱크
사. 윤활유탱크
나. 연료유탱크
아. 톱 사이드 탱크

09 길이가 80m, 폭이 6m, 높이가 10m인 상자형 선박의 수선면적은?

가. $60m^2$
사. $800m^2$
나. $480m^2$
아. $4,800m^2$

10 선박의 수면 아래 용적에 해당하며, 선박이 밀어 낸 물의 중량을 나타낸 톤수는?

가. 총톤수
사. 순톤수
나. 배수톤수
아. 적화중량톤수

정답 06.나 07.나 08.아 09.나 10.나

11 유조선에서 화물유의 일부를 고압으로 탱크 내로 분사시키는 작업은?

가. 스트리핑 나. 고압 세정
사. 원유 세정 아. 탱크 크리닝

12 벌크선에서 화물을 선적하는 마지막 단계에 일정량의 화물을 이용하여 트림과 횡경사를 조정하고, 출항 흘수를 맞추는 작업은?

가. 로딩(Loading) 나. 트리밍(Trimming)
사. 스트리핑(Stripping) 아. 디스차징(Discharging)

13 선박에 설치되거나, 부두에 설치된 크레인으로 컨테이너를 수직방향으로 들어 올려 하역하는 방식은?

가. LOLO 나. RORO
사. COCO 아. MOMO

14 화물의 안전과 하역의 편의를 위하여 화물과 화물 사이에 끼워 넣는 판자나 각재, 매트는?

가. 백(Bag) 나. 팰릿(Pallet)
사. 해치(Hatch) 아. 더니지(Dunnage)

15 검수의 의미를 가장 잘 설명한 것은?

가. 감정과 동일한 의미임
나. 화물의 개수를 세는 것
사. 선박의 적재능력을 평가하는 것
아. 화물이 선창을 차지하는 용적 및 무게를 검측하는 것

16 선박에 적재할 수 있는 최대 적재량은 무엇에 의하여 제한되는가?

가. 화물의 중량과 모양 나. 화물의 성질과 모양
사. 화물의 중량과 용적 아. 화물의 용적과 모양

> 정답 11 사 12 나 13 가 14 아 15 나 16 사

17 하역설비 중 크레인에 표시되어 있는 안전사용하중을 뜻하는 영문 약어는?

가. W.L.L.
나. N.C.R.
사. S.W.L.
아. M.C.R.

18 원유나 LNG, LPG 등을 적화 또는 양화할 때 육상의 카고 라인을 선박의 매니폴드(Manifold)에 연결하는 구조물은?

가. 라이저(Riser)
나. 드롭 라인(Drop line)
사. 로딩 암(Loading arm)
아. 익스팬션 조인트(Expansion joint)

19 선박법상 선박의 구분으로 옳은 것은?

가. 기선, 상선, 어선
나. 기선, 범선, 부선
사. 상선, 어선, 여객선
아. 여객선, 화물선, 유조선

20 선박법에서 규정하고 있는 내용이 아닌 것은?

가. 선박의 국적에 관한 사항
나. 선박의 등록에 관한 사항
사. 선박의 검사에 관한 사항
아. 선박 톤수의 측정에 관한 사항

21 ( )에 공통으로 적합한 것은?

> "선박법상 선박은 그의 성질상 다른 선박으로부터 구별할 수 있는 ( )을/를 필요로 한다. 선박에 ( )을/를 부여하는 것은 선박의 명칭, 선적항, 총톤수 등으로 이들이 서로 어울려 한 선박과 다른 선박을 구별하고 있다."

가. 개성
나. 국적
사. 등기
아. 등록

정답 17 사 18 사 19 나 20 사 21 가

22 선박법상 선박의 동일성을 식별하기 위한 수단이 아닌 것은?

가. 선박국적　　　　　　　　나. 선박의 재질
사. 선박톤수　　　　　　　　아. 선박의 명칭

23 선박법상 선적항을 관할하는 지방법원에 선박을 등기하는 목적이 아닌 것은?

가. 선박의 소유권 증명　　　　나. 선박의 저당권 증명
사. 선박의 관할권 증명　　　　아. 선박의 임차권 증명

24 (　)에 적합한 것은?

"선박법상 (　)는 선박이 한국국적을 갖고 있다는 것과 선박의 동일성을 증명하는 공문서를 말한다."

가. 선박원부　　　　　　　　나. 선박톤수증서
사. 선박등기부　　　　　　　아. 선박국적증서

25 (　)에 적합한 것은?

"선박법상 길이 24미터 이상인 한국선박의 소유자는 해양수산부장관으로부터 (　)를 발급받아 이를 선박 안에 갖추어 두지 아니하고는 그 선박을 국제항해에 종사하게 하여서는 아니 된다."

가. 순톤수증서　　　　　　　나. 국제톤수증서
사. 총톤수증서　　　　　　　아. 재화중량톤수증서

정답　22 나　23 사　24 아　25 나

memo